职业教育制造类专业基础课系列教材
职业教育活页式新形态教材

机械制图

（第3版）

王新年　闫玉蕾　主　编
张湘媛　刘晓明　孙中国　副主编
孙彩玲　主　审

電子工業出版社
Publishing House of Electronics Industry
北京·BEIJING

内 容 简 介

本书是校企双元合作开发的职业教育教材，主要内容包括制图基本知识、投影基础、基本几何体、轴测图、组合体、图样表达方法、标准件与常用件、零件图、装配图、表面展开图和金属焊接图。全书以项目为载体，以学习任务为引领，契合企业生产设置学习任务，图文并茂，重点突出，强化应用；以工匠精神为主线，融入课程思政和劳动教育，实现价值引领。本书配套学银在线平台课程资源和丰富的数字化学习资源，支持移动学习和线上线下混合式教学。

本书可作为职业院校机械类及近机类专业教材，也可供相关技术人员参考。

图书在版编目（CIP）数据

机械制图 / 王新年，闫玉蕾主编. —3 版. —北京：电子工业出版社，2021.7

ISBN 978-7-121-41492-3

Ⅰ. ①机… Ⅱ. ①王… ②闫… Ⅲ. ①机械制图—职业教育—教材 Ⅳ. ①TH126

中国版本图书馆 CIP 数据核字（2021）第 127762 号

责任编辑：朱怀永
印　　刷：天津画中画印刷有限公司
装　　订：天津画中画印刷有限公司
出版发行：电子工业出版社
　　　　　北京市海淀区万寿路 173 信箱　邮编：100036
开　　本：889×1194　1/16　印张：25.5　字数：649.6 千字
版　　次：2013 年 7 月第 1 版
　　　　　2021 年 7 月第 3 版
印　　次：2021 年 7 月第 1 次印刷
定　　价：78.80 元

凡所购买电子工业出版社图书有缺损问题，请向购买书店调换。若书店售缺，请与本社发行部联系，联系及邮购电话：（010）88254888，88258888。

质量投诉请发邮件至 zlts@phei.com.cn，盗版侵权举报请发邮件至 dbqq@phei.com.cn。

本书咨询联系方式：（010）88254608，zhy@phei.com.cn。

前　言

“机械制图”是一门研究识读和绘制机械图样的技术基础课程，承载着工科类专业最基础、最核心的专业能力，也传承着遵守规范、严谨细致、精益求精的职业品质。本书根据当前在校生的实际状况和特点，围绕“互联网+”高校立体化教材建设思路，契合新形态教材的开发应用，融入思政元素和劳动教育，实现价值引领；注重职业教育机械制造类岗位群职业能力的要求，突出学生读图与绘图基本能力的夯实，强调学生解决实际问题能力和可持续发展能力的培养，既适应产业对人才知识体系的需求，又体现以能力为本位的职业教育特色。

本书主要具有以下特点：

1. 融入思政元素，实现价值引领。贯彻落实《高等学校课程思政建设指导纲要》，以工匠精神为主线，融入课程思政和劳动教育。契合教材内容设计思政目标、思政故事，潜移默化地引导学生树立文化自信，坚定理想信念，强化责任担当意识，弘扬和践行大国工匠精神。

2. 校企共建活页式融媒体教材。本书由学校教师和企业技术人员共同设计学习任务，是纸质教材与配套学习平台、数字资源深度融合的融媒体活页教材。本书配套学银在线平台（网址 https://www.xueyinonline.com/detail/208230381）课程资源，支持移动学习，促进线上线下混合式教学实施。

3. 强化实用技能的巩固训练。内容设计以项目为载体，以学习任务为引领，设置了活页形式的任务练习和综合训练，强调知识的实践应用和巩固训练，理论与实践并重，旨在培养学生的制图基本技能、空间想象力、抽象思维能力与综合素质。

4. 全面贯彻最新国家制图标准。《技术制图》和《机械制图》国家标准是绘制机械图样和制图教学的根本依据。在最新颁布实施的制图和相关标准中，与制图教学密切相关的“极限与配合”“几何公差”“表面结构”等内容全部在书中予以贯彻，充分体现本书的先进性。

5. 立体化学习资源丰富、实用。本书配套了课件、教案、题库答案等资源，还针对重要的知识点和技能点，制作了微课、视频、动画、模型等资源，并以扫描二维码的形式呈现，最大限度地满足教师教学和学生学习需求，促进教学改革，提高教学质量。

根据各院校机械类、近机械类专业对各章节内容要求的不同、学时数安排的不同，在选用本书作为教材时，可根据具体情况对各章节的内容加以取舍和调整。

参加本书编写的人员有黑龙江农业工程职业学院王新年（前言、绪论、项目一、项目二、项目三）、刘晓明（项目九、项目十）、闫玉蕾（项目四、项目五、附录）、张湘媛（项目七），哈尔滨东安实业发展有限公司孙中国（项目八），黑龙江农业职业技术学院李平（项目六），烟台工程职业技术学院孙雅丽（项目十一）。全书由王新年、闫玉蕾担任主编、统稿，烟台工程职业技术学院孙彩玲任主审。黑龙江农业工程职业学院闫玉蕾、张湘媛、韩旭、韩超、高军伟、黑龙江生物科技职业学院杨柳参与了本书配套数字资源的制作。

在本书的编写过程中，得到了黑龙江交通职业技术学院李晓宏教授、黑龙江建筑职业技术学院隋良志教授、黑龙江职业学院柳河教授、哈尔滨职业技术学院雍丽英教授的支持和帮助，得到了电子工业出版社给予的热情帮助和指导，在此一并表示诚挚的谢意。同时，书中参考并引用了有关的文献资料、插图等，编者在此对上述作者表示感谢。

由于编者水平有限，难免存在疏漏和不足之处，恳请读者批评指正。

编　者

2021年7月

目　　录

绪论……1
项目一　制图基本知识……3
学习任务1　制图的基本规定……3
学习任务2　绘图工具的使用……16
学习任务3　几何作图……20
学习任务4　平面图形的分析与画法……26
学习任务5　徒手绘制草图的方法……29
项目二　投影基础……34
学习任务1　投影法基础……34
学习任务2　三视图的形成及其投影规律……39
学习任务3　点、线、面的投影……43
项目三　基本几何体……58
学习任务1　平面立体的投影……58
学习任务2　曲面立体的投影……64
学习任务3　平面立体的截交线……71
学习任务4　曲面立体的截交线……74
学习任务5　基本体的相贯……81
项目四　轴测图……89
学习任务1　轴测图的基本知识……89
学习任务2　正等轴测图……91
学习任务3　斜二轴测图……99
项目五　组合体……103
学习任务1　组合体的分析……103
学习任务2　组合体的视图画法……108
学习任务3　组合体的尺寸标注……117
学习任务4　识读组合体……124
项目六　图样表达方法……139
学习任务1　视图……139
学习任务2　剖视图……148
学习任务3　断面图……170

学习任务 4　规定画法与简化画法 …… 178
学习任务 5　表达方法的综合应用 …… 183
学习任务 6　第三角画法 …… 187
项目七　标准件与常用件 …… 196
学习任务 1　螺纹 …… 196
学习任务 2　螺纹紧固件 …… 209
学习任务 3　齿轮 …… 218
学习任务 4　键连接和销连接 …… 226
学习任务 5　滚动轴承 …… 234
学习任务 6　弹簧 …… 239
项目八　零件图 …… 245
学习任务 1　零件图的作用和内容 …… 245
学习任务 2　零件图的视图选择 …… 248
学习任务 3　零件的工艺结构 …… 253
学习任务 4　表面粗糙度 …… 259
学习任务 5　极限与配合 …… 267
学习任务 6　几何公差 …… 275
学习任务 7　零件图的尺寸标注 …… 279
学习任务 8　零件测绘 …… 285
学习任务 9　识读零件图 …… 292
项目九　装配图 …… 302
学习任务 1　装配图的作用和内容 …… 302
学习任务 2　装配图表达方法 …… 306
学习任务 3　装配工艺结构 …… 309
学习任务 4　装配图的视图及标注 …… 313
学习任务 5　装配图的零件编号与标题栏 …… 315
学习任务 6　绘制装配图 …… 317
学习任务 7　识读装配图 …… 328
项目十　表面展开图 …… 346
学习任务 1　求作实长、实形的方法 …… 346
学习任务 2　平面立体的表面展开 …… 350
学习任务 3　曲面立体的表面展开 …… 352
项目十一　金属焊接图 …… 359
学习任务 1　焊缝的表示与标注 …… 359
学习任务 2　识读金属焊接图 …… 366

附录 A　螺纹……370
附录 B　常用结构……373
附录 C　标准件……376
附录 D　技术要求……385
参考文献……399

绪　论

一、图样及其作用

根据投影原理、国家标准及有关规定，表示工程对象，并有必要的技术说明的图，称为“图样”。人类在现代生产活动中，进行设计、制造、维修、施工、使用和维护等都是依靠图样来实现的。设计者通过图样表达设计意图；制造者通过图样了解设计要求、组织制造和指导生产；使用者通过图样了解机器设备的结构和性能，进行操作、维修、维护和保养。因此，图样是人们表达设计思想、传递设计信息、交流创新构思的重要工具之一，被誉为“工程技术界的共同语言”。高等职业教育培养的是高素质技术技能人才，作为生产、建设、管理第一线的工程技术人员必须掌握这种“语言”，具备绘制和识读工程图样的能力。

本课程所研究的工程图样主要是机械图样。通过本课程的学习，不仅可掌握绘制、识读机械图样的原理和方法，也可为学习机械原理和机械设计等后续课程及自身职业能力的发展打下坚实基础。

二、本课程的主要内容和基本要求

1. 本课程的主要内容

本课程的主要内容包括：制图基本知识、投影基础、基本几何体、轴测图、组合体、图样表达方法、标准件与常用件、零件图、装配图、表面展开图和金属焊接图等。

2. 本课程的基本要求

（1）树立文化自信，坚定理想信念，强化科技报国的使命感。

（2）培养严谨细致的工作作风和精益求精的工匠精神。

（3）能够比较正确而熟练地使用绘图工具和仪器进行手工绘图。

（4）具备较强的空间立体感和三维形体构形分析、表达能力。

（5）能够绘制、识读中等复杂程度的零件图和装配图。

（6）培养标准意识、规范意识和查阅资料、手册的能力。

三、我国工程图学的发展史

在图学发展的历史长河中，具有五千年文明史的中国写下了辉煌的一页。早在春秋时代的技术经典著作《周礼·考工记》中就记载了制图工具“规”“矩”“绳”“墨”“悬”“水”。其中，“规”即圆规，“矩”即直尺，“绳”和“墨”即为弹线的墨斗，“悬”和“水”则是定铅垂线和水平线的工具。我国历史上保存下来最著名的建筑图样是宋朝李明仲所著的《营造法式》，书中记载的各种图样与现代的正投影图、轴测图、透视图的画法非常接近。清代徐光启所著《农政全书》，画出了许多农具图样，包括构造细部和详图，并附有详细的尺寸和制造技术的注解。这些都充分表明当时的工程技术已达到了很高的水平。

20 世纪 50 年代，我国著名学者赵学田教授简明而通俗地总结了三视图的投影规律，即“长对正、高平齐、宽相等”，从而使工程图易学易懂成为现实。1959 年，我国正式颁布国家标准《机械制图》，1970 年、1974 年、1984 年相继进行了必要的修订。之后，为了尽快与国际接轨，近几年又陆续修订了多项适用于各行业的《技术制图》国家标准，达到了国际先进水平，对工程制图及工业生产起到了极大的促进作用。

目前，计算机技术的广泛应用，大大地促进了图学的发展。计算机绘图已广泛应用于我国的制图领域，在机械、航空、冶金、建筑、化工、电子等各行各业的工程设计中，已大量应用计算机绘制工程图样。我们深信，工程图学在图学理论、应用图学、计算机图学、制图技术、制图标准、图学教育等方面，定能得到更加广泛的应用和更加快速的发展。

项目一　制图基本知识

【学习导航】

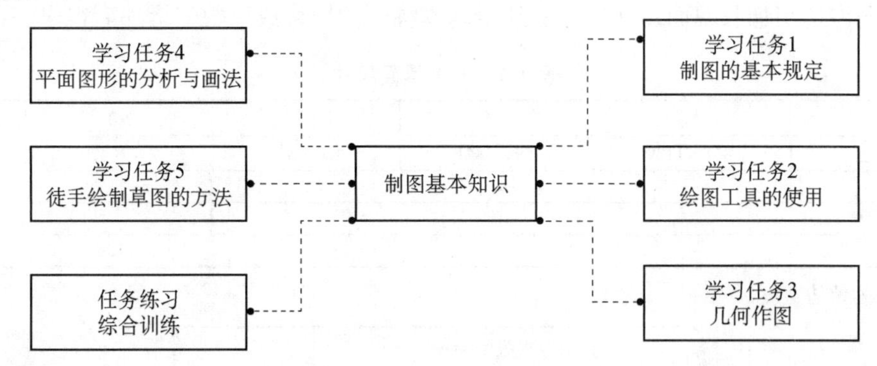

【知识目标】

◆ 掌握国家标准关于制图的一般规定；

◆ 掌握绘图工具的使用方法；

◆ 掌握图形的画法及尺寸注法。

【能力目标】

◆ 具备分析和执行机械制图国家标准的能力；

◆ 熟练使用绘图工具；

◆ 具备分析、应用图线的能力。

【思政目标】

◆ 坚定文化自信，启发爱国情怀，增强民族自豪感和使命感；

◆ 培养标准意识、规范意识，强化遵纪守法意识；

◆ 初步认知精益求精的工匠精神的内涵。

【思政故事】

李凯军

大国工匠——李凯军

李凯军，中国第一汽车集团公司铸造公司模具钳工，高级技师。他刻苦钻研模具制造专业知识，练就高超的钳工技术，加工制造了数百种优质模具，尤其是出色完成了重型车变速箱壳体等高难度压铸模具的制造，在我国高、精、尖复杂模具加工方面独具特色。

学习任务 1　制图的基本规定

机械制图的基本规定

工程图样是工程技术人员表达设计思想、进行技术交流的工具，是工程界通用的技术语言，是设计和生产制造过程中的重要技术资料。因此，掌握制图的基本知识，是画图和读图的基础。为了正确地绘制和阅读机械图样，必须熟悉有关标准和规定。《技术制图》和《机械制图》国家标准是工程界重要的技术基础标准，是绘制和阅读机械图样的准则和依据。

机械制图国标中的每个标准均有专用代号，例如 GB/T 14689—2008，其中“GB”为“国标”（国家标准的简称）二字的汉语拼音字头，“T”为推荐性标准的“推”字汉语拼音字头，“14689”为该标准发布顺序号，“2008”为该标准颁布的年号。

一、图纸幅面及格式（GB/T 14689—2008）

1. 图纸幅面

为了便于图样的绘制、使用和管理，图样均应画在规定幅面和格式的图纸上，并且必须遵循国家标准。

① 应优先采用表 1-1 中规定的图纸基本幅面。基本幅面共有 5 种，其尺寸关系如图 1-1 所示。表 1-1 中的 *B*，*L*，*e*，*c*，*a* 尺寸及相关关系如图 1-2 和图 1-3 所示。

② 必要时允许选用加长幅面，其尺寸必须由基本幅面的短边成整数倍增加后得出。

表 1-1　图纸幅面尺寸　（单位：mm）

幅面代号	A0	A1	A2	A3	A4
尺寸（*B*×*L*）	841×1189	594×841	420×594	297×420	210×297
a	25				
c	10			5	
e	20		10		

注：*a*，*c*，*e* 为留边宽度。

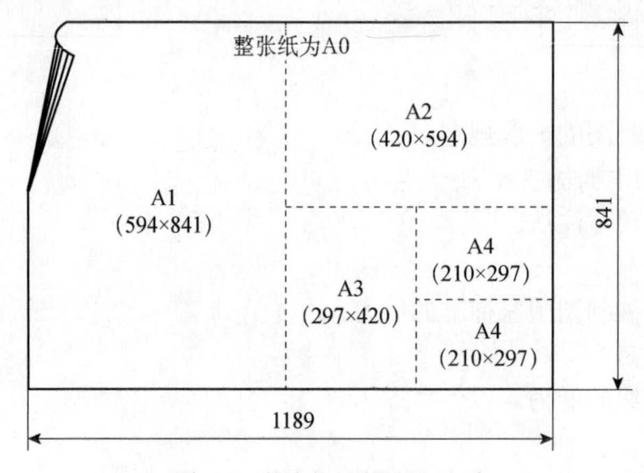

图 1-1　基本幅面的尺寸关系

2. 图框格式

在图纸上必须用粗实线画出图框，其格式分为留有装订边和不留装订边两种，但同一产品的图样只能采用一种格式。

图纸可以横放或竖放，无论图纸是否要装订，都必须在图幅内。留有装订边的图纸，其图框格式如图 1-2 所示；不留装订边的图纸，其图框格式如图 1-3 所示。

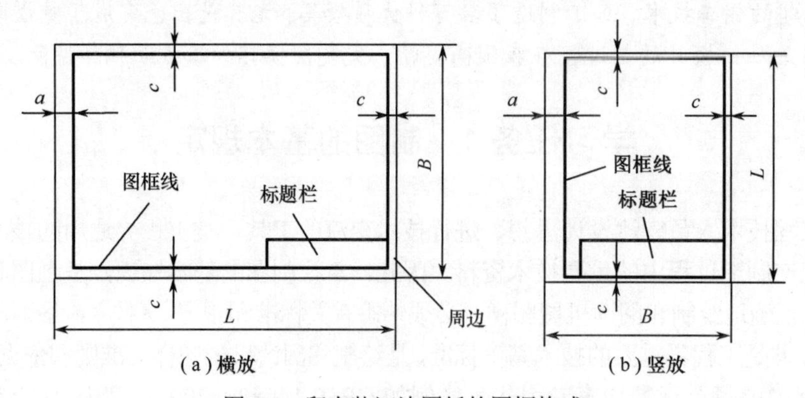

图 1-2　留有装订边图纸的图框格式

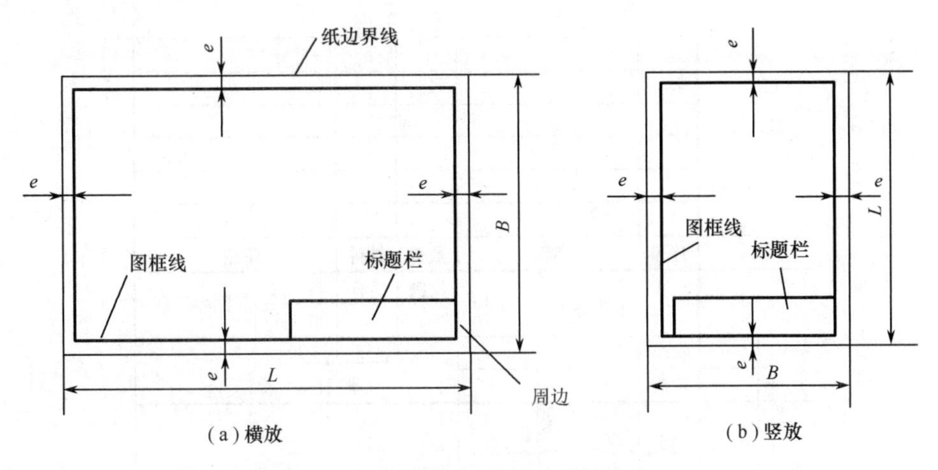

图 1-3　不留装订边图纸的图框格式

3. 标题栏

每张图纸都必须画出标题栏。标题栏的格式和尺寸应符合 GB/T 10609.1—2008 的规定，如图 1-4 和图 1-5 所示。标题栏一般应位于图纸的右下角，如图 1-2 和图 1-3 所示。标题栏(《技术制图　标题栏》)的长边一般置于水平方向，读图的方向与阅读标题栏的方向一致。明细栏的内容、格式和尺寸应按 GB/T10609.2—2009《技术制图　明细栏》的规定绘制。

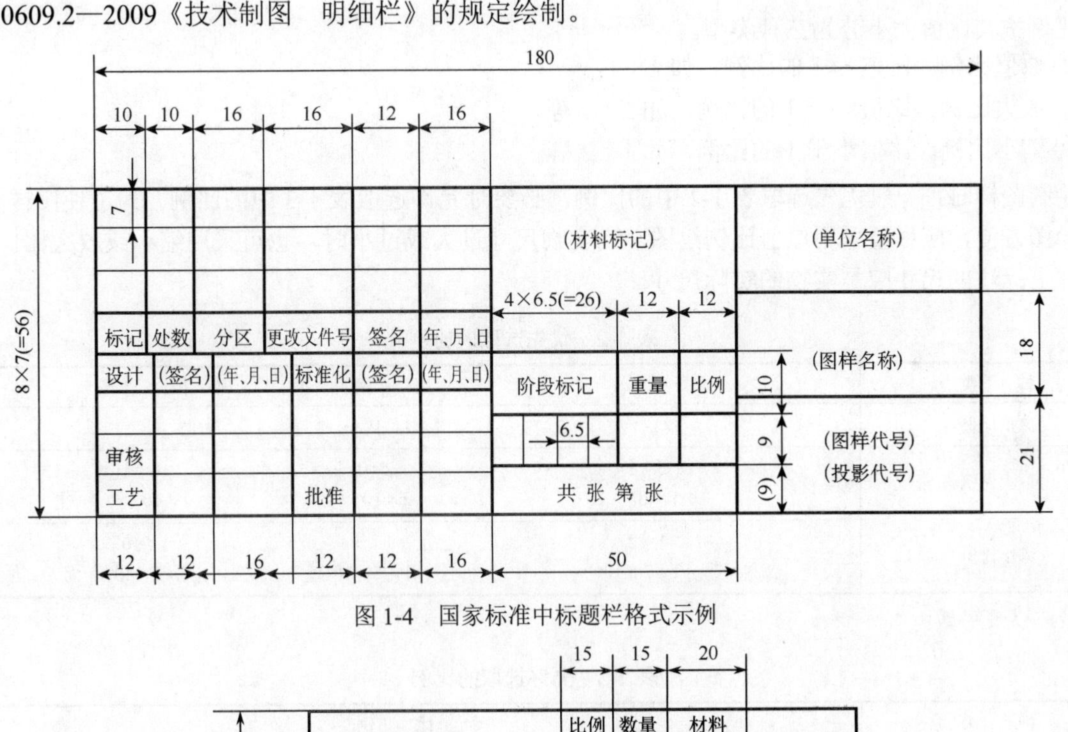

图 1-4　国家标准中标题栏格式示例

图 1-5　制图作业用简化标题栏

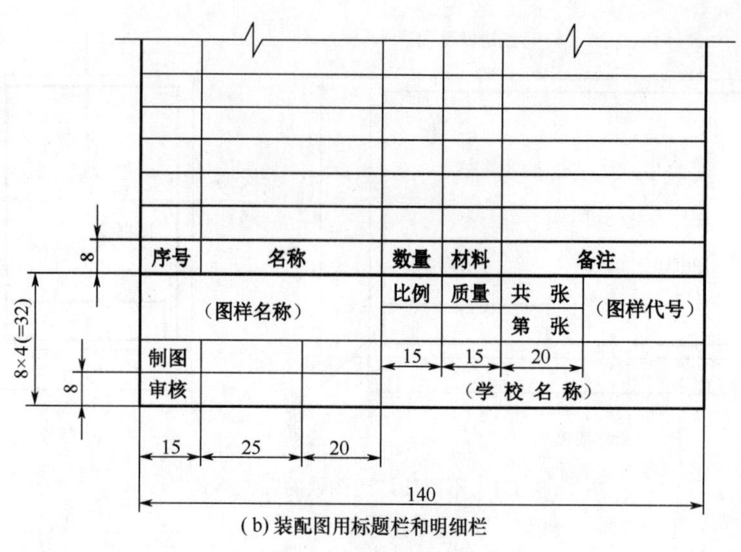

(b) 装配图用标题栏和明细栏

图 1-5 制图作业用简化标题栏（续）

二、比例（GB/T 14690—1993）

比例是指图形与实物相应要素的线性尺寸之比。比例用符号“：”表示，如 1：1，10：1，1：50 等。比例按其比值大小分为三种类型。

① 原值比例。比值为 1 的比例，如 1：1。

② 放大比例。比值大于 1 的比例，如 2：1 等。

③ 缩小比例。比值小于 1 的比例，如 1：2 等。

绘制图样时，一般优先选取表 1-2 中的比例，必要时允许选取表 1-3 中的比例。为了使图样大小真实及绘图方便，应尽量采用原值比例绘图。当实物尺寸过大或过小时，也可采用缩小或放大比例绘图，但图样上标注的尺寸应是实物的实际尺寸。

表 1-2 优先选取的比例

种 类	比 例		
原值比例	1：1		
放大比例	5：1 5×10^n：1	2：1 2×10^n：1	10：1 1×10^n：1
缩小比例	1：2 1：2×10^n	1：5 1：5×10^n	1：10 1：1×10^n

注：n 为正整数。

表 1-3 允许选取的比例

种 类	比 例				
放大比例		4：1 4×10^n：1		2.5：1 2.5×10^n：1	
缩小比例	1：1.5 1：1.5×10^n	1：2.5 1：2.5×10^n	1：3 1：3×10^n	1：4 1：4×10^n	1：6 1：6×10^n

注：n 为正整数。

三、字体（GB/T 14691—1993）

图样上除了用图形表示机件形状外，还要用汉字、数字、符号表示机件的大小、技术要求，并填写标题栏。GB/T 14691—1993《技术制图　字体》对汉字、数字、字母的书写形式做了统一规定。

1. 基本要求

① 图样和技术文件中书写的汉字、数字和字母，必须做到字体工整、笔画清楚、间隔均匀、排列整齐。

② 字体的高度（用 h 表示）的公称尺寸系列为 1.8，2.5，3.5，5，7，10，14，20（单位：mm）。如需更大的字，则字体的高度应按 $\sqrt{2}$ 的比率递增。

③ 汉字规定用长仿宋体书写，并采用国家正式公布的简化汉字。汉字的高度不应小于 3.5mm，字宽一般为 $h/\sqrt{2}$ 。

④ 字母和数字分 A 型和 B 型。A 型字体的笔画宽度 d 为 h/14，B 型字体的笔画宽度为 h/10。在同一图样上，只允许使用同一种字体。

⑤ 字母和数字分斜体和直体两种。斜体字字头朝右倾斜，与水平基线成 75°。

2. 字体示例

（1）汉字示例

字体工整、笔画清楚、间隔均匀、排列整齐

横平竖直 注意起落 结构均匀 填满方格

技术制图石油化工机械电子汽车航空船舶土木建筑矿山井坑港口纺织焊接设备工艺

螺纹齿轮漏子接线飞行指导驾驶位挖填施工引水通风闸阀坝棉麻化纤

（2）拉丁字母示例（A 型字体）

ABCDEFGHIJKLMNOPQRSTUVWXYZ

abcdefghijklmnopqrstuvwxyz

（3）阿拉伯数字示例（B 型字体）

斜体：*0123456789*　　直体：0123456789

（4）罗马数字示例（B 型字体）

斜体：*I II III IV V VI VII VIII IX X*　直体：I II III IV V VI VII VIII IX X

（5）其他应用示例（见图 1-6）

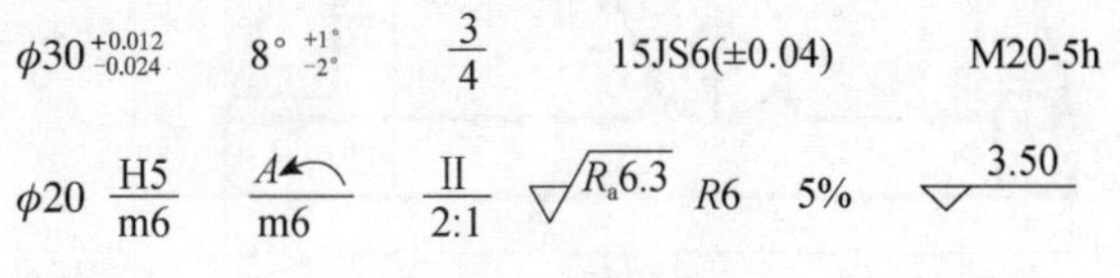

$\phi30^{+0.012}_{-0.024}$　　$8°^{+1°}_{-2°}$　　$\frac{3}{4}$　　15JS6(±0.04)　　M20-5h

$\phi20\ \frac{H5}{m6}$　　$\frac{A}{m6}$　　$\frac{II}{2:1}$　　$\sqrt{R_a 6.3}$　　$R6$　　5%　　3.50

图 1-6　字体示例

四、图线（GB/T 17450—1998，GB/T 4457.4—2002）

1. 图线的线型及应用

为了使图样统一、清晰、便于阅读，绘制图样时应遵循国家标准 GB/T 17450—1998《技术制图　图线》的规定。该标准制定了 15 种基本线型，以及多种基本线型的变形和图线的组合。表 1-4 中列出了 GB/T 4457.4—2002《机械制图　图样画法　图线》规定的机械制图常用的四种基本线型（即实线、虚线、点画线、双点画线）、一种基本线型的变形——波浪线（由细实线变形派生出来的）和一种图线规定的组合——双折线（视为由细实线与几何图形组合而派生出来的）。图 1-7 为图线的部分应用示例。

2. 图线画法

图线分为粗、细两种，粗线、细线的宽度比率为 2∶1。绘制图样时，应遵守以下规定和要求。

① 同一张图样中，同类图线的宽度基本一致。虚线、点画线和双点画线的线段长度和间隔应各自大致相等。

② 两条平行线（包括剖面线）之间的距离应不小于粗实线的两倍宽度，其最小距离不得小于 0.7mm。

③ 轴线、对称中心线、双点画线应超出轮廓线 2～5mm。点画线和双点画线的末端应是线段，而不是短画。若图的直径较小，两条点画线可用细实线代替。

表 1-4　机械制图的线型及应用

名　称		线　型	图线宽度	一般应用
实线	粗实线	——————	d	可见轮廓线、可见棱边线、相贯线、螺纹牙顶线、螺纹长度终止线等
	细实线	——————	约 $d/2$	过渡线、尺寸线、尺寸界线、剖面线、弯折线、牙底线、齿根线、引出线、辅助线
虚线	粗虚线	— — — — —	d	允许表面处理的表示线
	细虚线	— — — — —	约 $d/2$	不可见轮廓线、不可见棱边线
点画线	细点画线	——·——	约 $d/2$	轴线、对称中心线、轨迹线、齿轮节线等
	粗点画线	——·——	d	有特殊要求的线或表面的表示线
双点画线		——··——	约 $d/2$	相邻辅助零件的轮廓线、极限位置的轮廓线、假想投影的轮廓线等
波浪线		～～～～	约 $d/2$	断裂处的边界线、剖视与视图的分界线
双折线		—\/\—\/\—	约 $d/2$	断裂处的边界线

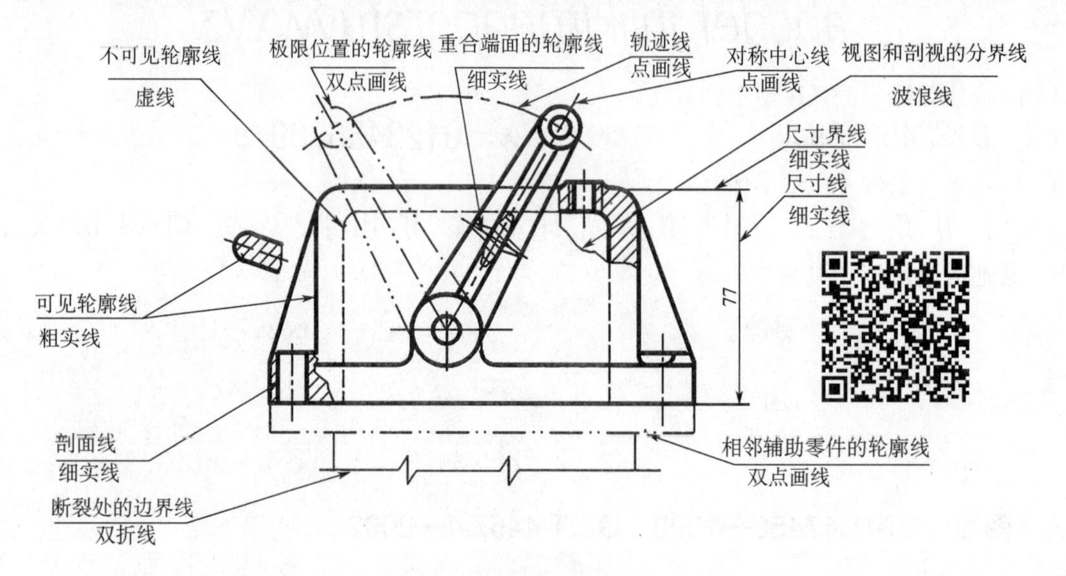

图 1-7　图线的部分应用示例

④ 虚线、点画线与其他图线相交时，应在线段处相交，不应在空隙或短画处相交。当虚线是粗实线的延长线时，粗实线应画到分界点，而虚线与分界点之间应留有空隙。当虚线圆弧与虚直线相切时，虚线圆弧的线段应画到切点处，虚直线与切点之间应留有空隙，如图 1-8 所示。

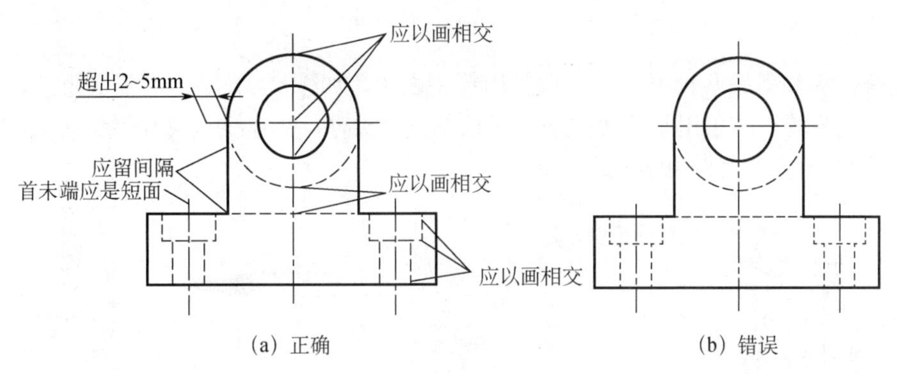

图 1-8　图线画法示例

五、尺寸标注（GB/T 4458.4—2003）

机械图样中的图形只能表达机件的结构形状，其真实大小由尺寸确定。尺寸标注的基本要求是正确、完整、清晰、合理。

1. 基本规则

① 机件的真实大小应以图样上标注的尺寸数值为依据，与图形的大小及绘图的准确性无关。

② 图样中（包括技术要求和其他说明）的尺寸，以 mm（毫米）为单位时，不需要标注计量单位的代号或名称；如采用其他单位，则必须注明相应的计量单位的代号或名称。

③ 图样中所标注的尺寸，应为该图样所示机件的最后完工尺寸，否则应另加说明。

④ 机件的每个尺寸，一般只标注一次，并应标注在反映该结构最清晰的视图上。

2. 尺寸组成

一个完整的尺寸，一般由尺寸界线、尺寸线、尺寸终端和尺寸数字所组成，如图 1-9 所示。

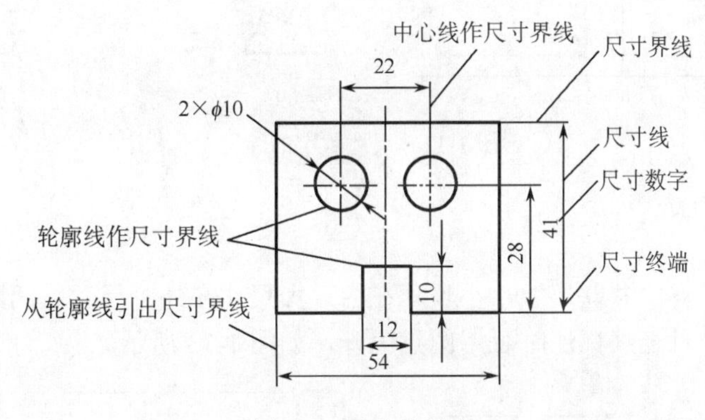

图 1-9　尺寸的组成

（1）尺寸界线

尺寸界线表示尺寸的度量范围，一般用细实线绘制，并由图形的轮廓线、轴线或对称中心线引出，也可利用轮廓线、轴线或对称中心线作为尺寸界线。尺寸界线一般与尺寸线垂直，应与所注的线段垂直，并以超过尺寸线 3～4mm 为宜，必要时允许倾斜，但两尺寸界线应互相平行，圆角处的尺寸界线须引出标注，如图 1-10 所示。

（2）尺寸线

尺寸线表示尺寸度量的方向，它用细实线绘制在尺寸界线之间，常与尺寸界线垂直。尺寸线不能用其他图线代替，也不允许与其他图线重合或画在其延长线上。尺寸线之间或尺寸线与尺寸界线之间，应尽量避免相交。标注线性尺寸时，尺寸线必须与所标注的线段平行，两端箭头应指到尺寸界线。

（3）尺寸终端

尺寸终端有箭头和斜线两种形式，一般常用箭头表达。如图 1-11 所示。箭头形式，适用于各种类型的图样。当尺寸线的终端采用斜线（用细实线绘制）形式时，尺寸线与尺寸界线必须相互垂直。同一张图样上只能采用一种尺寸终端的形式。

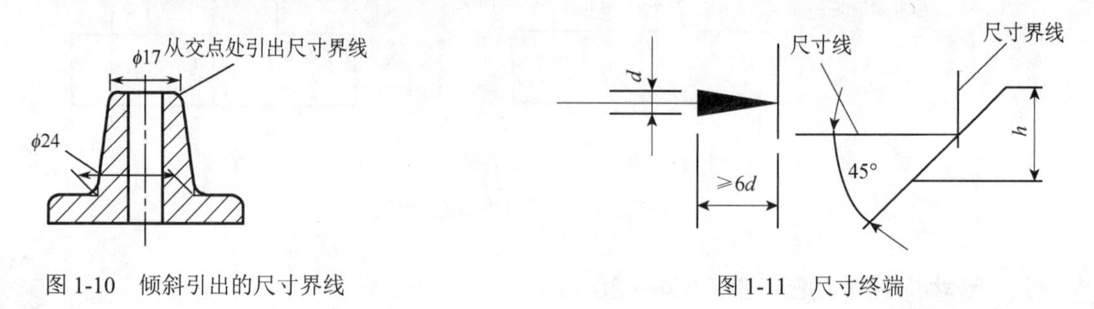

图 1-10　倾斜引出的尺寸界线　　图 1-11　尺寸终端

（4）尺寸数字

尺寸数字用来标注机件的实际尺寸大小，一般应注写在尺寸线的上方，也允许注写在尺寸线的中断处，在特殊情况下还可以采用引出线进行注写。

线性尺寸数字，一般应按图 1-12（a）所示的方向注写，即水平方向字头朝上，垂直方向字头朝左，倾斜方向字头保持朝上趋势，并尽可能避免在图示 30°范围内标注。当无法避免时，可按图 1-12（b）所示的形式标注。在不致引起误解时，对于非水平方向的尺寸，其数字可水平地注写在尺寸线的中断处，如图 1-12（c）所示。

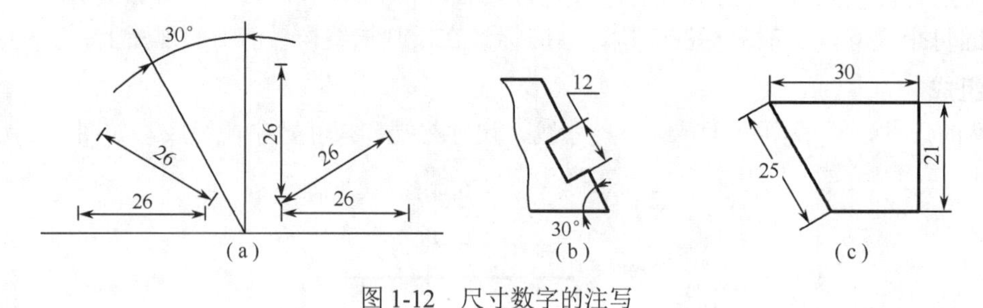

图 1-12　尺寸数字的注写

3. 常用尺寸的标注方法

（1）直线尺寸标注

串联尺寸，箭头应对齐；并联尺寸，小尺寸在内，大尺寸在外；尺寸线间隔不小于 7mm，且保持间隔基本一致；当间距小且连续标注时可用圆点隔开，如图 1-13 所示。

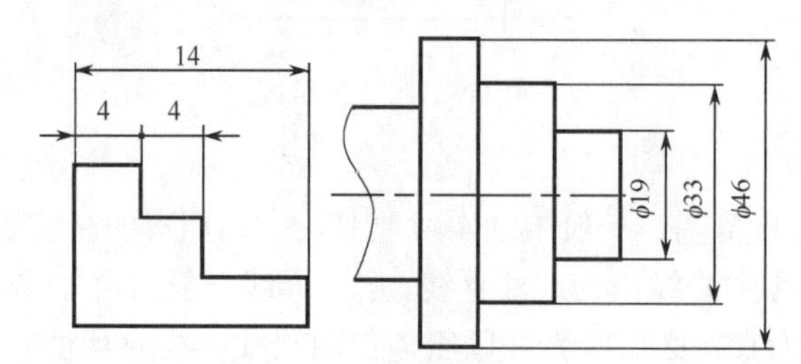

图 1-13　直线尺寸标注

（2）圆和圆弧的尺寸标注

圆或大于半圆的圆弧尺寸应标注直径，尺寸线要通过圆心，且应在尺寸数字前加注符号“ϕ”；小于和等于半圆的圆弧尺寸一般要标注半径，只在指向圆弧的一端尺寸线上画出箭头，尺寸线指向圆心，且在尺寸数字前加注符号“R”，如图 1-14 所示。

（3）角度尺寸标注

角度的尺寸界线应由径向引出，尺寸线应画成圆弧，其圆心是该角的顶点。角度数字一般注写在尺寸线的中断处，也可注写在尺寸线的上方、外面或引出标注，并一律水平书写，如图 1-15 所示。

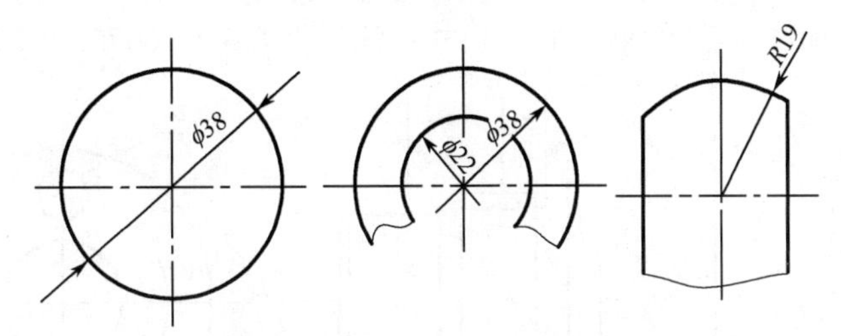

图 1-14　圆和圆弧的尺寸标注

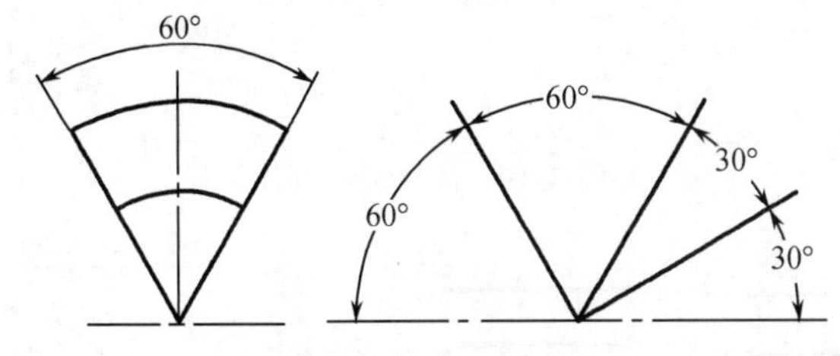

图 1-15　角度尺寸标注

（4）小尺寸标注

在一些局部小结构上，当没有足够位置注写尺寸数字或画出箭头时，也可按图 1-16 所示的形式标注。

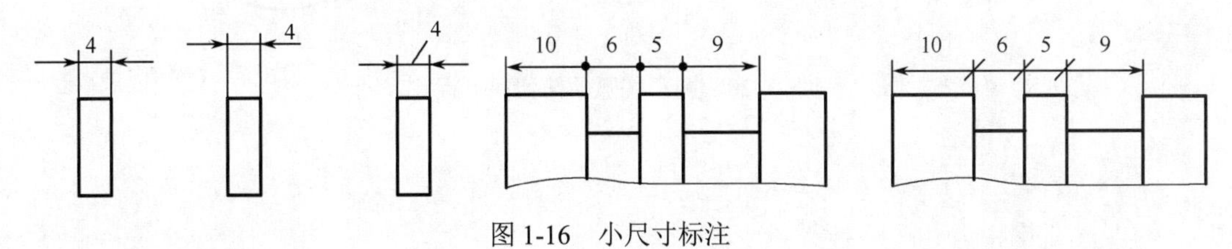

图 1-16　小尺寸标注

（5）对称结构的尺寸标注

当对称图形只画出一半或略大于一半时，尺寸线应略超过对称中心线或断裂处的边界线，此时仅在尺寸线的一端画出箭头，如图 1-17 所示。

（6）球面尺寸标注

标注球的直径或半径时，应在符号“ϕ”或“R”前再加“S”，如图 1-18 所示。

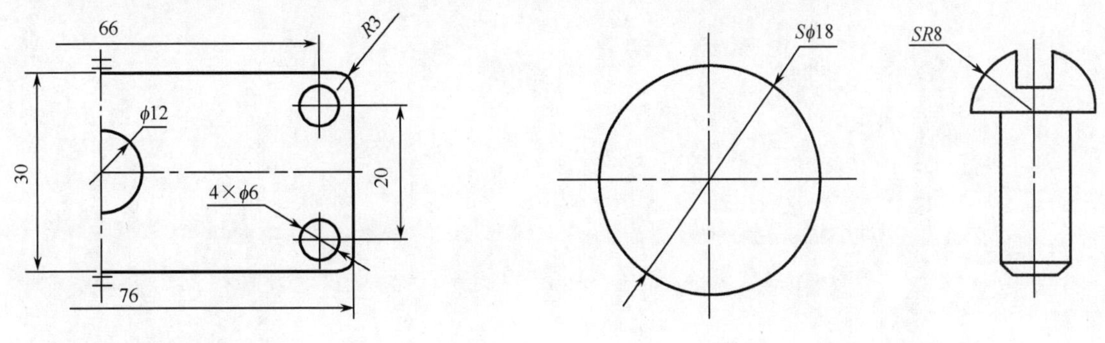

图 1-17　对称结构的尺寸标注

图 1-18　球面尺寸标注

4. 简化尺寸标注

在保证不致引起误解和不会产生理解多意性的前提下，应力求制图简便。简化标注尺寸时，可使用单边箭头，如图 1-19（a）所示；也可采用带箭头的指引线，如图 1-19（b）所示；还可采用不带箭头的指引线，如图 1-19（c）所示。

一组同心圆弧、一组圆心位于一条直线上的多个不同心圆弧、一组同心圆，它们的尺寸可用共用的尺寸线和箭头依次表示，如图 1-20 所示。简化尺寸标注详见 GB/T 16675.2—2012。

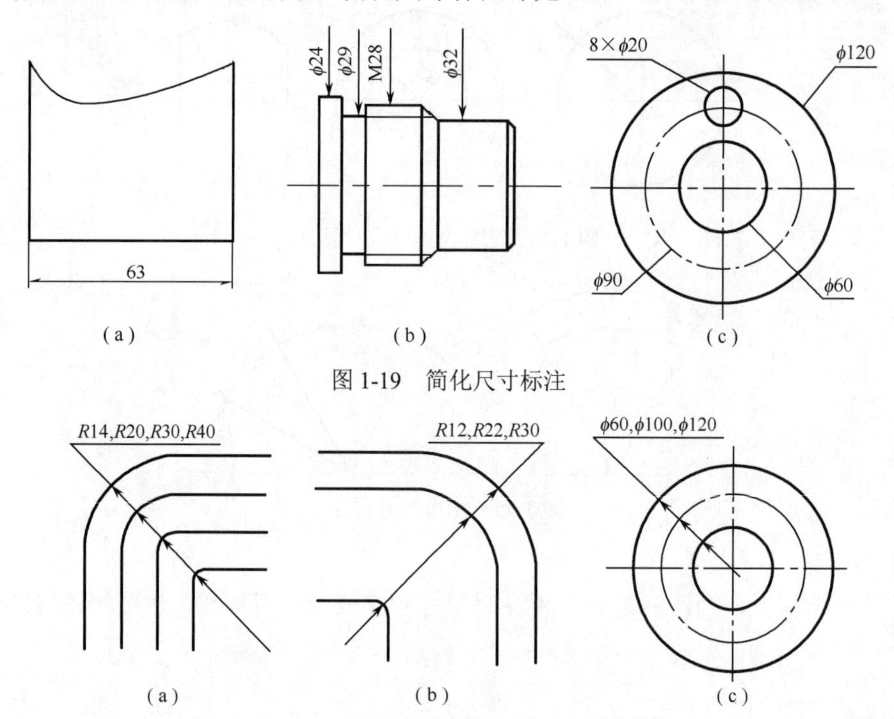

图 1-19　简化尺寸标注

图 1-20　圆和圆弧的简化尺寸标注

【任务练习 1-1】

班级________________ 姓名________________ 学号________________

一、笔画和字体

例字	审	要	图	例	术	技	注	铝
名称	点	横	竖	撇	捺	勾	挑	折
写法								
练习	丶	一	丨	丿	㇏	亅	㇀	㇕

制 描 图 审 核 序 号 名 称 材 料 件 数 备 注 斜 锥 度

齿 销 轮 键 簧 轴 滚 承 杆 架 柄 钩 端 盖 盘 套 箱 体

尺 寸 左 右 内 外 前 后 主 平 立 向 比 例 系 专 业 班 级

投 影 俯 仰 视 局 部 旋 转 技 术 要 求 螺 栓 钉 母 垫 圈

班级＿＿＿＿＿＿＿＿＿　　姓名＿＿＿＿＿＿＿＿＿　　学号＿＿＿＿＿＿＿＿＿

二、尺寸标注

1. 标注下列圆及圆弧的尺寸（从图中测量后取整数）。

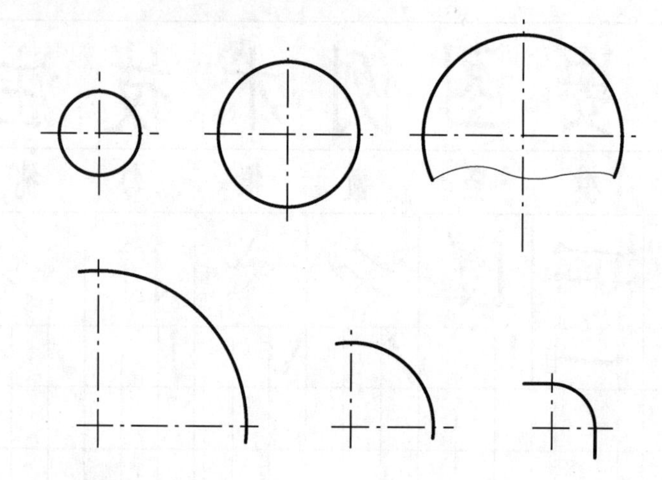

2. 填写尺寸数值（从图中测量后取整数）。

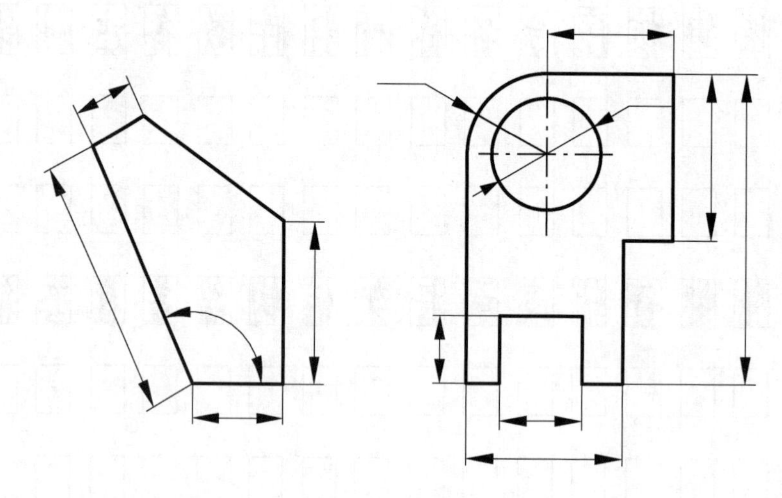

3. 找出下图中尺寸标注的错误，并在右图上正确标注。

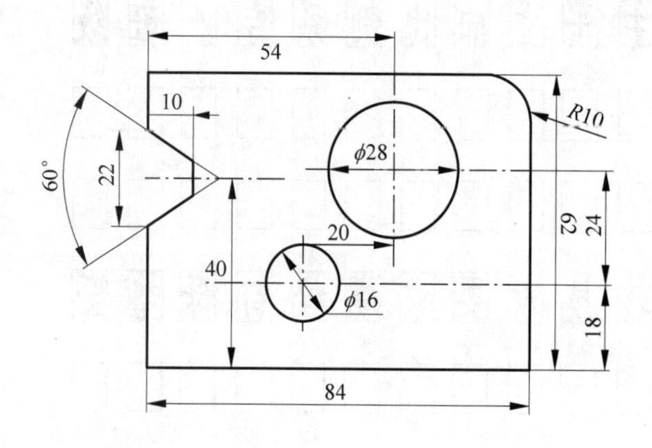

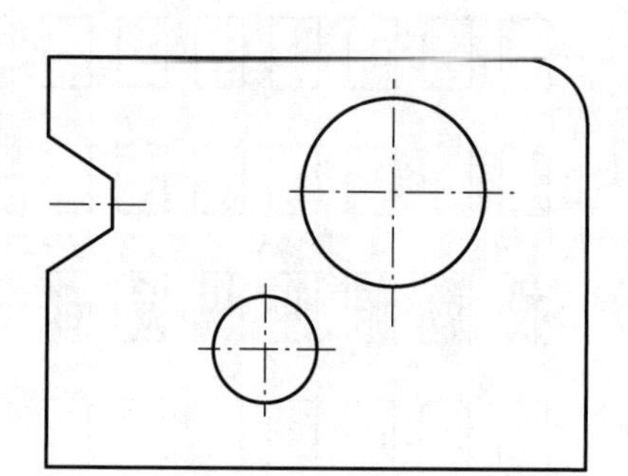

班级＿＿＿＿＿＿＿＿　　姓名＿＿＿＿＿＿＿＿　　学号＿＿＿＿＿＿＿＿

4. 从图形中测量出数值，取整数标注在图形上。

（1）

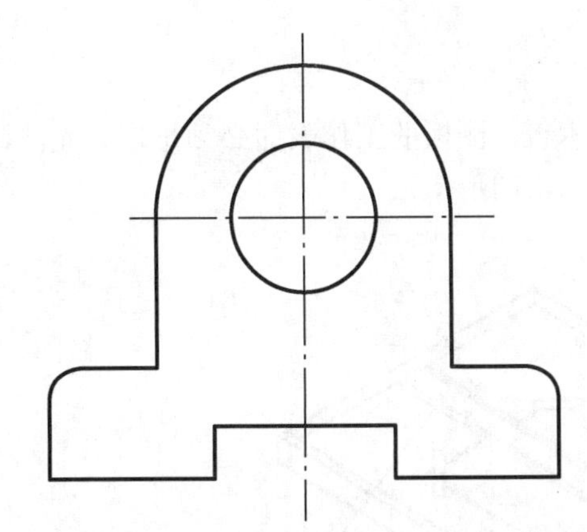

（2）

（3）

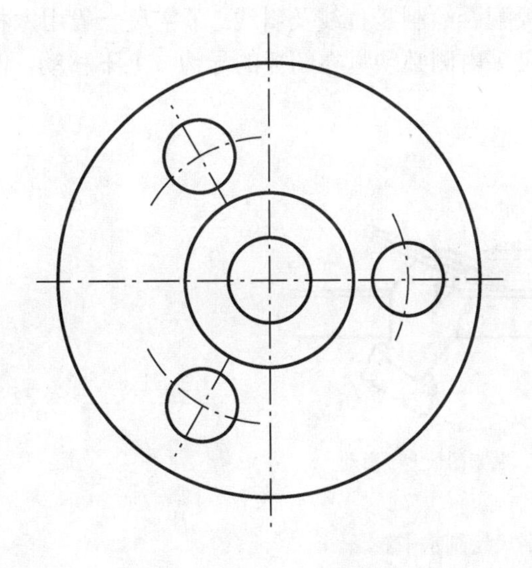

（4）

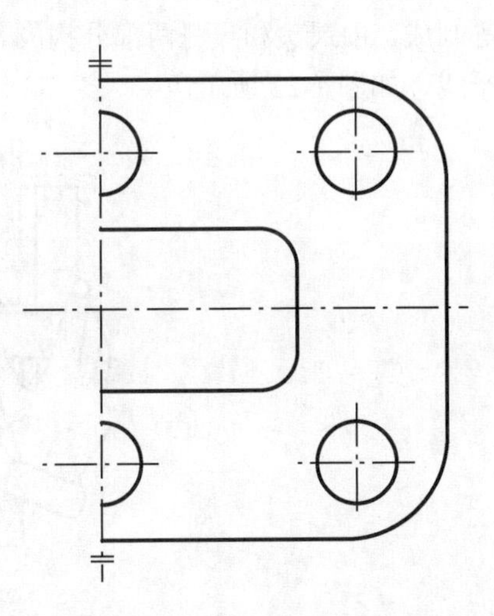

学习任务 2　绘图工具的使用

绘图工具的使用

要确保绘图质量、提高绘图速度，正确、熟练地使用绘图工具是重要的前提。常用的绘图工具包括图板、丁字尺、三角板、铅笔、圆规、分规和曲线板等。

一、图板与丁字尺

1. 图板

图板是用来铺放和固定图纸的矩形木板。图板的工作表面必须平坦、光洁，左右导边必须光滑、平直。图板一般与丁字尺配合使用，如图 1-21 所示。

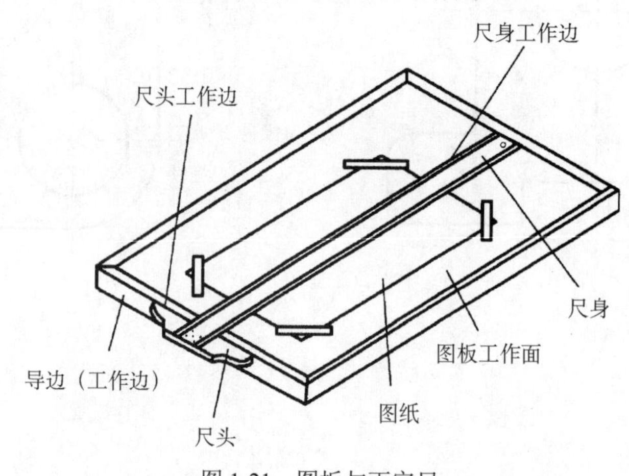

图 1-21　图板与丁字尺

2. 丁字尺

丁字尺的作用主要是绘制水平线，以及与三角板配合绘制竖直线及斜线。丁字尺一般用木材或有机玻璃等制成，由尺头和尺身两部分构成。使用时，尺头内侧必须紧靠图板的导边，上下移动，由左至右画水平线，如图 1-22 所示。

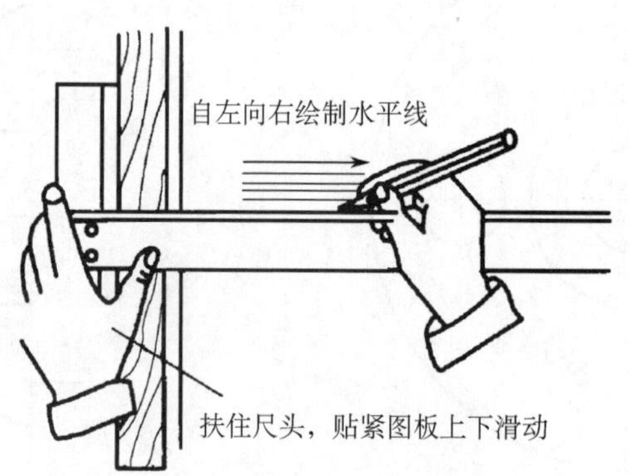

图 1-22　用丁字尺绘制水平线

二、三角板

一副三角板由 45°，30°（60°）两块组成。三角板与丁字尺配合使用，可画垂直线及与水平线成 30°，45°，60°的倾斜线，如图 1-23 所示。两块三角板配合可画与水平线成 15°、75°的倾斜线，以及任意已知直线的平行线或垂直线，如图 1-24 所示。

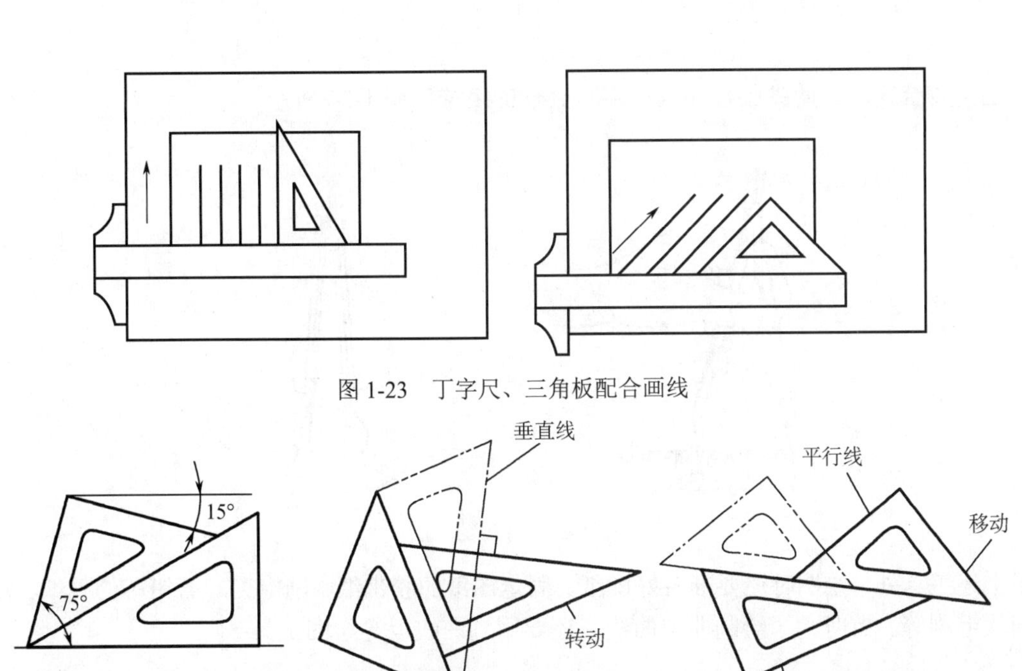

图 1-23　丁字尺、三角板配合画线

图 1-24　两块三角板配合画线

三、铅笔

绘图铅笔用“B”和“H”代表铅芯的软硬程度。“B”表示软性铅笔，B 前面的数字越大，表示铅芯越软（黑）；“H”表示硬性铅笔，H 前面的数字越大，表示铅芯越硬（淡）。“HB”表示铅芯软硬适中。铅笔一般可削磨成圆锥状头部和四棱状头部两种，分别用来绘制细实线和粗实线。画图时，粗线常用 B 或 HB 铅笔，细线常用 H 或 2H 铅笔，写字常用 HB 或 H 铅笔，画底稿建议用 2H 铅笔。

四、圆规与分规

1. 圆规

圆规是用来画圆与圆弧的工具。圆规的一脚上装有带台阶的小钢针，用来定圆心，并可防止针孔扩大；另一脚上安装铅芯画图。画圆时，应尽量使钢针和铅芯都垂直于纸面，钢针的台阶与笔尖平齐，如图 1-25 所示。

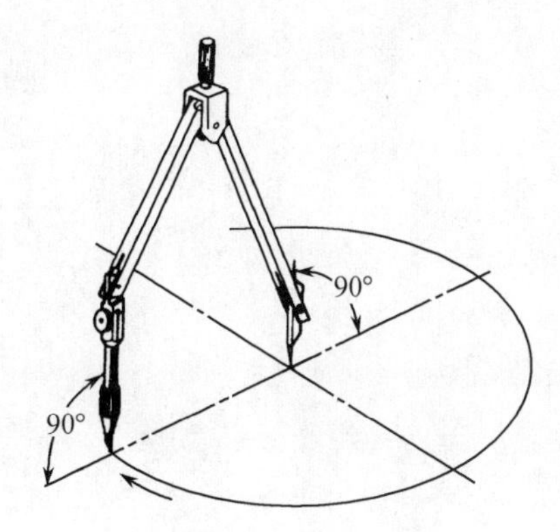

图 1-25　圆规的用法

2. 分规

分规是用来截取线段、等分直线或圆周，以及从直尺上量取尺寸的工具。分规的两脚端部均为固定的钢针，当两脚合拢时，两尖应合并成一点。分规的用法如图 1-26 所示。

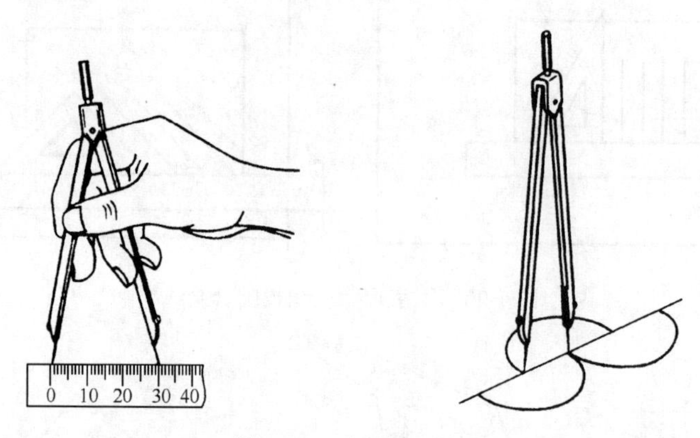

图 1-26　分规的用法

除了上述工具外，绘图时还要准备好图纸、固定图纸的胶带纸、削笔刀、磨铅芯的砂纸、橡皮、清洁图纸的软毛刷等。有时为了绘制非圆曲线，还要用到曲线板等绘图工具。

【任务练习 1-2】

班级＿＿＿＿＿＿＿＿　　姓名＿＿＿＿＿＿＿＿　　学号＿＿＿＿＿＿＿＿

1. 绘图要求：正确使用绘图工具。图中除锥度、斜度外，皆为特殊角，必须用三角板配合丁字尺绘制。图线要求符合国家标准 GB/T　4457.4—2002 和 GB/T　17450—1998。

2. 绘图步骤：

（1）将 A4 图纸固定在图板上。

（2）在图纸右下角画出标题栏。

（3）按图例（放大一倍）画出每个图形的底稿。

（4）锥度、斜度处（指斜线部分）只测量左端，再按已知数据绘制，切勿照抄原图。

（5）检查无误后描粗。

（6）填写标题栏。

（7）检查、加深。

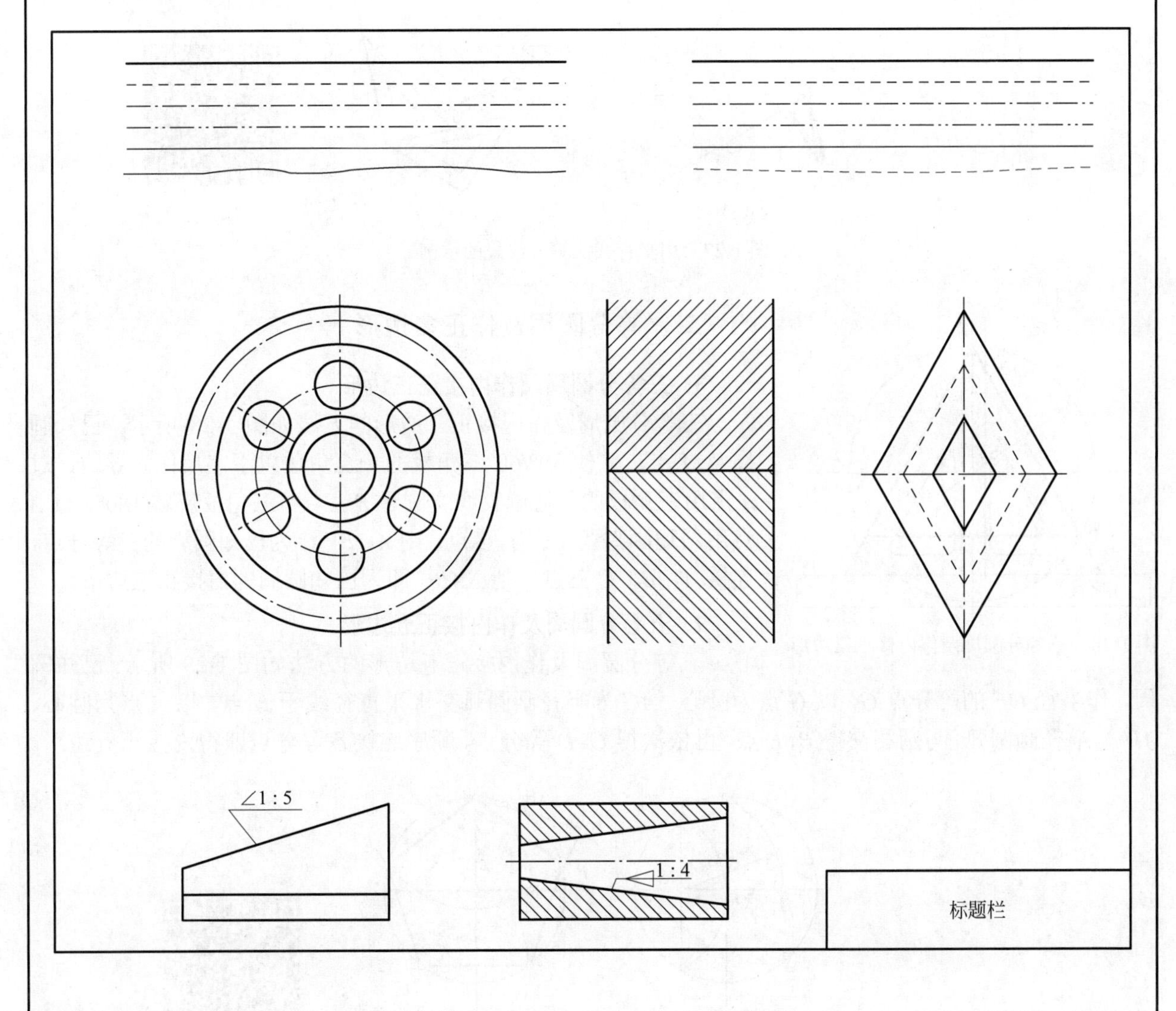

学习任务3　几 何 作 图

任何平面图形都可以看成是由一些简单几何图形组成的。几何作图就是依据给定条件，准确绘出预定的几何图形。常用的几何作图有等分线段、等分圆周、斜度与锥度、圆弧连接、椭圆的画法等。

一、等分线段

将任意长度的一条线段作任意等分，通常采用平行线法。如图 1-27 所示是用平行线法五等分 *AB* 线段的示例。

① 过 *A* 点任作一辅助直线 *AC*，用分规以任意长度为单位长度，在 *AC* 上截得 1，2，3，4，5 各等分点，如图 1-27（a）所示。

② 连接 5*B*，过点 1，2，3，4 分别作 5*B* 的平行线，与 *AB* 交于点 1′，2′，3′，4′，即得各等分点，如图 1-27（b）所示。

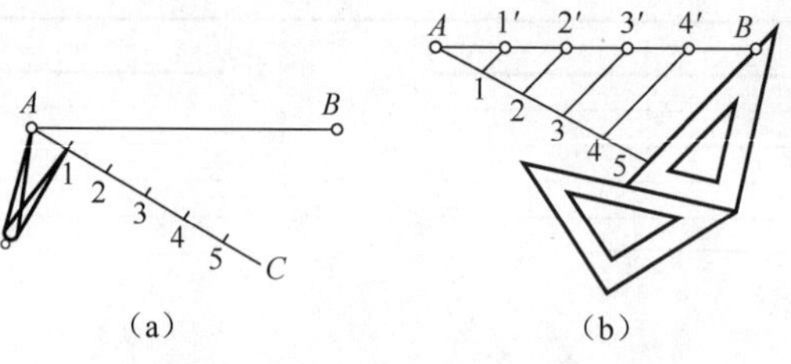

图 1-27　用平行线法等分线段的示例

二、等分圆周及作正多边形

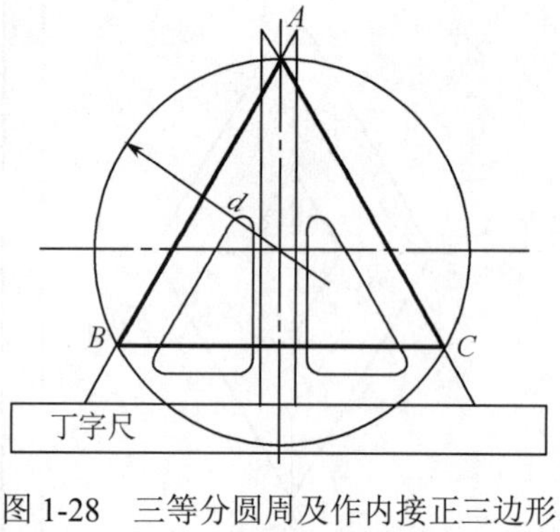

1. 三等分圆周及作内接正三边形

三等分圆周及作内接正三边形的方法如图 1-28 所示。已知圆周及 *A* 点，先使 30°/60°三角板的一直角边以丁字尺作为导边，过 *A* 点用三角板的斜边画直线交圆于 *B* 点，将三角板反转 180°，过 *A* 点用斜边画直线交圆于 *C* 点，则 *A*，*B*，*C* 为已知圆周的三等分点，连接 *A*，*B*，*C* 三点，则△*ABC* 即为已知圆周的内接正三边形。

图 1-28　三等分圆周及作内接正三边形

2. 五等分圆周及作内接正五边形

五等分圆周及作内接正五边形的方法如图 1-29 所示。已知圆周，作半径 *OF* 的等分点 *G*，以 *G* 点为圆心、*AG* 为半径画圆弧交水平直径线于 *H* 点。以 *A* 点为圆心、*AH* 为半径画圆弧，与圆相交得 *B*，*E* 点，再依次得 *C*，*D* 等分点，顺序连接各等分点即得内接正五边形。

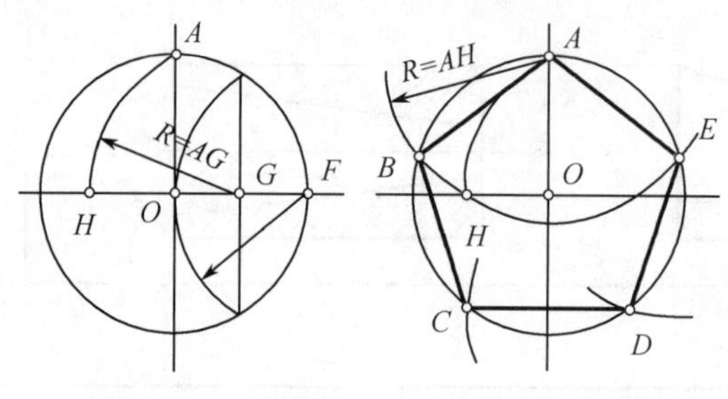

图 1-29　五等分圆周及作内接正五边形

3. 六等分圆周及作内接正六边形

六等分圆周及作内接正六边形的方法通常有两种，分别如图 1-30（a）和图 1-30（b）所示。

第一种方法是用圆规求作，如图 1-30（a）所示。以已知圆的直径的两端点 A，D 为圆心，以已知圆的半径 R 为半径，画弧与圆周相交于等分点 B，C，E，F，则 A，B，C，D，E，F 点即为所求已知圆周的六等分点，将六点依次连接，即得圆内接正六边形。

第二种方法是用丁字尺与三角板相互配合来求作，如图 1-30（b）所示。将 30°/60°三角板的短直角边与丁字尺的水平工作边接触平齐，以丁字尺为导向，沿三角板斜边分别过已知圆周与直径的交点 A，D 画直线，与圆周分别交于 F，C 两点；将三角板反转，采用同样的方法沿三角板斜边画直线，与圆周分别交于 B，E 两点。A，B，C，D，E，F 点即为所求已知圆周的六等分点，将六点依次连接，即得圆内接正六边形。

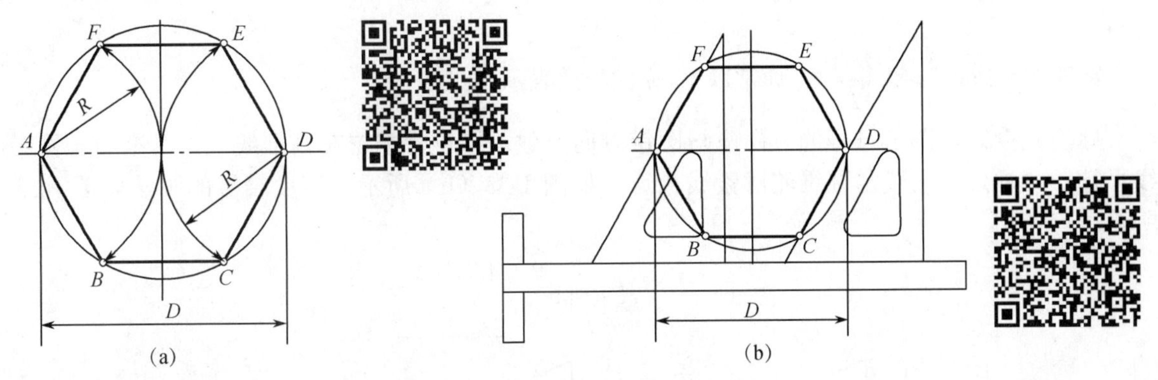

图 1-30　六等分圆周及作内接正六边形

三、斜度与锥度

1. 斜度

斜度是指一直线（或平面）相对于另一直线（或平面）的倾斜程度，其大小用这两条直线（或平面）的夹角的正切值表示，如图 1-31（a）所示。斜度＝$\tan\alpha=\dfrac{H-h}{L}$，习惯上把比例前项化为 1，写成 1：$n$ 的形式。

标注斜度时，在比数之前用符号“∠”或“⦣”表示。符号的倾斜方向应与斜度的方向一致，如图 1-31（b）所示。斜度符号的画法如图 1-31（c）所示。

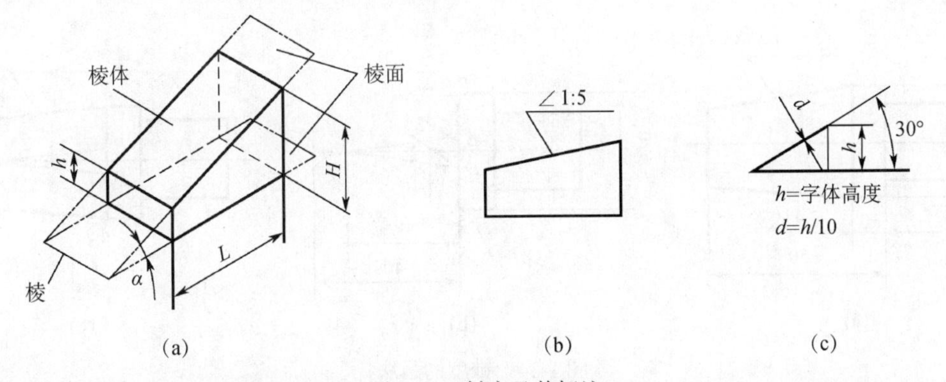

图 1-31　斜度及其标注

斜度的画法，如图 1-32 所示。根据已知的图 1-32（a），作出 1：5 斜度。作直线 AB，在 AB 上取 5 个单位长，得 D 点，在 BC 上取 1 个单位长，得 E 点，连 DE 得 1：5 参考斜度线，如图 1-32（b）所示；再根据图形尺寸画出 F 点，过 F 点作 DE 的平行线，完成作图，如图 1-32（c）所示。

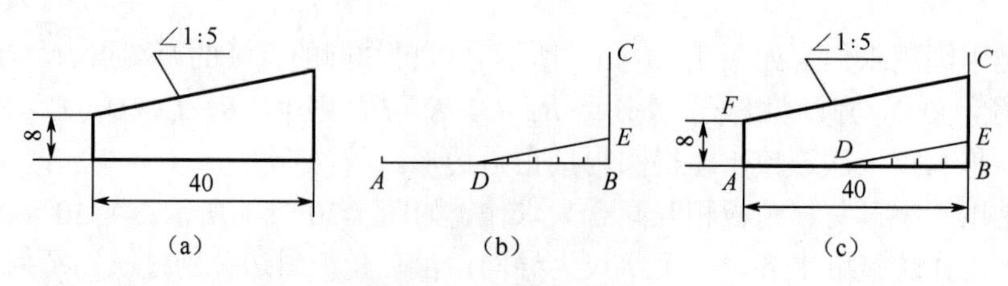

图 1-32　斜度的画法

2. 锥度

锥度是指正圆锥底圆直径与其高度之比或圆台两底圆直径之差与其高度之比，如图 1-33（a）所示。

锥度 $C=2\tan\dfrac{\alpha}{2}=\dfrac{D-d}{L}$，通常以 1：$n$ 的形式表示。

标注锥度时，图形符号的方向应与圆锥方向一致，该符号配置在基准线上，基准线与圆锥的轴线平行，并通过引出线与圆锥轮廓素线相连，如图 1-33（b）所示。锥度符号的画法如图 1-33（c）所示。

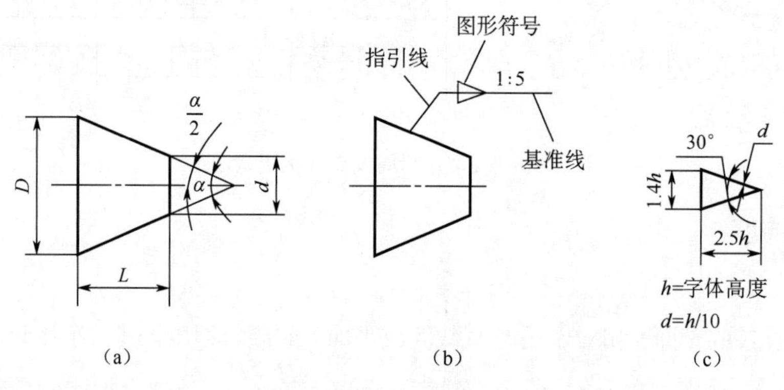

图 1-33　锥度及其标注

锥度的画法，如图 1-34 所示。根据已知的图 1-34（a），作出 1：5 锥度。按尺寸画出已知部分，在轴线上取 5 个单位长，在 AB 上取 1 个单位长，得 1：5 两条参考锥度线 CE 和 CD，如图 1-34（b）所示；过 A 和 B 点分别作 CD 和 CE 的平行线，即为所求，如图 1-34（c）所示。

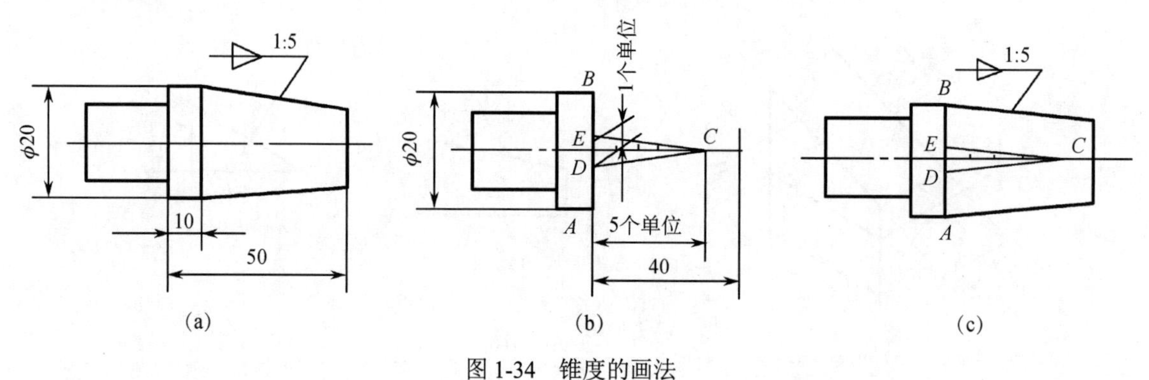

图 1-34　锥度的画法

四、圆弧连接

画零件的投影轮廓时，常会遇到用圆弧光滑连接另外两个已知线段（直线或圆弧）的作图。这里的光滑连接，在几何里就是相切的作图问题，连接点就是切点。在圆弧连接中起连接作用的圆弧称为连接圆弧。常见的圆弧连接示例——吊钩如图 1-35 所示。

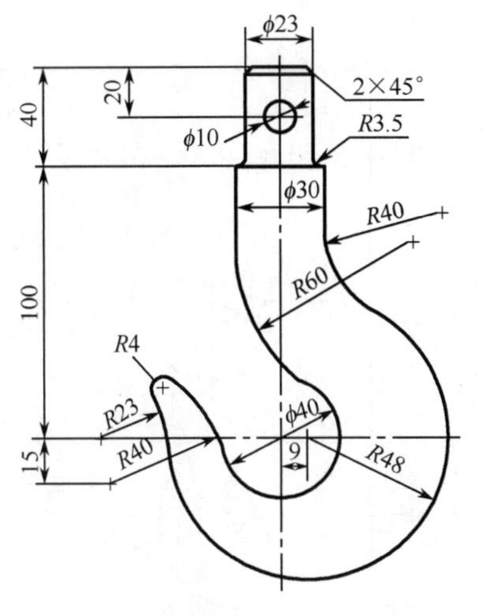

图 1-35　圆弧连接示例

1. 圆弧连接的作图原理

圆弧连接的作图原理见表 1-5。

表 1-5　圆弧连接的作图原理

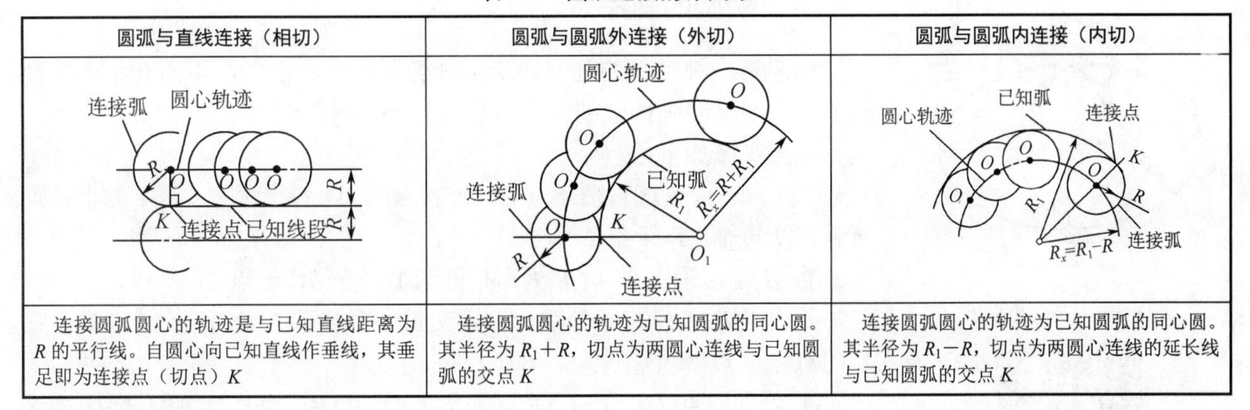

圆弧与直线连接（相切）	圆弧与圆弧外连接（外切）	圆弧与圆弧内连接（内切）
连接圆弧圆心的轨迹是与已知直线距离为 R 的平行线。自圆心向已知直线作垂线，其垂足即为连接点（切点）K	连接圆弧圆心的轨迹为已知圆弧的同心圆。其半径为 R_1+R，切点为两圆心连线与已知圆弧的交点 K	连接圆弧圆心的轨迹为已知圆弧的同心圆。其半径为 R_1-R，切点为两圆心连线的延长线与已知圆弧的交点 K

2. 圆弧连接的作图步骤

圆弧连接的作图步骤见表 1-6。

表 1-6　圆弧连接的作图步骤

形　式	实　例	作　图	步　骤
用圆弧 R 连接两已知直线			① 以 R 为距离，分别作已知直线的平行线，其交点 O 即是连接圆弧 R 的圆心 ② 自点 O 分别作两直线的垂线，得垂足 K_1 和 K_2，即为连接点 ③ 以点 O 为圆心，R 为半径，在点 K_1 和 K_2 之间画连接圆弧，即为所求
连接两已知圆弧 R_1 和 R_2		外连接	① 分别以 O_1 和 O_2 为圆心、$R+R_1$ 和 $R+R_2$ 为半径画圆弧，交点 O 即为所求连接圆弧的圆心 ② 连接 OO_1 和 OO_2，与已知圆弧分别交于 K_1 和 K_2，即为切点 ③ 以 O 为圆心、R 为半径在两切点 K_1 和 K_2 之间画连接圆弧，即为所求

续表

形　式	实　例	作　图	步　骤
连接两已知圆弧 R_1 和 R_2		内连接	① 分别以 O_1 和 O_2 为圆心、$R-R_1$ 和 $R-R_2$ 为半径画圆弧，交点 O 即为所求连接圆弧的圆心 ② 连接 OO_1、OO_2 并延长，与已知圆弧分别交于 K_1 和 K_2，即为切点 ③ 以 O 为圆心、R 为半径在两切点 K_1 和 K_2 之间画连接圆弧，即为所求
用圆弧 R 连接已知圆弧 R_1 和直线			① 作与已知直线距离为 R 的平行线 ② 以 O_1 为圆心、R_1+R 为半径画圆弧，与平行线交于 O，即为所求连接圆弧的圆心 ③ 过 O 作已知直线的垂线，得垂足 K_2，连接 OO_1 与已知圆弧交于 K_1，则 K_1 和 K_2 为切点 ④ 以 O 为圆心、R 为半径，在两切点 K_1 和 K_2 之间画连接圆弧，即为所求

五、椭圆的画法

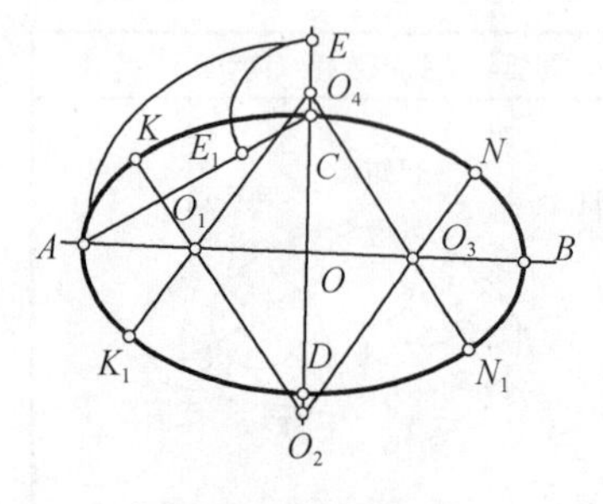

图 1-36　四心近似法

椭圆是一种常见的几何图形，画椭圆的方法很多，下面介绍已知椭圆的长、短轴时画椭圆的常用方法之一——四心近似法。

作图步骤如下：

① 已知长、短轴 AB 和 CD，连接 AC，以 O 为圆心、OA 为半径画圆弧，交短轴 CD 于点 E。

② 以点 C 为圆心、CE 为半径画圆弧，交 AC 于点 E_1。

③ 作 AE_1 的垂直平分线，分别交长、短轴于点 O_1 和 O_2，并求出它们的对称点 O_3 和 O_4。

④ 分别以点 O_1、O_2、O_3、O_4 为圆心，O_1A、O_2C、O_3B、O_4D 为半径画弧，并相切于点 K、N、N_1、K_1，即得近似椭圆，如图 1-36 所示。

【任务练习 1-3】

班级__________________ 姓名__________________ 学号__________________

1. 绘制一个边长为 30mm 的正六边形。

2. 已知椭圆长轴为 80mm，短轴为 44mm，试用四心近似法画出椭圆。

3. 连接作图（按左图上所标注的尺寸完成右图所示图形）。

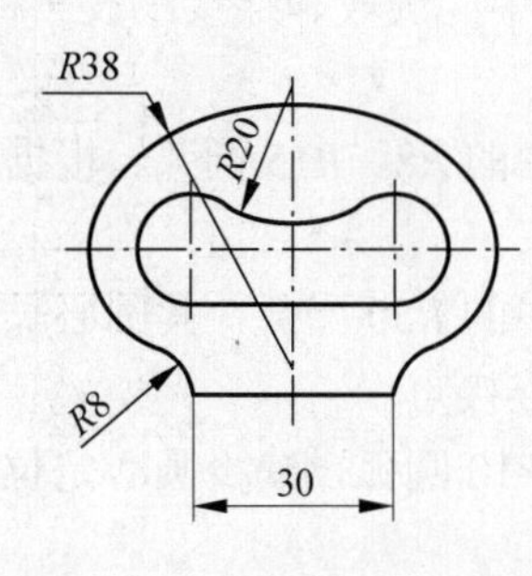

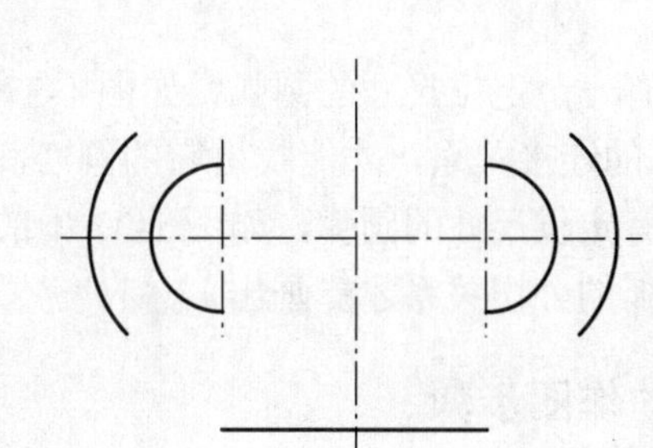

学习任务 4　平面图形的分析与画法

平面图形是由若干线段组成的。在绘制平面图形之前，需要对平面图形的尺寸和线段进行分析，以便明确平面图形的画图步骤和方法，提高绘图的质量与速度。标注尺寸时，又要根据线段间的几何关系，确定需要标注哪些尺寸，使标出的尺寸正确、清晰、完整。

平面图形的
分析与画法

一、平面图形的尺寸分析

平面图形中的尺寸按其作用可分为两类：

① 定形尺寸。确定平面图形中各几何元素形状大小的尺寸称为定形尺寸，如直线的长度，圆及圆弧的直径、半径、角度等。图 1-37 中的 15、$\phi6$、$\phi20$、$R8$、$R15$ 等尺寸即为定形尺寸。

② 定位尺寸。确定平面图形中几何元素位置的尺寸称为定位尺寸。图 1-37 中的 8、80 等尺寸即为定位尺寸。

标注定位尺寸时，通常以图形的对称线、中心线或某一轮廓线作为标注尺寸的起点，这个起点称为尺寸基准，如图 1-37 所示。

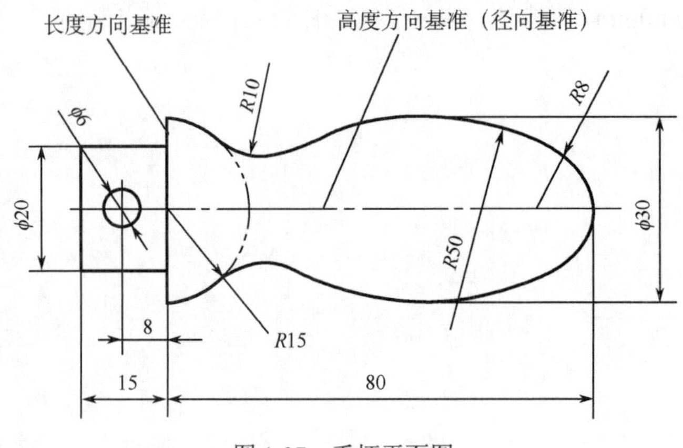

图 1-37　手柄平面图

二、平面图形的线段分析

平面图形中的线段（直线或圆弧）可分为已知线段、中间线段和连接线段三种。现以图 1-37 为例分析如下。

① 已知线段。具有两个定位尺寸的圆弧，如图 1-37 中的 $R8$、$R15$ 圆弧，根据圆心和半径尺寸可直接画出。

② 中间线段。具有一个定位尺寸的圆弧，如图 1-37 中的 $R50$ 圆弧，其圆心长度方向的定位尺寸未知，需要利用 $R8$ 圆弧的连接关系，才能找出它的圆心和连接点。

③ 连接线段。没有定位尺寸的圆弧，如图 1-37 中的 $R10$ 圆弧，缺少圆心定位的两个尺寸，必须利用与 $R50$ 和 $R15$ 两圆弧的外切关系才能画出。

三、平面图形的作图步骤

综合以上对图 1-37 所示手柄图形的分析，绘制该平面图形的作图步骤如下。

① 画基准线 a 和 b，如图 1-38（a）所示。作距离 a 为 80 并垂直于 b 的直线。

② 画已知线段。作圆弧 $R8$，$R15$ 及圆 $\phi6$，再画左端矩形，如图 1-38（b）所示。

③ 画中间线段。作Ⅰ、Ⅱ平行高度方向基准且相距均为 $50-15=35$ 的线段；按内切几何条件分别

求出中间圆弧 $R50$ 的圆心位置 O_1、O_2；连 OO_1、OO_2，求出切点 K_1 和 K_2。画出 $R50$ 的中间圆弧，如图 1-38（c）所示。

④ 画连接线段。按外切几何条件分别求出连接圆弧 $R10$ 的圆心位置 O_3、O_4，连接 O_5O_3、O_5O_4、O_2O_3、O_1O_4，求出切点 K_3、K_4、K_5、K_6，画出连接圆弧 $R10$，如图 1-38（d）所示。

⑤ 标注尺寸，校核，描粗图线，完成全图。

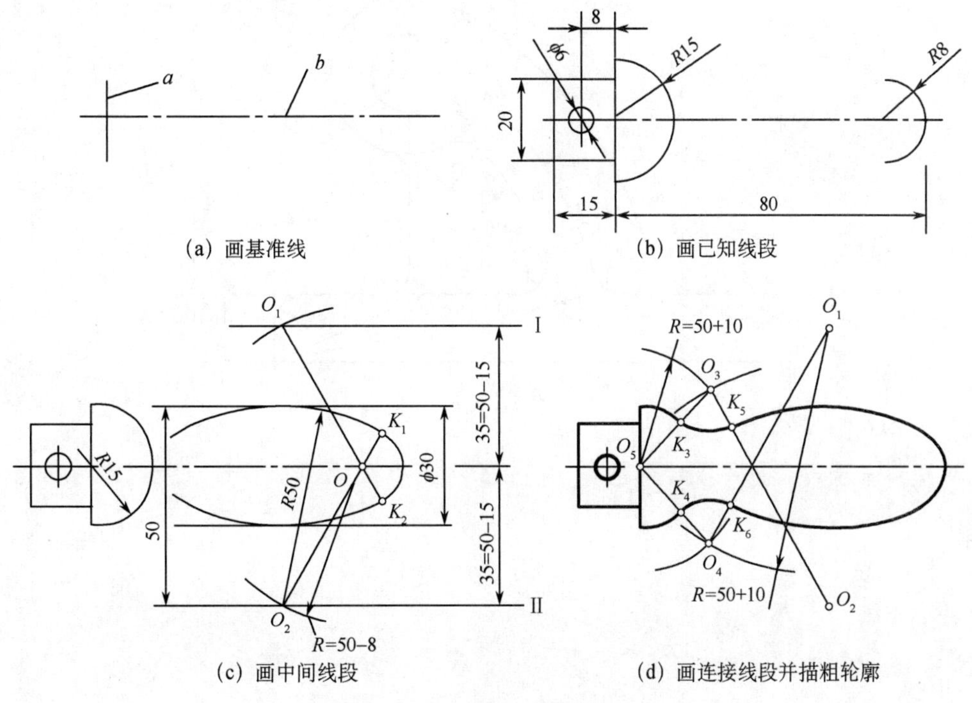

(a) 画基准线　(b) 画已知线段

(c) 画中间线段　(d) 画连接线段并描粗轮廓

图 1-38　手柄图形的作图步骤

【任务练习 1-4】

班级__________ 姓名__________ 学号__________

要求：分析下图，并用 1：1 比例抄画图形。

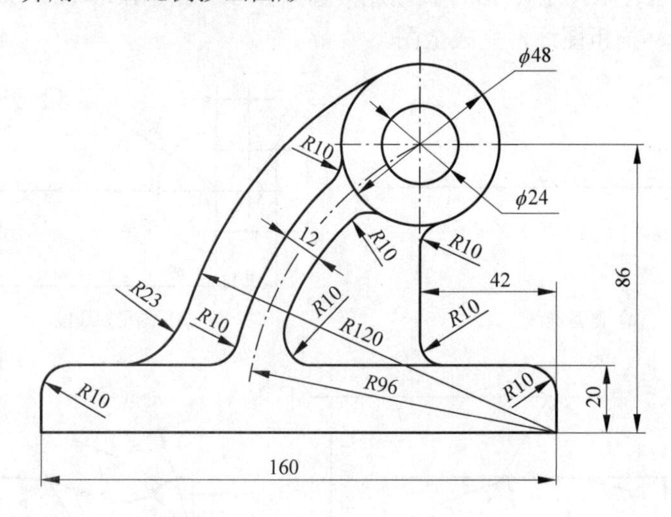

学习任务5　徒手绘制草图的方法

徒手绘图就是不借助绘图工具，目测物体的形状及大小，徒手绘制图样。在机器测绘、技术交流、现场测绘等场合，受现场条件的制约与机动性要求，经常需要徒手来进行工程记录、表达技术思想等。因此，徒手绘图是一名合格的工程技术人员必备的一项基本技能。

开始练习徒手绘图时，可在方格纸上进行，以便较好地控制图形的大小。徒手绘图时，可以用HB、B或2B铅笔，笔芯削成锥形。画图时，手握笔的位置比利用图板画图时稍高一些，以便于运笔和目测。笔杆与纸面约成45°～60°角为宜，且执笔应稳而有力。

下面介绍几种常见图形的徒手画法。

一、直线的画法

画直线时，用手腕抵着纸面，铅笔沿着画线方向移动，眼睛注视图线的终点。画短线时，常用手腕运笔；画长线时，则以手臂动作。此外，也可以用目测的方法，在直线中间先点几个点，然后分段画出。画水平线时，图纸可放得稍斜一点，且图纸不必固定；画铅垂线时，应自上而下运笔，如图1-39（a）所示。

二、常用角度的画法

画30°，45°，60°等常见角度时，可根据两直角边的比例关系，定出两端点，然后连接两点即得所画的角度线。如画10°等角度线，可先画30°角度后进行角度等分，如图1-39（b）所示。

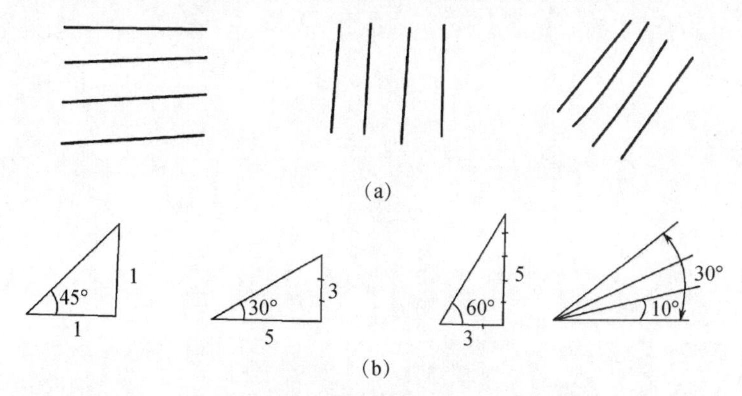

图1-39　直线和角度的徒手画法

三、圆的画法

画小圆时，先定圆心位置，过圆心画两条相互垂直的中心线，按半径大小，用目测的方法，在中心线上取四点，然后过该四点徒手画圆，如图1-40（a）所示。画直径较大的圆时，过圆心再画几条直线，在这些直线上用上述方法再取几个点，然后分段徒手画圆，如图1-40（b）所示。

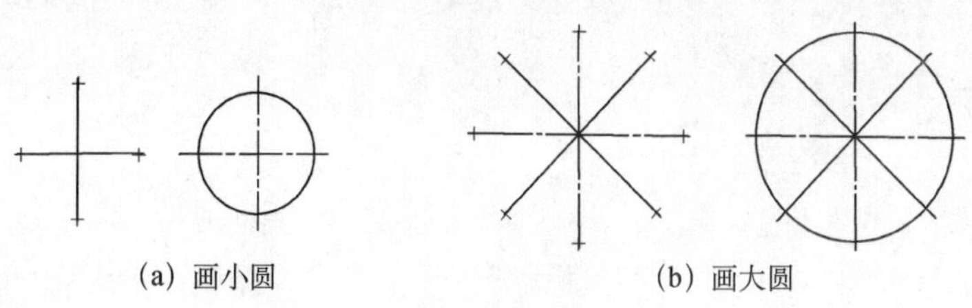

（a）画小圆　　（b）画大圆

图1-40　圆的徒手画法

四、椭圆的画法

① 已知椭圆的长、短轴画椭圆。过椭圆的长、短轴端点 *A*、*B*、*C*、*D*，分别作长、短轴的平行线，得矩形 *EFGH*，作出该矩形的对角线 *EG* 和 *FH*，并在对角线上按 *O*1 : 1*E*=7 : 3 目测得点 1。同理，求得点 2、3、4，然后徒手光滑连接各点，即得椭圆，如图 1-41（a）所示。

② 已知椭圆的一对共轭直径画椭圆。过共轭直径的端点 *A*、*B*、*C*、*D*，分别作共轭直径的平行线，得平行四边形 *EFGH*，并画出对角线 *EG* 和 *FH*，在对角线 *EG* 上按 *O*1 : 1*E*=7 : 3，目测得点 1。同理，得到点 2、3、4，然后徒手光滑连接各点即得椭圆，如图 1-41（b）所示。

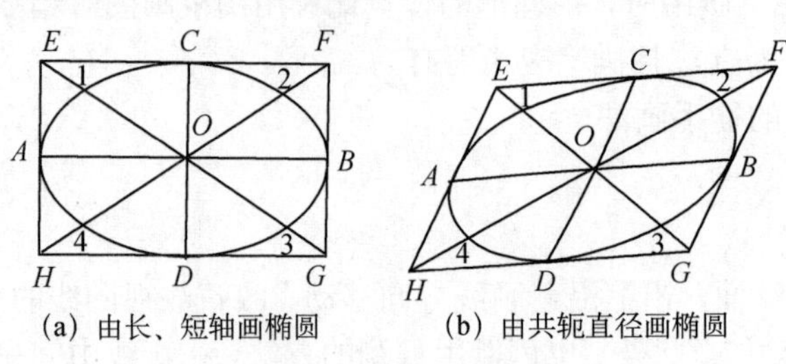

图 1-41　椭圆的徒手画

【任务练习 1-5】

班级________________　　　　姓名________________　　　　学号________________

任务要求：徒手绘制下列图形，比例自定。

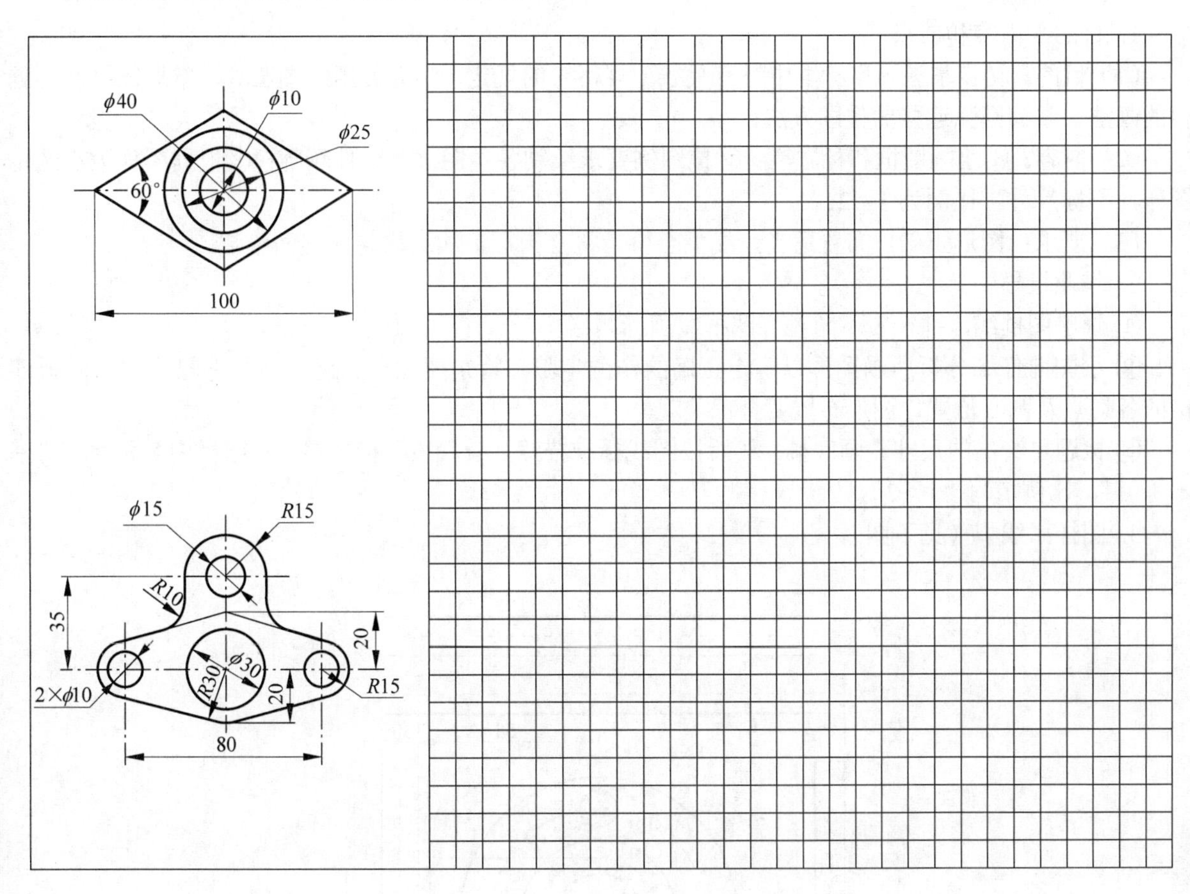

【综合训练 1】

班级__________________ 姓名__________________ 学号__________________

一、图线训练

1. 目的、内容和要求

（1）目的。初步掌握国家标准中对有关线型规格等的规定，学会使用绘图工具，掌握图框及标题栏的画法，掌握圆弧连接的作图方法。

（2）内容。①绘制图框和标题栏；②按图例要求绘制各种图线及零件轮廓；③根据图样大小选定图号，不标尺寸，比例为 1∶2。

（3）要求：图形正确，布置适当，线型合格，符合国标，加深均匀，图面整洁。

2. 作业指导

① 画出图框线，并在右下角靠齐图框线画标题栏。

② 绘图前仔细分析所画图形以确定正确的作图步骤，特别要注意正确作出零件轮廓线上圆弧连接的各切点及圆心位置，图形布置要合理美观。

③ 按题目给出的尺寸先画底稿，然后按图线标准描深，最后填写标题栏。标题栏中名称填写“基本练习”，比例填写“1∶2”。

3. 图样：线型（见下图）。

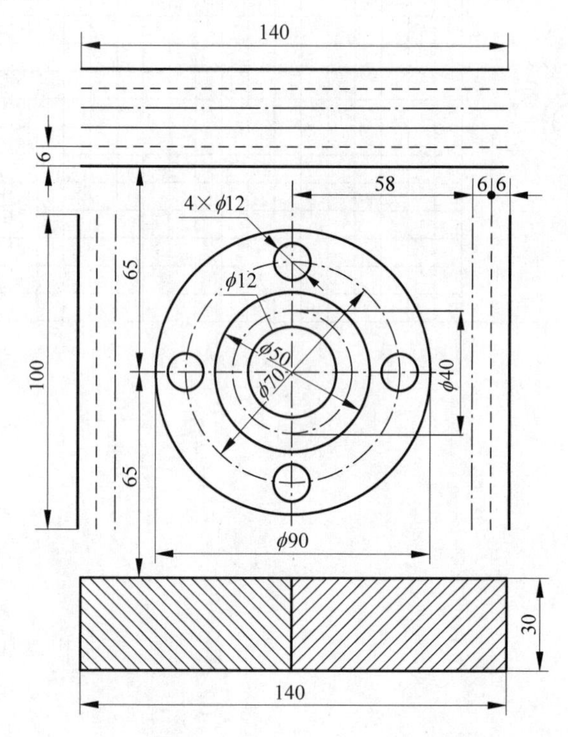

班级________________ 姓名________________ 学号________________

二、分析并抄画下列平面图形，比例自定。

1.

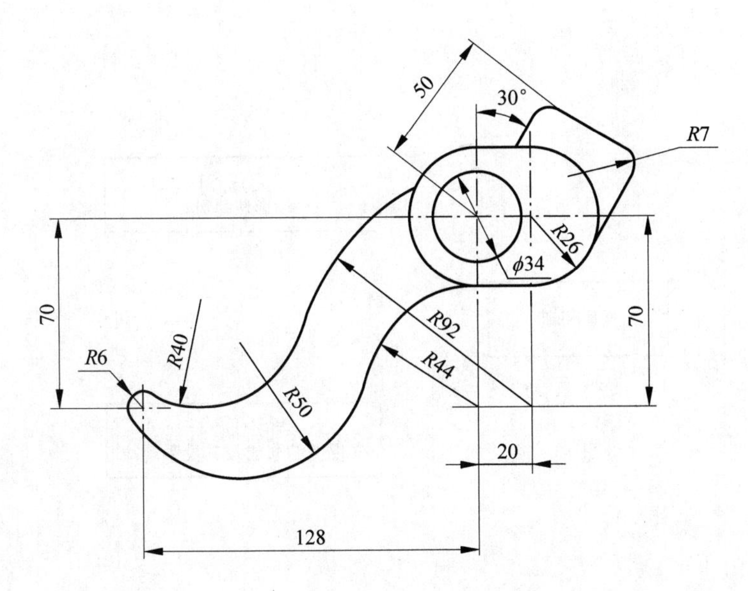

2.

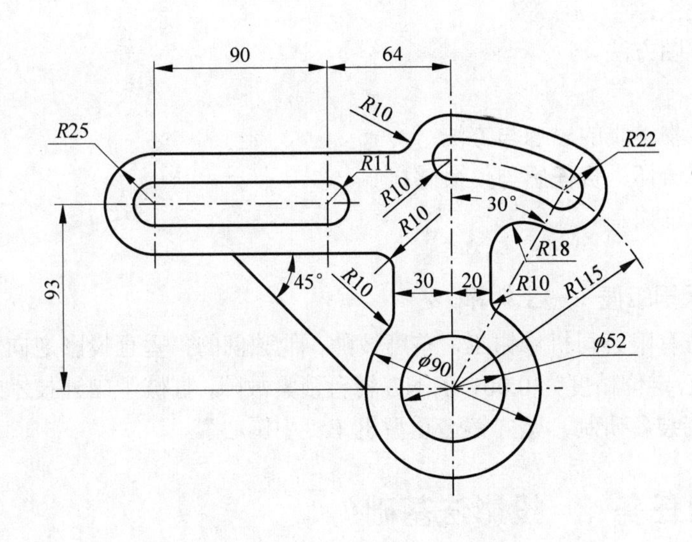

项目二　投影基础

【学习导航】

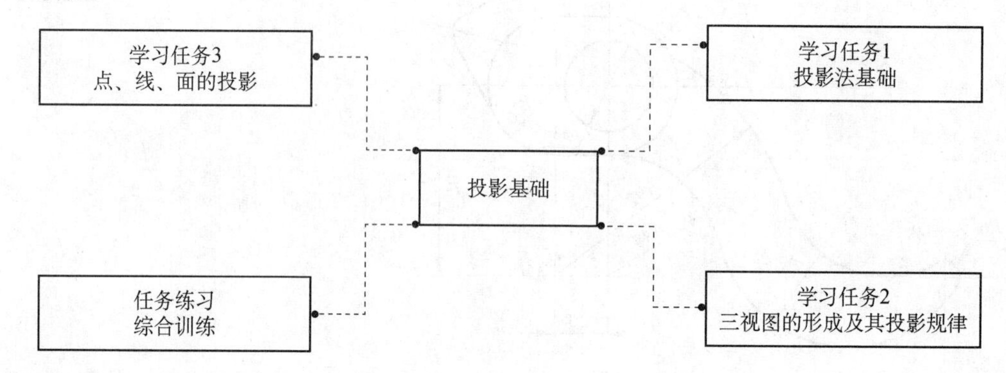

【知识目标】

◆ 掌握投影法的基本定义及分类；
◆ 掌握三视图的形成及投影规律；
◆ 掌握点、线、面的投影特性。

【能力目标】

◆ 会分析正投影法的性质和应用；
◆ 会分析三视图的形成过程及对应关系；
◆ 会分析点、线、面的投影规律和作图方法。

【思政目标】

◆ 具有从不同角度、不同方向观察事物本质的思想与方法；
◆ 强化整体与部分的关系，激发家国情怀、责任感与使命感；
◆ 培养注重细节的品质和顾全大局的意识。

【思政故事】

大国工匠——王树军

王树军

王树军，潍柴动力股份有限公司机修钳工，首席技师。他独创的“垂直投影逆向复原法”，解决了进口加工中心定位精度为0.001°的NC转台锁紧故障，打破了国外技术封锁和垄断。他致力中国高端装备研制，坚守铸造重型机车“中国心”。

学习任务1　投影法基础

投影原理与三视图是绘制与识读机械图样的基础。国家标准规定，机械图样按正投影法绘制。本次学习任务将介绍投影法的原理、分类及其投影特性。

一、投影法

如图 2-1（a）所示，物体在光线照射下，会在墙面或地面上产生影子。如图 2-1（b）所示，设光源 S 为投射中心，平面 P 称为投影面，在光源 S 和平面 P 之间有空间点 A、B、C、D，连接 SA、SB、

SC、*SD* 并延长与平面 *P* 相交于点 *a*、*b*、*c*、*d*。点 *a*、*b*、*c*、*d* 就是空间点 *A*、*B*、*C*、*D* 的投影，*SA*、*SB*、*SC*、*SD* 称为投影线。这种投影线通过物体，向选定的面投射，并在该面上得到图形的方法称为投影法。根据投影法所得到的图形，称为投影。

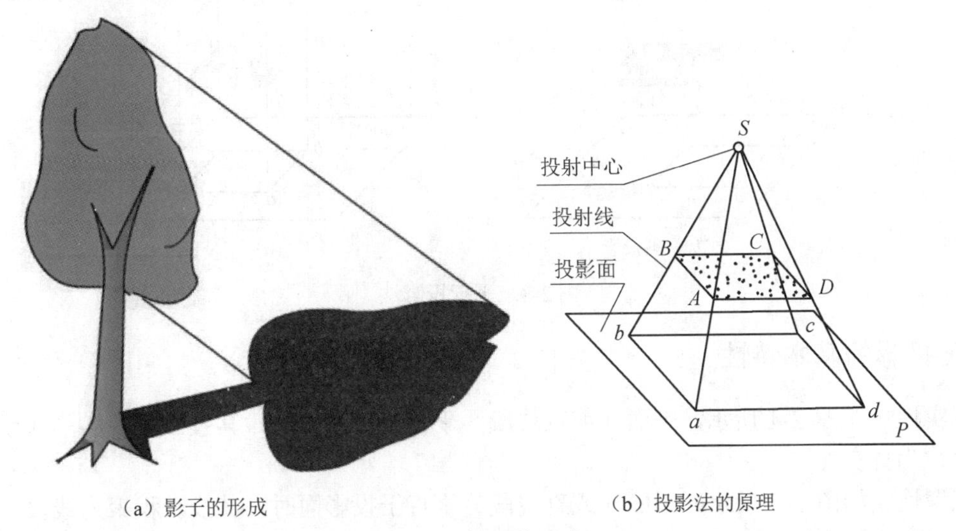

（a）影子的形成　　（b）投影法的原理

图 2-1　投影的形成

二、投影法分类

根据投射线的类型（平行或相交）、投射线与投影面的相对位置（垂直或倾斜），投影法分为中心投影法和平行投影法。

1. 中心投影法

如图 2-2 所示，投射线汇交于一点的投影法，称为中心投影法。用中心投影法作出的图形在工程上称为透视图。透视图具有较强的立体感，但作图复杂、度量性较差，在机械制图中使用较少。

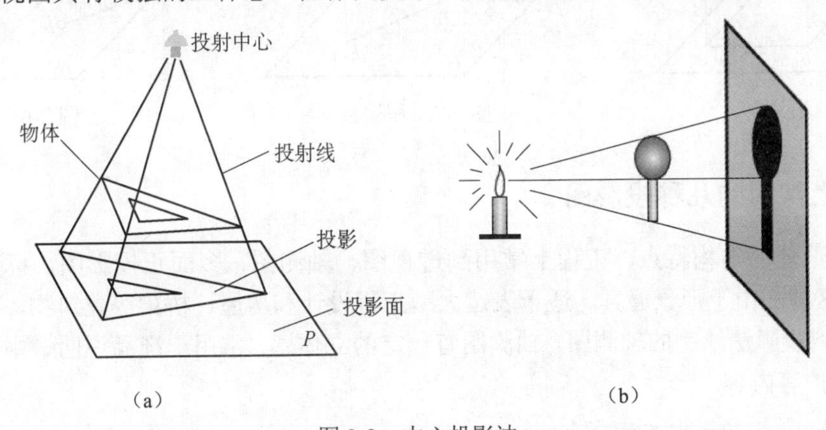

（a）　　（b）

图 2-2　中心投影法

2. 平行投影法

如图 2-3 所示，投射线互相平行的投影法，称为平行投影法。平行投影法又分为斜投影法和正投影法。

（1）斜投影法　如图 2-3（a）所示，投射线倾斜于投影面的平行投影法，称为斜投影法。斜投影法在工程上用得较少，有时用来绘制轴测图。

（2）正投影法　如图 2-3（b）所示，投射线垂直于投影面的平行投影法，称为正投影法。用正投影法投影所得的图形，称为正投影。正投影能反映物体的真实形状和大小，度量性好，作图也比较方便，所以在工程制图中得到广泛应用。为叙述方便，在没有特别说明的情况下，本书以后所提的投影即指正投影。

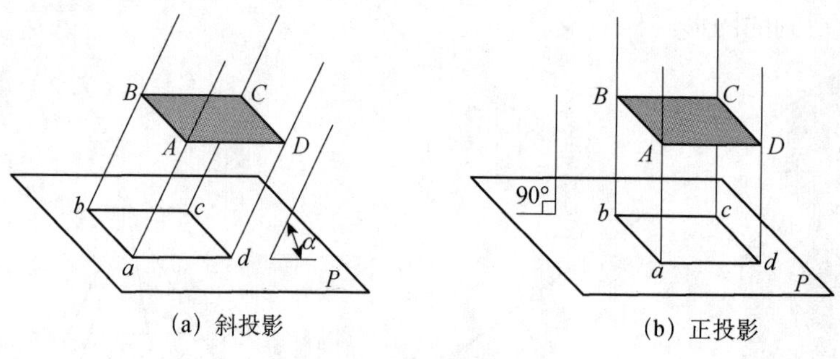

(a) 斜投影　　(b) 正投影

图 2-3　平行投影法

三、正投影的基本特性

（1）真实性　如图 2-4 所示，平面（或直线段）平行于投影面时，其投影反映实形（或实长），这种投影特性称为真实性。

（2）积聚性　如图 2-5 所示，平面（或直线段）垂直于投影面时，其投影积聚为线段（或一点），这种投影特性称为积聚性。

（3）类似性　如图 2-6 所示，平面（或直线段）倾斜于投影面时，其投影变小（或变短），但投影形状与原来形状相类似，这种投影特性称为类似性。

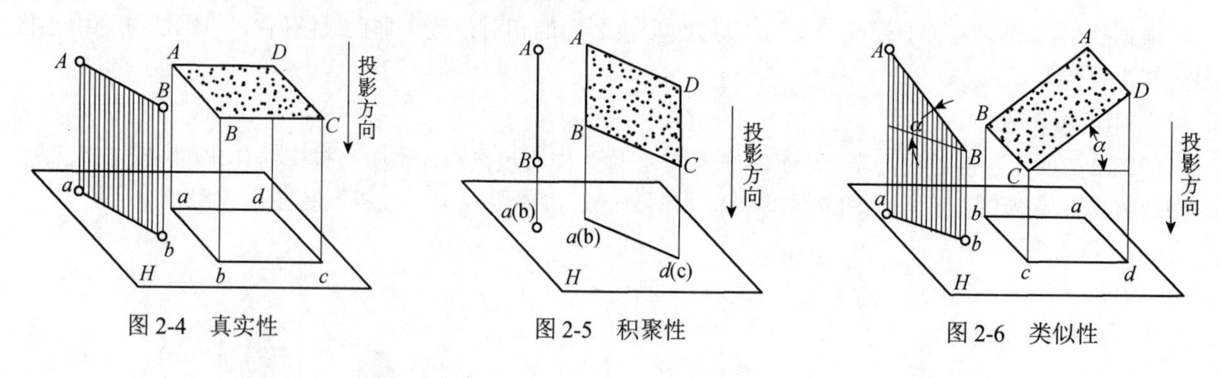

图 2-4　真实性　　图 2-5　积聚性　　图 2-6　类似性

四、工程上常用的几种投影图

按照用途和形体的结构特点，工程上常用到透视图、轴测图、多面正投影图、标高投影图等。图 2-7 为透视图。这种图由于形象逼真，适于表达大型工程设计和房屋、桥梁等建筑物，但度量性较差。

图 2-8 为按斜投影法绘制的轴测图。轴测图有一定的立体感，常用于产品说明书中表达有关机器的操作、使用和维护等内容。

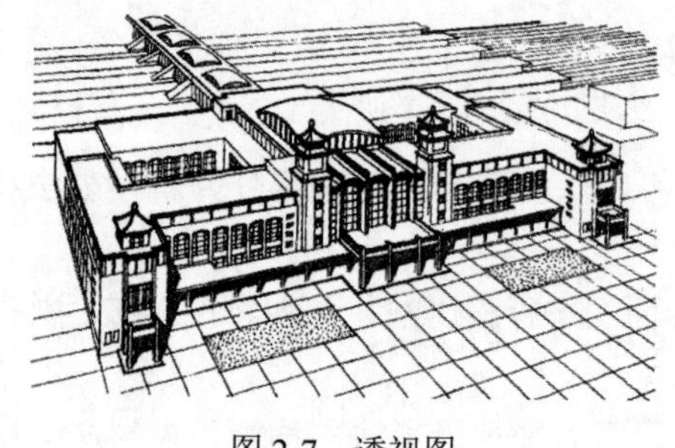

图 2-7　透视图

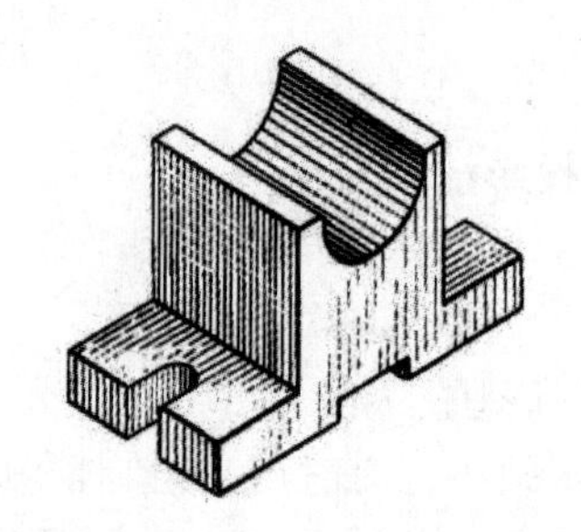

图 2-8　斜投影法绘制的轴测图

图 2-9 为多面正投影图。这种图能够准确地表达物体的几何关系及各表面的相互位置，度量性好，

工程上应用广泛；缺点是立体感差。

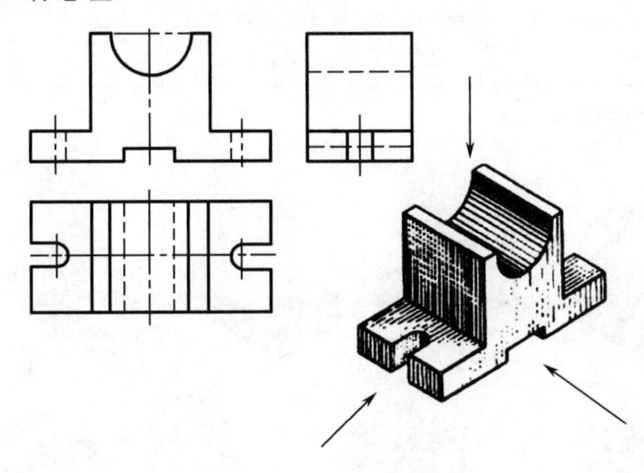

图 2-9　多面正投影图

图 2-10 为标高投影图。它也是正投影的一种。标高投影适用于表达高度与长、宽、高比较小的曲面，例如地形图就是按标高标影法绘制的。

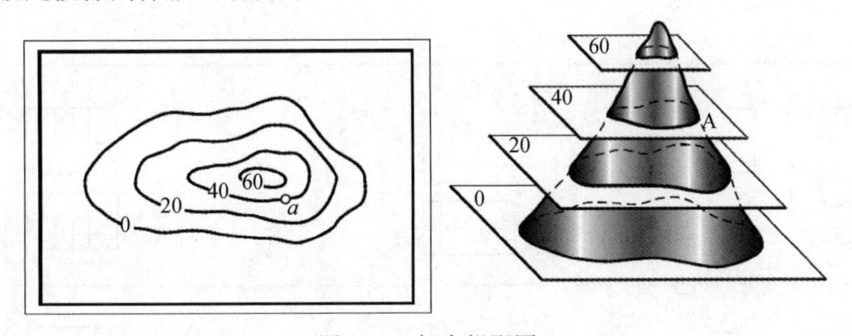

图 2-10　标高投影图

【任务练习 2-1】

班级________________ 姓名________________ 学号________________

参照三视图及轴测图选择填空。

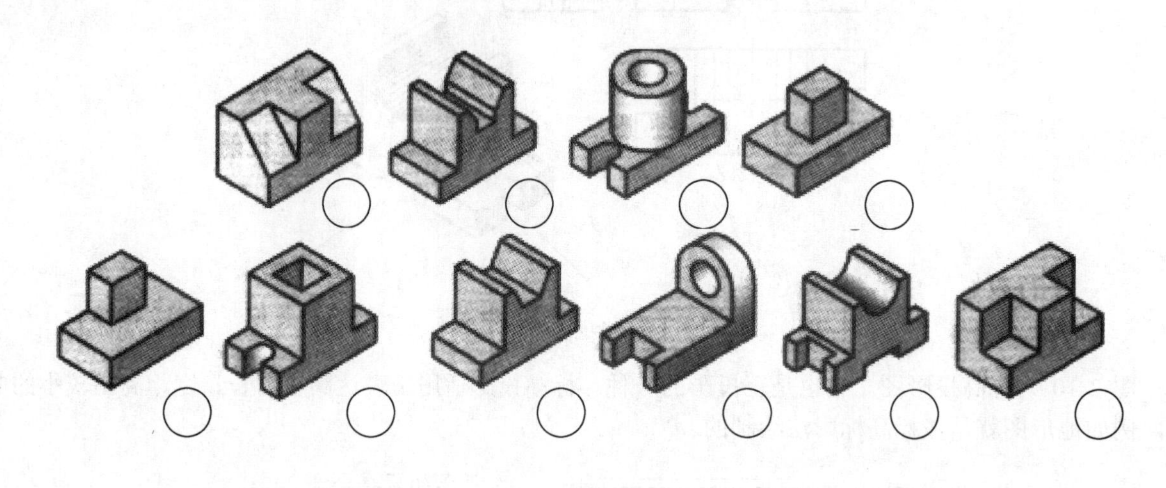

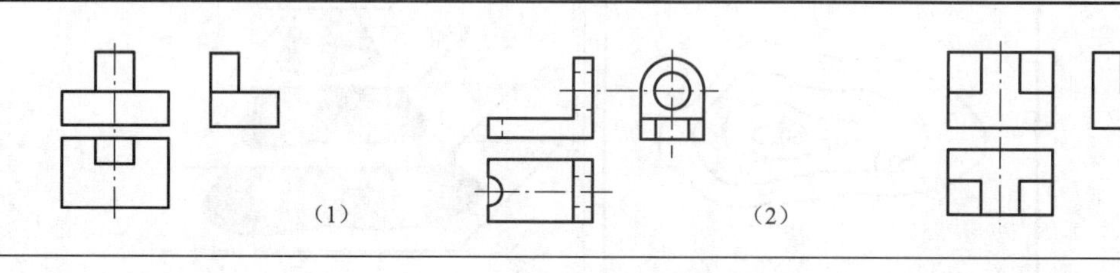

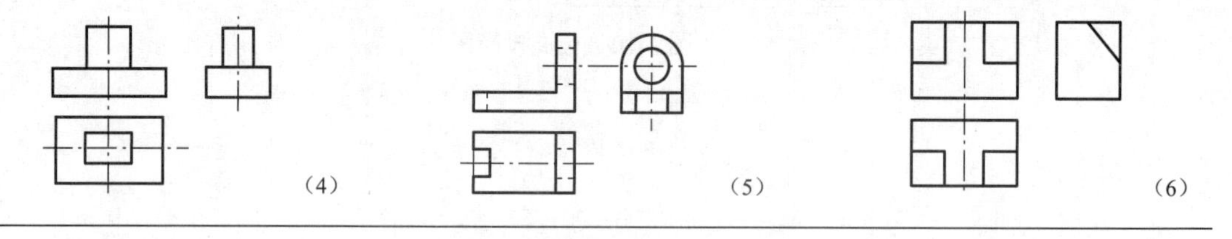

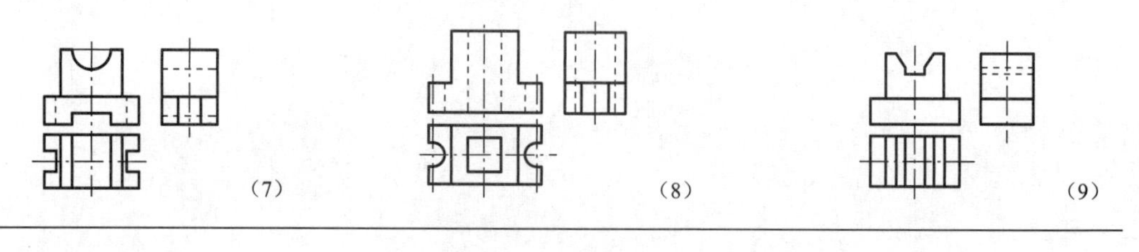

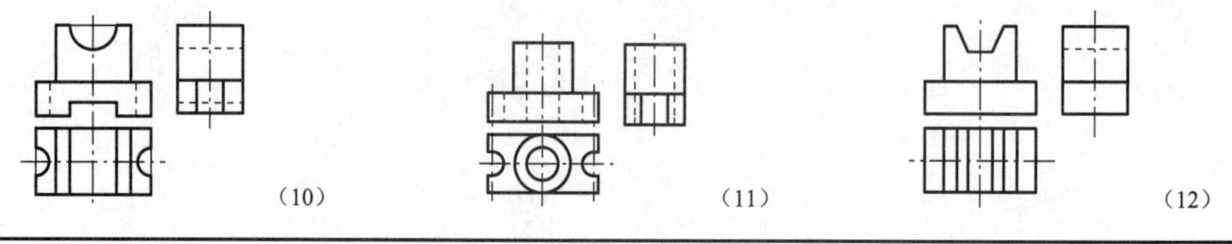

学习任务2　三视图的形成及其投影规律

工程上把根据有关标准和规定用正投影法所绘制出的物体的图形，称为视图。通常物体的一个视图不能完全表示其形状，因此在机械制图中常用三视图（多面正投影图）表达物体，如图2-11所示。

三视图的形成及投影规律

一、三视图的形成

1. 三面投影体系的建立

投影法中，得到投影的面，称为投影面。如图2-12（a）所示，空间两两相互垂直且相交的三个投影面将空间划分为八个分角。

① 第一分角：左、上、前区；
② 第二分角：左、上、后区；
③ 第三分角：左、下、后区；

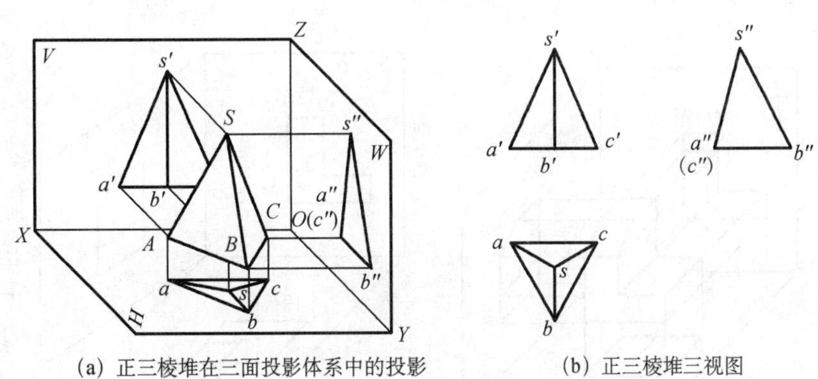

(a) 正三棱堆在三面投影体系中的投影　　(b) 正三棱堆三视图

图2-11　三视图示例

④ 第四分角：左、下、前区；
⑤ 第五分角：右、上、前区；
⑥ 第六分角：右、上、后区；
⑦ 第七分角：右、下、后区；
⑧ 第八分角：右、下、前区。

将物体置于第一分角内，并使其处于观察者与投影面之间而得到的多面正投影，称为第一角投影。将物体置于第三分角内，并使投影面处于观察者与物体之间而得到的多面正投影，称为第三角投影。中国大陆主要采用第一角投影，本学习任务着重介绍第一角投影。

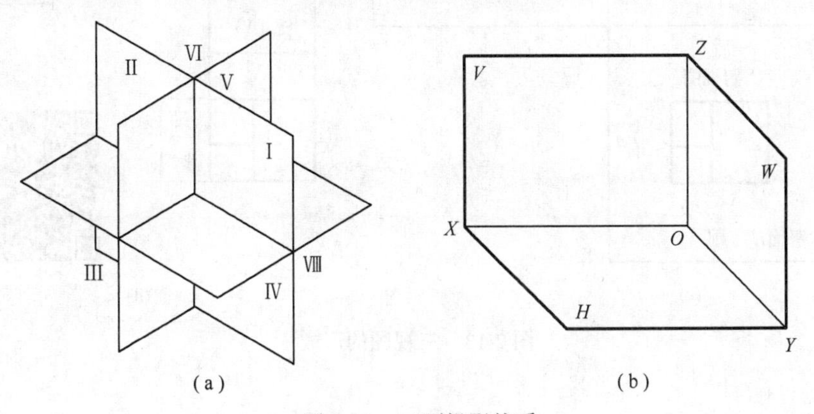

(a)　　(b)

图2-12　三面投影体系

如图 2-12（b）所示，在多面正投影中，相互垂直的三个投影面分别为：正立投影面 *V*（简称正面）、水平投影面 *H*（简称水平面）和侧立投影面 *W*（简称侧面）。

如图 2-12（b）所示，三个投影面的交线称为投影轴，分别用 *OX*、*OY*、*OZ* 表示。三根投影轴的交点称为原点，用 *O* 表示。以 *O* 点为基准，沿 *X* 轴方向量度长度尺寸并确定左右位置，沿 *Y* 轴方向量度宽度尺寸并确定前后位置，沿 *Z* 轴方向量度高度尺寸并确定上下位置。

2. 三视图的投影过程

如图 2-13（a）所示，将物体置于第一分角中，并使其处于观察者与投影面之间，分别向 *V*、*H*、*W* 面投射，得三个视图，分别是主视图、俯视图和左视图。

① 主视图。由前向后投射，在 *V* 面所得的视图。主视图应尽量反映物体的主要形状特征。

② 俯视图。由上向下投射，在 *H* 面所得的视图。

③ 左视图。由左向右投射，在 *W* 面所得的视图。

3. 投影面的展开

如图 2-13（b）所示，按以下规定展开：*V* 面不动，*H* 面绕 *OX* 轴向下旋转 90°，*W* 面绕 *OZ* 轴向右旋转 90°。如图 2-13（c）所示，展开后，使 *H* 面和 *W* 面与 *V* 面在同一平面上。

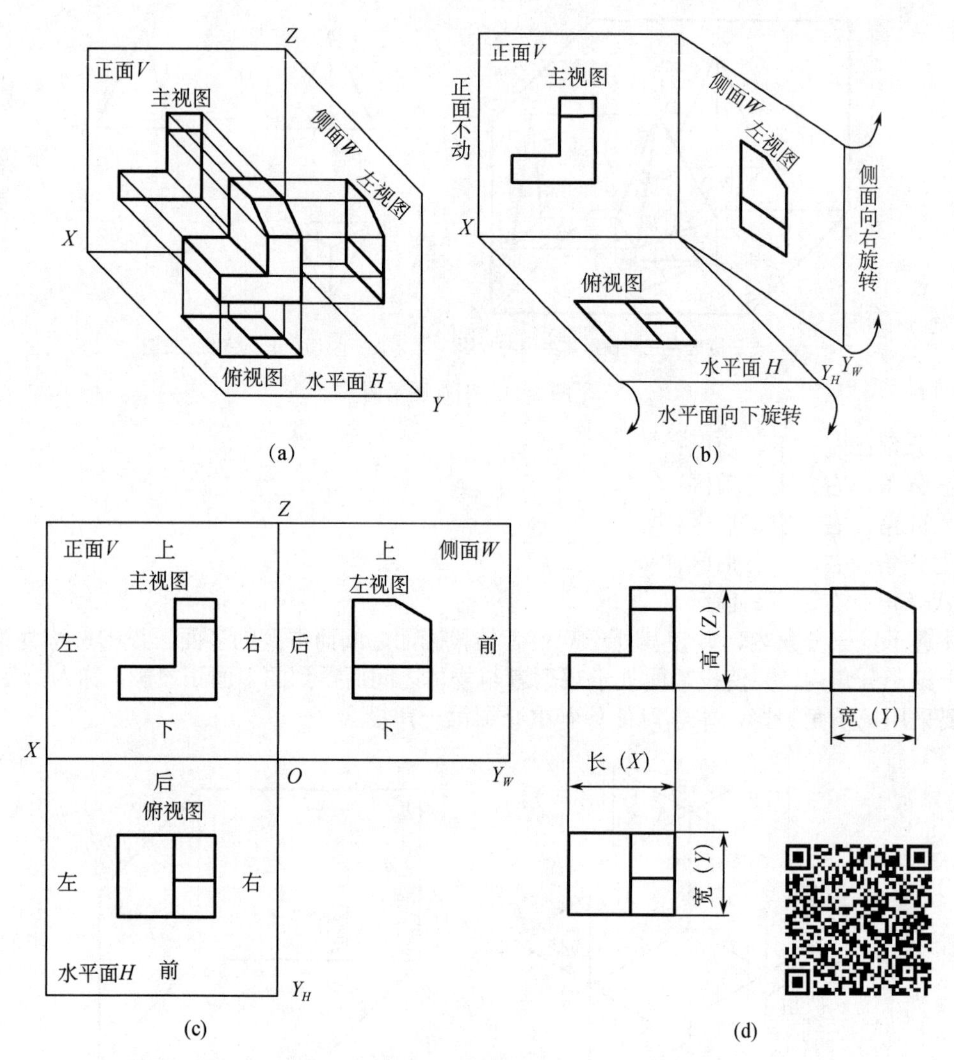

图 2-13　三视图的形成

二、三视图的投影规律

1. 三视图的配置关系

如图 2-13（c）所示，按规定展开后，以主视图为基准，俯视图在它的正下方，左视图在它的正右方。画三视图时，应按上述规定配置。按规定配置的三视图，不需要标注视图名称及投射方向。

由于视图所表示的物体形状与物体和投影面之间的距离无关，绘图时一般省略投影面边框线及投影轴，如图 2-13（d）所示。

2. 三视图的方位关系

如图 2-13（c）所示，物体具有上下、左右、前后六个方位，当物体的投射位置确定后，其六个方位也随之确定。主视图反映上下、左右关系，俯视图反映左右、前后关系，左视图反映上下、前后关系。搞清楚三视图六个方位的对应关系，对绘图、读图、判断物体结构及各结构要素之间的相对位置十分重要。

3. 三视图的尺寸关系

如图 2-13（d）所示，展开后的三视图中，主视图反映物体的长度和高度，俯视图反映物体的长度和宽度，左视图反映物体的高度和宽度。相邻两个视图之间有一个方向尺寸相等，即三视图之间存在“三等”尺寸关系。

① 主视图和俯视图等长，即“主、俯视图长对正”；

② 主视图和左视图等高，即“主、左视图高平齐”；

③ 俯视图和左视图等宽，即“俯、左视图宽相等”。

三视图之间存在的“三等”尺寸关系，不仅适用于整个物体，也适用于物体的局部。

【任务练习 2-2】

班级__________________ 姓名__________________ 学号__________________

根据轴测图绘制三视图。（尺寸自定）

1.

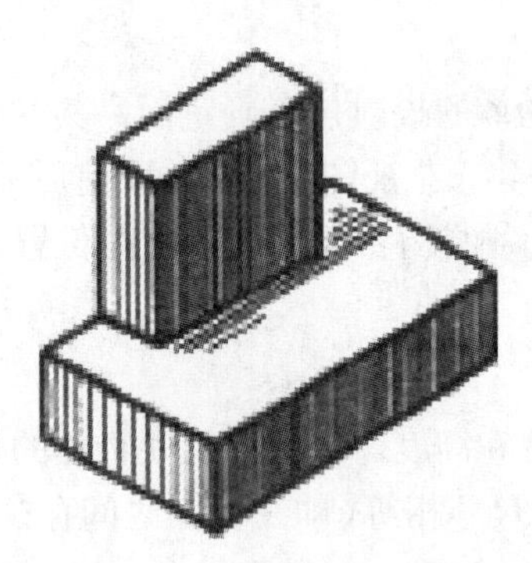

2.

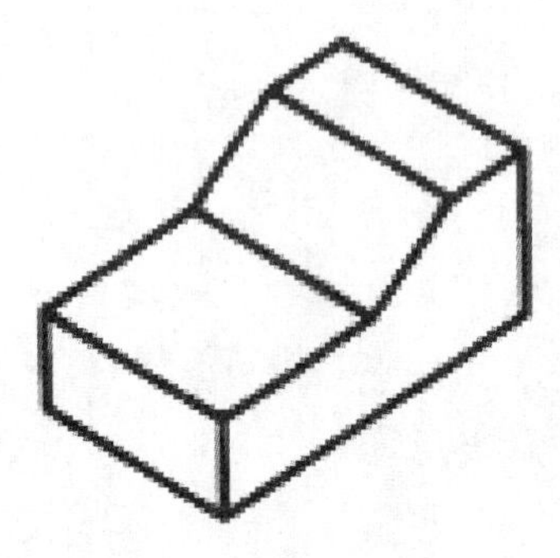

学习任务3　点、线、面的投影

一、点的投影

点是组成立体的最基本的几何元素，任何物体都可以认为是由点组成的，因此必须掌握点的投影规律。本次学习任务将介绍点的空间位置与直角坐标、点的投影及规律。

1. 空间点的位置与直角坐标

将空间一点 A 置于三面投影体系中，如图 2-14（a）所示，以投影面为坐标面，投影轴为坐标轴，O 为坐标原点，那么空间点 A 分别到三个投影面的距离可以用坐标（X，Y，Z）表示。

2. 点的三面投影

（1）点投影的形成

将空间点 A 置于三面投影体系中，如图 2-14（a）所示，过 A 点分别向三个投影面作垂线，得垂足 a、a'和 a''，即为点 A 在三个投影面上的投影，分别称为水平投影、正面投影和侧面投影。

如图 2-14（b）所示，展开后得点 A 的三面投影图。图中 a_X、a_{YH}、a_{YW}、a_Z 分别为点 A 的投影连线与投影轴的交点。

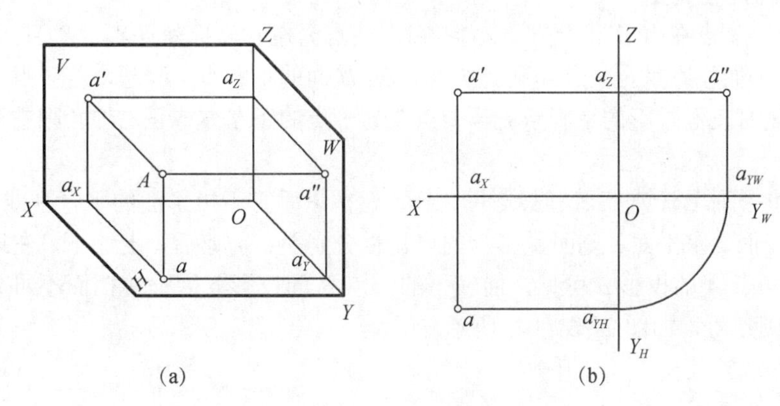

图 2-14　点的投影

（2）点的投影规律

由图 2-14 中点 A 的三面投影的形成可知，点在三面投影体系中具有如下投影规律：

① 点的两面投影的连线，必定垂直于相应的投影轴。

② 点的投影到投影轴的距离等于点的坐标，也就是该点到相应的投影面的距离。

以上两规律即为：$a'a''$垂直于 OZ 轴，$a'a_X=Aa=a''a_{YW}$，即高平齐；aa'垂直于 OX 轴，$a'a_Z=Aa''=aa_{YH}$，即长对正；$a''a_{YW}$ 和 aa_{YH} 分别垂直于 Y 轴，$aa_X=a''a_Z$，即宽相等。

（3）空间点和该点三面投影之间的联系

根据点的投影规律，可以建立空间点和该点三面投影之间的联系。当点的空间位置确定时，可以求出它的三面投影；反之，当点的三面投影已知时，点的空间位置也随之确定。

如图 2-14 所示，空间点 A 到投影面的距离与该点坐标的关系如下：

① 空间点 A 到侧立投影面 W 的距离为 $Aa''=a'a_Z=aa_Y=Oa_X$，即空间点 A 的 X 坐标；

② 空间点 A 到正立投影面 V 的距离为 $Aa'=aa_X=a''a_Z=Oa_Y$，即空间点 A 的 Y 坐标；

③ 空间点 A 到水平投影面 H 的距离为 $Aa=a'a_X=a''a_Y=Oa_Z$，即空间点 A 的 Z 坐标。

由以上关系可知，点的正面投影 a'可由 X、Z 确定，点的水平面投影 a 可由 X、Y 确定，点的侧面投影 a''可由 Y、Z 确定，由此可知，点的任意两个投影都包含着点的三个不同坐标。因此，当已知点的两个投影时，就可以利用点的投影规律在投影图中作出该点的第三个投影。

3. 两点相对位置的确定

如图 2-15 所示，两点的相对位置：左右关系由 X 坐标确定，$X_B>X_A$ 表示点 B 在点 A 的左方；前后关系由 Y 坐标确定，$Y_B>Y_A$ 表示点 B 在点 A 的前方；上下关系由 Z 坐标确定，$Z_A>Z_B$ 表示点 A 在点 B 的上方。

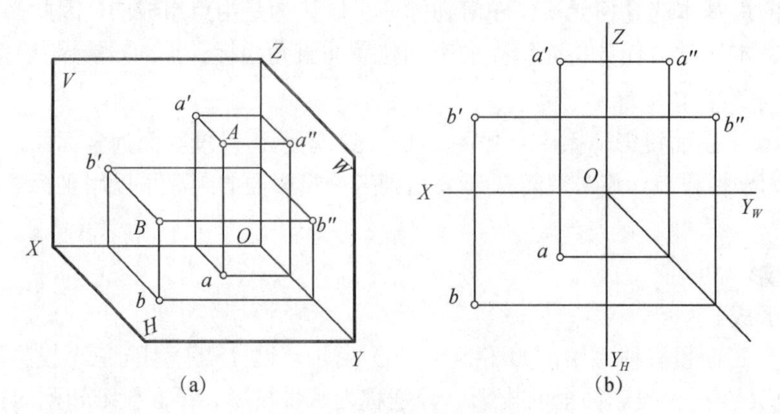

图 2-15 两点的相对位置

4. 重影点及其可见性判定

如图 2-16 所示，A 点在点 B 正上方（$Z_A>Z_B$），两点无左右坐标差（$X_A=X_B$），无前后坐标差（$Y_A=Y_B$），这两点的水平面投影重合，点 A 和点 B 称为对 H 面的重影点。同理，若一点在另一点的正前方或正后方，则它们是对正面投影的重影点；若一点在另一点的正左方或正右方，则它们是对侧面投影的重影点。

第一角投影是将物体置于观察者和投影面之间，假想以垂直于投影面的平行视线（投影线）进行投影所得。因此，对正面、水平面、侧面重影点的可见性分别是：前遮后，上遮下，左遮右。例如图 2-16 中，应该是较上的一点 A 的投影 a 可见，而较下的一点 B 的投影 b 因被遮挡而不可见。一般，对不可见投影，其符号加圆括号，如图 2-16（b）所示。

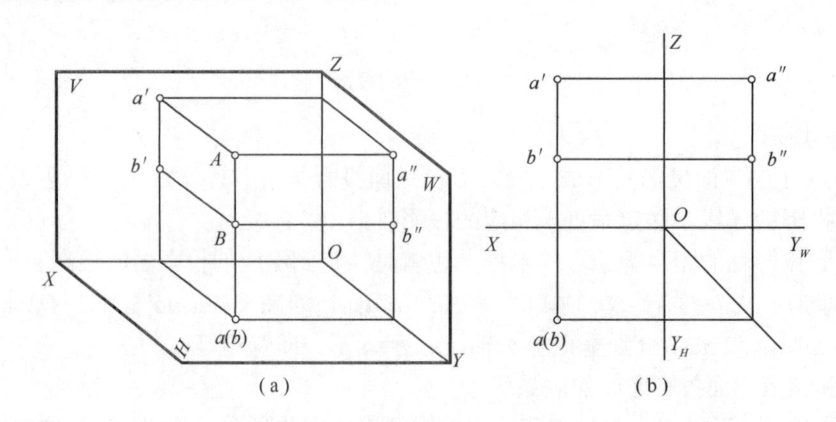

图 2-16 重影点及其可见性判定

5. 画点和读点的投影图

【例 2-1】如图 2-17 所示，已知点 A 的两个投影 a' 和 a，求作其第三个投影 a''。

解：根据点的投影规律，作图步骤如下。

① 根据投影规律，$a'a''\perp OZ$，故 a'' 一定在过点 a' 而且垂直于 OZ 轴的直线上。

② 由于 a'' 到 OZ 轴的距离等于 a 到 OX 轴的距离，所以量取 $a''a_Z=aa_X$（可通过作 45°斜线或画圆弧得到），即得到点 A 的侧面投影 a''。

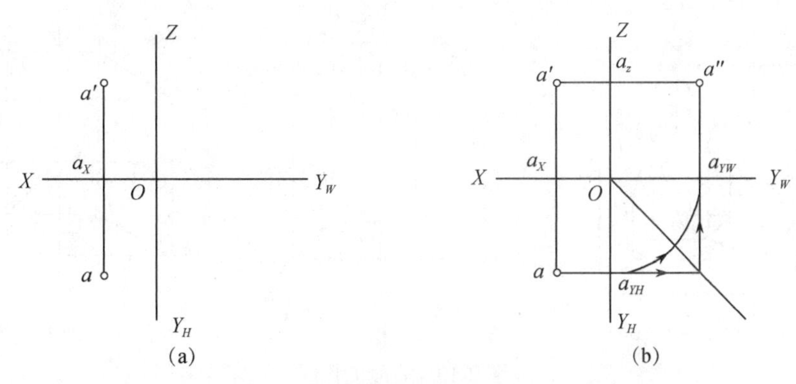

图 2-17　根据点的两个投影求作第三个投影

【例 2-2】 如图 2-18 所示，已知点 A 的三面投影和点 B（20，17，15）的坐标，作点 B 的三面投影，并比较 A、B 两点的空间位置。

解：根据已知坐标，先作出点 B 的正面投影和水平投影，再根据投影关系求出侧面投影。作图步骤如下。

① 如图 2-18（a）所示，在 OX 轴上量取 X＝20，得到 b_X。

② 如图 2-18（b）所示，过 b_X 作 OX 轴的垂线，在垂线上从 b_X 向下量取 Y＝17，得到水平投影 b；在垂线上从 b_X 向上量取 Z＝15，得到正面投影 b'。

③ 如图 2-18（c）所示，由 b 和 b' 求出 b''。

如图 2-18（c）所示，以点 A 为基准，根据投影图可以直接看出点 B 在点 A 的左方、前方、上方。比较 A、B 两点的坐标值，可知点 B 在点 A 的左方 10、前方 9、上方 8。

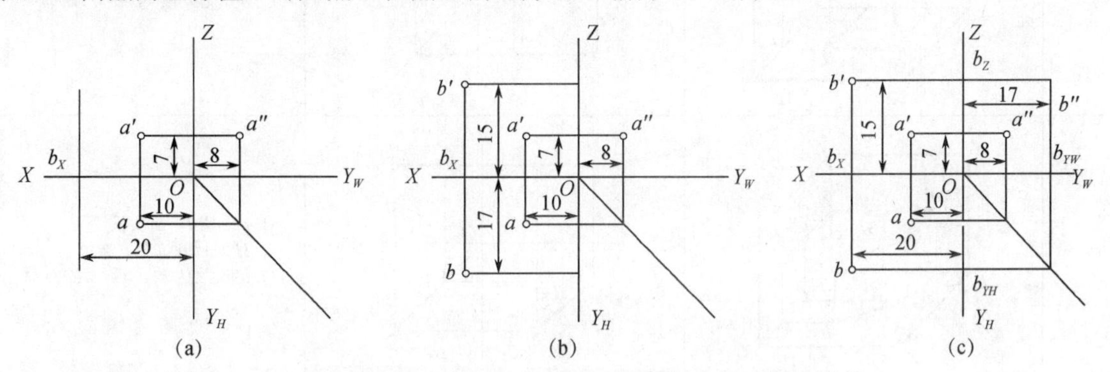

图 2-18　根据点的投影求坐标和根据点的坐标求投影

二、线的投影

1. 直线的投影图

空间一直线的投影可由直线上的两个点（一般取线段的两端点）的同面投影来确定。如图 2-19 所示的直线 AB，求它的三面投影，可分别作出两端点 A 和 B 的投影（a，a'，a''）和（b，b'，b''），然后将其同面投影连接起来，即得直线 AB 的三面投影图。

2. 各类直线的投影

根据直线与投影面的相对位置，可将直线分为投影面平行线、投影面垂直线和投影面倾斜线三类。其中，前两类称为特殊位置直线，后一类称为一般位置直线，它们分别具有不同的投影特性，现分述如下。

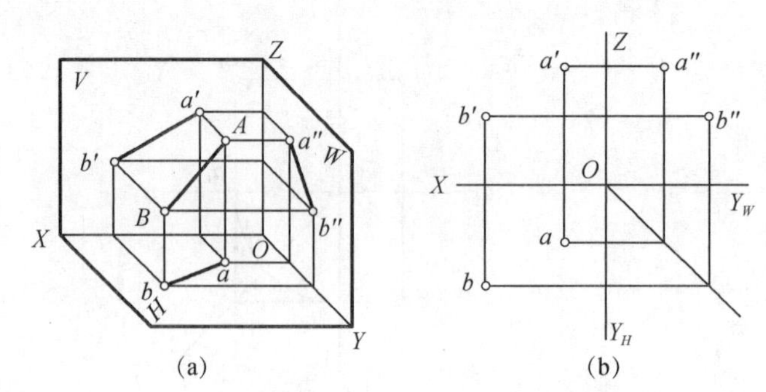

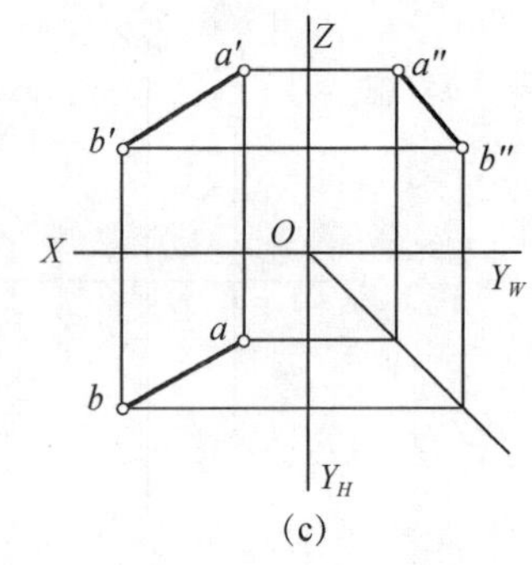

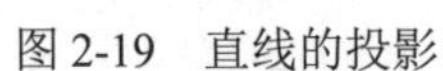
图 2-19　直线的投影

（1）投影面平行线

平行于一个投影面而与其他两个投影面倾斜的直线称为投影面平行线。平行于 V 面的直线称为正平线，平行于 H 面的直线称为水平线，平行于 W 面的直线称为侧平线。表 2-1 分别列出了正平线、水平线、侧平线的轴测图、投影图及投影特性。

表 2-1　投影面平行线及其投影特性

名称	轴测图	投影图	投影特性
正平线			① $a'b'=AB$，显实长 ② V 面反映 α 和 γ 实角 ③ ab // OX 轴，$a''b''$ // OZ 轴
水平线			① $ab=AB$，显实长 ② H 面反映 β 和 γ 实角 ③ $a'b'$ // OX 轴，$a''b''$ // OY_W 轴
侧平线			① $a''b''=AB$，显实长 ② W 面反映 α 和 β 实角 ③ ab // OY 轴，$a'b'$ // OZ 轴

投影面平行线的投影特性归纳如下：

① 在平行投影面上的投影反映实长，呈现实性；它与两投影轴的夹角分别反映该直线对另外两个投影面的真实倾角。

② 在另外两个投影面上的投影平行于相应的投影轴，且小于实长，呈类似性。

（2）投影面垂直线

垂直于一个投影面而与另外两个投影面平行的直线称为投影面垂直线。垂直于 V 面的直线称为正垂线，垂直于 H 面的直线称为铅垂线，垂直于 W 面的直线称为侧垂线。表 2-2 分别列出了正垂线、铅垂线、侧垂线的轴测图、投影图及投影特性。

表 2-2　投影面垂直线及其投影特性

名称	轴测图	投影图	投影特性
正垂线			① $a'b'$积聚为一点 ② $ab=a''b''=AB$ ③ $ab\perp OX$ 轴，$a''b''\perp OZ$ 轴
铅垂线			① ab 积聚为一点 ② $a'b'=a''b''=AB$ ③ $a'b'\perp OX$ 轴，$a''b''\perp OY_W$ 轴
侧垂线			① $a''b''$积聚为一点 ② $ab=a'b'=AB$ ③ $ab\perp OY_H$ 轴，$a'b'\perp OZ$ 轴

投影面垂直线的投影特性归纳如下：

① 在垂直的投影面上的投影积聚为一点；

② 在另外两个投影面上的投影反映实长，且垂直于相应的投影轴。

（3）投影面倾斜线（一般位置直线）

与三个投影面都倾斜的直线称为投影面倾斜线。如图 2-20 所示，倾斜线 AB 对 H 面的倾角称为水平夹角（α），对 V 面的倾角称为正面夹角（β），对 W 面的倾角称为侧面夹角（γ）。如图 2-20（a）所示，当直线处于倾斜位置时，α、β、γ 均小于 90°，所以直线的三个投影均小于实长，呈类似性。

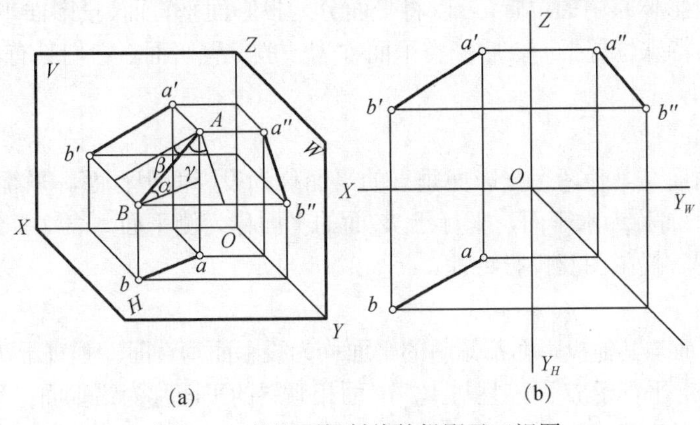

图 2-20　投影面倾斜线的投影及三视图

投影面倾斜线的投影特性归纳如下：

① 三个投影都与投影轴相倾斜且都小于实长，呈类似性；

② 各个投影与投影轴的夹角都不反映直线对投影面的倾角。

3. 直线上的点

点在直线上，则点的三面投影必定在直线的三面投影上，且点的投影符合投影规律，这称为点的从属性。反之，点的各个投影在直线的同面投影上，同时符合点的投影特性，则该点一定在直线上。同时，点分割线段的长度之比投影后不变，称为定比性。如图 2-21 所示，直线 AB 上有一点 C，则点 C 的三面投影 c、c'、c''必定在直线 AB 的同面投影 ab、$a'b'$、$a''b''$上，同时 $AC/CB=ac/cb=a'c'/c'b'=a''c''/c''b''$。

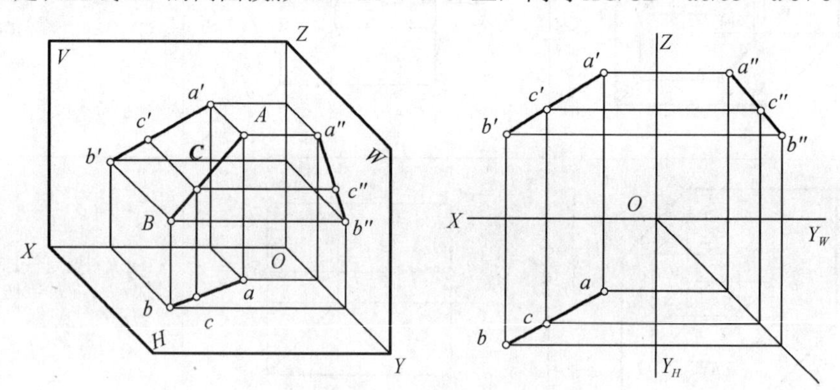

图 2-21　直线上的点的投影

三、面的投影

1. 平面的表示法

根据初等几何学所述的平面的基本性质可知，确定平面的空间位置主要有“不在同一条直线上的三个点，一条直线和直线外一点，两条相交直线，两条平行直线，三角形或其他任意平面图形”等方法。在投影图上表示平面的方法，就是画出确定平面位置的几何元素的投影，如图 2-22 所示。

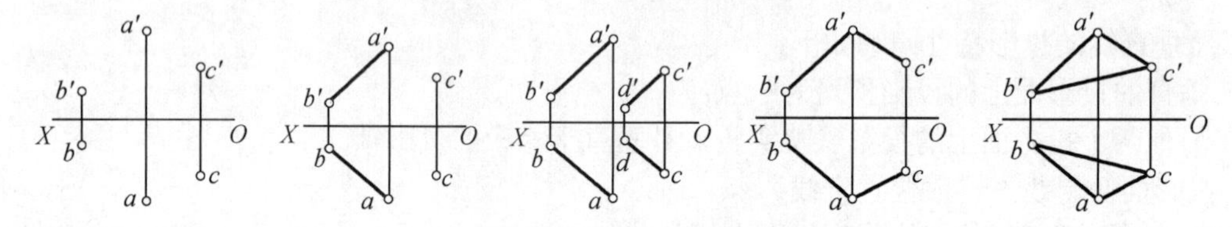

图 2-22　表示平面位置的几种方法

2. 各类平面的投影

根据平面在三面投影体系中的位置，可以将平面分为投影面垂直面、投影面平行面和投影面倾斜面。其中，前两类平面称为特殊位置平面，后一类平面称为一般位置平面。它们具有不同的投影特性，现分述如下。

（1）投影面平行面

平行于一个投影面而与其他两个投影面垂直的平面称为投影面平行面。平行于 V 面的平面称为正平面，平行于 H 面的平面称为水平面，平行于 W 面的平面称为侧平面。表 2-3 分别列出了正平面、水平面、侧平面的轴测图、投影图及投影特性。

（2）投影面垂直面

垂直于一个投影面而与其他投影面都倾斜的平面称为投影面垂直面。垂直于 V 面，且与 H、W 面相倾斜的平面称为正垂面；平行于 H 面，且与 V、W 面相倾斜的平面称为铅垂面；平行于 W 面，且与 V、H 面相倾斜的平面称为侧垂面。表 2-4 分别列出了正垂面、铅垂面、侧垂面的轴测图、投影图及投影特性。

表 2-3　投影面平行面及其投影特性

名称	轴测图	投影图	投影特性
水平面			① H 投影反映实形 ② V 投影和 W 投影积聚为直线 ③ 积聚投影垂直于 OZ 轴
正平面			① V 投影反映实形 ② H 投影和 W 投影积聚为直线 ③ 积聚投影都垂直于 OY 轴
侧平面			① W 投影反映实形 ② H 投影和 V 投影积聚为直线 ③ 积聚投影垂直于 OX 轴

表 2-4　投影面垂直面及其投影特性

名称	轴测图	投影图	投影特性
正垂面			① V 投影积聚为倾斜线 ② 反映 α 和 γ ③ H 投影和 W 投影为类似形
铅垂面			① H 投影积聚为倾斜线 ② 反映 β 和 γ ③ V 投影和 W 投影为类似形
侧垂面			① W 投影积聚为倾斜线 ② 反映 α 和 β ③ H 投影和 V 投影为类似形

（3）投影面倾斜面

与三个投影面都相倾斜的平面称为投影面倾斜面，也称为一般位置平面。如图 2-23 所示，△*ABC* 在三个投影面上的投影均为类似形，不反映实形，也不反映该面与各投影面的倾角。

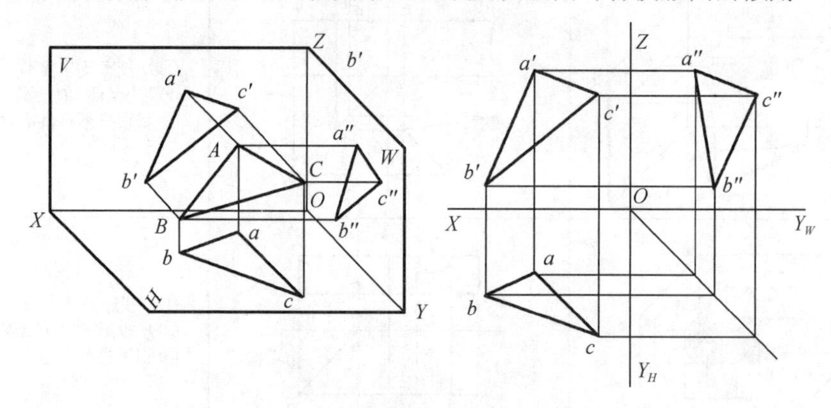

图 2-23　投影面倾斜面的投影

3. 平面上的点和直线

如果点在平面内的一条直线上，那么该点必在该平面上。若一条直线通过平面上的两点或通过平面上的一点并平行于该平面内的一条已知直线，则此直线一定在该平面上。

【例 2-3】如图 2-24（a）所示，已知四边形 *ABCD* 平面上点 *K* 在 *H* 面的投影为点 *k*，求作点 *K* 在 *V* 面的投影 *k*′。

解：根据“点属于直线，直线属于面，那么点必属于面”，先在 *H* 面作出过点 *k* 的属于四边形 *ABCD* 平面的直线 *a*1，再根据投影关系求得直线在 *V* 面的投影 *a*′1′，进而根据点的投影特性求得 *V* 面投影 *k*′。

作图步骤如下：

① 如图 2-24（b）所示，在 *H* 面作出过点 *k* 并属于四边形 *ABCD* 平面的直线 *a*1（直线 *a*1 过平面上已知两点 *a* 和 1，点 1 为直线 *a*1 和四边形边线 *bc* 的交点）；

② 应用点的投影特性求得直线 *A*1 在 *V* 面的投影 *a*′1′。

③ 应用点的投影特性求得点 *K* 在 *V* 面的投影 *k*′，如图 2-24（c）所示。

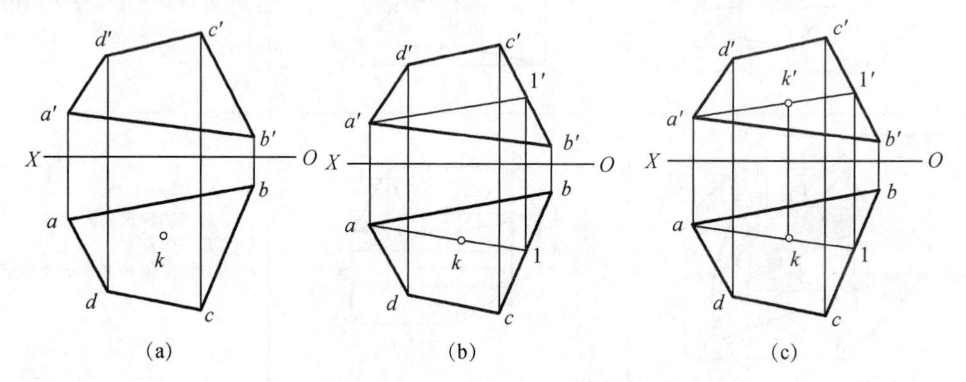

图 2-24　求平面上点的投影

【任务练习 2-2】

班级__________________ 姓名__________________ 学号__________________

一、点的投影

1. 根据立体图，作各点的三面投影。

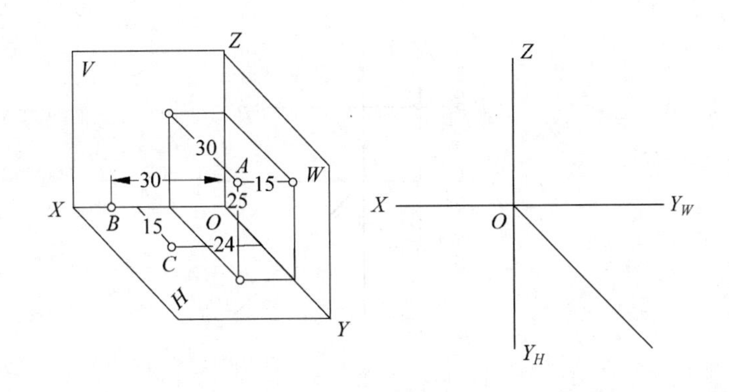

2. 根据立体图，作各点的三面投影，并标明可见性（坐标值从立体图中按 1∶1 测量并取整数）。

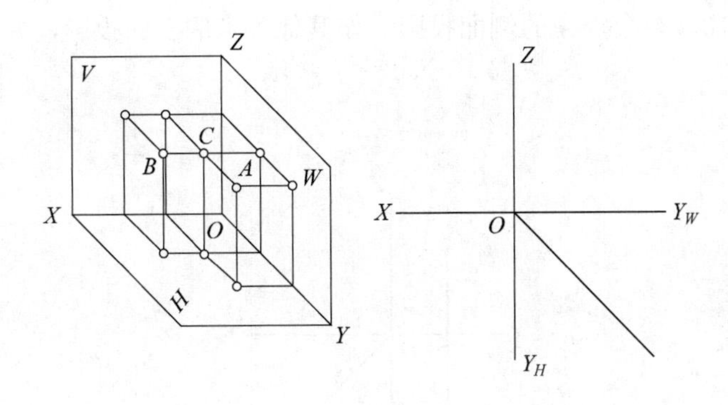

3. 已知：点 A（20，10，15）；点 B 距离投影面 W、V、H 分别为 10，15，25；点 C 在点 A 的上 5、前 10、右 5，求各点的三面投影。

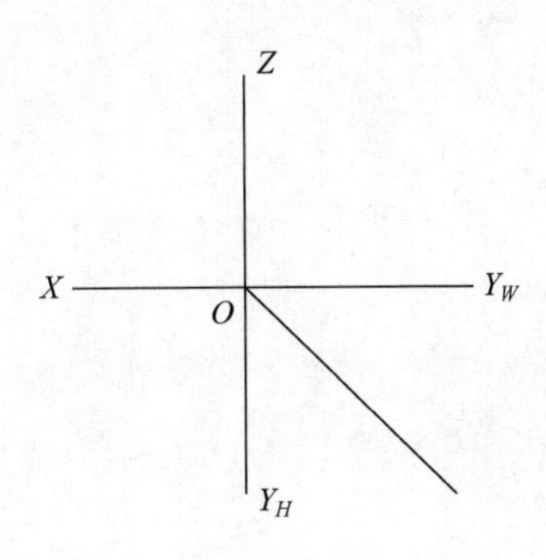

班级__________________ 姓名__________________ 学号__________________

4. 已知点 A 和 B 的两面投影，求作它们的第三面投影，并写出它们的坐标值（在图中测量并取整数），比较两点的相对位置。A（　　　　　），B（　　　　　）；A 点在 B 点的（　　）方。

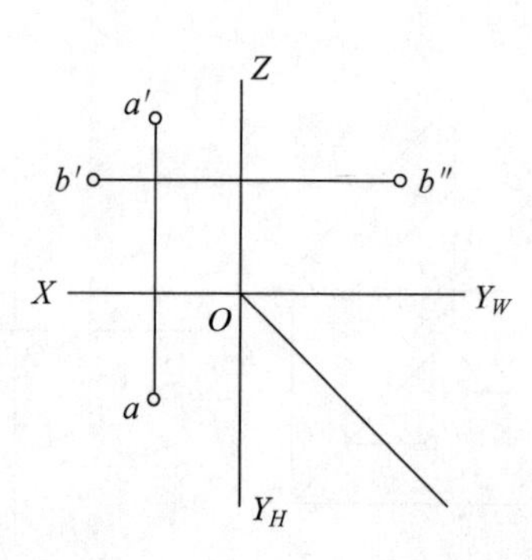

5. 已知点 B 在点 A 的正左方 15；点 C 是点 A 对 V 面的重影点（c' 不可见），且距离点 A 为 10；点 D 在点 B 的正下方 10。补全点 A 的侧面投影，作其他各点的三面投影，并标明可见性。

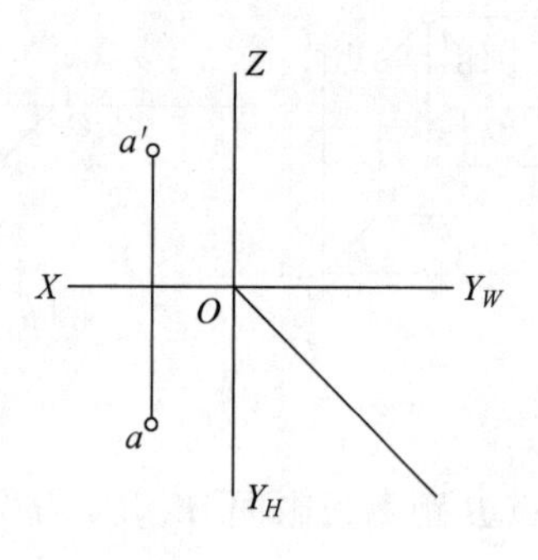

班级____________ 姓名____________ 学号____________

二、根据下列条件画出直线的三面投影（只作一解，注明有几种解法）

1. 过点 A 作正平线 AB，AB=20，α=60°。

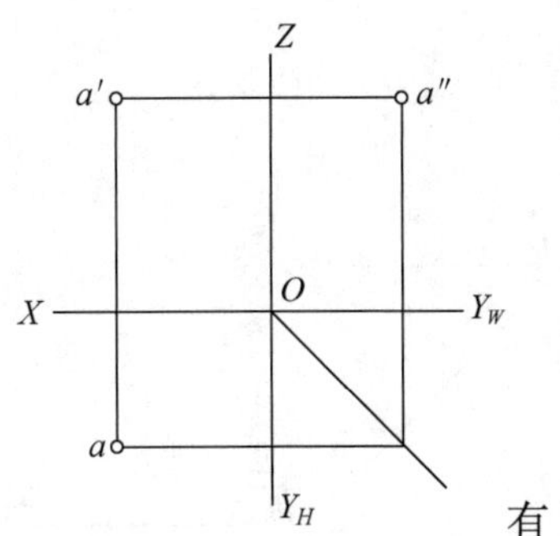

有________种解法

2. 过点 A 作侧平线 AC，AC=20，α=β=45°。

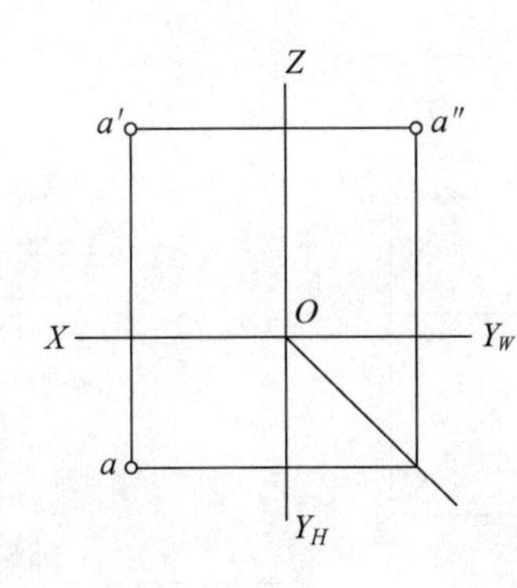

有________种解法

3. 过点 A 作铅垂线 AD，AD=20。

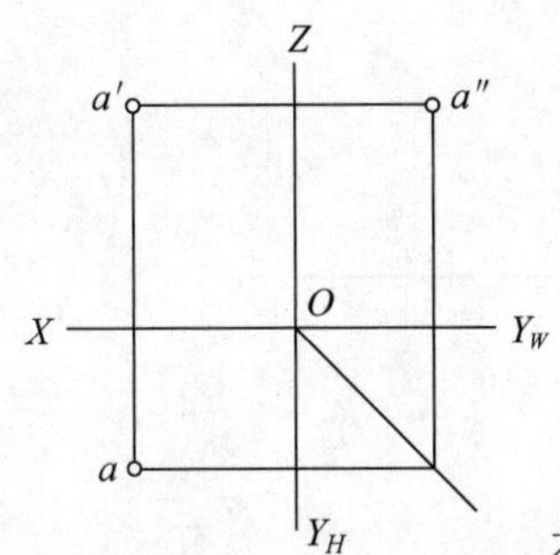

有________种解法

班级________ 姓名________ 学号________

4. 作 $AE//OX$ 轴，且距 OX 轴为 25，距 V 面为 15。（左右位置自定）

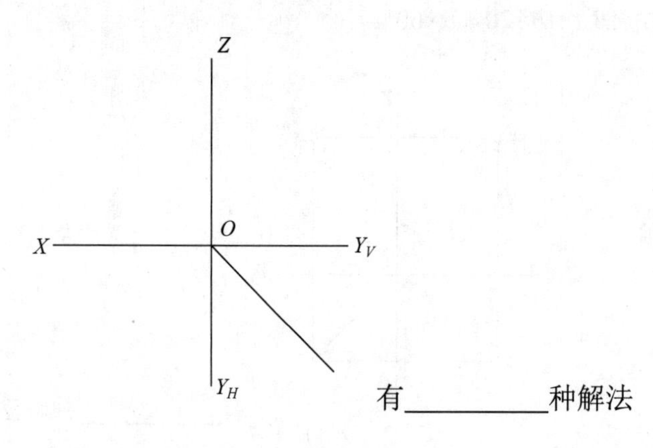

有________种解法

5.过点 A 任作一条一般位置直线 AF。

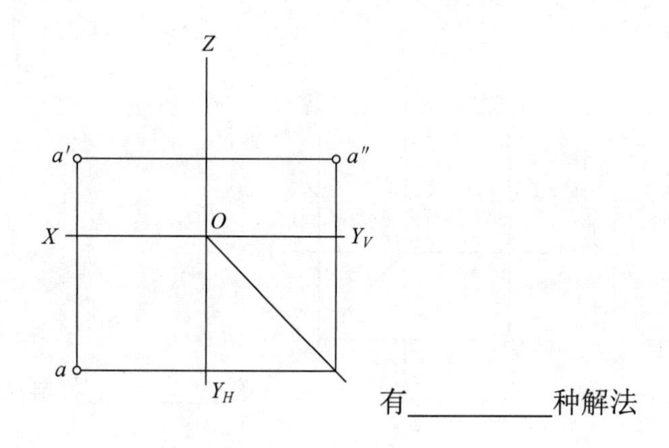

有________种解法

6.画出直线 AB 的第三视图，并求线上点 C 的投影。

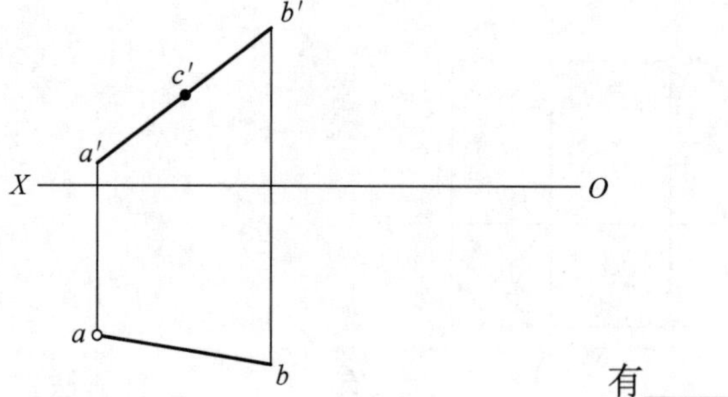

有________种解法

班级＿＿＿＿＿＿＿＿＿＿　　姓名＿＿＿＿＿＿＿＿＿＿　　学号＿＿＿＿＿＿＿＿＿＿

三、面的投影

1. 已知平面的两个投影，试判断该平面与投影面的相对位置，并补画第三视图。

（1）*ABC* 是＿＿＿＿平面；　　　　（2）*DEFG* 是＿＿＿＿平面；

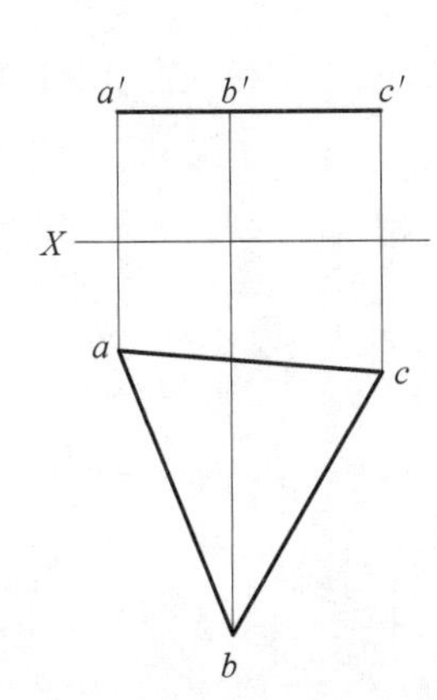

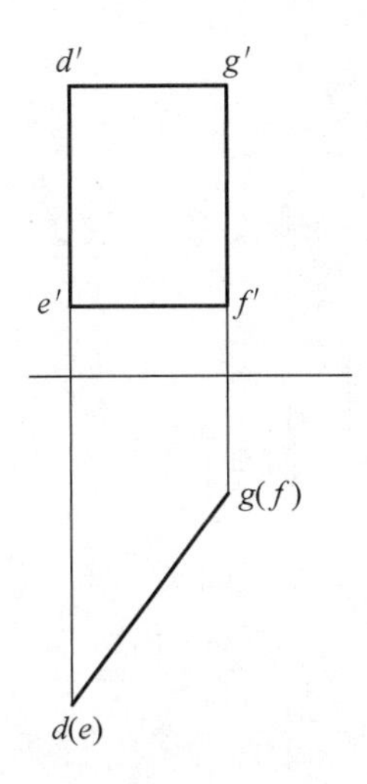

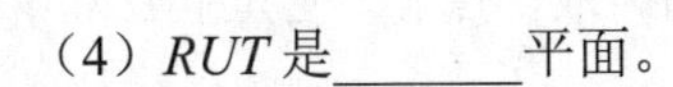

（3）*SMN* 是＿＿＿＿平面；　　　　（4）*RUT* 是＿＿＿＿平面。

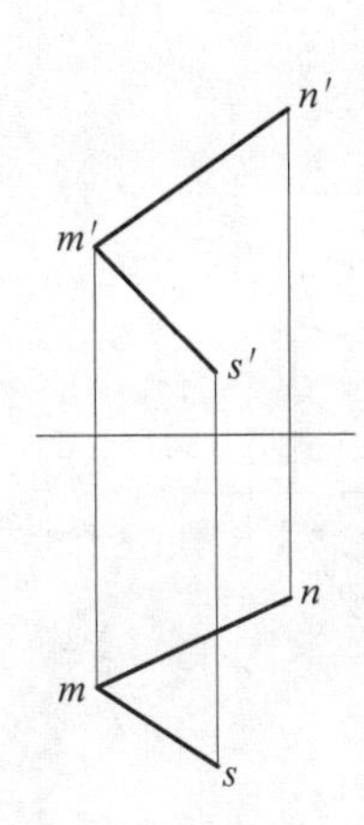

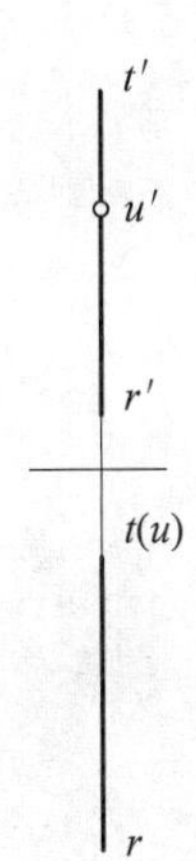

班级________________　　姓名________________　　学号________________

2. 画出平面 *ABC* 的第三视图，并绘制出平面 *ABC* 上点 *E* 的三视图。

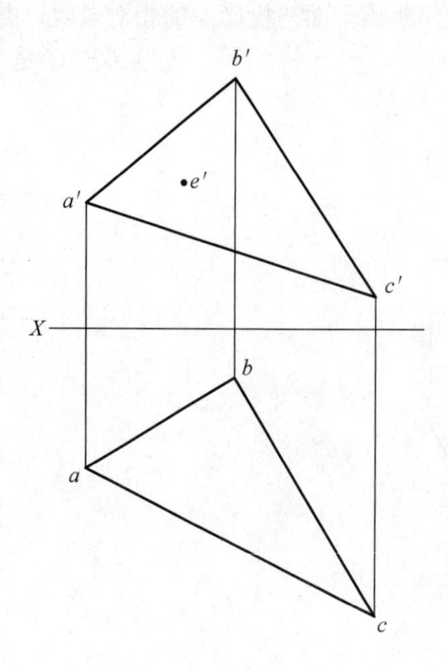

3.在△*ABC* 平面内取一点 *K*，使其距 *H* 和 *V* 面分别为 20 和 25。

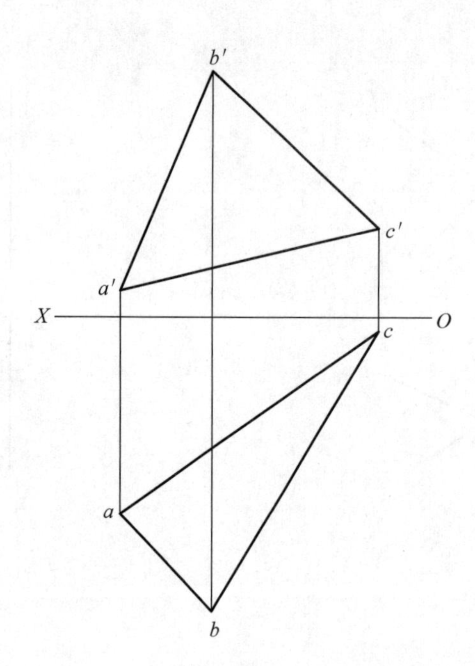

【综合训练 2】

班级________________　　姓名________________　　学号________________

任务要求：（1）作该立体的三视图，并分析方位关系；

（2）求作立体上点 A、C 的三面投影。

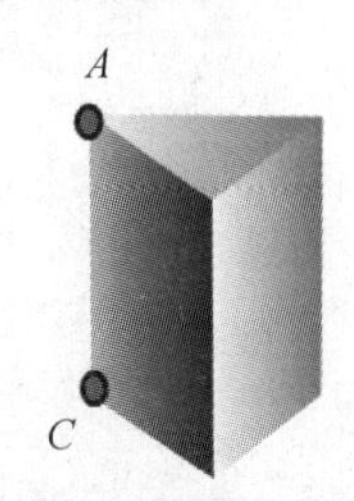

项目三　基本几何体

【学习导航】

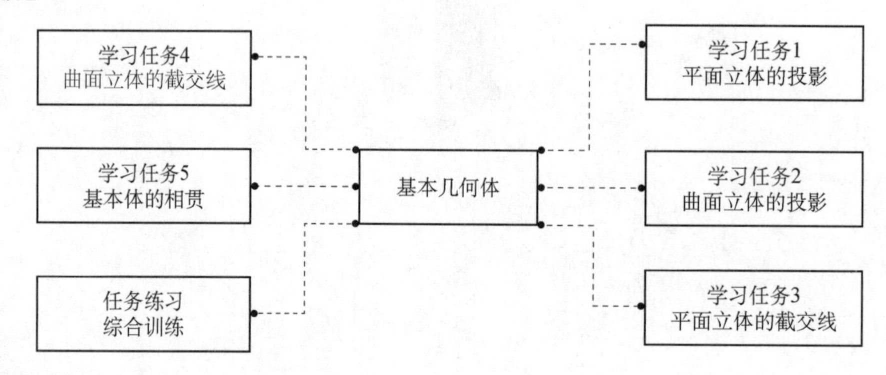

【知识目标】

◆ 掌握基本几何体的投影及表面取点的作图方法；

◆ 掌握截交线和相贯线的投影特性及基本作图方法；

◆ 掌握基本体、切割体与相贯体的尺寸标注。

【能力目标】

◆ 会绘制基本几何体及表面点的投影；

◆ 会分析和归纳截交线和相贯线的投影规律；

◆ 具备分析基本体、切割体与相贯体尺寸标注的能力。

【思政目标】

◆ 培养合作意识和团队精神；

◆ 培养“由简到繁，层层递进”“化繁为简，逐一解决”的职业素养；

◆ 塑造严谨细致、恪尽职守、追求卓越的匠心品质。

【思政故事】

大国工匠——胡胜

胡胜

胡胜，中国电子科技集团有限公司第十四研究所，班组长。他是一位车床加工工人，是全厂车工中对刀具最精通的人。苛刻的要求锤炼出过硬的专业技能，他精心打造的金属件，为我国首型大型相控阵预警机雷达的稳定性和可靠性打下了坚实基础。

学习任务 1　平面立体的投影

平面立体的投影

工程图中的机器及其零部件，从几何构成角度分析，总可以看成是由一些形状简单、形成也简单的几何体组合而成的。在制图中，把工程上经常使用的单一的几何形体，如棱柱、棱锥、圆柱、圆锥、球和圆环等称为基本几何体，简称基本体。最常见的基本体有平面立体和曲面立体两类，曲面立体中最常见的是回转体，如图 3-1 所示。

由基本体组成的机件如图 3-2 所示。

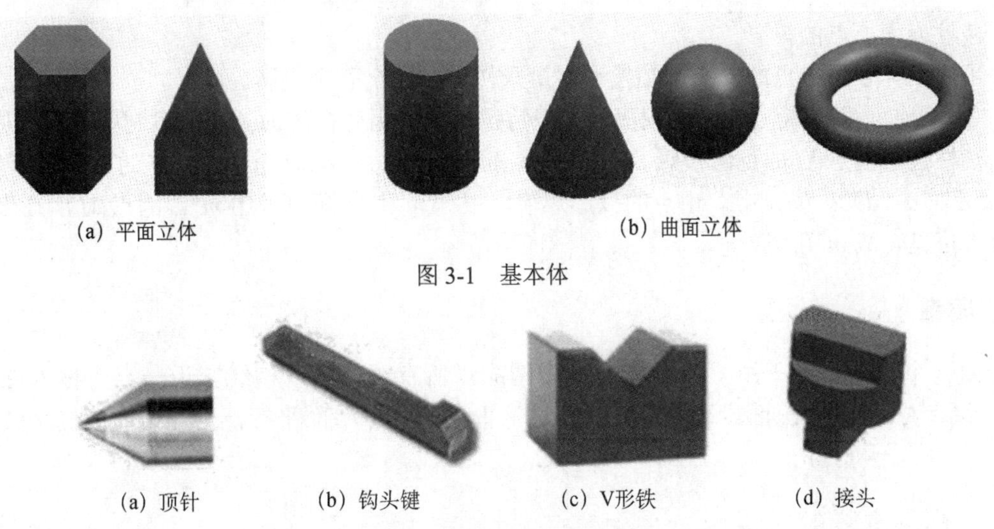

(a) 平面立体　(b) 曲面立体

图 3-1　基本体

(a) 顶针　(b) 钩头键　(c) V形铁　(d) 接头

图 3-2　由基本体组成的机件

表面都是由平面构成的形体称为平面立体。平面立体上相邻平面的交线称为棱线。平面立体主要分为棱柱和棱锥两类。

一、棱柱

棱柱的棱线相互平行。如图 3-3（a）所示为棱线垂直于 *H* 面的正六棱柱及其三面投影图。此六棱柱的上、下底面为水平面，六个棱面均垂直于 *H* 面。

（1）棱柱的投影

正六棱柱投影的作图步骤如下：

① 画出基准线和中心轴线，再画出反映上、下底面实形的俯视图——正六边形，且上、下底面的正面和侧面投影分别积聚成水平的直线段，如图 3-3（b）所示。

② 画出六个侧棱面的投影，水平投影积聚在正六边形的六条边上，正面和侧面投影为等高而不等宽的矩形，如图 3-3（c）所示。

③ 检查并加深轮廓线，如图 3-3（d）所示。

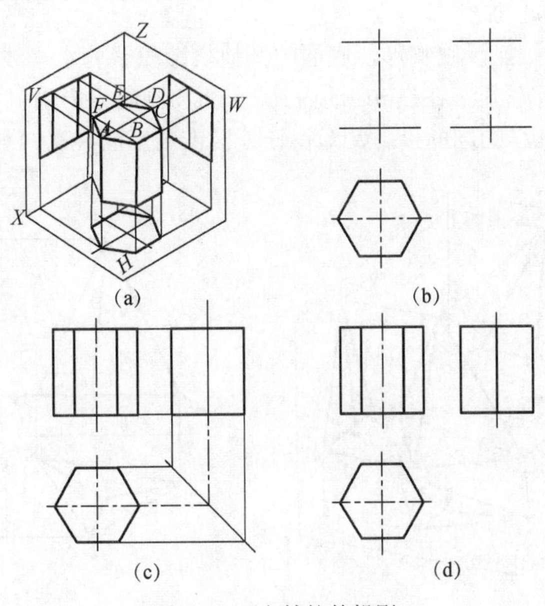

(a)　(b)　(c)　(d)

图 3-3　正六棱柱的投影

（2）棱柱表面上点的投影

根据平面立体表面上点的一个已知投影，可求作点的其余两个投影。

如图 3-4 所示，正六棱柱的各个表面都处于特殊位置，因此在表面上取点可利用积聚性原理作图。已知正六棱柱表面上点 M 的正面投影 m'，要求作出其他投影 m 和 m''。由于点 M 的正面投影是可见的，因此点 m 必在 a（d）b（c）上。由点的投影规律，根据 m'和 m 即可求出 m''。因点 M 所在表面 $ABCD$ 的侧面投影可见，故 m''可见。

二、棱锥

棱锥由一个底面和若干个呈三角形的棱面围成，所有的棱面或棱线交于一点，称为锥顶。如图 3-5（a）所示为三棱锥的三面投影图。三棱锥的底面 ABC 与 H 面平行，其侧棱面或侧棱线处于一般位置。

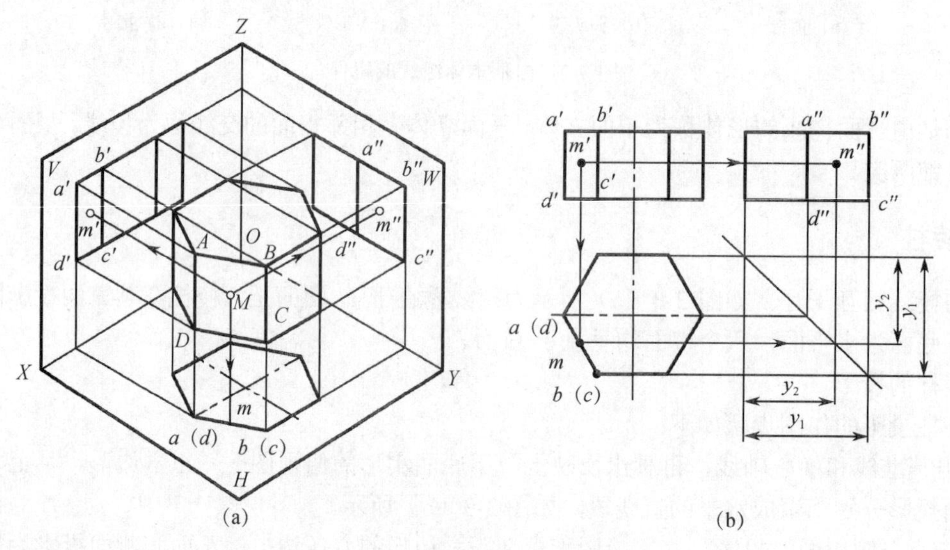

图 3-4　正六棱柱表面上点的投影

（1）棱锥的投影

三棱锥投影的作图步骤如下：

① 画底面的投影。水平投影反映实形，底面的其他投影积聚为水平线段。

② 画锥顶 S 的投影。水平投影 s 在△abc 的内部，正面和侧面投影由三棱锥的高度和 S 的位置确定。

③ 连接锥顶 S 和顶点 ABC 的同面投影，即得该三棱锥的三面投影，如图 3-5（b）所示。

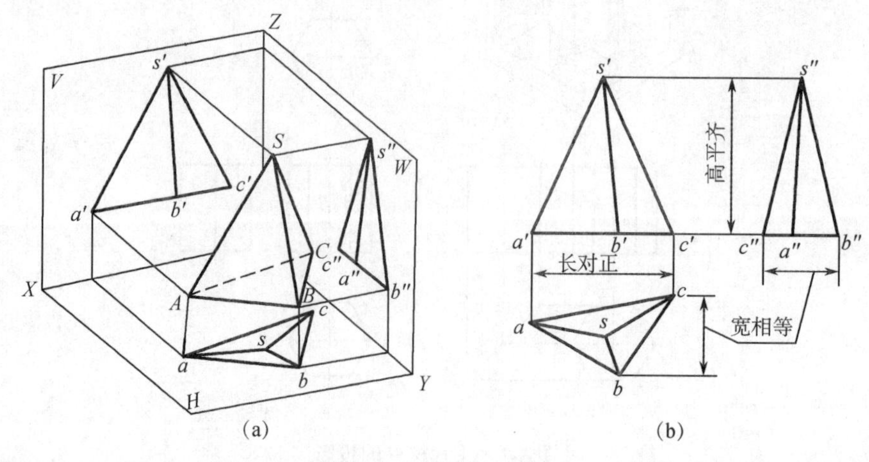

图 3-5　三棱锥的投影

（2）棱锥表面上点的投影

凡属于特殊位置表面上的点，可利用投影的积聚性直接求得其投影。而属于一般位置表面上的点，可通过在该面上作辅助线的方法求得其投影。

如图 3-6 所示，已知棱面△SAB 上点 M 的 V 面投影 m' 和棱面△SAC 上点 N 的 H 面投影 n，求作 M 和 N 两点的其余投影。

由于点 N 所在棱面△SAC 为侧垂面，可借助该平面在 W 面上的积聚投影求得 n''，再由 n 和 n'' 求得 n'。由于点 N 所属棱面△SAC 的 V 面投影不可见，故 n' 不可见。

点 M 所在平面△SAB 为一般位置平面，如图 3-6（a）所示。过锥顶 S 和点 M 引一条直线 SⅠ，作出 SⅠ的相关投影，根据点在直线上的从属性质求得点的相应投影。具体作图时，过 m' 引 $s'1'$，由 $s'1'$ 求作 H 面投影 $s1$，再由 m' 引投影连线交于 $s1$ 上，交点为 m，最后由 m 和 m' 求得 m''。

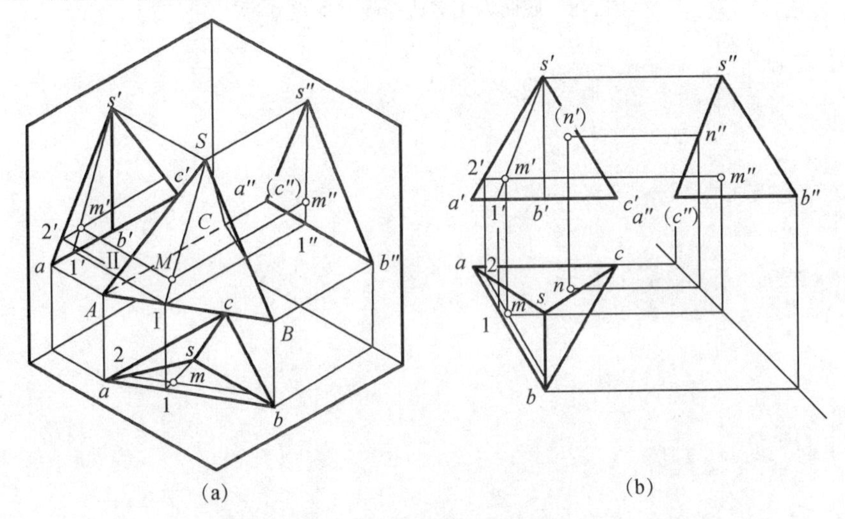

图 3-6　棱锥表面上点的投影

另一种方法，过点 M 引 MⅡ平行于 AB，也可求得点 M 的投影 m 和 m''，具体方法如图 3-6 所示。由于点 M 所属棱面△SAB 在 H 面和 W 面上的投影是可见的，所以点 m 和 m'' 也是可见的。

三、平面立体的尺寸标注

① 棱柱和棱台一般应标注长、宽、高三个方向的尺寸，如图 3-7 所示。

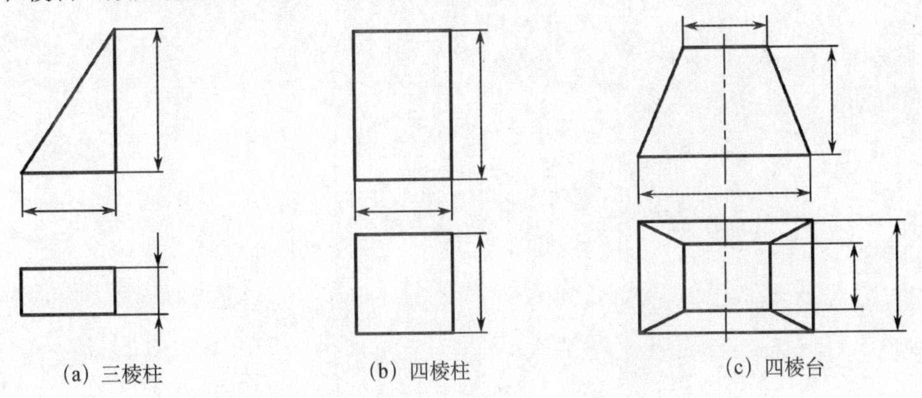

（a）三棱柱　（b）四棱柱　（c）四棱台

图 3-7　棱柱、棱台的尺寸标注

② 正棱柱、正棱锥和正棱台除了标注高度尺寸之外，一般应标注出其底面正多边形的外接圆直径，也可根据需要按其他形式标注，如图 3-8 所示，俯视图的尺寸可选择其一。

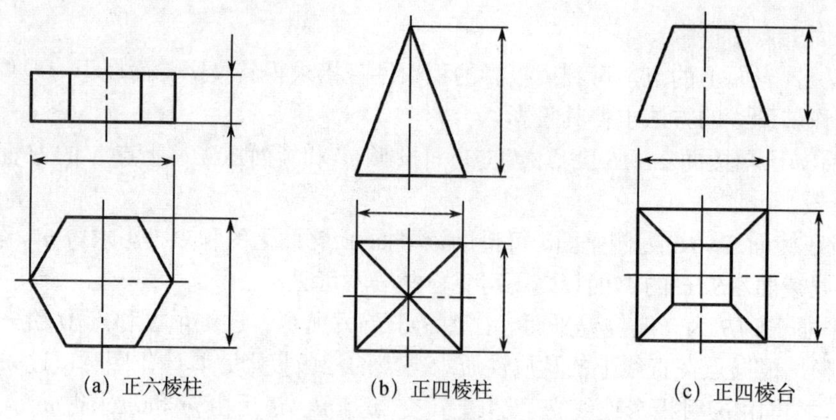

图 3-8 底面为正多边形的立体尺寸标注

【任务练习 3-1】

班级________________ 姓名________________ 学号________________

1. 补全正六棱柱的三视图及表面点的三面投影。

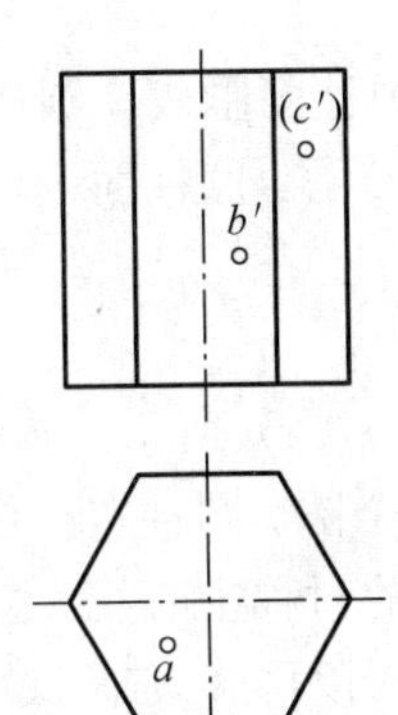

2. 补全正三棱柱的三视图及表面点的三面投影。

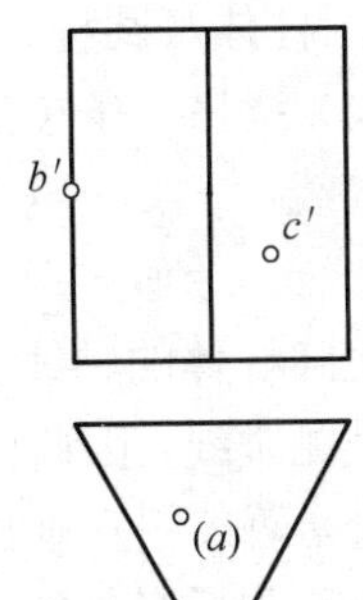

3. 补全正三棱锥的三视图及表面点的三面投影。

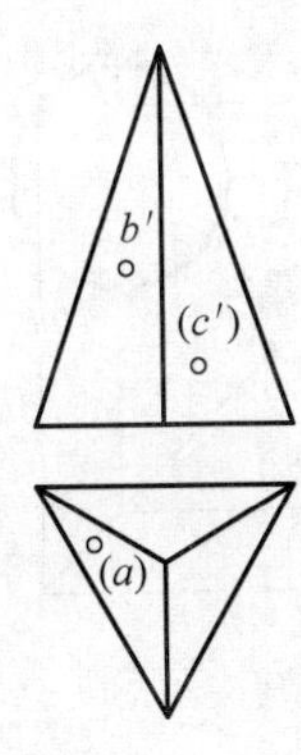

4. 补全正四棱台的三视图及表面点的三面投影。

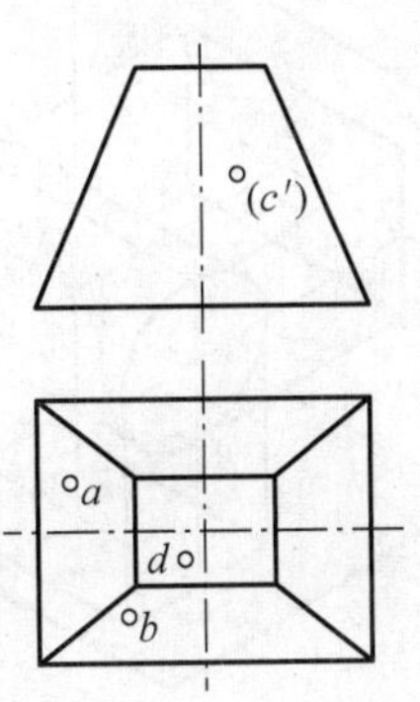

学习任务2　曲面立体的投影

曲面立体的投影

常见的曲面立体是回转体。由一条母线（直线或曲线）绕定轴回转而形成的表面称为回转面；由回转面或回转面与平面所围成的立体称为回转体。

一、圆柱

圆柱体（圆柱）由两个相互平行的底面和圆柱面围成。圆柱面是由两条相互平行的直线中的一条（母线）绕另一条（轴线）旋转一周而形成的回转面。圆柱面上任意一条平行于轴线的直线，称为圆柱面的素线。

（1）圆柱的投影

画图时，一般常使圆柱体的轴线垂直于某个投影面。如图3-9（a）所示，圆柱的轴线垂直于侧面，圆柱面上所有素线都是侧垂线，因此圆柱面的侧面投影积聚为一个圆。圆柱左、右两个底面的侧面投影反映实形并与该圆重合。两条相互垂直的点画线，表示确定圆心的对称中心线。圆柱面的正面投影是一个矩形，是圆柱面前半部与后半部的重合投影，其左、右两边分别为左、右两底面的积聚性投影，上、下两边 $a'a_1'$、$b'b'_1$ 分别是圆柱最上、最下素线的投影。最上、最下两条素线 AA_1、BB_1 是圆柱面由前向后的转向线，是正面投影中可见的前半圆柱面和不可见的后半圆柱面的分界线，也称为正面投影的转向轮廓素线。同理，可对水平投影中的矩形进行类似的分析。

（2）圆柱表面上点的投影

求作圆柱表面上点的投影，方法是利用点所在的面的积聚性。

如图3-9（b）所示，已知圆柱面上点 M 的正面投影 m'，求作点 M 的其余两个投影。

因为圆柱面的投影具有积聚性，所以圆柱面上点的侧面投影一定重影在圆周上。又因为 m' 可见，所以点 M 必在前半圆柱面的上方，由 m' 求得 m''，再由 m' 和 m'' 求得 m。

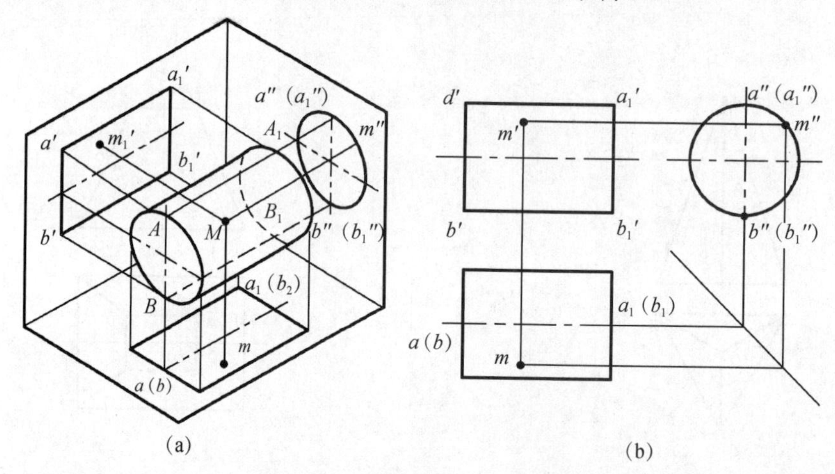

图3-9　圆柱及表面上点的投影

二、圆锥

圆锥体（圆锥）由圆锥面和一个底平面围成。圆锥面是由两条相交的直线中的一条（母线）绕另外一条（轴线）旋转一周而形成的回转面。母线在旋转时，其上任意一点的运动轨迹是个圆，为曲面上的纬圆。纬圆垂直于旋转轴，圆心在轴上。圆锥面上任意位置的母线称为素线，所有素线交于锥顶。

（1）圆锥的投影

画圆锥的投影时，也常使它的轴线垂直于某一投影面。如图3-10（a）所示，圆锥的轴线是铅垂线，底面是水平面。如图3-10（b）所示为圆锥的投影图。圆锥的水平投影为一个圆，反映底面的实形，同时也表示圆锥面的水平投影。圆锥的正面、侧面投影均为等腰三角形，其底边均为圆锥底面的积聚投影。正面投影中三角形的两腰 $s'a'$、$s'c'$分别表示圆锥面最左、最右轮廓素线 SA、SC 的投影，它们是圆锥面正面投影可见与不可见的分界线。SA、SC 的水平投影 sa、sc 和横向中心线重合，侧面投影 $s''a''$（c''）与轴线重合。同理，可对侧面投影中三角形的两腰进行类似的分析。

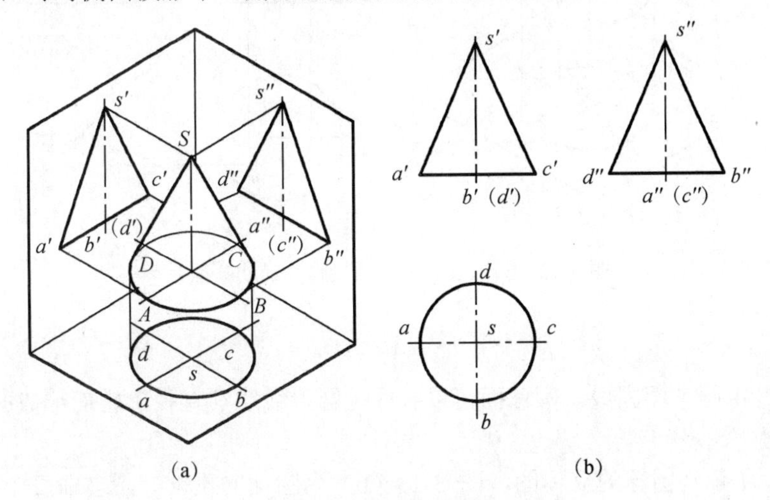

图 3-10　圆锥的投影

（2）圆锥表面上点的投影

求作圆锥表面上点的投影，常用的方法有两种：辅助线法和辅助圆法。

如图 3-9、图 3-10 所示，已知圆锥表面上 M 的正面投影 m'，求作点 M 的其余两个投影。因为 m' 可见，所以 M 必在前半个圆锥面的左边，故可判定点 M 的另两面投影均可见。

方法一：辅助线法。

如图 3-11（a）所示，过锥顶 S 和 M 作一直线 SA，与底面交于点 A。点 M 的各个投影必在直线 SA 的相应投影上。在图 3-11（b）中过 m'作 $s'a'$，然后求出其水平投影 sa。由于点 M 属于直线 SA，根据点在直线上的从属性质可知 m 必在 sa 上，求出水平投影 m，再根据 m 和 m'可求出 m''。

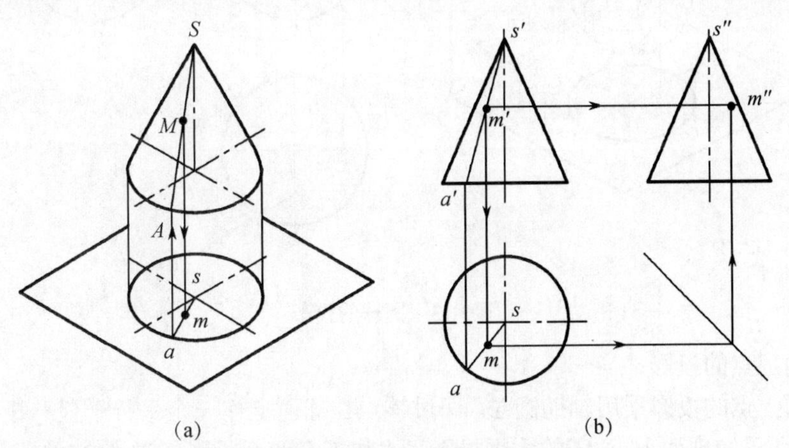

图 3-11　圆锥表面上点的投影（辅助线法）

方法二：辅助圆法。

如图 3-12（a）所示，过圆锥面上点 M 作一垂直于圆锥轴线的辅助圆，点 M 的各个投影必在此辅助圆的相应投影上。在图 3-12（b）中过 m'作水平线 $a'b'$，此为辅助圆的正面投影积聚线。辅助圆的水平投影为一直径等于 $a'b'$的圆，圆心为 s，由 m'向下引垂线与此圆相交，且根据点 M 的可见性，即可求出 m，然后由 m'和 m 可求出 m''。

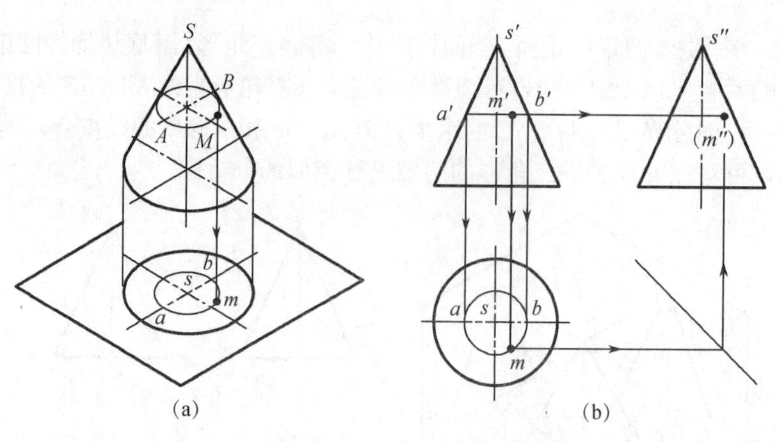

图 3-12　圆锥表面上点的投影（辅助圆法）

三、圆球

圆球体（圆球）由圆球面围成。圆球面可以看成是圆母线绕其直径旋转而形成的。

（1）圆球的投影

如图 3-13（a）所示为圆球的立体图，图 3-13（b）为圆球的投影。圆球在三个投影面上的投影是直径相等的圆，但这三个圆分别表示三个不同方向的圆球面轮廓素线的投影。正面投影的圆是平行于 V 面的圆素线 A（它是前面可见半球与后面不可见半球的分界线）的投影。与此类似，侧面投影的圆是平行于 W 面的圆素线 C 的投影，水平投影的圆是平行于 H 面的圆素线 B 的投影。这三条圆素线的其他两面投影都与相应圆的中心线重合。图 3-13（b）中画出了正面轮廓转向线上点 K 的三个投影。

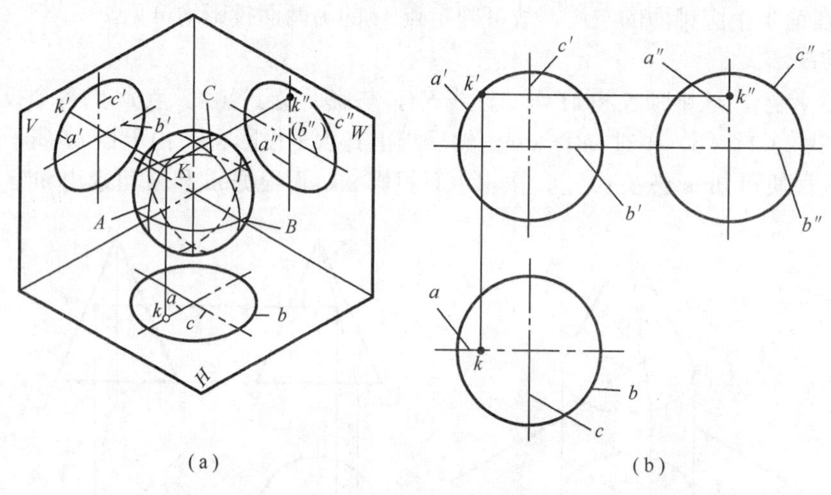

图 3-13　圆球的投影

（2）圆球表面上点的投影

求作圆球表面上点的投影采用辅助圆法，即过该点在球面上作一个平行于任一投影面的辅助圆。如图 3-14（a）所示，已知球面上点 M 的水平投影，求作其余两个投影。过点 M 作一平行于正面的辅助圆，它的水平投影为过 m 的直线 ab，正面投影为直径等于 ab 长度的圆。自 m 向上引垂线，在正面投影上与辅助圆相交于两点。由于 m 可见，故点 M 必在上半个圆周上，据此可确定位置偏上的点即为 m'，再由 m 和 m'可求出 m''，如图 3-14（b）所示。

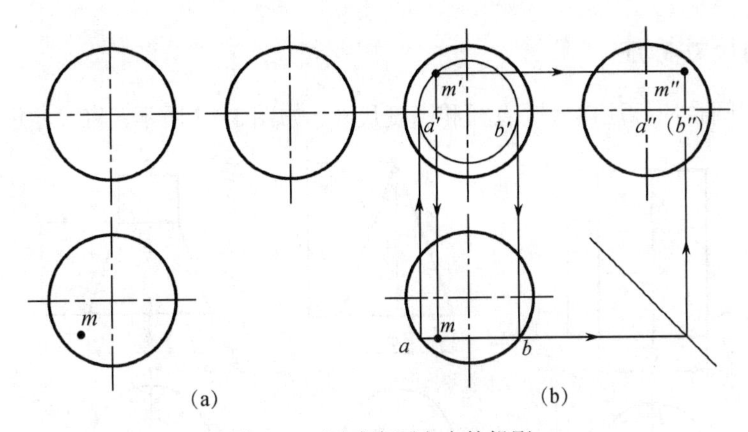

图 3-14　圆球表面上点的投影

四、圆环

圆环完全由圆环面围成。如图 3-15（a）所示，圆环面可以看成是圆母线绕与它共平面，但不与圆相交的轴线回转而成的。由圆母线外半圆回转形成的曲面称为外环面，内半圆回转形成的曲面称为内环面。

（1）圆环的投影

如图 3-15（b）所示为圆环的投影，其轴线为铅垂线。在正投影面上要用点画线表示最左、最右位置素线圆的中心线，然后画出圆环面的正视转向线的投影。外环面的前一半可见，后一半不可见。内环面均不可见，故内环面上的正视转向线应画成虚线。水平投影中，画出圆环面俯视转向线的投影，上半环面的投影可见，下半环面的投影不可见。点画线圆与分界圆的水平投影重合。

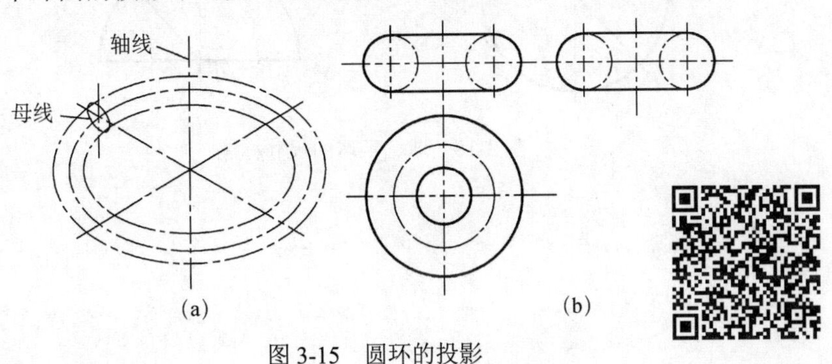

图 3-15　圆环的投影

（2）圆环表面上点的投影

在圆环表面上取点，采用垂直于圆环轴线的辅助纬圆法求作该点的投影，如图 3-16 所示。

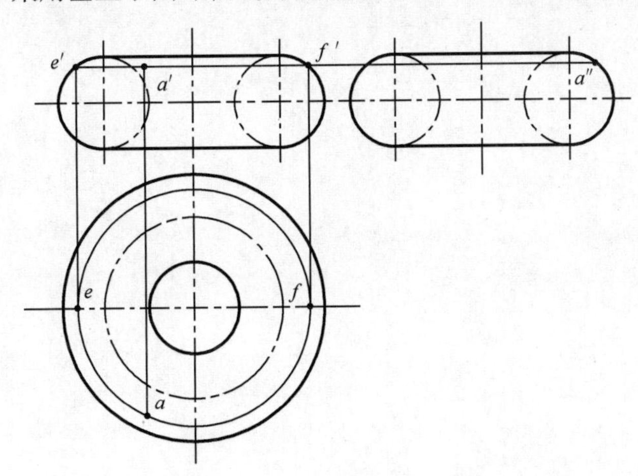

图 3-16　圆环表面上点的投影

五、回转体的尺寸标注

① 圆柱、圆锥和圆台应标注出底圆直径和高度尺寸。如图 3-17 所示，将尺寸集中标注在主视图上。

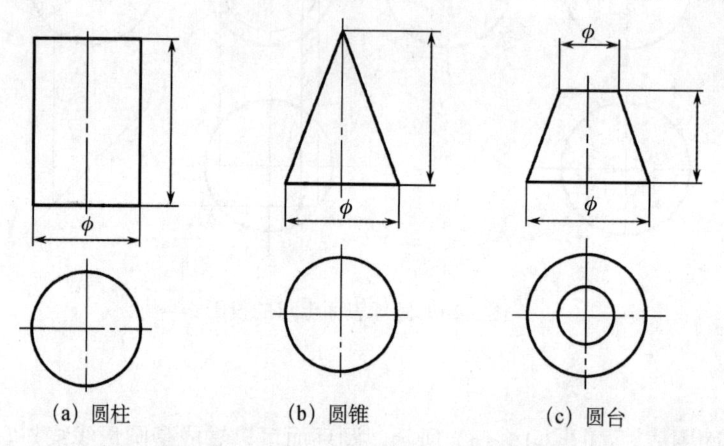

图 3-17　圆柱、圆锥和圆台的尺寸标注

② 对于圆球只标注出直径或半径即可，如图 3-18 所示。

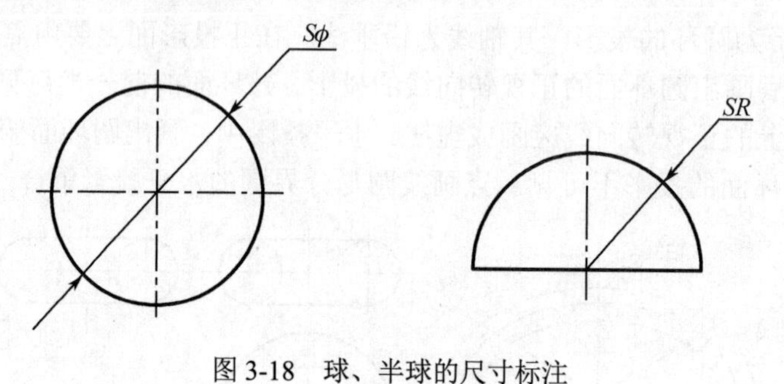

图 3-18　球、半球的尺寸标注

【任务练习 3-2】

班级__________________ 姓名__________________ 学号__________________

1. 补全圆柱的三视图及表面点的三面投影。

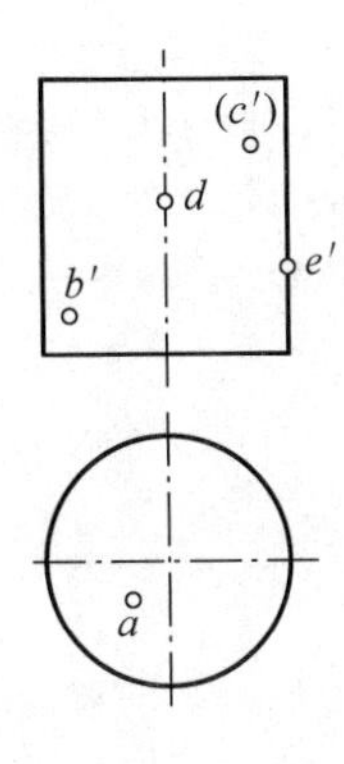

2. 补全半圆柱的三视图及表面点的三面投影。

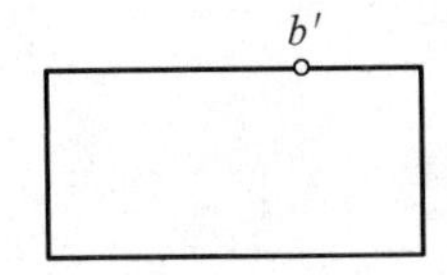

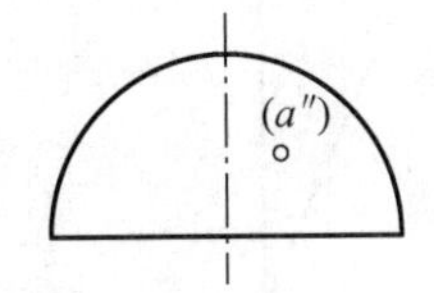

3. 补全圆锥的三视图及表面点的三面投影。

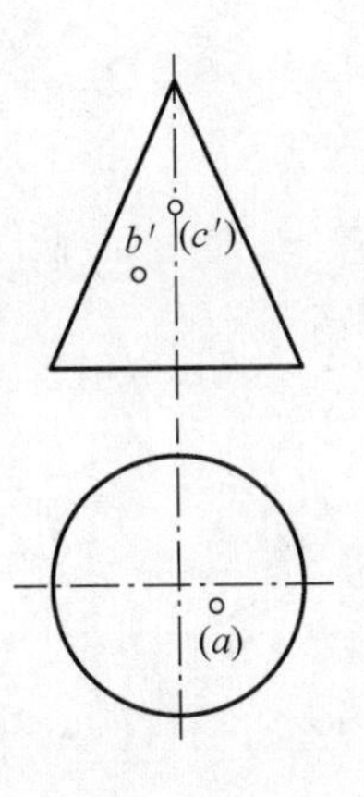

4. 补全圆锥台的三视图及表面点的三面投影。

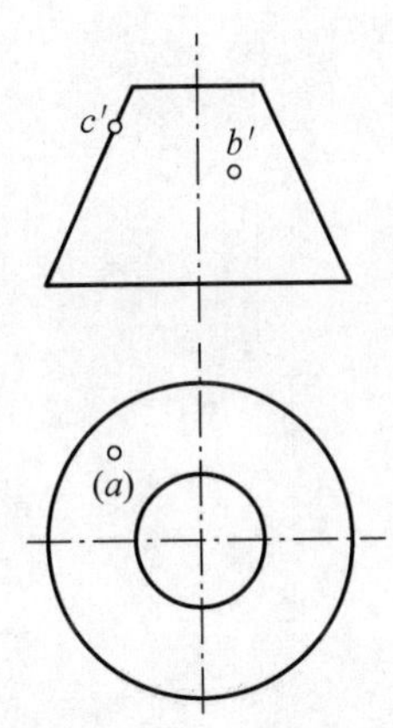

班级__________ 姓名__________ 学号__________

5. 补全 1/4 圆锥的三视图及表面点的三面投影。

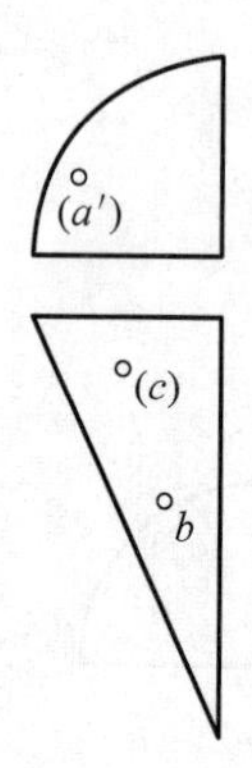

6. 补全圆球的三视图及表面点的三面投影。

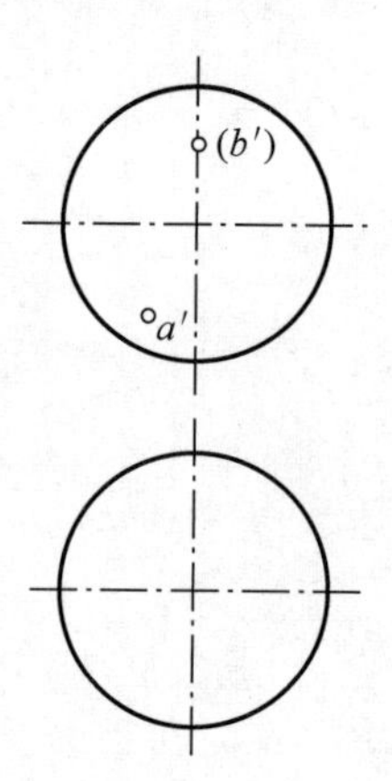

7. 补全半圆球的三视图及表面点的三面投影。

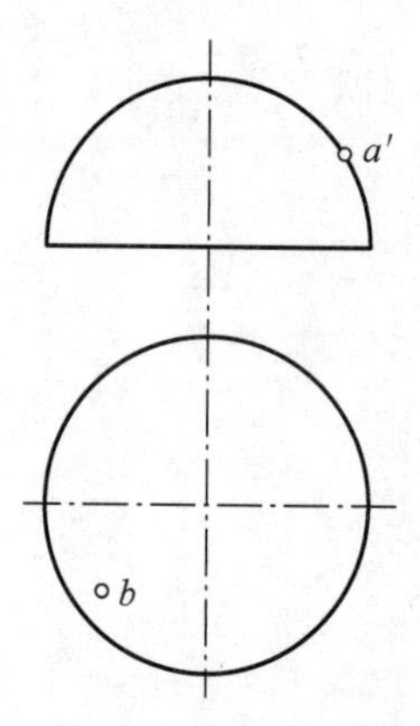

8. 补全圆环的三视图及表面点的三面投影。

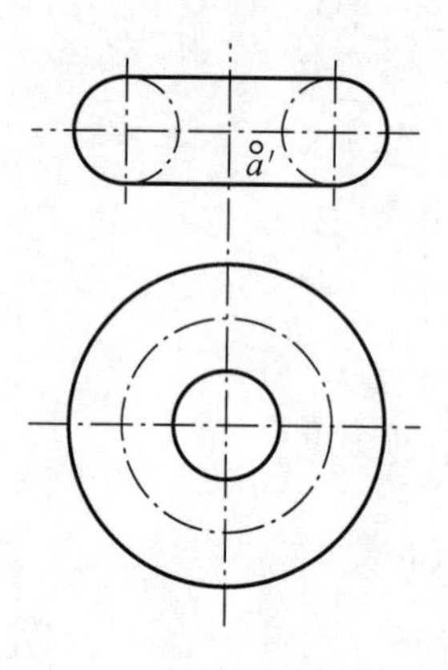

学习任务3　平面立体的截交线

在工程中，经常会遇到这样一类零件，它们可以看成由基本体通过切割、叠加等方式组合而成，如图3-19所示。要想正确地画出这类零件的投影，就需要熟练掌握基本体截交线和相贯线的投影。

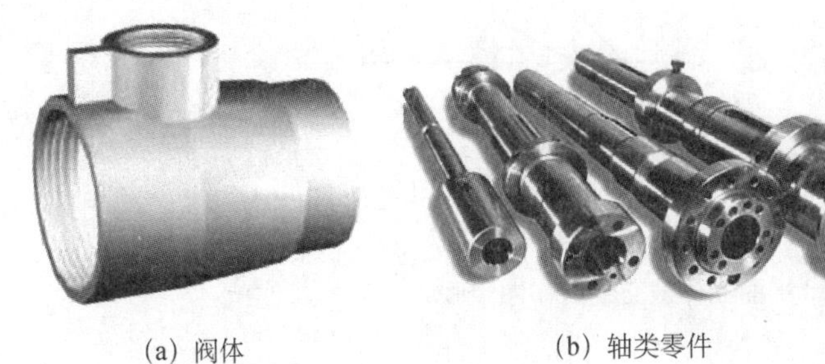

(a) 阀体　　(b) 轴类零件

(c) 三通管

图3-19　几种常见的零件表面交线

一、截交线的性质

平面与立体相交，可以认为是立体被平面截切，此平面通常称为截平面，截平面与立体表面的交线称为截交线。因截平面截切而在立体上形成的平面称为截断面，如图3-20所示。

一般，截交线都具有以下性质：

① 截交线一定是一个封闭的平面图形。

② 截交线既在截平面上，又在立体表面上，截交线是截平面和立体表面的共有线。截交线上的点都是截平面与立体表面上的共有点。

因为截交线是截平面与立体表面的共有线，所以求作截交线的实质就是求出截平面与立体表面的共有点，然后依次连接各点即可。

二、平面立体的截交线

平面立体的截交线是一个平面多边形，多边形的顶点就是截平面与平面立体各侧棱的交点，多边形的各边是截平面与平面立体各侧面的交线。

如图3-21所示，四棱锥被平面截切，截交线是四边形，4个顶点分别是截平面与四棱锥上4条侧棱的交点。因此，求平面立体截交线的问题，可以归结为求截平面与平面立体各被截棱线的交点问题。作图步骤如图3-22所示。

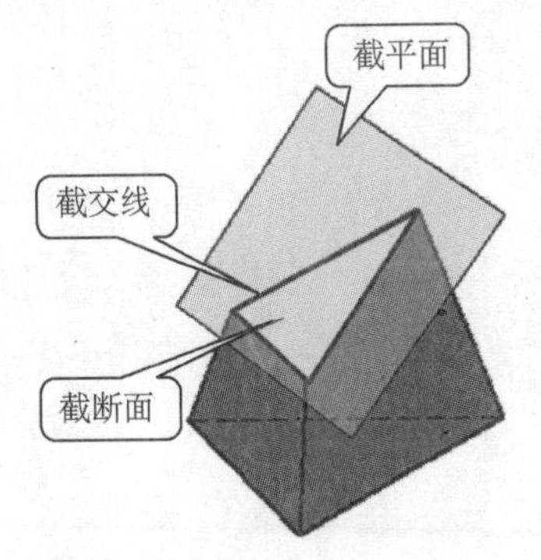

图3-20　平面截切平面立体

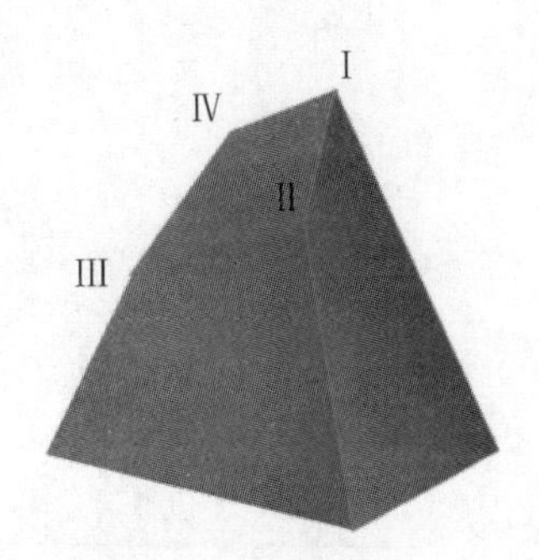

图3-21　四棱锥的截交线

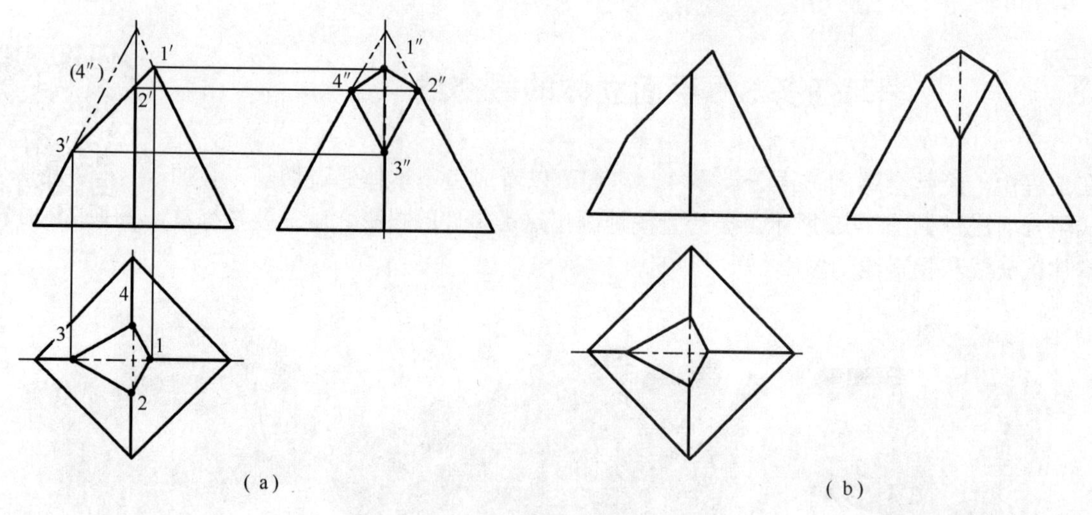

图 3-22　平面立体截交线的作图步骤

【任务练习 3-3】

班级________________　　姓名________________　　学号________________

1. 分析四棱锥的截交线，补全三视图。

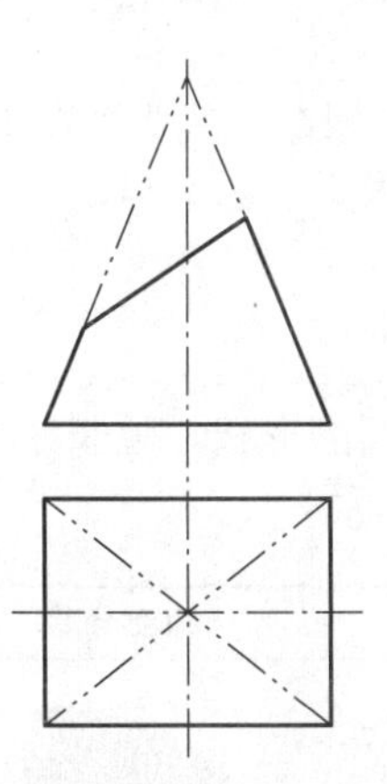

2. 分析正六棱柱的截交线，补全三视图。

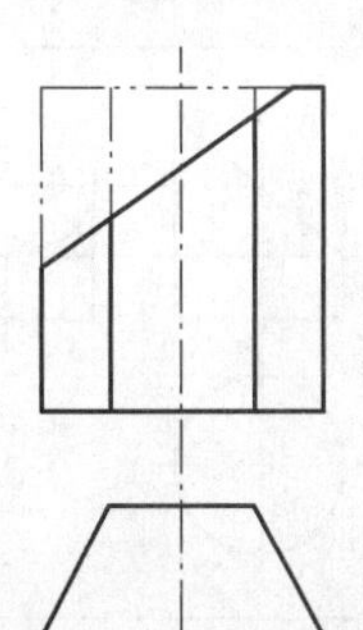

3. 分析正三棱锥的截交线，补全三视图。

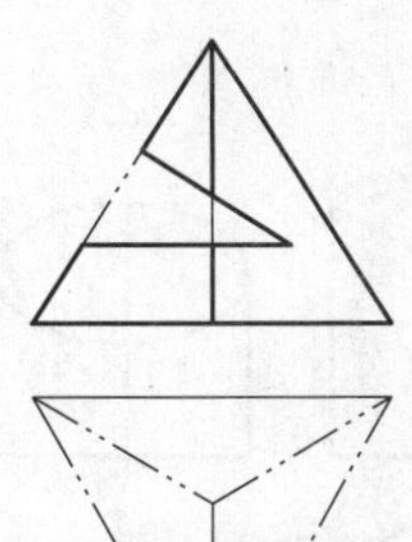

学习任务 4　曲面立体的截交线

曲面立体的截交线

平面与回转体相交的截交线是二者的共有线，一般是封闭的平面曲线，也可能是由截平面上的曲线和直线所围成的平面图形或多边形。其形状取决于回转体的几何特征，以及回转体与截平面的相对位置。

当截交线是圆或直线时，可借助绘图工具直接绘制投影。当截交线为非圆曲线时，则采用描点法作图。

一、圆柱的截交线

根据截平面与圆柱轴线的相对位置不同，圆柱切割后其截交线有三种不同的形状，见表 3-1。

表 3-1　圆柱的截交线

截平面的位置	与轴线平行	与轴线垂直	与轴线倾斜
立体图			
投影图			
截交线的形状	矩形	圆	椭圆

当截平面与圆柱轴线平行时，其截交线为矩形。当截平面与圆柱轴线垂直相交时，其截交线为圆。当截平面与圆柱轴线倾斜相交时，其截交线为椭圆，作图步骤如图 3-23 所示，即先作出能确定截交线形状和范围的特殊点，再作出若干一般点并判断可见性，然后将这些共有点连成光滑曲线，最后检查并描深轮廓线。

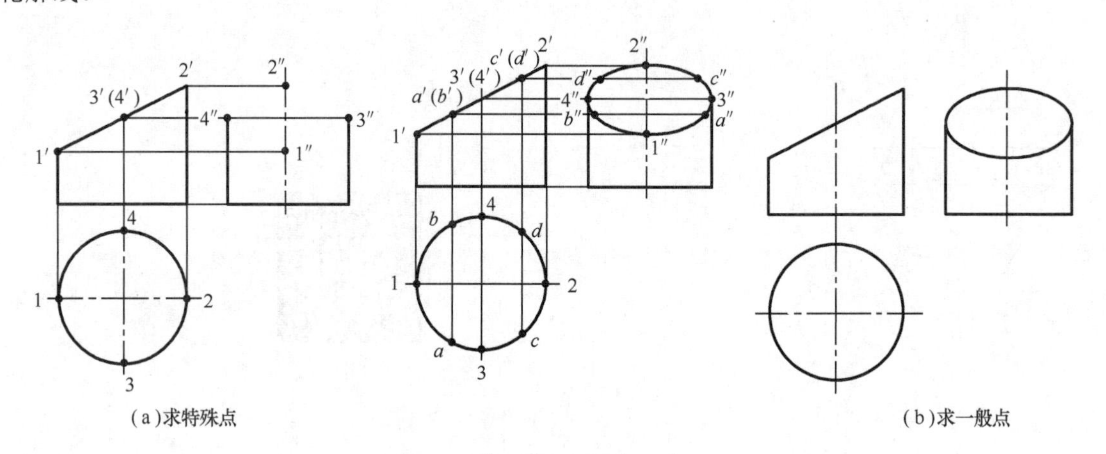

图 3-23　斜切圆柱的截交线投影

【例 3-1】圆柱开槽的三视图画法如图 3-24 所示。

分析：开槽圆柱体采用图 3-24（a）所示位置和箭头 *A* 所指方向为主视图的投射方向。此时槽的 *P*、*Q* 两侧面为侧平面，它们与圆柱面的交线为 4 条平行于圆柱轴线的直素线；槽底面 *R* 为水平面，它与圆柱面的交线是同一圆上的两段圆弧。

作图步骤如下：

①画出完整圆柱体的三视图。

② 画通槽的投影。如图 3-24（b）所示，主视图反映槽的长度、深度。在主视图上，*P*、*Q*、*R* 三个面积聚成三条直线。俯视图上，侧平面 *P*、*Q* 的投影积聚成两条直线段，可根据长对正关系画出，该两条直线段和所夹的两段圆弧就是水平面 *R* 的水平投影，且反映实形。左视图上，圆柱体上部的两段投影轮廓线被通槽切除，所以不应再画，而应画出侧平面 *P*、*Q* 与圆柱面交线的投影（4 条），可根据与水平投影（积聚成 4 点）保持宽相等的关系画出，即可对称量取 *y* 得到。水平面 *R* 积聚成直线段，其两端的一小段是可见的，应画成粗实线；中间部分被圆柱面遮挡而不可见，应画成虚线，该虚线以上部分的矩形线框就是 *P*、*Q* 的实形。

③ 检查并描深轮廓线。

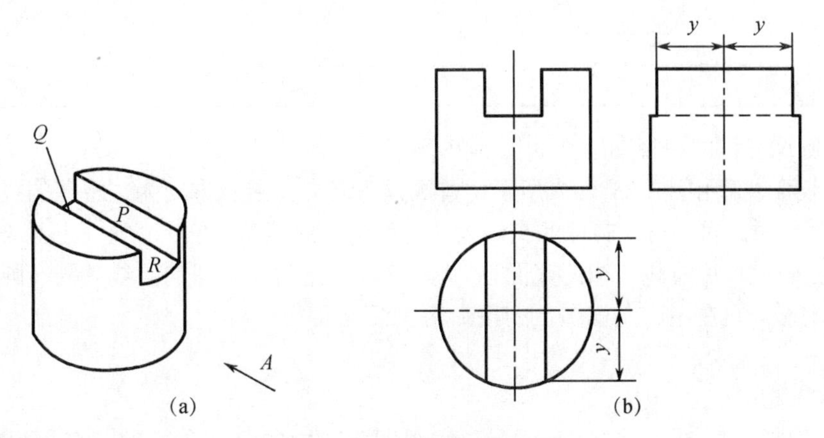

图 3-24　圆柱开槽的三视图

二、圆锥的截交线

根据截平面与圆锥轴线的位置不同，其截交线有 5 种不同形状，见表 3-2。

表 3-2　圆锥的截交线

截平面的位置	与轴线垂直	通过锥点	与轴线倾斜（$\alpha>\phi$）	与轴线倾斜（$\alpha=\phi$）	与轴线倾斜（$\alpha=0°$或$\alpha<\phi$）
立体图					
投影图					
截交线的形状	圆	等腰三角形	椭圆	抛物线加直线段	双曲线加直线段

三、圆球的截交线

平面截切圆球时，无论截平面位置如何，都与球的轴线垂直，其截交线均为圆。只是根据截平面相对于投影面的位置不同，其截交线的投影可以是直线、圆和椭圆，见表 3-3。

表 3-3　圆球的截交线

截平面的位置	与 *V* 面平行	与 *H* 面平行	与 *V* 面垂直
立体图			
投影图			
截交线的形状	圆	圆	圆

【例 3-2】半圆球开槽的三视图画法如图 3-25 所示。

分析：开槽半圆球采用图 3-25（a）所示位置放置，箭头 A 所示方向为主视图的投射方向，则槽的两侧面 P、Q 为侧平面，它们与半圆球的交线为两段等半径的圆弧，它们的侧面投影重影并反映实形，在主俯视图上的投影积聚成直线。槽的底面 R 为水平面，它与半圆球的交线为同一圆上的两段圆弧，且水平投影反映实形，它在主、左视图上的投影均积聚成直线。

作图步骤如下：

① 画出完整半圆球的三视图。

② 画出槽的投影，如图 3-25（b）所示。主视图反映槽的深度和长度。在主视图上，P、Q、R 面积聚为三条直线段。在俯视图上，根据与主视图长对正的关系，画出 P、Q 平面的水平投影，积聚成两直线段，并以主视图上量得的 R_1 为半径画出两段同心圆弧，则由它们所围成的封闭图形就是通槽的水平投影，也是水平面 R 的实形。在左视图上，以主视图上量得的 R_2 为半径画出一段圆弧（侧平面 P、Q 与半圆球的交线），又根据与主视图高平齐的关系，画出水平面 R 的侧面投影，积聚为直线段。该直线段与 R_2 弧线两交点以外的两小段可见，应画成粗实线；中间部分不可见，应画成虚线。

③ 检查并描深轮廓线。

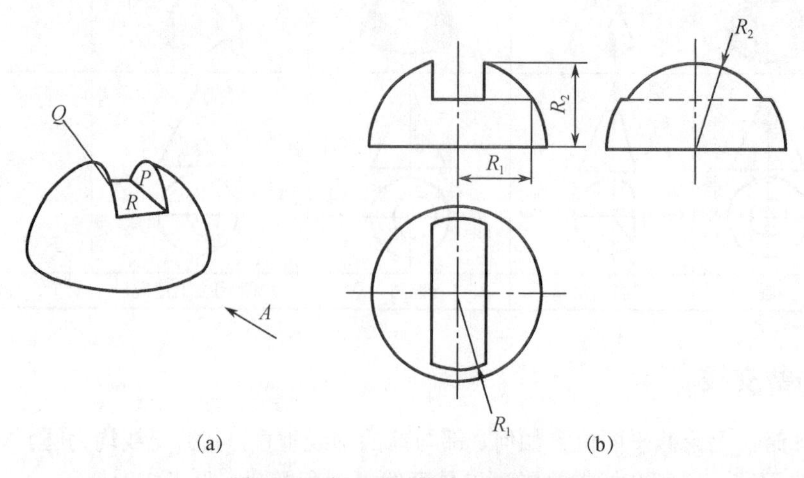

图 3-25　半圆球开槽的三视图画法

四、切割体的尺寸标注

切割体除了要标注出基本体的尺寸外，还要标注切口或截切位置的定位尺寸。

① 基本体上切口的尺寸标注方法如图 3-26 所示。图 3-26（a）和图 3-26（b）为同一切口的不同标注法。尺寸标注要根据实际需要而定。

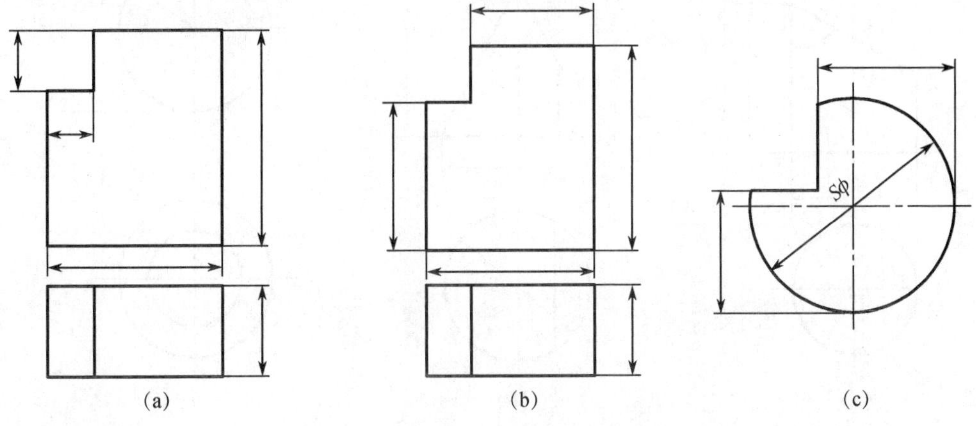

图 3-26　基本体上切口的尺寸标注方法

② 基本体上凹槽的尺寸标注方法如图 3-27 所示。

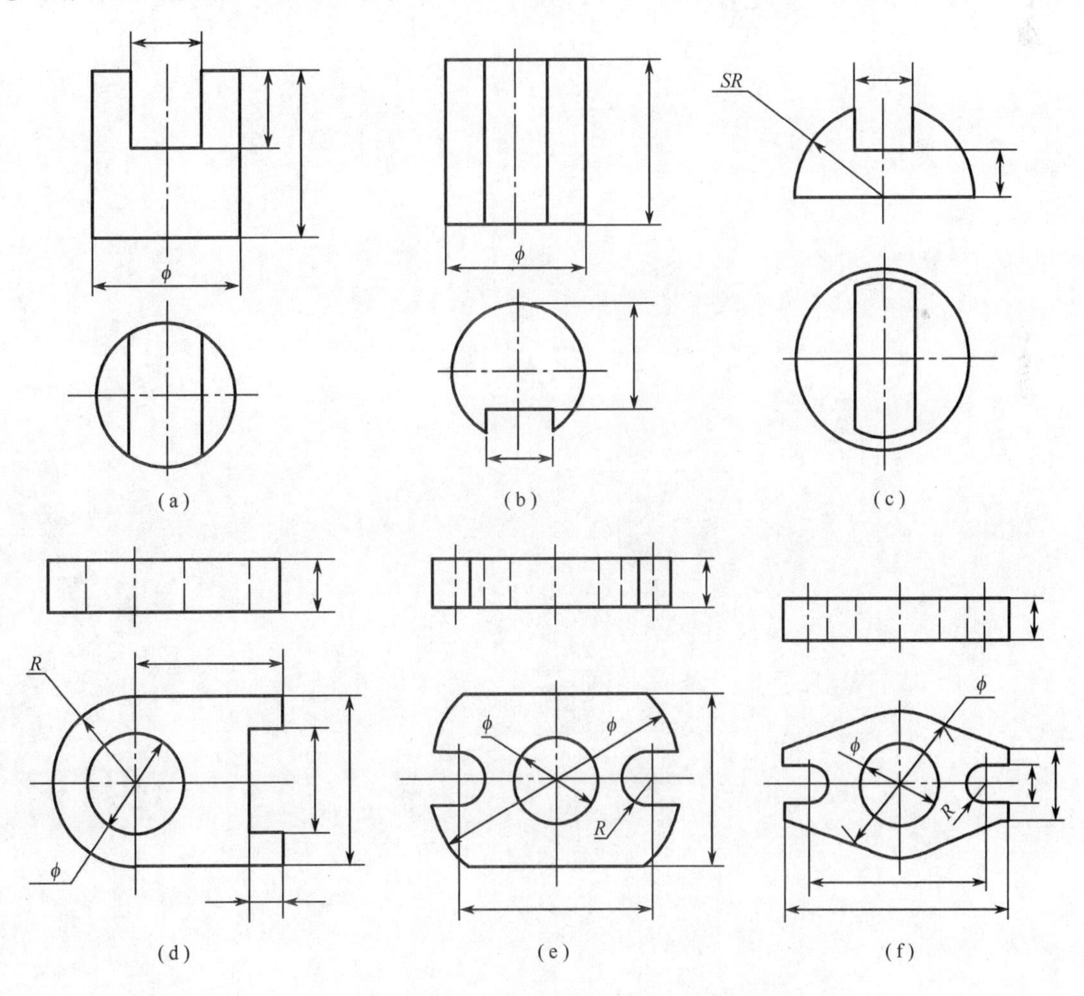

图 3-27　基本体上凹槽的尺寸标注方法

③ 截断体的尺寸标注方法如图 3-28 所示。截断体首先应标注出被截的基本体的尺寸，还应标注出截平面的位置尺寸。因为截平面与立体的相对位置确定后，截交线即完全确定，所以截交线不能标注尺寸。

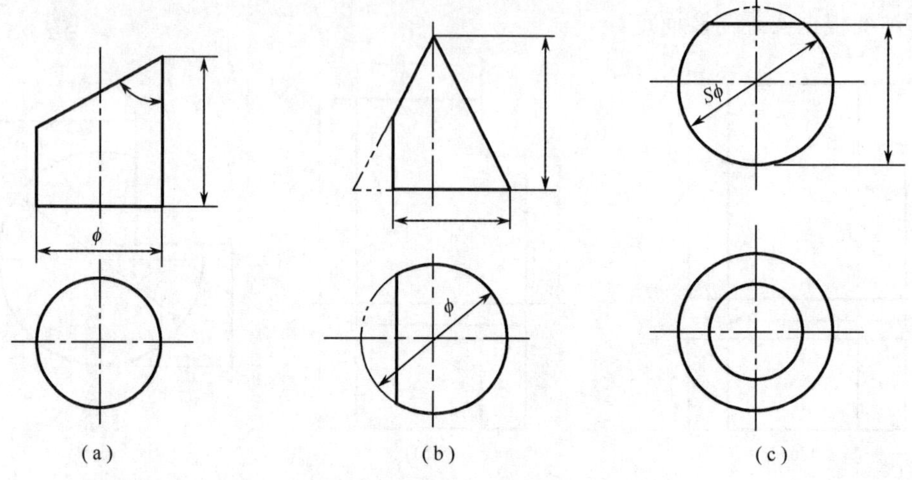

图 3-28　截断体的尺寸标注方法

【任务练习 3-4】

班级__________________ 姓名__________________ 学号__________________

1. 分析圆柱的截交线，补全三视图。

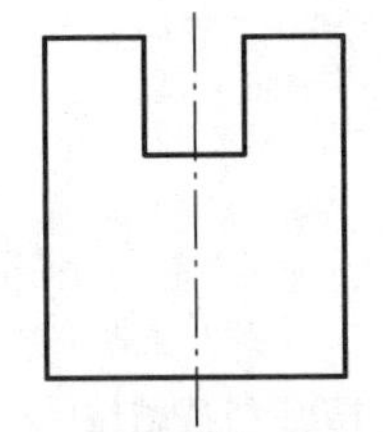

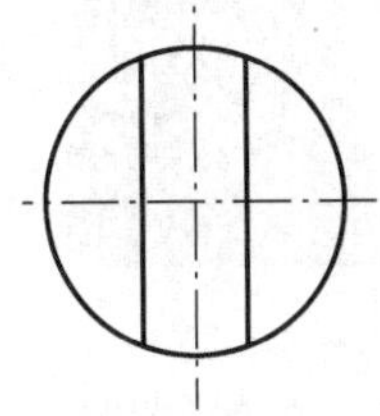

2. 分析圆筒的截交线，补全三视图。

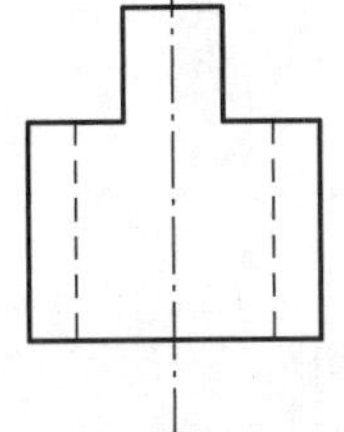

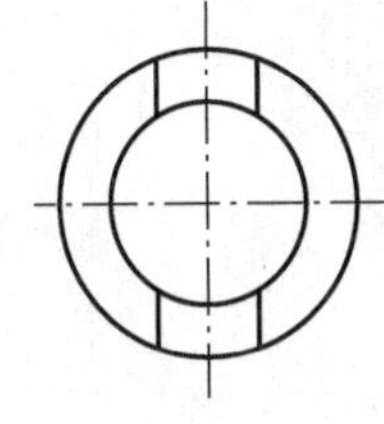

3. 分析圆柱的截交线，补全三视图。

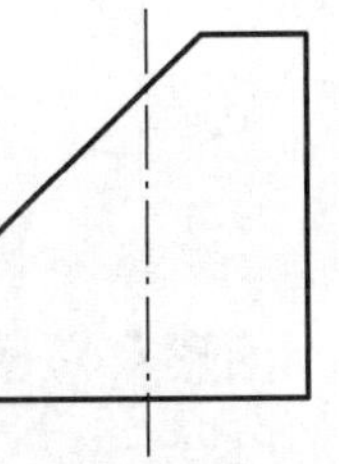

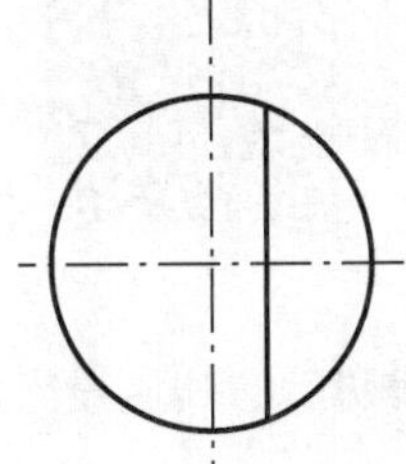

4. 分析圆锥的截交线，补全三视图。

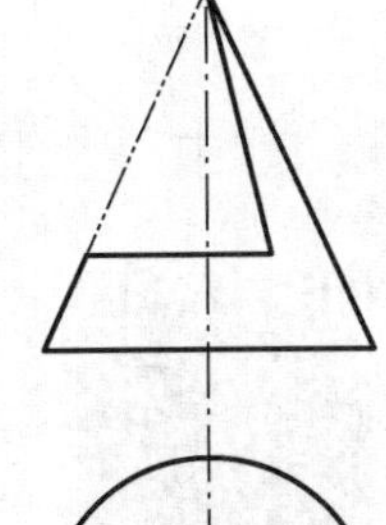

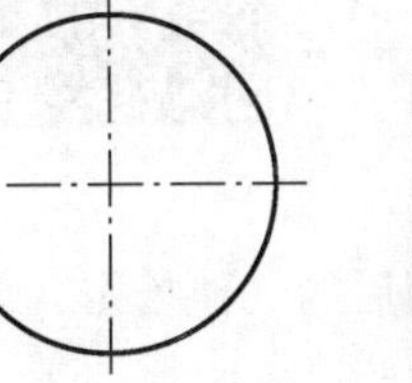

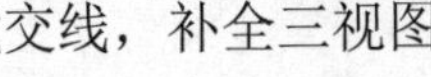

5. 析圆锥的截交线，补全三视图

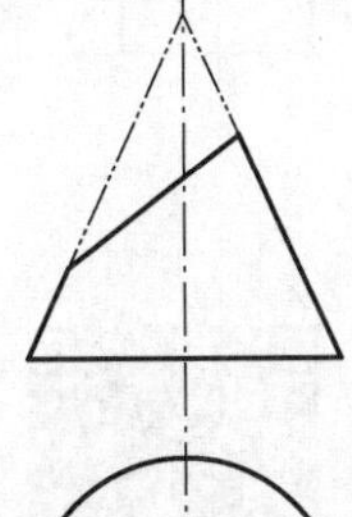

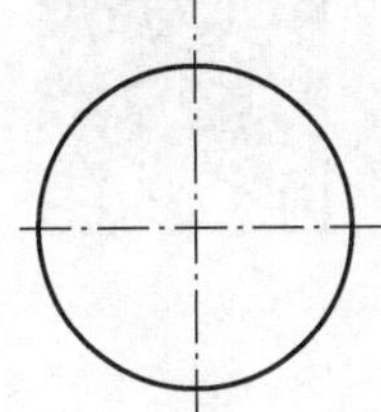

6. 分析半圆球的截交线，补全三视图

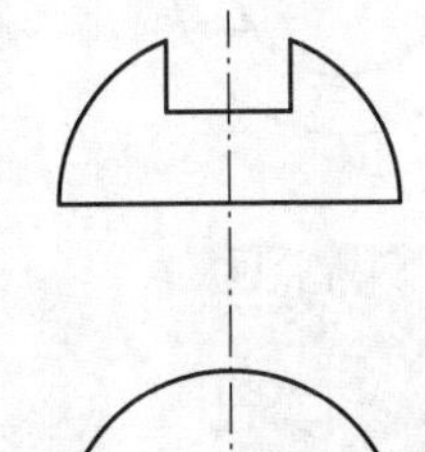

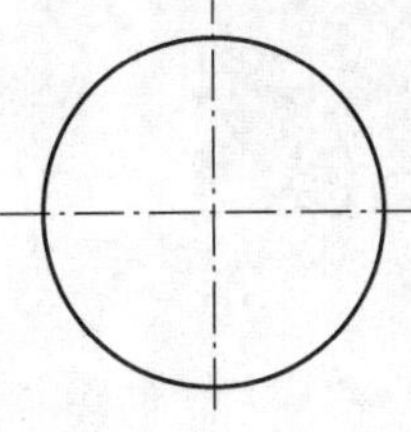

班级________________　　姓名________________　　学号________________

7. 分析截交线，补全切口圆锥的三视图。

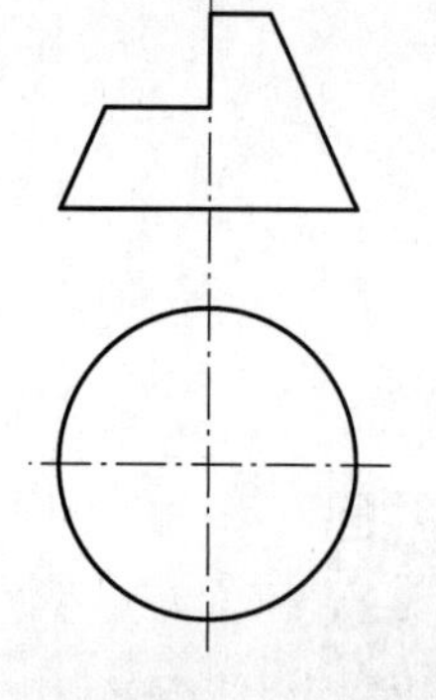

8. 分析截交线，补全切口立体的三视图。

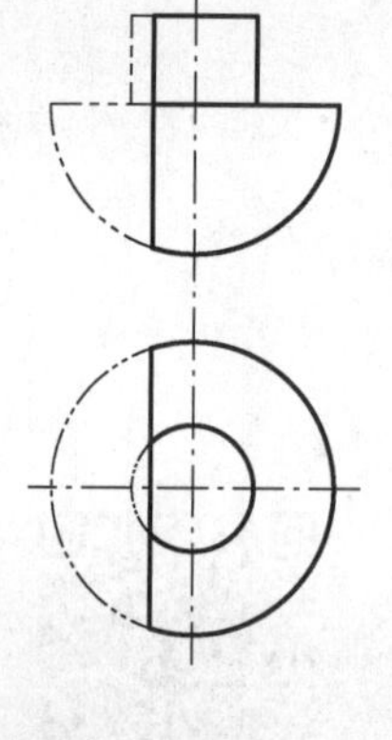

9.分析截交线，补全切口立体的三视图。

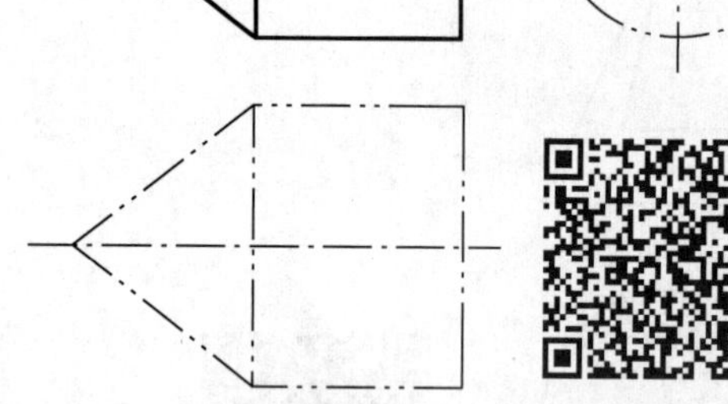

10. 补画曲面立体被截切后的第三投影。

11. 补画曲面立体被截切后的其他投影。

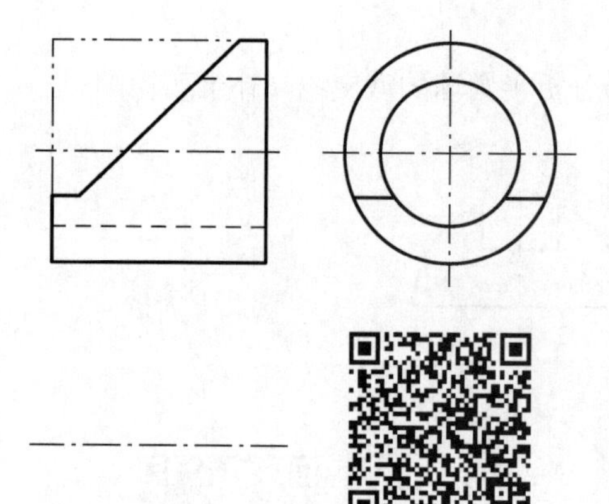

12. 补画曲面立体被截切后的其他投影。

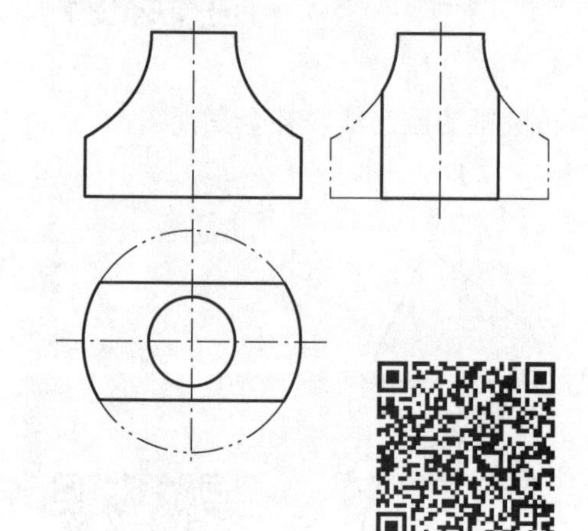

学习任务5　基本体的相贯

基本体的相贯

一、相贯线的概念

两立体相交，称为相贯。相交两立体表面的交线称为相贯线。相贯分为两平面立体相交、平面立体与回转体相交和两回转体相交等形式，如图 3-29 所示。前两种形式由于有平面存在，故可归结为求截交线的问题。

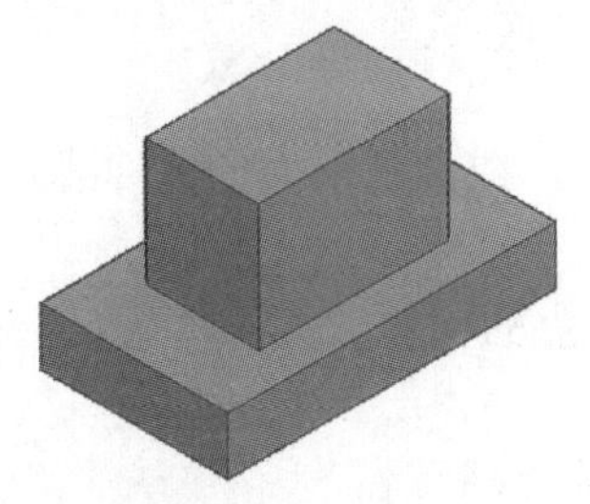
(a) 平面立体与平面立体

(b) 平面立体与回转体

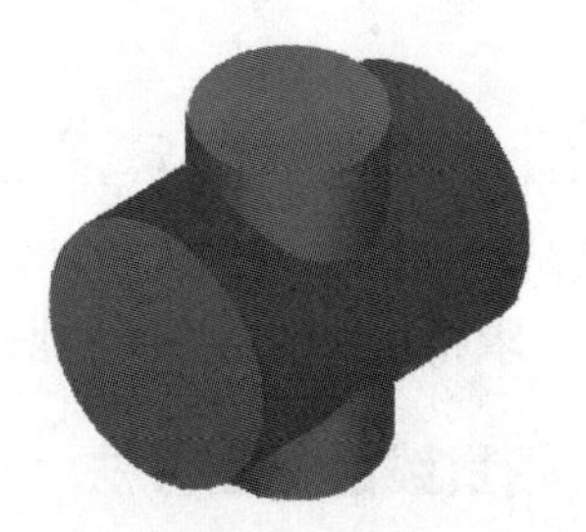
(c) 回转体与回转体

图 3-29　相贯的形式

二、相贯线的性质

相交的两回转体的形状、大小和相对位置不同，相贯线的形状也不同，如图 3-30 所示。

一般相贯线都具有以下性质：

① 相贯线是两立体表面的共有线，相贯线上的点是两个立体表面共有的点，故相贯线的投影必定在两立体的公共投影部分。

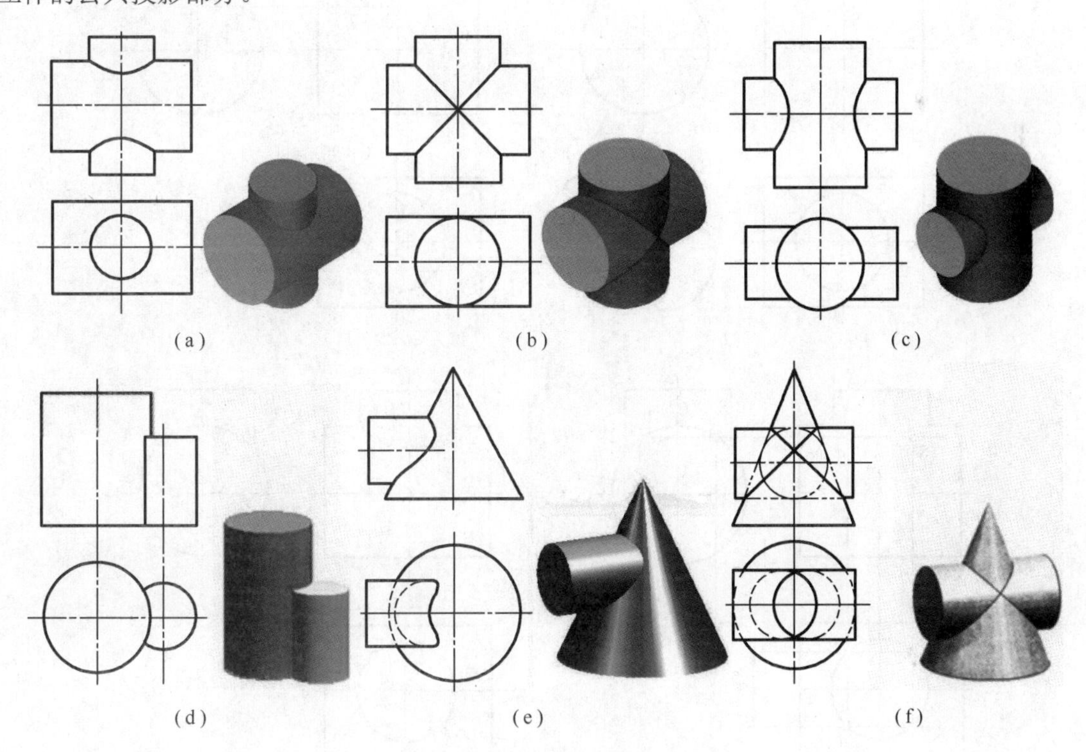

图 3-30　常见回转体的相贯线

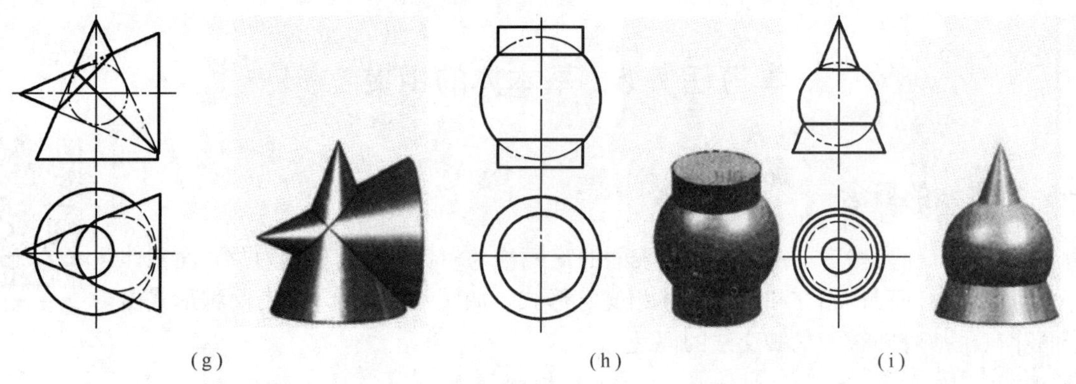

图 3-30　常见回转体的相贯线（续）

② 相贯线一般为封闭的空间曲线，特殊情况下可以是不封闭的，或者是平面的曲线或直线。

③ 相贯线的形状取决于相贯体的形状和两者的相对位置。

因此，求相贯线的问题可以归结为求两相贯体表面一系列共有点的问题。

三、相贯线的作图方法

求作相贯线的一般步骤是：根据给出的投影，分析两相交回转体的形状、大小及轴线的相对位置，判定相贯线各投影的特点，再进行作图。这里以最常见的正交相贯为例，讨论相贯线的作图方法。如图 3-31（a）所示，两不等径圆柱正交，求作相贯线的具体方法如下：

① 求特殊点。作相贯线上的最高、最低点Ⅰ、Ⅲ、Ⅴ、Ⅶ的三面投影，如图 3-31（b）所示。

② 求一般点。在最高、最低点之间作一般点Ⅱ、Ⅳ、Ⅵ、Ⅷ的三面投影，如图 3-31（c）所示。

③ 依次光滑连接 1′、2′、3′……，即得相贯线的正面投影。检查并描深轮廓，如图 3-31（d）所示。

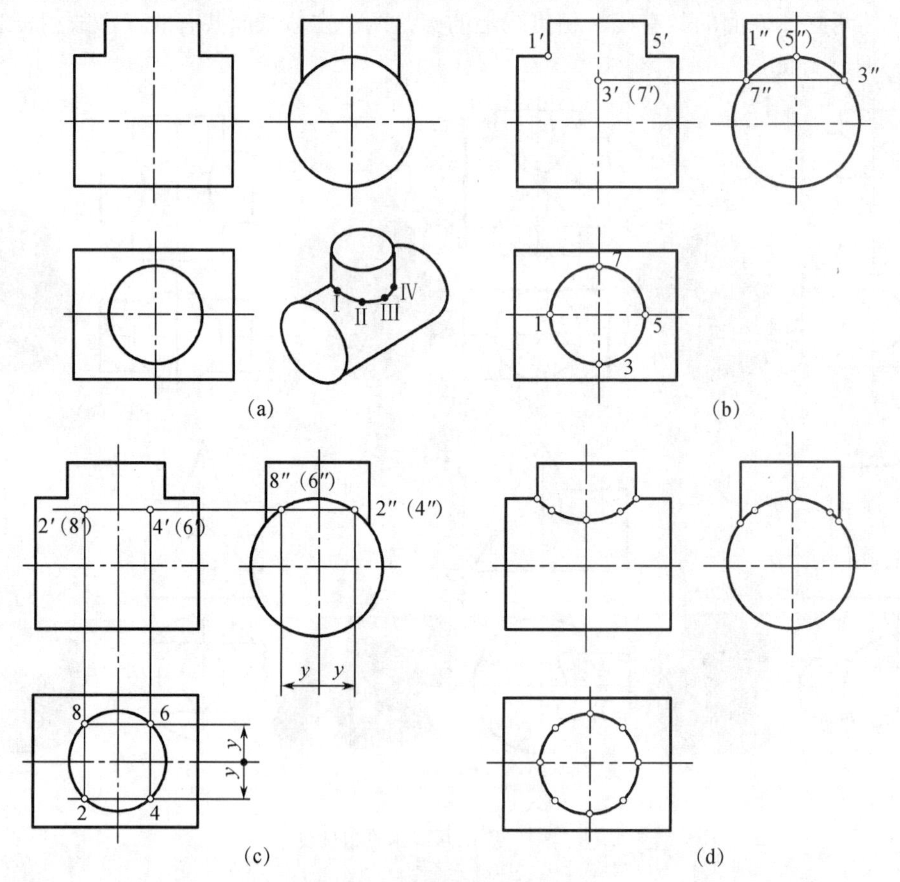

图 3-31　相贯线的作图步骤

两圆柱正交的相贯形式在工程实践中经常遇到，但相贯线的作图步骤较多，如对相贯线的准确性无特殊要求，当两圆柱垂直正交且直径不同时，为了简化作图，可采用圆弧代替相贯线的近似画法。如图 3-32 所示，垂直正交两圆柱的相贯线可用大圆柱的 $D/2$ 为半径作圆弧来代替。

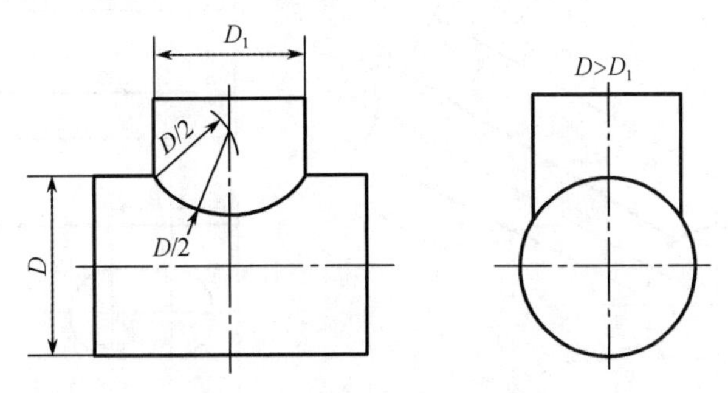

图 3-32 相贯线的近似画法

外圆柱面和内圆柱面相交、内圆柱面和内圆柱面相交时，相贯线的形状和外圆柱面与外圆柱面相交时相贯线的形状相同，画法也完全一样，如图 3-33 所示。

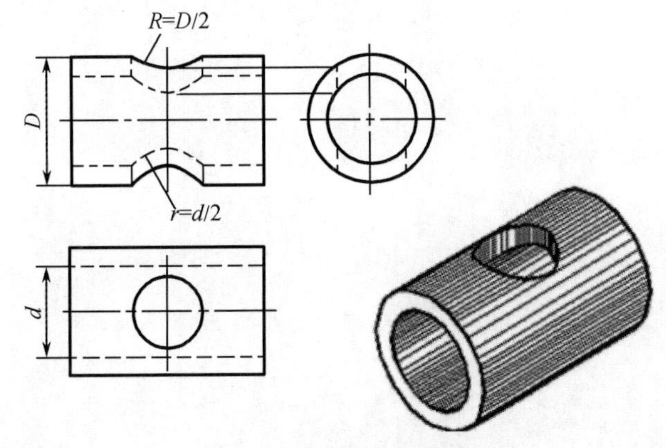

图 3-33 内相贯线的画法

四、相贯体的尺寸标注

相贯体应标注出相交两基本体的定形尺寸和相对位置尺寸，不需要标注出相贯线的尺寸，如图 3-34 所示。

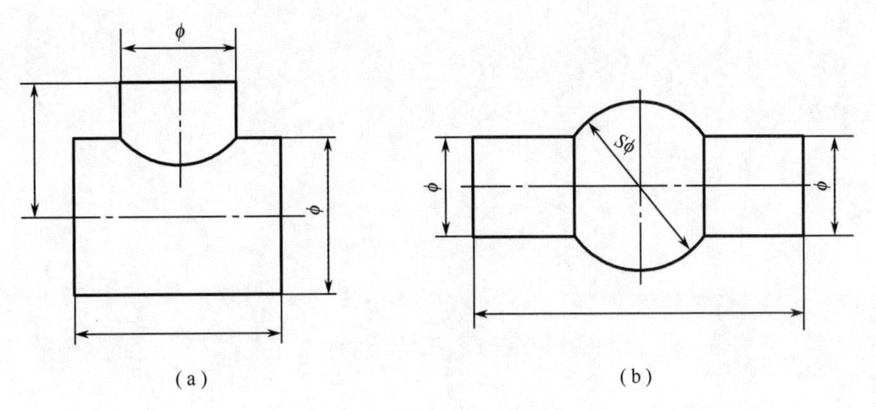

图 3-34 相贯体的尺寸标注

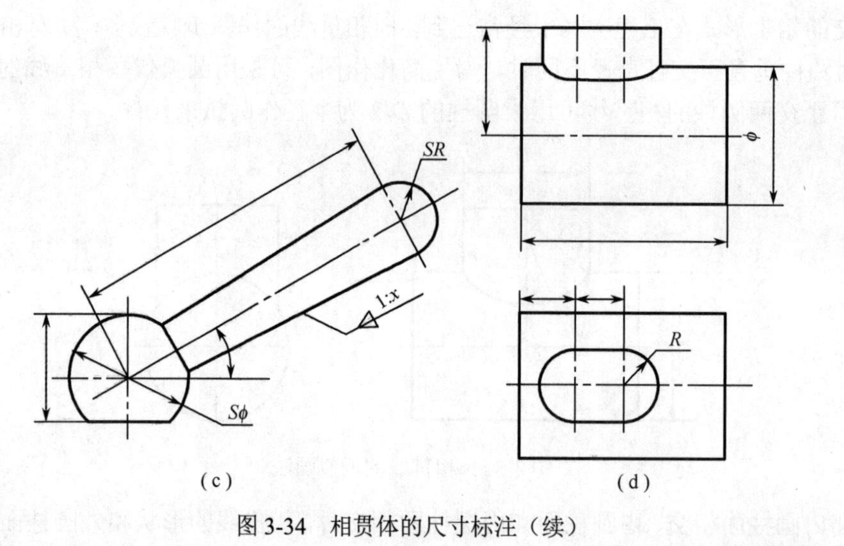

图 3-34　相贯体的尺寸标注（续）

【任务练习 3-5】

班级________________ 姓名________________ 学号________________

1. 求作相贯线。

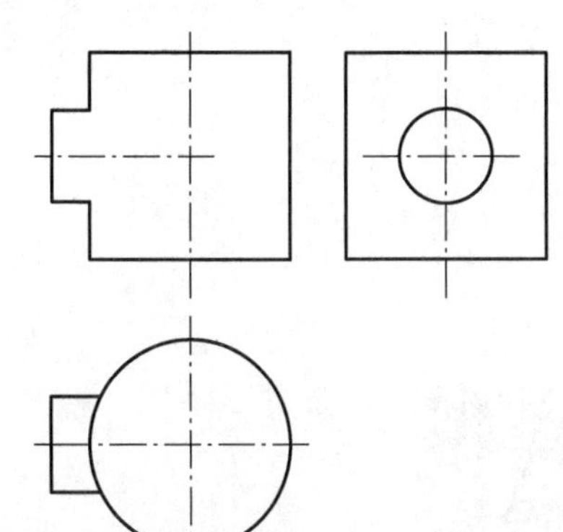

2. 求作相贯线。

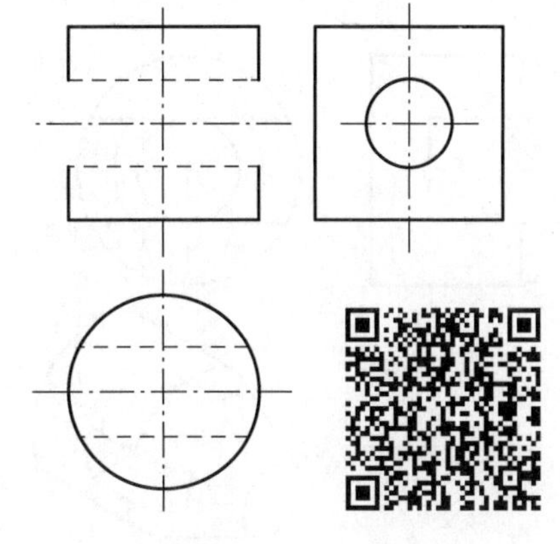

3. 求作相贯线。

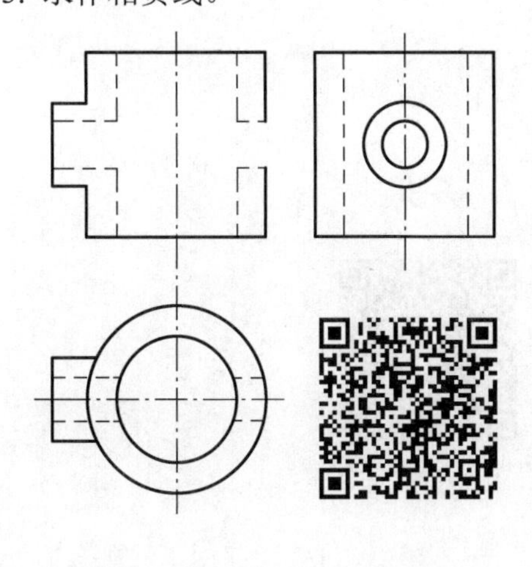

4. 求作相贯线。

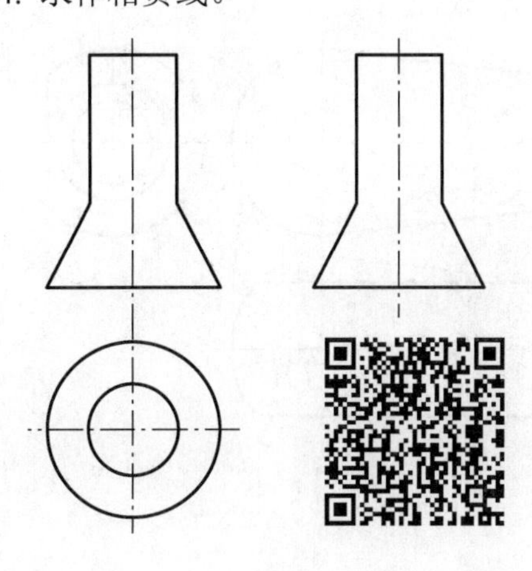

5.补画相贯线的投影，完成三视图。

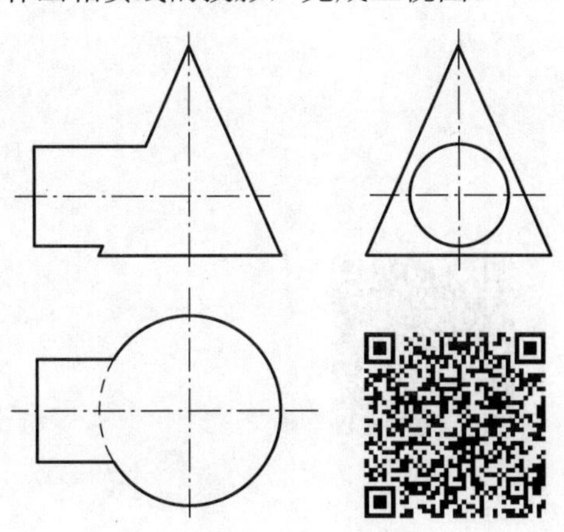

6. 补画相贯线的投影，完成三视图。

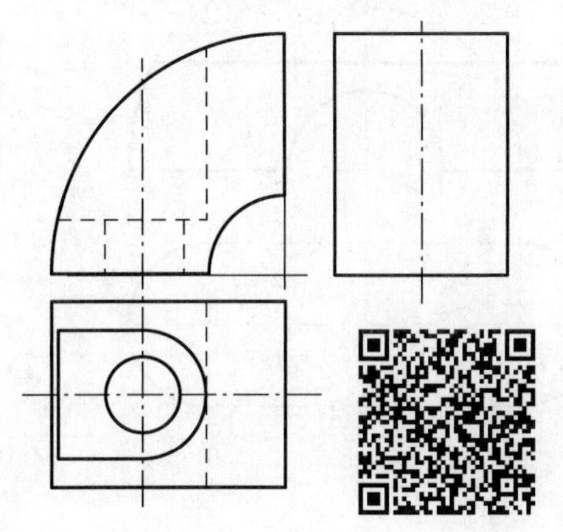

【综合训练 3】

班级________________ 姓名________________ 学号________________

一、补画曲面立体被截切后的其他投影。

1.

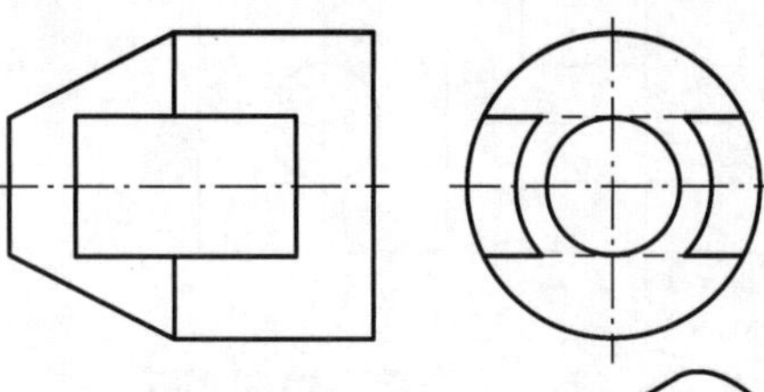

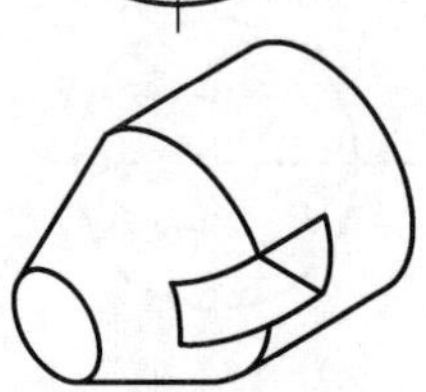

2.

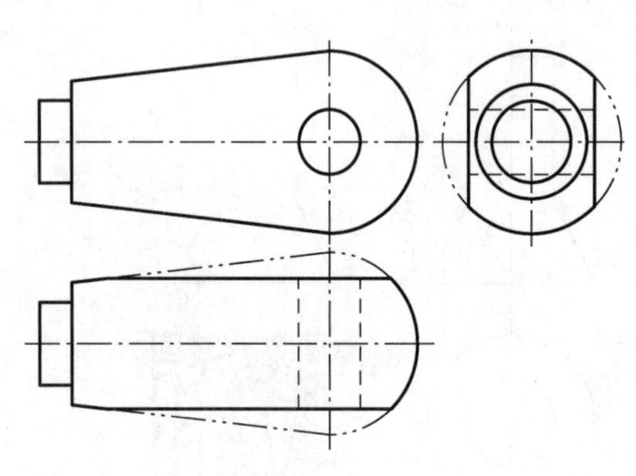

3.

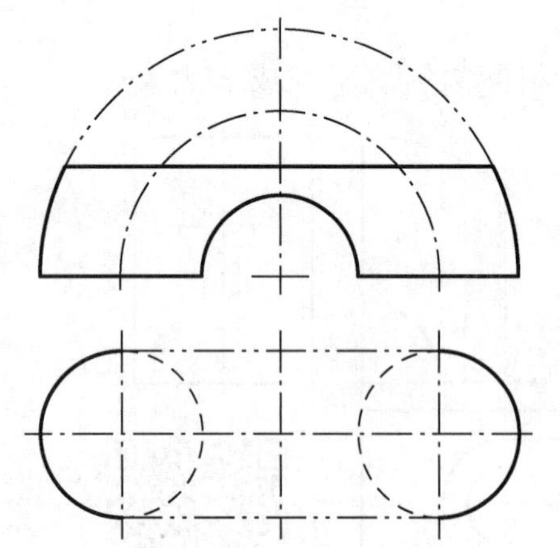

班级__________ 姓名__________ 学号__________

二、补画立体相交的截交线及相贯线。

1.

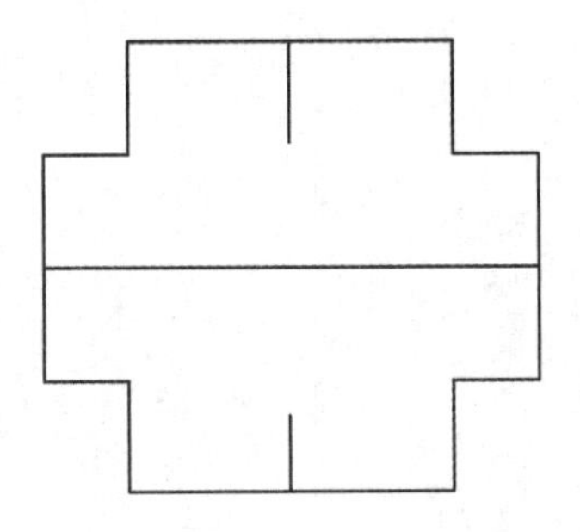

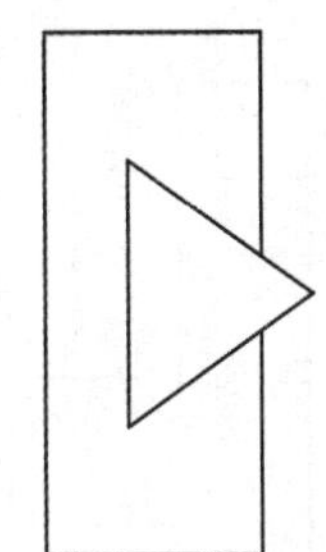

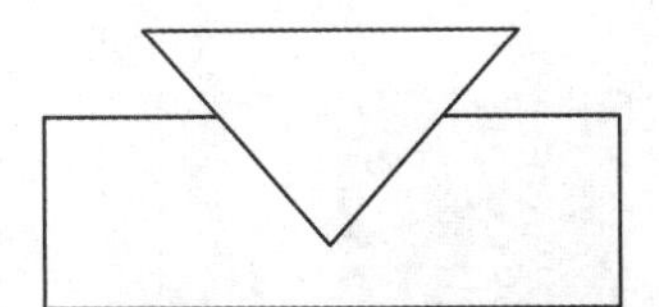

2.

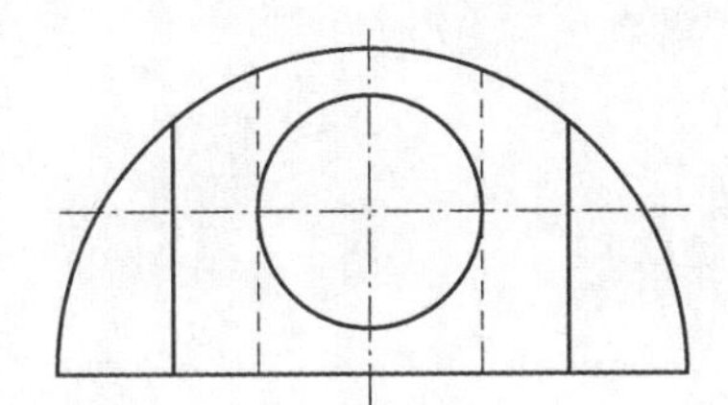

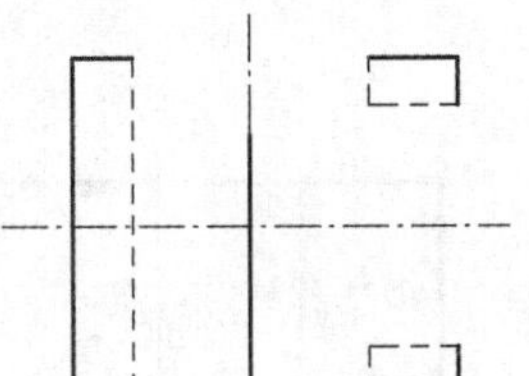

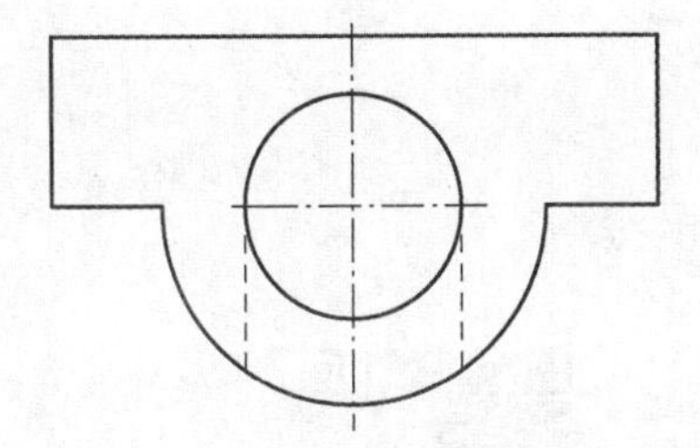

班级______________ 姓名______________ 学号______________

三、标注尺寸（从视图上度量后取整数）。

1.

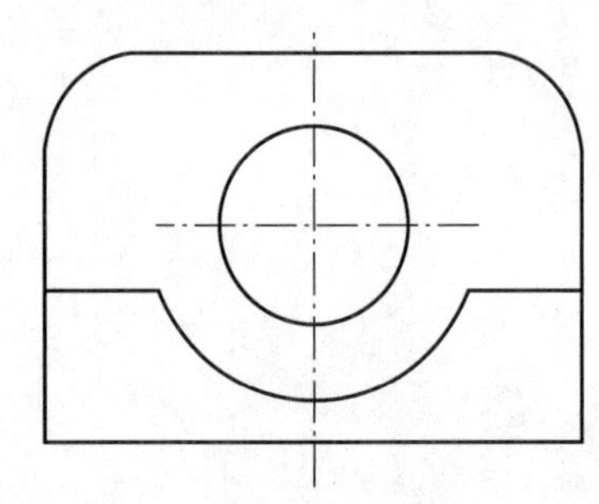

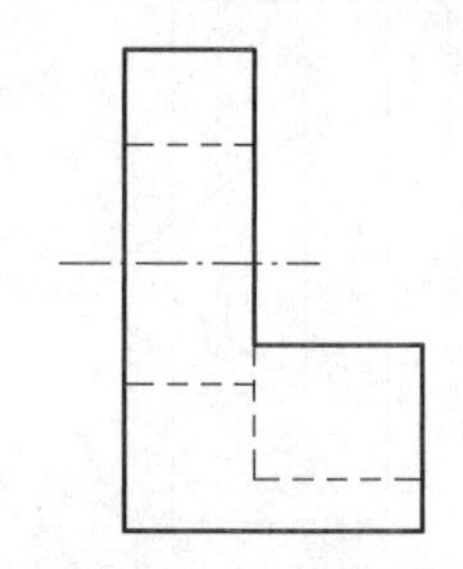

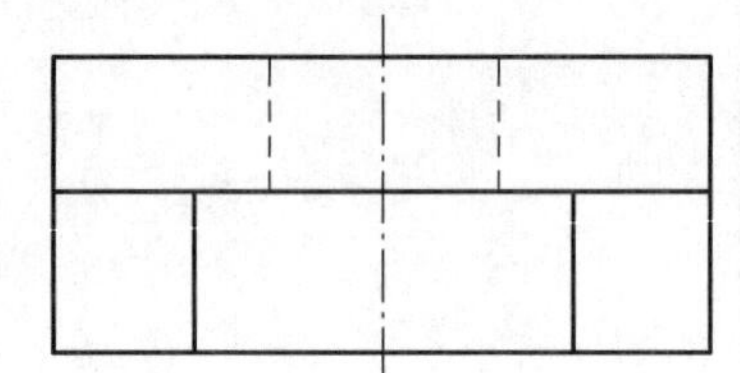

2.

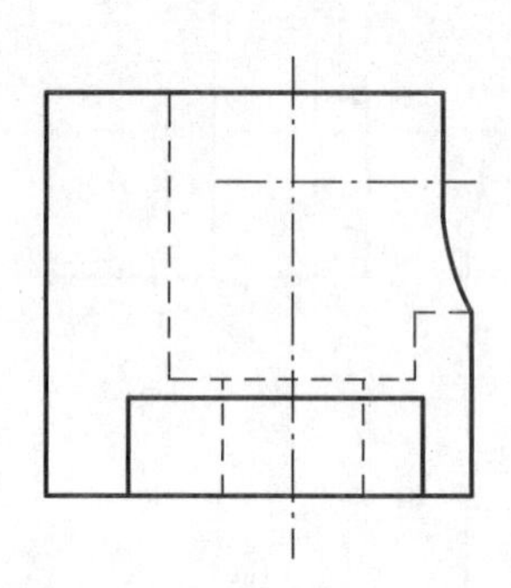

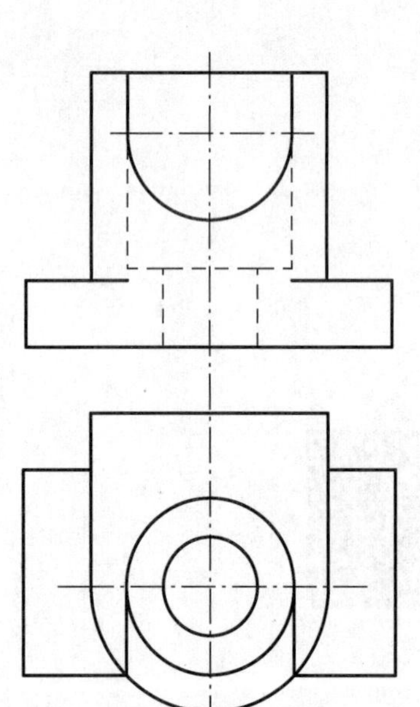

项目四　轴　测　图

【学习导航】

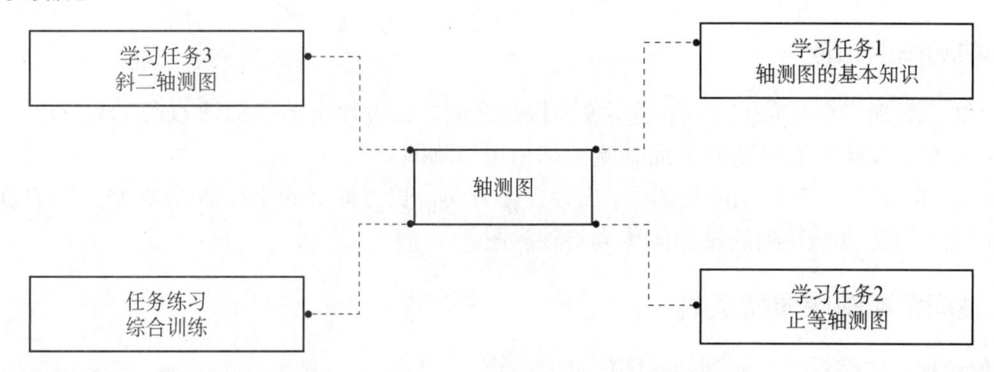

【知识目标】

◆ 掌握轴测投影的形成、轴向伸缩系数和轴间角，以及轴测投影图的分类；
◆ 掌握正等轴测图的作图方法；
◆ 掌握斜二轴测图的作图方法。

【能力目标】

◆ 会分析轴测投影图的形成过程和基本参数；
◆ 能熟练绘制正等轴测图；
◆ 会分析和归纳斜二轴测图的作图方法。

【思政目标】

◆ 强化全面、深刻看待问题的思维意识；
◆ 培养严谨规范、一丝不苟的工作态度；
◆ 形成辩证的思维观、认识观、方法论。

【思政故事】

大国工匠——谭文波

谭文波，中国石油集团西部钻探公司，高级技师。他领衔发明具有自主知识产权的新型桥塞坐封工具，解决生产疑难问题 30 多项，技术转化革新成果 4 项，获国家发明专利 4 项，实用新型专利 8 项。

谭文波

学习任务 1　轴测图的基本知识

正投影能够准确、完整地表达物体的形状，且作图方便，但是缺乏立体感。因此，工程上常采用直观性强、富有立体感的轴测图作为辅助图样，用以说明机器及零部件的外观、内部结构和工作原理。轴测图相关标准可参考 GB/T 4458.3—2013。

将空间物体连同其直角坐标系，沿不平行于任一坐标平面的方向，用平行投影法投射在单一投影面上所得到的图形，称为轴测投影图，简称轴测图，如图 4-1 所示。

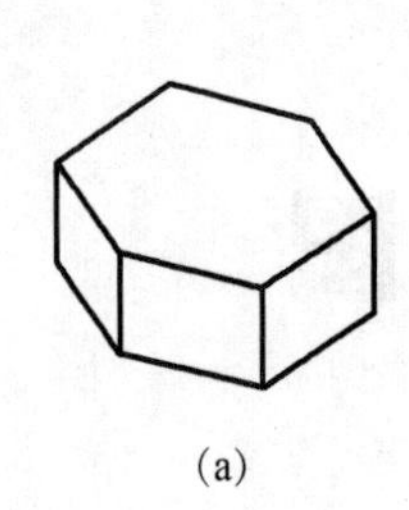
(a)

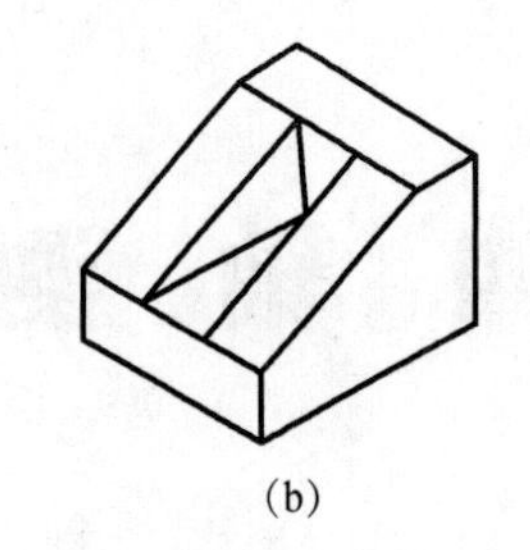
(b)

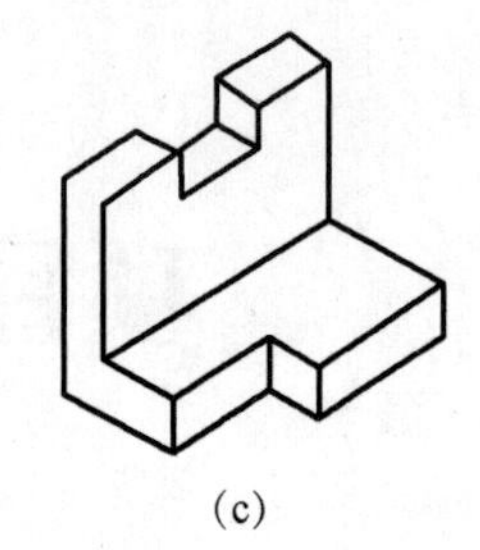
(c)

图 4-1　轴测投影图示例

一、轴测图的形成

如图 4-2（a）所示，P 为轴测投影面，S 为投影方向，长方体上的坐标轴 OX、OY、OZ 均倾斜于 P 面，S 与 P 垂直。按此方法得到的 P 面轴测图称为正轴测图。

如图 4-2（b）所示，P 为轴测投影面，S 为投影方向，长方体上的坐标面 XOZ 平行于 P 面，S 与 P 不垂直。按此种投影方法得到的轴测图称为斜轴测图。

二、轴间角和轴向伸缩系数

轴间角和轴向伸缩系数是绘制轴测图的重要参数。

1. 轴测轴

直角坐标轴在轴测投影面上的投影称为轴测轴，如图 4-2 所示的 O_1X_1、O_1Y_1 和 O_1Z_1 轴。

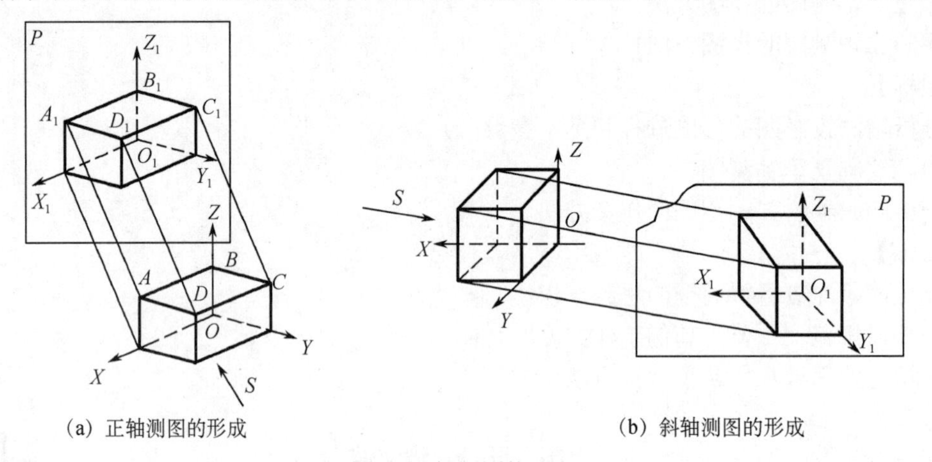

(a) 正轴测图的形成　　(b) 斜轴测图的形成

图 4-2　轴测图的形成

2. 轴间角

轴测投影中，任意两坐标轴在轴测投影面上的投影之间的夹角，称为轴间角，如图 4-2 所示的 $\angle X_1O_1Y_1$、$\angle Y_1O_1Z_1$、$\angle X_1O_1Z_1$。轴间角的总和为 360°。

3. 轴向伸缩系数

直角坐标轴轴测投影的单位长度，与相应直角坐标轴单位长度的比值，称为轴向伸缩系数。X、Y、Z 轴的轴向伸缩系数分别用 p、q、r 表示，即 $p=O_1X_1/OX$，$q=O_1Y_1/OY$，$r=O_1Z_1/OZ$。

三、轴测图的分类

1. 按照投射方向与轴测投影面的相对位置分类

① 正轴测投影图：投射线与轴测投影面垂直，如图 4-2（a）所示。

② 斜轴测投影图：投射线与轴测投影面倾斜，如图 4-2（b）所示。

2. 按轴向伸缩系数分类

① 等测：三个轴向伸缩系数均相等，即 $p=q=r$。

② 二测：两个轴向伸缩系数相等，即 $p=r\neq q$。

③ 三测：三个轴向伸缩系数均不相等，即 $p\neq q\neq r$。

其中常用的是正等轴测图，简称正等测；斜二轴测图，简称斜二测。

3. 轴测图的投影特性

① 平行性：凡互相平行的直线，其轴测投影仍平行。

② 度量性：凡形体上与坐标轴平行的尺寸，在轴测图中均可沿轴测轴的方向测量。

③ 变形性：凡形体上与坐标轴不平行的直线，具有不同的轴向伸缩系数，不能在轴测图上直接量取，而要先定出直线两端点的位置，再画出该直线的轴测投影。

④ 定比性：一线段的分段比例在轴测投影图中不变。

学习任务2　正等轴测图

一、正等轴测图的形成

当投射方向垂直于轴测投影面时，立体上的三个坐标轴与轴测投影面的倾角都相等，即三个轴向伸缩系数均相等，这样得到的轴测投影图称为正等轴测图。

1. 轴间角

正等轴测图的三个轴间角均为120°，其中 Z_1 轴为铅垂方向，如图4-3所示。

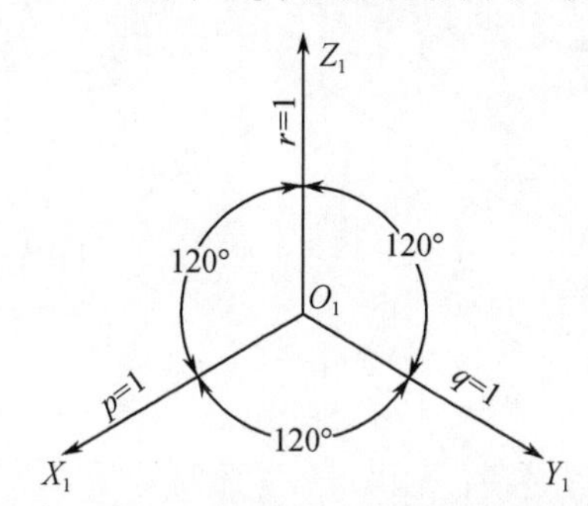

图4-3　正等轴测图的轴间角和轴向伸缩系数

2. 轴向伸缩系数

正等轴测图的轴向伸缩系数均相等，$p=q=r\approx 0.82$。为了简化作图，常采用简化系数，即 $p=q=r=1$。采用简化系数作图时，沿各轴向的所有尺寸都用真实长度量取，简捷方便。

二、正等轴测图的画法

轴测图的画法有坐标法、切割法、叠砌法，其中坐标法是基础。在实际作图中，常将三种方法综合起来应用，因此也可称综合法。

坐标法：根据点的坐标作出点的轴测图的方法。运用坐标法时，首先要确定坐标原点和直角坐标轴，并画出轴测轴；然后根据各顶点的坐标，画出其轴测投影；最后依次连线。

切割法：画切割体的轴测图，可以先画出完整的简单形体的轴测图，然后根据结构特点逐个切除多余的部分，进而完成切割体的轴测图。

叠砌法：当物体由若干个基本形体叠加而成时，可按照顺序逐个叠加画出轴测图。

1. 平面立体正等轴测图的画法

（1）三棱锥正等轴测图的画法

① 确定 C 为坐标原点，画出轴测轴，如图 4-4（a）和图 4-4（b）所示。

② 沿坐标轴度量尺寸，量取 A、B、S 三点到原点的左右、前后、上下的坐标差，并在轴测坐标系中截取，可求得各顶点的投影，如图 4-4（c）所示。

③ 连接各点，如图 4-4（d）所示。

④ 检查并描深轮廓，如图 4-4（e）所示。

（2）六棱柱正等轴测图的画法

分析：为了作图方便，选取上底面的中心点为原点 O，两条中心线为 X 轴和 Y 轴，以六棱柱的轴线为 Z 轴，建立直角坐标系，如图 4-5（a）所示。

① 在两面投影中建立直角坐标系 O-XYZ。

② 建立轴测轴 O_1-$X_1Y_1Z_1$，如图 4-5（b）所示。

③ 用坐标法作线取点，根据坐标关系，按 1∶1 的比例在轴测轴上作出六棱柱顶面 6 个顶点的对应点，按顺序连接，即得六棱柱顶面的轴测图，如图 4-5（c）所示。

④ 沿 O_1Z_1 轴方向（沿六棱柱任一顶点）量取 h，得到六棱柱底面 6 个顶点的对应点， 顺序连接，即得六棱柱底面的轴测图，如图 4-5（d）所示。

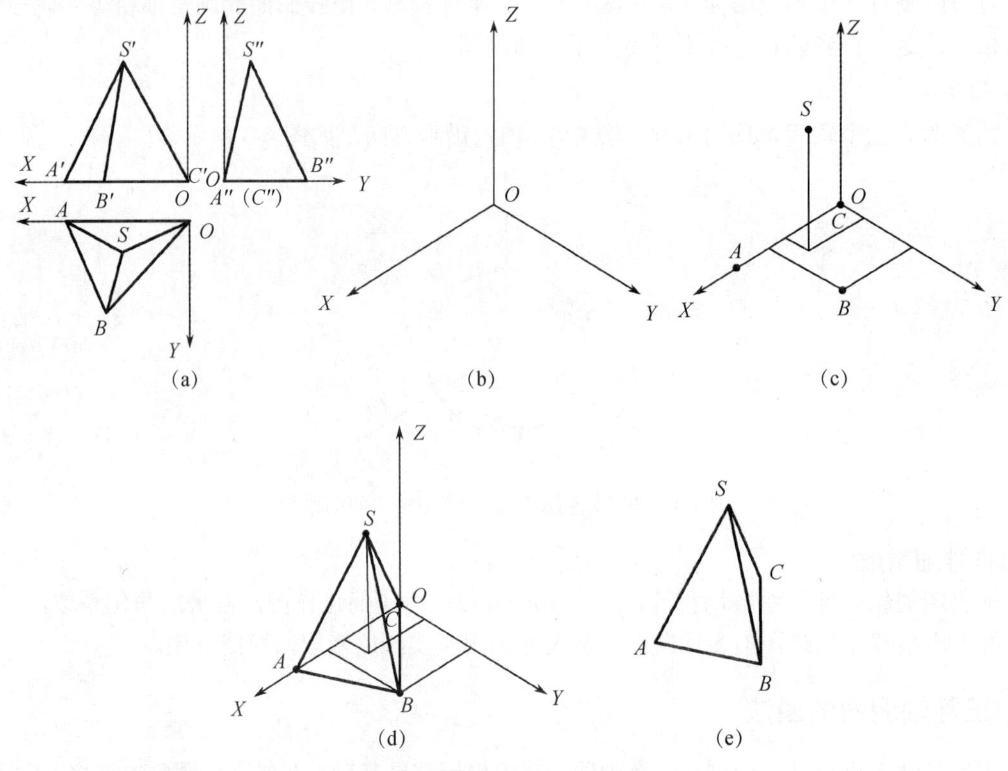

图 4-4 三棱锥正等轴测图的作图步骤

⑤ 检查并描深轮廓，如图 4-5（e）所示。

（3）切割体正等轴测图的画法

如图 4-6（a）所示为一切割体的三视图，其正等轴测图的作图步骤如下：

① 在三视图上确定原点和直角坐标系各坐标轴。

② 画轴测轴，作出长方体的轴测投影，如图 4-6（b）所示。

③ 按照尺寸依次进行切割，如图 4-6（c）和图 4-6（d）所示。

④ 检查并描深轮廓，如图 4-6（e）所示。

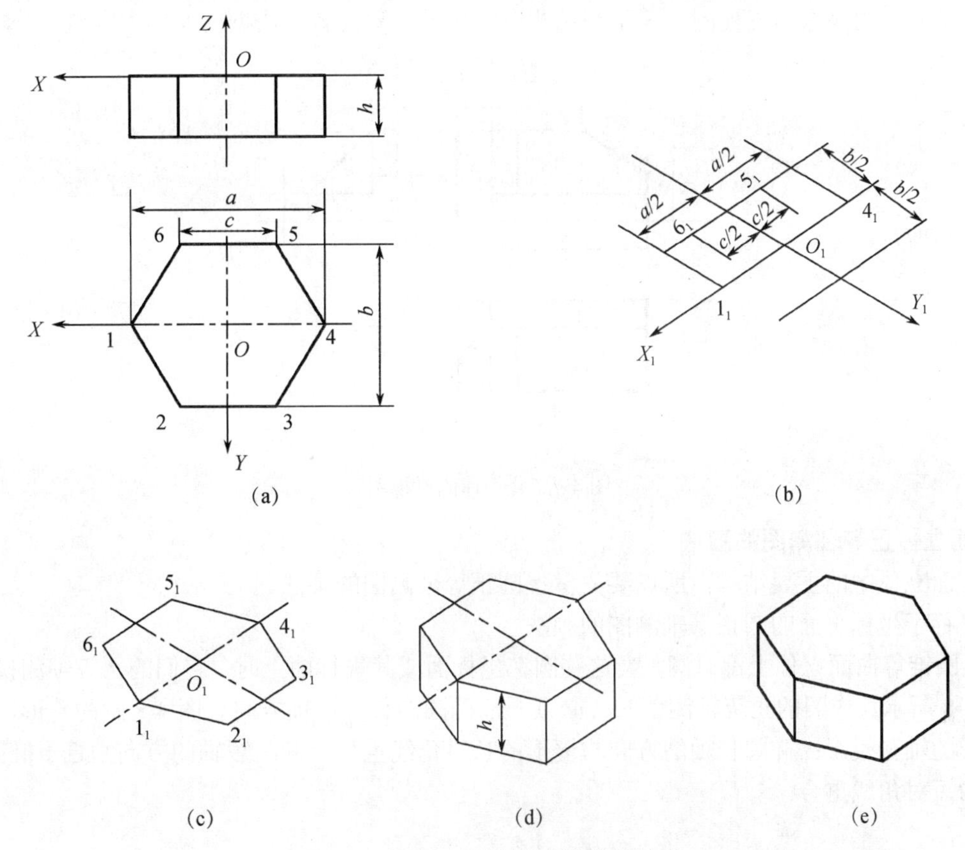

图 4-5　六棱柱正等轴测图的作图步骤

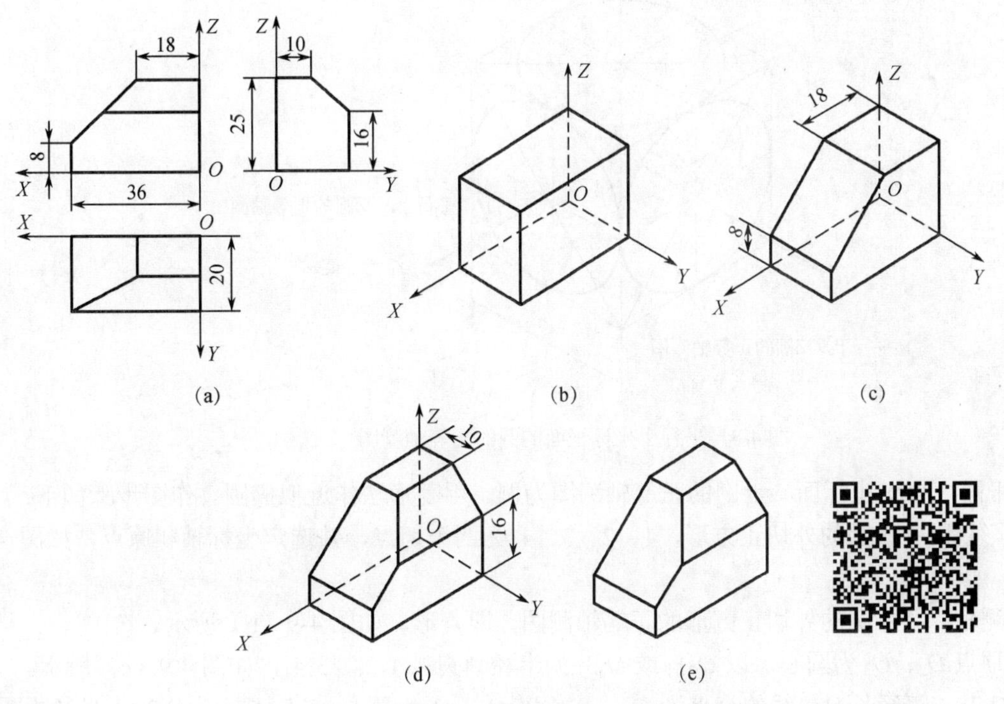

图 4-6　切割体轴测图的作图步骤

（4）叠加体正等轴测图的画法

如图 4-7 所示的叠加体三视图，其正等轴测图的作图步骤读者可依据前面的内容自行分析。

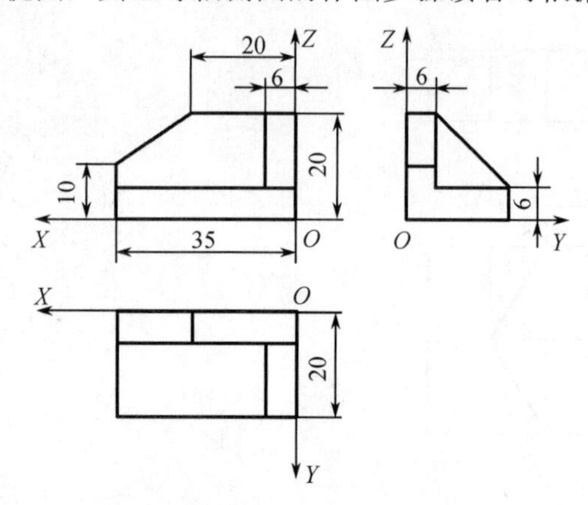

图 4-7　叠加体的三视图

2. 曲面立体正等轴测图的画法

圆是曲面立体中的主要结构，所以要先掌握圆正等轴测图的画法。

（1）平行于坐标平面的圆正等轴测图的画法

圆柱、圆锥等曲面立体上都有圆，当这些圆在坐标面或其平行面上时，它们的正等轴测投影都是椭圆，如图 4-8 所示。作圆的正等轴测图时，必须弄清椭圆的长、短轴方向。图 4-8 中的菱形，是与圆外切的正方形的轴测投影；椭圆长轴的方向与菱形的长对角线重合；椭圆短轴的方向垂直于椭圆的长轴，即与菱形的短对角线重合。

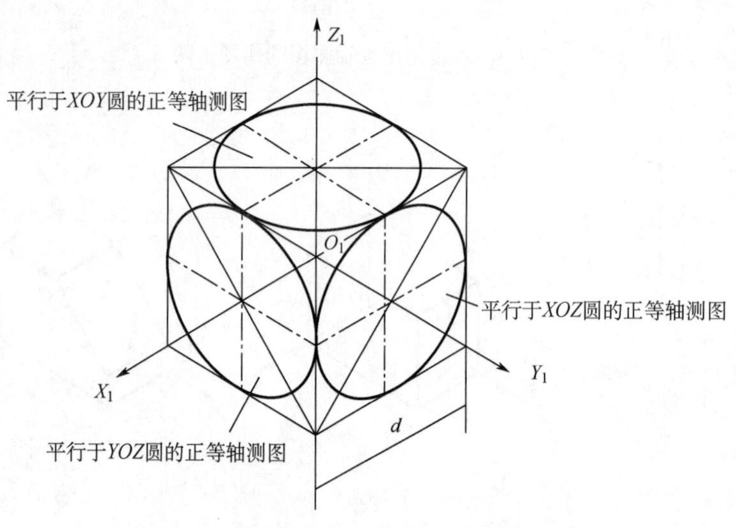

图 4-8　平行于坐标平面的圆的正等轴测图

下面以水平面（*XOY* 坐标面）上圆的正等轴测图为例，用菱形法作近似椭圆。作图步骤如下：

① 在正投影视图中作圆的外切正方形，1、2、3、4 为四个切点，并选定坐标轴和原点，如图 4-9（a）所示。

② 确定轴测轴，并作圆的外切正方形的正等轴测图，即菱形，如图 4-9（b）所示。

③ 以钝角顶点 O_2、O_3 为圆心，以 O_21_1 或 O_33_1 为半径画圆弧 1_12_1、3_14_1，如图 4-9（c）所示。

④ O_34_1、O_33_1 与菱形长对角线的交点为 O_4、O_5，以 O_4、O_5 为圆心，以 O_44_1 或 O_53_1 为半径画圆弧 1_14_1、2_13_1，如图 4-9（d）所示。

⑤ 检查并描深轮廓，如图 4-9（e）所示。

（2）圆角的正等轴测图画法

平行于坐标平面的圆角，实质上是平行于坐标平面的圆的一部分。零件上常见的 1/4 圆弧构成的圆角的正等轴测图，分别对应椭圆的四段圆弧，画圆角时只要直接画出该段圆弧即可。如图 4-10（a）所示，以平行于 H 面的圆角为例，其正等轴测图的绘图步骤如下：

① 根据已知圆角半径找出切点 A_1、B_1、C_1、D_1。

② 分别过 A_1、B_1、C_1、D_1 四个切点作切线的垂线，两垂线的交点即为圆心，如图 4-10（b）所示的 O_1、O_2。

③以 O_1、O_2 为圆心，以圆心到切点的距离为半径，画圆弧，即可得圆角的正等轴测图。

④ 将 O_1、O_2 往下平移 h 即为下底面两圆角的圆心，如图 4-10（c）所示。

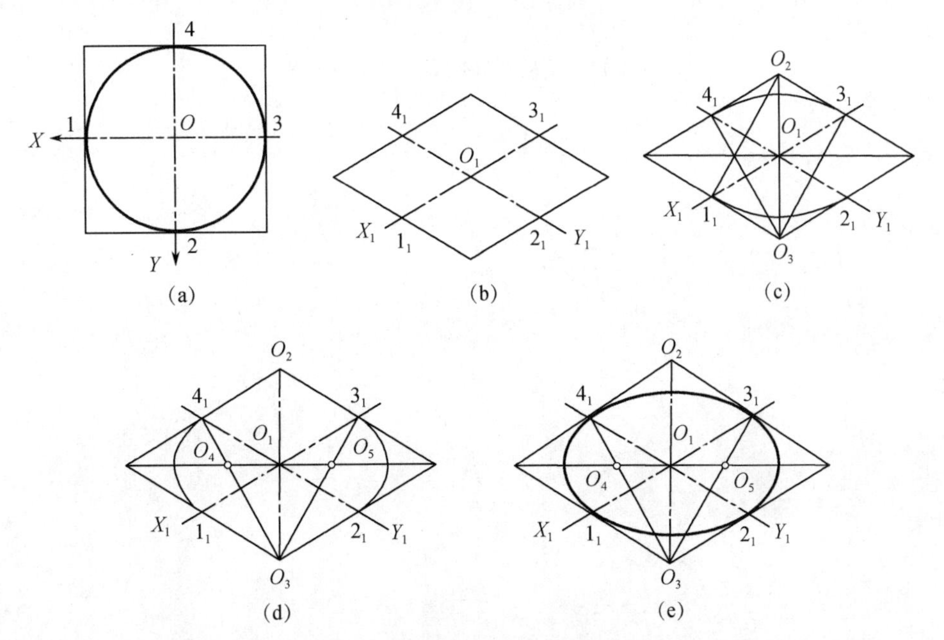

图 4-9　菱形法作近似椭圆的步骤

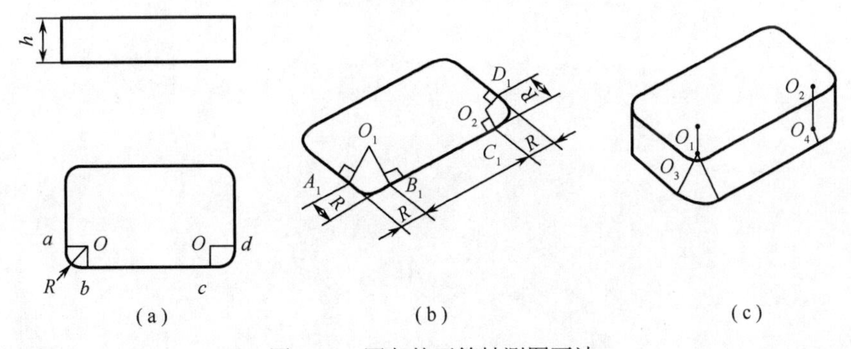

图 4-10　圆角的正等轴测图画法

（3）圆柱正等轴测图的画法

如图 4-11（a）所示的圆柱，其正等轴测图的作图步骤如下：

① 确定坐标轴，在投影为圆的视图上作圆的外切四边形。

② 作轴测轴 X_1、Y_1、Z_1，在 Z_1 上截取圆柱高度 H，并作 X_1、Y_1 的平行线，如图 4-11（b）所示。

③ 按照图 4-9 中的步骤作圆柱上下底圆的轴测投影的椭圆，如图 4-11（c）所示。

④ 检查并描深轮廓，如图 4-11（d）所示。

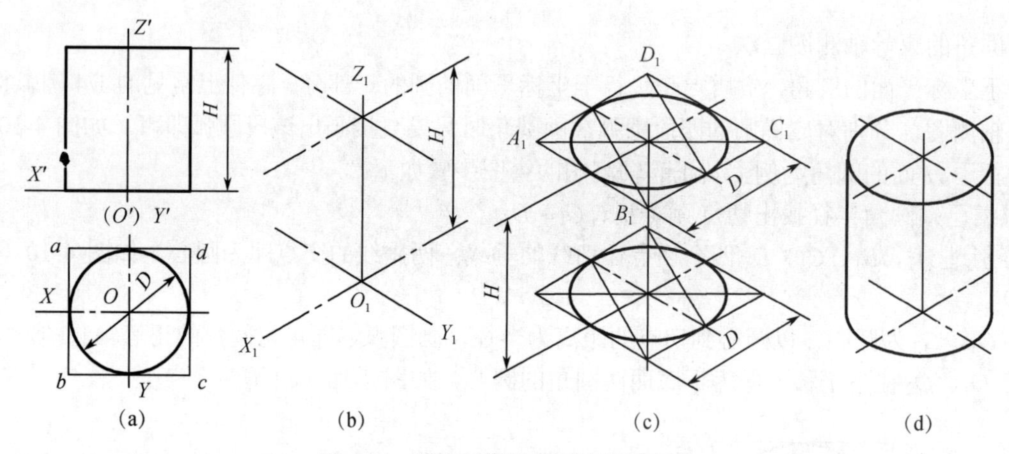

图 4-11　圆柱正等轴测图的作图步骤

【任务练习 4-2】

班级__________________ 姓名__________________ 学号__________________

根据三视图，画出正等轴测图（尺寸从图中量取）。

1.

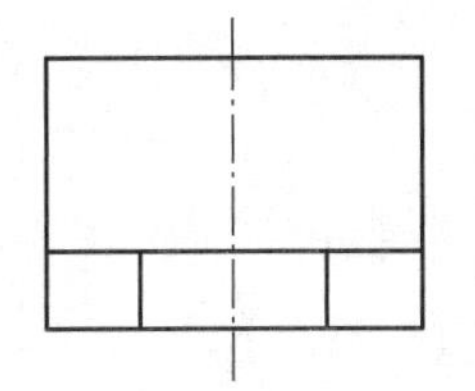
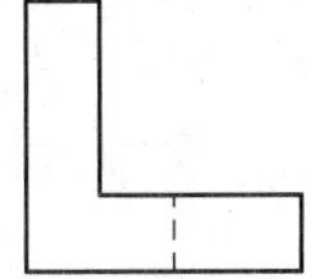
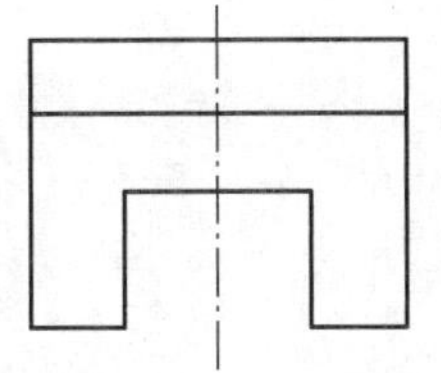

2.

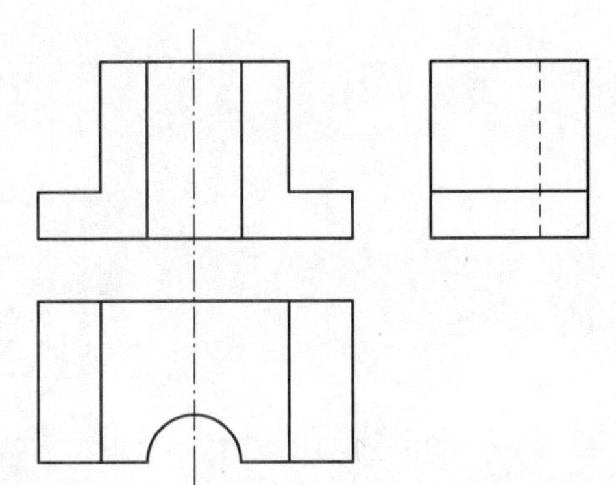

3.

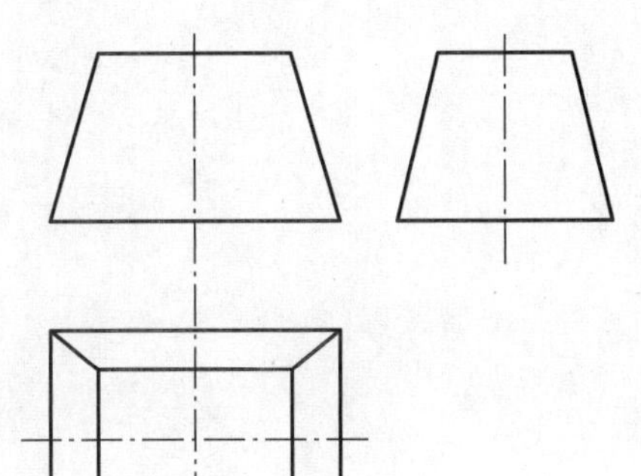
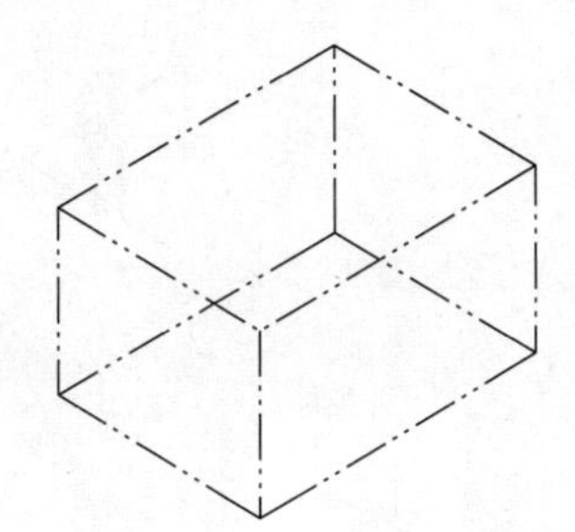

班级________________ 姓名________________ 学号________________

4.

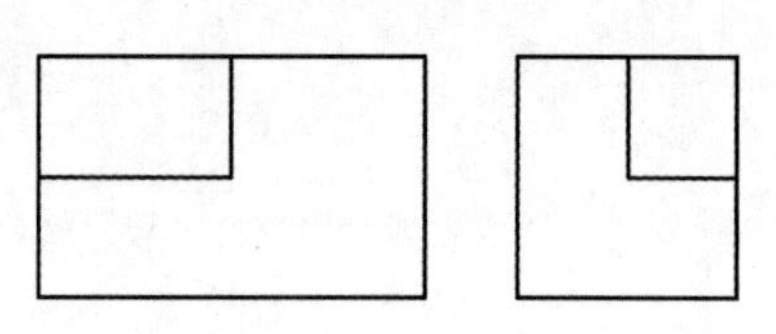

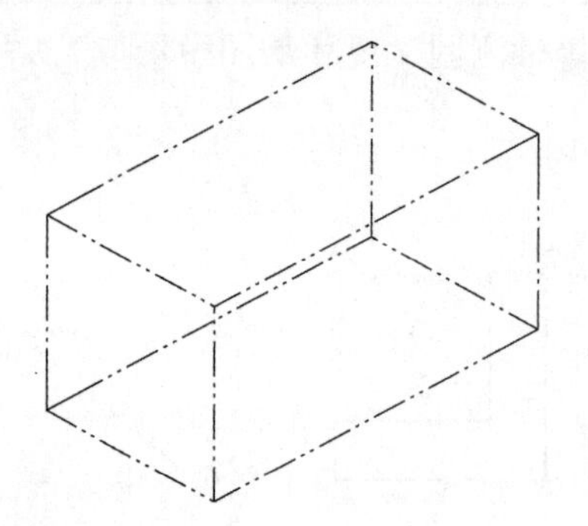

5.

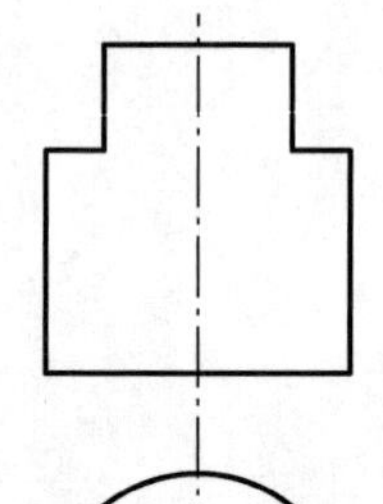

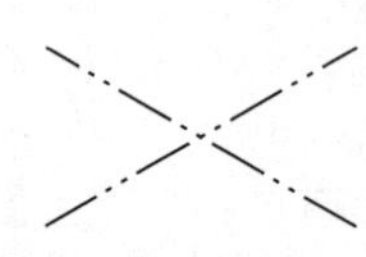

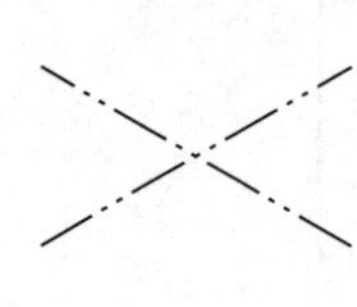

6.

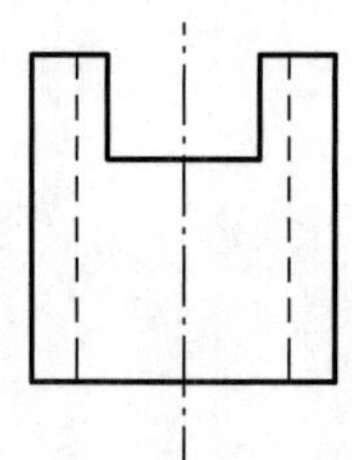

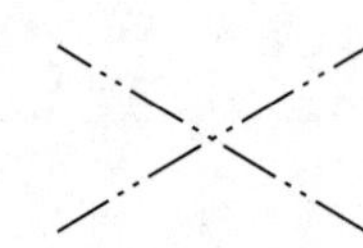

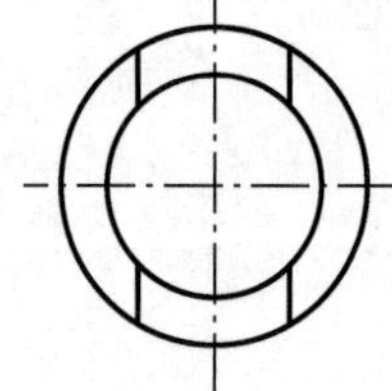

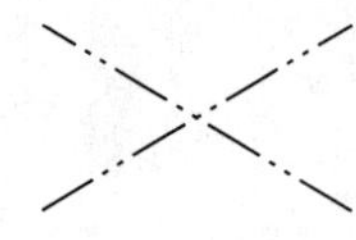

学习任务3　斜二轴测图

一、斜二轴测图的形成

使确定物体位置的一个坐标平面平行于轴测投影面，采用斜投影的方法，即投射方向倾斜于轴测投影面所得到的图形，称为斜二轴测图，简称斜二测。机械工程中最常用的斜轴测图是坐标面 *XOZ* 与轴测投影面平行的斜二轴测图，如图 4-12 所示。因此，当物体在一个方向上形状比较复杂、圆与圆弧较多时，可采用斜二测表达，并使该方向平行于投影面，这样可使得作图简单。需要指出的是，其他两个坐标面如果有圆，则其轴测投影变为椭圆。

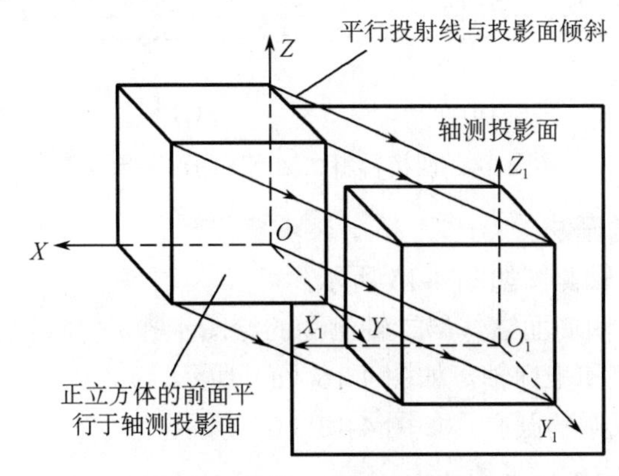

图 4-12　斜二轴测图的形成

1. 轴间角

根据平行投影特性，*XOZ* 面上的图形在轴测投影面上的投影反映实形，因此轴间角仍保持原有的 90°，即$\angle X_1O_1Z_1=90°$，$\angle Y_1O_1Z_1=\angle X_1O_1Z_1=135°$，如图 4-13（a）所示。

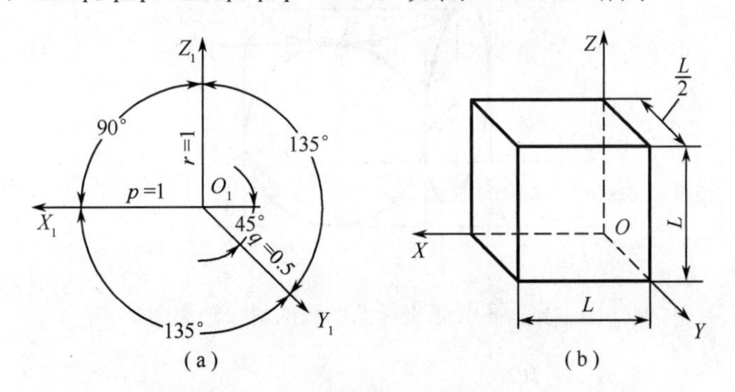

图 4-13　斜二轴测图的轴间角和轴向伸缩系数

2. 轴向伸缩系数

如图 4-13（b）所示，$p=r=1$，$q=0.5$。因此，在作斜二轴测图时，*X* 轴和 *Z* 轴方向的尺寸按投影尺寸 1 : 1 量取，*Y* 轴方向的尺寸按投影尺寸的 1/2 量取。

二、斜二轴测图的画法

选择使用斜二轴测图主要是为了获得较强的立体感，同时为了作图方便。在实际绘图中，斜二轴测图适合表达某一方向的形状比较复杂或只有一个方向上有圆的物体。

1. 平面立体斜二轴测图的画法

斜二轴测图的基本作图方法仍是坐标法。下面以四棱台为例，说明平面立体斜二轴测图的绘图步骤。

① 在视图上选好坐标原点和坐标轴，如图 4-14（a）所示。

② 画轴测轴，作底面的轴测图，如图 4-14（b）所示。

③ 在 Z_1 轴上量取棱台高度 h，作顶面轴测图，如图 4-14（c）所示。

④ 上、下底面连线，检查并描深轮廓，如图 4-14（d）所示。

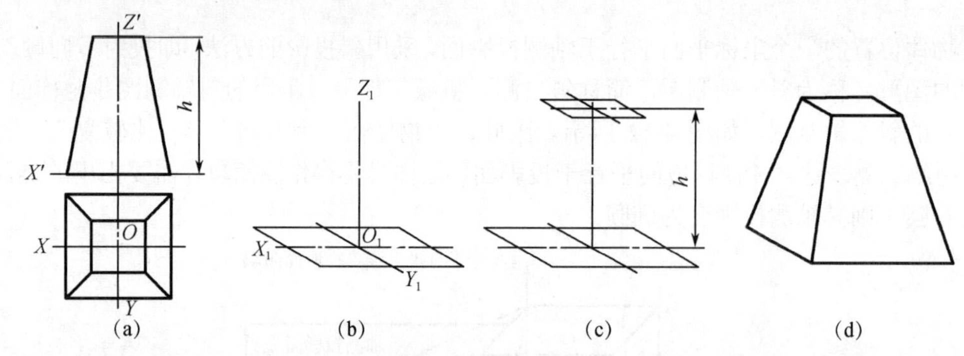

图 4-14　四棱台斜二轴测图的作图步骤

2. 曲面立体斜二轴测图的画法

平行于坐标面的圆的斜二轴测图如图 4-15 所示。

下面以通孔圆台为例，说明曲面立体斜二轴测图的绘图步骤。

① 在视图上选好坐标原点和坐标轴，如图 4-16（a）所示。

② 画轴测轴，定前、后底圆的圆心，如图 4-16（b）所示。

③ 作前、后底圆，如图 4-16（c）所示。

④ 作圆的公切线，检查并描深轮廓，如图 4-16（d）所示。

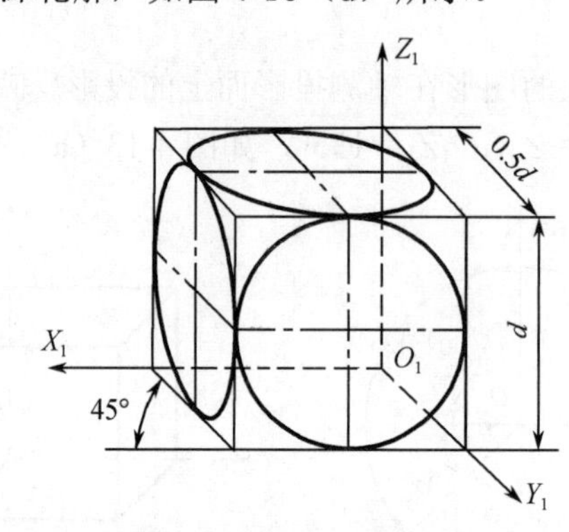

图 4-15　平行于坐标面的圆的斜二轴测图

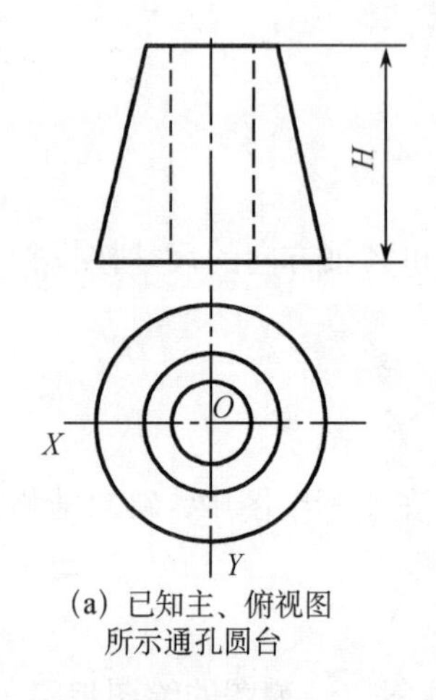

(a) 已知主、俯视图所示通孔圆台

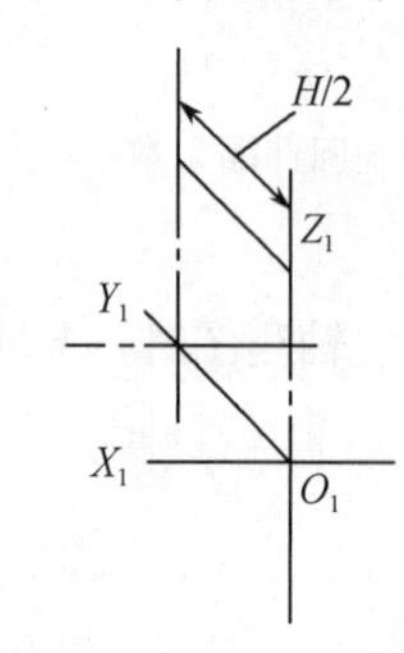

(b) 画轴测轴、定前、后底圆的圆心

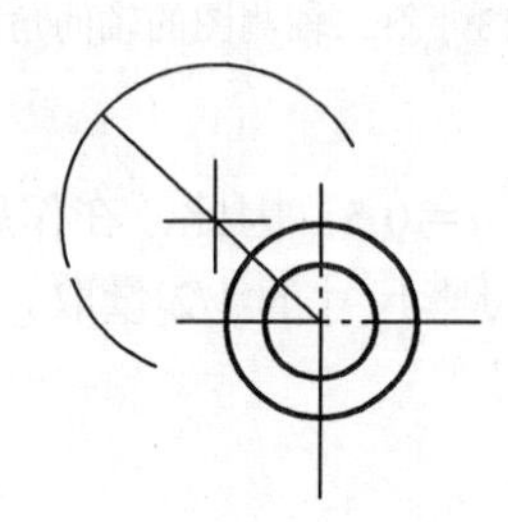

(c) 作前、后底圆（圆孔的轮廓线不可见，省略）

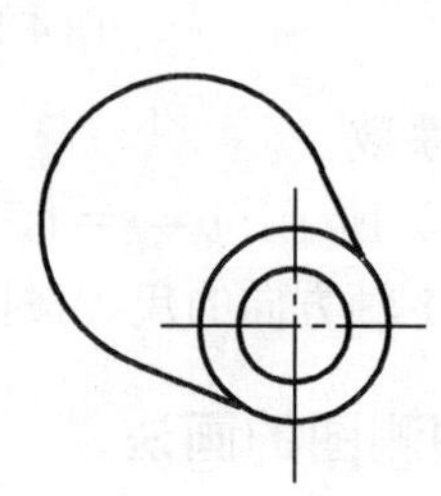

(d) 作圆的公切线，去掉不可见的圆弧

图 4-16　通孔圆台斜二轴测图的作图步骤

【任务练习 4-3】

班级__________________ 姓名__________________ 学号__________________

根据已知视图绘制斜二轴测图（尺寸从视图中按 1∶1 量取）。

1.

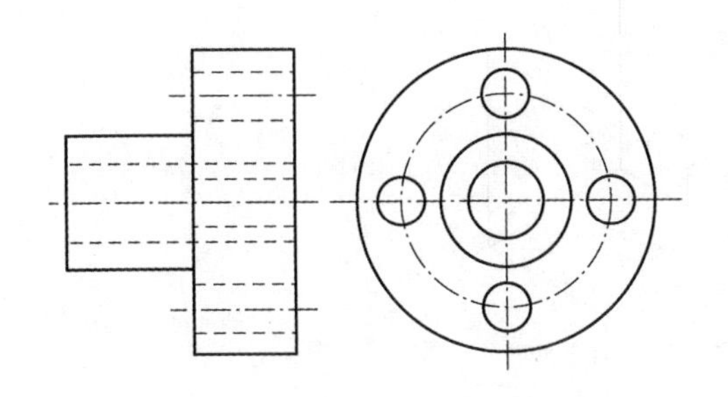

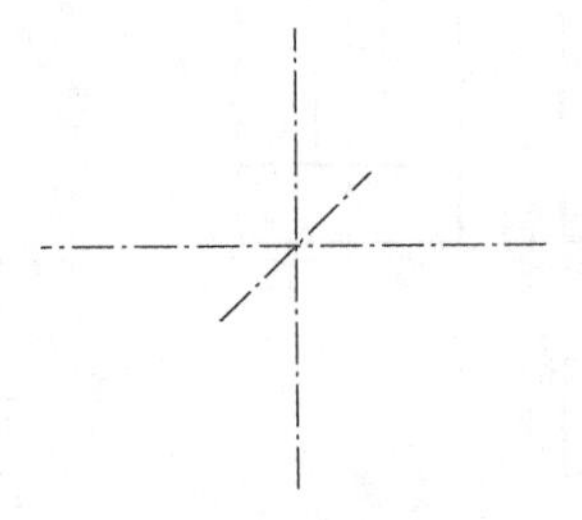

2.

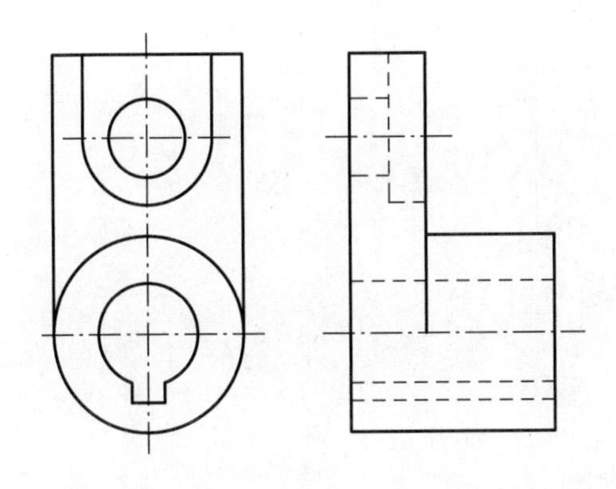

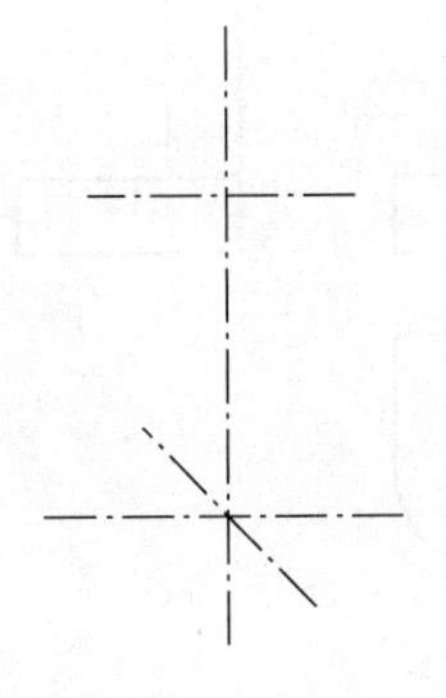

3.

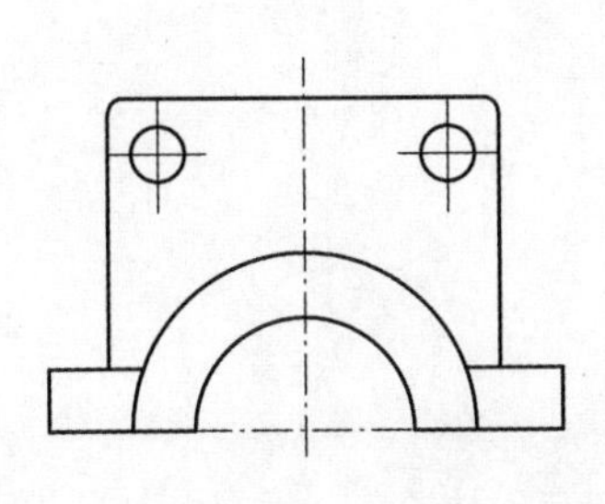

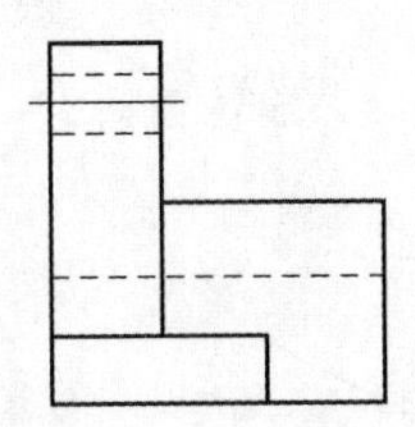

【综合训练 4】

班级__________________ 姓名__________________ 学号__________________

1. 根据视图绘制正等轴测图（尺寸从视图中按 1∶1 量取）。

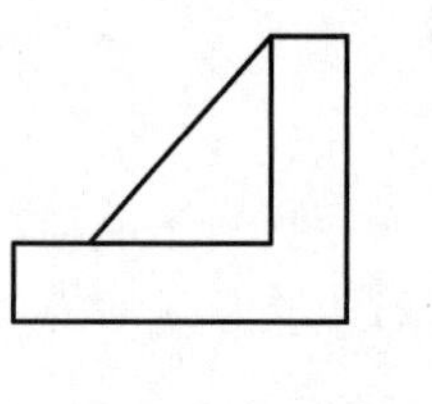
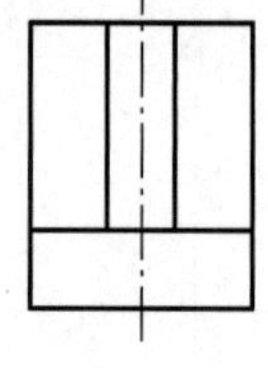
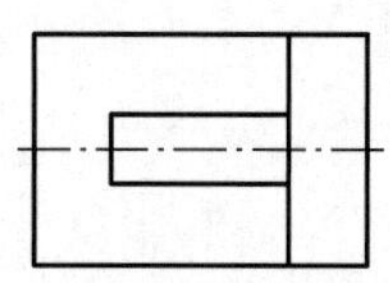
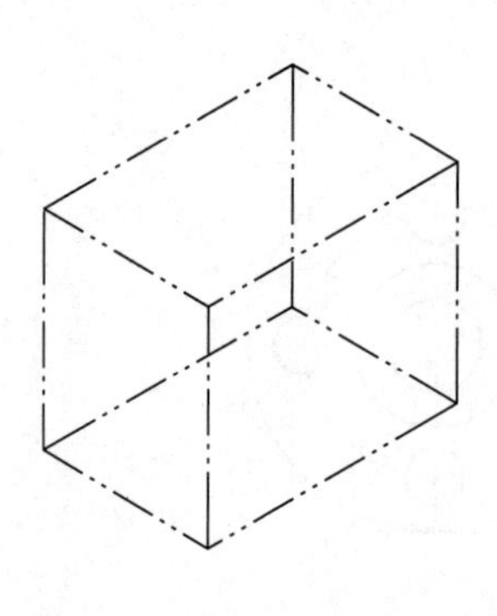

2. 根据视图绘制正等轴测图（尺寸从视图中按 1∶1 量取）。

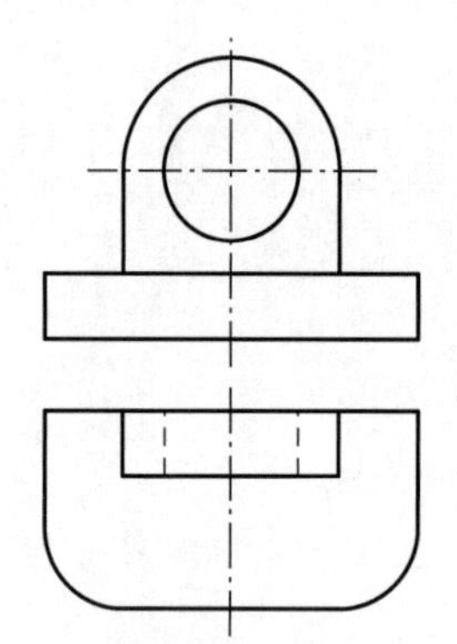
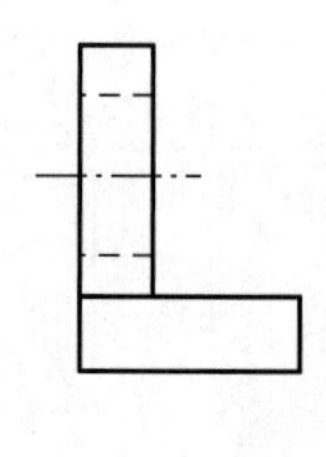
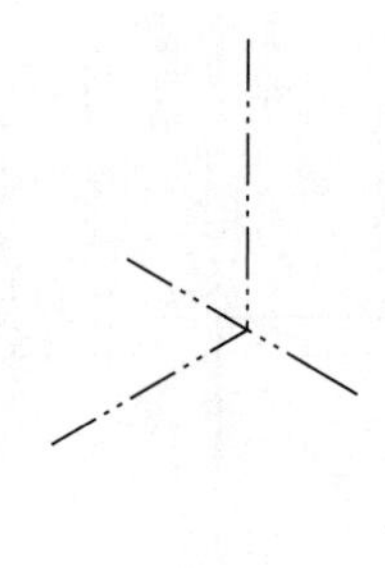

3. 根据图样提示绘制轴测图，并补画第三视图。

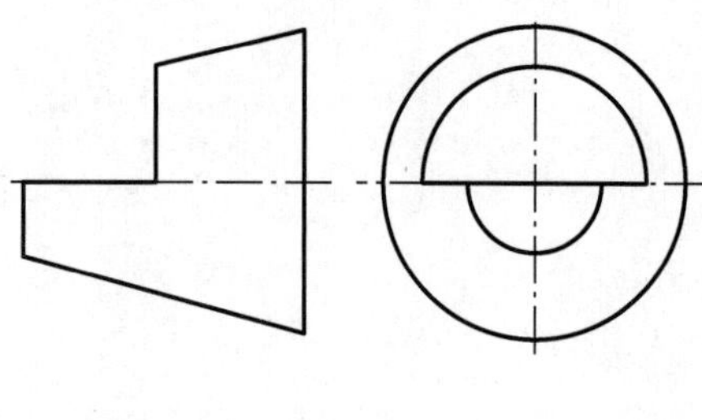

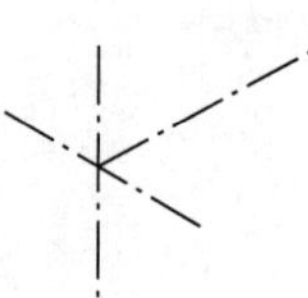

项目五　组　合　体

【学习导航】

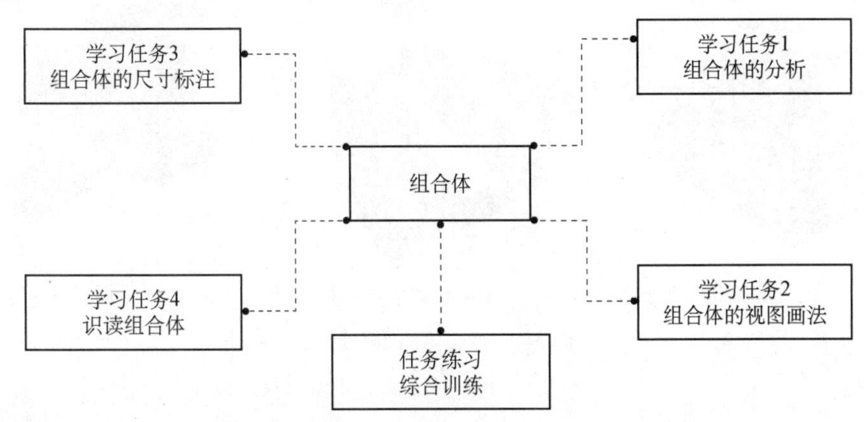

【知识目标】

◆ 掌握组合体的组合形式及形体分析法；
◆ 掌握组合体三视图的绘制方法；
◆ 掌握组合体尺寸的分析和标注方法；
◆ 掌握识读组合体视图的方法。

【能力目标】

◆ 会用形体分析法分析组合体的组合形式；
◆ 具备绘制组合体三视图的能力；
◆ 具备分析和标注组合体尺寸的能力；
◆ 能根据三视图想象组合体的形状，逐步构建空间立体感。

【思政目标】

◆ 强化整体与部分的内在联系，培养高度自觉的大局意识；
◆ 培养多角度分析问题、运用唯物辩证法看待和处理问题的思想；
◆ 培养求真务实、潜心钻研的职业品质。

【思政故事】

大国工匠——崔蕴

崔蕴

崔蕴，天津航天长征火箭制造有限公司总装车间，特级技师。他是我国唯一一位参与了所有现役捆绑型运载火箭研制全过程的特级技能人才，痴迷火箭 40 年，凭借着严谨、忠诚拉出了一支可以独立完成大火箭总装装配任务的过硬队伍，被称为中国新一代运载火箭总装第一人。

学习任务 1　组合体的分析

组合体的组合形式

由两个或两个以上基本体经过叠加、切割等方式组合形成的更复杂形体，称为组合体。从几何学的观点来看，任何机械零件都可抽象为组合体，它是机械零部件的抽象模型。

一、组合体的组合形式

组合体中各基本体组合时的相对位置关系，称为组合形式。常见的组合形式大体可分为叠加型、叠切型和既有叠加又有叠切的综合型，如图 5-1 所示。

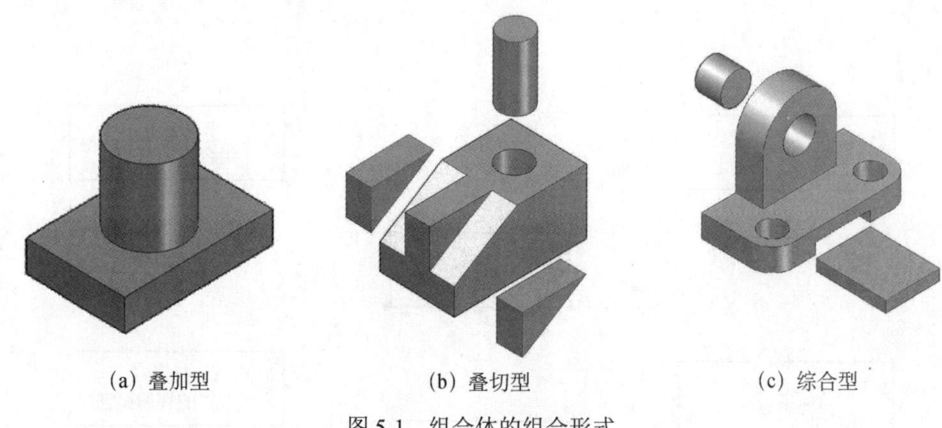

(a) 叠加型　(b) 叠切型　(c) 综合型

图 5-1　组合体的组合形式

1. 叠加

叠加是指各基本体的表面以平面或曲面的形式相接触、堆积。画图时可按形体逐一画出各投影，最后得到组合体完整的投影。

各基本体叠加在一起之后，其形体之间的表面连接方式一般可分为 4 种。

（1）不平齐

当两个基本体表面不平齐时，结合处应画出分界线。如图 5-2 所示，组合体的上、下两表面不平齐，在主视图上应画出分界线。

（2）平齐

当两个基本体表面平齐时，结合处不画分界线。如图 5-3 所示，组合体上、下两表面平齐，在主视图上不应画分界线。

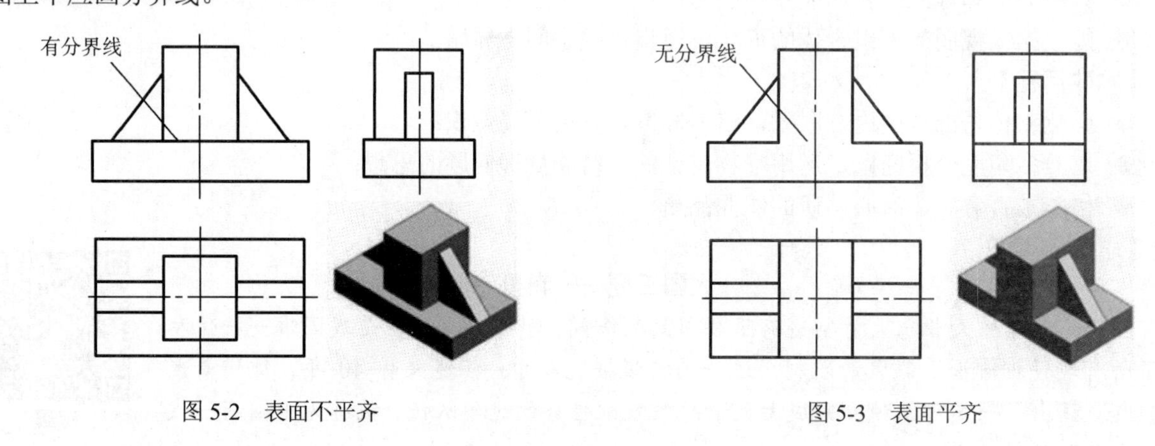

图 5-2　表面不平齐　　图 5-3　表面平齐

（3）相切

当两个基本体表面相切时，在相切处光滑过渡，故不画分界线。如图 5-4 所示，组合体由底板和圆柱体组成，底板的侧面与圆柱面相切，在相切处形成光滑的过渡。因此，主视图和左视图中相切处不应画线，如图 5-4（a）所示，应注意两个切点的正面投影 a'、b'和侧面投影 a''、b''的位置。图 5-4（b）是常见的错误画法。

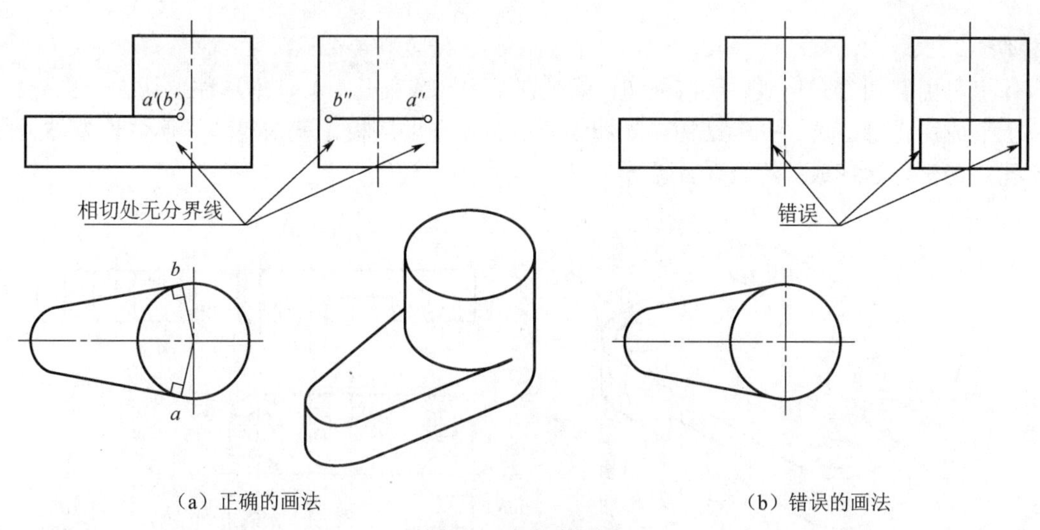

图 5-4　相切的画法

（4）相贯

相贯分为两平面立体相交、平面立体与回转体相交和两回转体相交等情况。前两种情况由于有平面立体存在，故可归结为求截交线的问题。

如图 5-5（a）所示为平面立体与回转体相交的情况，其交线应画出。如图 5-5（b）所示为两回转体相交，相贯线应画出。

如图 5-6（a）所示，组合体也是由底板和圆柱体组成的，但底板的侧面与圆柱面是相交关系，故在主、左视图中相交处应画出交线。图 5-6（b）是常见的错误画法。

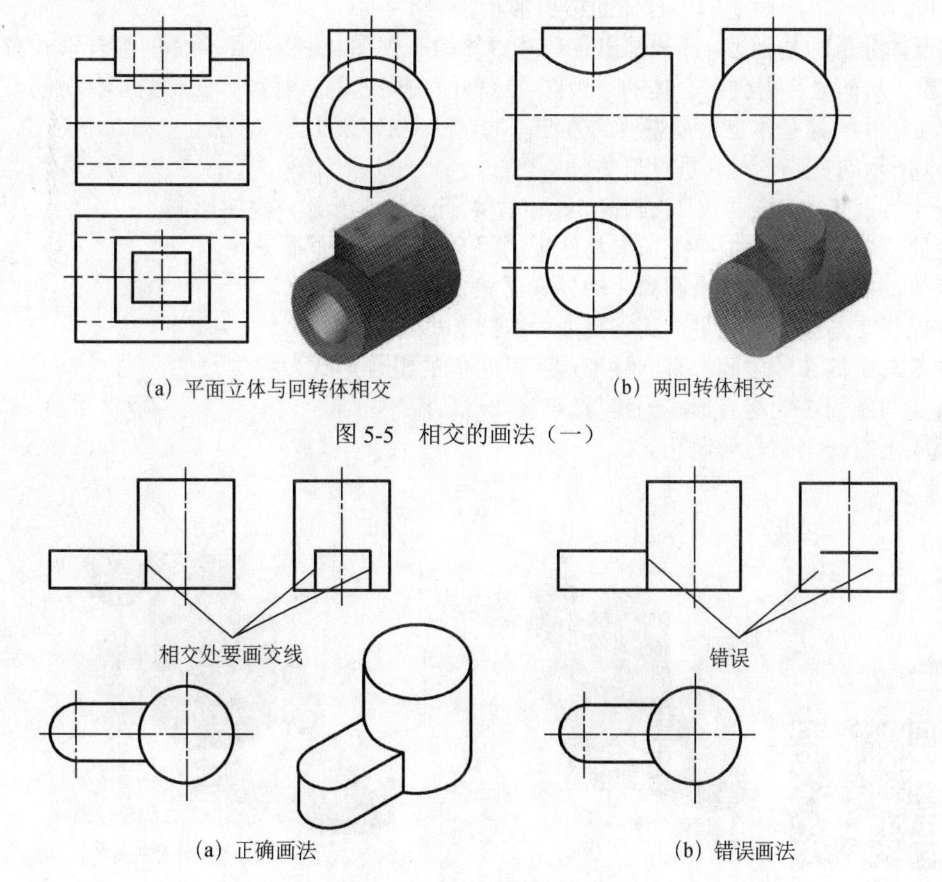

(a) 平面立体与回转体相交
(b) 两回转体相交

图 5-5　相交的画法（一）

图 5-6　相交的画法（二）

2. 叠切

组合体也可由叠切方式形成。所谓叠切，就是在某个（或某几个）基本形体上切去一部分材料，从而在形体上形成沟、槽、坑、孔等结构。如图 5-7（a）所示的底板，就是在基本形体长方体上经切角、开槽、穿孔等切割以后形成的组合体。图 5-7（b）是它的三视图。

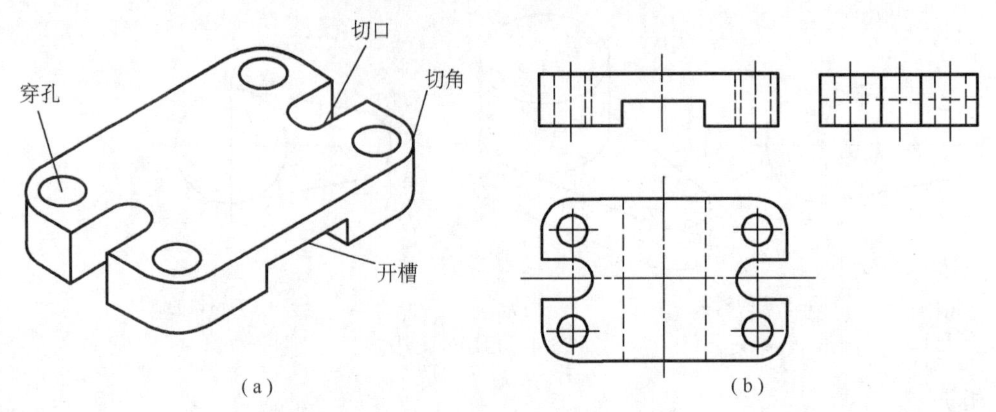

图 5-7　组合体的组合形式——切割

二、形体分析法

通常在画组合体三视图、标注组合体尺寸及读组合体视图时，首先需要将组合体分解为若干个基本体，分析其如何叠加，又经过了哪些切割、切割了什么形体，并分析各组成部分的相对位置如何，从而明确组合体是由哪些基本形体组合而成的，以及它们的相对位置和组合方式。这种分析称为形体分析，通过形体分析，就可以全面了解组合体的结构形状。

在上述形体分析的基础上，逐一画出各个基本体的三视图，并根据组合体的组合形式对视图线条做出相应的调整，从而最终得到组合体的三视图。这种解决问题的过程和方法称为形体分析法，它是组合体画图和标注尺寸的最基本也是最重要的方法，同时也是读图的基本方法。

如图 5-8 所示的支座，对其进行形体分析可知：

① 支座由底板 1、加强肋板 2、圆筒 3、铰耳 4 和凸台 5 五部分叠加形成。

② 加强肋板 2 平放在底板 1 上，它与底板的组合方式是共面不平齐。

③ 底板 1 的左右两侧与竖直圆筒 3 的外表面相切。

④ 加强肋板 2 与圆筒 3 相贯，其相贯线由直线和曲线组成。

⑤ 凸台 5 与圆筒 3 的中间都有圆柱形通孔，它们的组合形式为相贯。

⑥ 铰耳 4 与圆筒 3 的组合形式为相贯。

⑦ 底板 1 上有一个圆柱形通孔。

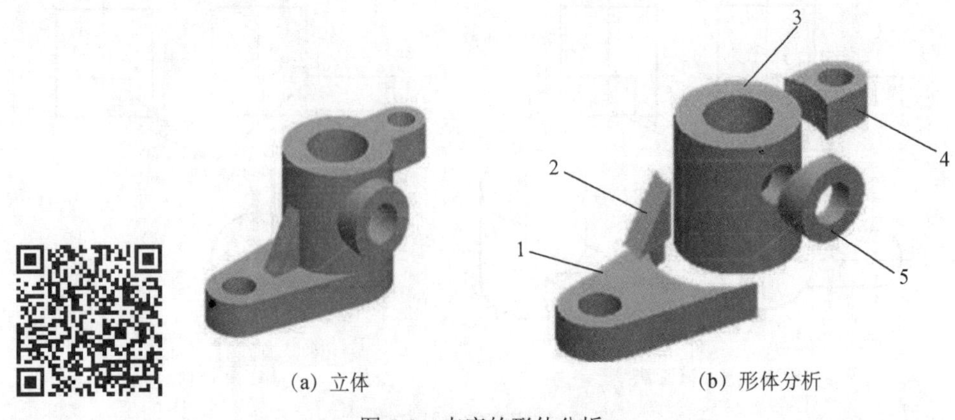

图 5-8　支座的形体分析

【任务练习 5-1】

班级__________ 姓名__________ 学号__________

一、补画视图中所缺的漏线。

1.

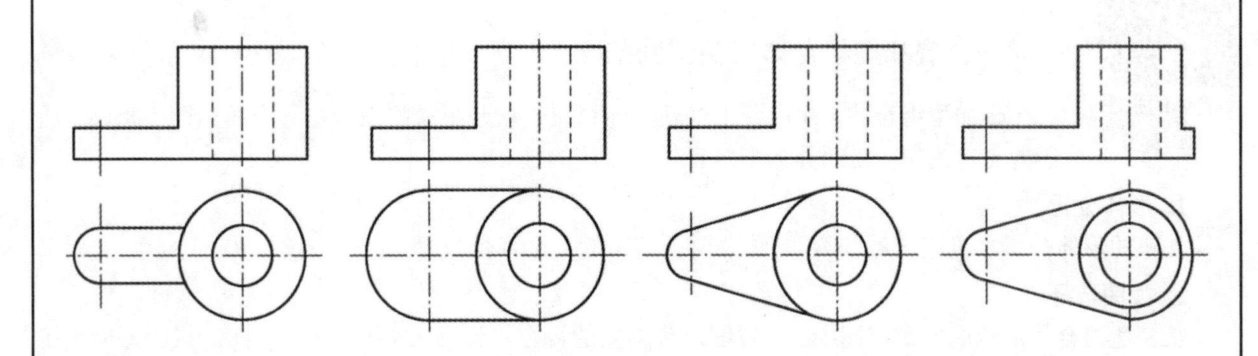

2.

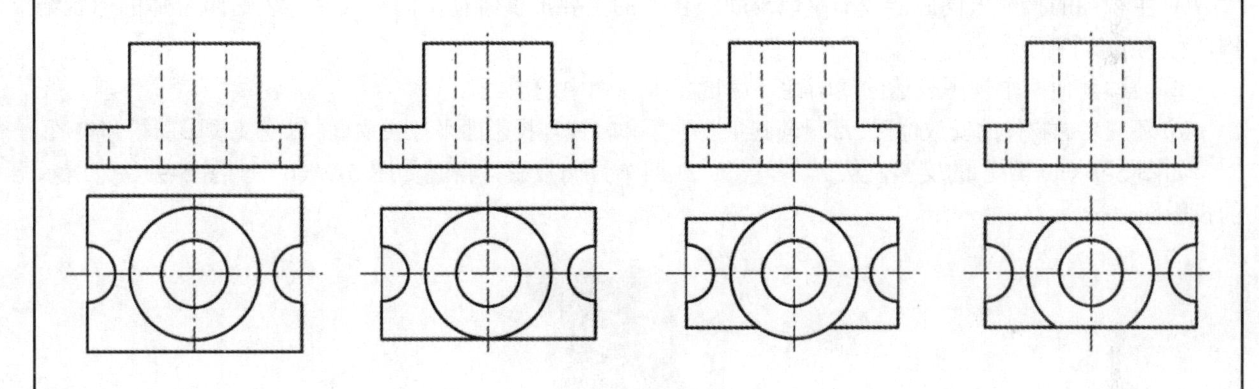

二、改错，将正确的三视图画在右侧。

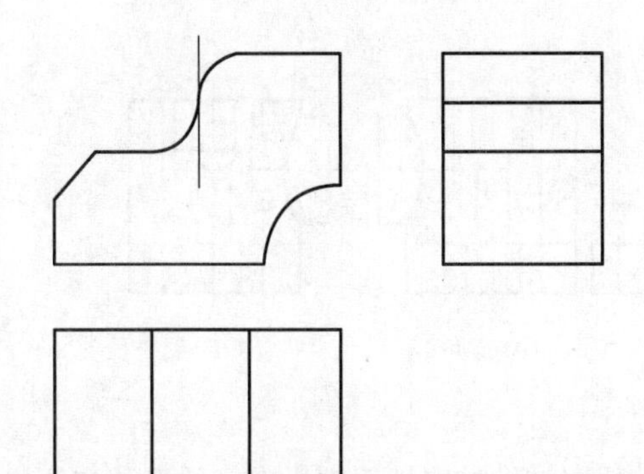

学习任务2　组合体的视图画法

在进行组合体绘制之前，首先应对组合体进行形体分析。先分析该组合体的形状、结构特点及表面之间的关系，明确组合形式；然后按照形体分析法将组合体分解成几个基本体，分析基本体间面与面的相对位置关系，再选择视图。

组合体的视图画法

一、叠加型组合体三视图画法

叠加型组合体，即由若干个基本体组合在一起形成的组合体。下面以图5-8（a）所示的支座为例，说明叠加型组合体三视图的画法。

1. 形体分析

支座的形体分析参见图5-8（b），可按照前面所示的七个步骤分析。

2. 视图选择

在表达组合体形状的一组视图中，主视图是最主要的视图。在画三视图时，主视图的投影方向确定以后，其他视图的投影方向也就被确定了。因此，主视图的选择是绘图过程中的一个重要环节。主视图的选择一般应符合如下原则：

① 主视图的投射方向应能较清楚地反映组合体的主要形体特征，同时较多地表达组合体的形状结构，称为形体特征原则。

② 兼顾其他两个视图表达的清晰性，尽量减少视图中的虚线。

③ 还应考虑物体的安放位置，尽量使其主要平面和轴线与投影面平行或垂直，以便使投影能得到实形。

如图5-9（a）所示的支座，从*A*、*B*、*C*、*D*四个方向投影，得到如图5-9（b）～图5-9（e）所示的投影图。

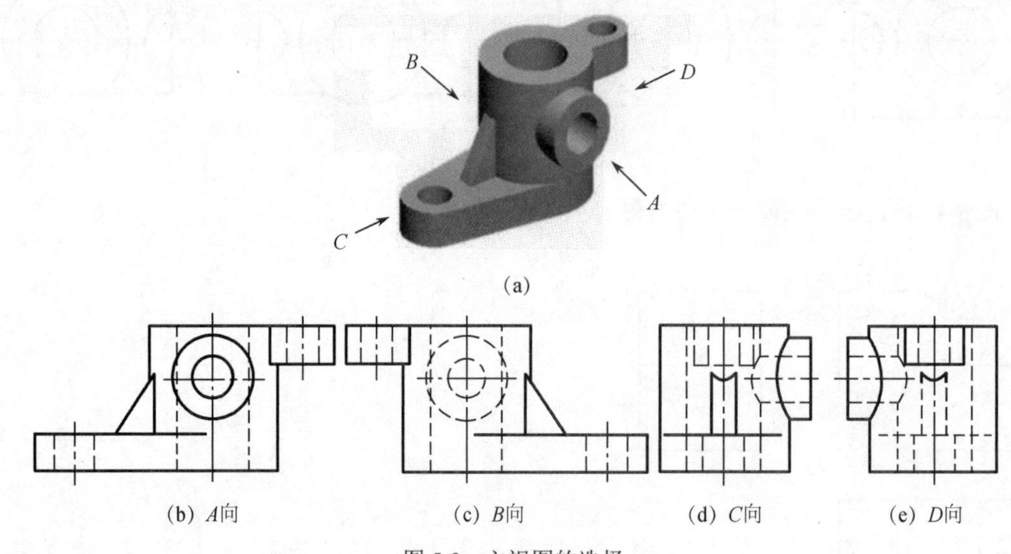

图5-9　主视图的选择

通过对这些投影图进行比较分析可知，图5-9（b）即*A*向投影能够较多地反映出支座的形状和位置特征，可见部分较多；图5-9（c）即*B*向投影虽然能够反映较多的形状特征，但虚线较多，使支座的形体特征不能清晰直观地表达出来；图5-9（d）和图5-9（e）即*C*向和*D*向投影均不能明显地表达支座的特征。

由此可知，选择图5-9（b）所示的方向作为支座主视图的投影方向最佳。支座的主视图确定后，其俯视图、左视图即可确定。

3. 画图

绘制叠加型组合体的三视图，可先将组合体分解成若干个基本体，画出基本体的三视图，再按组合方式调整线条，步骤如下：

（1）选比例，定图幅。

视图确定后，要根据物体的复杂程度和尺寸大小，按照标准的规定选择适当的比例与图幅。选择的图幅要留有足够的空间，以便于标注尺寸和画标题栏等。绘图比例一般选用 1：1。

（2）布置视图，画基准线。

布置视图时，应根据已确定的各视图每个方向的最大尺寸，并考虑到尺寸标注和标题栏等所需的空间，匀称地将各视图布置在图幅上，并确定每个视图的基准线。基准线一般是对称线、回转体的轴线、圆的中心线及主要形体的端面，如图 5-10（a）所示。

（3）依次绘制各形体的三视图。

如图 5-10（b）所示，绘制圆筒的三视图。

如图 5-10（c）所示，绘制底板的三视图。

如图 5-10（d）所示，绘制凸台的三视图。

如图 5-10（e）所示，绘制铰耳的三视图。

如图 5-10（f）所示，绘制加强肋板的三视图。

如图 5-10（g）所示，检查、描深各轮廓线。

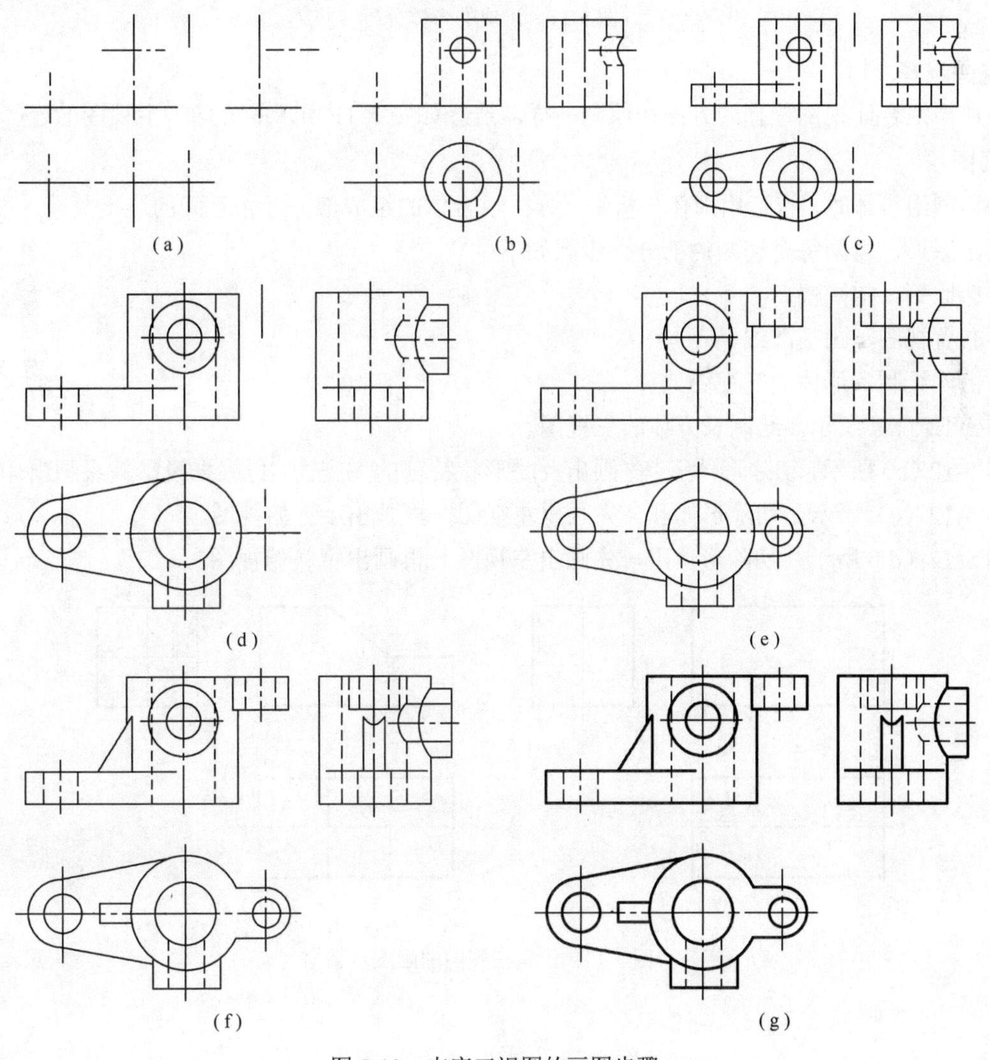

图 5-10　支座三视图的画图步骤

二、叠切型组合体三视图画法

叠切型组合体，就是在某个（或某几个）基本形体上切去一部分材料所形成的组合体。叠切型组合体的形体分析法和叠加型组合体基本相同，只不过各个形体是一块一块切割下来的。

下面以图 5-11 所示的滑块为例，说明叠切型组合体三视图的画法。

1. 形体分析

滑块为叠切型组合体，它是由长方体切去Ⅰ、Ⅱ、Ⅲ、Ⅳ四部分而形成的，如图 5-11 所示。

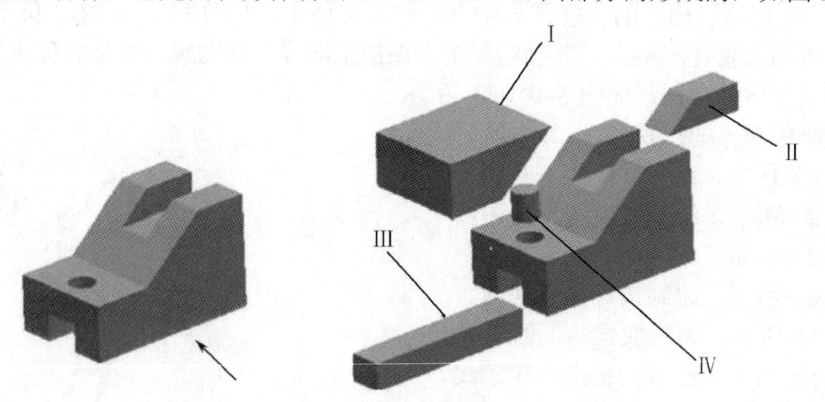

图 5-11　滑块的形体分析

2. 视图选择

同叠加型组合体视图选择的方法和原则一样，选择如图 5-11 所示的方向为主视图的投影方向。

3. 画图

画叠切型组合体时，也运用形体分析法，分析组合体的组成部分及相互间的连接关系。根据分析结果，先画出原形，再画每个切割的部分。步骤如下：

（1）选比例，定图幅。

（2）布置视图，画基准线。

（3）依次绘制各形体的三视图。

如图 5-12（a）所示，绘制长方体的三视图。

如图 5-12（b）所示，切除形体Ⅰ，先画出反映形状特征的主视图，再根据投影关系画出俯、左视图。

如图 5-12（c）所示，切除形体Ⅱ，先画出左视图，再画出主、俯视图。

如图 5-12（d）所示，切除形体Ⅲ，先画出左视图，再画出主、俯视图。

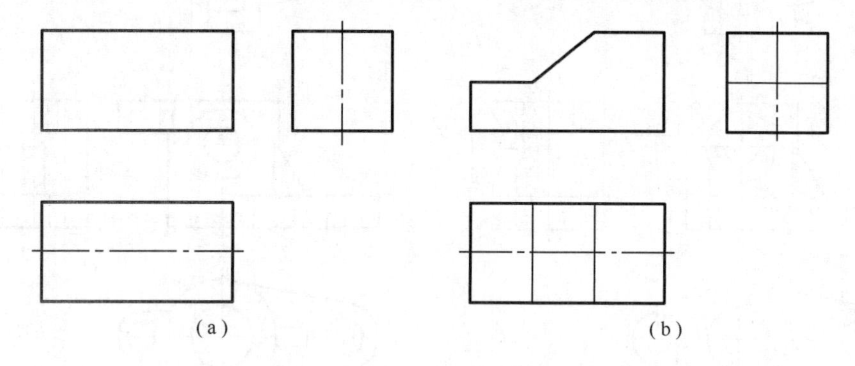

图 5-12　滑块三视图的画图步骤

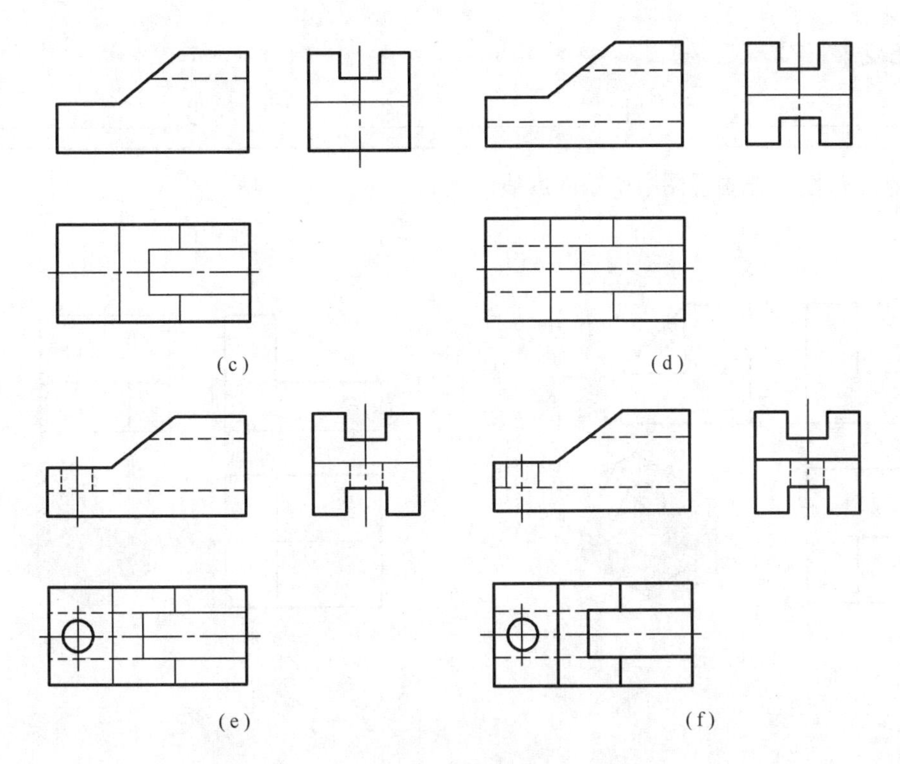

图 5-12　滑块三视图的画图步骤（续）

如图 5-12（e）所示，切除形体Ⅳ，先画出俯视图，再画出主、左视图。

如图 5-12（f）所示，检查、描深各轮廓线。

【任务练习 5-2】

班级________________　　姓名________________　　学号________________

一、根据立体图，补画视图中所缺的漏线。

1.

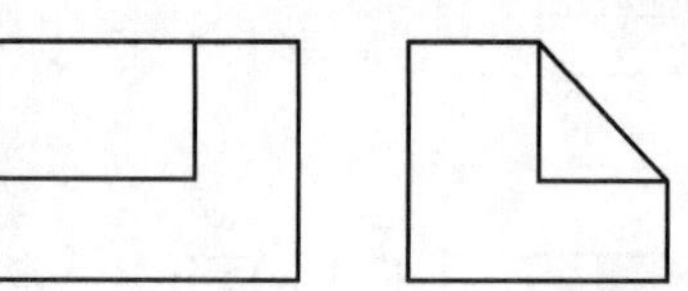

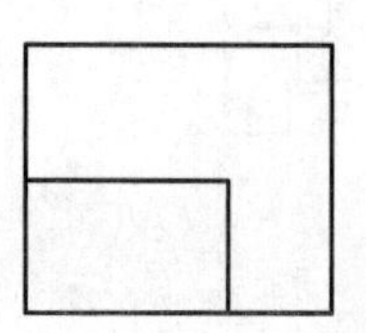

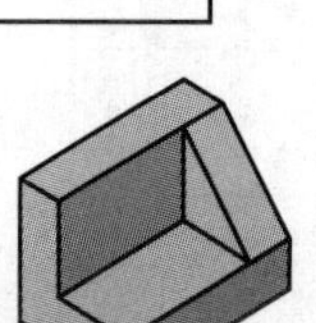

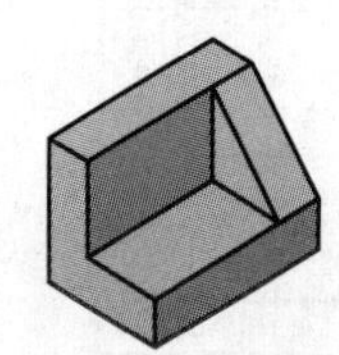

2.

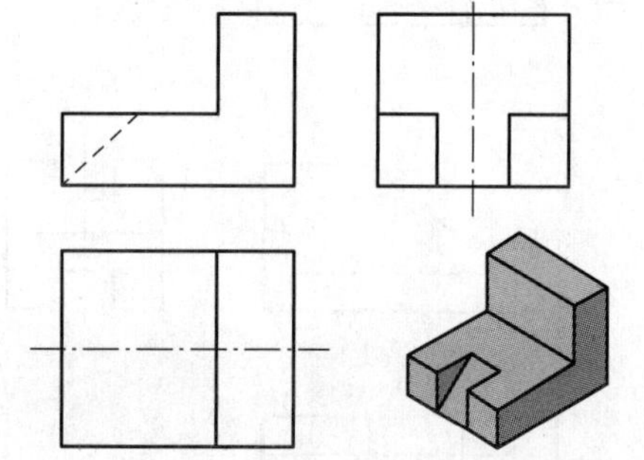

3.

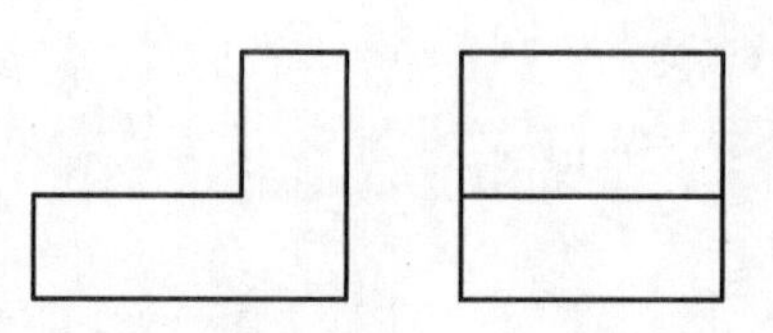

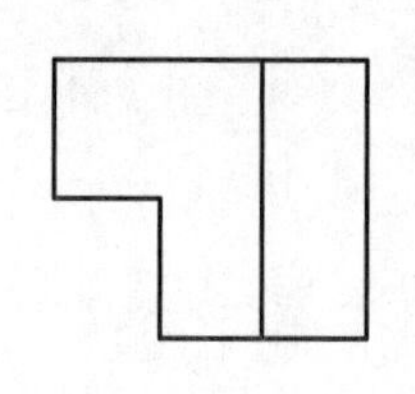

4.

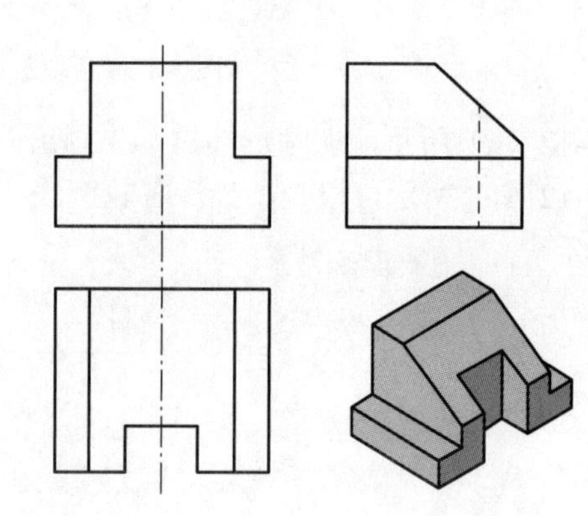

5.

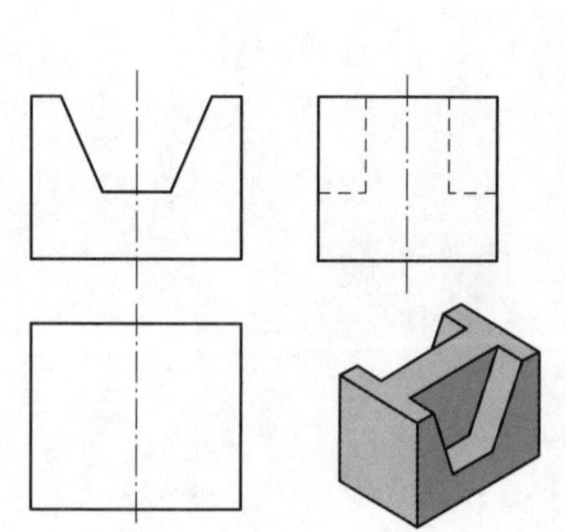

6.

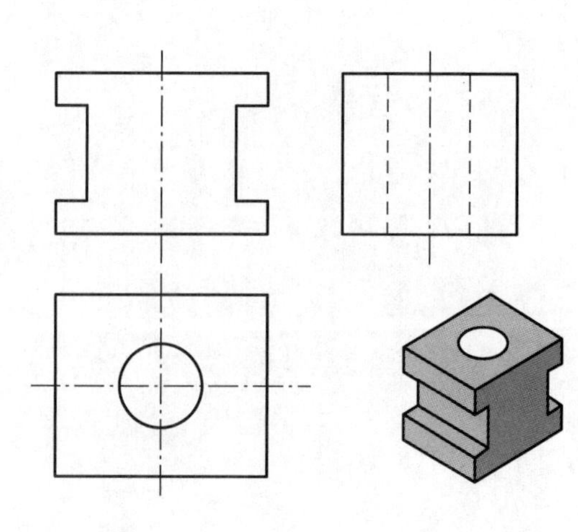

班级__________________ 姓名__________________ 学号__________________

7.

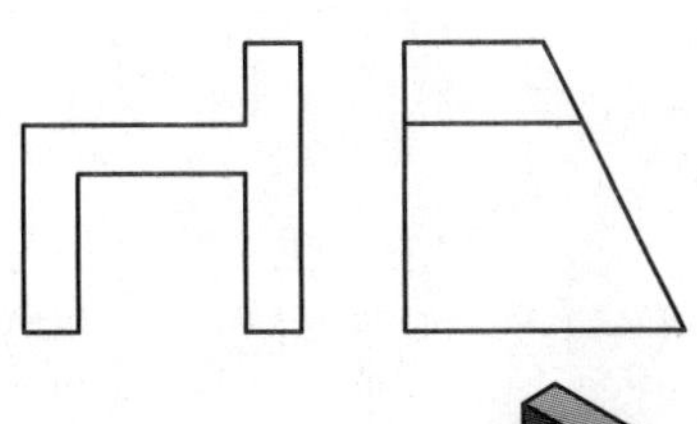

8.

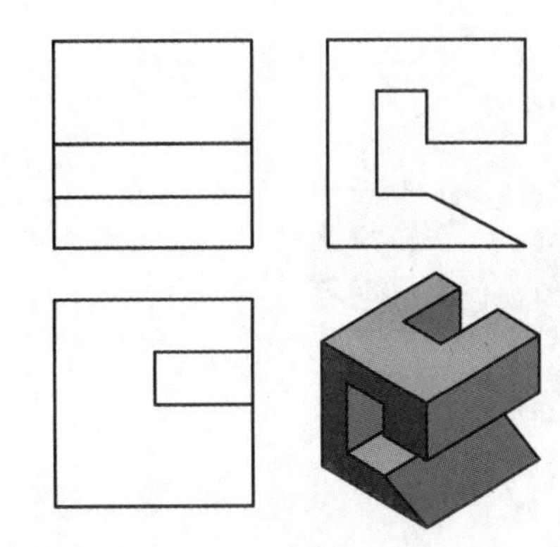

9.

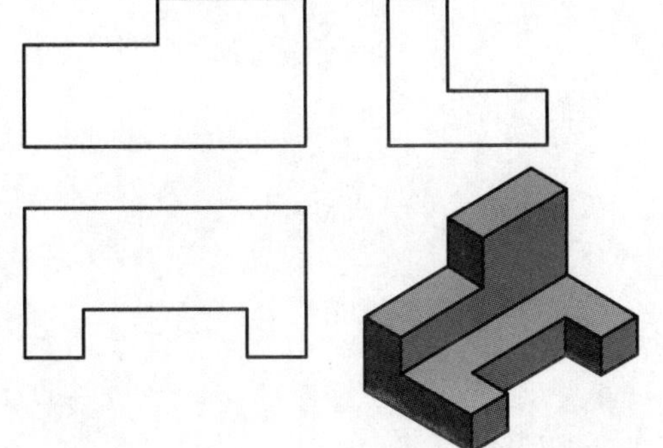

10.

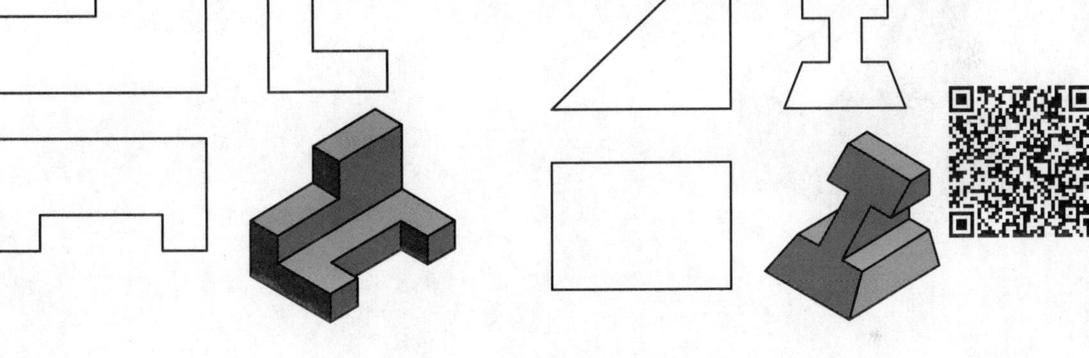

11.

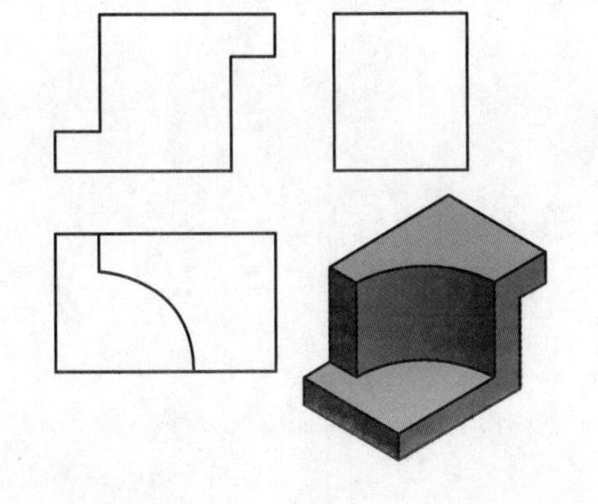

12.

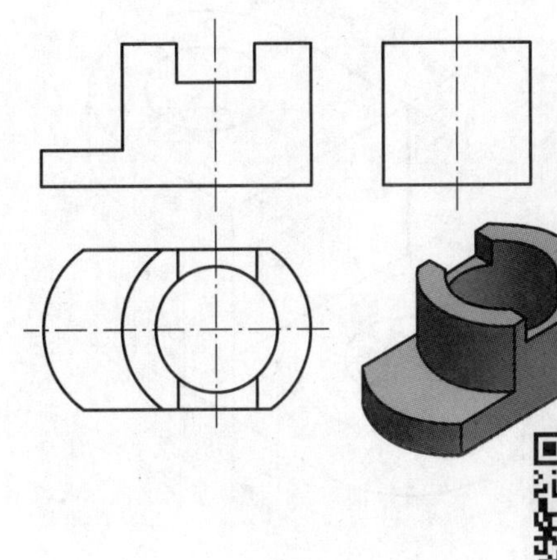

班级________________　　姓名________________　　学号________________

二、根据立体图画三视图。

1.

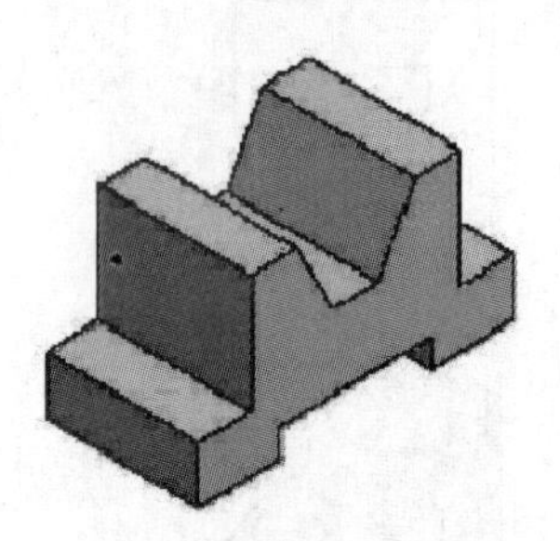

2.

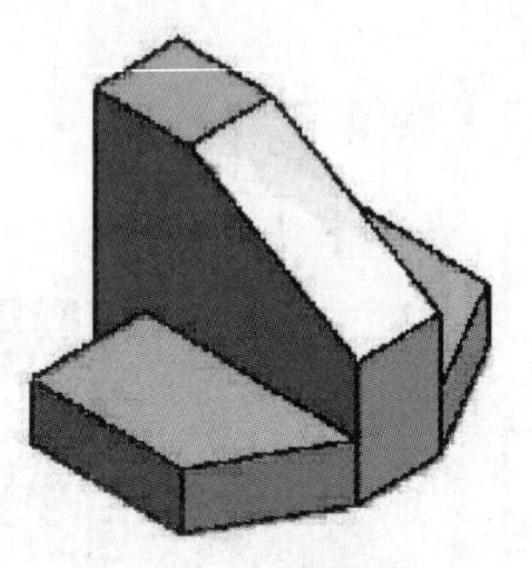

3.

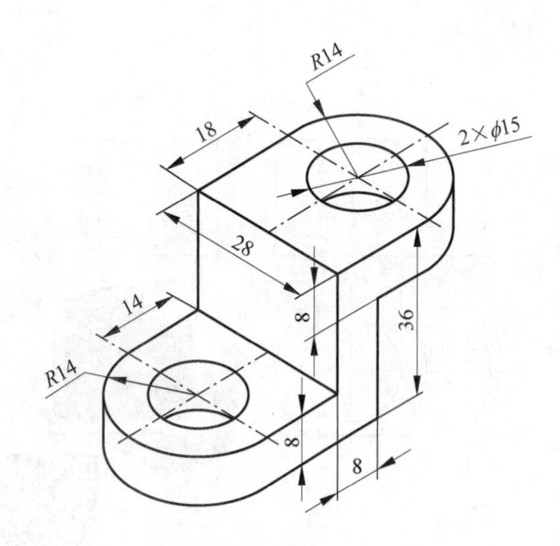

班级________________　　姓名________________　　学号________________

三、看懂所给视图，找出对应立体图，填写序号，并徒手画出第三视图。

1.

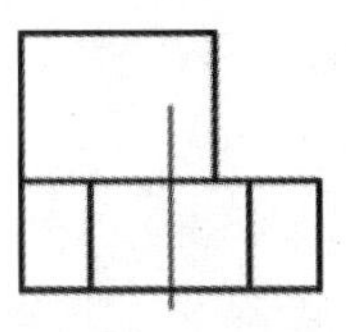

(　　)

2.

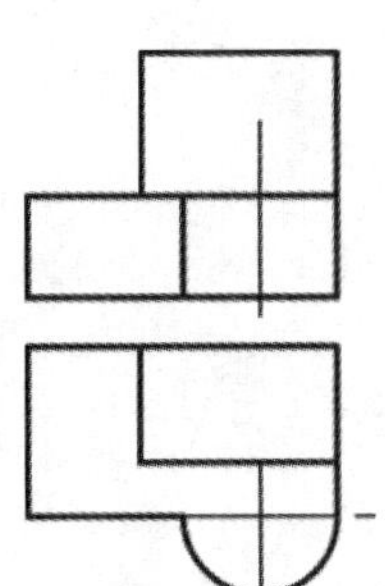

(　　)

3.

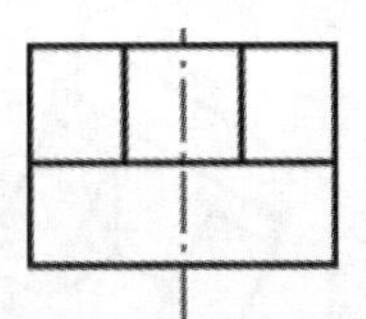

(　　)

4.

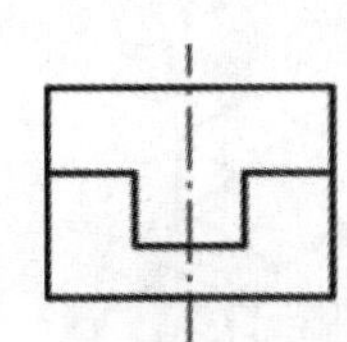

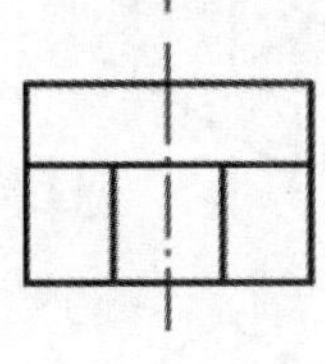

(　　)

5.

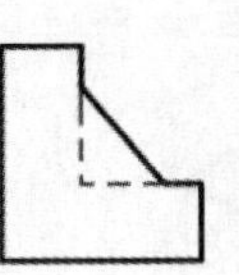

(　　)

6.

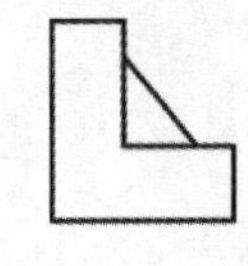

(　　)

班级__________________ 姓名__________________ 学号__________________

7.

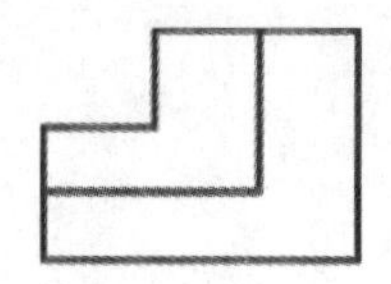

（　　）

8.

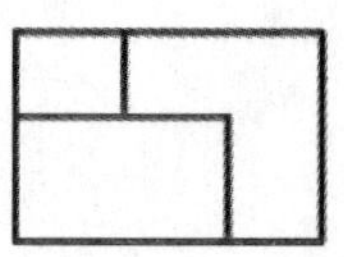

（　　）

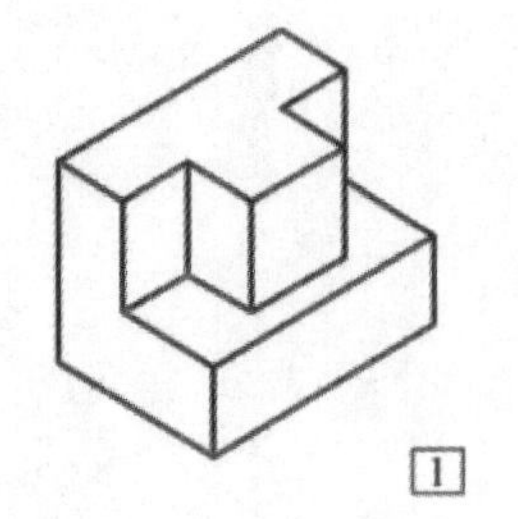

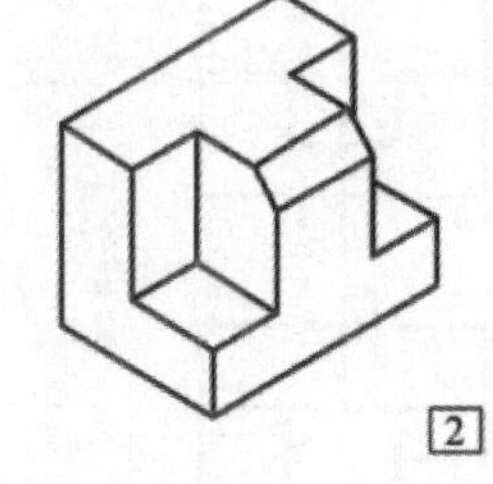

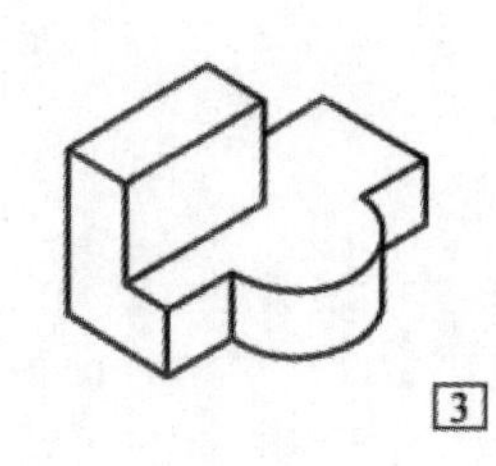

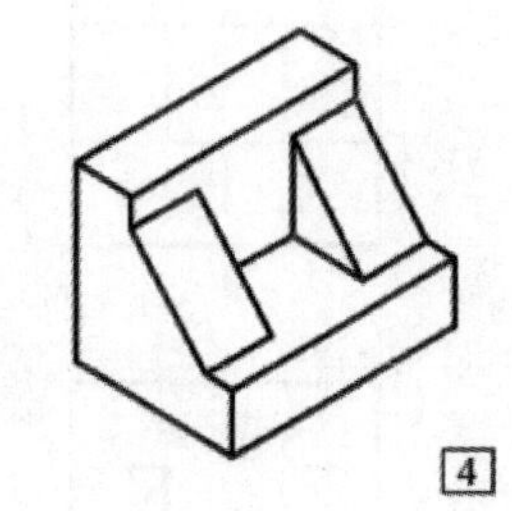

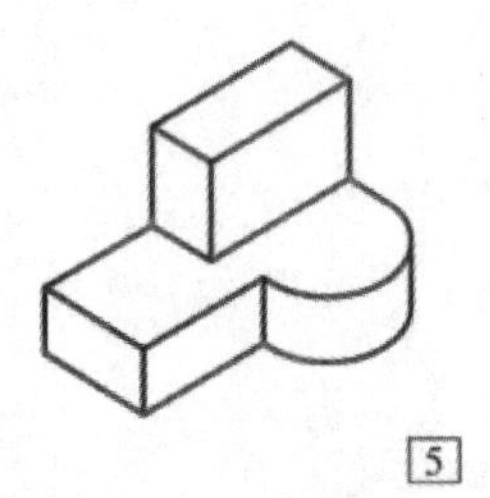

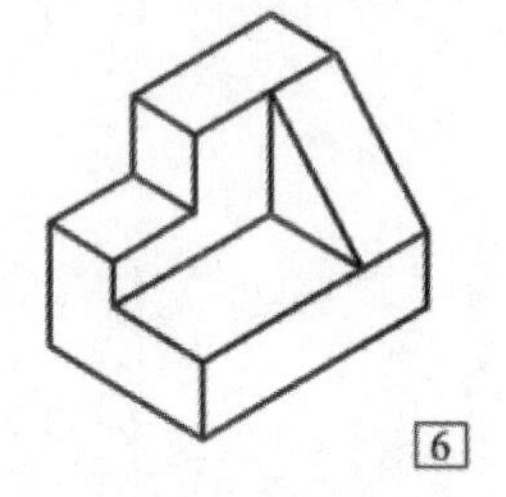

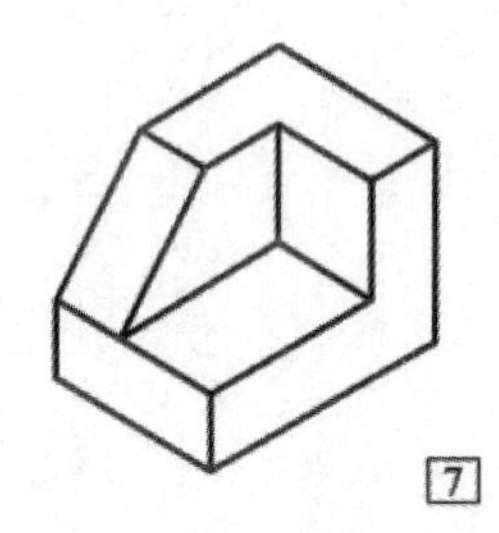

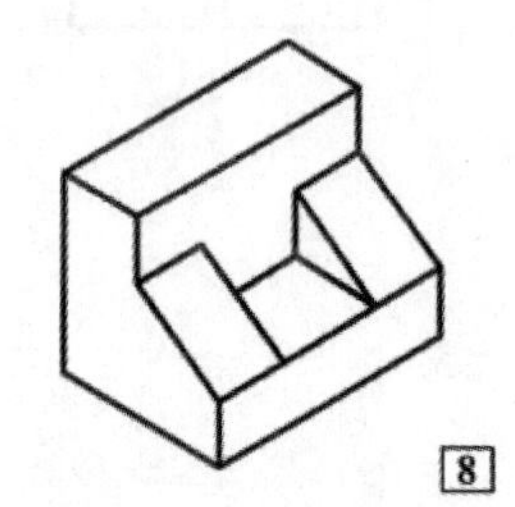

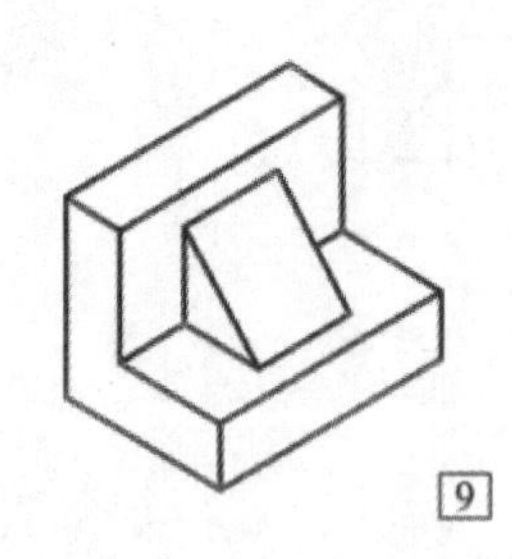

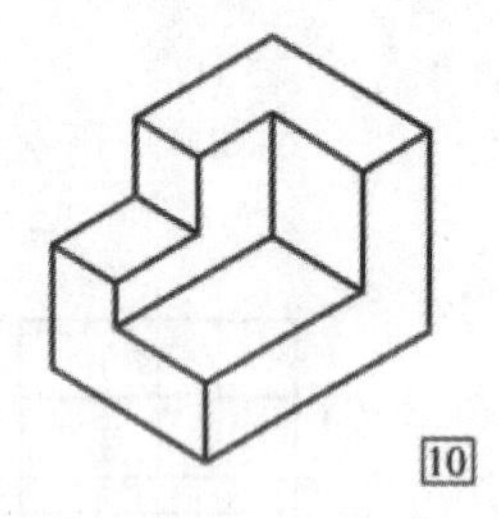

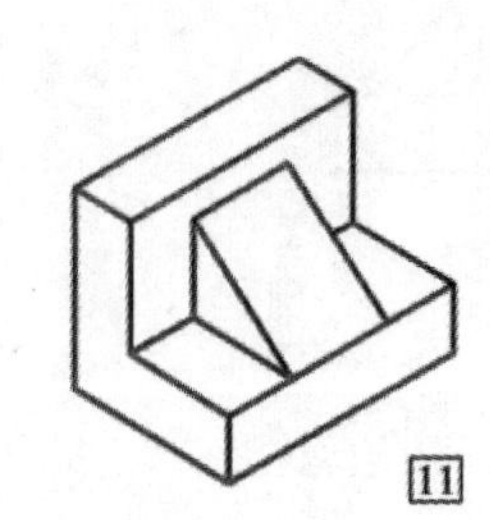

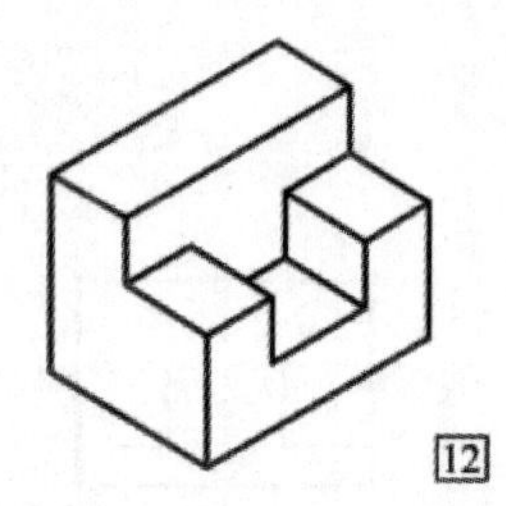

学习任务3　组合体的尺寸标注

视图主要表达物体的形状，物体的真实大小则是根据图上所标注的尺寸来确定的，加工制造及检验时也以图上的尺寸为依据。标注尺寸时，也要运用形体分析法，做到尺寸标注正确、完整、清晰、合理。

① 尺寸标注要符合标准。所注尺寸应符合国家标准关于尺寸标注的有关规定。

② 尺寸标注要完整。所注尺寸必须将组成物体各形体的大小及相对位置完全确定下来，不允许遗漏尺寸，一般也不要有重复标注的尺寸。

③ 尺寸标注要清晰。尺寸的布置应恰当，以便于读图、寻找尺寸和图面清晰为准。

④ 尺寸标注要合理。尺寸标注要尽量考虑到设计与工艺上的要求。

在项目一中已经介绍了国家标准关于尺寸标注的有关规定，本任务主要学习如何使尺寸标注完整和布置清晰。

一、尺寸基准

尺寸基准，就是标注定位尺寸的起始位置。标注组合体的尺寸时，应先选择尺寸基准。组合体具有长、宽、高三个方向的尺寸，在每个方向上都应有一个主要基准，以便从基准出发，确定各基本体的定位尺寸。由于组合体具有形状不一的特点，有时候往往还要选择一个或几个辅助尺寸基准。主要基准和辅助基准之间一定要标注一个尺寸，以便两者之间有尺寸联系，如图 5-13 所示。

如图 5-13（a）所示，以对称面为长和宽方向的基准，以底面为高方向的主要尺寸基准。

如图 5-13（b）所示，以圆孔轴线为径向的尺寸基准，以前后对称平面为宽度方向的尺寸基准，以底面为高方向尺寸的主要基准，以顶面为高方向尺寸的辅助基准。

如图 5-13（c）所示，以轴线为径向的尺寸基准，以右端面为长度方向尺寸的主要基准，以左端面为长度方向尺寸的辅助基准。

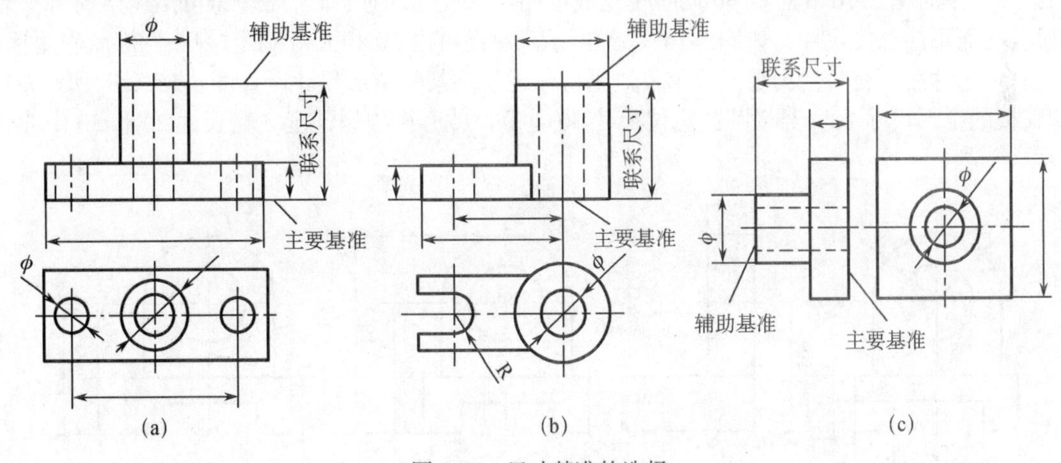

图 5-13　尺寸基准的选择

综上所述，选择尺寸基准必须体现组合体的结构特点，一般可选择组合体的对称面、底面、重要端面及回转体轴线等，如图 5-14 所示。

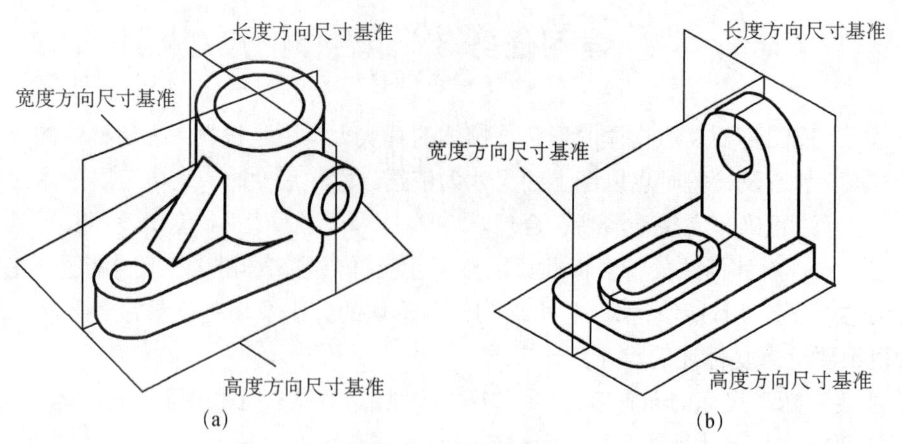

图 5-14　组合体的尺寸基准

二、尺寸种类

要使尺寸标注完整，既无遗漏，又不重复，最有效的办法是对组合体进行形体分析，根据各基本体形状和相对位置分别标注以下三类尺寸。

1. 定形尺寸

定形尺寸是用于确定组合体基本形体的形状、大小的尺寸。一般要标注出确定形体长、宽、高三个方向的尺寸。例如，图 5-15（a）中标注的 70、60、20 等尺寸确定了底板的形状，而 *R*30、20、 40 等是竖板的定形尺寸。

2. 定位尺寸

定位尺寸用来确定组合体各个组成部分之间相对位置的尺寸。例如，图 5-15（a）中主视图中的尺寸 50 确定了 48 孔在高度方向的位置，俯视图中的尺寸 40 确定了底板上 20 孔在宽度方向的位置。

3. 总体尺寸

总体尺寸（外形尺寸）是确定组合体外形总长、总宽、总高的尺寸。总体尺寸有时和定形尺寸重合，如图 5-15（a）中的总长 70 和总宽 60 同时也是底板的定形尺寸。对于具有圆弧面的结构，通常只注中心线位置尺寸，而不注总体尺寸。如图 5-15（b）所示，总高可由 50 和 *R*30 确定，尺寸 80 就不用标注了。当标注了总体尺寸后，有时会出现尺寸重复，则可考虑省略某些定形尺寸。如图 5-15（c）所示，高度尺寸 50 和底板的定形尺寸 20、竖板圆孔定位尺寸 30 重复，此时可根据情况省略尺寸 20 和 30 中的一个。

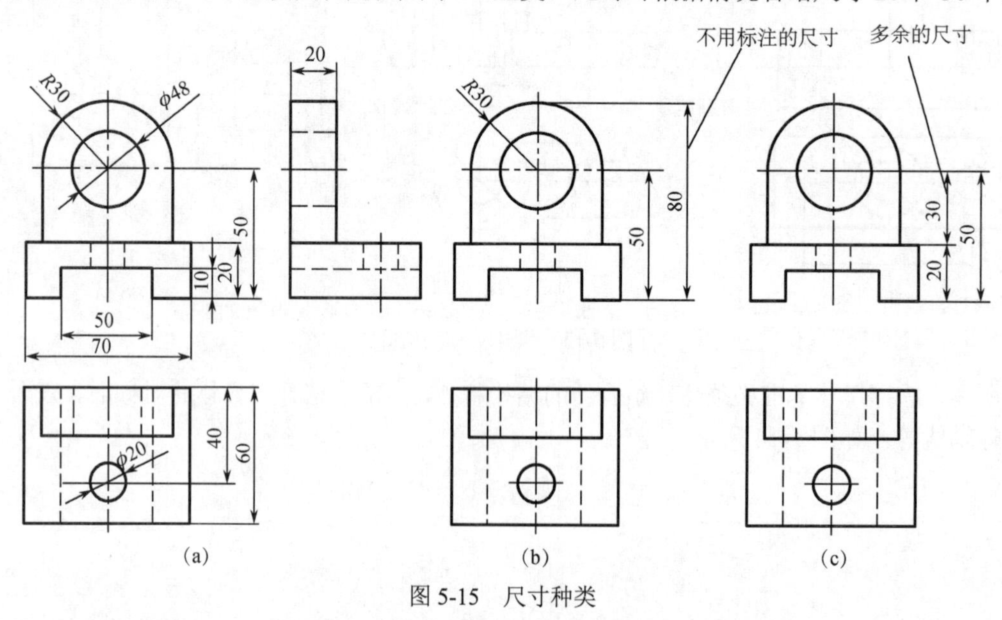

图 5-15　尺寸种类

三、组合体尺寸标注的一般步骤

掌握了组合体尺寸基准、尺寸种类等内容，便可对组合体进行尺寸标注了。下面以支撑座为例，说明组合体尺寸标注的一般步骤。

（1）形体分析

通过形体分析可知，该支撑座由三个部分组成，即底板 1、座体 2 和支撑板 3，如图 5-16（a）所示。

（2）选择尺寸基准，标注出各基本形体的定位尺寸

标注尺寸时，应先选定长、宽、高三个方向的尺寸基准。如图 5-16（b）所示，该零件左右对称，故长度方向的尺寸基准为对称面；底板、支撑板两部分靠齐的后端面为宽度方向的尺寸基准；底平面为高度方向的主要尺寸基准。同时，高度方向需要标注出座体上圆柱孔的轴心定位尺寸 43。

（3）标注各基本形体的定形尺寸

标注定形尺寸，如图 5-16（c）所示。

（4）标注总体尺寸

标注总体尺寸，如图 5-16（d）所示。

（5）检查并调整尺寸，完成全部尺寸标注

标注完成后的视图如图 5-16（e）所示。

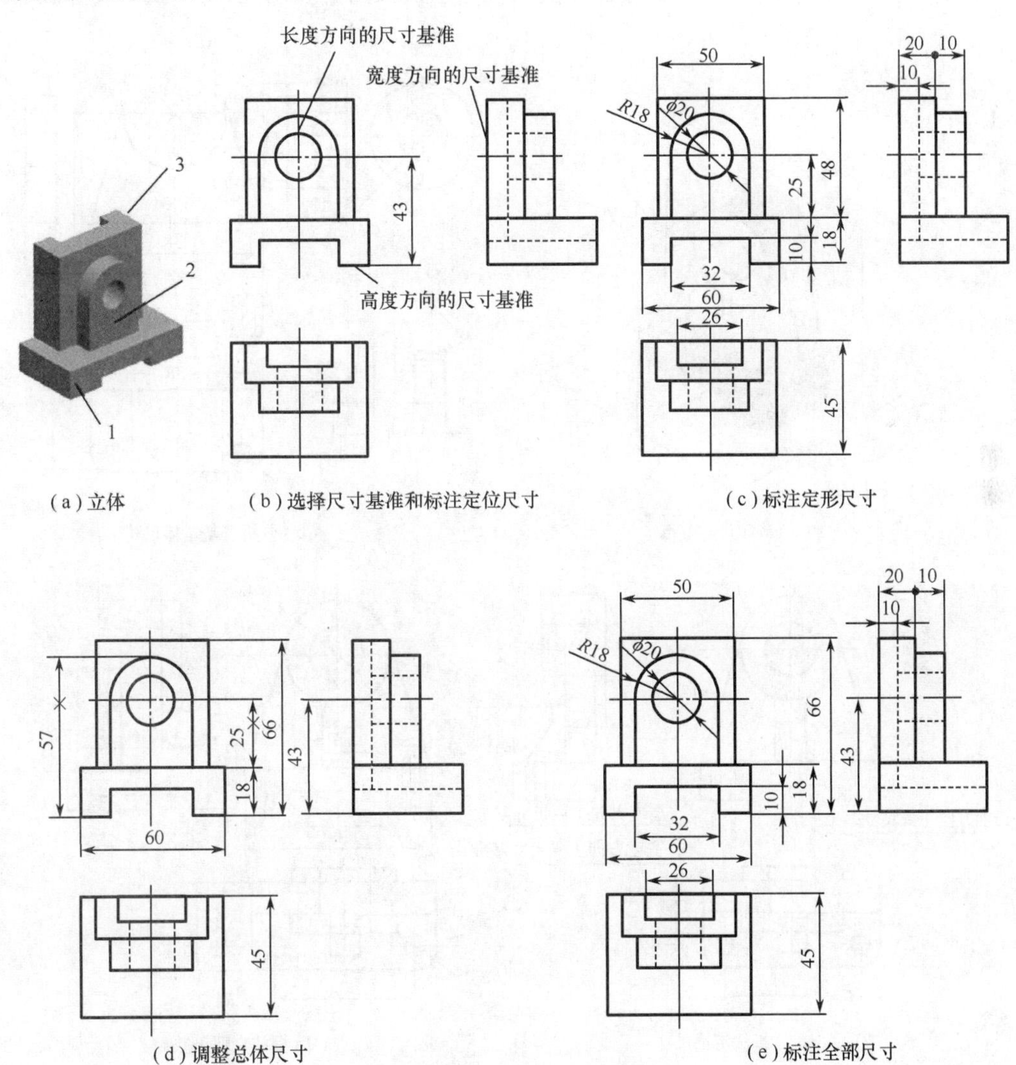

(a) 立体　(b) 选择尺寸基准和标注定位尺寸　(c) 标注定形尺寸

(d) 调整总体尺寸　(e) 标注全部尺寸

1—底板；2—座体；3—支撑板

图 5-16　支撑座的尺寸标注步骤

组合体的尺寸标注也可以按照分解的基本形体，分别注出每个基本形体的定位尺寸、定形尺寸，然后标注组合体的总体尺寸，最后进行尺寸调整，完成全部尺寸标注，如图 5-17 所示。

四、组合体尺寸标注注意事项

要完整地标注出组合体的尺寸，并且标注清晰，让人易于理解，还需要注意以下事项：

① 标注尺寸必须在形体分析的基础上进行，按分解的各基本形体进行定形和定位，不能按视图中的线框和线条来标注尺寸。

② 应将多数尺寸标注在视图外，与两视图有关的尺寸应尽量布置在两视图之间。如图 5-18 所示，主视图尺寸 80、86 为高度尺寸，故放置于主、左视图之间。

③ 尺寸应布置在反映形状特征最明显的视图上，半径尺寸应标注在反映圆弧实形的视图上。如图 5-18 所示，*R*22、*R*16 等尺寸标注在俯视图上。

④ 尽量不在虚线上标注尺寸。如图 5-18 所示，俯视图中虚线圆的标注为左视图中的ϕ60。

⑤ 尺寸线与尺寸线或尺寸线与尺寸界线不能相交，相互平行的尺寸应按“大尺寸在外，小尺寸在内”的方法布置。如图 5-18 所示，左视图尺寸ϕ60 和ϕ72 的布置，其位置不能互换。

⑥ 同轴回转体的直径尺寸，最好标注在非圆的视图上，如图 5-18 所示的左视图尺寸ϕ24 和ϕ44 的标注。

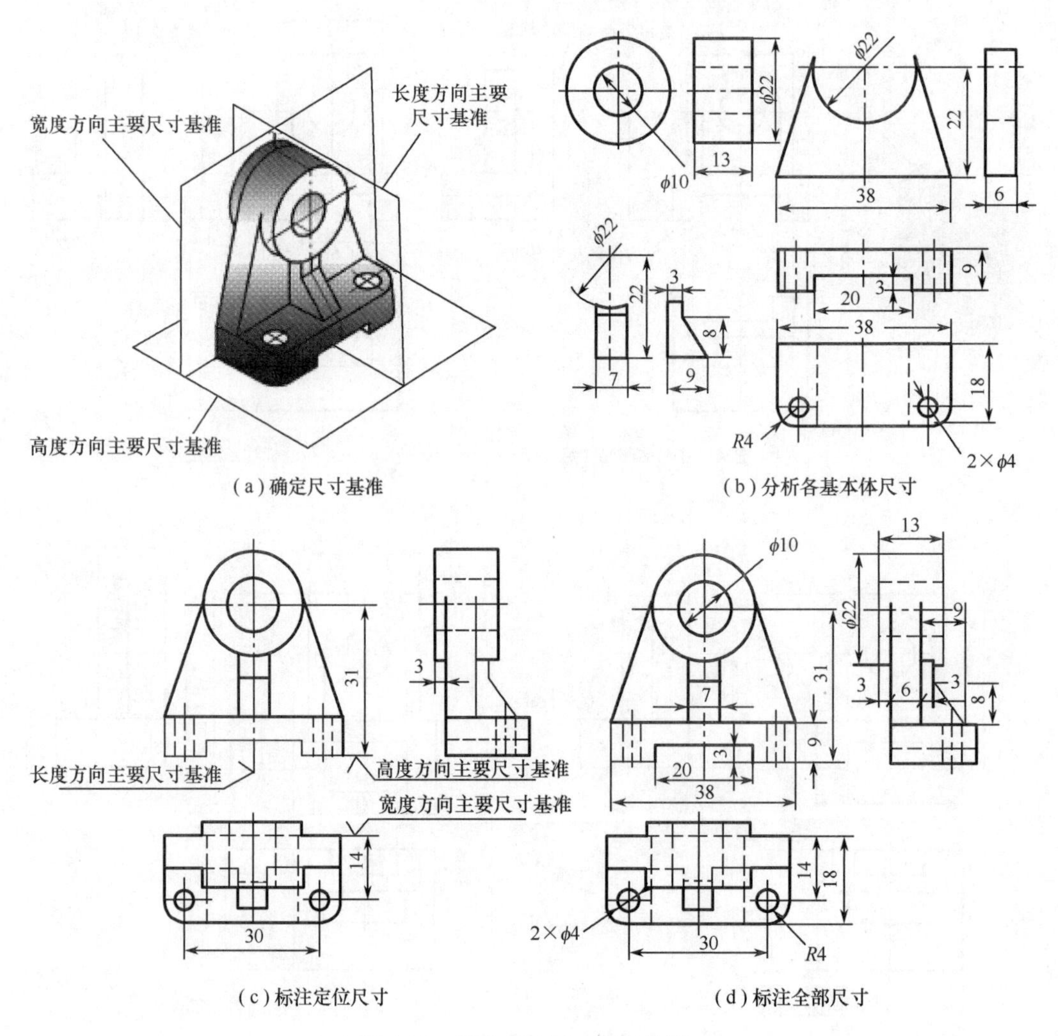

图 5-17　轴承座的尺寸标注步骤

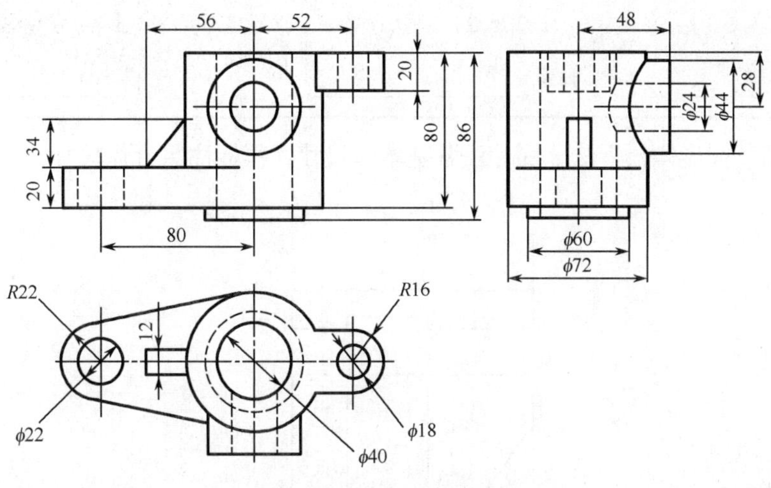

图 5-18　支架的尺寸标注

⑦ 同一形体的尺寸尽量集中标注。如图 5-18 所示，左视图尺寸 48、 44 均表达凸台的尺寸，应尽量靠近标注，以便于理解。

如图 5-19 所示是组合体常见结构的尺寸标注方法。

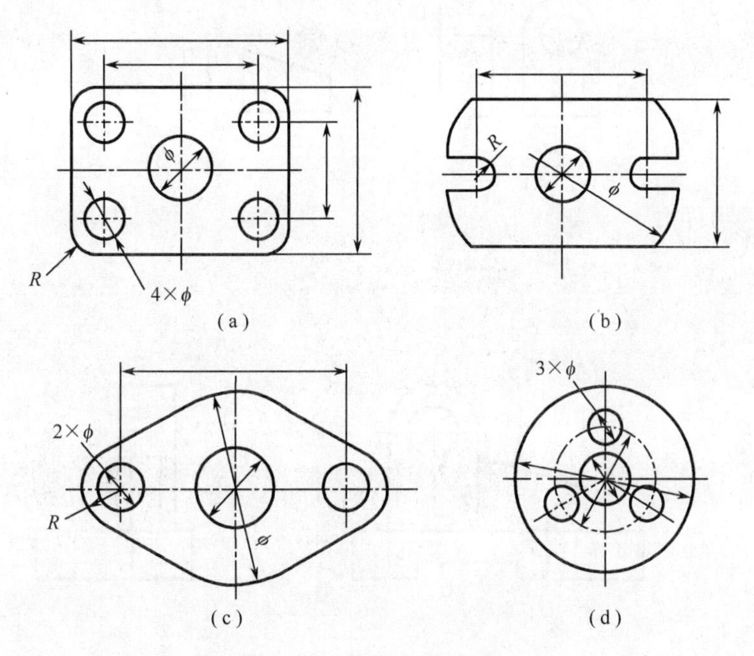

图 5-19　常见结构的尺寸标注方法

【任务练习 5-3】

班级__________ 姓名__________ 学号__________

一、读懂视图，按形体分析法分别标注各基本体尺寸，再标注组合体尺寸。

1.

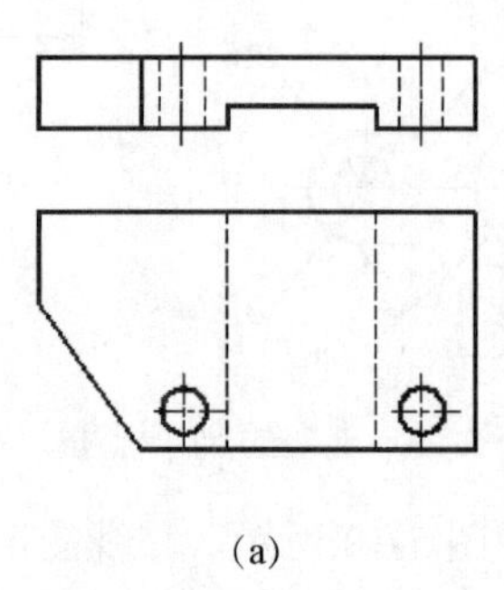

(a)

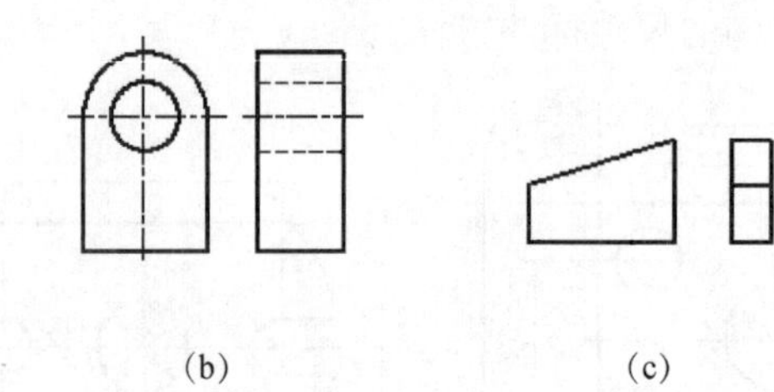

(b) (c)

2.

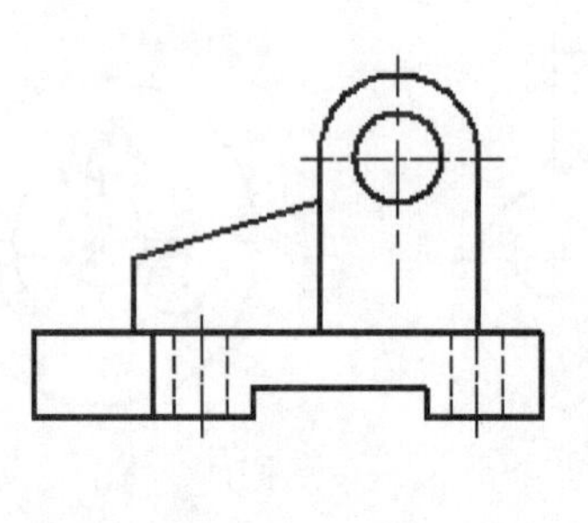

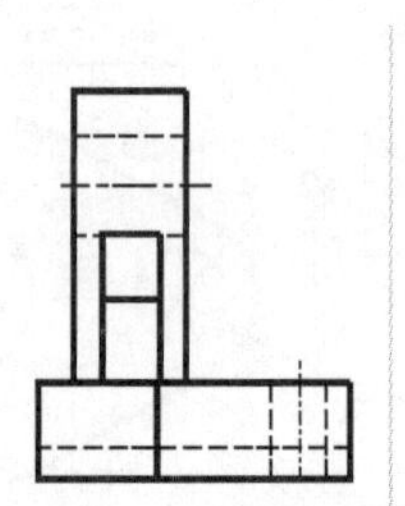

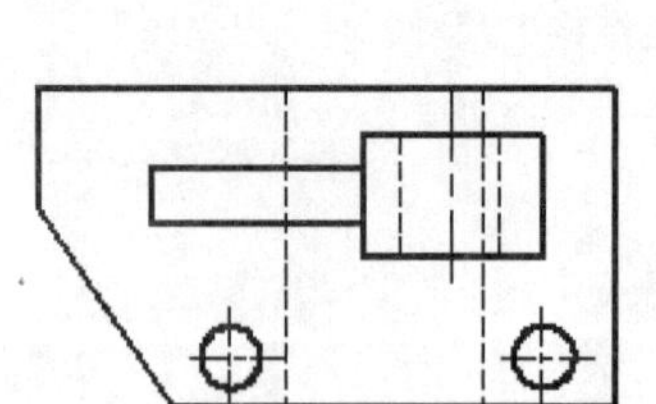

班级＿＿＿＿＿＿＿＿　　姓名＿＿＿＿＿＿＿＿　　学号＿＿＿＿＿＿＿＿

二、绘制组合体的三视图，并标注尺寸。

1.

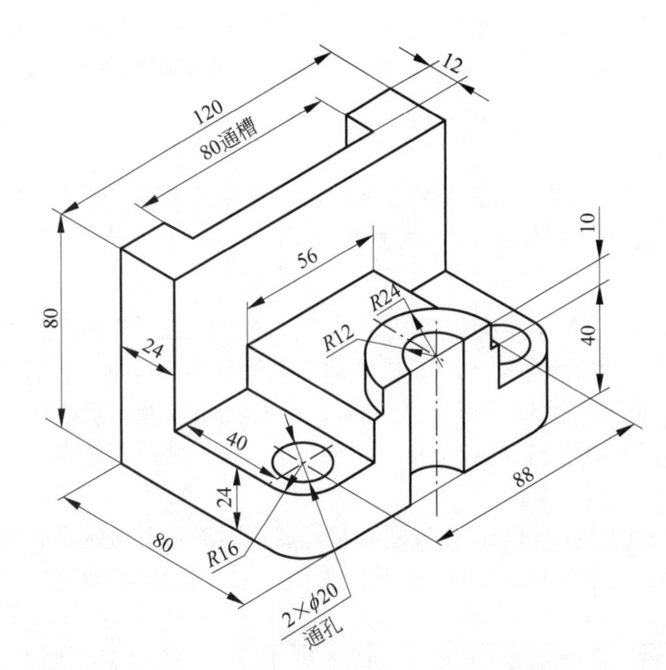

2.

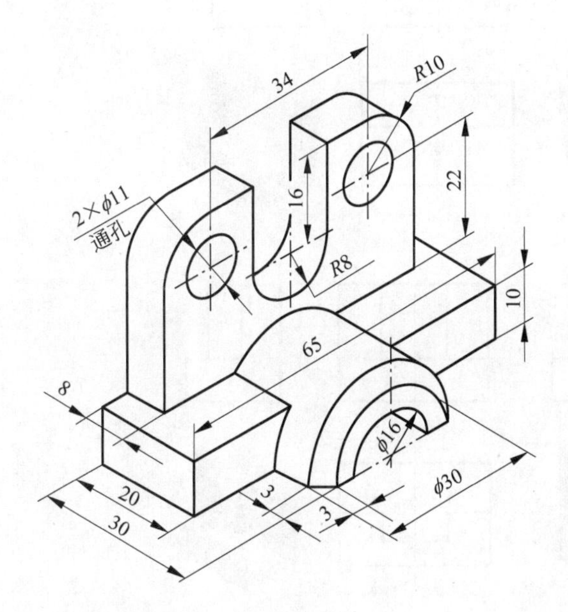

学习任务4　识读组合体

识读组合体的视图，简称读图，又称看图、识图等。画图是将空间的物体形状在平面上绘制成视图；而读图则是根据已画出的视图，运用投影规律，对物体的空间形状进行分析、判断、想象的过程，读图是画图的逆过程。显然，画图和读图两者相辅相成、相互促进。因此，应多画图、多读图、读画结合、反复领会，才能真正熟悉和掌握画图和读图的技能。

一、识读基本要领

在识读组合体视图的过程中，通常可采用初步了解、逐个分析、综合想象的步骤，依次对视图进行分析和读取。下面具体说明识读组合体视图时需要掌握的基本要领。

1. 要把各个视图联系起来识读

读图的基本要领是以主视图为核心，将几个视图联系起来识读。在三视图（或一组视图）中，主视图是最主要的视图，主视图较多地反映了物体的特征，它是反映物体信息量最多的视图。所以，读图时应以主视图为核心。然而一个主视图不可能反映物体的所有信息，即一个视图不可能完整地表达物体的结构形状。因此，在读图时，必须把表达物体所给出的几个视图联系起来识读，才有可能完全读懂，从而正确想象出空间物体的结构形状。

例如，图 5-20（a）和图 5-20（b）的主视图相同，俯视图和左视图不同，两个物体的形状差别较大；图 5-20（c）和图 5-20（d）的主视图、左视图均相同，俯视图不同，二者的结构形状也有差别。

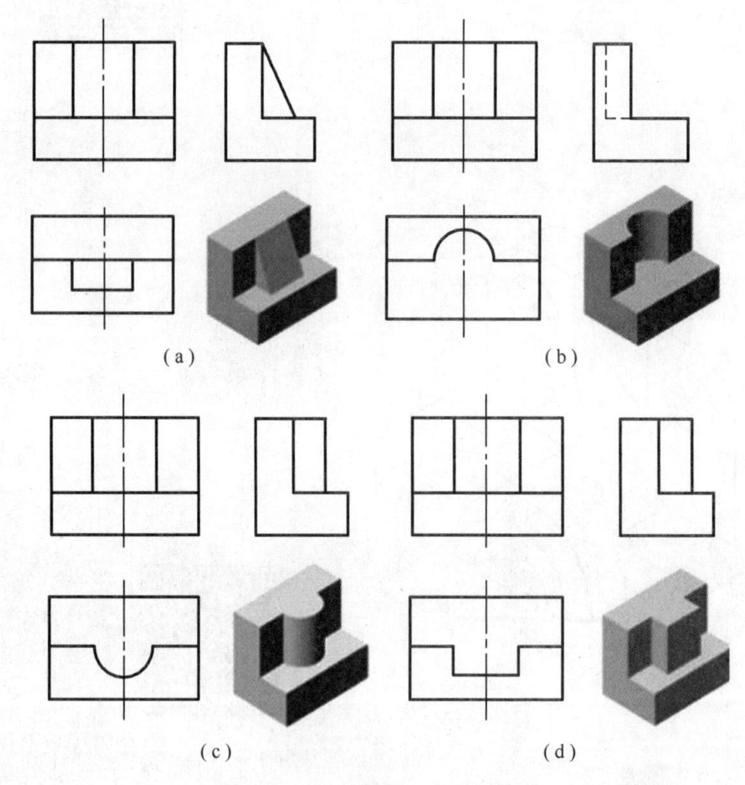

图 5-20　几个视图配合看图示例

2. 要善于抓住视图中的形状和位置特征进行分析

在读组合体的几个视图时，要善于分析最能反映组合体形状和位置特征的视图。

（1）形状特征视图

形状特征视图，即最能反映物体形状的视图。如图 5-21 所示，俯视图即为形状特征视图，它最能反映组合体的形状。

（2）位置特征视图

位置特征视图，即最能反映物体位置的视图。如图 5-22 所示，左视图即为位置特征视图，它反映凸台的位置。

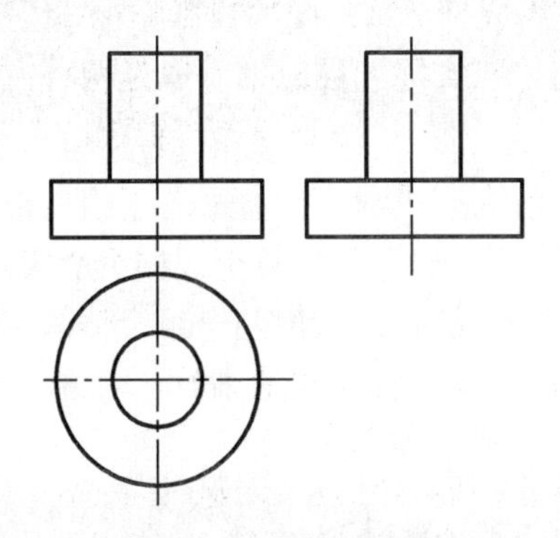

图 5-21 形状特征视图

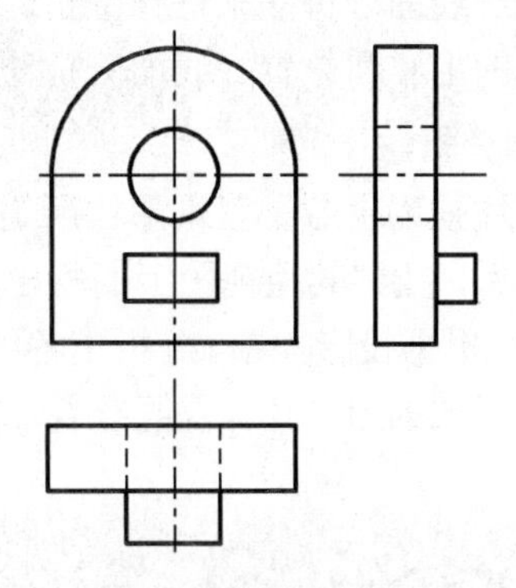

图 5-22 位置特征视图

3. 要注意分析视图上线框、线条的含义

视图最基本的图素是线条，由线条组成了许多封闭的线框。为了能迅速、正确地构思出物体的形状，还要注意分析视图上线框、线条的含义。

（1）视图中的线框一般表示物体上表面的投影

① 一个封闭线框表示物体的一个表面（平面或曲面），如图 5-23 所示的 1、2 线框。

② 相邻的两个封闭线框，表示物体上位置不同的两个面，如图 5-23 所示的 3 线框。

③ 一个大封闭线框所包括的各个小线框，表示在大平面体（或曲面体）上凸出或凹进的各个小平面体（或曲面体），如图 5-23 所示的 4 线框。

（2）视图中的线条有直线和曲线，可表示下列情况

① 具有积聚性的表面，如图 5-24 所示的 1 线条。

② 表面与表面的交线，如图 5-24 所示的 2 线条。

③ 回转面的轮廓素线，如图 5-24 所示的 3 线条。

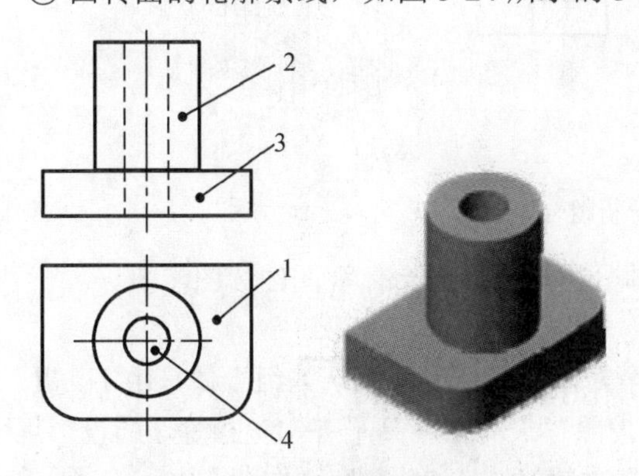

图 5-23 视图中线框的含义

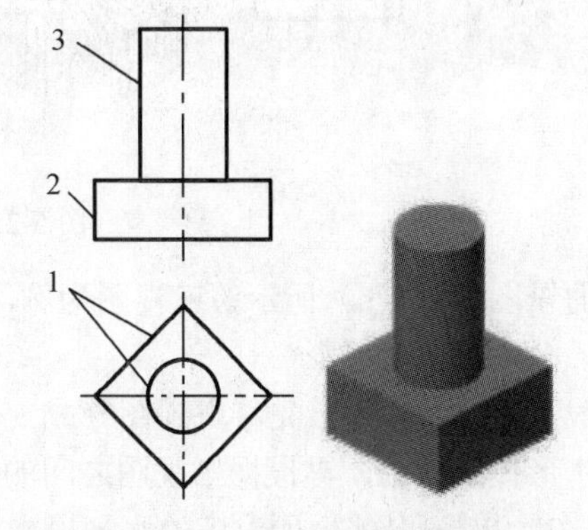

图 5-24 视图中线条的含义

4. 要注意通过分析虚线来确定物体的形状、结构和相对位置

虚线表示物体上被遮挡的轮廓线的投影。利用虚线的“不可见”性，对确定物体的形状、结构及相对位置很有用。例如图 5-25（a）、图 5-25（b）和图 5-25（c）的主视图均相同，图 5-25（d）和图 5-25（e）的俯、左视图均相同，通过分析其他视图中的虚线，可以很容易确定物体的结构形状。

二、读图基本方法

读图的基本方法是形体分析法和线面分析法。对于形体结构比较清晰、明显的物体，只用形体分析法就可以了。但对于一些结构复杂的组合体或组合体的组成部分中存在难懂的结构，则需要结合另一种分析方法——线面分析法来进行分析。通过线面分析法分析各组成部分线、面的投影特征，读出它们所代表的特征的形状和位置。线面分析法是对形体分析法的补充。在实际读图时，一般是两种方法并用。

1. 形体分析法

把组合体视为由若干基本形体所组成，即首先把主视图分解为若干封闭线框（若干组成部分），再根据投影关系，找到其他视图上的相应投影线框，得到若干线框组；然后读懂每个线框组所表示的形体的形状；最后根据投影关系，分析出各组成形体间的相对位置关系，综合想象出整个组合体的结构形状。由叠加方式形成的组合体，或既有叠加，又有切割，但被切割的形体特征比较清晰时，均适合用形体分析法读图。

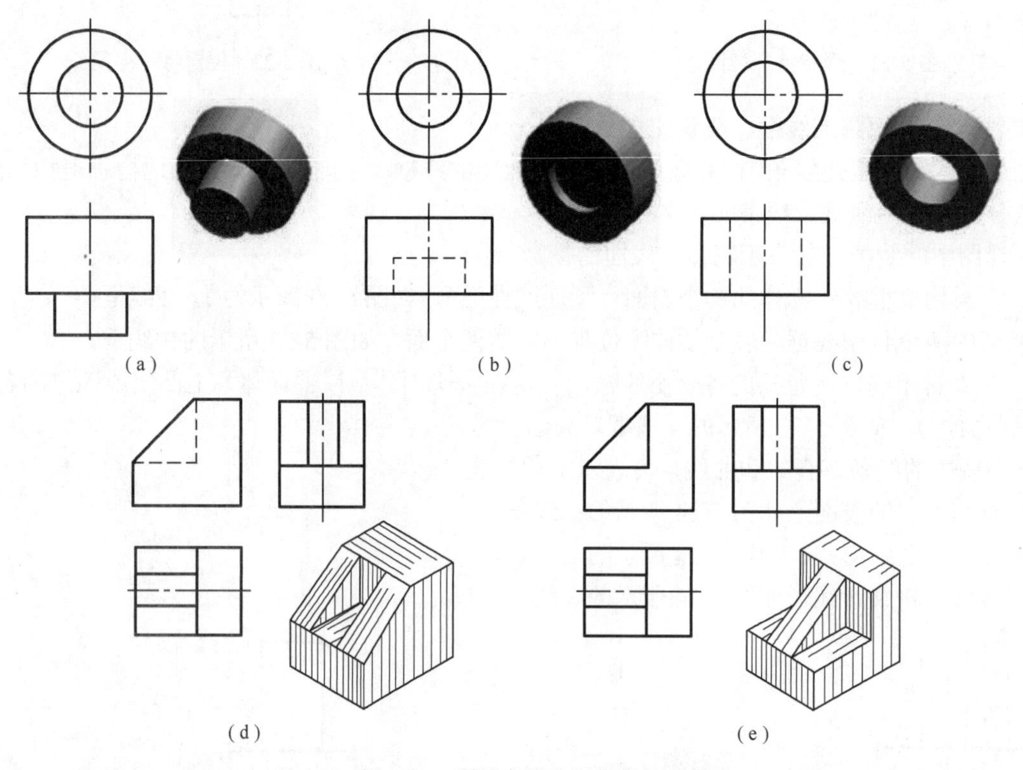

图 5-25 利用虚线分析组合体

下面以图 5-26（a）所示的三视图为例，说明用形体分析法分析组合体视图的读图步骤。

（1）分线框，对投影

一般从主视图入手，先将主视图分成 1′、2′、3′ 三个封闭的线框，可以认为组合体是由Ⅰ、Ⅱ、Ⅲ三个基本形体组成的。再根据三视图之间的投影关系，按照“长对正、高平齐、宽相等”的投影规律，找出 1′、2′、3′ 三个线框所对应的水平投影 1、2、3 和侧面投影 1″、2″、3″，如图 5-26（a）所示。

（2）想形状，定位置

根据各个线框组，分别想象出它们各自所表示的基本形体的形状。由线框组 1、1′、1″可知形体Ⅰ是在长方体的左前方和右前方带有圆角的一块底板，由线框组 2、2′、2″可知形体Ⅱ是一块顶部为半圆柱的竖板，由线框组 3、3′、3″可知形体Ⅲ为一块三棱柱的肋板，如图 5-26（b）所示。从主视图看，竖板和肋板均叠加于底板的上方，并且位于左右方向的正中间，即左右对称。结合俯视图、左视图可知，竖板位于底板的后面，且两者后表面平齐；肋板则同时叠加于竖板的前方，且其倾斜面与底板前表面的上方相接。

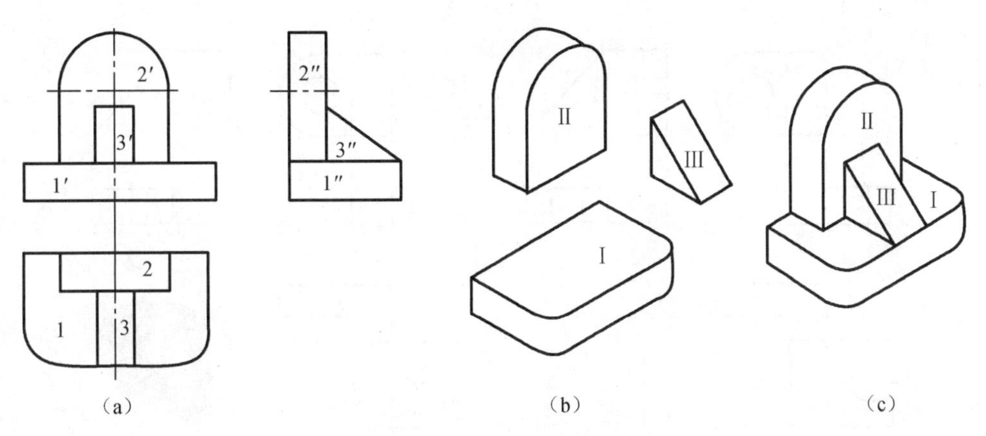

图 5-26　用形体分析法识读组合体

（3）合起来，想整体

进行以上分析之后，将各形体的形状、相互位置和组合方式综合起来，即可想象出组合体的结构形状，如图 5-26（c）所示。

读者可按照形体分析法的步骤，分析轴承座和支架组合体的三视图，如图 5-27、图 5-28 所示。

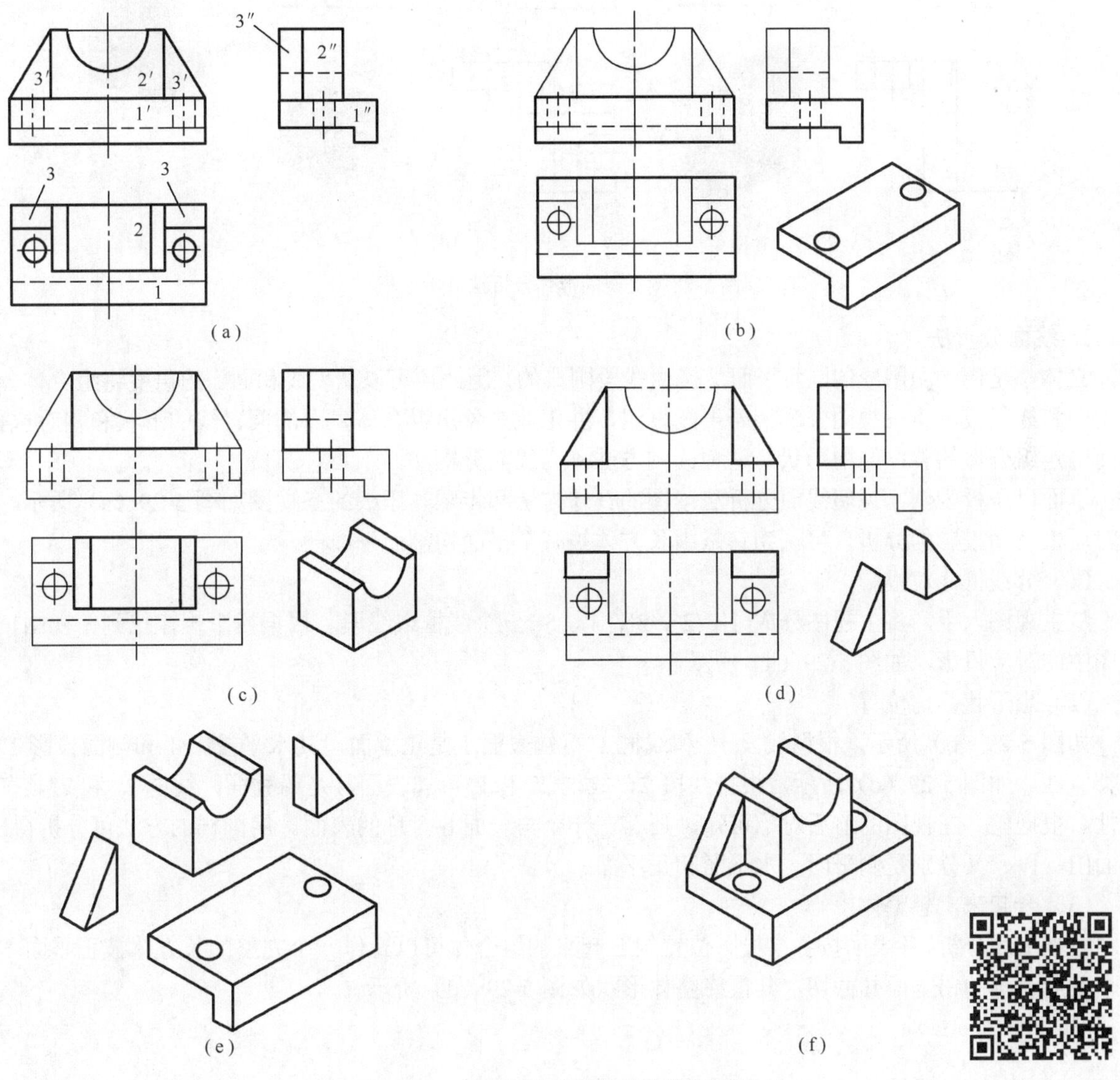

图 5-27　轴承座的形体分析法分析过程

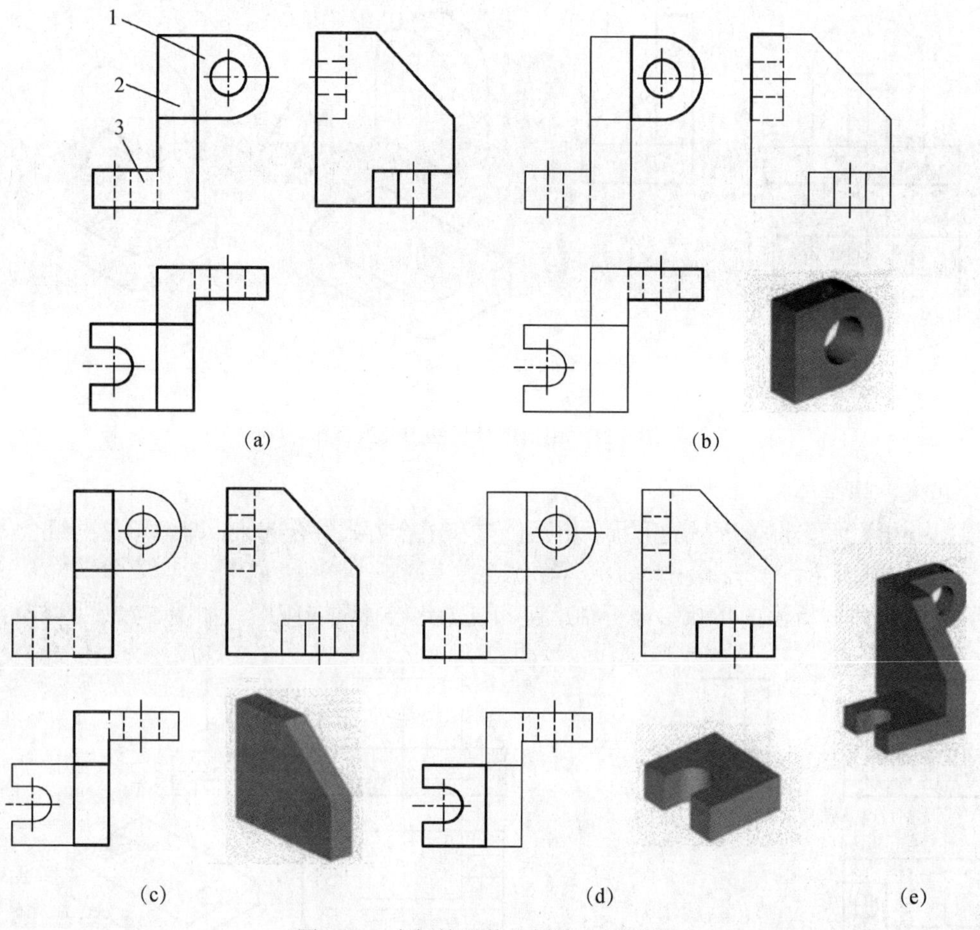

图 5-28　支架的形体分析法分析过程

2. 线面分析法

立体都是由平面围成的，而平面又是由线段围成的，因此还可以从“线和面”的角度将组合体分析为由面和线组成，将三视图分解为若干线框组，并由此想象出组合体表面的面、线的形状和相对位置，进而确定组合体的整体结构形状，这种读图方法称为线面分析法。

下面以压板为例，说明线面分析法读图的具体方法和步骤。压板的三视图如图 5-29（a）所示。通过对压板三面投影的分析，可认为它是由长方体被几个平面切割而形成的。

（1）分线框，对投影

从主视图入手，将主视图分成 1′、2′、3′、4′、5′ 五个线框或线段。根据投影规律找到俯视图、左视图中的对应投影，如图 5-29（a）所示。

（2）想形状，定位置

如图 5-29（b）所示，根据线段 1′ 和线框 1″可知表面Ⅰ是正垂面，其水平投影 1 和侧面投影 1″具有类似性。如图 5-29（c）所示，根据线段 2、线框 2′ 和 2″可知表面Ⅱ是铅垂面，线框 2′ 和 2″具有类似性。根据俯、左视图的前后对称可知，还存在一个与表面Ⅱ对称的表面。用同样的方法可分析得出，表面Ⅲ、Ⅳ、Ⅴ分别是侧平面、水平面和正平面。

（3）合起来，想整体

根据上述分析，各表面按各自投影位置组合起来的组合体可以看作一个完整的长方体被正垂面Ⅰ和两个前后对称的铅垂面Ⅱ截切，其最终整体形状如图 5-29（d）所示。

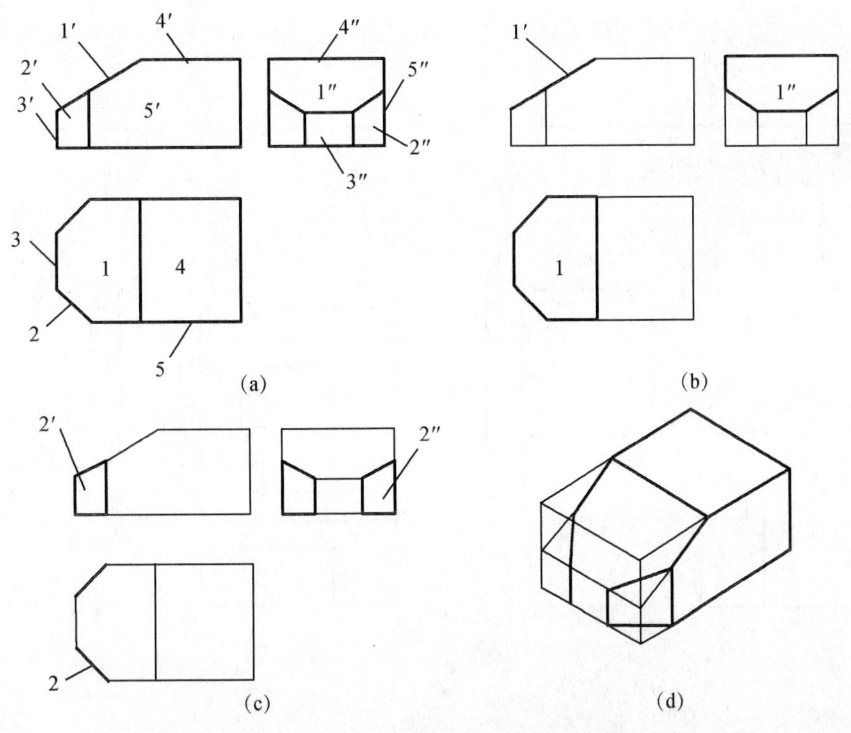

图 5-29　压板的线面分析法分析步骤

【例 5-1】如图 5-30（a）所示，根据主、俯视图，想出物体的形状并补画第三视图。

读图：从已知的两个视图可以初步看出，这是一个左右对称的物体。进一步从主视图、俯视图对应的投影关系可以看出，组合体由上、下两部分形体叠加而成，上部由带半圆端的竖板和长方形的竖板组成，下部为长方体的底板，同时上、下两部分形体又进行了切割。从主视图上部竖板投影部分的小圆和对应俯视图上的两条虚线可以看出，在竖板半圆端中心处穿了一个小孔，通过两个竖板；从主视图下部底板投影的下方中间切去一个缺口和对应的俯视图上的投影可以看出，底板下方中间切了一个通槽；再从底板和长方形的竖板部分主视图两个投影后方中间切去一个缺口和对应的俯视图上的投影可以看出，在底板和长方形的竖板的后方中间切了一个通槽。由此可想象出组合体的结构形状，如图 5-30（b）所示。

根据想象出的物体的结构形状，并由左视图与主视图高平齐、与俯视图宽相等的投影关系，即可补画出物体的主视图，如图 5-30（c）所示。

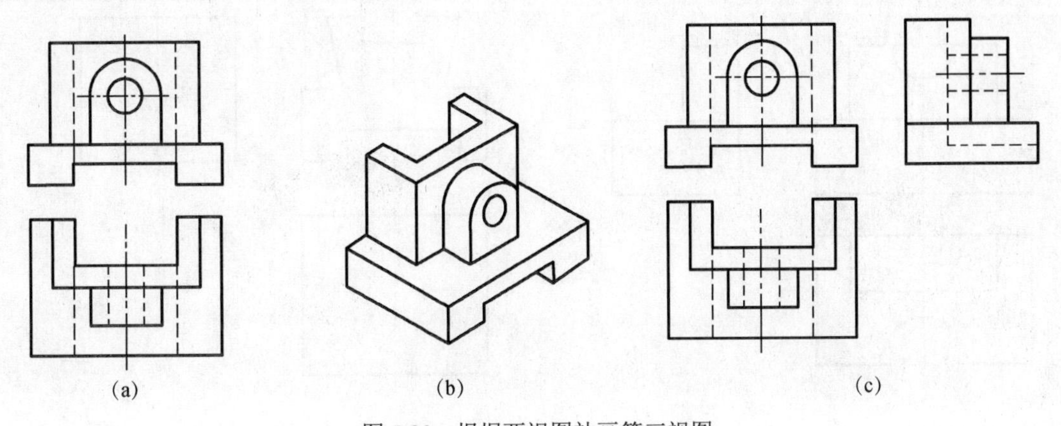

图 5-30　根据两视图补画第三视图

【任务练习】

班级________________　　姓名________________　　学号________________

一、补画视图中所缺的图线。

1.

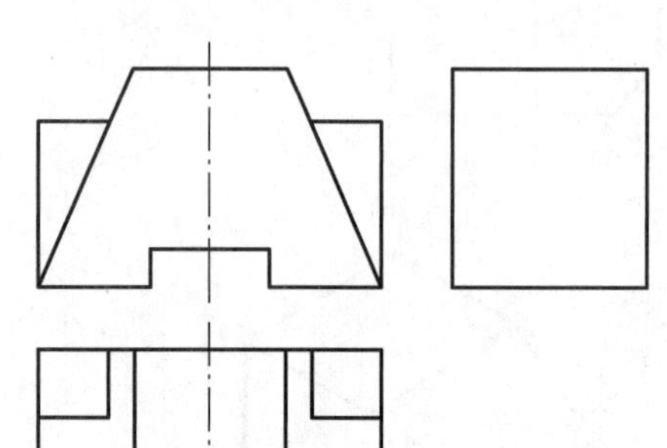

2.

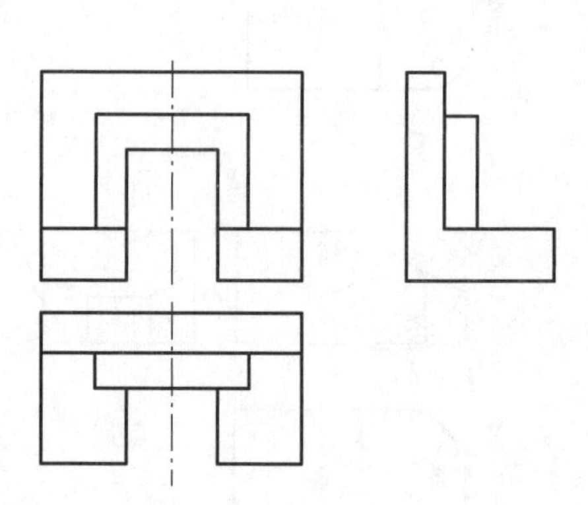

3.

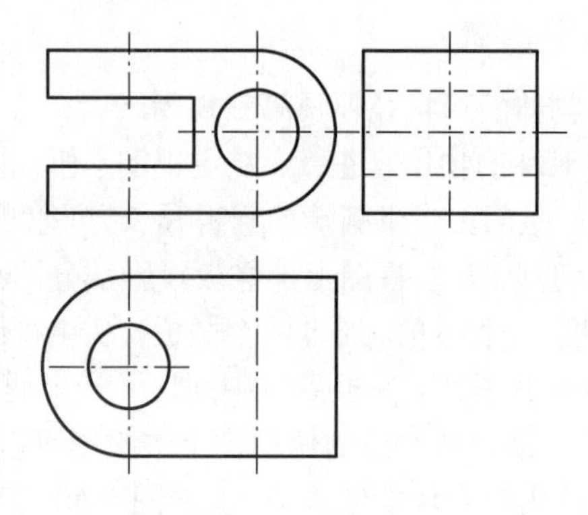

4.

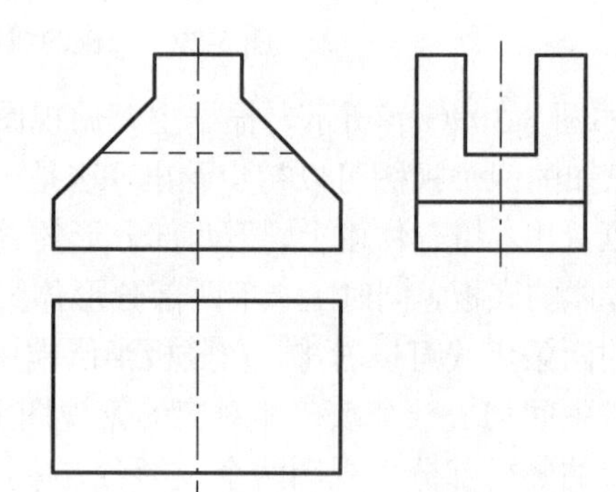

5.

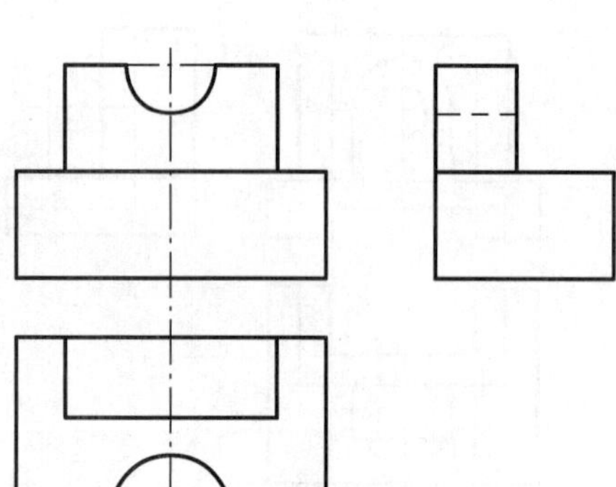

6.

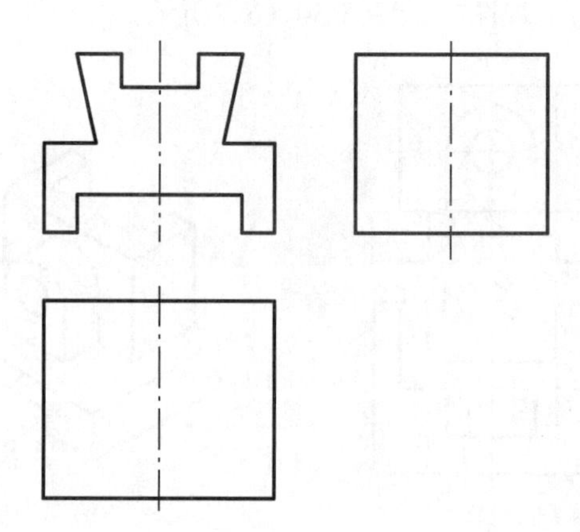

班级__________ 姓名__________ 学号__________

二、根据两视图补画第三视图。

1.

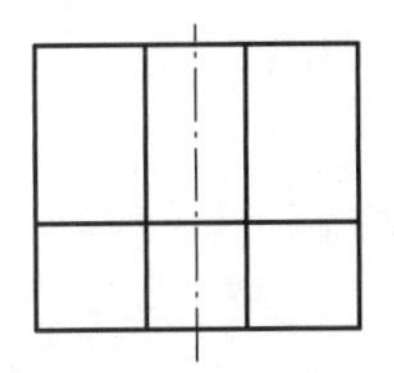

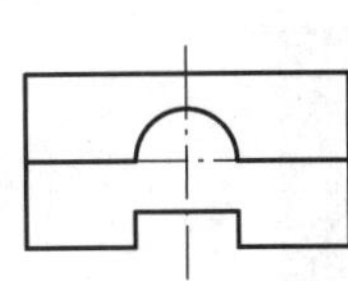

2.

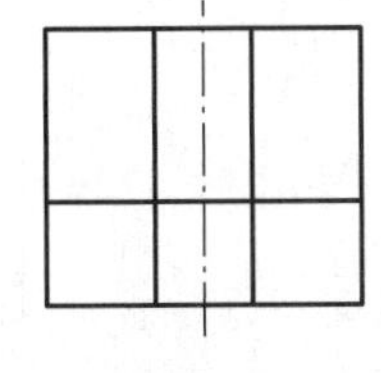

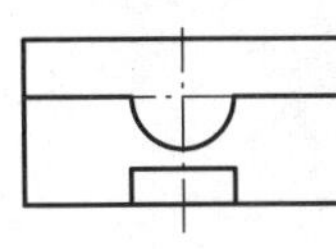

3.

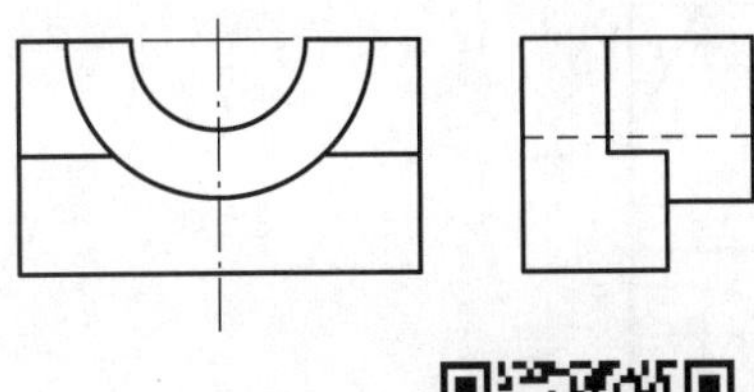

4.

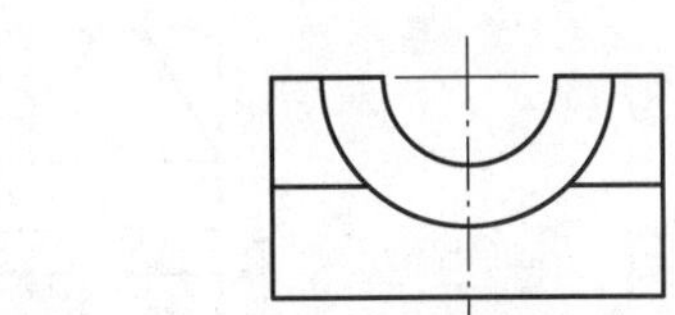

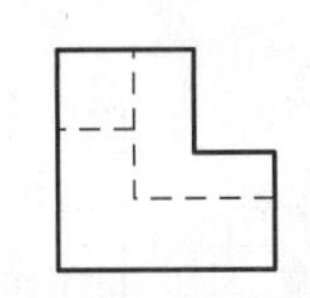

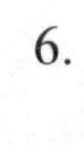

5.

6.

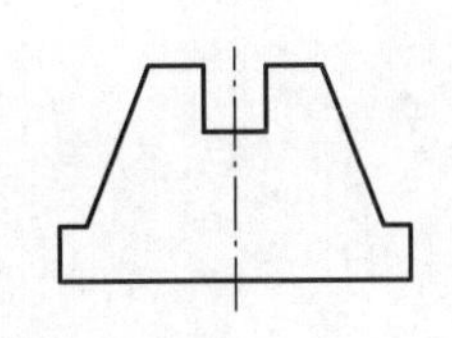

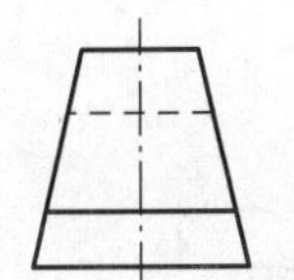

班级＿＿＿＿＿＿＿＿＿＿ 姓名＿＿＿＿＿＿＿＿＿＿ 学号＿＿＿＿＿＿＿＿＿＿

7.

8.

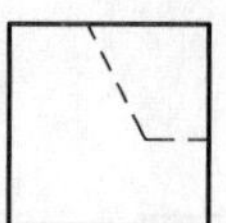

9.

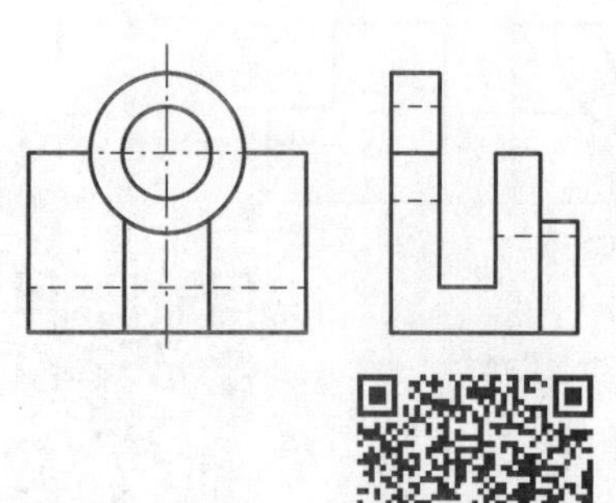

10.

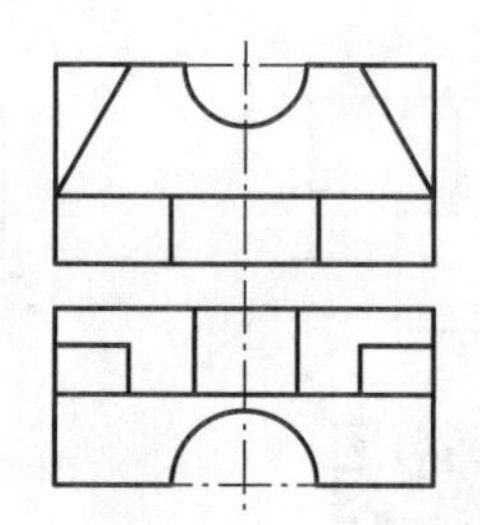

11.

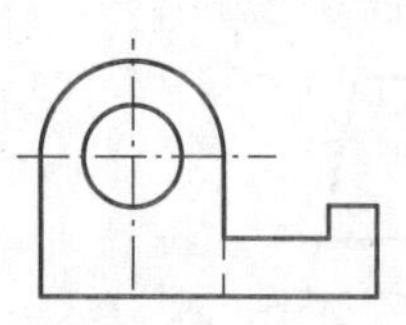

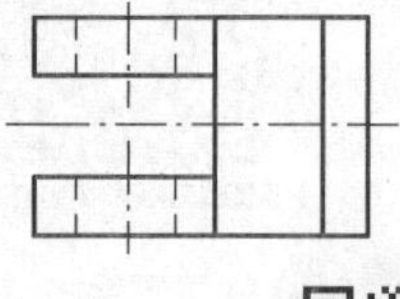

12.

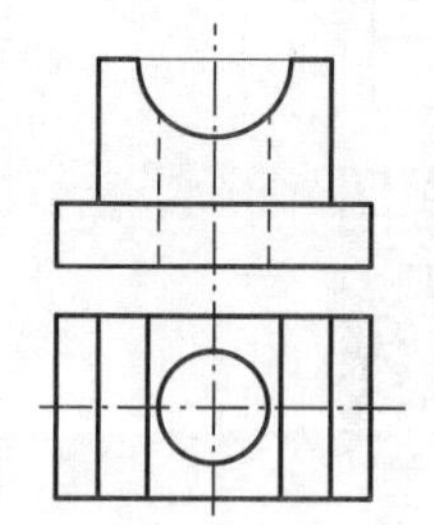

班级__________ 姓名__________ 学号__________

13.

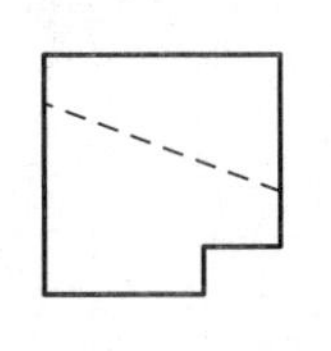

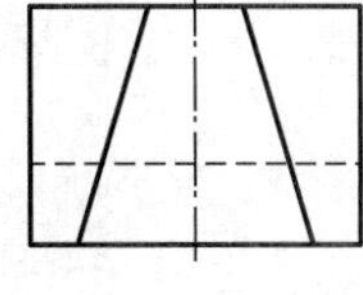

14.

15.

16.

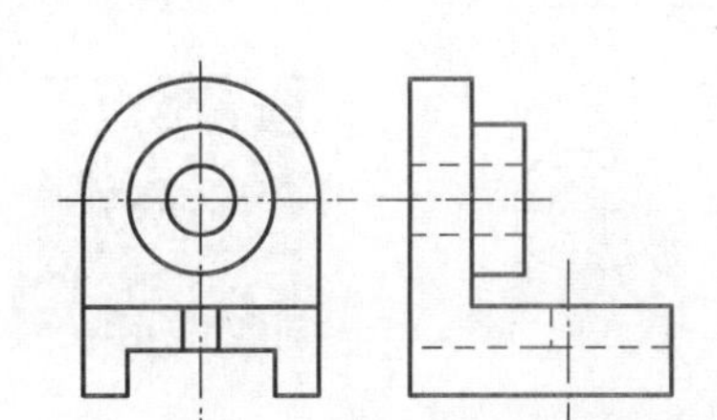

17.

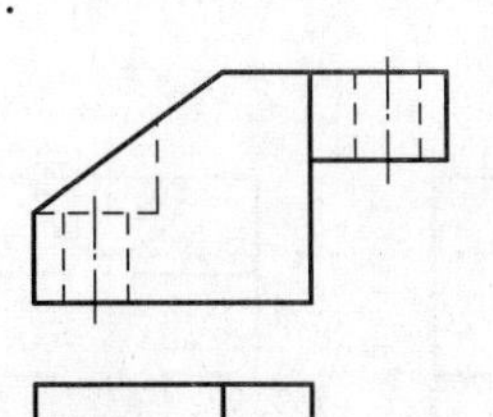

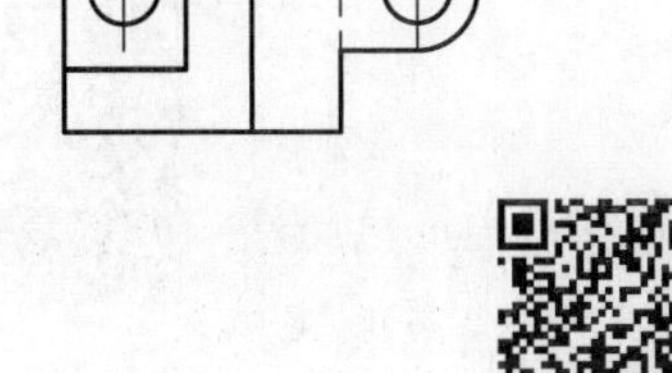

18.

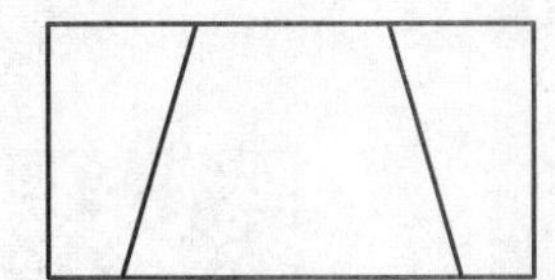

班级________________ 姓名________________ 学号________________

19.

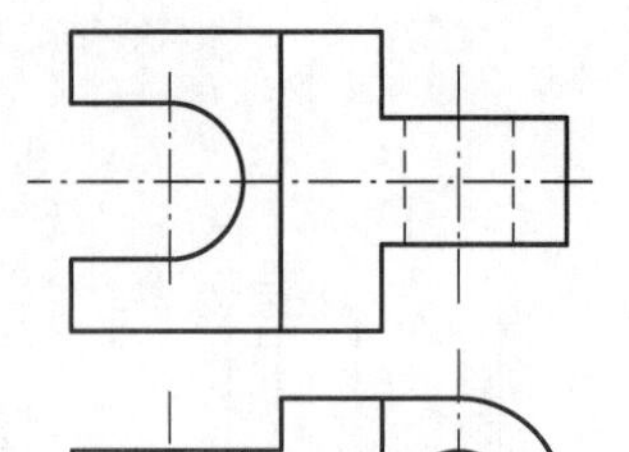

20.

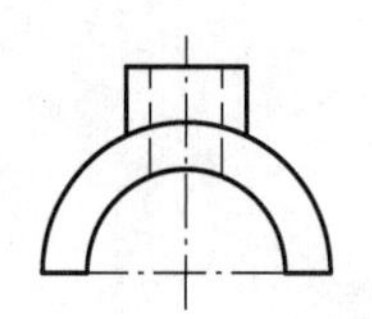

21.

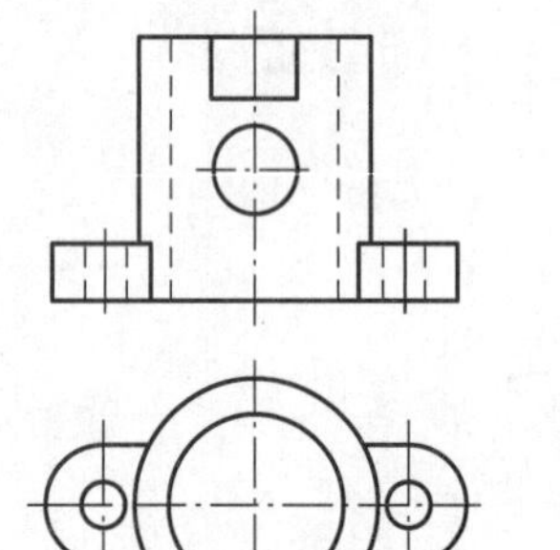

22.

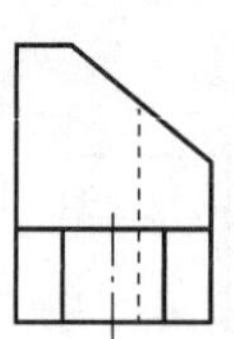

23.

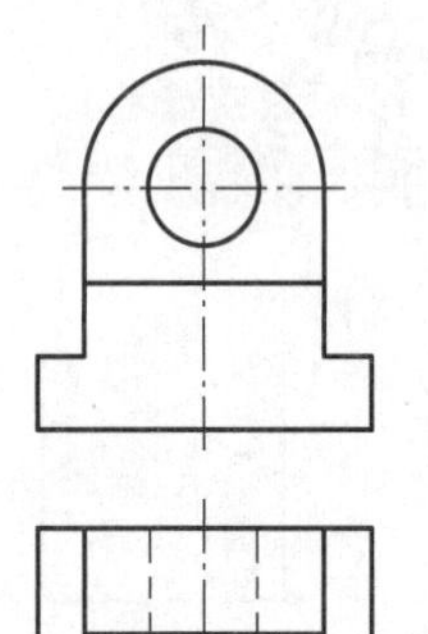

24.

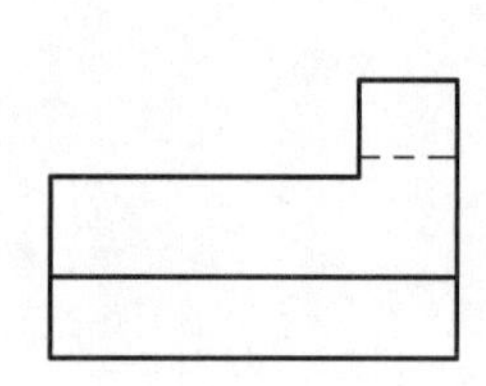

班级＿＿＿＿＿＿＿＿　　姓名＿＿＿＿＿＿＿＿　　学号＿＿＿＿＿＿＿＿

25.

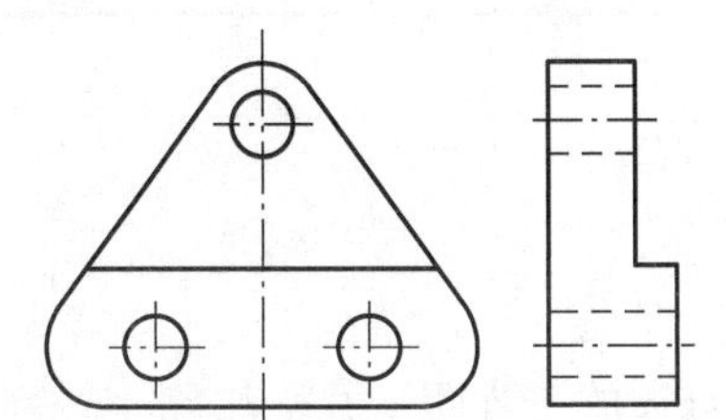

26.

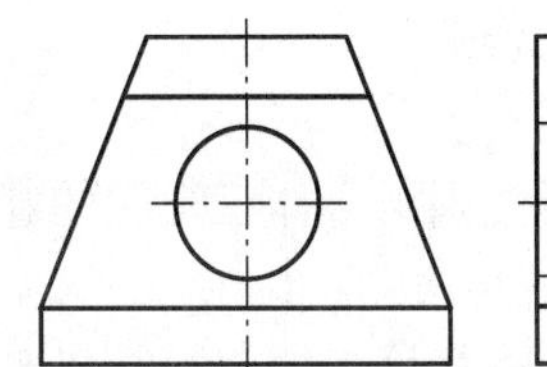

27.

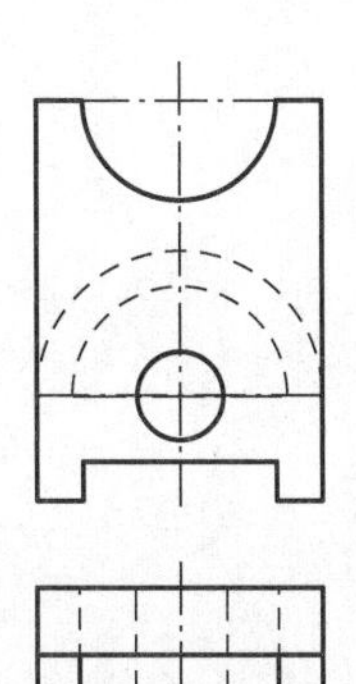

28.

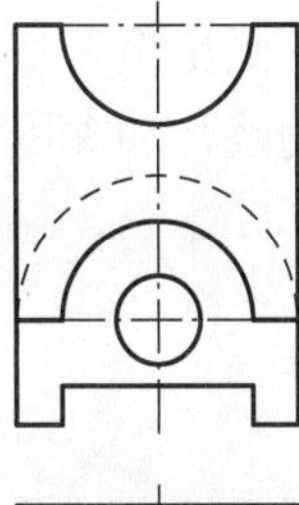

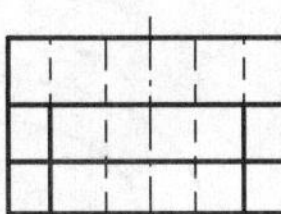

29.

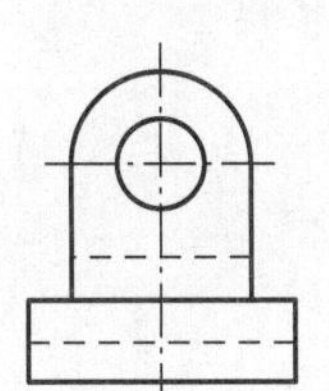

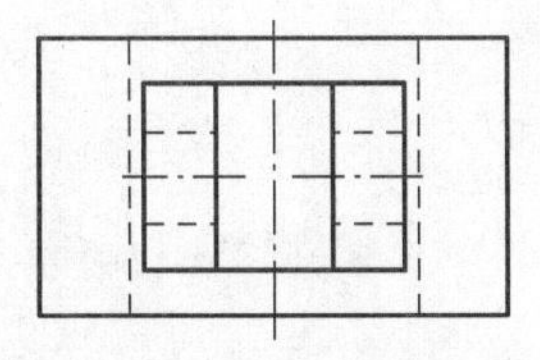

30.

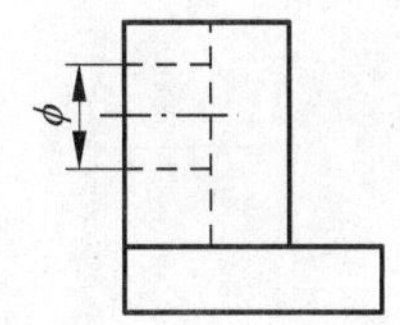

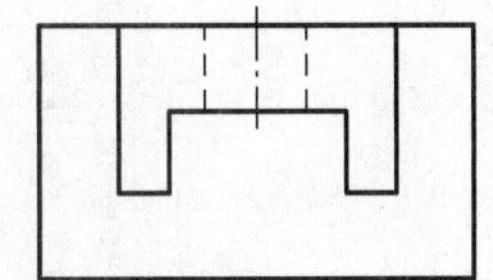

【综合训练】

班级________________　　姓名________________　　学号________________

一、组合体视图大作业。

1. 目的

培养运用形体分析法画组合体三视图的能力。

2. 内容与要求

（1）根据立体图，选择恰当的主视图投影方向，画出该组合体的三视图，并标注尺寸。

（2）用 A3 图幅，比例自定，图名填写为“组合体投影作图”。

（3）图形正确，布置适当，线型合格，符合国标，加深均匀，图面整洁。

3. 作图步骤

（1）根据已知的立体图，对组合体进行形体分析。

（2）选择合适的主视图。

（3）根据图幅、组合体的大小选取比例，合理布置三视图的位置。

（4）根据正确的作图步骤，画出组合体三视图的底稿。

（5）检查修正，擦去多余的线，加深图线。

（6）标注尺寸。

（7）填写标题栏。

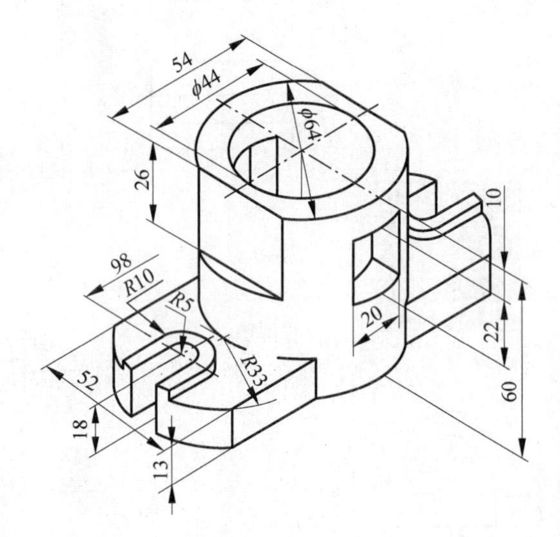

班级＿＿＿＿＿＿＿＿ 姓名＿＿＿＿＿＿＿＿ 学号＿＿＿＿＿＿＿＿

二、构思构件。

1. 根据主视图，构思不同的形体，补画其他两个视图。

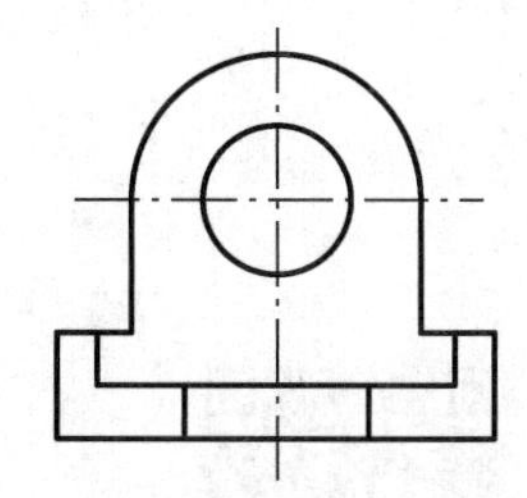

2. 根据主、俯视图，构思不同的形体，补画左视图。

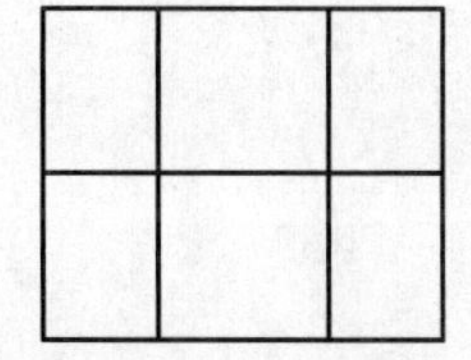

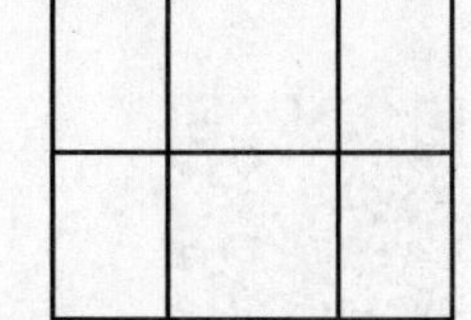

班级＿＿＿＿＿＿＿＿　　姓名＿＿＿＿＿＿＿＿　　学号＿＿＿＿＿＿＿＿

三、根据两视图补画第三视图。

1.

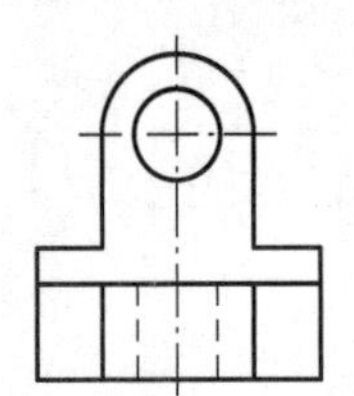

2.

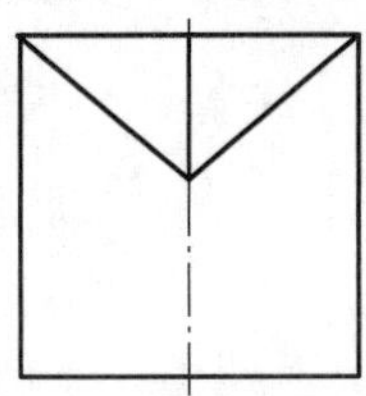

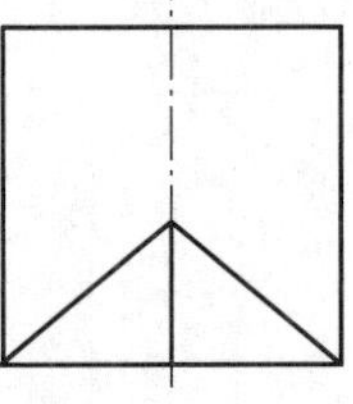

3.

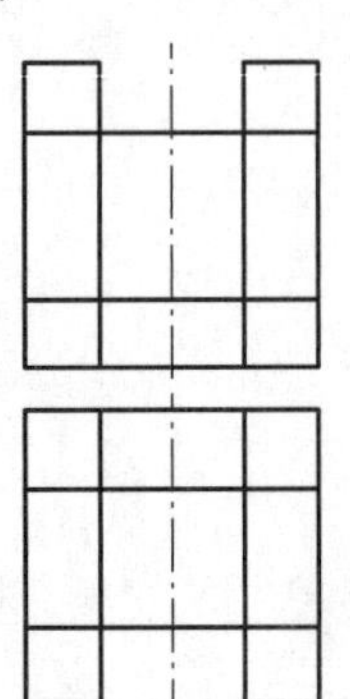

4.

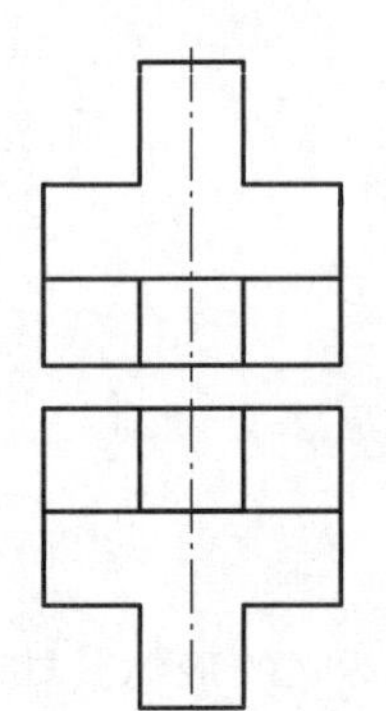

5.

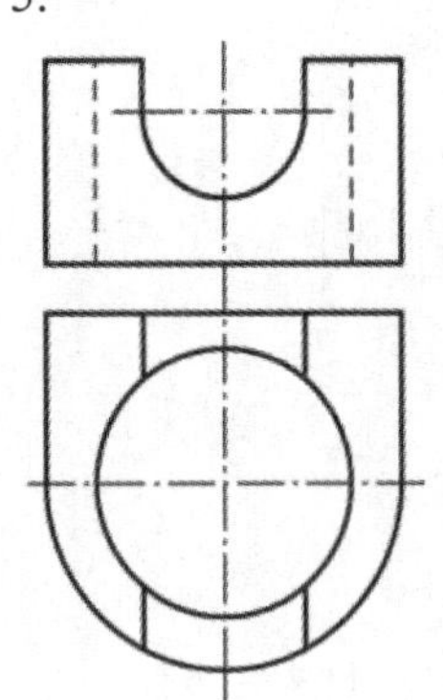

6.

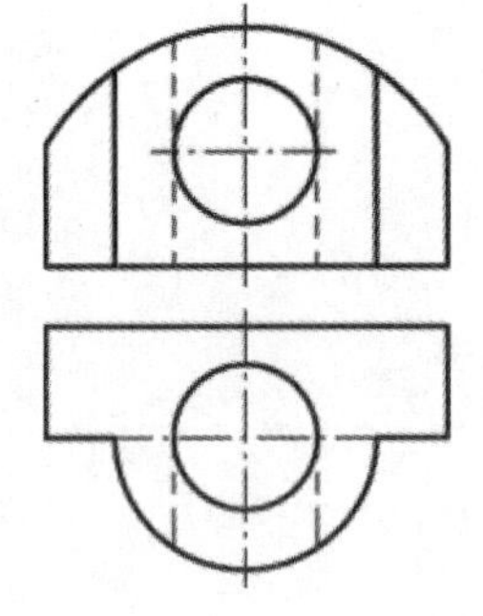

项目六　图样表达方法

【学习导航】

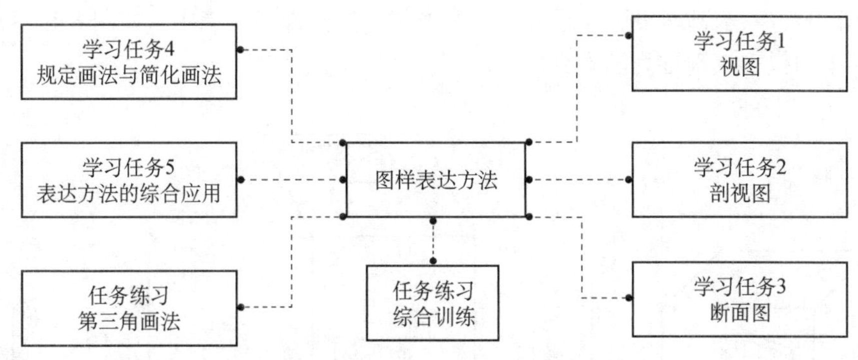

【知识目标】

◆ 掌握视图、剖视图和断面图的基本概念、画法、标注方法和使用条件；

◆ 掌握局部放大图、简化画法等表达方法的应用；

◆ 掌握第三角画法的投影原理和绘图方法。

【能力目标】

◆ 会分析和绘制视图、剖视图、断面图、局部放大图、简化画法等表达方法；

◆ 会分析第三角投影的原理和视图；

◆ 能根据机件的结构特点及复杂程度选择合理的表达方法。

【思政目标】

◆ 强化质量意识、责任意识和遵纪守法意识；

◆ 培养严于律己、知难而进的意志和毅力；

◆ 培养积极乐观的心态和健康向上的人生态度。

【思政故事】

大国工匠——刘伯鸣

刘伯鸣，中国一重集团有限公司锻铸钢事业部水压机锻造厂，锻造班长。他用匠心匠艺锻造大国重器，带领创新团队攻克了诸多超大、超难锻件及核电高端产品锻造工艺难关，填补了多项国内行业空白，打破了国外垄断，为中国在超大锻件制造领域赢得了国际话语权。

刘伯鸣

学习任务1　视　　图

在生产实际中，有些简单的机件用一个或两个视图并配合尺寸标注就可以表达清楚，而有些复杂的机件用三个视图也难以表达清楚。要想把机件的结构形状表达得正确、完整、清晰、简练，必须根据机件的结构特点及复杂程度，采用适当的表达方法。为此，国家标准《机械制图》（GB/T17451—1998）的“图样画法”中规定了视图、剖视图、断面图、简化画法等表达方法，供绘图时选用。

视图是机件向投影面投影所得的图形。视图分为基本视图、向视图、斜视图、局部视图四种。视图主要用于表达机件的外部形状，一般只画机件的可见部分，必要时才画出其不可见部分。

视图—基本视图和向视图

一、基本视图

当机件的外部结构形状在各个方向（上下、左右、前后）都不相同时，三视图往往不能清晰地把它表达出来。因此，必须增加更多的投影面，以得到更多的视图。

1. 概念

为了清晰地表达机件六个方向的形状，可在 *H*、*V*、*W* 三个投影面的基础上，再增加三个基本投影面。这六个基本投影面组成了一个方箱，把机件围在当中，如图 6-1（a）所示。机件在每个基本投影面上的投影，都称为基本视图。

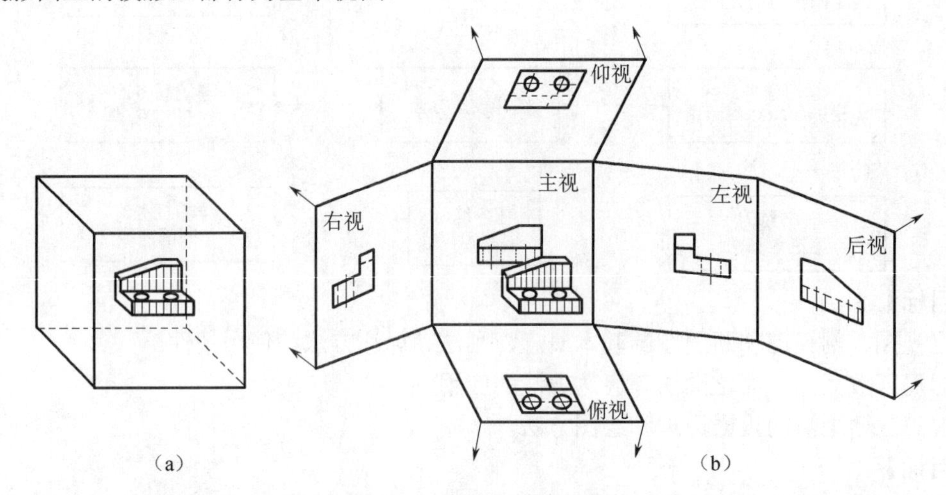

图 6-1　六个基本视图的形成

六个基本视图的名称分别是：

主视图——由前向后投影所得到的视图；

俯视图——由上向下投影所得到的视图；

左视图——由左向右投影所得到的视图；

右视图——由右向左投影所得到的视图；

仰视图——由下向上投影所得到的视图；

后视图——由后向前投影所得到的视图。

2. 投影规律

图 6-1（b）显示了机件投影到六个投影面上后，投影面展开的方法。展开后，六个基本视图的配置关系如图 6-2 所示。按图 6-2 所示在同一张图纸内，按正常配置关系配置各基本视图时，一律不标注视图的名称。

六个基本视图之间，仍然保持着与三视图相同的投影规律（长对正、高平齐、宽相等），即：

① 主、俯、仰、后视图长对正；

② 主、左、右、后视图高平齐；

③ 俯、左、仰、右视图宽相等。

此外，除后视图以外，各视图的里边（靠近主视图的一边）均表示机件的后面，各视图的外边（远离主视图的一边）均表示机件的前面，即“里后外前”。

读者在自行分析时需要注意，对于同一机件，并非要同时选用六个基本视图，至于选取哪几个视图，要根据机件的具体形状特征而定。选用基本视图时，一般优先选用主、俯、左三个基本视图。

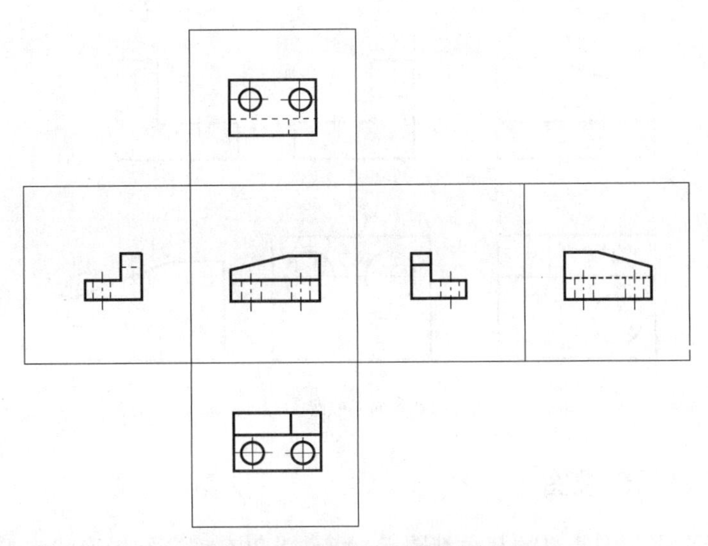

图 6-2　六个基本视图的配置关系

如图 6-3 所示的阀体，其左右两端形状不同，如果只选用主、俯、左三个基本视图表达，则在左视图中会出现许多表示阀体右端面外形结构的虚线，既影响了图形的清晰性，又增加了尺寸标注的困难。因此，增加一个右视图，这样就能清晰地表达阀体右端的形状和结构了。虽然主视图中存在虚线，但这些虚线是为了表达阀体内腔和孔的深度，称之为“必要虚线”。“必要虚线”在视图中不能省略。

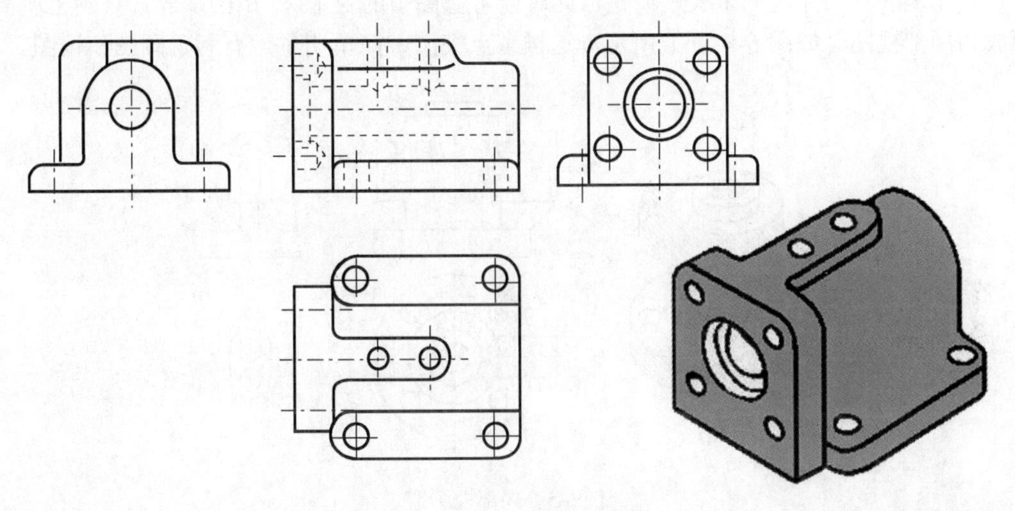

图 6-3　基本视图应用举例

二、向视图

实际制图时，由于考虑到视图在图纸中的布局问题，视图可能不按照图 6-2 所示的位置配置。为了便于合理地布置基本视图，可以采用向视图。

1. 概念

向视图是可以自由配置的基本视图。

2. 标注方法

向视图的标注方法为：在向视图的正上方注写“×”（×为大写的英文字母，如 *A*、*B*、*C* 等），同时在相应视图的附近用箭头指明投影方向，并注写相同的字母，如图 6-4 所示。

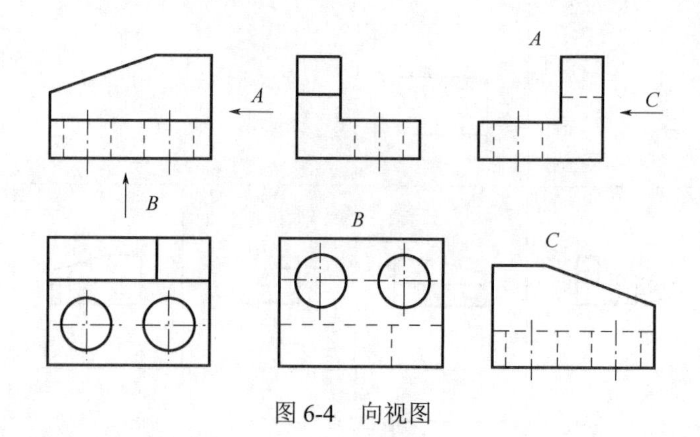

图 6-4　向视图

视图—局部视图和斜视图

三、局部视图

当采用一定数量的基本视图后，机件上仍有部分结构形状尚未表达清楚，而又没有必要再画出完整的其他的基本视图时，可采用局部视图来表达。

1. 概念

只将机件的某一部分向基本投影面投射所得到的图形，称为局部视图。局部视图是不完整的基本视图，利用局部视图可以减少基本视图的数量，使表达简洁、重点突出。

如图 6-5（a）所示的工件，画出了主视图和俯视图，已将工件基本部分的形状表达清楚，只有左、右两侧凸台和左侧肋板的厚度尚未表达清楚，此时便可像图中的 *A* 图和 *B* 图那样，只画出所需要表达的部分而成为局部视图，如图 6-5（b）所示。这样重点突出、简单明了，有利于画图和识图。

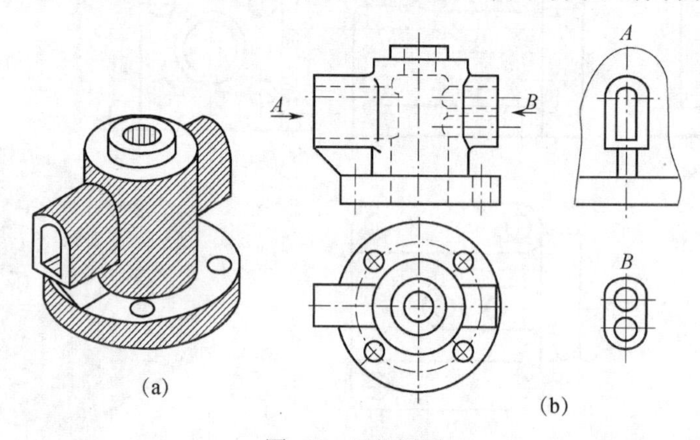

图 6-5　局部视图

2. 注意事项

① 在相应的视图上用带字母的箭头指明所表示的投影部位和投影方向，并在局部视图上方用相同的字母标明。

② 局部视图最好画在有关视图的附近，并直接保持投影联系。当局部视图既按投影关系配置，中间又没有被其他图形隔开时，则可以省略标注，如图 6-5（b）中局部视图 *A* 可省略标注。当局部视图画在图纸内的其他地方时，如图 6-5（b）中右下角画出的 *B* 图，则不能省略标注。

③ 局部视图的范围用波浪线表示，如图 6-5（b）中的 *A* 图。如果所表示的图形结构完整、且外轮廓线封闭，则波浪线可省略，如图 6-5（b）中的 *B* 图。

④ 用波浪线作为断裂线时，波浪线不能超过断裂机件的轮廓线，并且要画在机件的实体上，不能画在机件的中空位置，如图 6-6 所示。

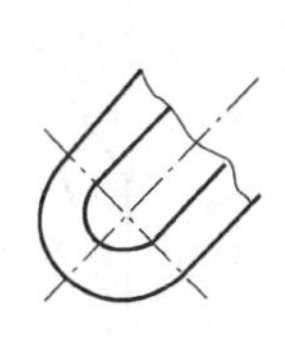

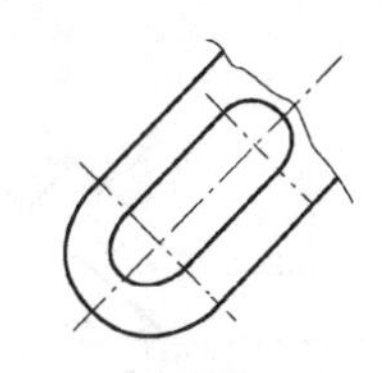

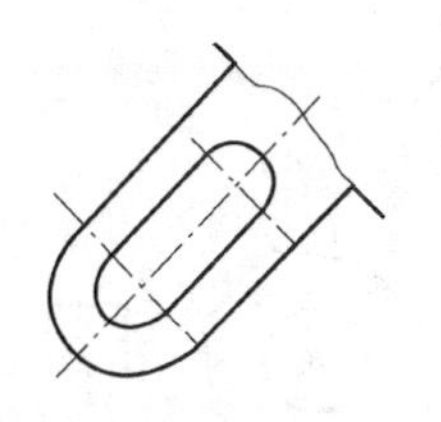

(a) 不应穿过孔洞 (b) 不应超出轮廓 (c) 不应作为图像延长线 (d) 正确画法

图 6-6 断裂边界——波浪线的画法

读者可根据上述内容，分析图 6-7 所示工件的表达方法。

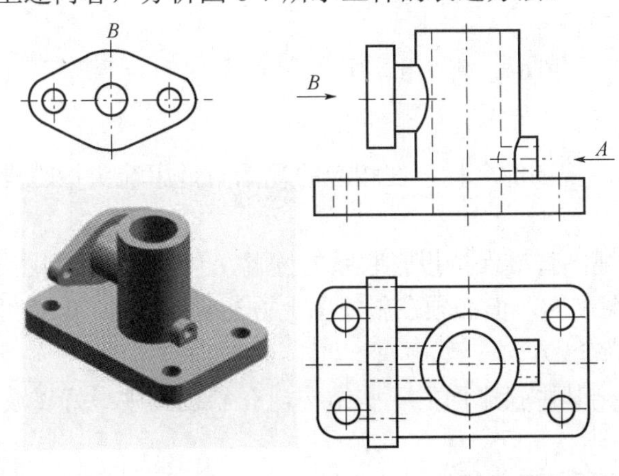

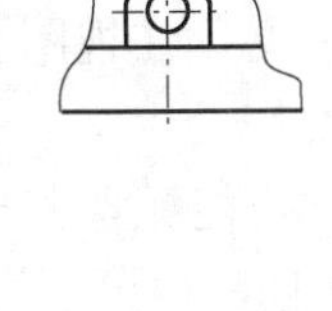

图 6-7 工件表达方法示例

四、斜视图

当物体上有不平行于基本投影面的倾斜结构时，基本视图均无法表达这部分的真实形状，给画图、识图和标注尺寸都带来不便。为了清晰地表达机件中的倾斜结构，可以加一个平行于倾斜结构的投影面，然后将倾斜结构向新投影面进行正投影，即可得到倾斜结构的实形，如图 6-8（a）所示。

1. 概念

将机件向不平行于任何基本投影面的投影面进行投影，所得到的视图称为斜视图。斜视图适合于表达机件上的倾斜结构的实形。如图 6-8 所示是一个弯板形机件，它的倾斜部分在俯视图和左视图上的投影都不是实形。此时就可以另外加一个平行于该倾斜部分的投影面，在该投影面上则可以画出倾斜部分的实形投影，如图 6-8（b）和图 6-8（c）所示。

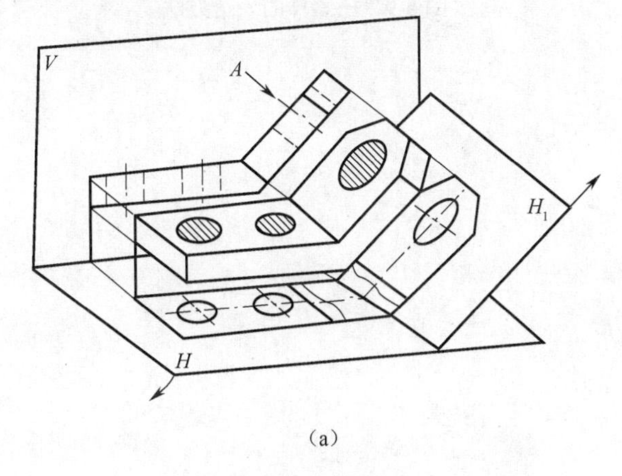

(a)

图 6-8 斜视图

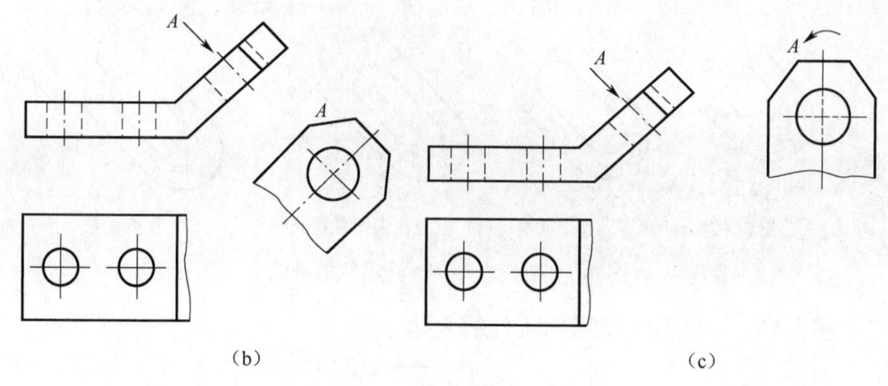

图 6-8　斜视图（续）

2. 注意事项

① 画斜视图时必须在视图上方标出视图的名称，在相应的视图附近用箭头指明投影方向，标注方法与局部视图相似。

② 斜视图应尽可能配置在与基本视图直接保持投影联系的位置，也可以平移到图纸内的适当地方。此外，为了画图方便，也可以将斜视图旋转，但必须在斜视图上方注明旋转方向，如图 6-8（c）所示，旋转符号“↶”或“↷”必须与实际旋转方向一致。

③ 画斜视图时，机件上原来平行于基本投影面的一些结构，在斜视图中最好以波浪线为界而省略不画，以避免出现失真的投影。

读者可根据上述内容，分析图 6-9 所示压紧杆的表达方法。

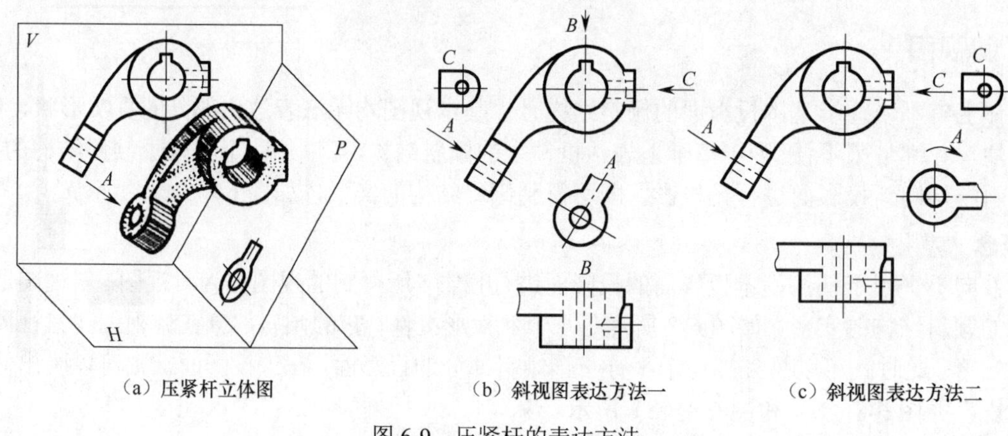

图 6-9　压紧杆的表达方法

【任务练习 6-1】

班级__________ 姓名__________ 学号__________

一、根据主、俯、左三视图，补画右、后、仰视图。

1.

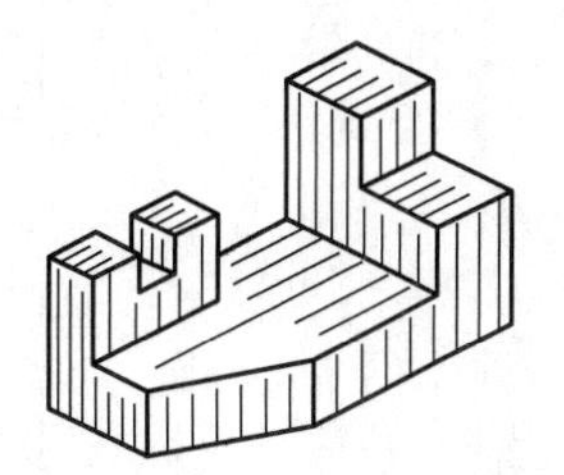

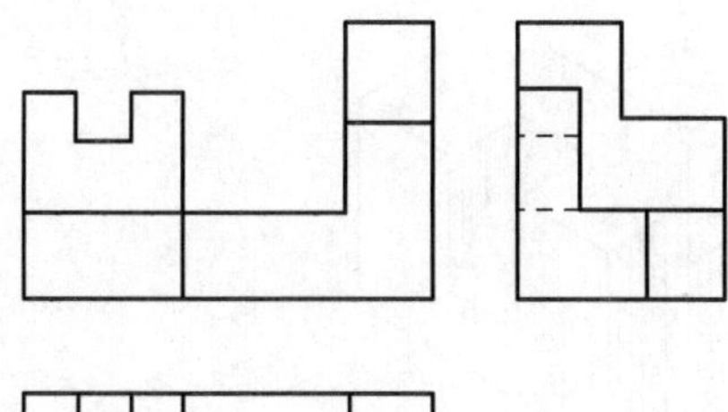

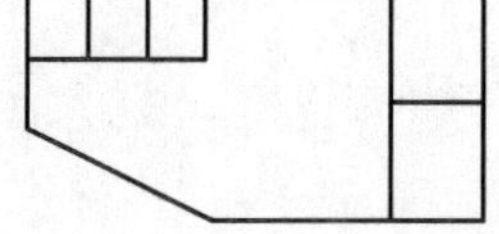

2.

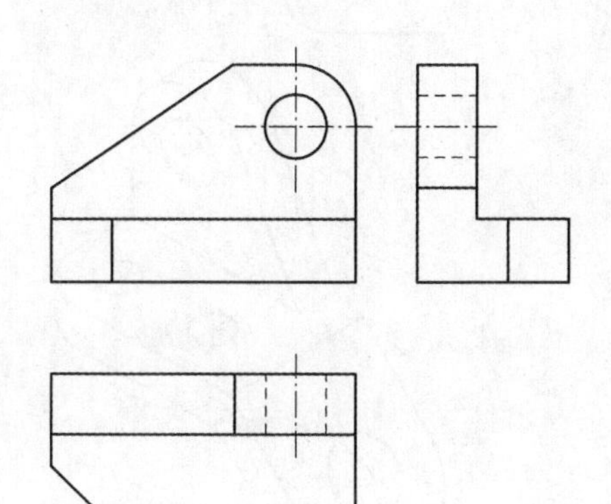

班级________________ 姓名________________ 学号________________

二、在指定位置画出 、 向视图。

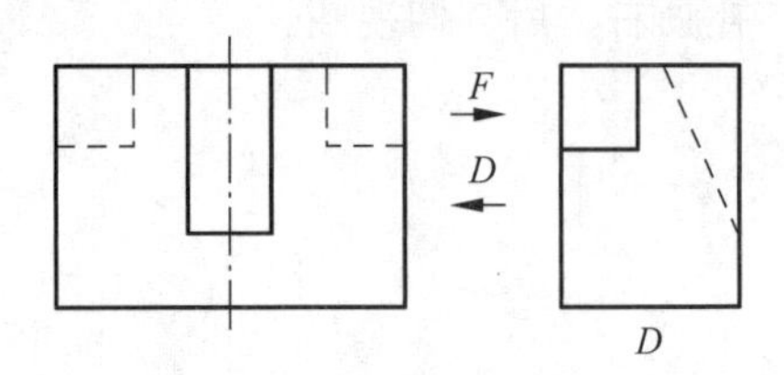

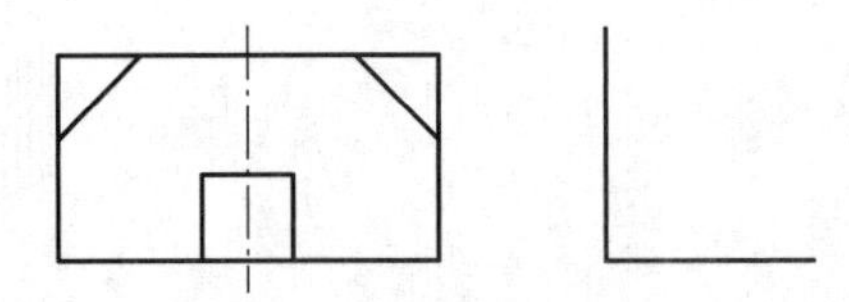

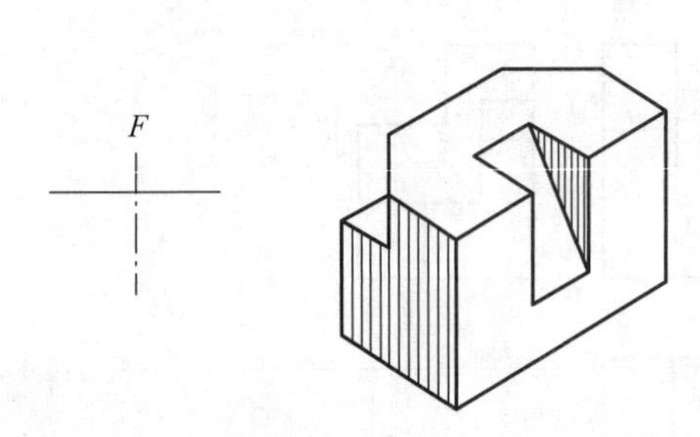

三、补画斜视图和局部视图（按比例取尺寸）。

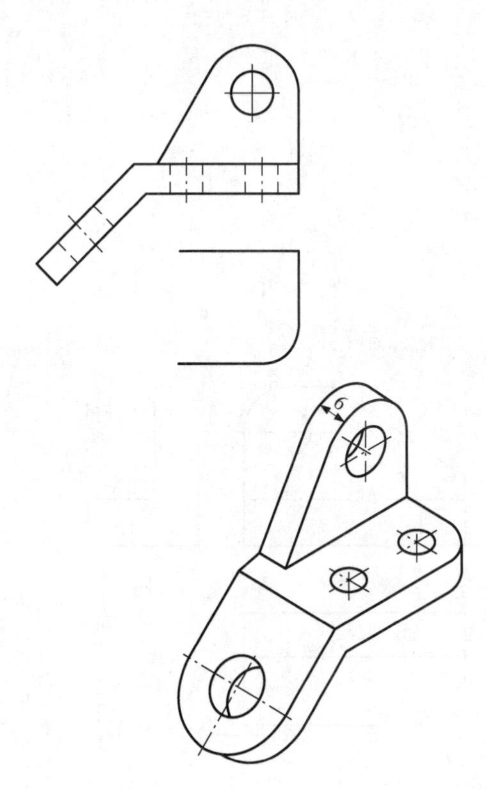

班级__________________ 姓名__________________ 学号__________________

四、画出 ***A***、***B*** 向视图。

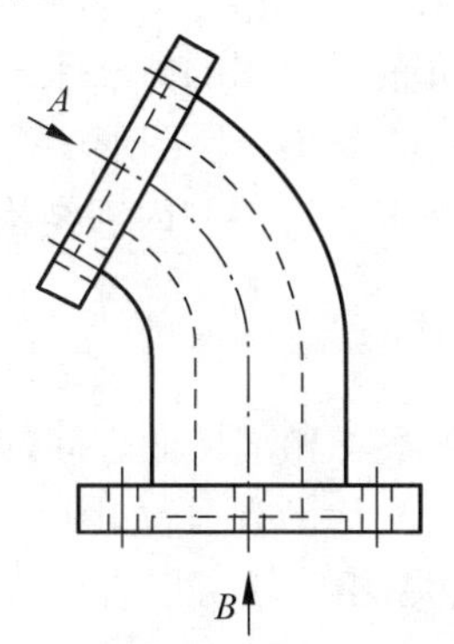

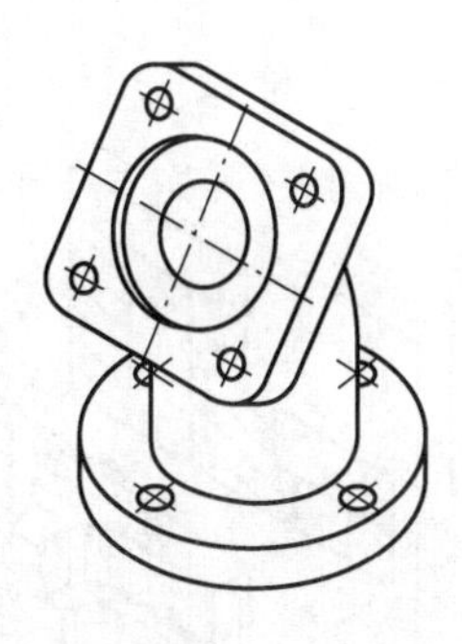

五、画出 ***A*** 向斜视图（可旋转配置），并按规定标注。

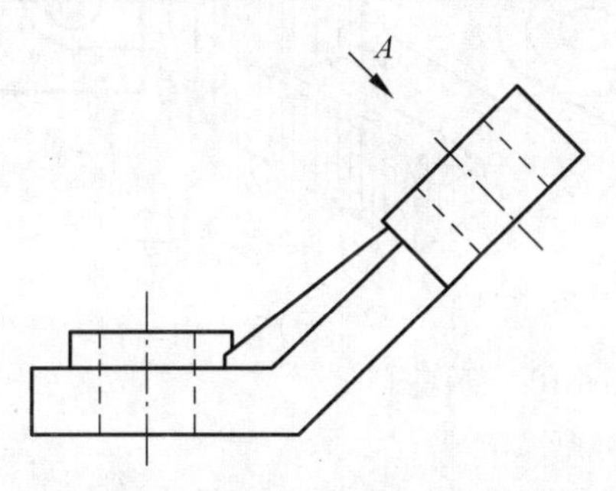

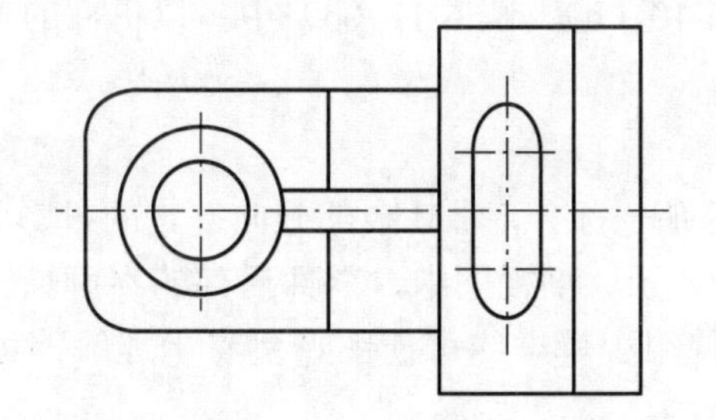

学习任务2　剖　视　图

工程实践中，外部及内部结构形状都较简单的机件，可采用视图的方法来表达。但当零件的内部结构较复杂时，视图的虚线将增多，大量虚线的存在会使图形变得繁杂，给读图带来很大的困难。因此，国家标准规定可用剖视图来表达机件的内部结构。

剖视图一按剖切范围

一、剖视图的概念

假想用剖切面剖开机件，然后将处在观察者和剖切面之间的部分移去，而将其余部分向投影面投影所得的图形，称为剖视图（简称剖视），如图 6-10 所示。

将图 6-10（a）所示的视图与图 6-10（c）所示的剖视图相比较可以看出，主视图采用了剖视图，原来不可见的部分变成了可见，视图中的虚线变成了实线，加上剖面线的作用，使图形更有层次感、更清晰。

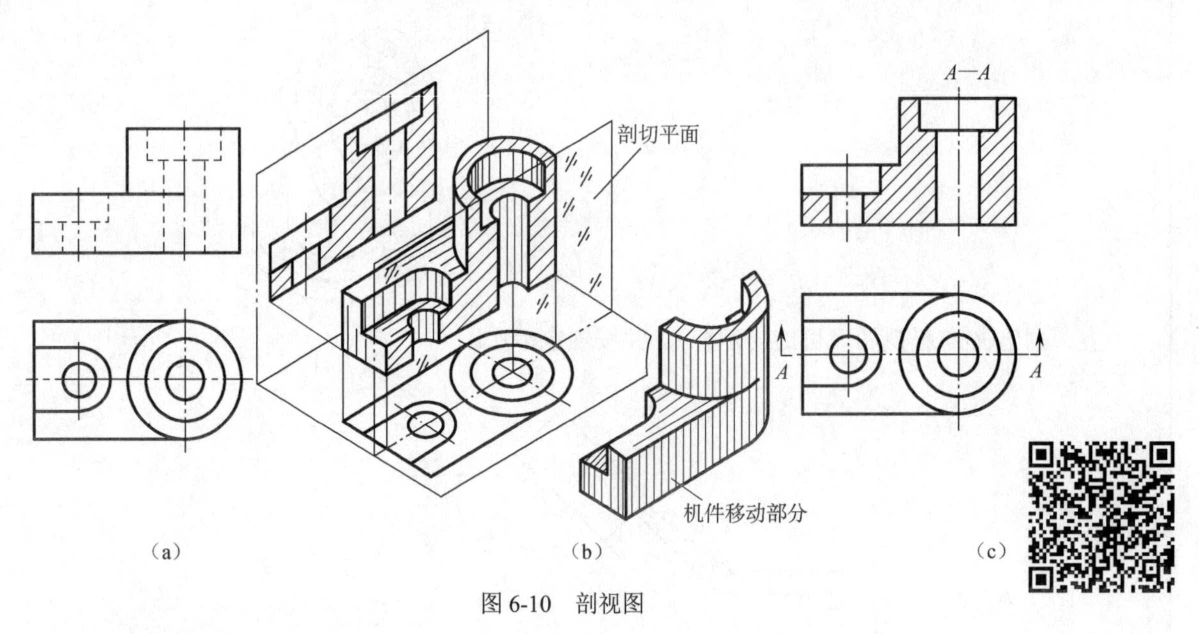

图 6-10　剖视图

二、剖视图的画法

1. 确定剖切面的位置

剖切面是指剖切物体的假想平面或曲面。

画剖视图时，首先要考虑在什么位置剖开机件才能确切地表达机件内部结构的真实形状。为此，所选剖切面一般应与某投影面平行，并应通过物体内部孔、槽的轴线或对称面。剖切面可以是平面或圆柱面，用得最多的是平面。例如，在图 6-10（b）、图 6-11（b）中，以机件的前后对称平面为剖切平面。

2. 画剖视图投影

移去机件上处在剖切面与观察者之间的那一部分，将其余部分向选定的投影面投影。将所得剖视图的轮廓线用粗实线画出，如图 6-11（c）所示。剖视图中，零件后部的不可见轮廓线（虚线）一般省略不画；如果尚有未表达清楚的结构或使用少量虚线可使图形更易于理解，可将虚线画出，如图 6-12 所示。

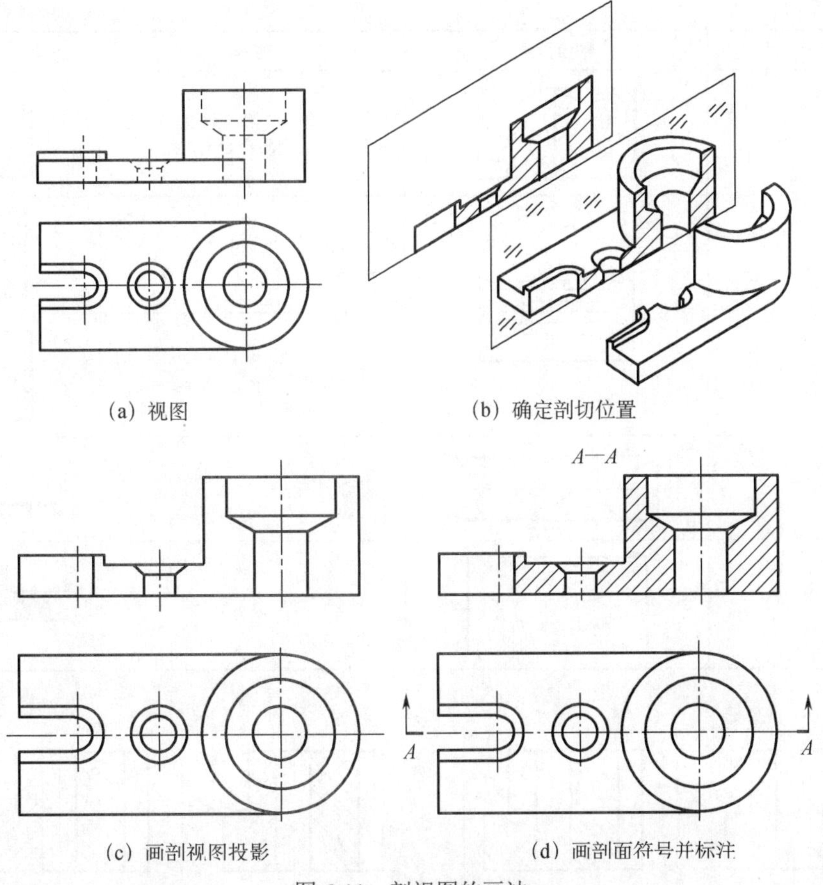

图 6-11 剖视图的画法

3. 画剖面符号

剖面与机件接触部分的断面，国家标准规定在断面图形上画出剖面符号。剖面符号依据零件的材料而异，常用材料的剖面符号见表 6-1。金属材料的剖面符号为与水平方向成 45°角、间隔均匀的细实线，向左或向右倾斜都可以，通常称为剖面线，如图 6-11（d）所示。但是当图形的主要轮廓线与水平方向成 45°角或接近 45°角时，如图 6-13（b）～图 6-13（e）所示，该视图的剖面线应画成与水平方向成 30°或 60°角，其倾斜方向仍应与其他视图的剖面线一致。同一零件的剖面线在各个剖视图中其倾斜方向和间隔都必须一致，如图 6-14 所示。

表 6-1 常用材料的剖面符号

材 料	剖面符号	材 料	剖面符号
金属材料（已有规定剖面符号者除外）		玻璃及供观察用的其他透明材料	
非金属材料（已有规定剖面符号者除外）		线圈绕组元件	
木材纵剖面		转子、电枢、变压器和电抗器等的叠钢片	

续表

材 料	剖面符号	材 料	剖面符号
木材横剖面		型砂、填砂、粉末冶金、砂轮、陶瓷刀片、硬质合金刀片等	
液体		钢筋混凝土	
		砖	
木质胶合板（不分层数）		基础周围的泥土	
混凝土		格网（筛网、过滤网等）	

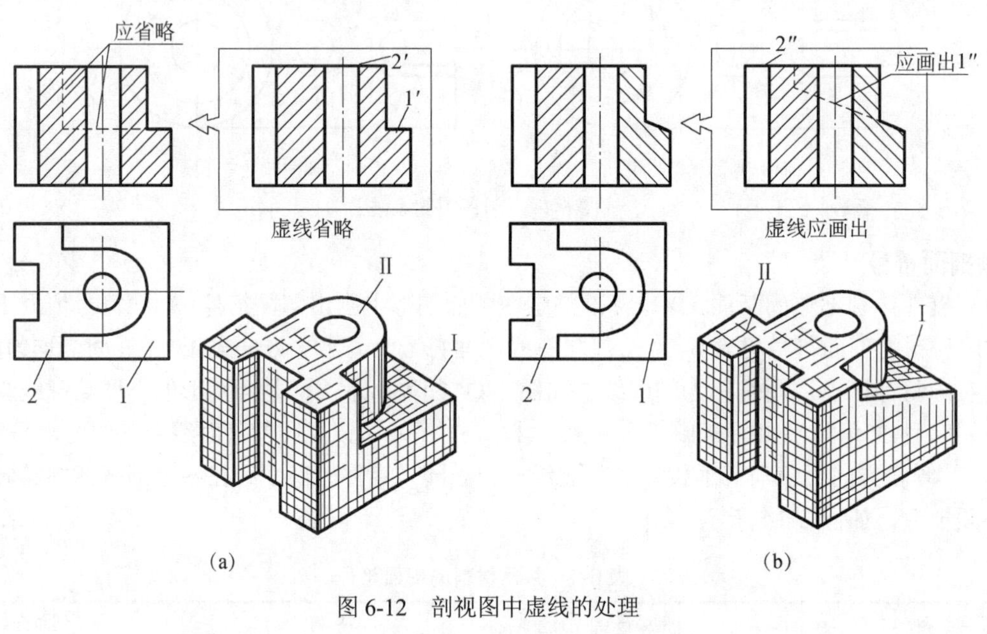

图 6-12　剖视图中虚线的处理

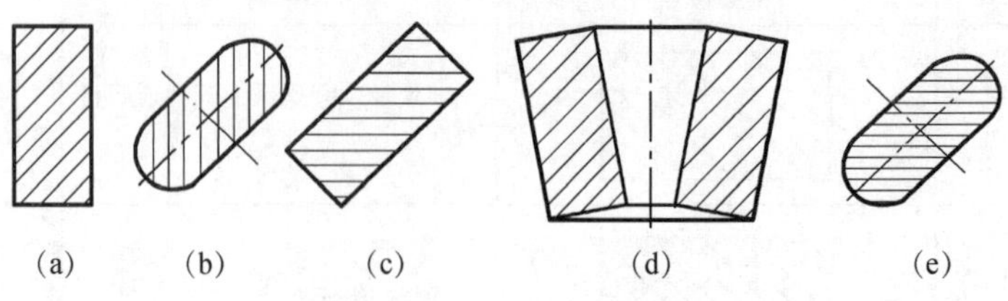

图 6-13　剖面线的绘制角度

4. 剖视图的标注

为了读图方便，剖视图一般需要标注，标注内容如下。

（1）剖切符号

剖切符号为长 5～10mm 的粗实线，线宽为 1～1.5*d*，用来表示剖切位置。剖切符号画在剖切位置的迹线处，尽可能不与轮廓线相交，在剖切符号的起、止和转折处应用相同的字母标出。

（2）箭头

在剖切符号的两端外侧用箭头指明剖切后的投影方向，如图 6-11（d）所示。

（3）剖视图的名称

在剖视图的上方用“×—×”标出剖视图的名称。“×”为大写拉丁字母或阿拉伯数字，且“×”应与剖切符号上的字母或数字相同。

（4）省略标注

当剖视图处于主、俯、左等基本视图的位置，且按投影关系配置，中间又没有其他图形隔开时，可省略箭头；当单一剖切平面通过对称平面或基本对称平面，且剖视图按投影关系配置，中间又没有其他图形隔开时，可不加任何标注，如图 6-10（c）和图 6-11（d）所示。

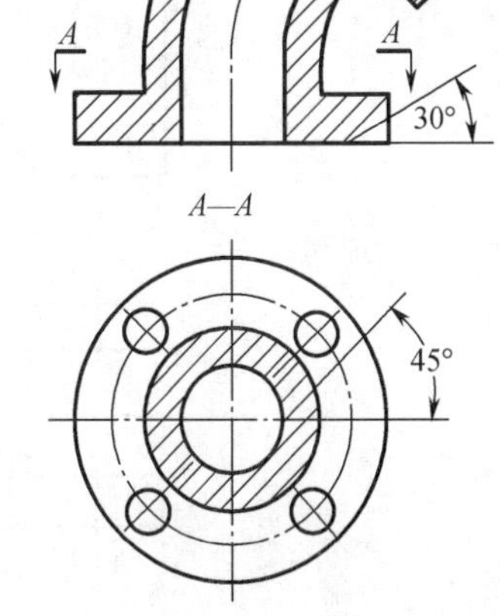

图 6-14　特殊情况下剖面线的画法

5. 画剖视图的注意事项

① 因为剖切是假想的，实际上物体并没有被剖开，所以除剖视图本身外，其余的视图应画成完整的图形。

② 为了使剖视图上不出现多余的截交线，选择的剖切平面应通过物体的对称平面或回转中心线。

③剖视图中一般不画虚线，但当画少量的虚线可以减少某个视图而又不影响剖视图的清晰时，也可以画出虚线。

④ 在剖视图中，剖切平面后面的可见轮廓线都应画出，不能遗漏。

⑤ 当画几个剖视图表达同一个零件时，剖面线方向应相同，且间隔要相等。

⑥ 剖视图既可以按照基本视图的投影关系配置，也可以放置于其他适当的位置。若布置在其他位置，则一定要标注。

三、剖视图的种类

画剖视图时，根据表达的需要，既可以将机件完全切开后按照剖视绘制，也可只将它的一半或一部分画成剖视图，而另一半或另一部分保留外形，因而可得到三种剖视图：全剖视图、半剖视图和局部剖视图。

1. 全剖视图

（1）概念

用剖切面完全地剖开物体所得的剖视图称为全剖视图，如图 6-15 所示。

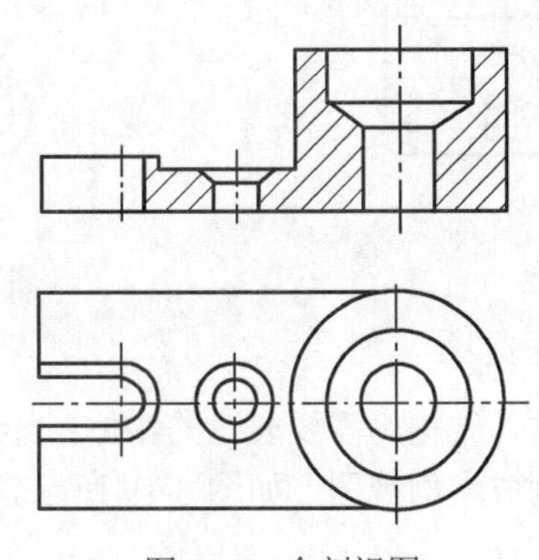

图 6-15　全剖视图

（2）应用

全剖视图适用于内部比较复杂且不对称的物体，或外形简单的回转体。

（3）标注

当剖切平面通过机件的对称（或基本对称）平面，且全剖视图按投影关系配置，中间又无其他视图隔开时，可以省略标注，否则必须按规定方法标注。例如，图 6-16 中主视图的剖切平面通过对称平面，所以省略了标注；而左视图的剖切平面不通过对称平面，所以必须标注，但它是按投影关系配置的，所以箭头可以省略。

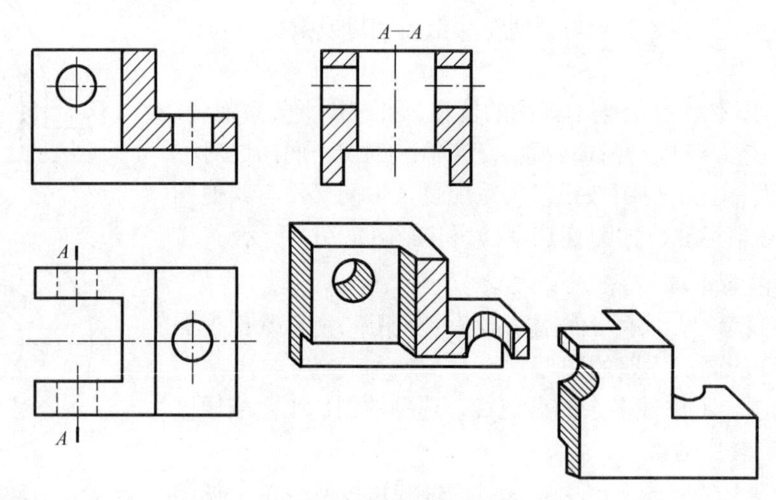

图 6-16　全剖视图的标注

2. 半剖视图

（1）概念

当物体具有对称平面时，向垂直于对称平面的投影面投射所得的图形，以对称中心线为界，一半画成剖视图，另一半画成视图，这种剖视图称为半剖视图，如图 6-17、图 6-18 所示。

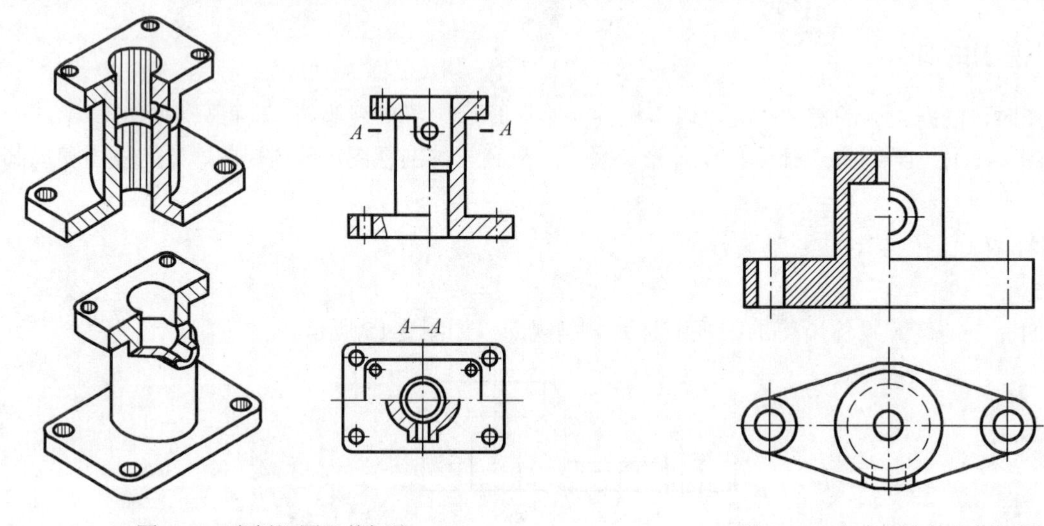

图 6-17　半剖视图及其标注　　　　图 6-18　省略标注的半剖视图

（2）应用

半剖视图适用于具有对称面且内外结构均需要表达的物体；当物体的形状接近于对称，且不对称的部分已另有图形表达清楚时，也可画成半剖视图，如图 6-19 所示。

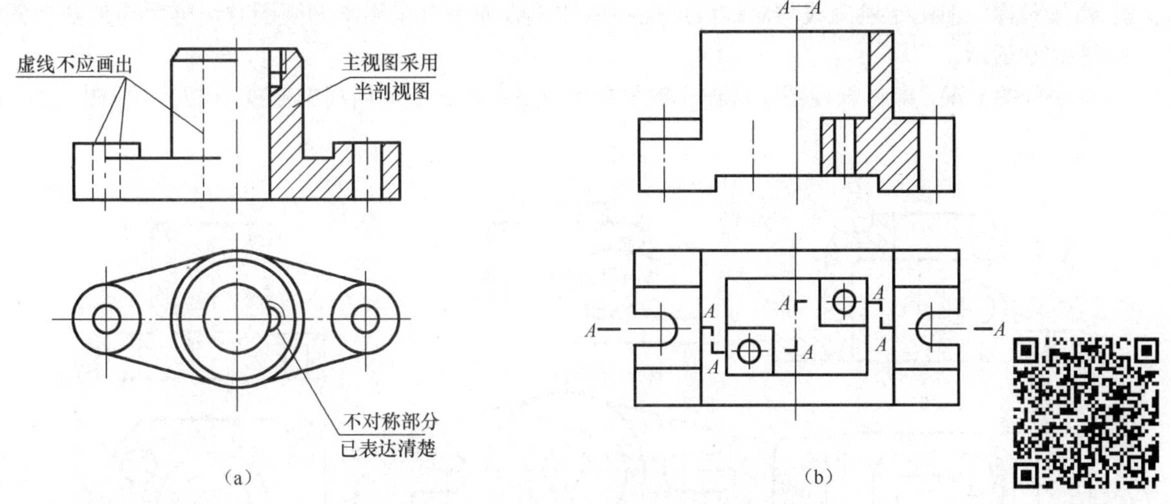

图 6-19　接近对称机件的半剖视图

（3）标注

半剖视图的标注方法与全剖视图相同。例如，图 6-17 所示的机件为前后对称，主视图所采用的剖切平面通过机件的前后对称平面，所以不需要标注；而俯视图所采用的剖切平面并不通过机件的对称平面，所以必须标出剖切位置和名称，但箭头可以省略。对于图 6-18 所示的情况，可省略标注。

（4）注意事项

① 在半剖视图中，半个外形视图和半个剖视图的分界线应画成点画线，不能画成粗实线。

② 由于图形对称，零件的内部形状已在半个剖视图中表达清楚，所以在表达外部形状的半个视图中，虚线应省略不画。

③ 半剖视图的标注规则与全剖视图相同。

④ 若机件对称面的外形上有轮廓线，则不宜作半剖视图，如图 6-20 所示。

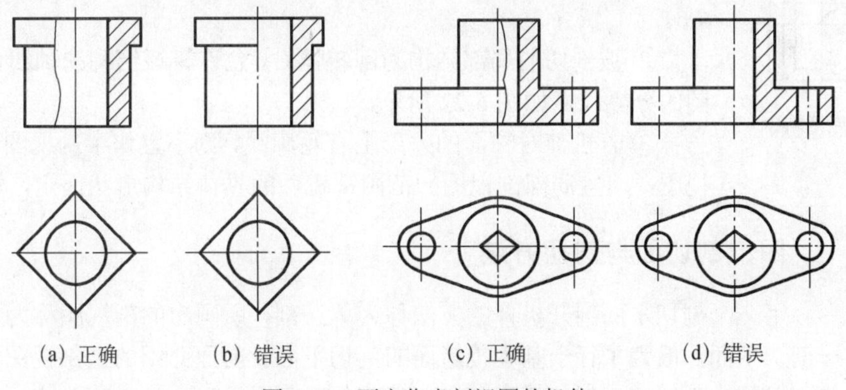

图 6-20　不宜作半剖视图的机件

3. 局部剖视图

（1）概念

用剖切面局部剖开物体所得的剖视图称为局部剖视图，如图 6-17 中的主视图。

（2）应用

局部剖视图是一种比较灵活的表达方法，在下列四种情况下宜采用局部剖视图。

① 物体只有局部内部形状需要表达，而不必或不宜采用全剖视图时，可用局部剖视图表达，如图 6-21（a）所示。

② 物体内、外形状均需要表达而又不对称时，可用局部剖视图表达，如图 6-21（b）所示。

③ 物体对称，但由于轮廓线与对称线或图中心线重合而不宜采用半剖视图时，可用局部剖视图表达，如图 6-20 所示。

④ 剖中剖的情况，即在剖视图中再作一次简单剖视图的情况，可用局部剖视图表达，如图 6-21（c）所示。

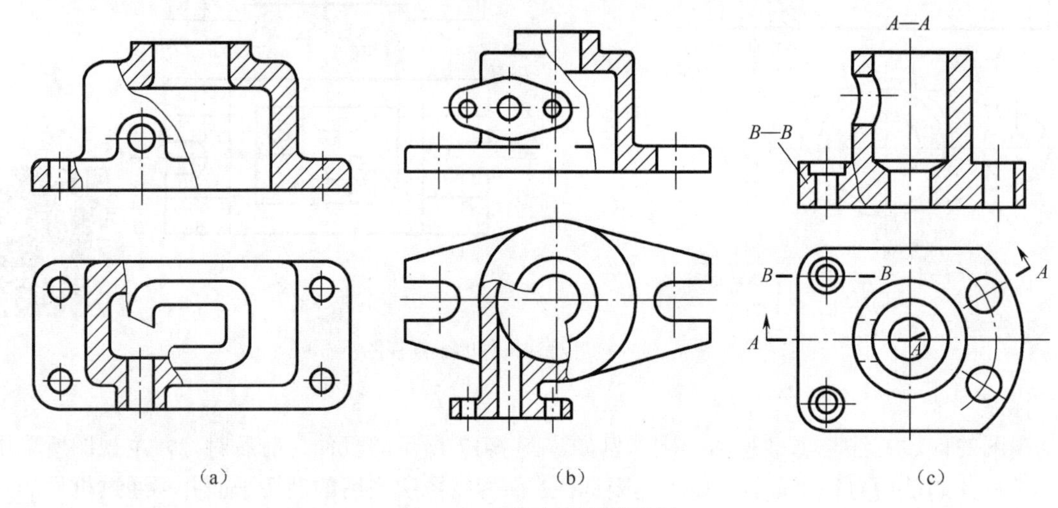

图 6-21 局部剖视图的应用

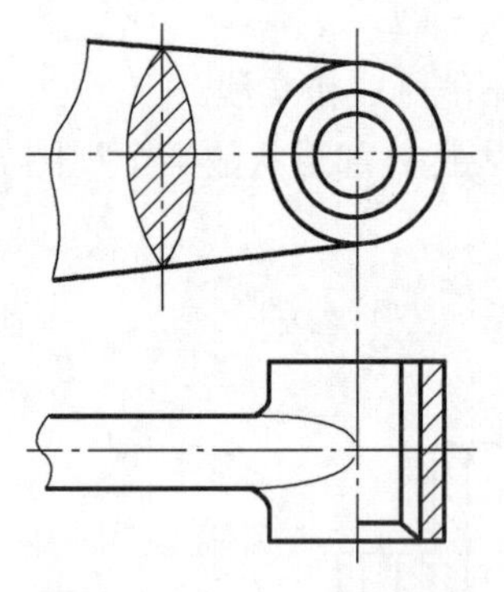

图 6-22 局部剖视图特例

（3）标注

局部剖视图的标注方法与全剖视图相同。对于剖切位置明显的局部剖视图，一般可省略标注。

（4）注意事项

① 区分视图与剖视部分的波浪线，应画在物体的实体上，不应超出图形轮廓之外，也不应画入孔槽之内，而且不能与图形上的轮廓线重合，参见图 6-6。

② 被剖切的局部结构为回转体时，允许将该结构的轴线作为剖视图与视图的分界线，如图 6-22 所示。

③ 若机件对称面的外形上有轮廓线，则不宜作半剖视图，可采用局部剖视图，而且局部剖视图的范围视机件的具体结构形状而定，如图 6-20 所示。

剖视图—按剖切面形式

四、剖切面与剖切方法

用一个剖切平面剖开机件的方法称为单一剖，所画出的剖视图称为单一剖视图。单一剖切平面一般为平行于基本投影面的剖切平面。前面介绍的全剖视图、半剖视图、局部剖视图均为用单一剖切平面剖切而得到的，可见这种方法应用最多。

但有些零件结构比较复杂，因此采用的剖切平面往往不止一个，而是几个，它们可以相互平行、相交或以其他形式组合。下面分别阐述用单一剖切面剖切和用几个剖切平面剖切的表达方法。

1. 单一剖切面剖切

（1）用平行于某一基本投影面的平面剖切

前面介绍的全剖视图、半剖视图和局部剖视图，都是用平行于某一基本投影面的剖切平面剖开机件后所得出的，这些都是最常用的剖视图。

（2）用不平行于某一基本投影面的平面剖切

用不平行于任何基本投影面的剖切平面剖开机件的方法称为斜剖，如图 6-23 中的 *A—A* 图。斜剖适用于机件的倾斜部分需要剖开以表达内部实形的情形，并且内部实形的投影是用辅助投影面法求得的。

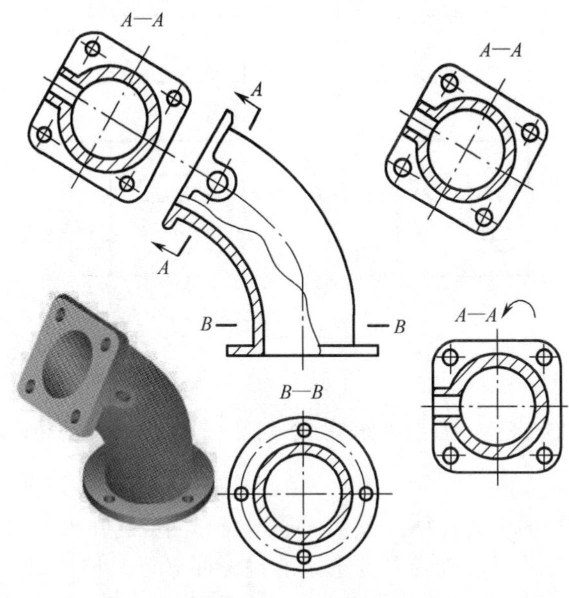

图 6-23 斜剖视图

画斜剖视图时的注意事项如下：

① 斜剖视图必须标注剖切符号、投射方向和剖视图名称。

② 为了读图方便，斜剖视图最好配置在箭头所指方向上，并与基本视图保持对应的投影关系。为了合理利用图纸，也可将图形旋转画出，但必须标注旋转符号。

2. 几个平行剖切面剖切

用几个平行的剖切平面剖开机件的方法如图 6-24 所示。该方法适用于物体上孔或槽的轴线或中心线处于两个或多个相互平行的平面内的情况。

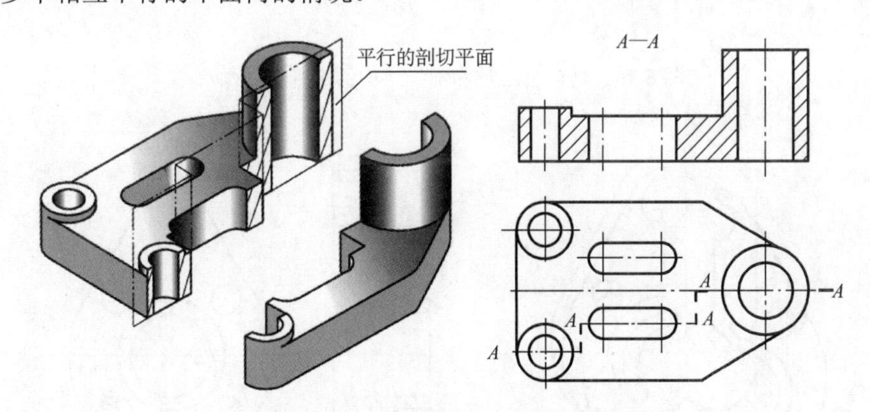

图 6-24 几个平行剖切平面剖切的剖视图

绘制几个平行剖切平面剖切后的剖视图的注意事项如下：

① 剖视图必须标注，但应注意剖切符号在转折处不允许与图上的轮廓线重合，如图 6-25（c）所示。如在转折处的位置有限，且不致引起误解，可以不标注字母。

② 不应在剖视图中画出各剖切平面的分界线，如图 6-25（b）所示。

③ 在剖视图中，不允许出现物体的不完整要素，如图 6-25（c）所示。只有当两个要素在剖视图中具有公共对称轴线时，才能各画一半，如图 6-26 所示。

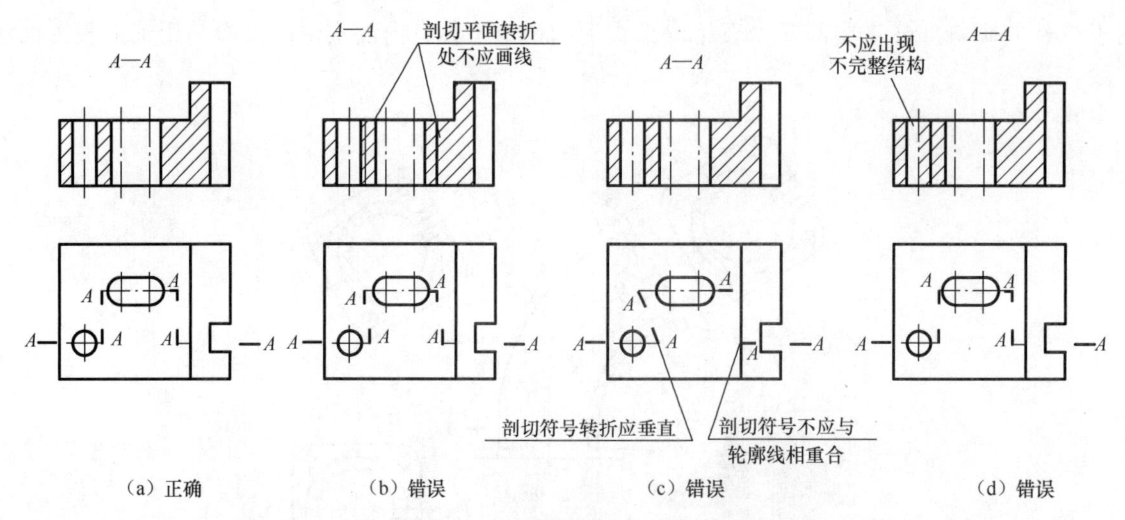

图 6-25　几个平行剖切面剖切的剖视图正确画法与常见错误画法

3. 几个相交剖切面剖切

绘制用两个相交的剖切平面（交线垂直于某一基本投影面）剖开机件的剖视图时，先假想剖切，将被剖切平面剖开的结构及其有关部分旋转到与选定的投影面平行，再投射，如图 6-27 所示。

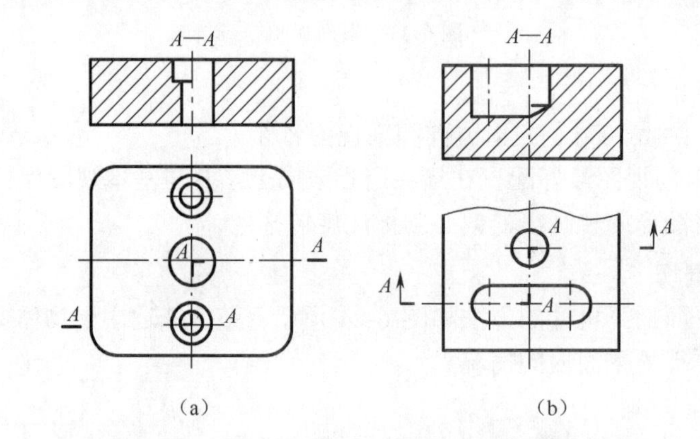

图 6-26　具有公共对称轴线结构的剖视图的画法

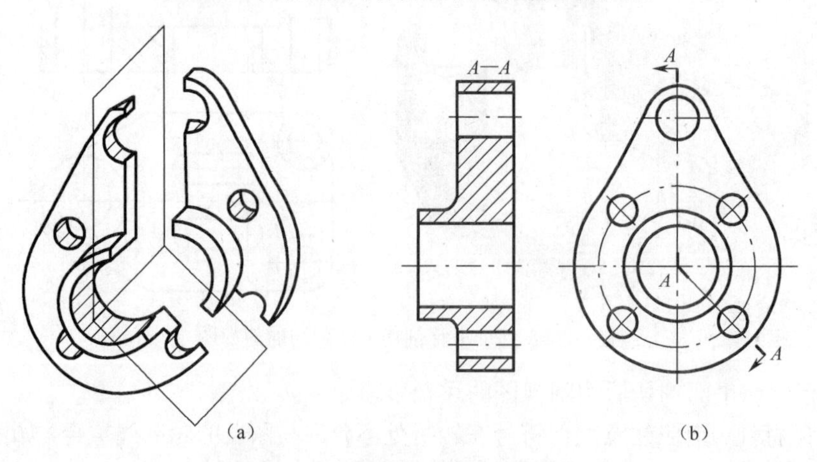

图 6-27　几个相交剖切面剖切的剖视图

用几个相交剖切面剖切的剖视图，一般用来表达盘类、端盖类等具有回转轴线的物体，也可以用来表达具有公共回转轴线的非回转体物体。画剖视图时的注意事项如下：

① 必须标注出剖切位置，在它的起、止和转折处标注字母“×”，在剖切符号两端画出表示剖切后投影方向的箭头，并在剖视图上方注明剖视图的名称“×—×”；但当转折处位置有限又不致引起误解

时，允许省略标注转折处的字母。

② 处于剖切平面后面的其他结构要素，一般仍按原来的位置画出它们的投影，如图 6-28 所示的油孔、螺孔结构的画法。

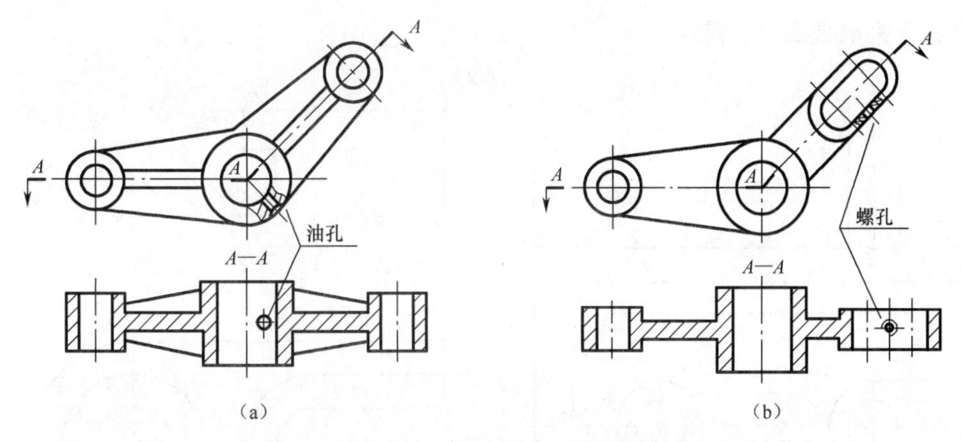

图 6-28　几个相交剖切面剖切后其他结构的处理

③ 当剖切后物体上产生不完整的要素时，应将此部分按不剖绘制，如图 6-29 所示。

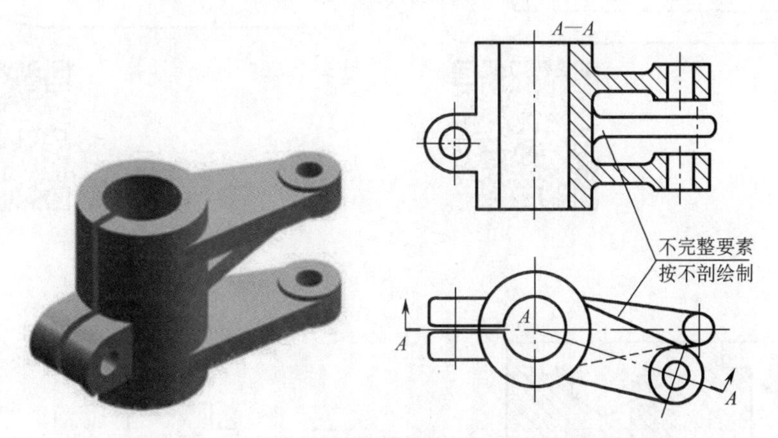

图 6-29　几个相交剖切面剖切形成不完整要素的处理

4. 复合剖

当机件的内部结构比较复杂，用单一剖切面剖切、几个平行剖切面剖切、几个相交剖切面剖切都不能完全表达清楚时，可以采用以上几种剖切平面的组合来剖开机件，这种剖切方法可称为复合剖，如图 6-30 所示。

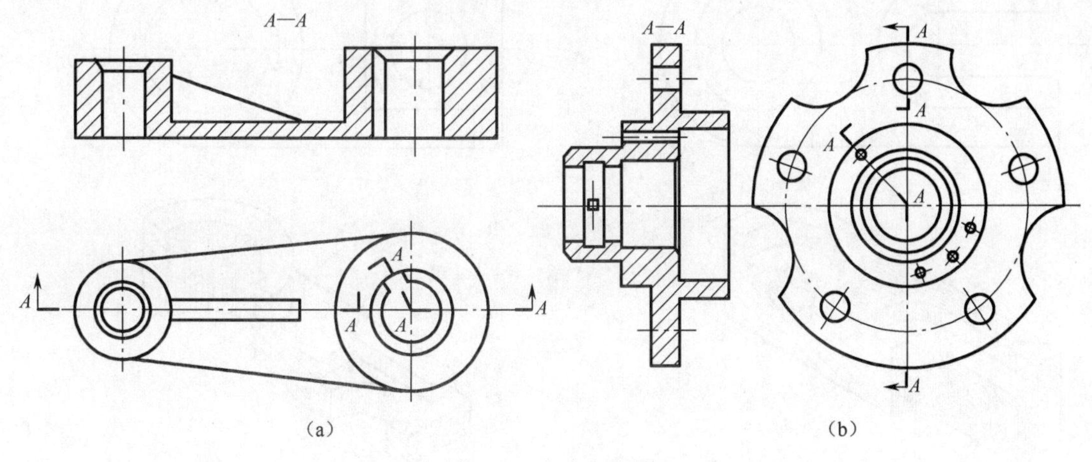

图 6-30　复合剖视图

【任务练习 6-2】

班级________________ 姓名________________ 学号________________

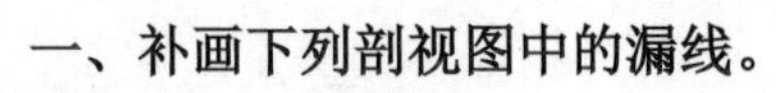

一、补画下列剖视图中的漏线。

1.

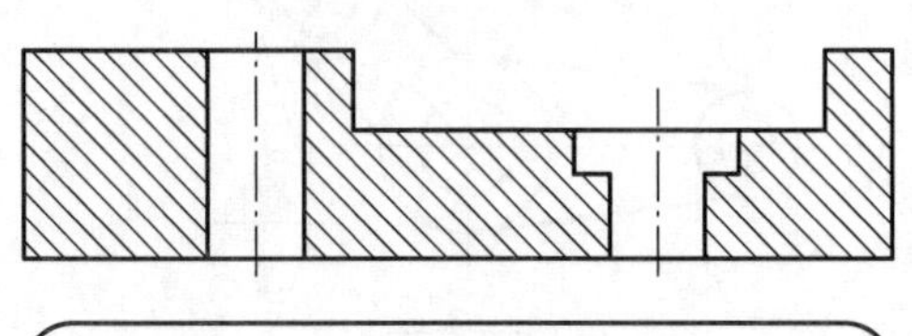

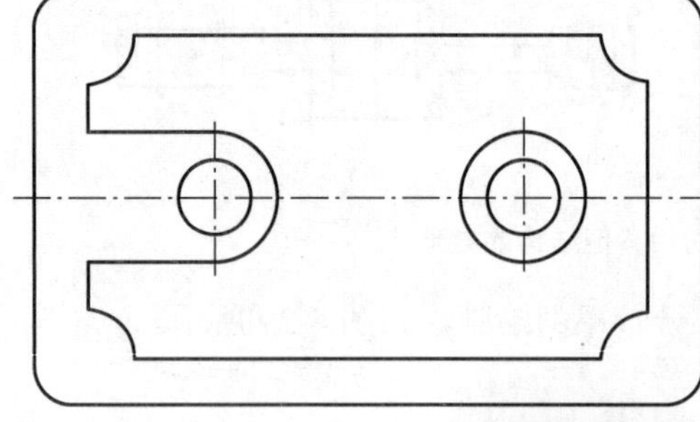

2.

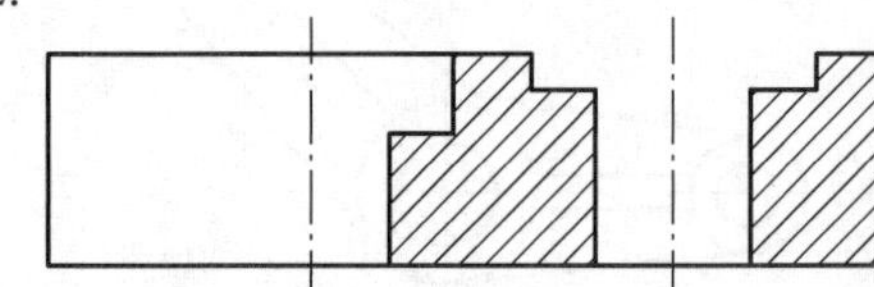

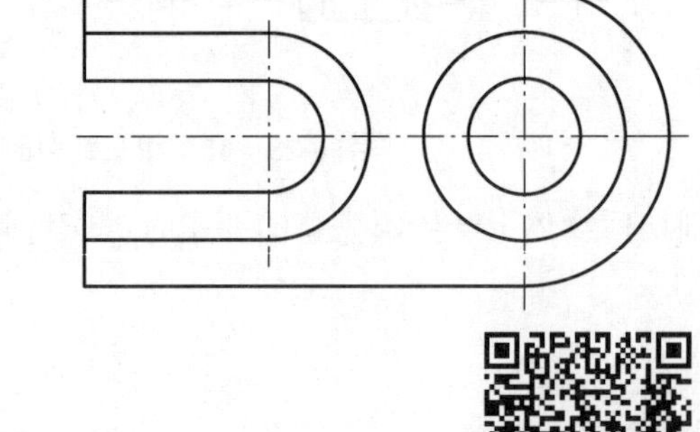

3.

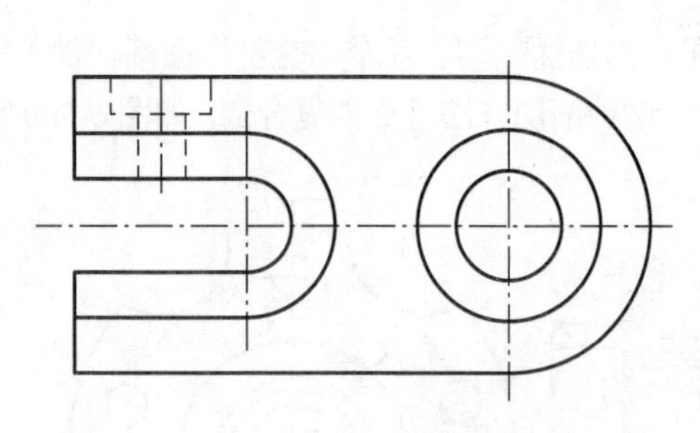

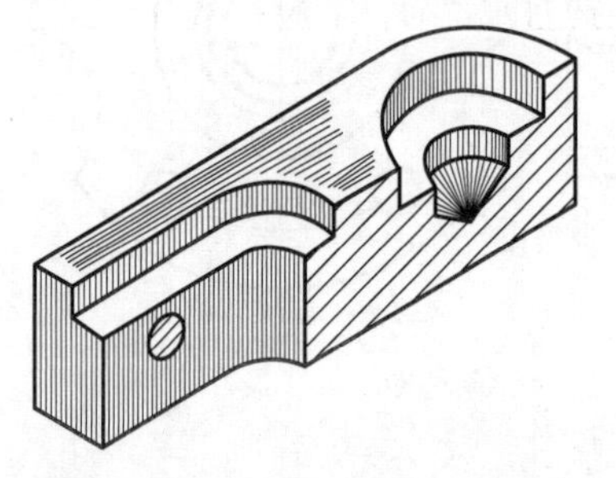

4.

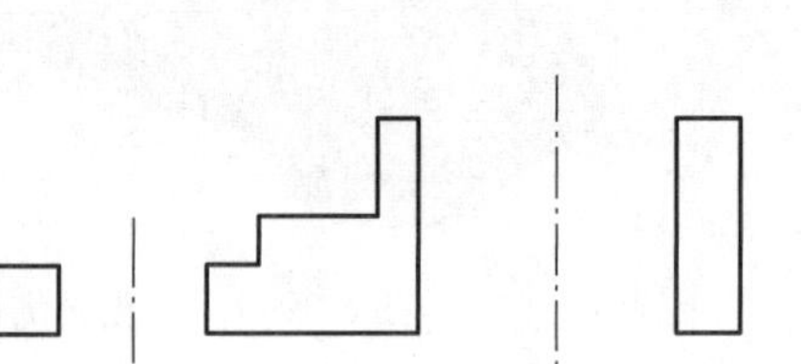

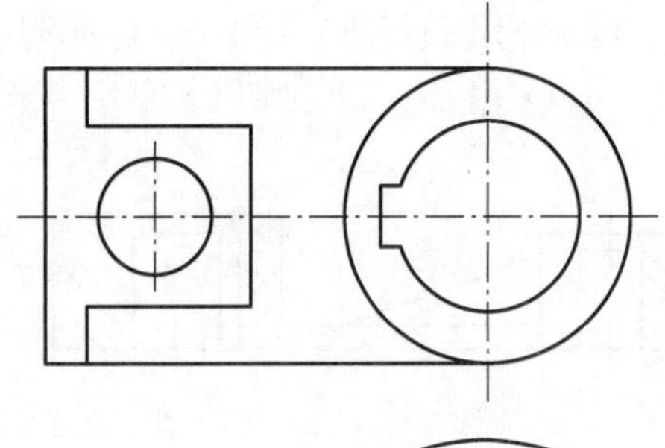

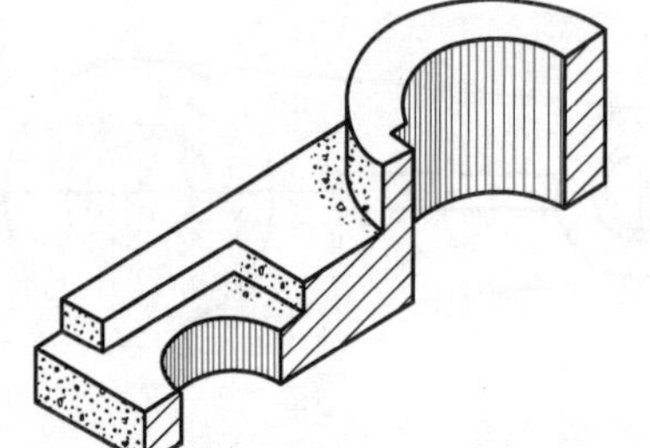

班级____________ 姓名____________ 学号____________

5.

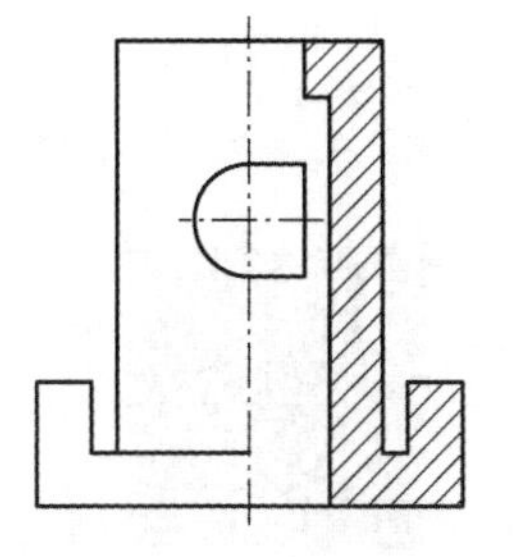
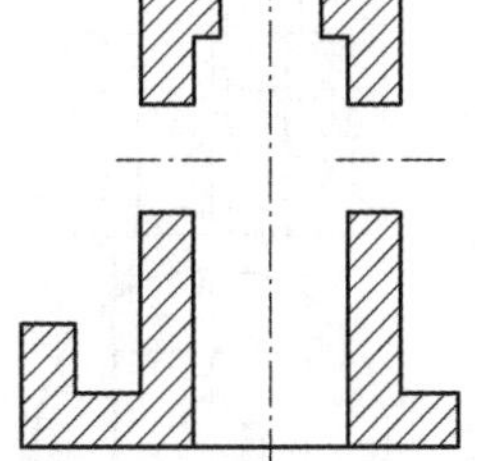
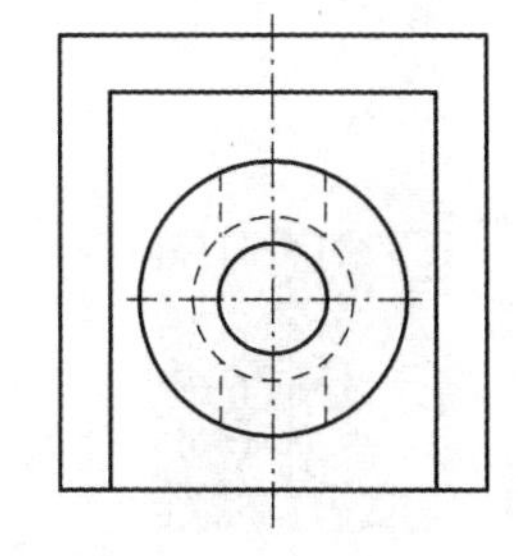

6.

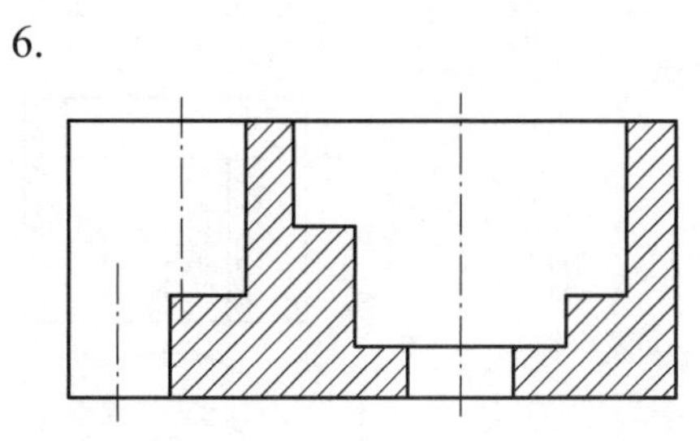
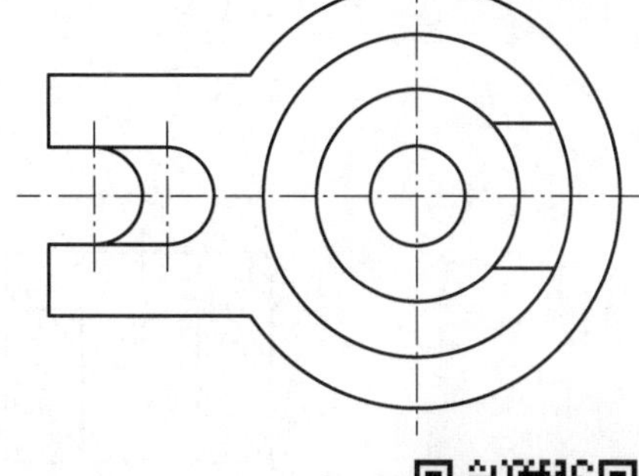

7.

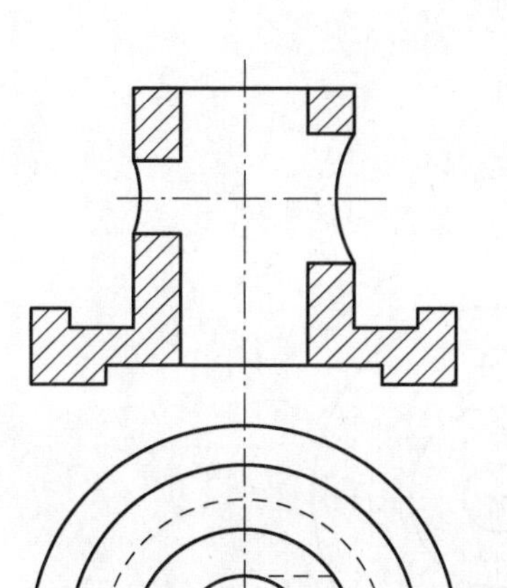

8.

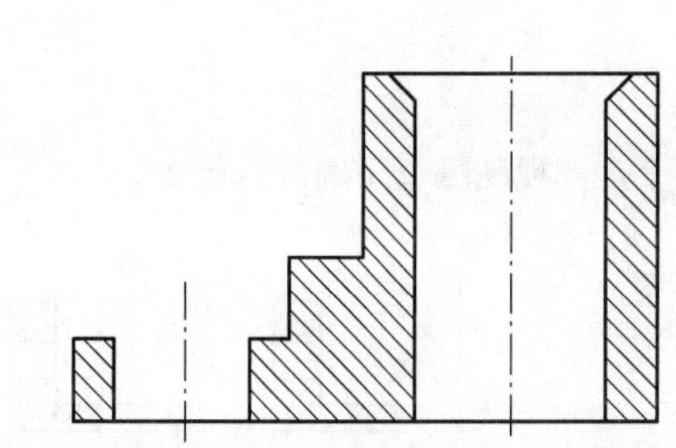
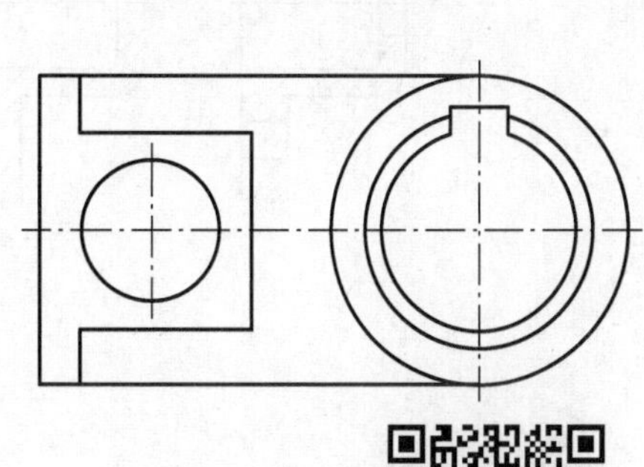

班级__________ 姓名__________ 学号__________

9.

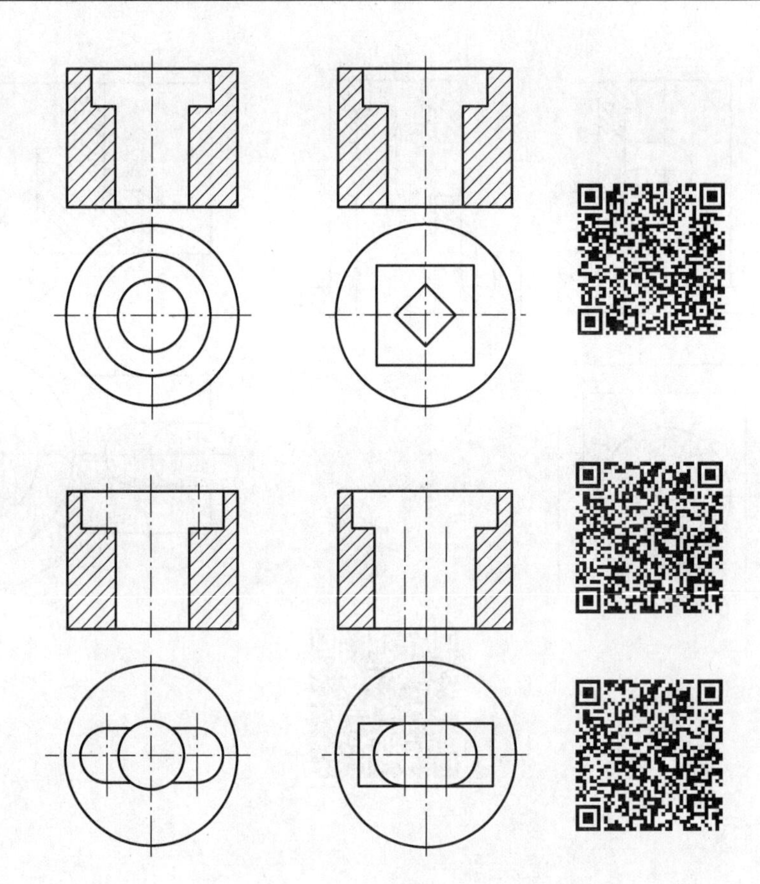

二、两个全剖视图哪个正确，为什么？

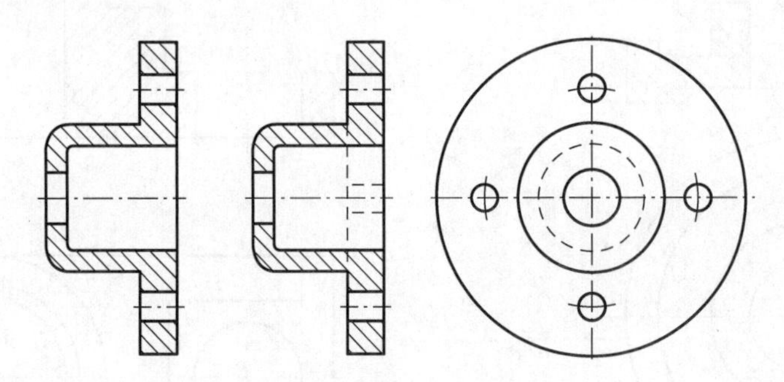

班级__________ 姓名__________ 学号__________

三、画全剖的主视图。

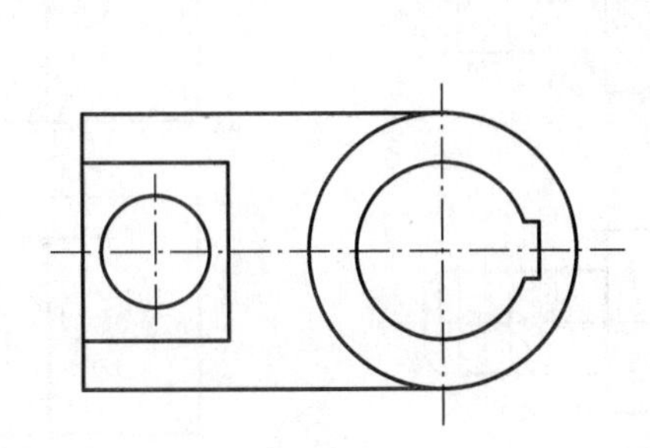

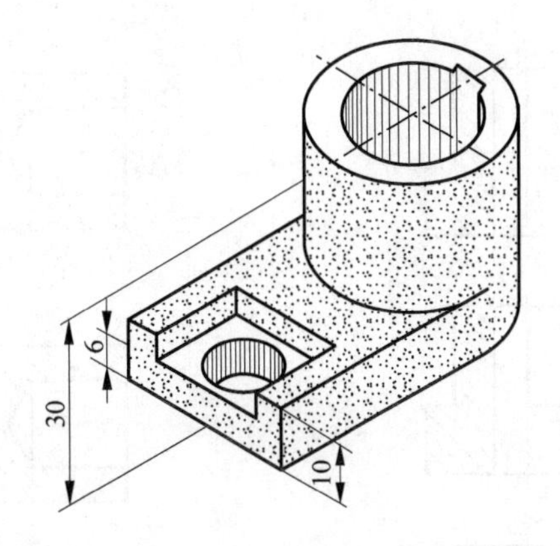

四、画半剖的主视图。

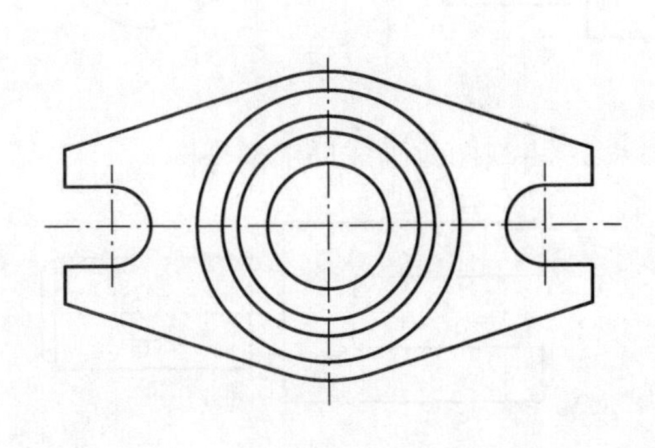

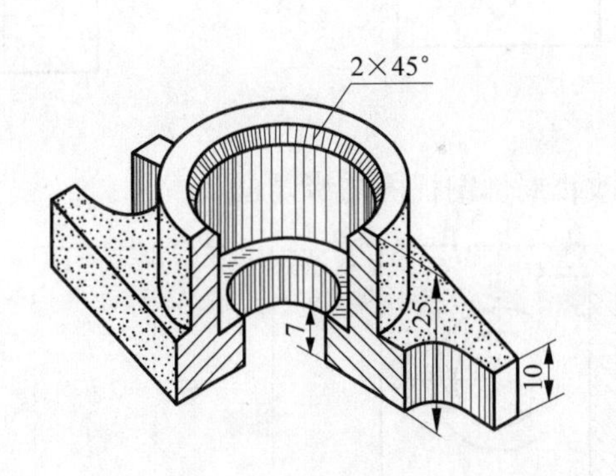

班级＿＿＿＿＿＿＿＿　姓名＿＿＿＿＿＿＿＿　学号＿＿＿＿＿＿＿＿

五、局部剖视图。

1. 选取正确的局部剖视图，在图后画 √（对号）。

（1）

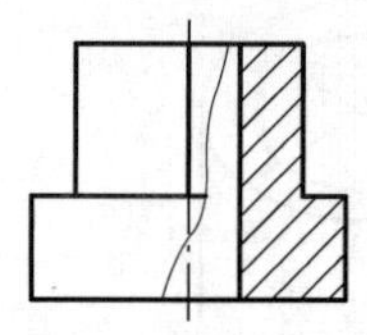
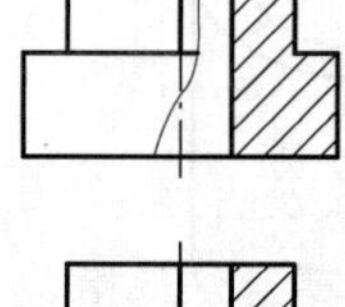
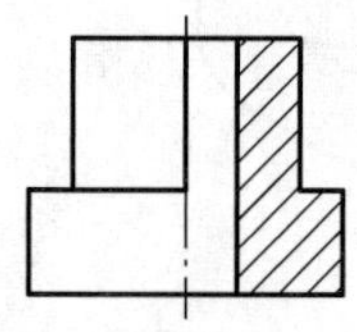
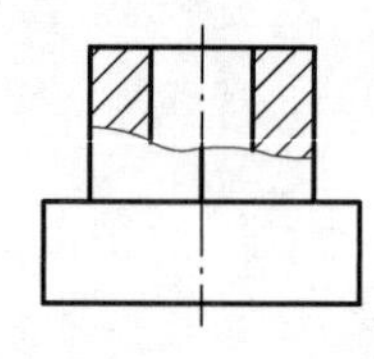
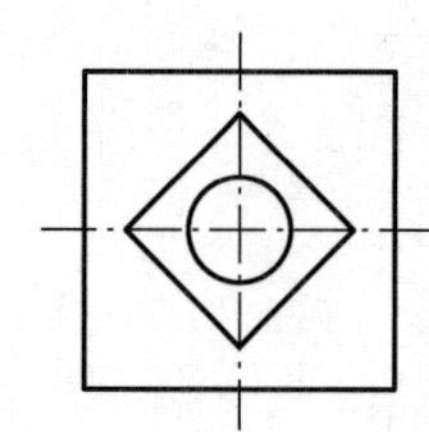

（2）

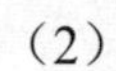
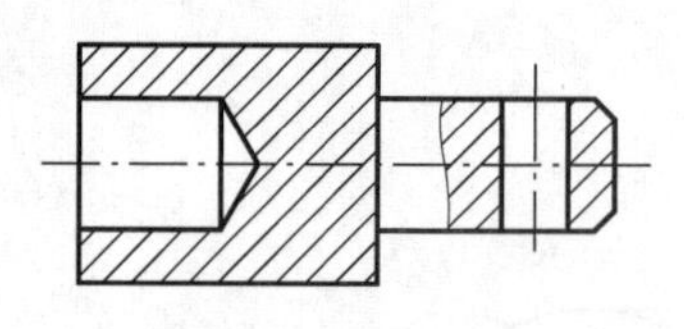
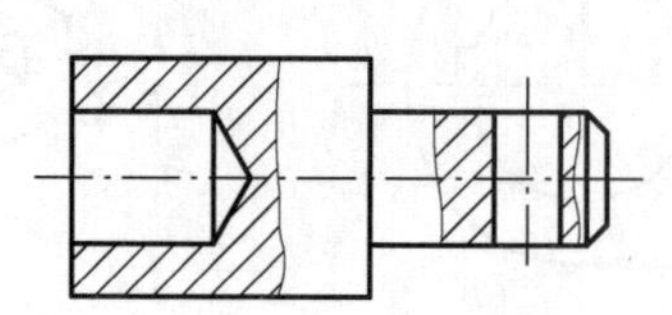
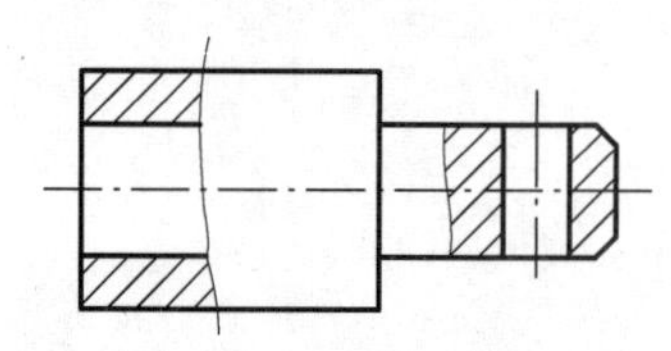
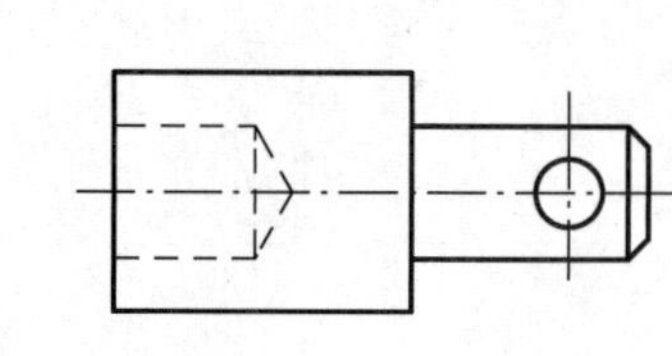

（3）

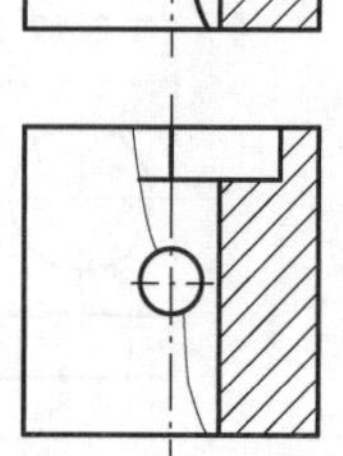
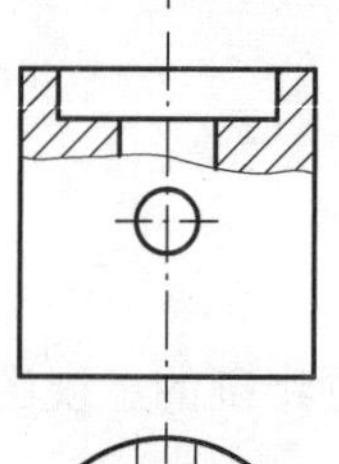
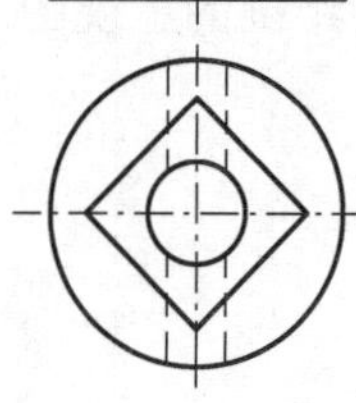

2. 改正局部剖视图的错误画法。

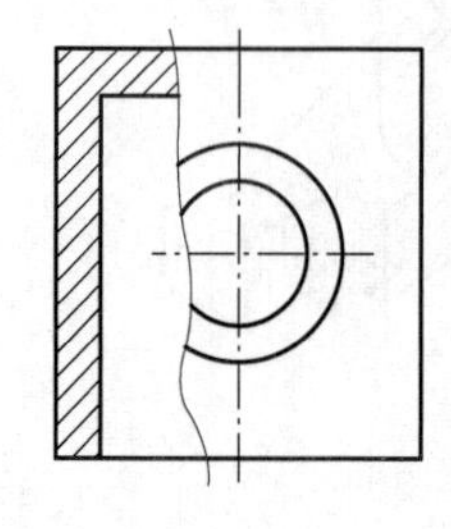
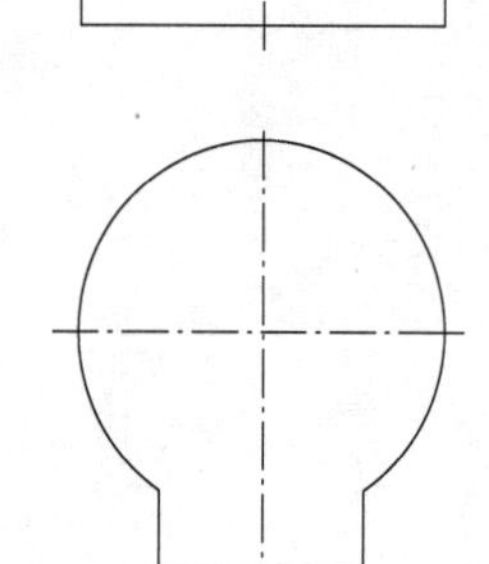

3. 将视图改画成局部剖视图。

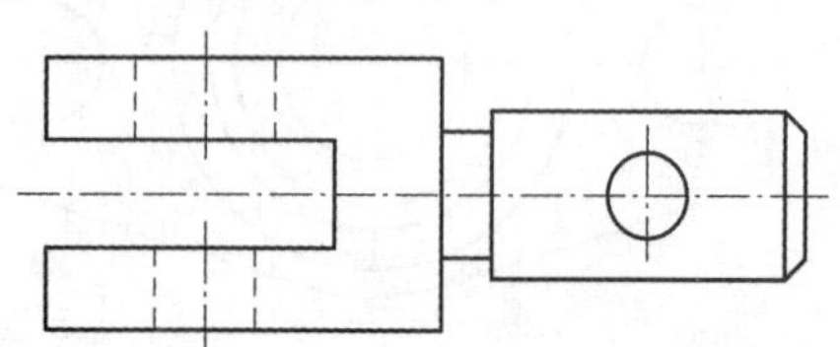
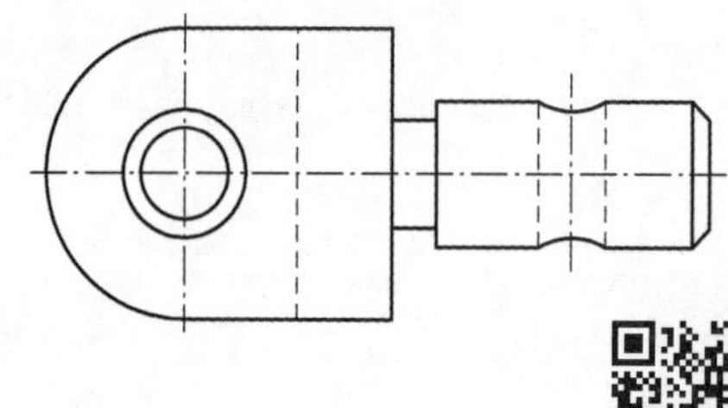

班级__________ 姓名__________ 学号__________

六、用单一剖切面，将主视图画成全剖视图。

1.

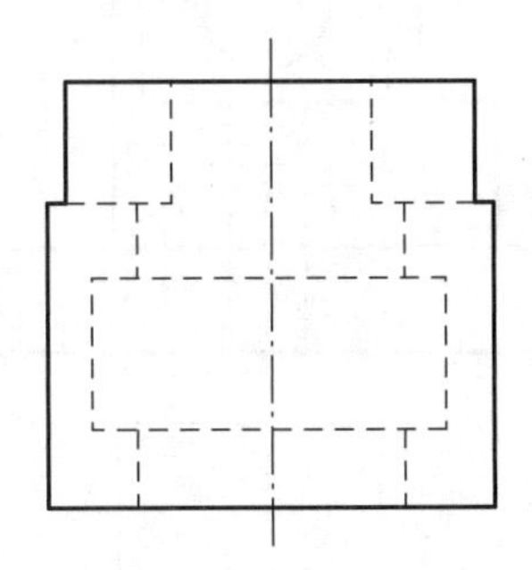

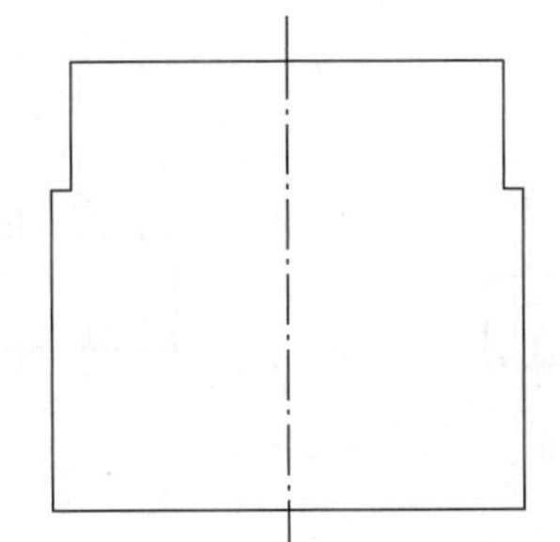

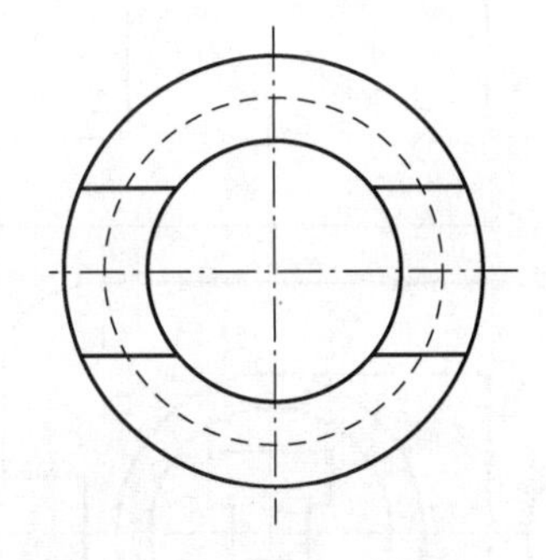

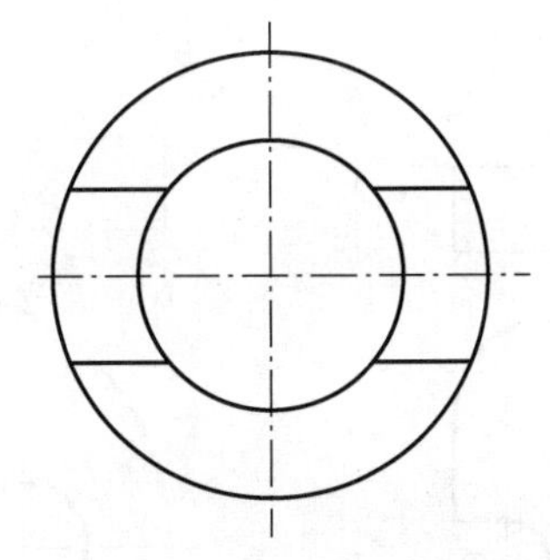

2.

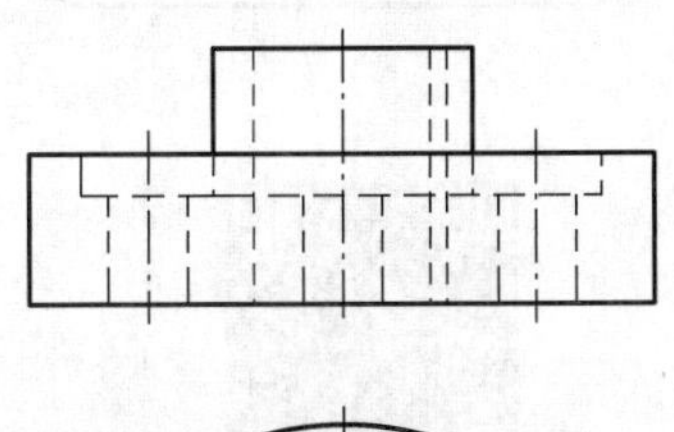

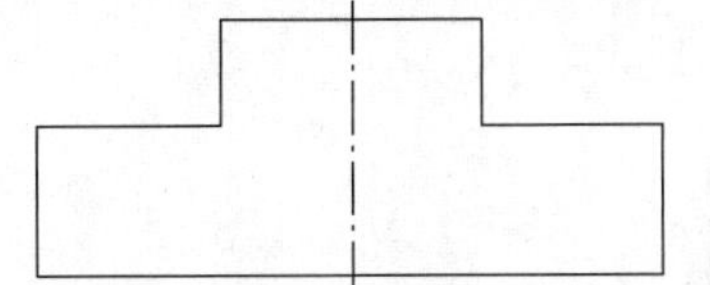

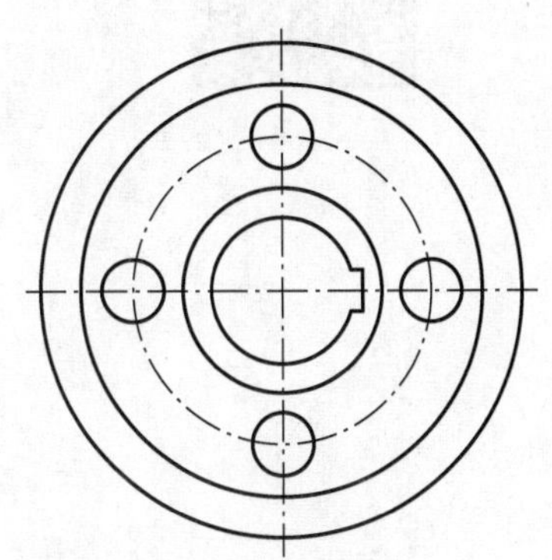

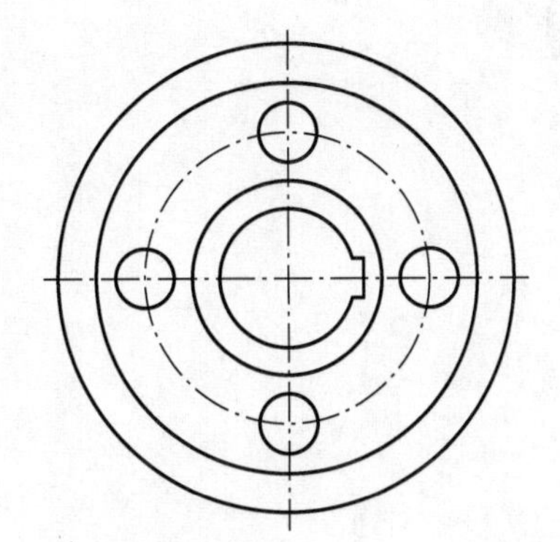

班级__________ 姓名__________ 学号__________

3.

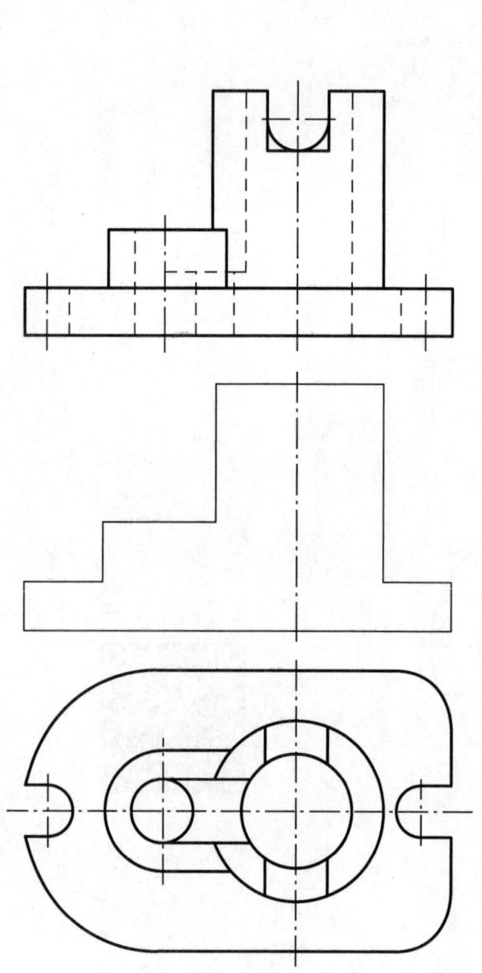

4.

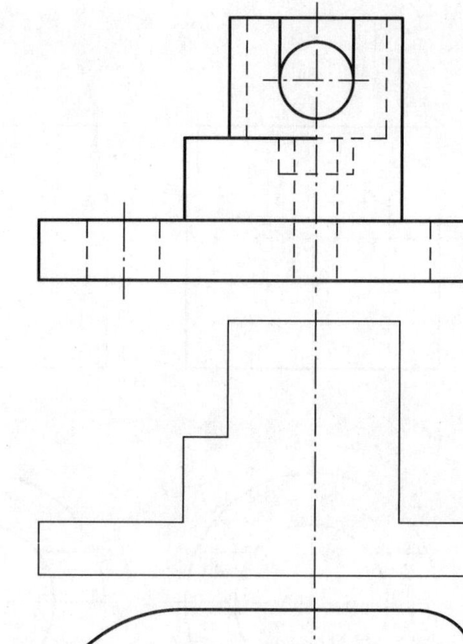

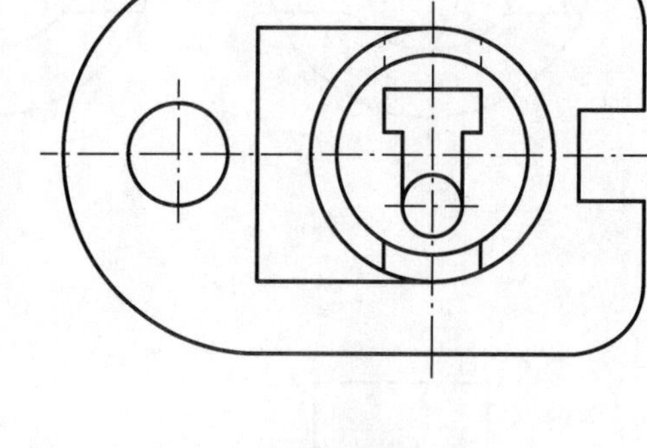

班级__________ 姓名__________ 学号__________

七、用几个平行剖切平面，将主视图画成剖视图。

1.

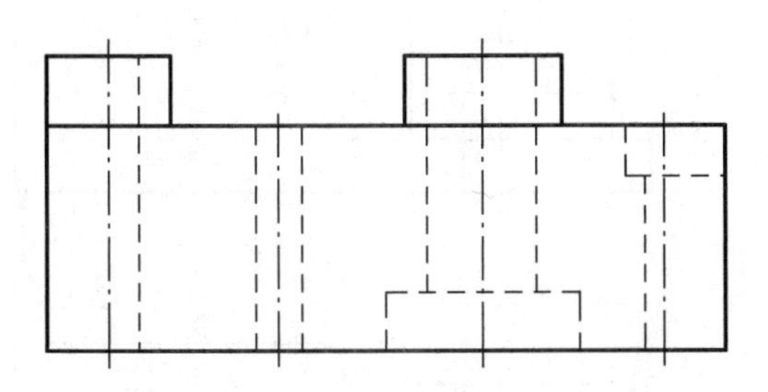

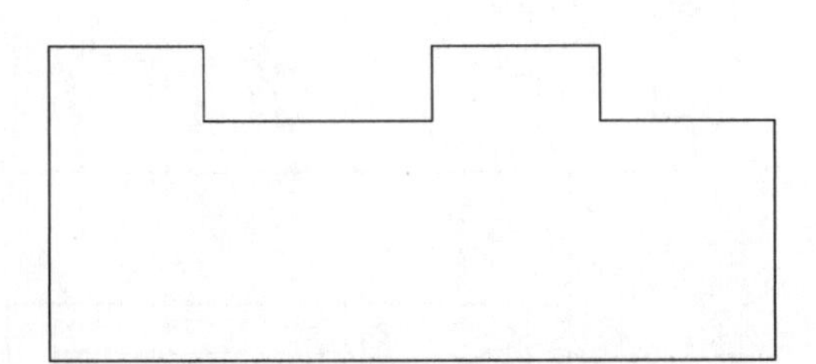

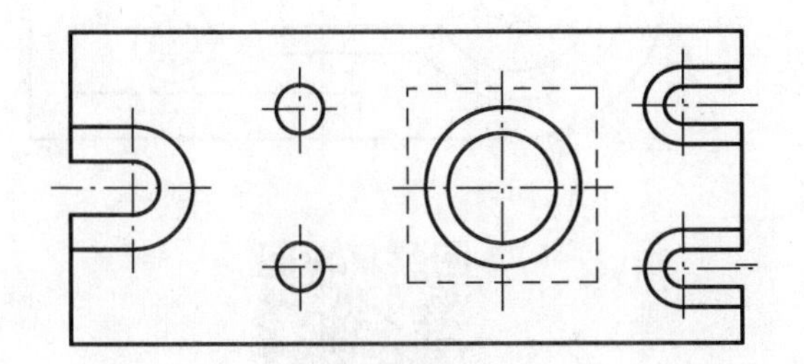

2.

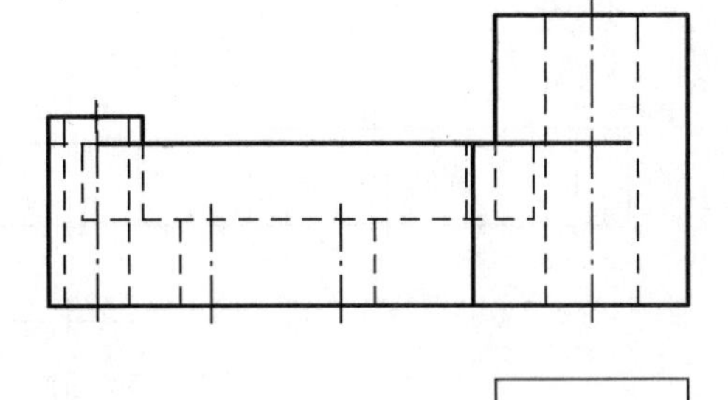

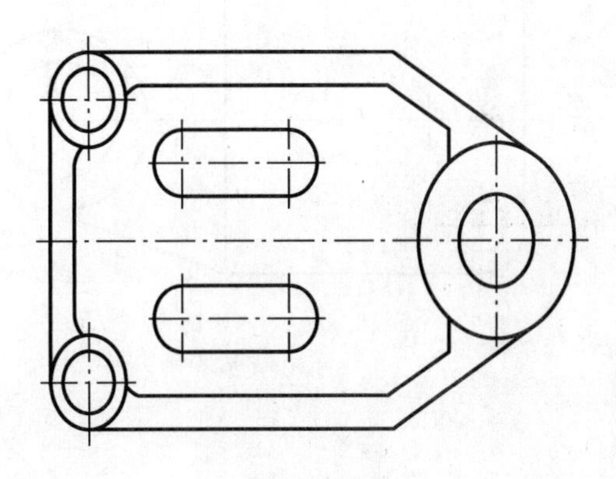

班级________ 姓名________ 学号________

3.

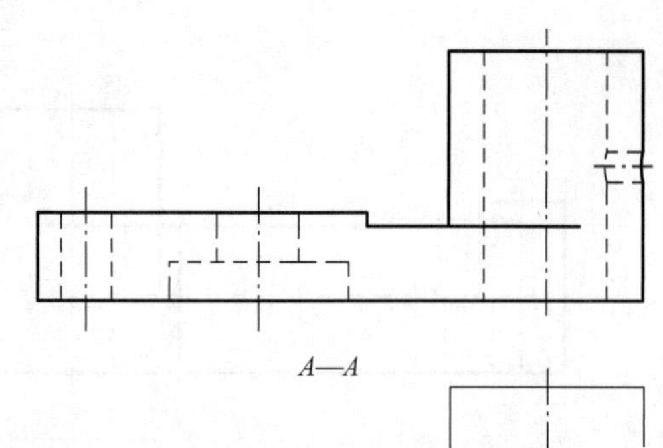

A—A

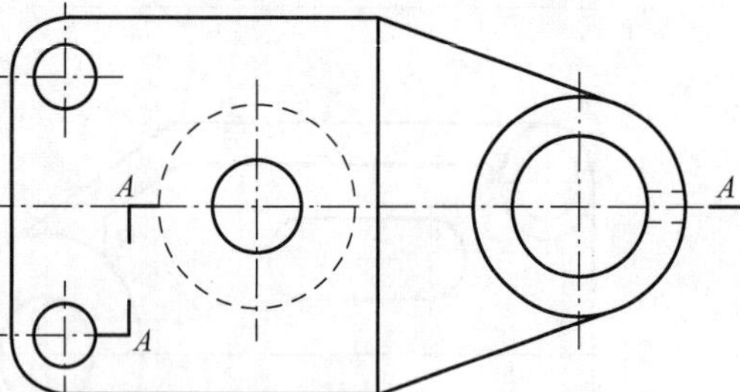

4.

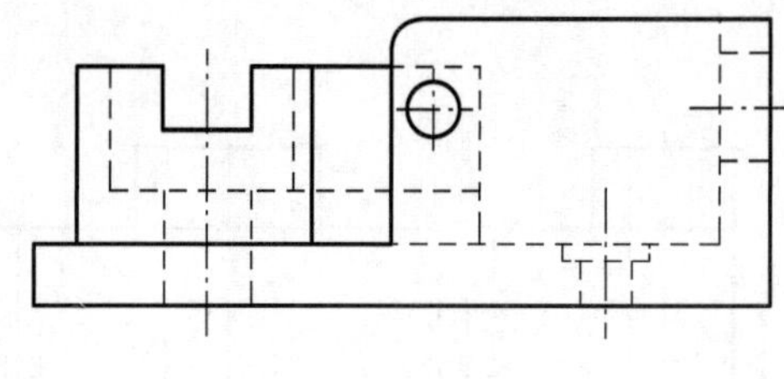

B—B

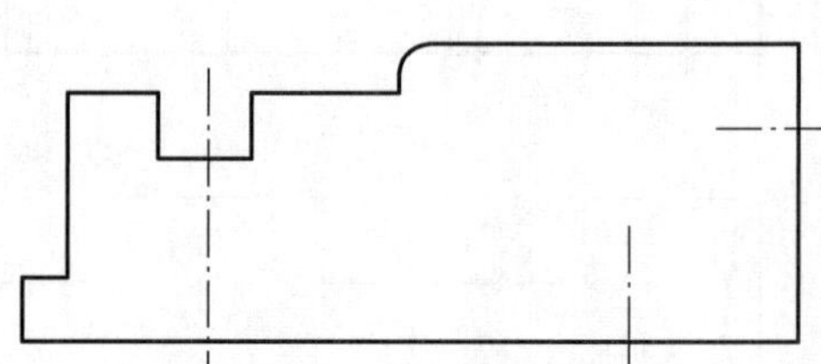

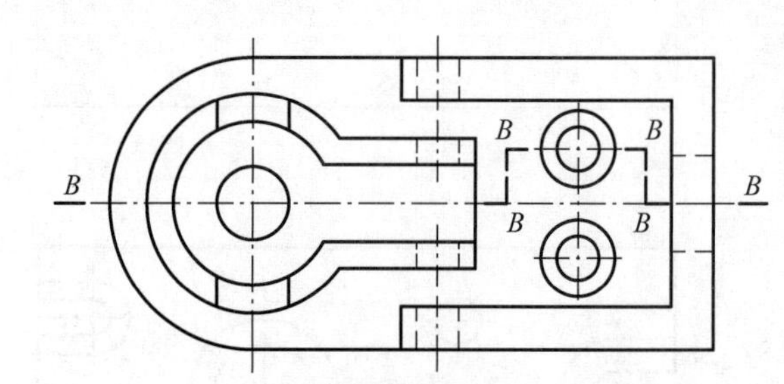

班级________________ 姓名________________ 学号________________

八、用几个相交的剖切平面，将主视图画成剖切视图。

1.

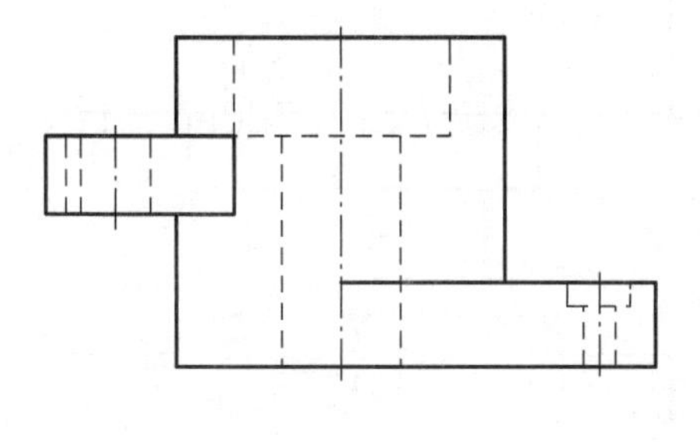

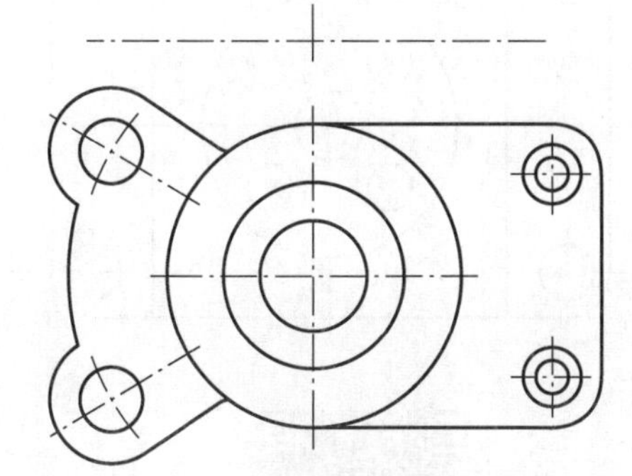

2.

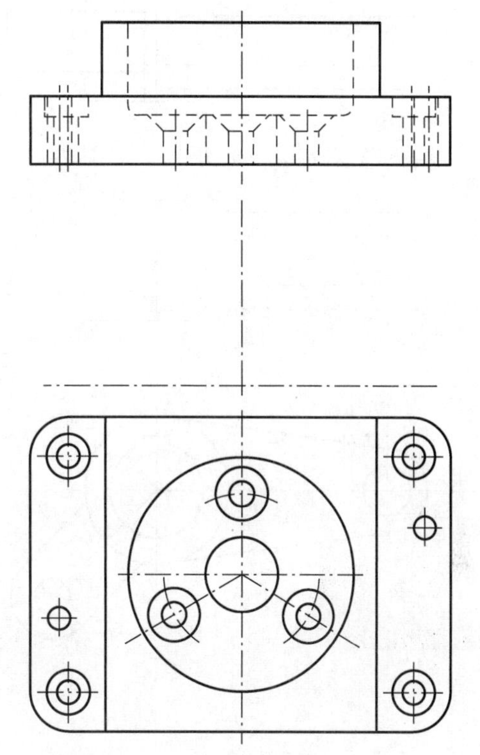

班级＿＿＿＿＿＿＿＿　　姓名＿＿＿＿＿＿＿＿　　学号＿＿＿＿＿＿＿＿

3.

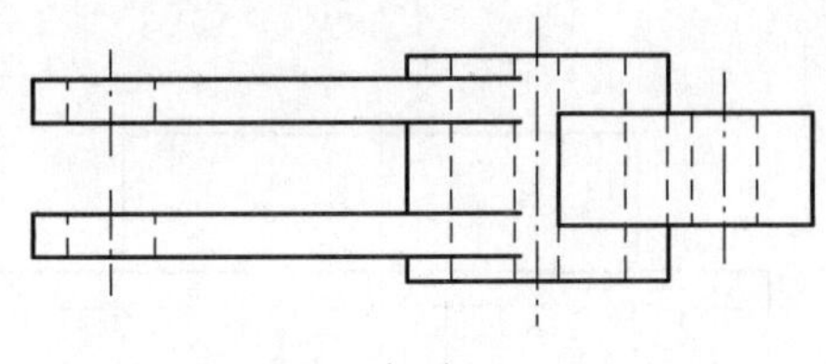

A—A

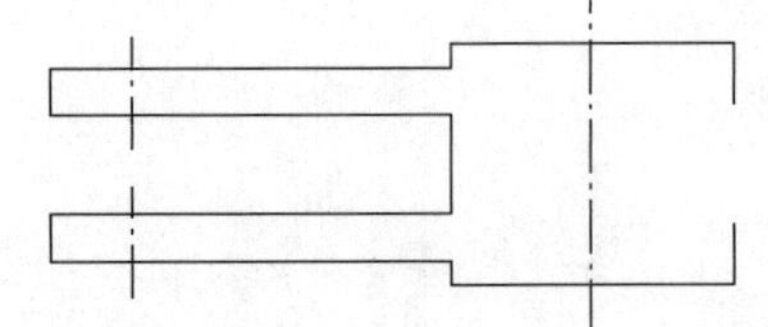

4.

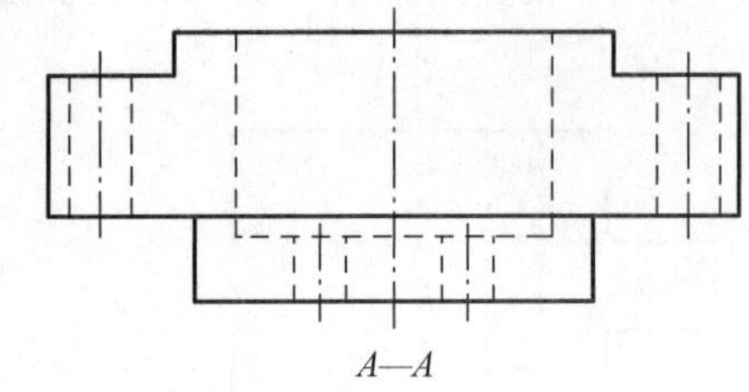

A—A

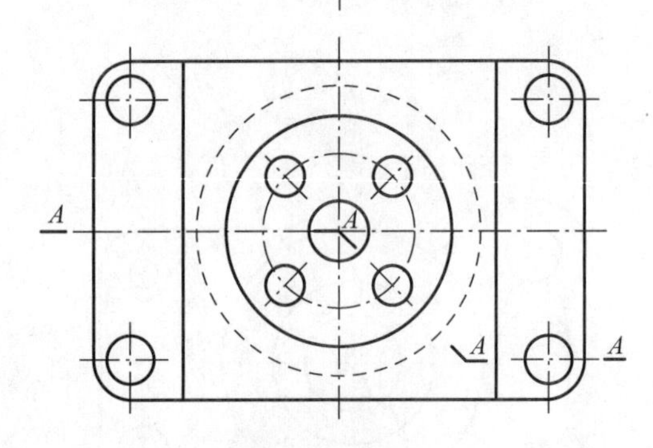

班级________________　　　　姓名________________　　　　学号________________

5.

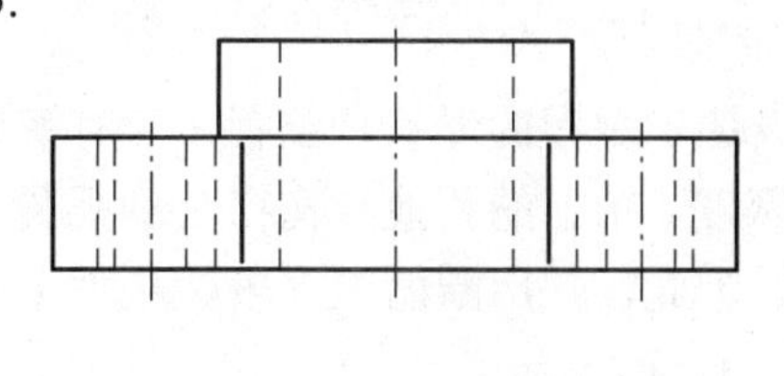

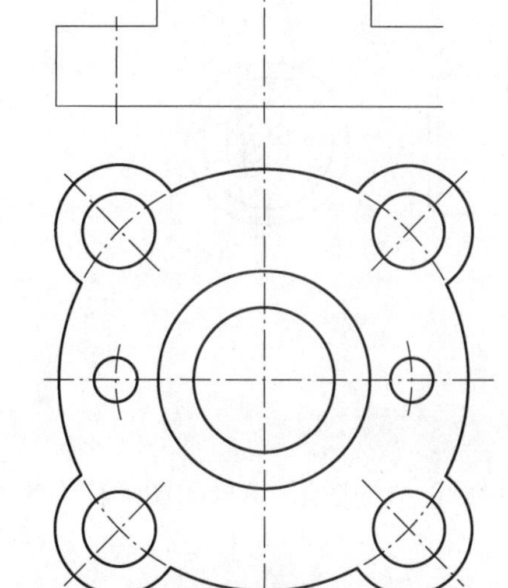

6.

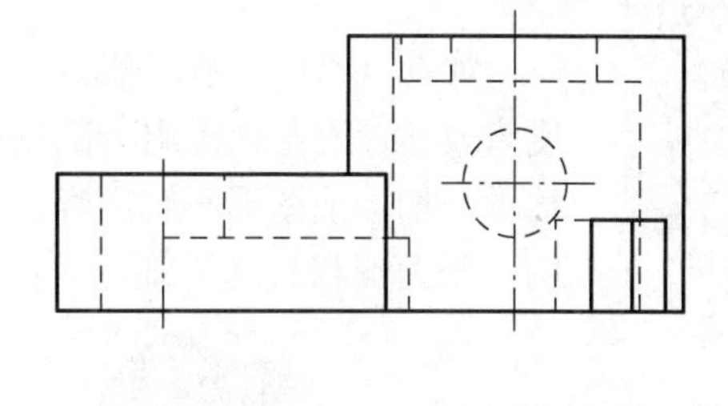

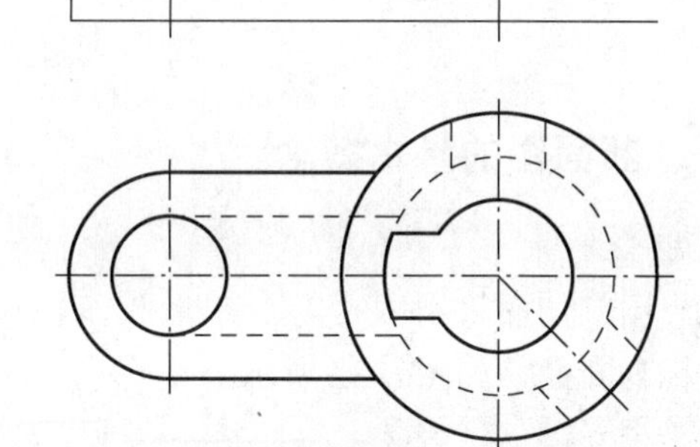

学习任务3　断　面　图

如图 6-31 所示，轴上有一键槽，主视图表达了键槽的形状和位置，只有键槽的深度未表达，而左视图用全剖视图表达了键槽的深度，轴上的其他结构在全剖视图中又表达了一遍，使图形不够清晰，且增加了绘图量。因此，常用断面图来表达机件上某些结构的断面形状。这样既可以使图形清晰，又便于标注尺寸。

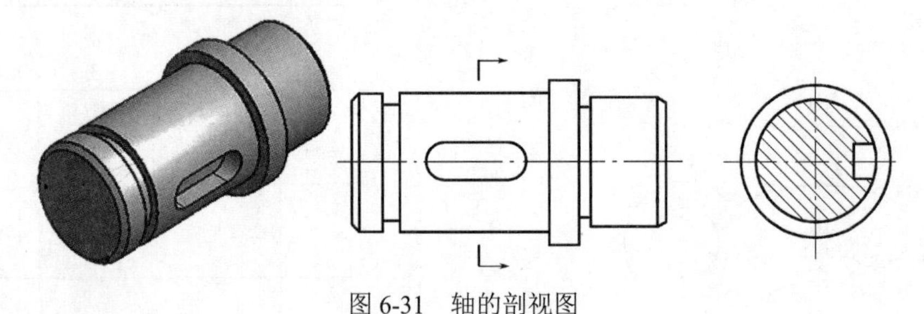

图 6-31　轴的剖视图

一、断面图的基本概念

1. 概念

假想用剖切面将物体的某处切断，仅画出该剖切面与物体接触部分的图形，这样的图形称为断面图，也可简称为断面，如图 6-32 所示。

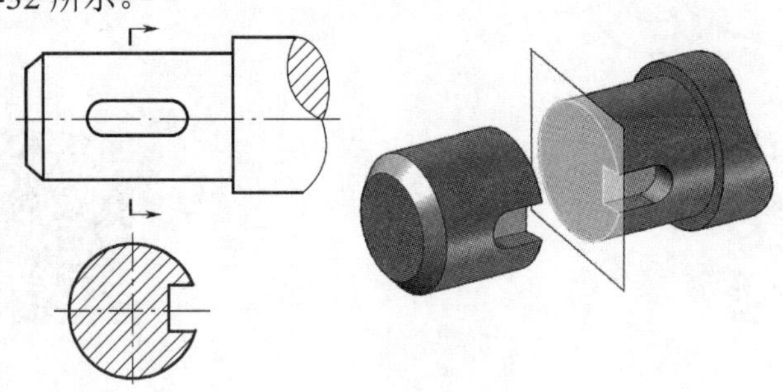

图 6-32　断面图的形成

2. 断面图与剖视图的区别

断面图仅画出机件断面的图形，而剖视图则要画出剖切平面以后的所有部分的投影，如图 6-33 所示。

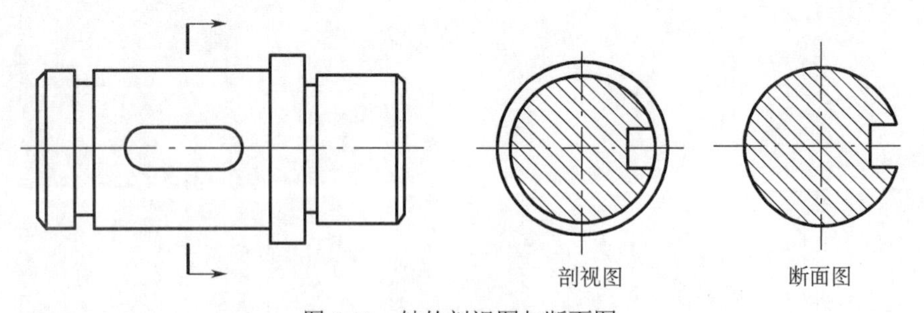

图 6-33　轴的剖视图与断面图

3. 应用

断面图常用于表达机件上某处的断面结构形状（如肋、轮辐、键槽等），以及各种型材的断面，如图 6-34 所示。

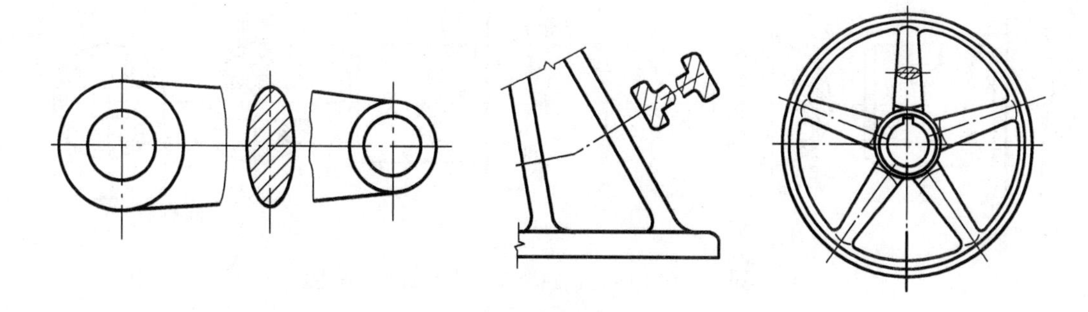

图 6-34　断面图的应用

二、断面图的种类、画法和标注

断面图按其配置的位置不同，可分为移出断面图和重合断面图两种。

1. 移出断面图

画在视图轮廓之外的断面图称为移出断面图。

（1）移出断面图的画法

移出断面图的轮廓线用粗实线绘制，断面上画出剖面符号，画法要点如下：

① 为了便于读图，应尽量将移出断面图配置在剖切位置的延长线上，如图 6-35 所示。为合理利用图纸，也可画在其他位置，但必须标注，如图 6-36 所示。

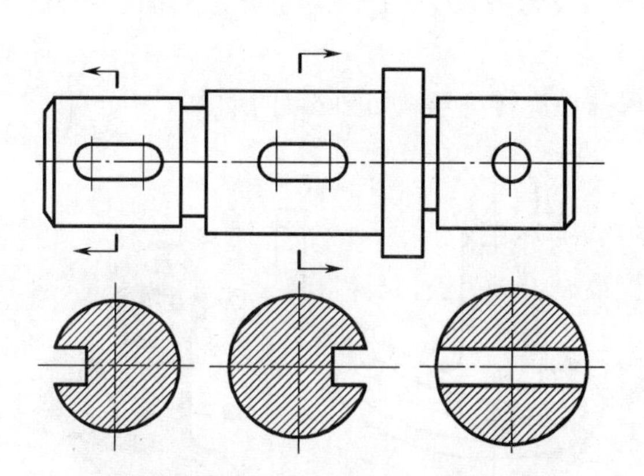

图 6-35　配置在剖切位置延长线上的断面图

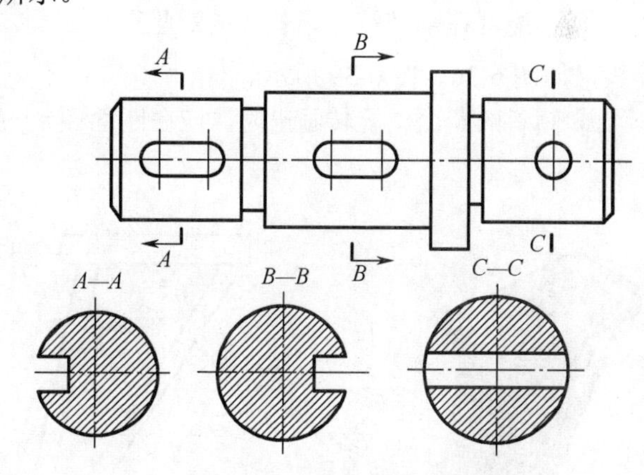

图 6-36　任意配置的断面图

② 当断面图形对称时，也可画在视图的中断处，如图 6-37 所示。

③ 当剖切平面导致完全分离的断面时，这样的结构应按剖视图绘制，如图 6-38 所示。

④ 当剖切平面通过由回转面形成的孔或凹坑的轴线时，这些结构按剖视图绘制，如图 6-39 所示。

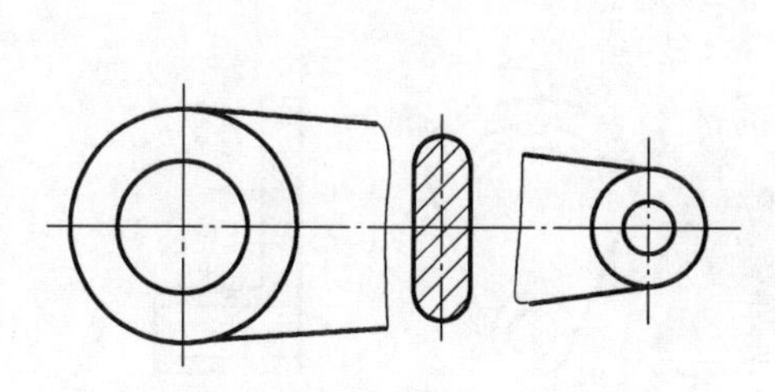

图 6-37　图形对称时断面图的画法

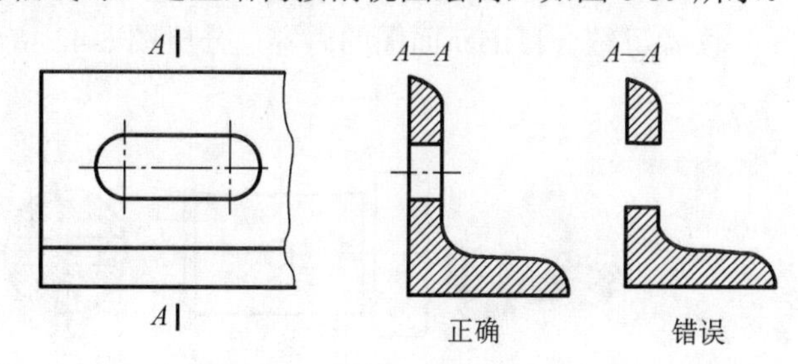

图 6-38　完全分离断面的画法

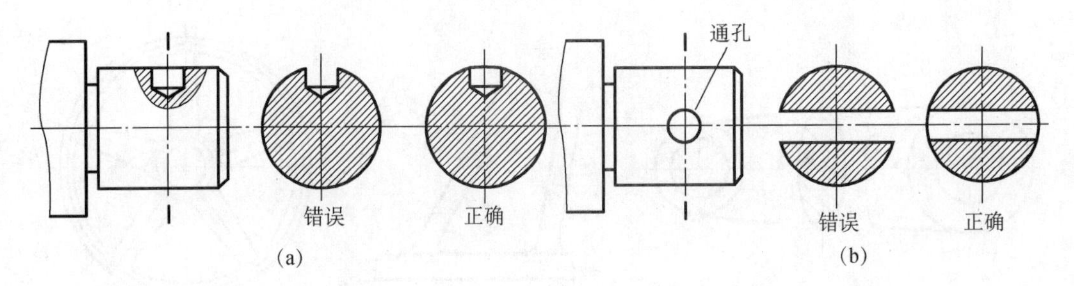

图 6-39　剖切平面通过回转面轴线的断面图画法

⑤ 为了表达断面的实形，剖切平面一般应与被剖切部分的主要轮廓线垂直，如图 6-40 所示，可用两个相交平面来剖切，此时两断面应断开画出。

⑥ 在不致引起误解时，允许将图形旋转，但必须加注旋转符号，如图 6-41 所示。

（2）移出断面图的标注

① 移出断面图一般应用剖切符号表示剖切位置，用箭头表示投影方向，并标注字母，在断面图的上方应用同样的字母标注相应的名称“×—×”，如图 6-36 所示。

② 配置在剖切符号延长线上的不对称移出断面，可省略字母，如图 6-35 所示。

③ 配置在剖切平面迹线延长线上的对称移出断面，以及配置在视图中断处的对称移出断面，均不必标注，如图 6-35、图 6-37 所示。

④ 不配置在剖切符号延长线的对称移出断面，以及按投影关系配置的不对称移出断面，均可省略箭头，如图 6-36、图 6-39 所示。

⑤ 倾斜的断面图旋转画出时，应在断面图上方字母前加旋转符号，如图 6-41 所示。

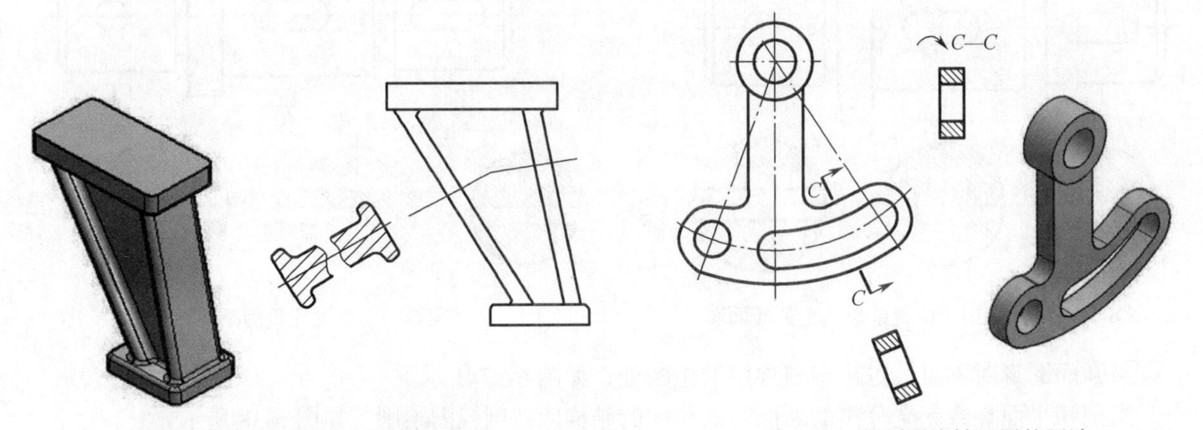

图 6-40　剖切平面与剖切结构垂直　　　　图 6-41　断面图旋转配置的画法

读者可结合移出断面图的内容，分析图 6-42 所示机件的表达方法。

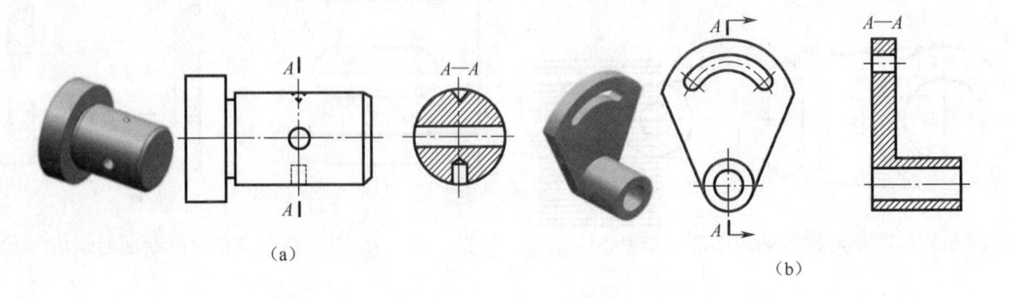

图 6-42　移出断面图示例

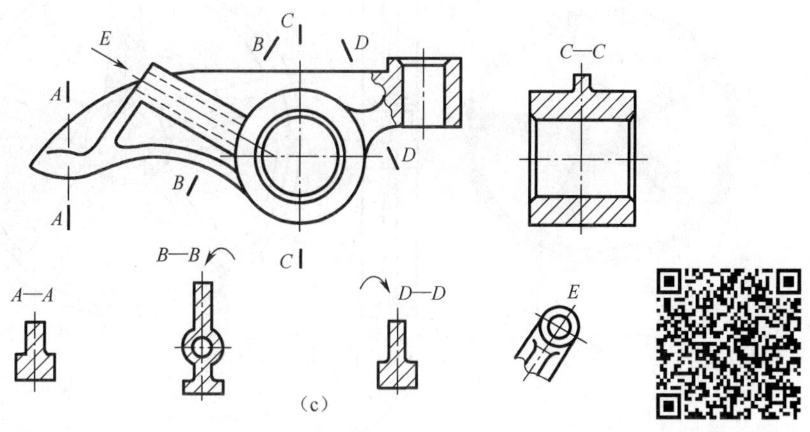

图 6-42　移出断面图示例（续）

2. 重合断面图

画在视图轮廓线内的断面图，称为重合断面图，如图 6-43 所示。

图 6-43　重合断面图

（1）重合断面图的画法

重合断面图的轮廓线用细实线绘制。当视图中的轮廓线与重合断面图的轮廓线重叠时，仍应将视图中的轮廓线完整画出，不可间断。重合断面图适用于断面形状简单且不影响图形清晰的情况。

（2）重合断面图的标注

① 配置在剖切符号上的不对称重合断面图，不必标注字母，如图 6-44（a）所示。

② 对称的重合断面图不必标注，如图 6-44（b）所示。

读者可结合重合断面图的内容，分析图 6-45 所示机件的表达方法。

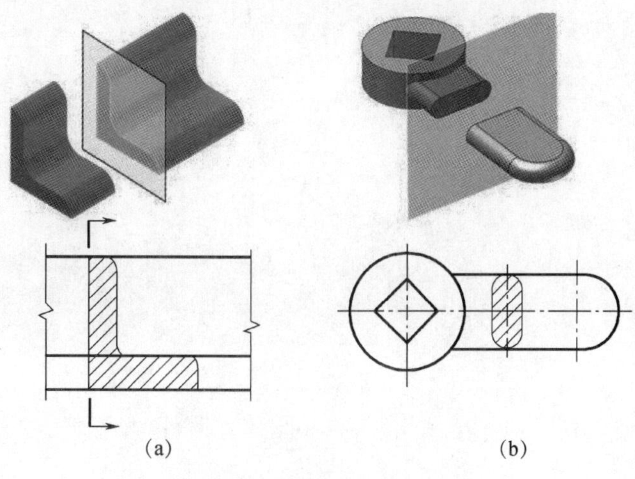

图 6-44　重合断面图的画法

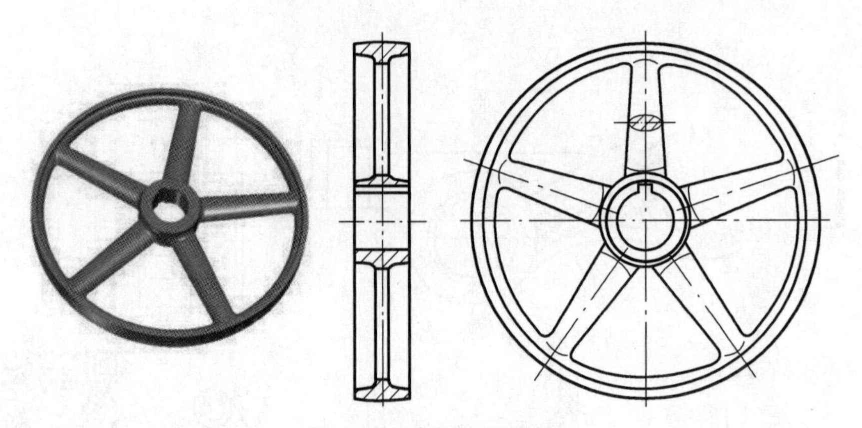

图 6-45　重合断面图示例

【任务练习 6-3】

班级__________________ 姓名__________________ 学号__________________

一、分辨正确和错误的断面图（在正确的断面图处打“√”）。

1.

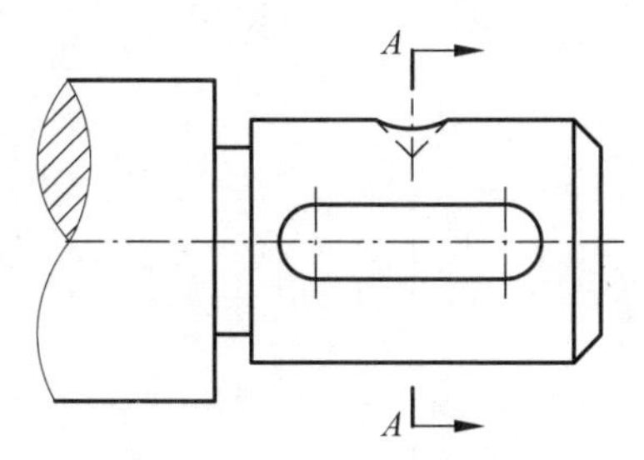

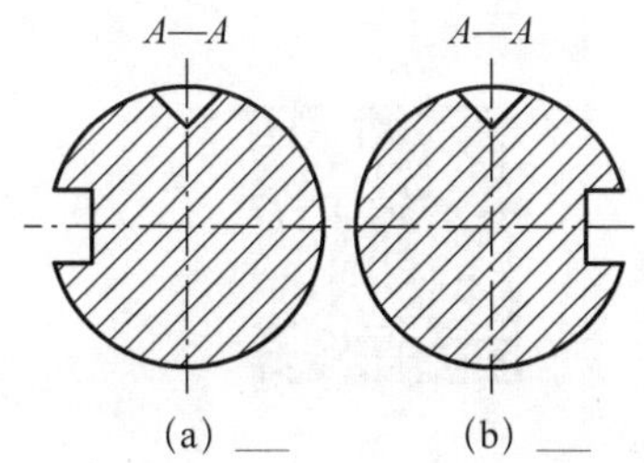

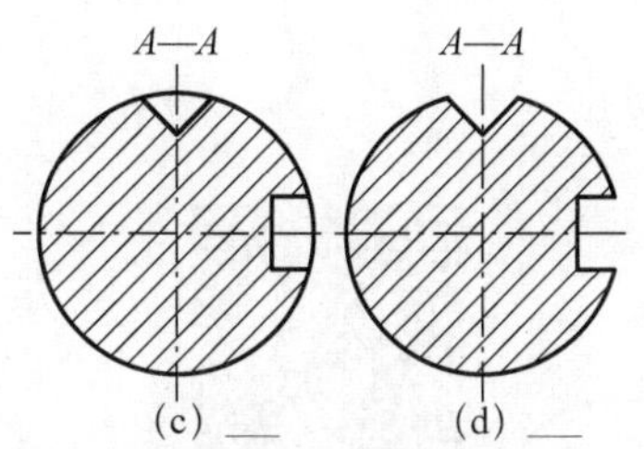

2.

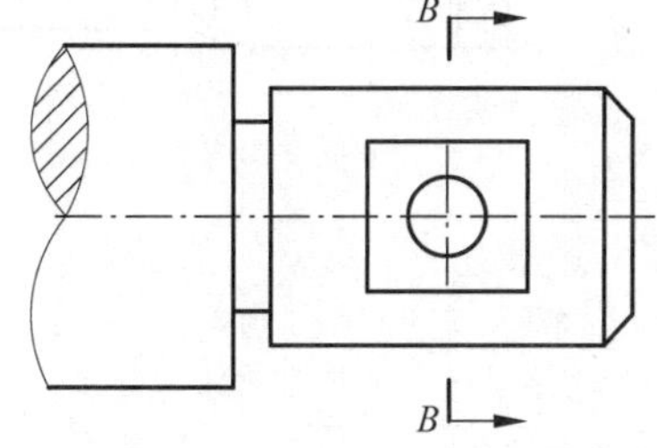

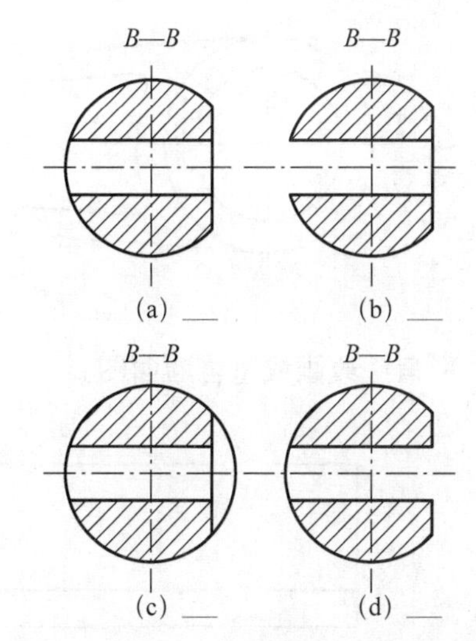

3.

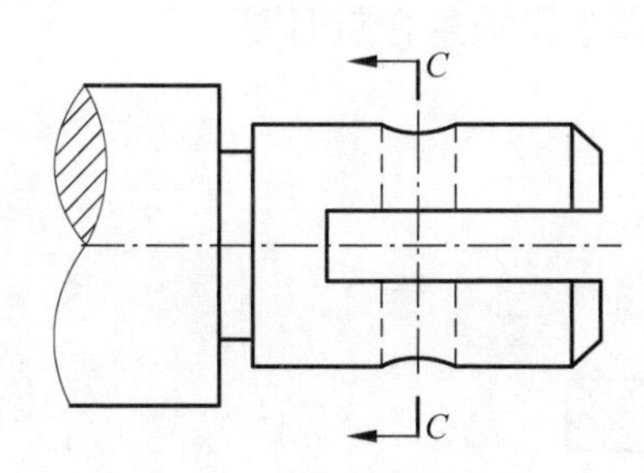

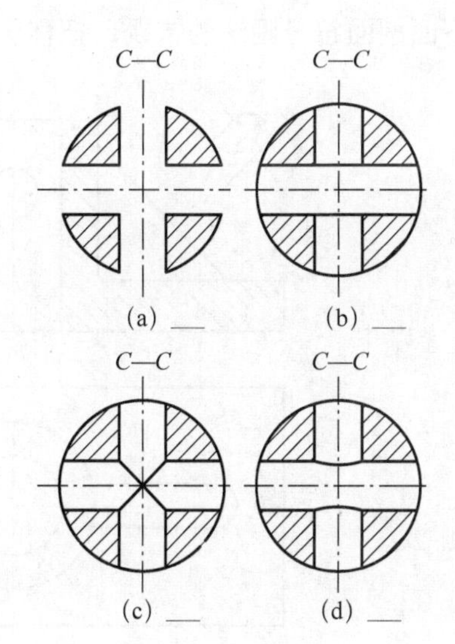

班级________________ 姓名________________ 学号________________

二、画两个相交剖切平面的移出断面图（画在剖切线的延长线上）。

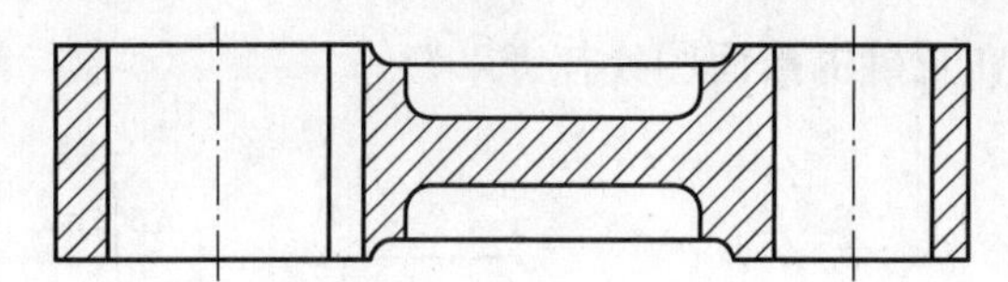

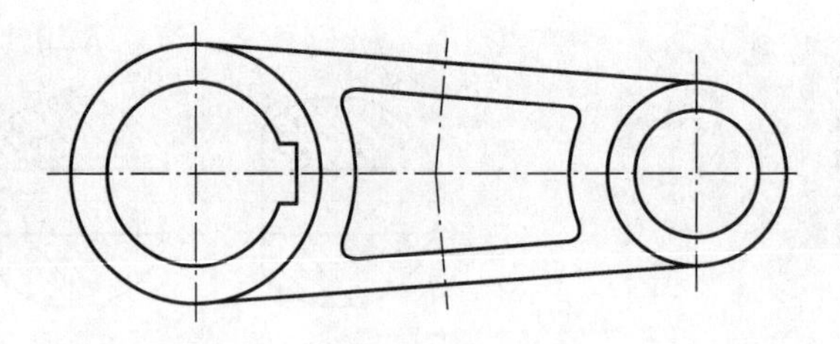

三、把L形角铁改画成重合断面图。

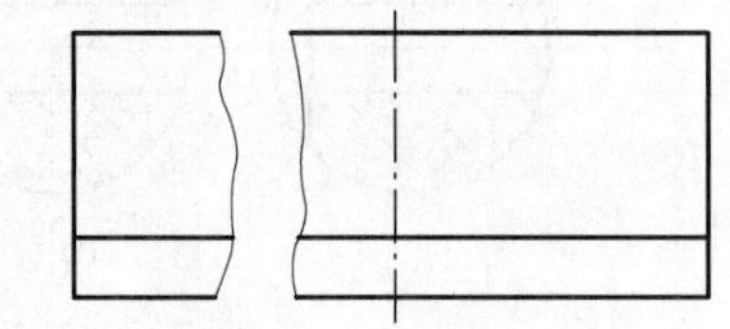

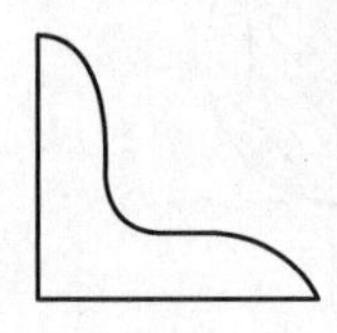

四、指出下面剖面符号画法的错误，把移出断面图改画成重合断面图。

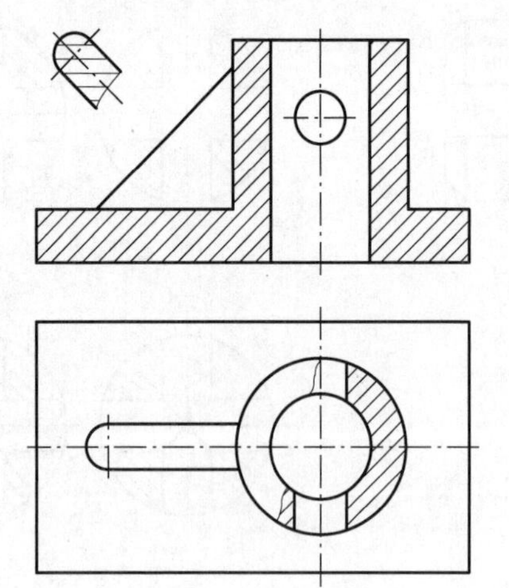

班级________________ 姓名________________ 学号________________

五、在指定位置画出移出断面图。

1.

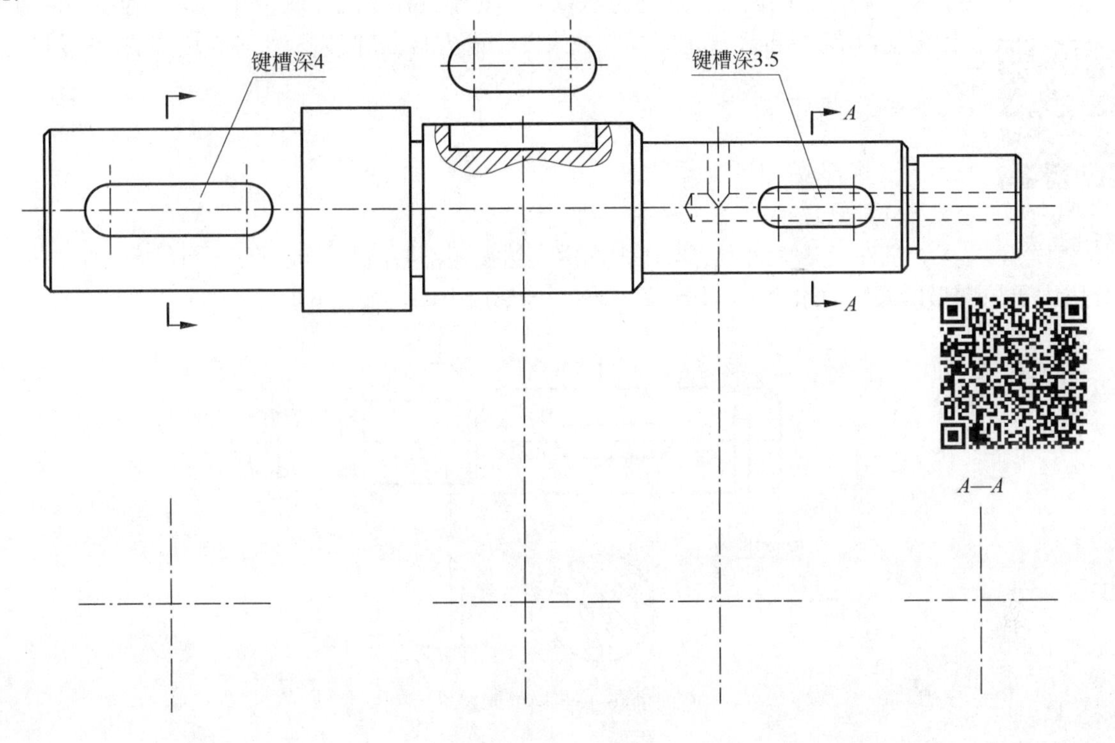

2.

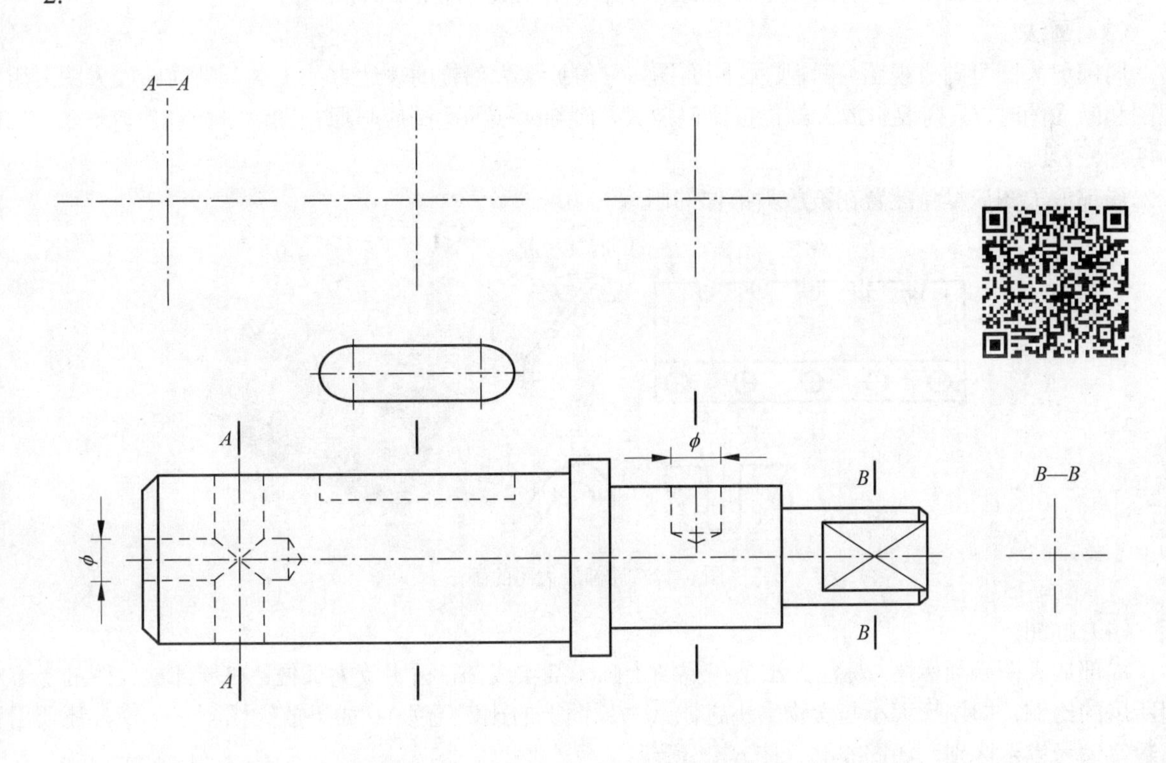

学习任务4　规定画法与简化画法

机件除了视图、剖视图、断面图等表达方法以外，对于机件上的一些特殊结构，为使图形清晰和画图简便，国家标准还规定了局部放大图、规定画法和简化画法等表达方法，供绘图时选用。

规定画法与简化画法

一、规定画法

1. 局部放大图

（1）概念

机件上某些细小结构在视图中表达得还不够清楚，或不便于标注尺寸时，可将这些部分用大于原图形所采用的比例画出，这种图称为局部放大图，如图 6-46 所示。

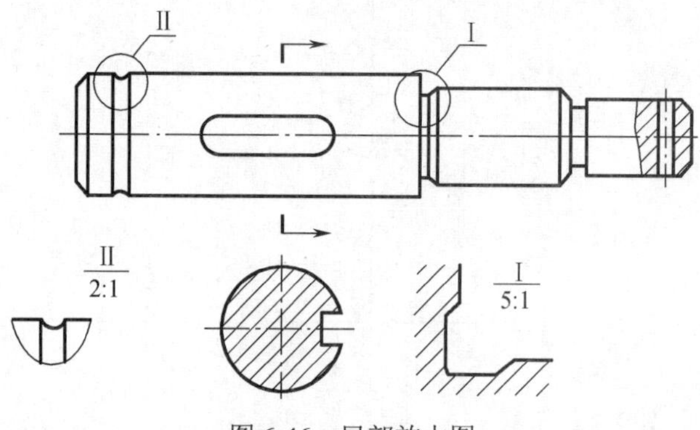

图 6-46　局部放大图

（2）应用

局部放大图通常用于机件上细小工艺结构的表达，如退刀槽、越程槽等。

（3）画法

局部放大图可画成视图、剖视图、断面图，它与被放大部位的表达方法无关。当局部放大图采用剖视图和断面图时，只需要将放大部位按比例放大，而剖面线的绘制应与原视图的剖面线保持一致，如图 6-47 所示。

局部放大图应尽量配置在被放大部位的附近。

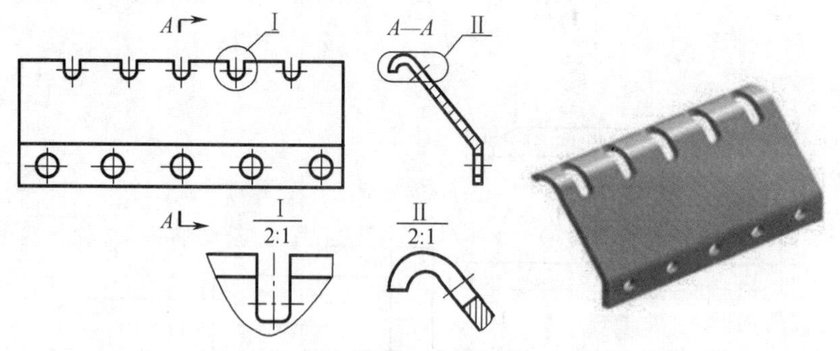

图 6-47　局部放大图的画法

（4）标注

局部放大图必须标注。标注方法是在视图上画一细实线圆，标明放大部位；在局部放大图的上方注明所用的比例，即图形大小与实物大小之比（与原图上的比例无关）；如果放大图不止一个，还要用罗马数字编号以示区别，如图 6-46、图 6-47 所示。

2. 轮辐、肋在剖视图中的画法

机件上的肋板、轮辐及薄壁等结构，如纵向剖切都不要画剖面符号，而且用粗实线将它们与其相邻结构分开，如图 6-48、图 6-49 所示。当剖切平面垂直于轮辐、肋的对称平面或轴线（即横向剖切）时，轮辐和肋仍要画上剖面线。

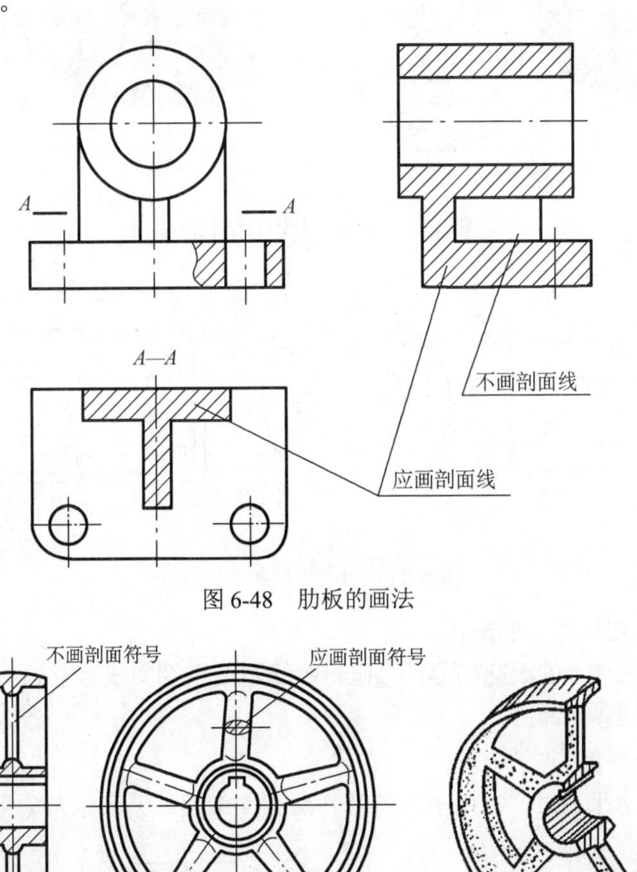

图 6-48　肋板的画法

不画剖面符号　应画剖面符号

图 6-49　轮辐的画法

3. 均匀分布的结构要素在剖视图中的画法

回转体上均匀分布的肋板、轮辐、孔等结构不处于剖切平面上时，可将这些结构假想旋转到剖切平面上画出，如图 6-50 所示。

二、简化画法

使用简化画法的前提是必须保证不致引起误解和不会产生理解的多样性，应力求制图简便，便于读图和绘图，注重简化的综合效果。

1. 相同结构

当机件具有若干相同结构（齿、槽等），并按一定规律分布时，只需要画出几个完整的结构，其余用细实线连接，在图中注明该结构的总数，如图 6-51（a）和图 6-51（b）所示；若干直径相同并按规律分布的孔（圆孔、沉孔、螺孔），可仅画出一个或几个，其余用点画线表示其中心位置，但在图中应注明孔的总数，如图 6-51（c）所示。

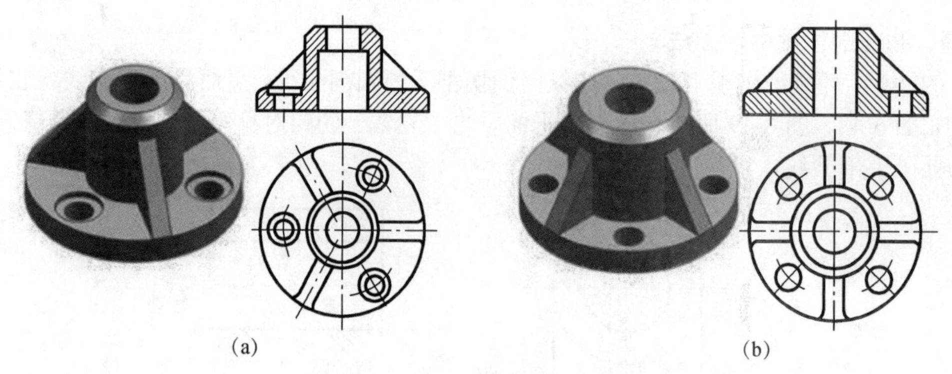

图 6-50　回转体上均布结构的画法

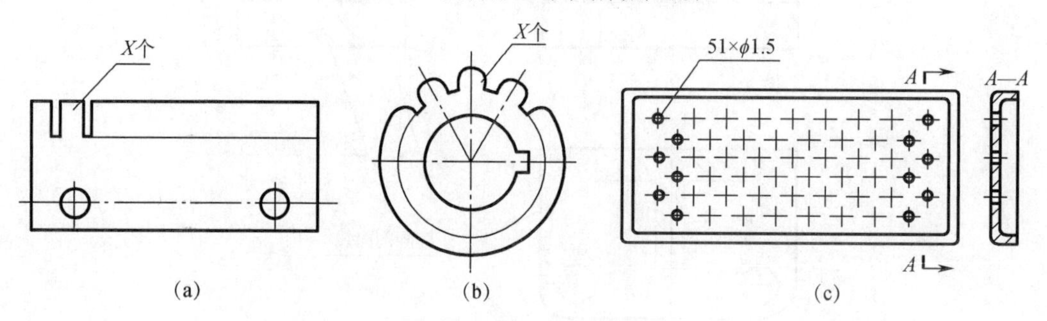

图 6-51　相同结构的简化画法

2. 网状物、编织物或机件上的滚花

网状物、编织物或机件上的滚花部分，可在轮廓线附近用细实线示意画出，并标明其具体要求。如图 6-52 所示为滚花的示意画法。

3. 不能充分表达的平面

当图形不能充分表达平面时，可用平面符号（两相交细实线）表示，如图 6-53 所示。

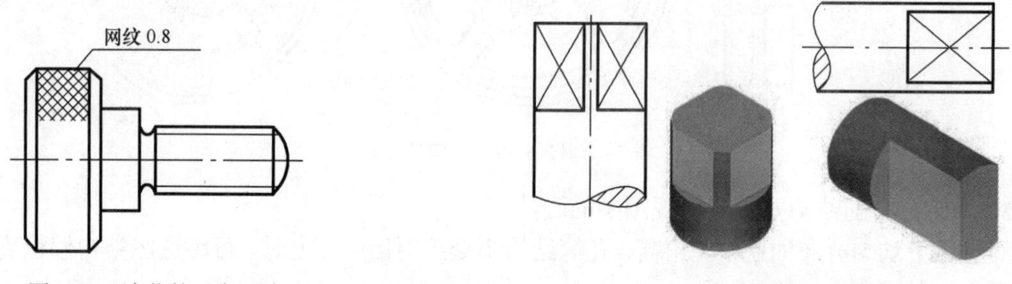

图 6-52　滚花的示意画法

图 6-53　平面的简化画法

4. 法兰盘上的孔

圆柱形法兰盘和与其类似的机件上均匀分布的孔可按图 6-54 所示的方法绘出。

5. 对称图形

当图形对称时，在不致引起误解的前提下，可只画视图的一半或四分之一，并在对称中心线的两端画出两条与其垂直的平行细实线，如图 6-55 所示。

6. 圆投影为椭圆

与投影面倾斜角度小于或等于 30°的圆或圆弧，可用圆或圆弧代替其在投影面上的投影——椭圆或椭圆弧，如图 6-56 所示。

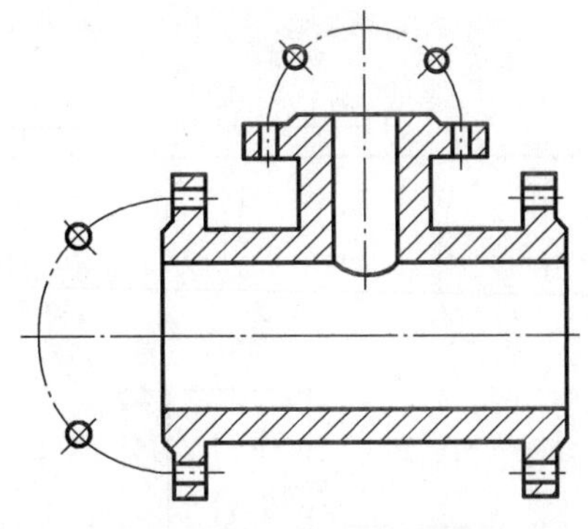

图 6-54　法兰盘上均布孔的简化画法

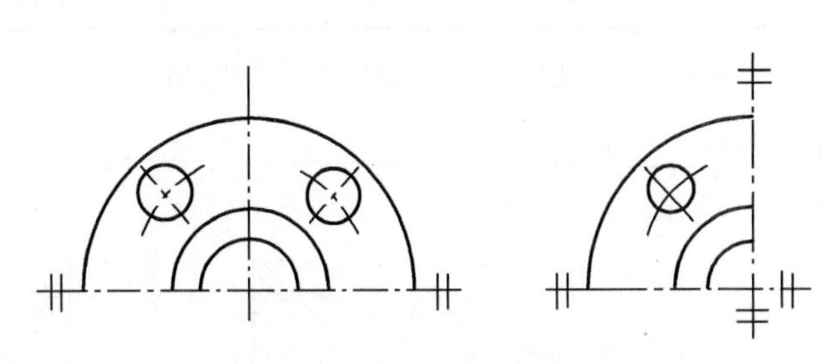

图 6-55　对称图形的简化画法

7. 剖面符号

在不致引起误解时，物体的移出断面允许省略剖面符号，如图 6-57 所示。

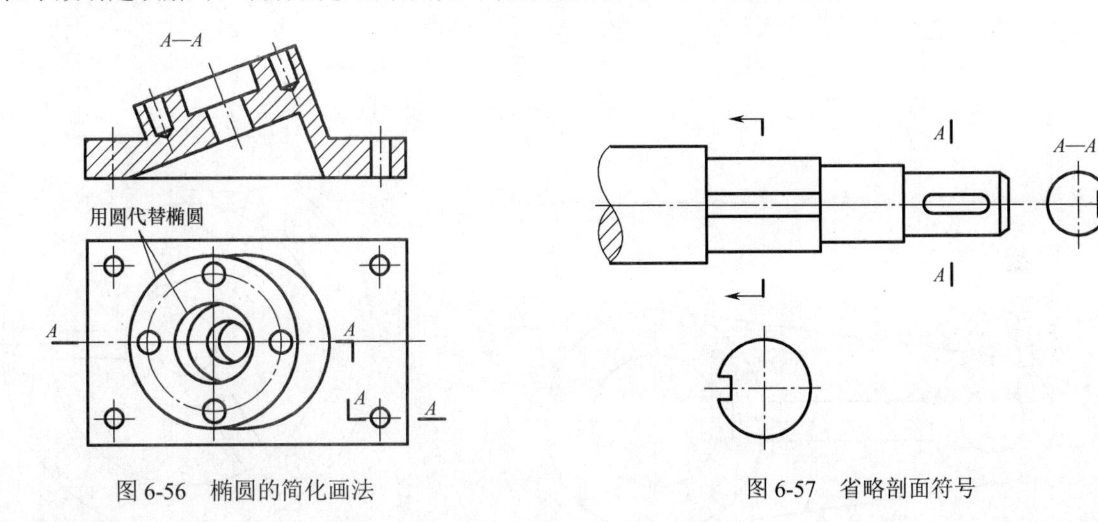

图 6-56　椭圆的简化画法

图 6-57　省略剖面符号

8. 局部视图

物体上对称结构的局部视图，可按图 6-58 所示的方法绘制。

9. 折断画法

较长的机件（轴、杆、型材等），沿长度方向的形状一致或按一定规律变化时，可断开缩短绘制，但必须按原来的实长标注尺寸，如图 6-59 所示。

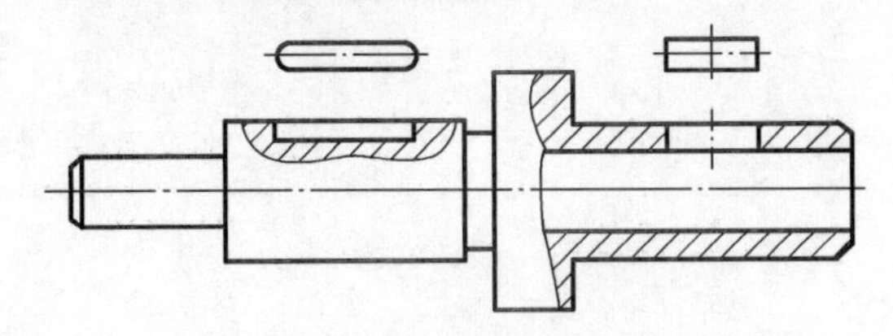

图 6-58　局部视图的简化画法

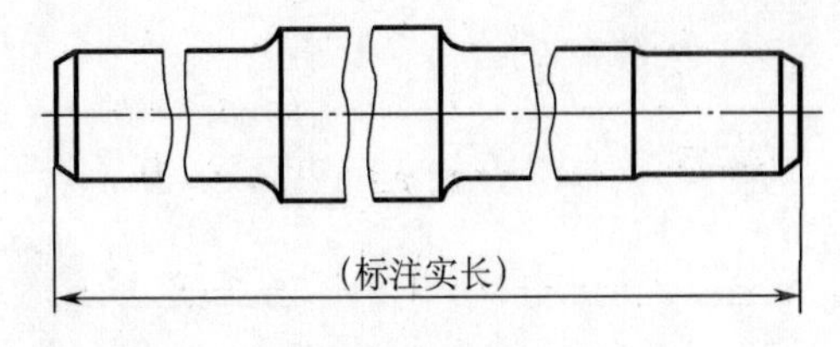

图 6-59　折断画法

【任务练习 6-4】

班级________________ 姓名________________ 学号________________

在指定位置将主视图改画为正确的剖视图。

1.

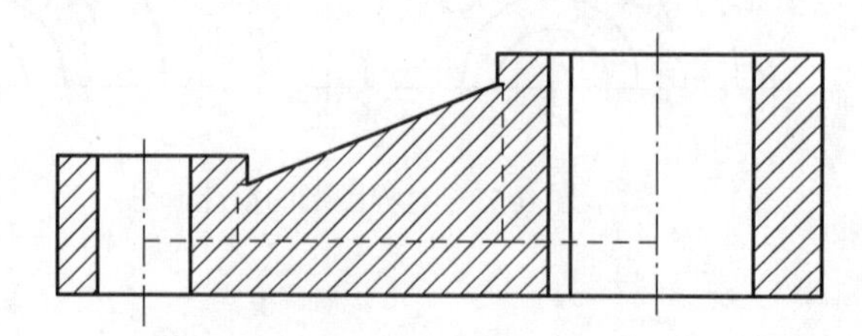

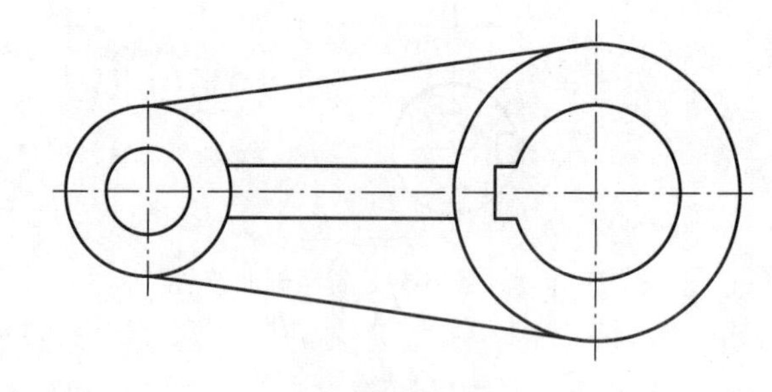

2.

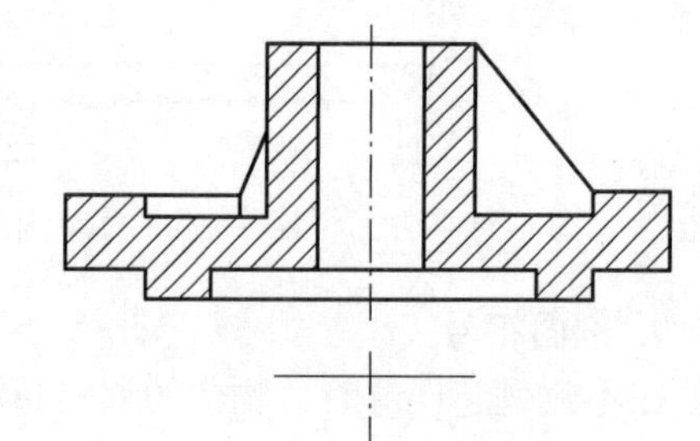

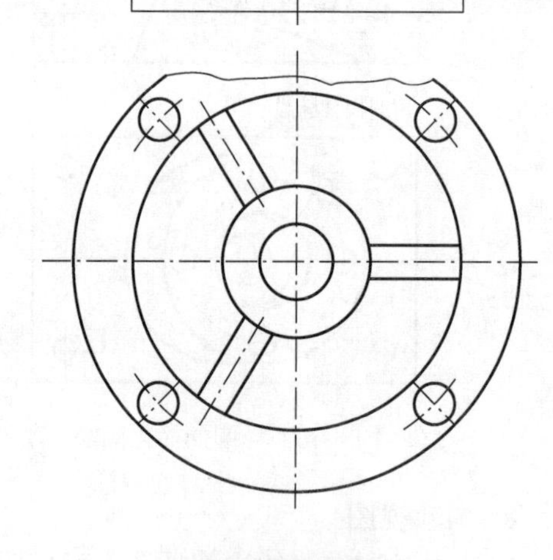

学习任务 5　表达方法的综合应用

前面介绍了机件的各种表达方法：视图、剖视图、断面图和规定画法、简化画法等，在绘制机件图样时，应根据机件的不同结构进行具体分析，综合运用这些表达方法，将机件的内外结构形状完整、清晰、简明地表达出来。

一、选用原则

各种表达方案的选用原则如下：

① 实际绘图时，各种表达方法应根据机件结构的具体情况选择使用。

② 在选择表达机件的图样时，首先应考虑读图方便，并根据机件的结构特点，用较少的图形把机件的结构形状完整、清晰地表达出来。

③ 在确定表达方案时，还应考虑尺寸标注对机件形状表达所起的作用。

在这些原则下，还要注意所选用的每个图形，既要有各图形自身明确的表达内容，又要注意它们之间的相互联系。

二、举例分析

下面以图 6-60 所示阀体为例，说明表达方法的综合应用。

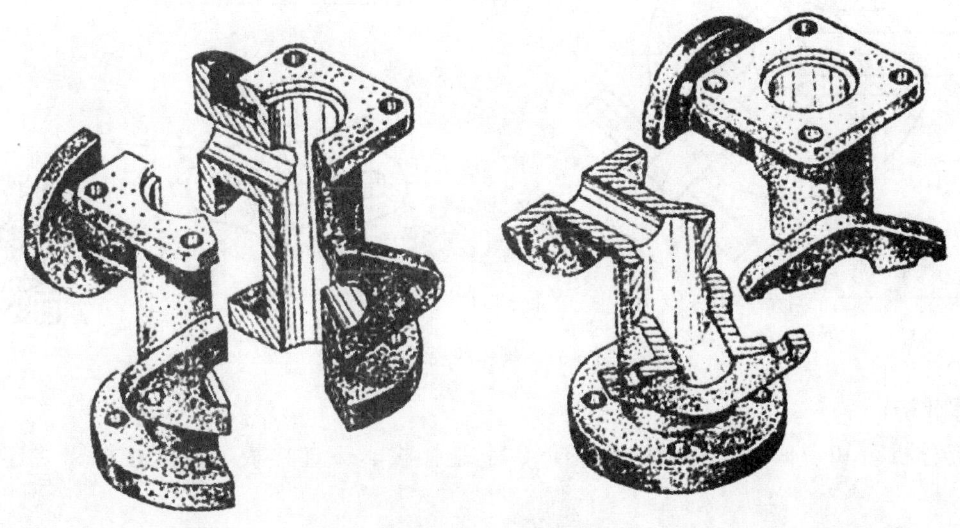

图 6-60　阀体的立体图

1. 图形分析

如图 6-61 所示，阀体的表达方案共有五个图形：全剖主视图 *B—B*、全剖俯视图 *A—A*、一个局部视图 *D*、一个局部剖视图 *C—C* 和一个斜剖视图 *E—E*。

主视图 *B—B*：采用几个相交面剖切画出的全剖视图，表达阀体的内部结构形状。

俯视图 *A—A*：采用几个平行面剖切画出的全剖视图，着重表达左、右管道的相对位置，还表达了下连接板的外形及其上小孔的位置。

局部剖视图 *C—C*：表达左端管连接板的外形及其上孔的大小和相对位置。

局部视图 *D*：相当于俯视图的补充，表达了上连接板的外形及其上孔的大小和位置。

斜剖视图 *E—E*：因右端管与正投影面倾斜 45°，所以采用此斜剖视图表达右连接板的形状。

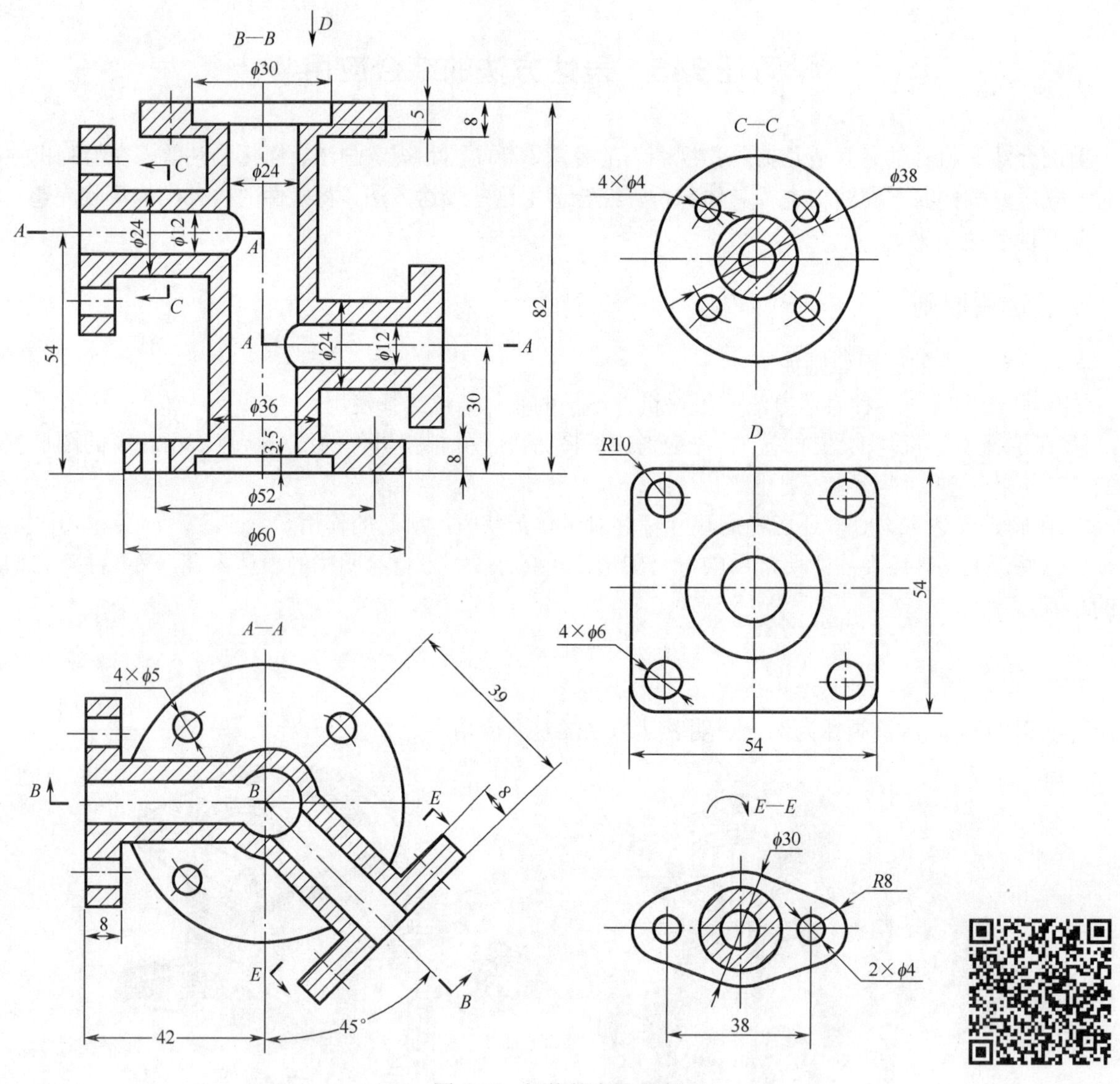

图 6-61　阀体的表达方案

2. 形体分析

由图形分析可知，阀体大体可分为管体、上连接板、下连接板、左连接板、右连接板五个部分。

管体的内外形状通过主、俯视图已表达清楚，它是由中间一个外径为 36、内径为 24 的竖管，左边一个距底面 54、外径为 24、内径为 12 的横管，右边一个距底面 30、外径为 24、内径为 12、向前方倾斜 45°的横管三部分组合而成的。三段管子的内径互相连通，形成有四个通口的管件。

阀体的上、下、左、右四块连接板形状大小各异，可以分别由主视图以外的四个图形看清它们的轮廓，它们的厚度为 8。

通过形体分析，想象出各部分的空间形状，再按它们之间的相对位置组合起来，便可想象出阀体的整体形状。

读者可根据上述学习内容，自行分析图 6-62、图 6-63 所示机件的表达方案。

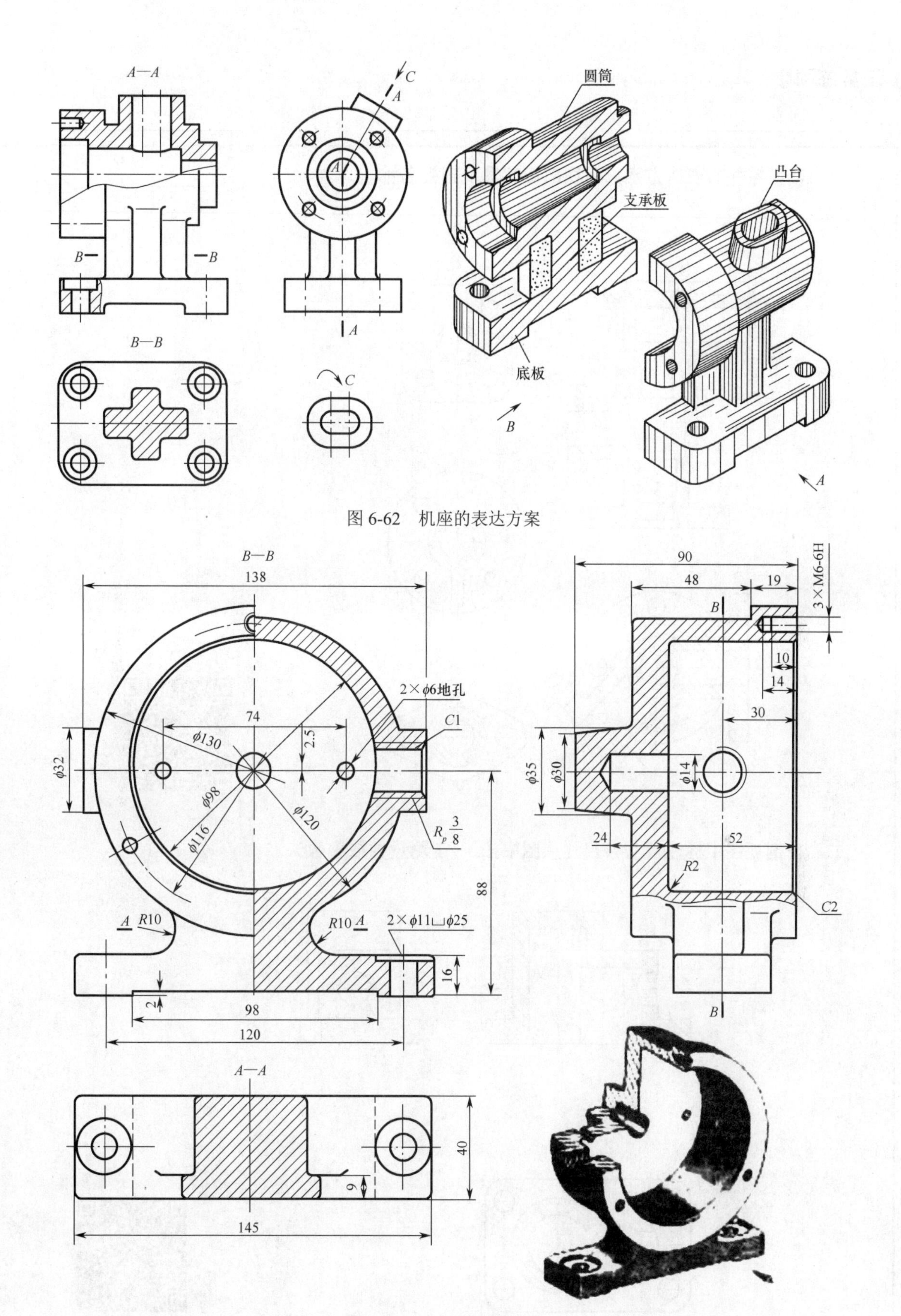

图 6-62　机座的表达方案

图 6-63　泵体的表达方案

【任务练习】

班级________________　　姓名________________　　学号________________

一、读懂零件的表达方案，标注剖切位置及剖视名称。

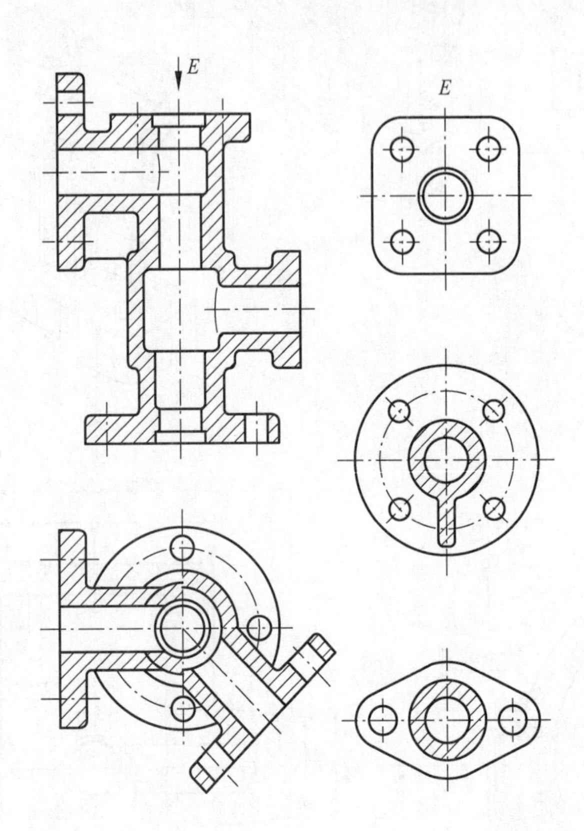

二、在剖视图中标注尺寸（尺寸从图中按1　1测量并取整数）。

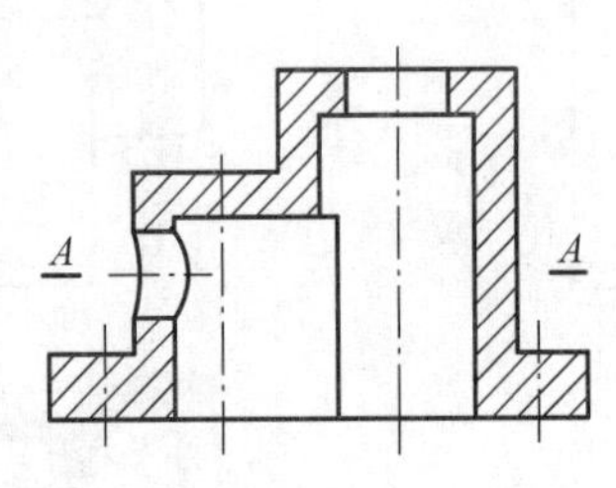

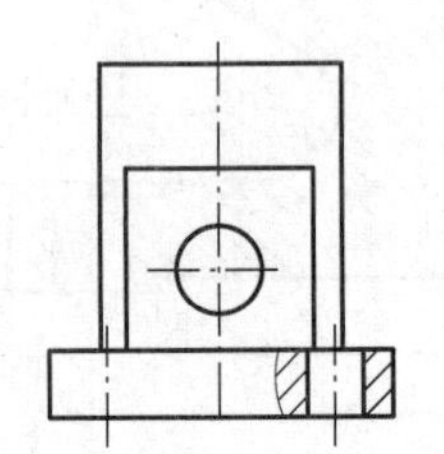

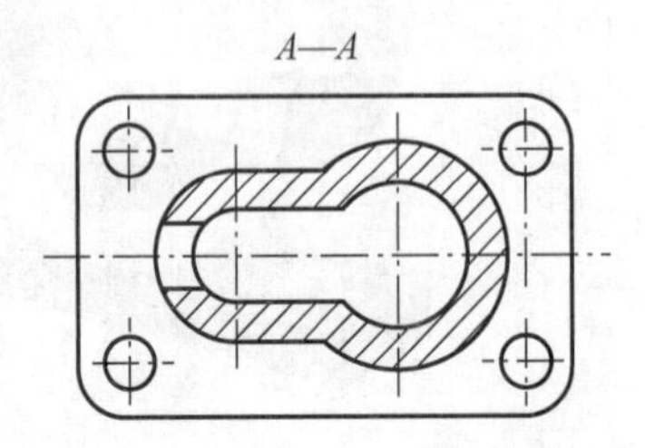

学习任务6　第三角画法

我国的工程图样是按正投影法并采用第一角画法绘制的。国家标准规定机件图样应用正投影法，并采用第一角画法，必要时允许使用第三角画法。

第三角画法

随着国际技术交流的日益发展，常会遇到某些国家和地区（如英、美等国）采用第三角投影法（画法）画出的技术图样，因此掌握第三角画法投影的基本知识和读图基本方法是必要的。

一、第三角投影的概念

如图 6-64 所示，由两个互相垂直相交的投影面组成的投影体系，把空间分成了四个部分，每部分为一个分角，依次为Ⅰ、Ⅱ、Ⅲ、Ⅳ分角。将机件放在第一分角进行投影，称为第一角画法。而将机件放在第三分角进行投影，称为第三角画法，如图 6-65 所示。

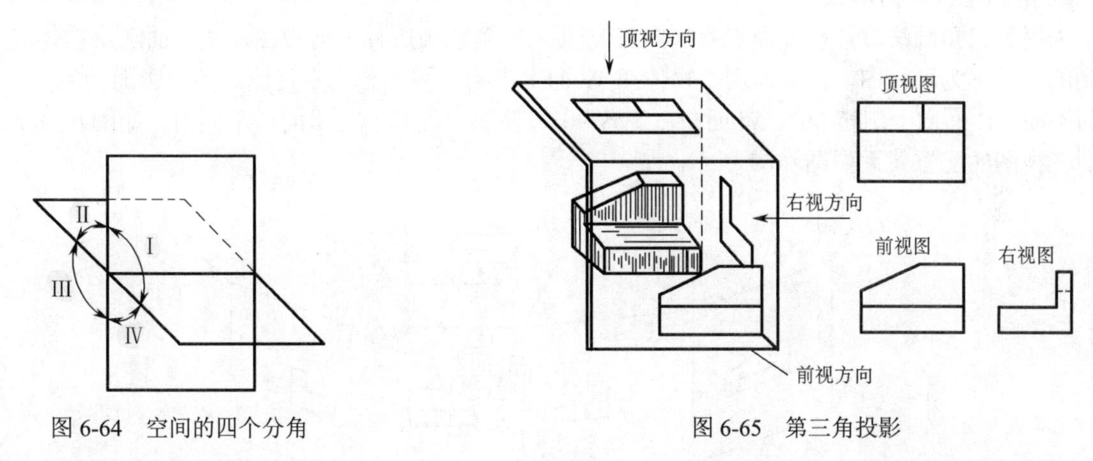

图 6-64　空间的四个分角

图 6-65　第三角投影

二、第三角投影的画法

1. 第三角投影与第一角投影的区别

第三角投影与第一角投影的区别在于人（观察者）、物（机件）、图（投影面）的位置关系不同。采用第一角画法时，是把物体放在观察者与投影面之间，从投影方向看是“人、物、图”的关系，如图 6-66 所示。而采用第三角画法时，是把投影面放在观察者与物体之间，从投影方向看是“人、图、物”的关系，如图 6-67 所示，投影时就好像隔着“玻璃”看物体，将物体的轮廓形状印在“玻璃”（投影面）上。

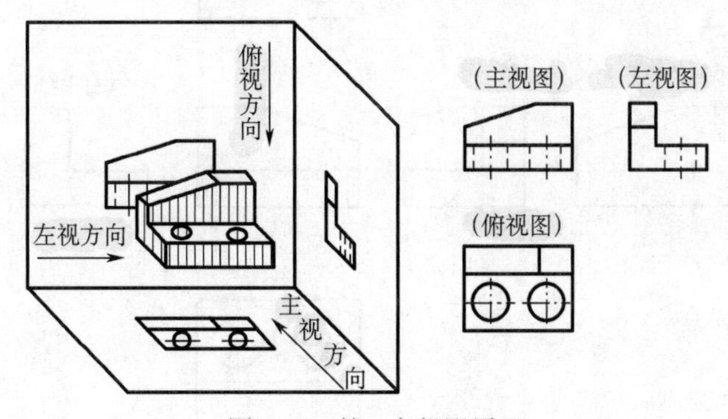

图 6-66　第一角投影原理

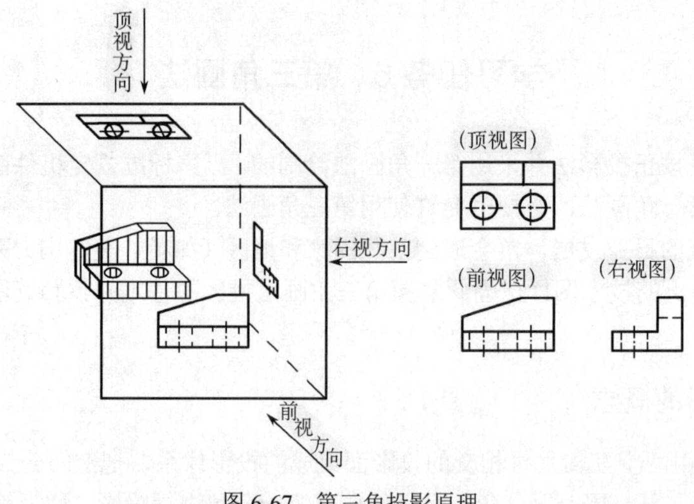

图 6-67　第三角投影原理

2. 第三角投影的形成

采用第三角画法时，从前面观察物体在 V 面上得到的视图称为前视图，从上面观察物体在 H 面上得到的视图称为顶视图，从右面观察物体在 W 面上得到的视图称为右视图。各投影面的展开方法是：V 面不动，H 面向上旋转 90°，W 面向右旋转 90°，使三个投影面处于同一平面内，如图 6-68 所示。展开后三视图的配置关系如图 6-69 所示。

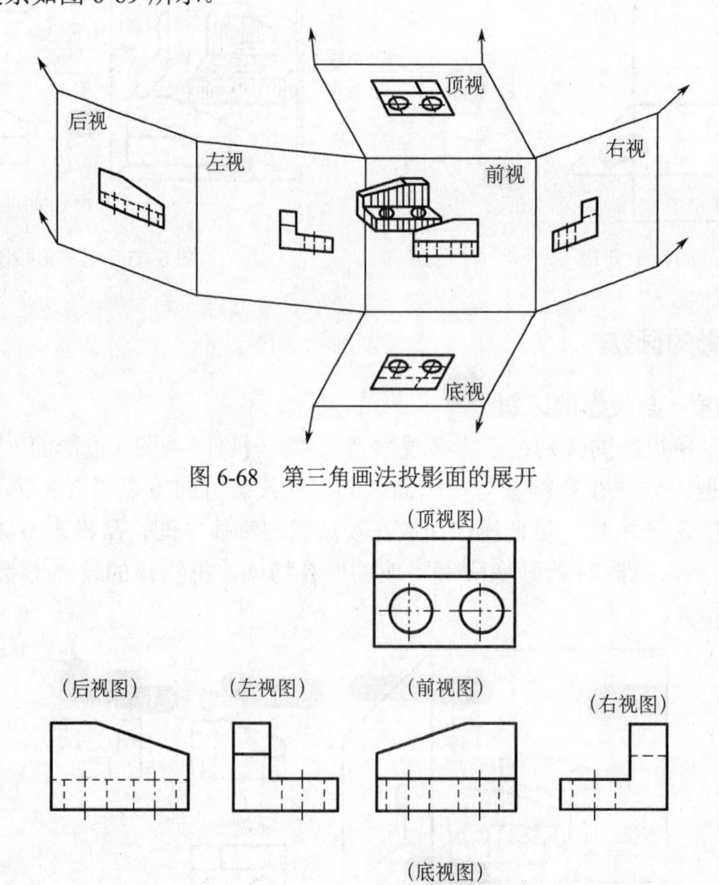

图 6-68　第三角画法投影面的展开

图 6-69　第三角画法视图的配置关系

采用第三角画法时也可以将物体放在正六面体中，分别从物体的六个方向向各投影面进行投影，得到六个基本视图，即在三视图的基础上增加了后视图（从后往前看）、左视图（从左往右看）、底视图（从下往上看）。

3. 第一角投影与第三角投影的识别符号

国家标准规定，可以采用第一角画法，也可以采用第三角画法。为了区别这两种画法，规定在标题栏中专设的方格内用规定的识别符号表示。GB/T14692—1993 规定的识别符号如图 6-70 所示。

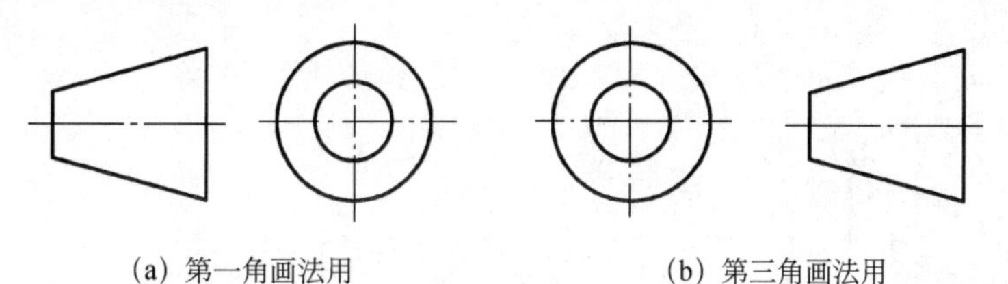

(a) 第一角画法用　　(b) 第三角画法用

图 6-70　识别符号

总之，第三角画法与第一角画法均采用正投影法，按正投影法的投影规律进行绘图。只是物体所在分角不同，观察者、物体、投影面之间的相对位置不同，投影后所得的各视图的配置不同，它们之间的投影关系即“三等”规律不变。

读者可根据上述学习内容，自行分析图 6-71 所示机件的第三角投影表达方法。

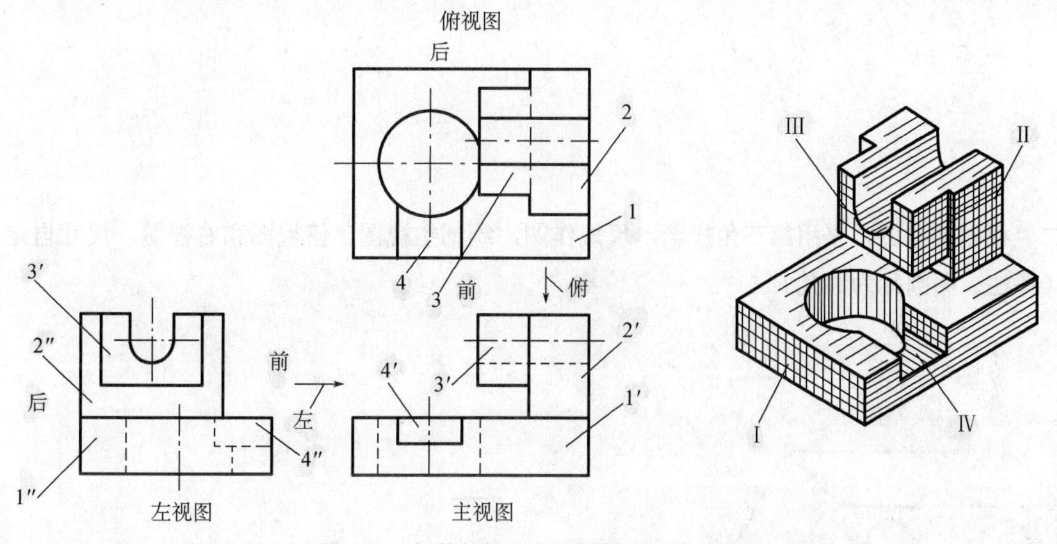

图 6-71　机件的第三角投影表达方法示例

【任务练习 6-6】

班级__________ 姓名__________ 学号__________

一、根据轴测图，采用第三角投影，徒手画出六个基本视图。

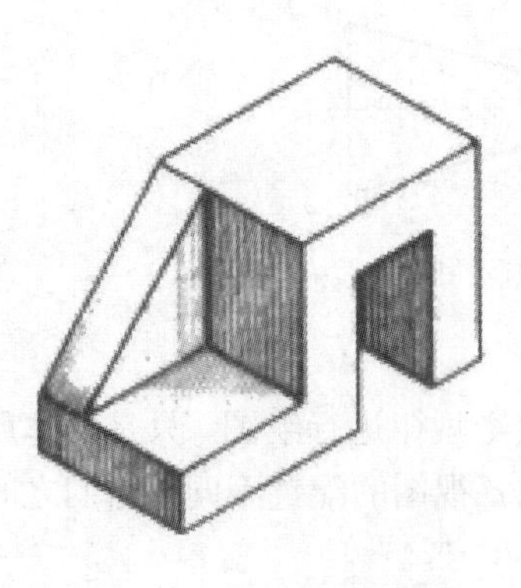

二、根据轴测图，采用第三角投影，尺规作图，绘制主视图、俯视图和右视图，尺寸自定。（备注：两圆孔为通孔）

【综合训练 6】

班级__________________ 姓名__________________ 学号__________________

一、根据主、俯、左三视图，补画右、后、仰视图。

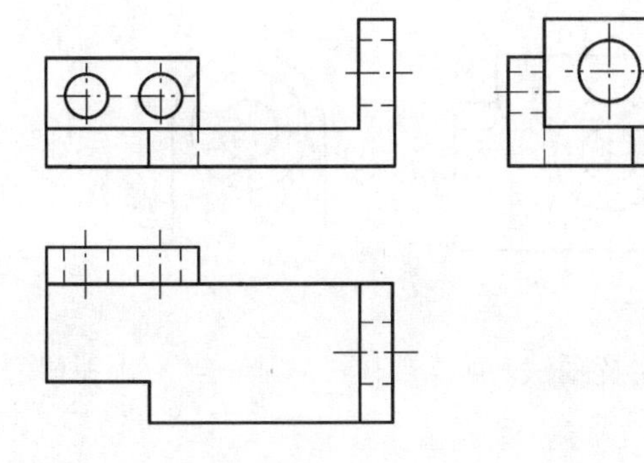

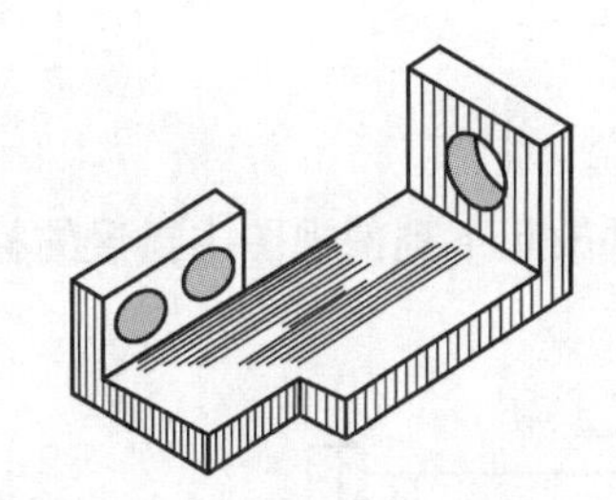

二、根据主、左视图，画出底板的实形。

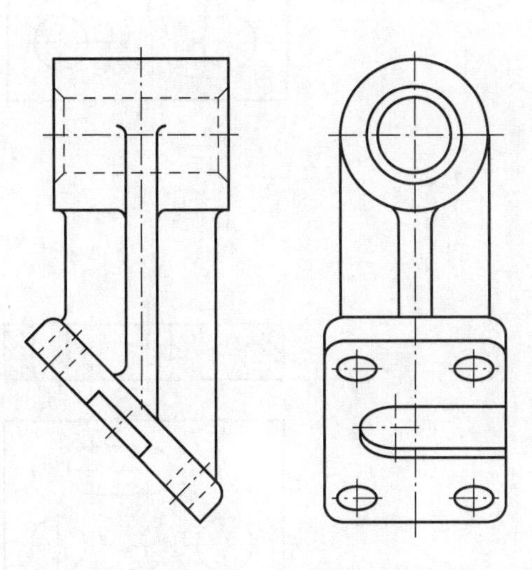

班级＿＿＿＿＿＿＿＿　　姓名＿＿＿＿＿＿＿＿　　学号＿＿＿＿＿＿＿＿

三、指出下列图形中的错误画法。

①*A* 向视图的槽口位置画得对吗？②和③处斜视图标注对吗？④波浪线范围画得对吗？⑤*B* 向局部视图需要标注吗？⑥*C* 向视图方向画得对吗？⑦*C* 向局部视图的波浪线范围画得对吗？波浪线可否省略不画？⑧*A* 向斜视图的旋转画法和标注对吗？请预纠正。

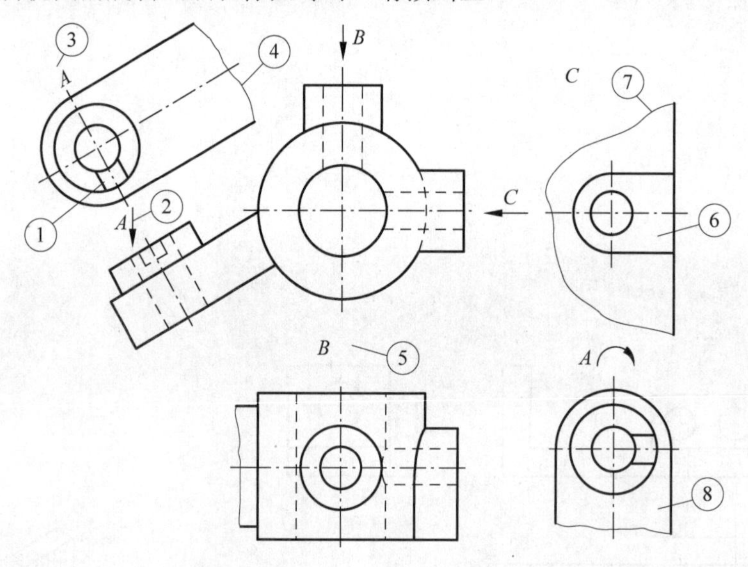

四、找出并改正下列剖视图中错误的标注及画法。

1.

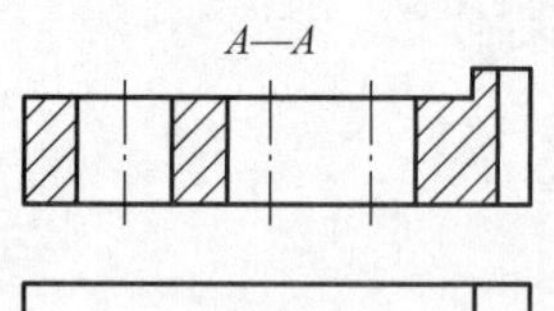

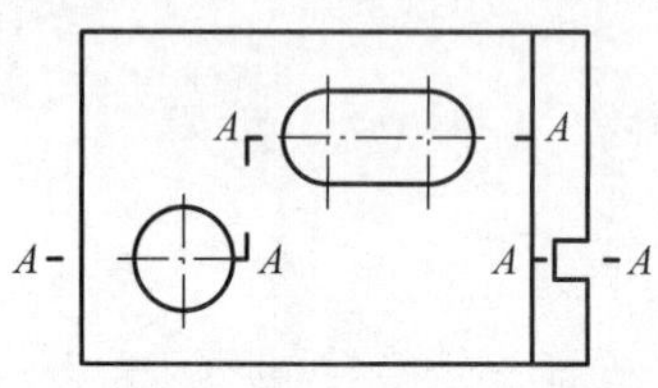

2.

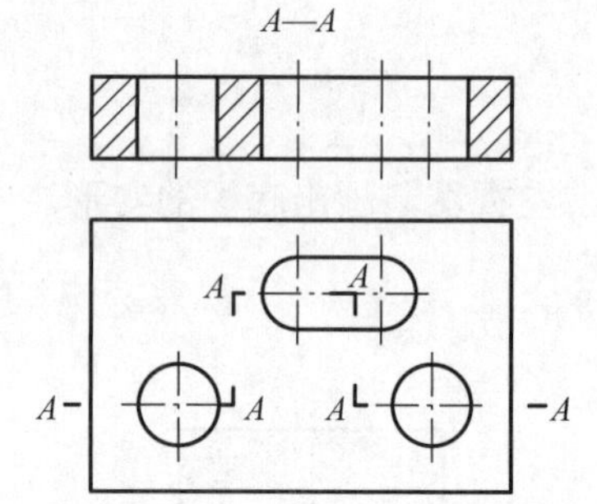

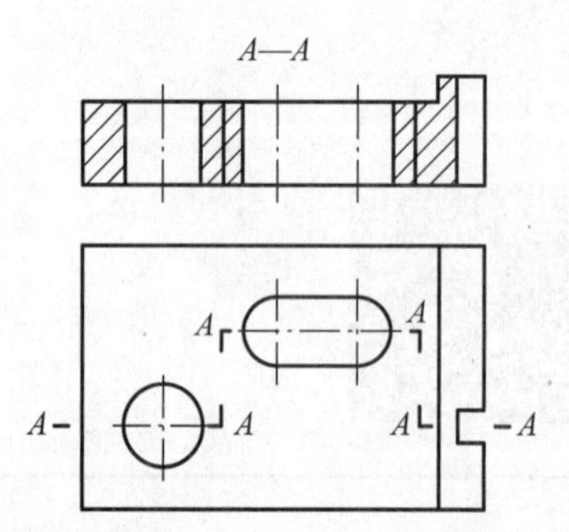

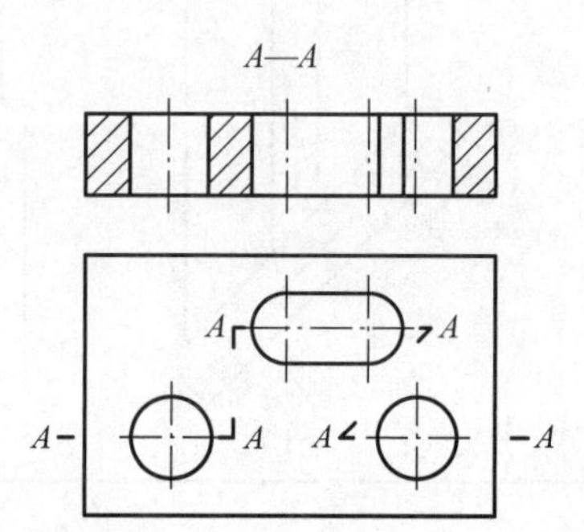

班级____________ 姓名____________ 学号____________

五、作 *A*—*A*、*B*—*B* 全剖视图。

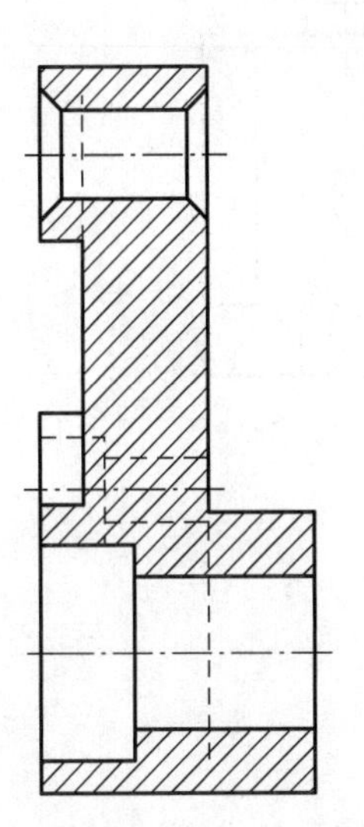

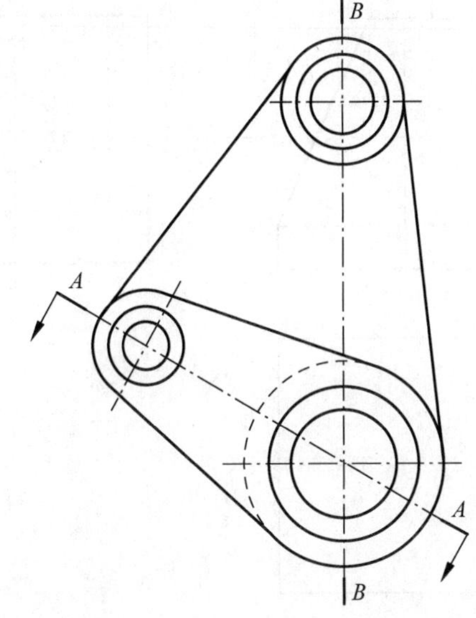

班级________________ 姓名________________ 学号________________

六、在指定的位置画出 *A—A* 半剖视图，并将左视图画成半剖视图。

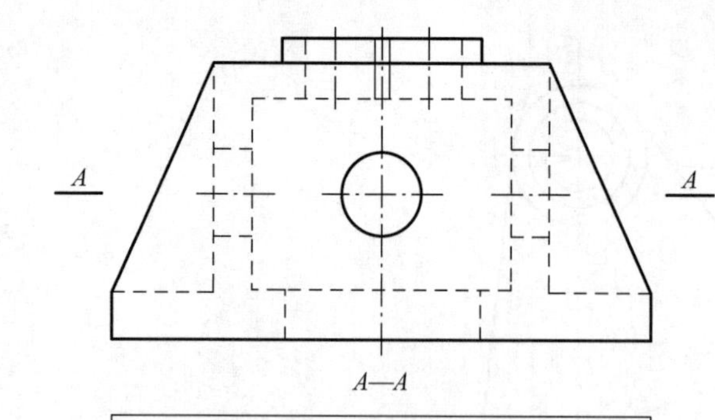

A

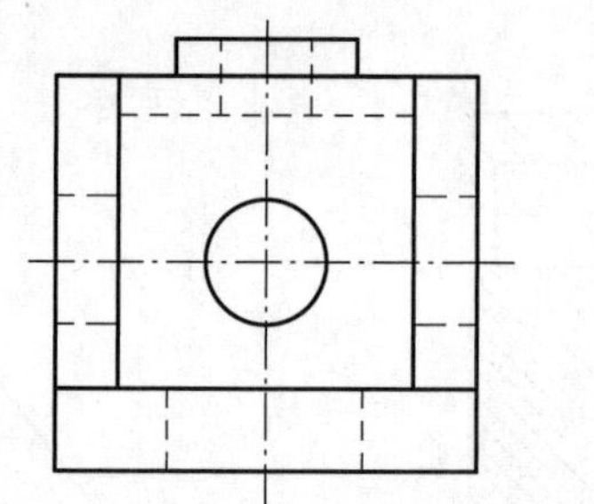

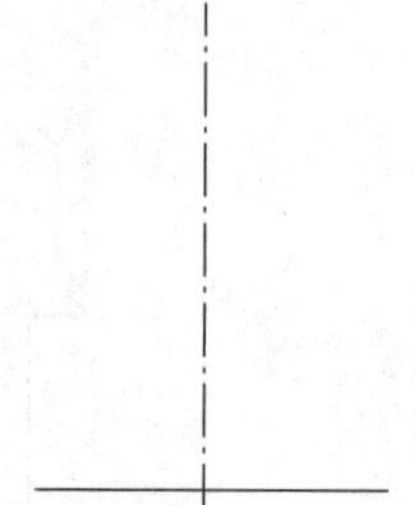

A—A

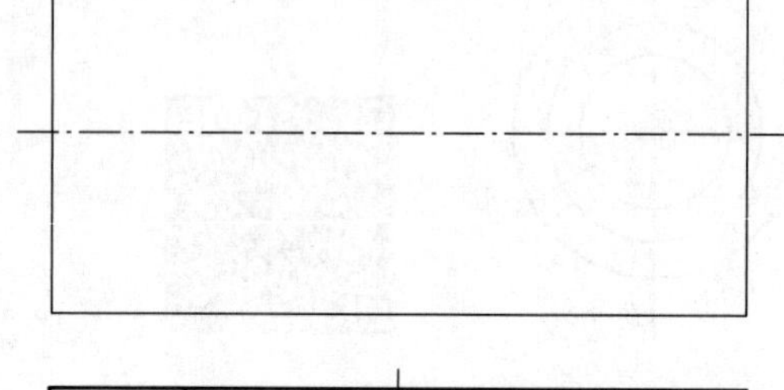

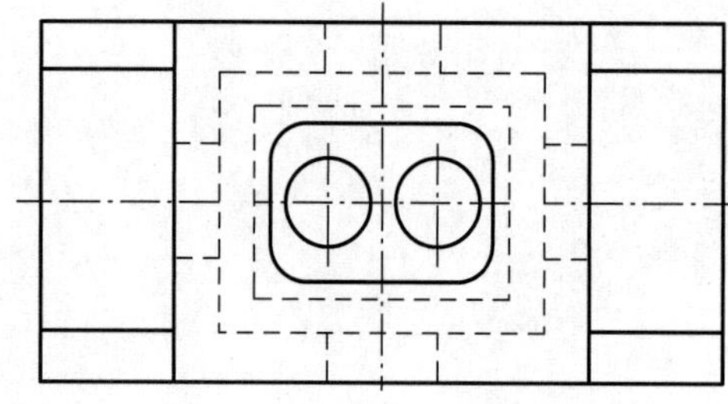

班级________________ 姓名________________ 学号________________

七、剖视图大作业。

1. 目的

① 熟悉剖视图、断面图等表达方法的画法，进一步提高空间想象力。

② 剖视图应直接画出，而不应先画成视图，再改画成剖视图。

③ 进一步提高形体分析能力及机件结构的表达能力。

④ 训练应用图样画法、选择合适机件的表达方法。

2. 内容与要求

① 根据模型（轴测图或视图）画剖视图。

② 用 A3 图纸，比例自定。

3. 注意事项

① 应用形体分析法在看清机件形状的基础上，选择表达方法，形体分析和图样画法结合起来考虑，初选几种方案进行比较，从中确定最佳方案。

② 剖面线一般不应画底稿线，而在描深时一次画成。各视图中的剖面线（细实线）方向和间隔应保持一致。

③ 注意区分哪些剖切位置和剖视图名称应标注，哪些不必标注。注意局部视图中波浪线的画法。

④ 标注尺寸仍须应用形体分析法。

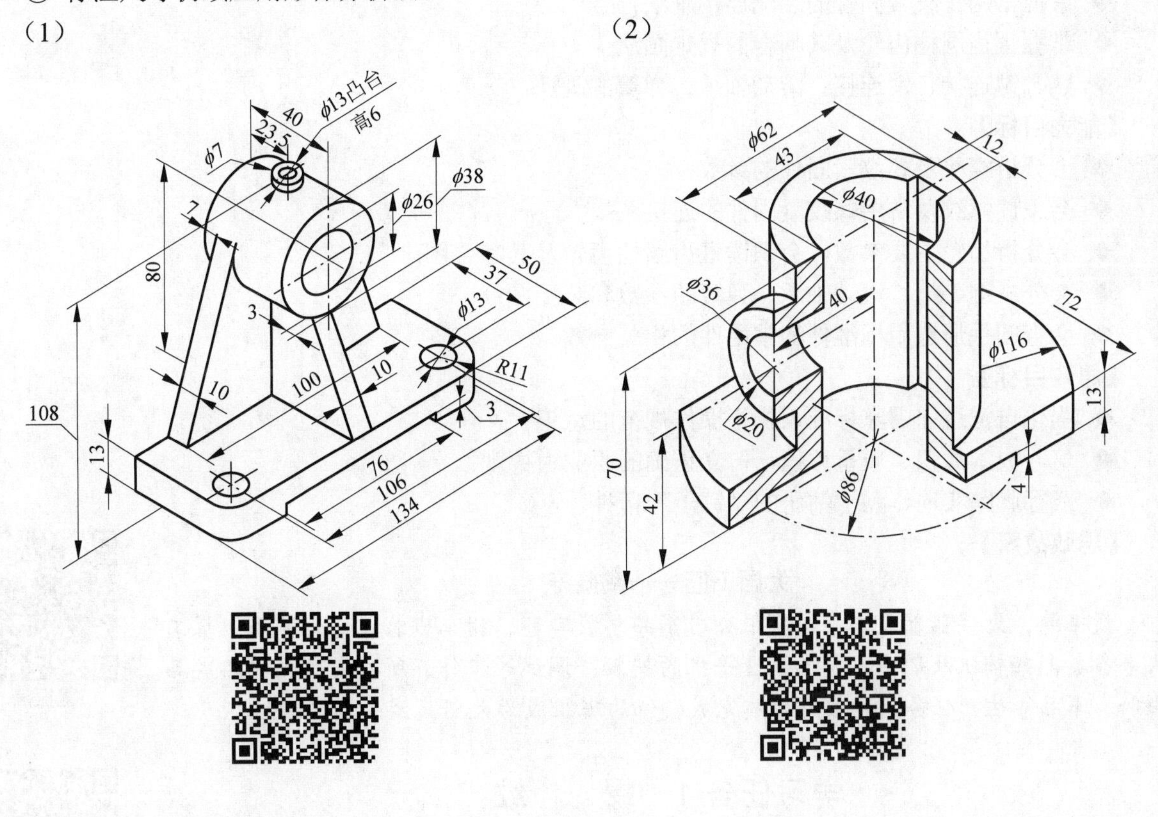

项目七　标准件与常用件

【导读】

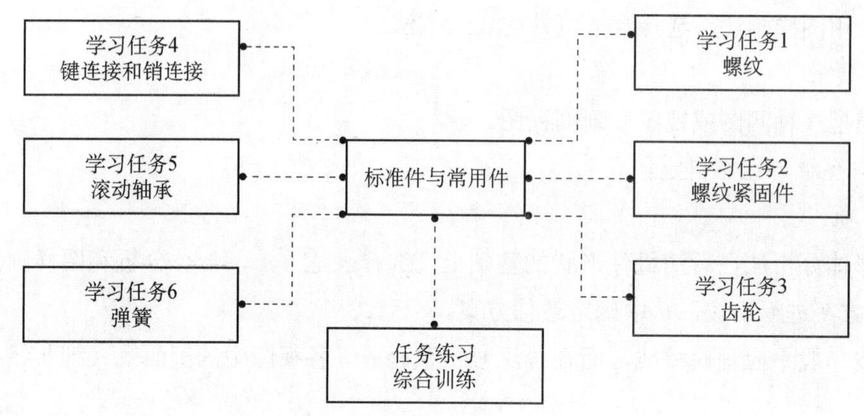

【知识目标】

◆ 掌握螺纹参数、规定画法及标注方法；
◆ 掌握常用螺纹紧固件的装配连接画法；
◆ 掌握直齿圆柱齿轮及其啮合的规定画法；
◆ 熟悉键连接、销连接、滚动轴承、弹簧的画法；

【能力目标】

◆ 会分析螺纹及螺纹紧固件的参数；
◆ 会识读螺纹及常用螺纹紧固件的连接图；
◆ 会分析齿轮主要参数，会识读直齿圆柱齿轮及其啮合图；
◆ 会分析键、销、滚动轴承、弹簧的参数和装配图；
◆ 会查阅手册选用标准件和常用件的相关参数。

【思政目标】

◆ 强化自觉遵守国家标准、执行操作规范的意识；
◆ 培养成本意识、质量意识，树立正确的职业道德观；
◆ 践行脚踏实地、勤于钻研的“钉子”精神。

【思政故事】

大国工匠——戴振涛

戴振涛，大连船舶重工集团有限公司军品总装二部，钳工班长。他带领班组员工从事各类船舶辅机及舵系、货油泵透平机的安装、调试等工作，所负责的化学品成品油船、军品等生产任务，均按期优质完成，他的班组成为大船集团的攻坚班组。

戴振涛

学习任务1　螺　　纹

螺纹的规定画法

在组成机器或部件的零件中，有些零件的结构和尺寸已经标准化，这些零件称为标准件，如螺栓、双头螺柱、螺钉、螺母、垫圈、键、销、轴承等。还有一些零件的部分结构和参数实行了标准化，这些零件称为常用件，如齿轮、弹簧等。标准件和常用件一般由专门工厂成批生产。

螺纹在工程中应用广泛，常用来连接机件和传递动力等。

一、螺纹的形成、结构和要素

1. 圆柱螺纹的形成

当圆柱面上的动点 *A* 绕圆柱轴线做等角速度旋转运动并同时沿轴线方向作等速移动时，*A* 点在该圆柱面上的运动轨迹称为圆柱螺旋线，如图 7-1 所示。

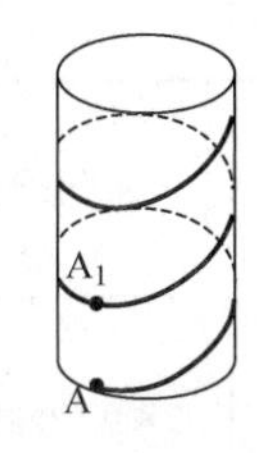

图 7-1　螺旋线的形成

螺纹是圆柱轴剖面上的一个平面图形（如三角形或梯形等）绕圆柱轴线做螺旋运动所形成的。在圆柱内表面上形成的螺纹为内螺纹，如图 7-2（a）所示。

在圆柱外表面上形成的螺纹为外螺纹，如图 7-2（b）所示。

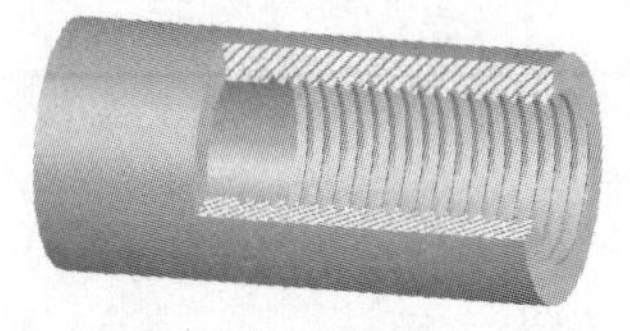
(a) 内螺纹

(b) 外螺纹

图 7-2　螺纹

螺纹可以采用不同的加工方法制成：

如图 7-3 所示为在车床上加工外螺纹的示意图（圆柱形工件做等速旋转运动，车刀沿工件轴向作等速移动）。

如图 7-4 所示为利用丝锥加工内螺纹的情况，首先用钻头对工件进行钻孔，然后用丝锥攻出内螺纹。

图 7-3　在车床上加工外螺纹

图 7-4　利用丝锥加工内螺纹

2. 螺纹的要素

螺纹的尺寸和结构是由牙型、直径、螺距和导程、线数、旋向等要素确定的，当内、外螺纹相互旋合时，这些要素必须相同，才能装配在一起。

（1）牙型

通过螺纹轴线剖切螺纹所得的剖面形状称为螺纹的牙型。

牙型不同的螺纹，其用途也各不相同。常用螺纹的牙型见表 7-1。

表 7-1　常用螺纹的牙型

螺纹种类及特征代号		外 形 图	牙型放大图	功　用
连接螺纹	普通螺纹（M）		60° d	普通螺纹是最常用的连接螺纹，分粗牙和细牙两种。细牙的螺距和切入深度较小，用于细小精密零件或薄壁零件上

续表

螺纹种类及特征代号		外 形 图	牙型放大图	功 用
	非螺纹密封的管螺纹（G）		55° d	英寸制管螺纹是一种螺纹深度较小的特殊细牙螺纹，多用于压力在 1.568Pa 以下的水、煤气、润滑和电线管路系统
传动螺纹	梯形螺纹（T_r）		30° d	用于传动，各种机床上的丝杠多采用这种螺纹
	锯齿形螺纹（B）		3° 30° d	只能传递单向动力，如螺旋压力机等
	矩形螺纹		P φ φ	牙型为正方形，为非标准螺纹，用于千斤顶、小型压力机等

（2）直径

螺纹的直径分为三种：大径、小径和中径。

与外螺纹牙顶或内螺纹牙底相重合的假想圆柱的直径，称为大径。

与外螺纹牙底或内螺纹牙顶相重合的假想圆柱的直径，称为小径。

中径也是一个假想圆柱的直径，该圆柱的母线通过牙型上的沟槽和凸起宽度相等的地方，如图 7-5 所示。

外螺纹的大、小、中径分别用符号 d、d_1、d_2 表示，内螺纹的大、小、中径则分别用符号 D、D_1、D_2 表示。

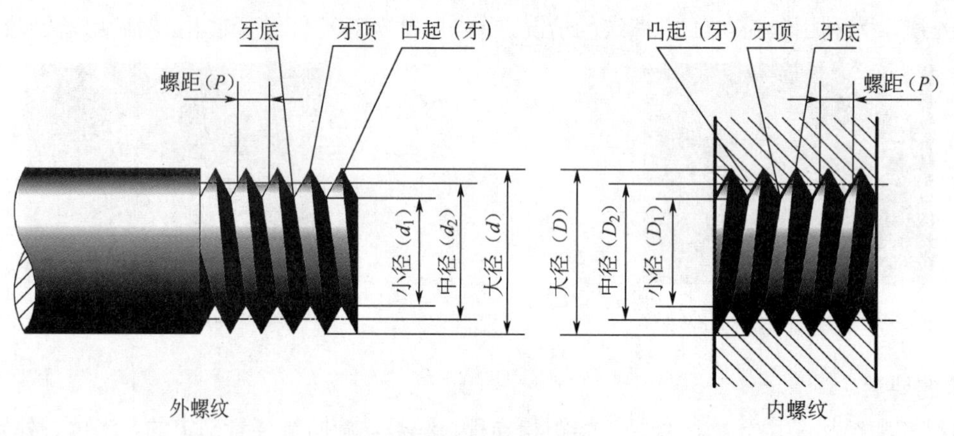

图 7-5 螺纹的直径

（3）线数（n）

螺纹有单线和多线之分。

单线螺纹是指由一条螺旋线所形成的螺纹，如图 7-6 所示。

多线螺纹是指由两条或两条以上在轴向等距分布的螺旋线所形成的螺纹，如图 7-7 所示。

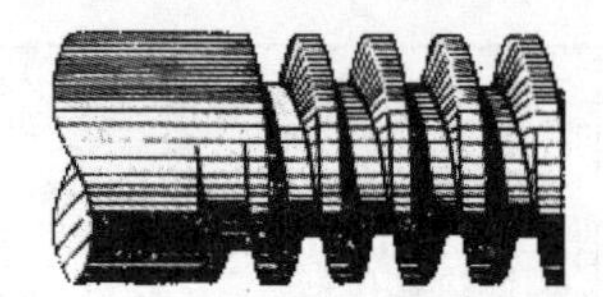

图 7-6 单线螺纹

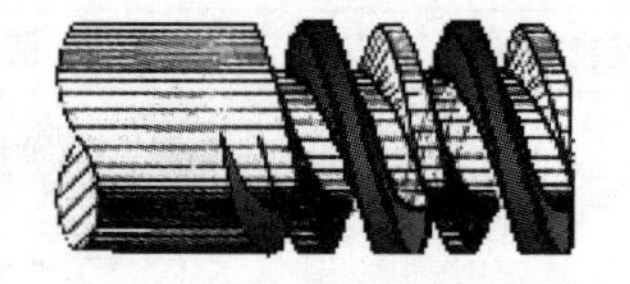

图 7-7 双线螺纹

（4）螺距（P）和导程（P_h）

同一螺旋线上的相邻牙在中径上对应两点间的轴向距离，称为导程。

螺纹相邻牙在中径上对应两点间的轴向距离，称为螺距。

单线螺纹导程等于螺距，如图 7-8（a）所示。

多线螺纹导程等于线数乘螺距，即 $P_h=nP$，如图 7-8（b）所示。

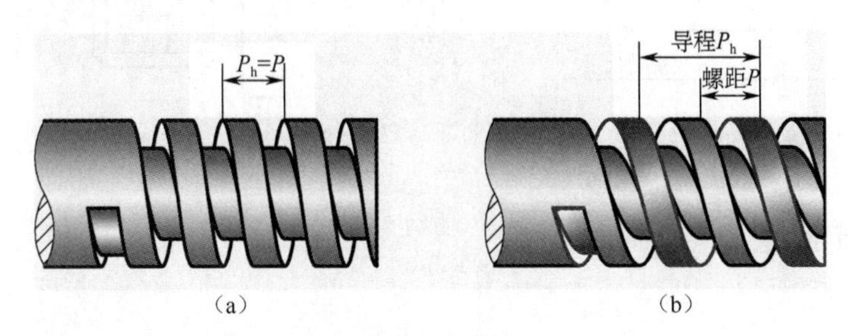

图 7-8　螺距和导程

（5）旋向

螺纹有左旋和右旋之分。顺时针旋转时旋入的螺纹称为右旋螺纹，反之，逆时针旋转时旋入的螺纹称为左旋螺纹，如图 7-9 所示。

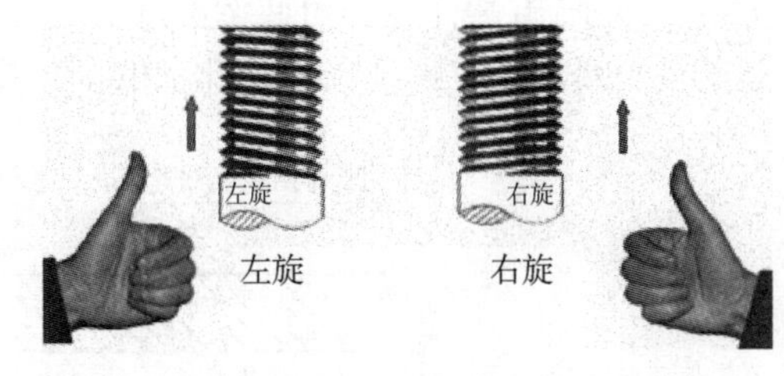

图 7-9　螺纹的旋向

3. 螺纹的种类

国家标准对螺纹的牙型、大径、螺距等都做了规定，根据符合国标的不同情况，螺纹可分为三类：

① 标准螺纹。其牙型、大径和螺距都符合国家标准的规定，只要知道此类螺纹的牙型和大径，即可从有关标准中查出螺纹的全部尺寸。

② 特殊螺纹的牙型符合标准规定，直径和螺距均不符合标准规定。

③ 非标准螺纹的牙型、直径和螺距均不符合标准规定。

4. 螺纹的结构

（1）螺纹起始端倒角或倒圆

为了便于螺纹的加工和装配，常在螺纹的起始端加工成倒角或倒圆等结构，如图 7-10 所示。

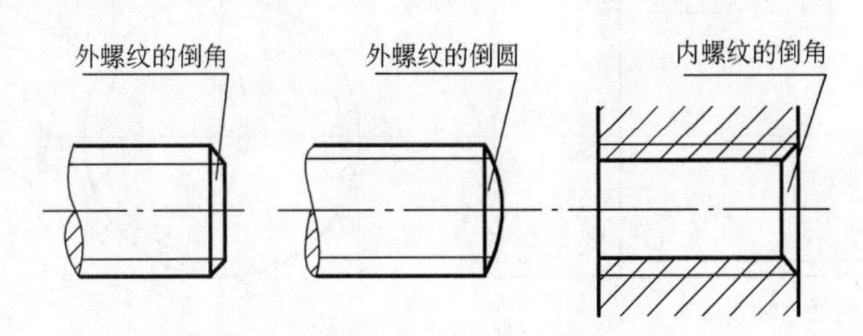

图 7-10　螺纹的倒角或倒圆

（2）螺纹的收尾和退刀槽

车削螺纹，刀具运动到螺纹末端时要逐渐退出切削，因此螺纹的末尾部分的牙型是不完整的，这一段不完整的牙型称为螺纹的收尾（简称螺尾），如图 7-11 所示。螺尾只在有要求时才画出，不需要标注，螺尾与轴线夹角为 30°。

在允许的情况下，为了避免产生螺尾，可以预先在螺纹末尾处加工出退刀槽，然后再车削螺纹，如图 7-12 所示。

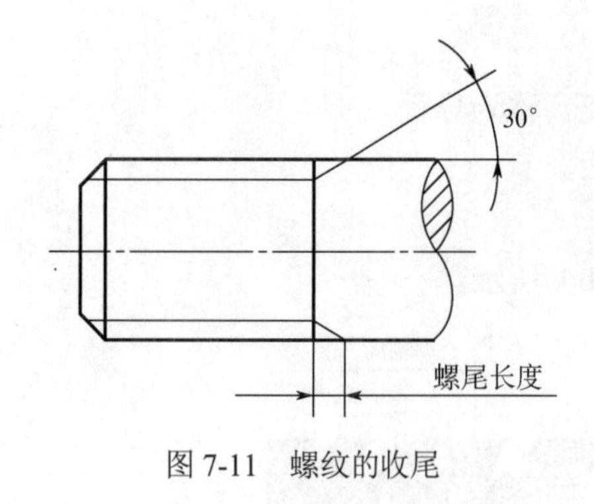

图 7-11　螺纹的收尾

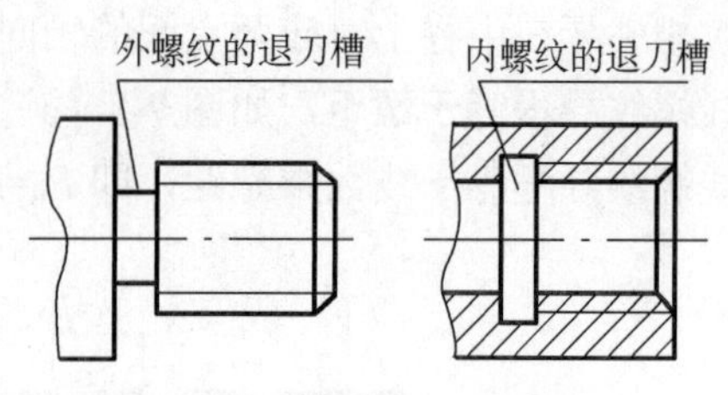

图 7-12　螺纹的退刀槽

二、螺纹的规定画法

1. 外螺纹的画法

螺纹牙顶（大径）及螺纹终止线用粗实线表示，牙底（小径）用细实线表示（小径近似画成大径的0.85），并画出螺杆的倒角或倒圆部分，在垂直于螺纹轴线的投影面的视图中，表示牙底圆的细实线只画约 3/4 圈，此时螺杆或螺纹孔上的倒角投影省略不画，如图 7-13 所示。

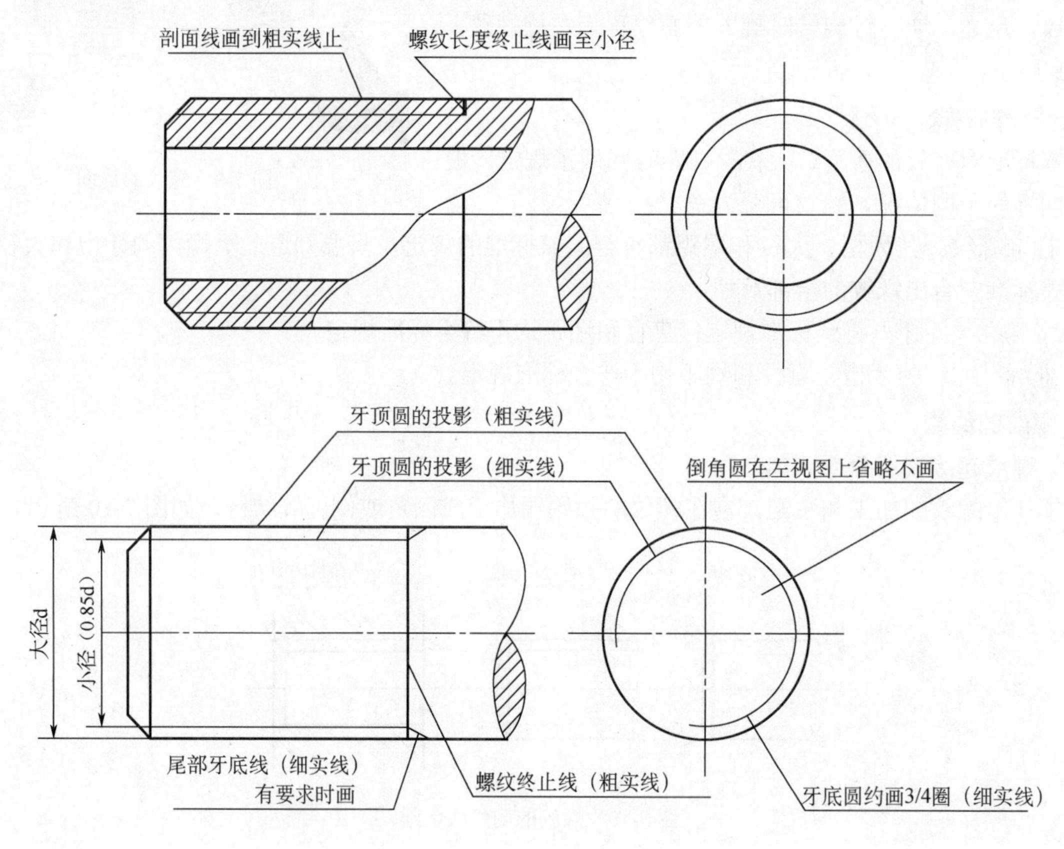

图 7-13　外螺纹的画法

2. 内螺纹的画法

内螺纹一般画成剖视图，其牙顶（小径）及螺纹终止线用粗实线表示，牙底（大径）用细实线表示，剖面线画到粗实线为止。在垂直于螺纹轴线投影面的视图中，小径圆用粗实线表示，大径圆用细实线表示，且只画约 3/4 圈，此时，螺纹倒角或倒圆省略不画，如图 7-14 所示。

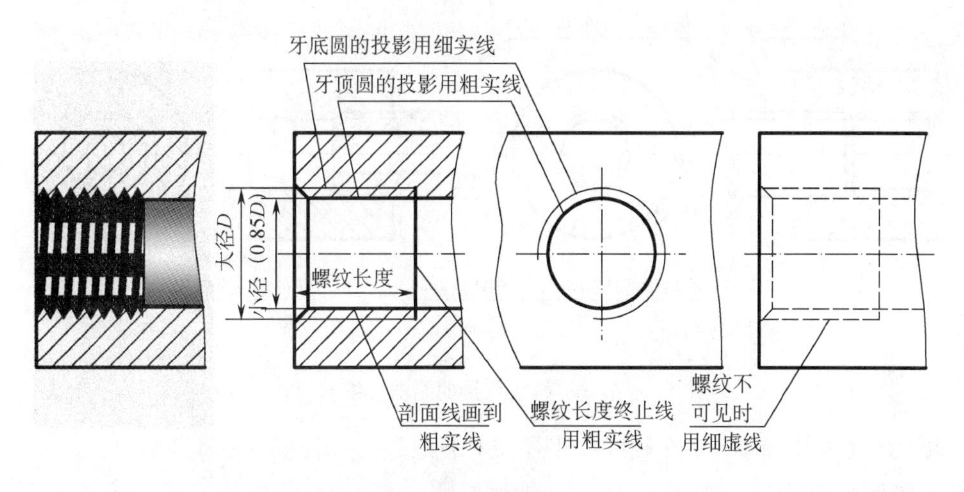

图 7-14　内螺纹的画法

绘制不穿通螺纹孔时，一般应将螺纹深度和孔深分别画出，为防止攻丝过程中发生炸件，应留有一定的安全距离，钻孔深度比螺孔深度大 0.5*D*（*D* 为螺纹大径），钻头顶部形成锥顶角（120º），如图 7-15（a）所示。两级钻孔（阶梯孔）的过渡处也存在 120º 锥顶角，作图时要注意画出，如图 7-15（b）所示。

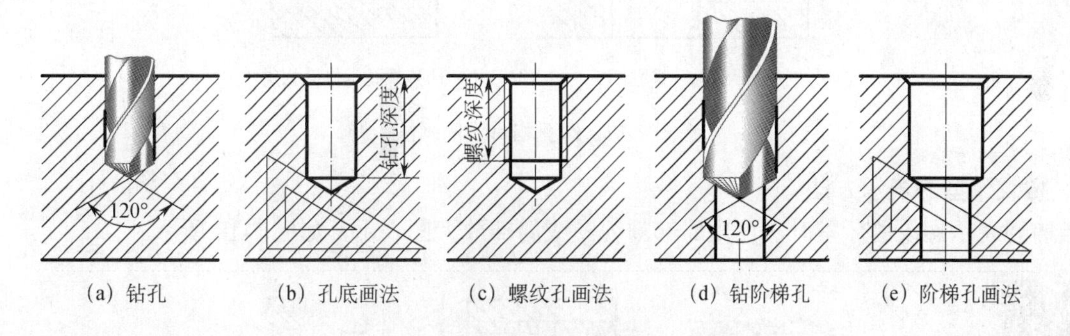

图 7-15　钻孔底部与阶梯孔的画法

3. 螺纹连接的画法

用剖视图表示一对内、外螺纹连接时，其旋合部分应按外螺纹绘制，其余部分仍按各自的规定画法绘制。应该注意的是：表示大径、小径的粗实线和细实线应分别对齐，而与倒角的大小无关，如图 7-16 所示。

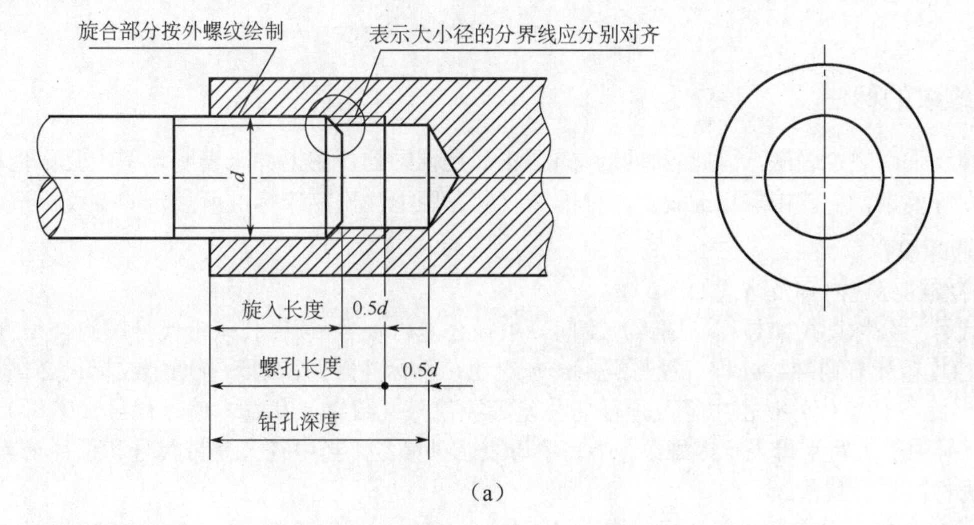

（a）

图 7-16　螺纹连接的画法

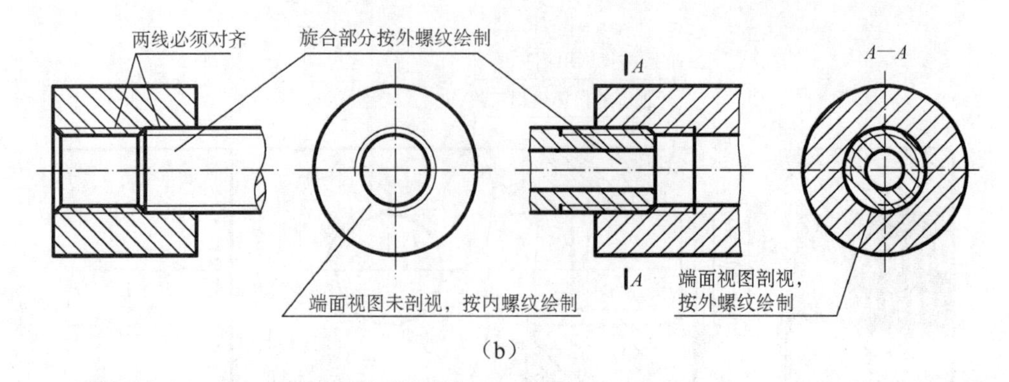

（b）

图 7-16　螺纹连接的画法（续）

注意：大径线和大径线对齐，小径线和小径线对齐。

4. 螺孔相贯线的画法

螺孔与螺孔相贯或螺孔与光孔相贯时，其画法如图 7-17 所示。

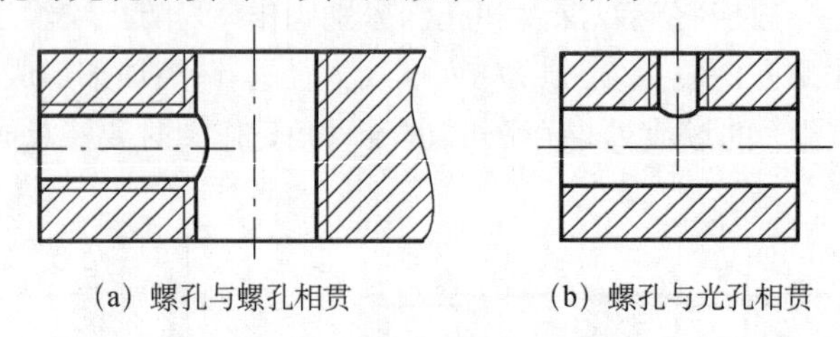

(a) 螺孔与螺孔相贯　　(b) 螺孔与光孔相贯

图 7-17　螺孔相贯线的画法

5. 螺纹牙型的表示方法

当需要表示螺纹的牙型时，可用局部剖视图或局部放大图表示，如图 7-18 所示。

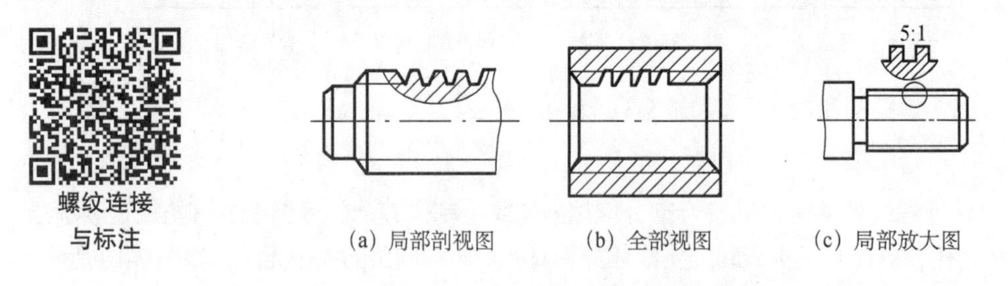

(a) 局部剖视图　　(b) 全部视图　　(c) 局部放大图

图 7-18　螺纹牙型的表示方法

三、螺纹的标注

由于螺纹采用规定画法，因此各种螺纹的画法都是相同的，图上并未表明牙型、公称直径、螺距、线数和旋向等要素，所以国家标准规定，标准螺纹应在图上注出相应标准所规定的螺纹标记。

1. 普通螺纹

普通螺纹的标记内容及格式如下：

特征代号　公称直径×导程（螺距）旋向—中径公差带代号 顶径公差带代号—旋合长度代号

说明：① 粗牙普通螺纹公称直径与螺距一一对应，不标注螺距。细牙普通螺纹标记必须标注螺距。

② 普通螺纹公差代号是由中径及顶径的公差等级代号（数字）和基本偏差代号（字母）两部分组成，公差代号中的大写字母表示内螺纹，小写字母表示外螺纹，当中径公差带代号和顶径公差带代号相同时，则只标注一个代号。

③ 最常用的中等公差精度螺纹（公称直径≤1.4 的 5H、6h 和公称直径≥1.6 的 6H 和 6g）不标注公差带代号。

④ 当螺纹为左旋时，加注“LH”，右旋不标注。

⑤ 旋合长度分为短、中、长三组，其代号分别为S、N、L。中等旋合长度最常用，“N”可省略。

【例7-1】解释“M24 LH—5g6g”的含义。

解：表示粗牙普通外螺纹，公称直径（大径）为24，单线左旋，中径公差带代号为5g，顶径公差带代号为6g，中等旋合长度。

【例7-2】解释“M12×1—6H”的含义。

解：表示细牙普通内螺纹，公称直径（大径）为12，螺距为1，右旋，中径公差带代号和顶径公差带代号均为6H，中等旋合长度。

普通螺纹的上述简化标记规定同样适合内、外螺纹配合（即螺旋副）的标记。例如，公称直径为20的粗牙普通螺纹，中等旋合长度，内螺纹公差带代号6H，外螺纹公差带代号6g，则其螺纹副标记可简化为“M20”；当内、外螺纹公差带并非同为中等公差精度时，则应同时注出公差带代号，并用斜线将两个代号隔开。例如，M24—6H的内螺纹与M24—5g6g的外螺纹旋合，螺纹副标记为“M24－6H/5g6g”。

2. 管螺纹

管螺纹是英制的，有非螺纹密封的管螺纹和用螺纹密封的管螺纹，两种管螺纹在标注上有较大的区别。

① 非螺纹密封的管螺纹的标记内容及格式如下：

特征代号 尺寸代号 公差等级代号—旋向代号

说明：螺纹特征代号用G表示。非螺纹密封的内管螺纹公差等级只有一种，因此不标注。而外管螺纹公差等级有A、B两种，所以需标注。当螺纹为左旋时，加注“LH”。管螺纹尺寸代号表示带有外螺纹管子的孔径并非螺纹大径，单位为英寸，管螺纹的直径和螺距可由尺寸代号从标准中查得。

【例7-3】解释“G1/2A—LH”的含义。

解：表示非螺纹密封的左旋圆柱外管螺纹，尺寸代号为1/2，公差等级代号为A。

② 用螺纹密封的管螺纹的标记内容及格式：

特征代号 尺寸代号—旋向代号

说明：螺纹特征代号：R_c表示圆锥内螺纹，Rp表示圆柱内螺纹，R表示圆锥外螺纹。

螺纹密封的管螺纹标注示例如下：右旋圆柱内螺纹 R_P 3/4；右旋圆柱外螺纹 R_1 3/4。尺寸代号为3/4的右旋圆柱内螺纹与圆柱外螺纹所组成的螺纹副 R_P/R_1 3/4；左旋圆锥内螺纹 R_c 1 LH；左旋圆锥外螺纹 R_2 1 LH；螺纹副 R_c/R_2 1 LH。

3. 梯形螺纹和锯齿形螺纹

传动螺纹包括梯形螺纹（Tr）和锯齿形螺纹（B），其标记内容及格式如下：

特征代号 公称直径×导程（*P*螺距）旋向—中径公差带代号—旋合长度代号

说明：多线螺纹用“公称直径×导程（*P*螺距）”表示，单线时导程不标注。当螺纹为左旋时加注“LH”，右旋不标记。梯形螺纹和锯齿形螺纹的公差带代号只标注中径公差带。梯形螺纹和锯齿形螺纹旋合长度分为中等旋合长度（N）和长旋合长度（L）两种。N省略不注。

【例7-4】解释“Tr 40×7－7H”的含义。

解：表示公称直径为40，螺距为7的单线右旋梯形内螺纹，中径公差带代号为7H，中等旋合长度。

【例7-5】解释“Tr40×14（p7）LH－8e－L”的含义。

解：表示公称直径为40，导程为14，螺距为7的双线左旋梯形外螺纹，中径公差带代号为8e，长旋合长度。

4. 常用螺纹的标注示例

常用螺纹的标注示例见表7-2。

公称直径以mm为单位的螺纹，其应直接在大径的尺寸线上或其引出线上标注。管螺纹，其应在引出线上标注，引出线由大径处引出（见表7-2）。

表 7-2 常用螺纹的标注示例

螺纹类别				特征代号	标注示例	说明
连接螺纹	普通螺纹	粗牙		M	M10-7g；M10-7H	粗牙不标注螺距，左旋时尾部加注“LH”； 中等公差精度（如 6H,6g）不标注公差带代号； 中等旋合长度不标注 N（下同）；多线时标注导程、螺距
		细牙		M	M18×1—5g6g—LH；M18×1—7H—LH	
	管螺纹	55º非密封管螺纹		G	G1/2A	外螺纹公差等级分 A 级和 B 级两种；内螺纹公差等级只有一种，所以省略标注。表示螺纹副时，仅需标注外螺纹的标记
		55º密封管螺纹	圆锥外螺纹	R_1或R_2	R1/2	R_1：表示与圆柱内螺纹相配合的圆锥外螺纹 R_2：表示与圆锥内螺纹相配合的圆锥外螺纹； 内、外螺纹均只有一种公差带，故省略不标注。表示螺纹副时，尺寸代号只标注一次
			圆锥内螺纹	R_c	R_c1/4	
			圆柱内螺纹	R_p	Rp1/2；Rp3/4	
传动螺纹	梯形螺纹			Tr	Tr40×14(P7)LH—7e	
	锯齿形螺纹			B	B40×7LH—7s	

对于特殊螺纹应在牙型符号前加注“特”字（如图 7-19（a）所示）。

对于非标准螺纹，则应画出螺纹的牙型，并标注所需要的尺寸及有关要求，如图 7-19（b）所示。

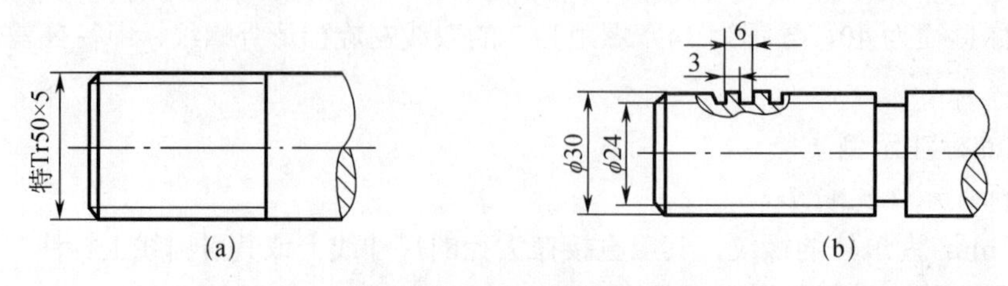

图 7-19 特殊螺纹和非标准螺纹的表示方法

【任务练习 7-1】

班级__________ 姓名__________ 学号__________

一、螺纹画法及改错。

1. 检查螺纹画法的错误，在其下方画出正确的图。

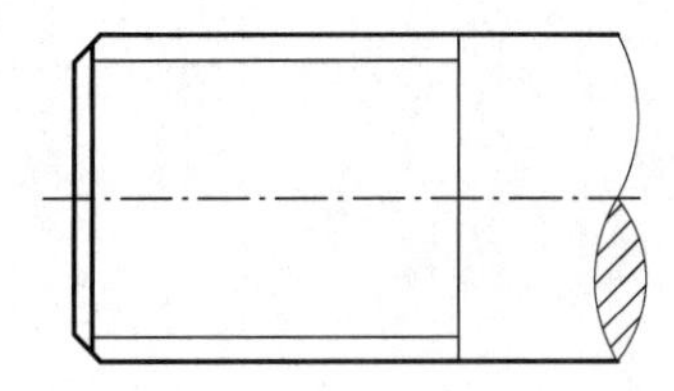

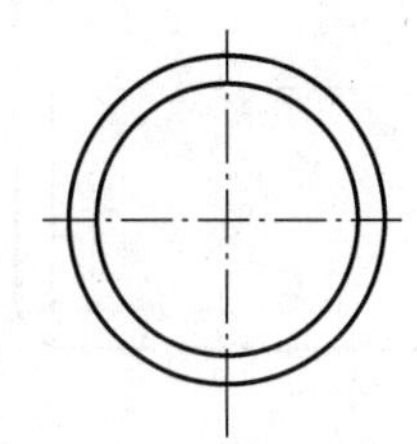

2. 找出螺孔画法中的错误，将正确的图画在空白处。

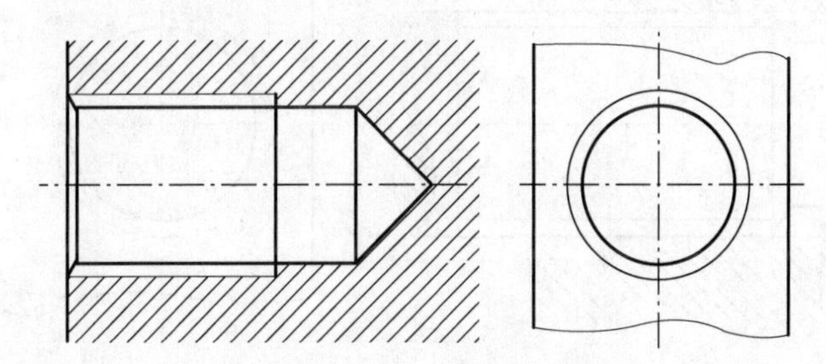

班级________________ 姓名________________ 学号________________

3. 检查螺纹画法的错误，在其右侧画出正确的图。

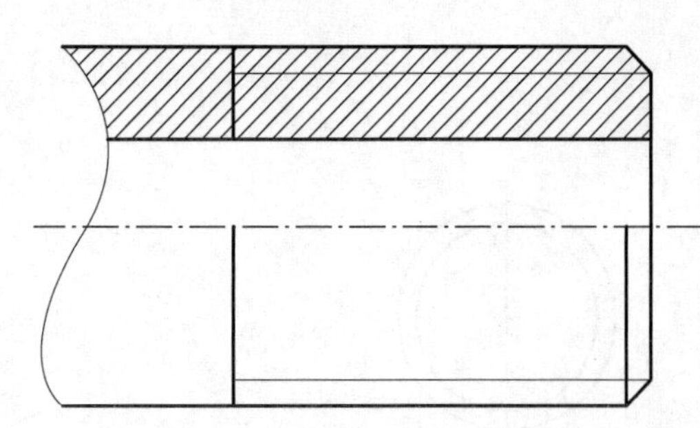

4. 将下面的图形改为正确的连接画法。

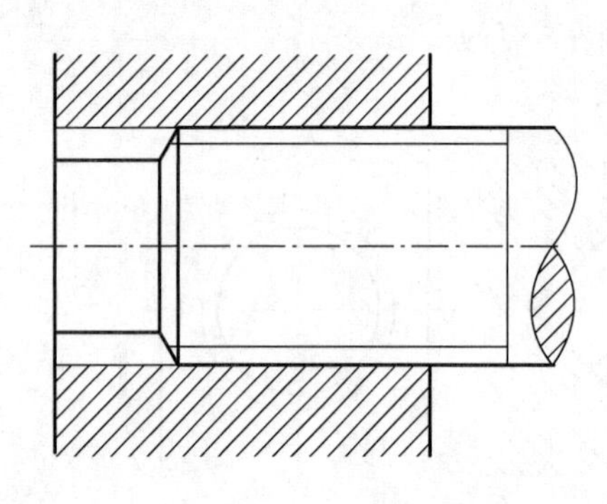

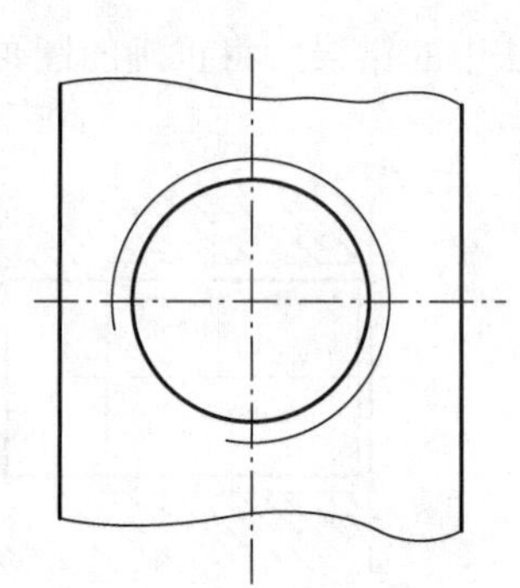

【任务练习】

班级________________ 姓名________________ 学号________________

二、螺纹的画法及查表。

1. 按给定的尺寸绘出外螺纹 M20，螺纹长度为 30mm。

2. 按给定的尺寸，绘出内螺纹 M16，钻孔深为 35mm，螺纹深度为 30mm，孔口倒角 *C*1。

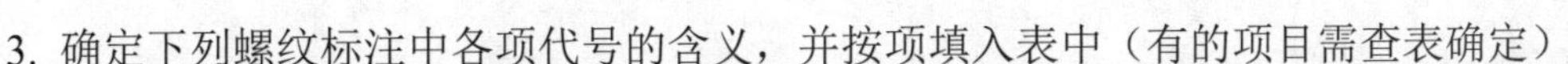

3. 确定下列螺纹标注中各项代号的含义，并按项填入表中（有的项目需查表确定）

项目 / 代号	螺纹种类	内、外螺纹	大径	小径	导程	螺距	线数	旋向	公差带		旋合长度
									中径	顶径	
M20×1.5－6h											
M16－6H											
G1 1/4－LH											
Tr40×14（P7）－8H											

班级____________ 姓名____________ 学号____________

三、根据给出的螺纹数据，正确标注螺纹代号及精度要求。

1. 粗牙普通螺纹，大径 24，螺距 3，单线，右旋，中径公差带代号为 5g，顶径公差带代号为 6g。

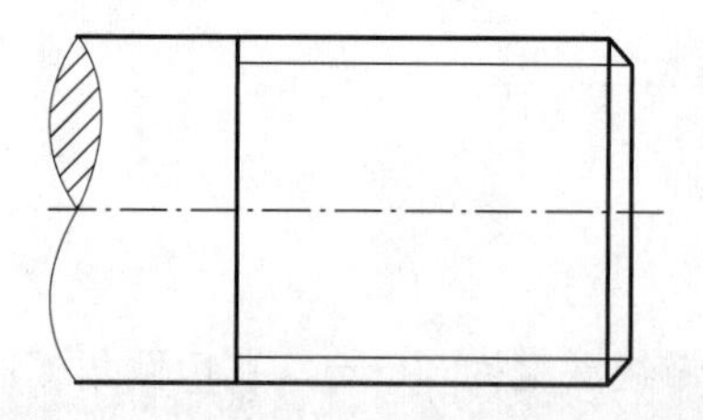

2. 细牙普通螺纹，大径 24，螺距 1.5，单线，左旋，中径及顶径公差带代号均为 6H。

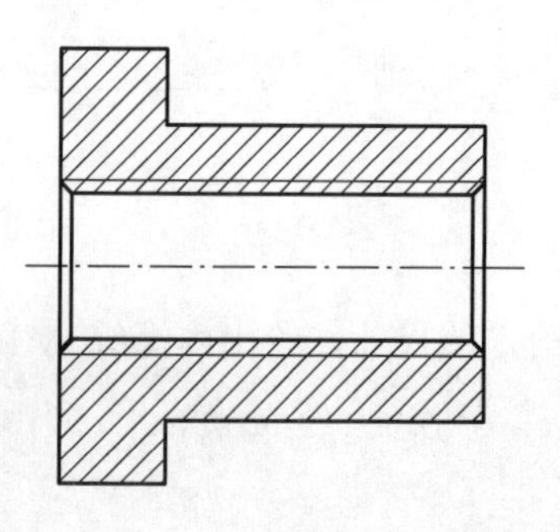

3. 梯形螺纹，公称直径为 28，螺距为 5，双线，右旋，中径公差带代号为 7H，中等旋合长度。

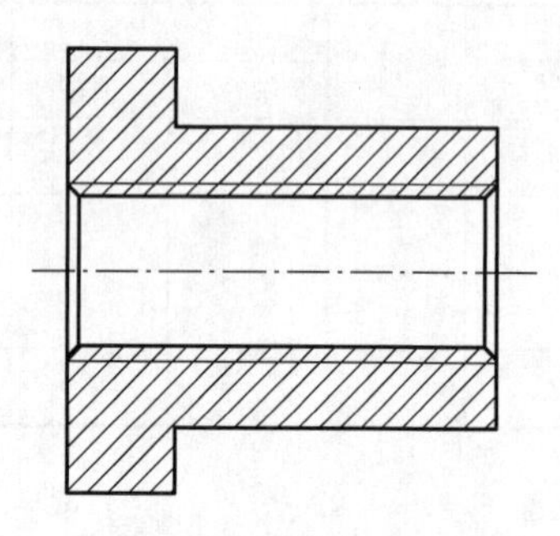

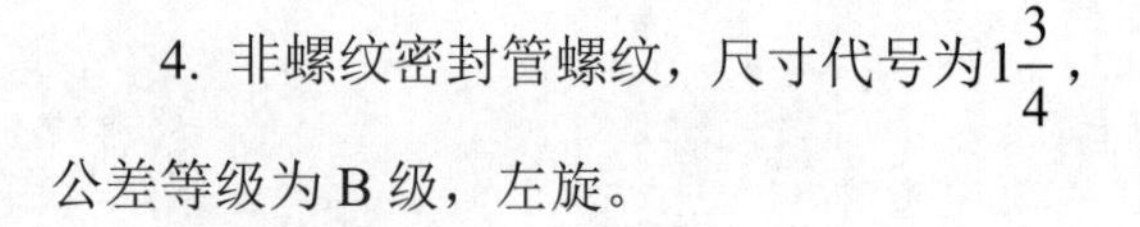

4. 非螺纹密封管螺纹，尺寸代号为$1\frac{3}{4}$，公差等级为 B 级，左旋。

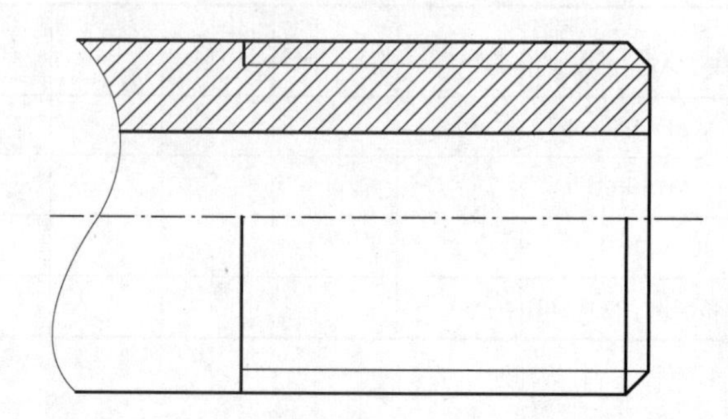

学习任务2　螺纹紧固件

螺纹紧固件连接

螺纹连接通常可分为螺栓连接、双头螺柱连接和螺钉连接等。

螺纹紧固件的种类很多，其中最常见的如图 7-20 所示。这类零件一般都是标准件，即它们的结构尺寸均按其规定标注，且可从相应的标准中查出。

图 7-20　常见螺纹紧固件的种类

常用螺纹紧固件的标注示例见表 7-3。

表 7-3　常用螺纹紧固件的标注示例

名　称	简　图	规定标注及说明
开槽沉头螺钉		螺钉 GB/T 68 M12×45
开槽锥端紧固螺钉		螺钉 GB/T 71 M12×40-14H
六角头螺栓		螺栓 GB/T 5782 M12×55
双头螺柱		螺柱 GB/T 900 M12×45
1 型六角螺母		螺母 GB/T 6170 M16
平垫圈		垫圈 GB/T 97.1 16

续表

名　　称	简　　图	规定标注及说明
弹簧垫圈	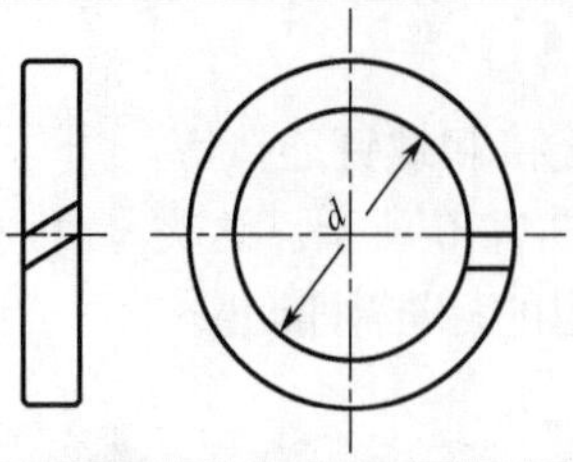	垫圈 GB/T 93 16

① 采用现行标准标注各紧固件时，国标中的年号可以省略，如表中的双头螺柱标注。

② 在国标号后、螺纹代号前要空一格。

下面分别介绍各种螺纹连接件的装配画法。

一、螺栓连接

螺栓连接由螺栓、螺母、垫圈组成，用于两被连接件厚度不大、可钻出通孔的情况，如图 7-21 所示。

图 7-21　螺栓连接

螺栓连接图的画法有两种：查表法和近似画法。无论采用哪一种画法，螺杆的公称长度 l 都必须计算且查表取相应标准值后再画图。

1. 螺栓公称长度的确定

螺栓公称长度计算公式：

$l=\delta_1+\delta_2+h+m+a$

式中，　δ_1——下部零件的厚度（mm）；

δ_2——上部零件的厚度（mm）；

h——垫圈厚度（mm）；

m——螺母厚度（mm）；

a——螺柱伸出螺母的长度（mm）。

如图 7-22 所示，螺栓的公称长度 l，应先查阅垫圈、螺母的表格得出 h 和 m，a 一般约取为 $0.3d$，再加上被连接件的厚度，经上式计算得出数值后，再从相应的螺栓标准所规定的长度系列中修正为标准值 l。

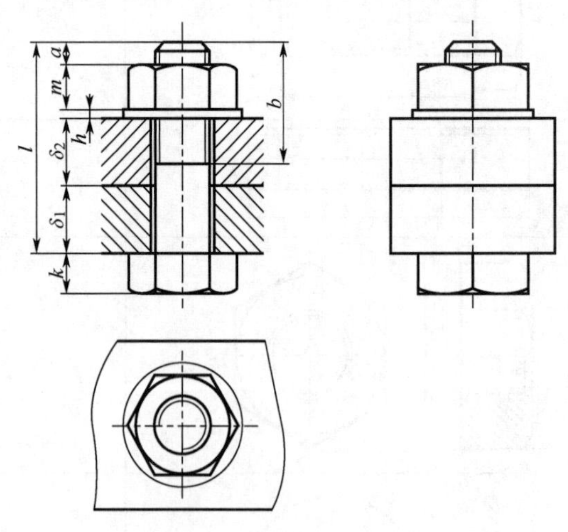

图 7-22　螺栓连接的画法

2. 螺栓连接的画法

①查表法根据其各个紧固件的标注可分别查阅相关表格或有关标准，得出各紧固件的尺寸，然后绘制连接图的一种方法。

② 近似画法 为了减少查表的烦琐，将紧固件各部分尺寸用与公称直径成一定比例的尺寸来绘制连接图的一种方法，又称比例画法。

绘制螺栓连接图时常采用比例画法，图 7-23 为螺栓连接件的比例画法。装配时先在被连接的两个零件上钻出比螺栓直径 d 稍大的通孔（约为 $1.1d$），然后使螺栓穿过通孔，并在螺栓上套上垫圈，再用螺母拧紧。图 7-23（b）表示用螺栓连接两个零件的装配画法，也可采用图 7-23（c）所示的简化画法。

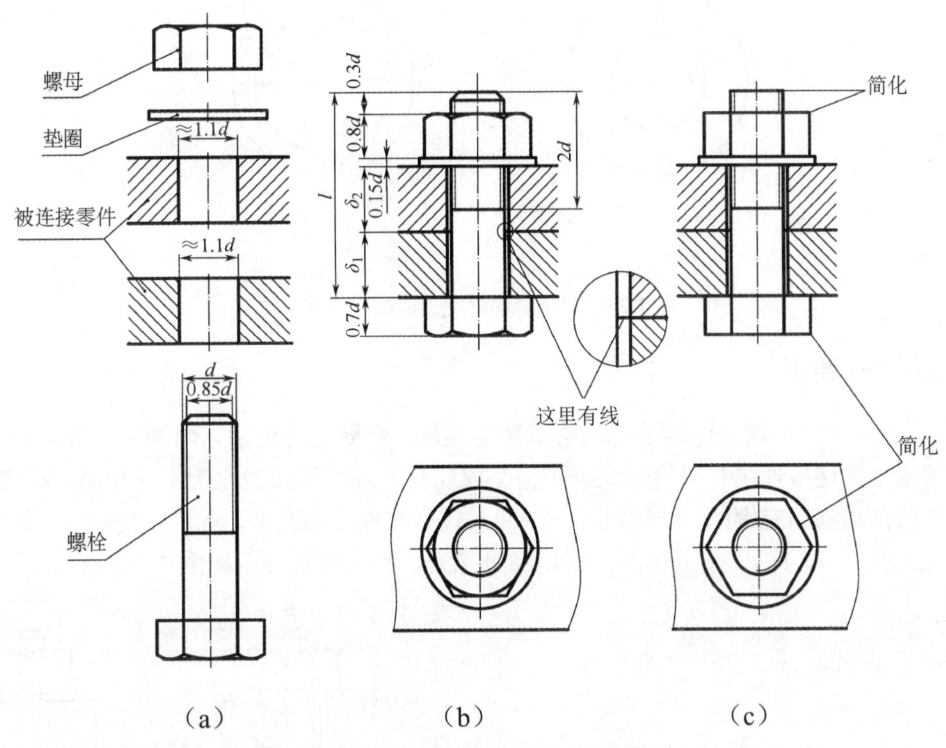

图 7-23 螺栓连接的近似画法（比例画法）

在画螺栓连接的装配图时，应该注意：

① 零件的接触面只画一条线，不应画成两条线或特意加粗。

② 装配图中，当剖切平面通过螺栓、螺母、垫圈的轴线时，螺栓、螺母、垫圈一般均按未剖切绘制。螺纹紧固件的工艺结构，如倒角、退刀槽、凸肩等均可省略不画。

③ 在剖视图中，相邻零件的剖面线，其倾斜方向应相反，或方向一致而间隔不等。但同一零件在各个剖视图中的剖面线均应方向相同、间隔相等。

3. 螺栓、螺母和垫圈的近似画法（比例画法）

用近似画法绘制螺栓连接的装配图时，可按螺栓、螺母、垫圈的规定标注，从有关的表格中查得绘图所需的尺寸。但在绘图时，为简便起见，通常按螺栓、螺母、垫圈的近似画法画出，如图 7-24 所示。

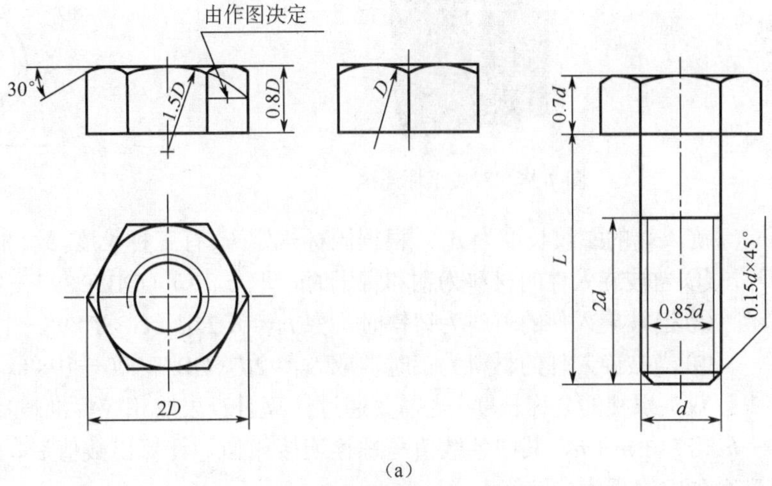

图 7-24 单个紧固件的近似画法

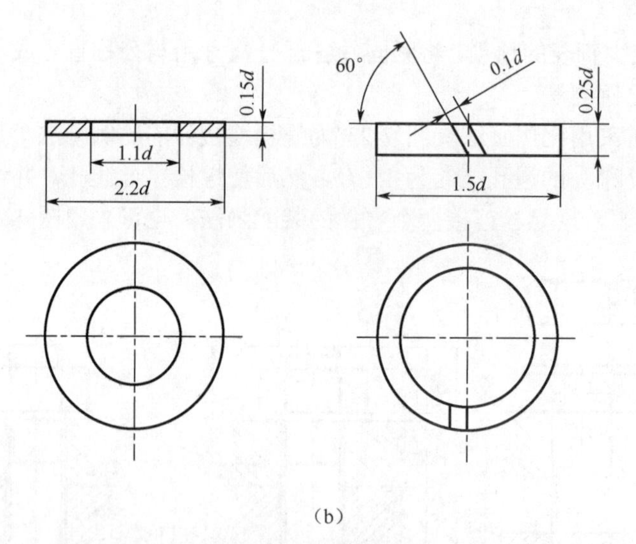

（b）

图 7-24　单个紧固件的近似画法（续）

二、双头螺柱连接

如图 7-25 所示，双头螺柱连接是用双头螺柱与螺母、垫圈配合使用，将两个零件连接在一起。双头螺柱连接常用于被连接件之一厚度较大、不便钻成通孔，或由于其他原因不便使用螺栓连接的场合。

双头螺柱的两端都制有螺纹，装配时，一端旋入较厚零件的螺孔中，称旋入端；另一端穿过较薄的零件上的通孔（孔径≈1.1d），套上垫圈，再用螺母拧紧，称为紧固端，如图 7-26 所示。

图 7-25　双头螺柱连接

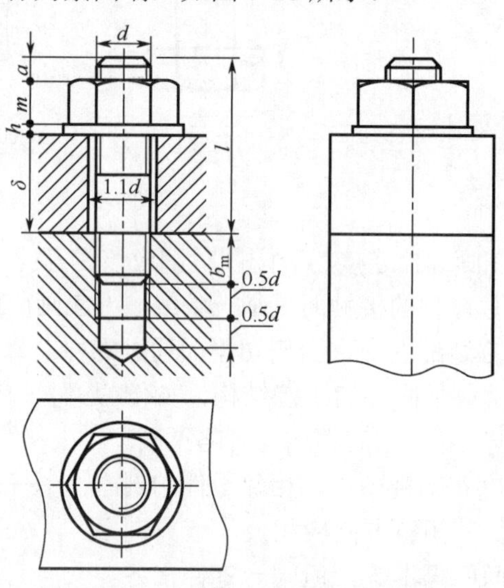

图 7-26　双头螺柱连接的画法

旋入端的螺纹长度为 b_m。根据国标规定 b_m 有三种长度，可根据螺孔的材料选用：

① 当被旋入件的材料为钢和青铜时，取 $b_m=d$（GB/T 897—1988）；

② 当被旋入件的材料为铸铁时，取 $b_m=1.25d$（GB/T 898—1988））或 1.5d（GB/T 899—1988）；

③ 当被旋入件的材料为铝时，取 $b_m=2d$（GB/T 900—1988）。

双头螺柱的公称长度 l 也需要通过计算且查表取相应标准值后再画图。螺栓公称长度计算公式：$l=\delta+h$（s）$+m+a$，其中各数值与螺栓连接相似，计算出数值后，再从相应的双头螺柱标准所规定的长度系列中修正为标准值 l。

双头螺柱的型式、尺寸和标注，可查阅附录 C 中的附表 11。绘制螺柱连接图时，同样可采用查表法或比例画法，双头螺柱的比例画法如图 7-27、7-28 所示。

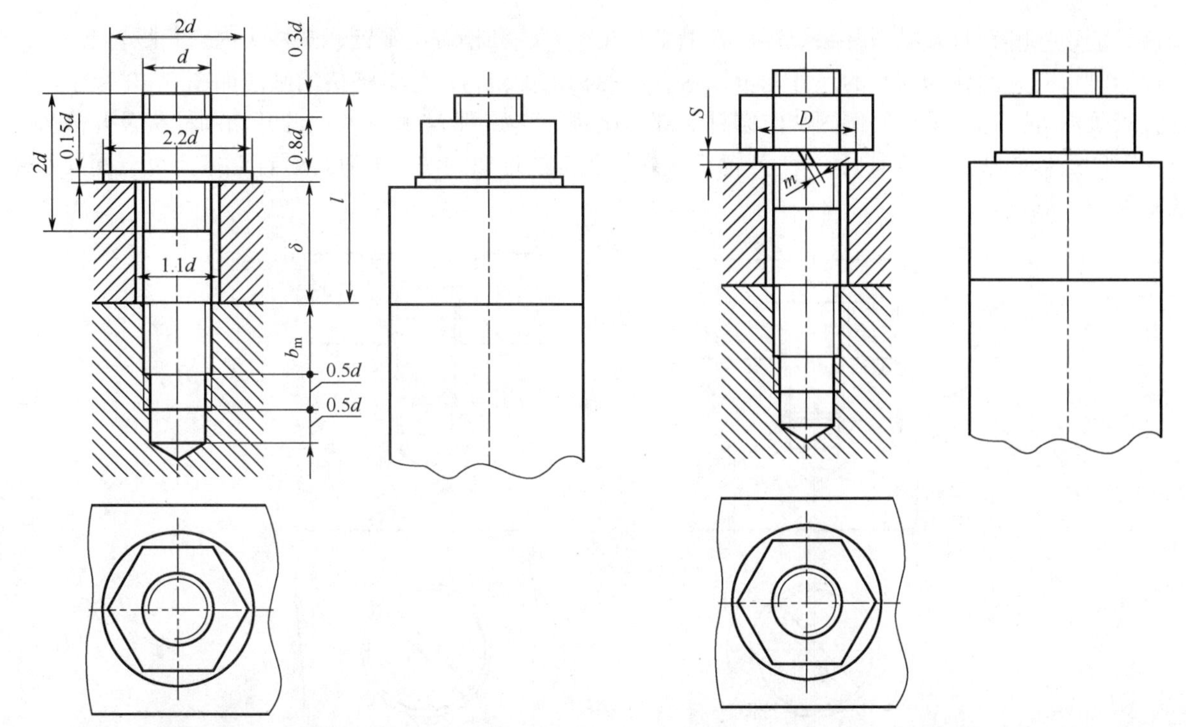

图 7-27　双头螺柱（平垫圈）连接的比例画法　　图 7-28　双头螺柱（弹簧垫圈）连接的比例画法

绘制双头螺栓连接图时应注意以下几点：

① 旋入端的螺纹终止线要与两个被连接零件的结合面平齐，表示旋入端已拧紧。

② 螺纹孔的螺纹深度应大于双头螺柱旋入端的螺纹长度 b_m，一般螺纹孔的螺纹深度约为 $b_m+0.5d$，而钻孔深度约为 b_m+d。

③ 如采用弹簧垫圈（见图 7-28）时，采用比例画法时可根据以下数据作图：弹簧垫圈的外径 $D=1.5d$，厚度 $S=0.2d$，开槽距离 $m=0.1d$；开槽方向与螺纹的旋向有关，当为右旋螺纹时，开槽方向与水平成左斜 60º 画出，开槽在左视图中不需画出。弹簧垫圈的开口方向与螺纹的旋向有关，当为右旋螺纹时，开槽方向与水平成左斜 60º 画出，在左视图中无须画出。

三、螺钉连接

螺钉的种类很多，按其用途可分为连接螺钉和紧定螺钉两种。

1. 连接螺钉

连接螺钉用于连接两个零件，它不需与螺母配用，常用于受力不大又需经常拆卸的场合。在较厚件上加工出螺孔，在另一被连接件上加工有通孔（沉孔），螺钉穿过通孔旋入下部零件螺孔中，将零件紧固在一起是靠螺钉头部支撑面而压紧的，如图 7-29 所示。

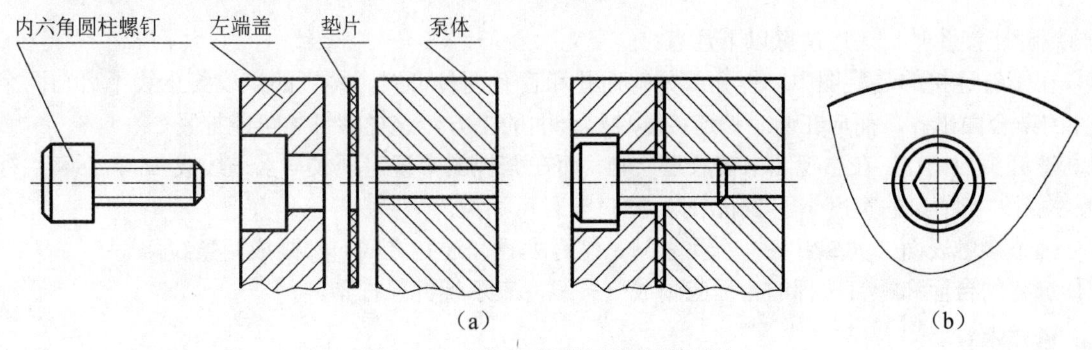

图 7-29　内六角头圆柱螺钉连接画法

常见的连接螺钉有开槽圆柱头螺钉、开槽半圆头螺钉、开槽沉头螺钉、圆柱头内六角螺钉等。

设计时沉孔、通孔和螺孔的尺寸均可以从有关的标准中查得。螺钉连接的画法如图 7-30 所示，除采用查表画法外，也可采用比例画法，螺钉头部的比例画法如图 7-31（a）中的开槽圆柱头及开槽盘头螺钉头部的近似画法，图 7-31（b）为开槽沉头螺钉头部的近似画法。同时，螺钉连接还可查阅国家标准的有关尺寸画出。

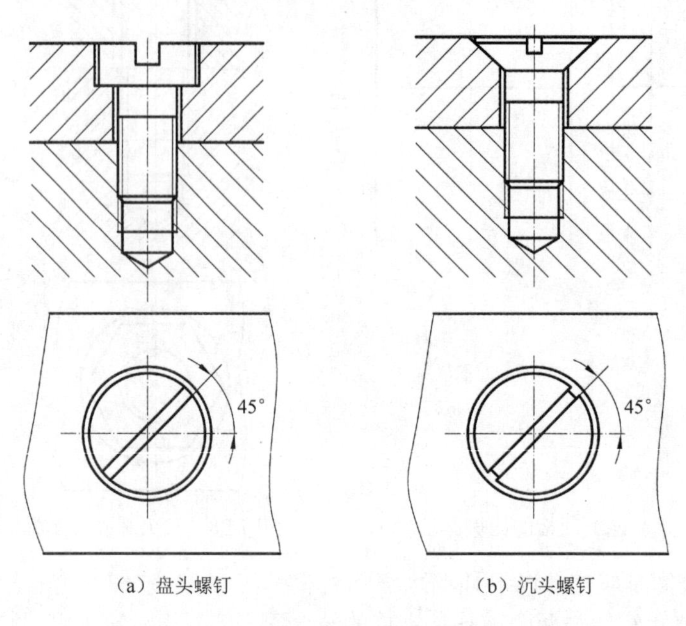

（a）盘头螺钉　　（b）沉头螺钉

图 7-30　螺钉连接的画法

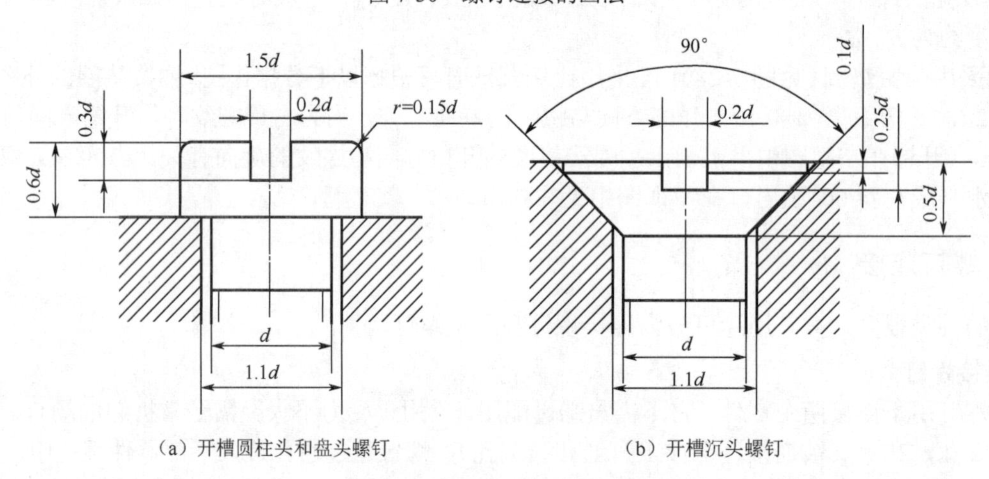

（a）开槽圆柱头和盘头螺钉　　（b）开槽沉头螺钉

图 7-31　螺钉头部的比例画法

画螺钉连接图时，还应注意以下几点：

① 在螺钉连接的装配图中，螺孔部分有通孔和盲孔两种形式，螺钉的螺纹终止线不可与两个被连接零件的结合面平齐，而应在两个被连接零件结合面的上方，这样螺钉才可能拧紧。

② 螺钉头的槽口，在主视图中被放正绘制，而在俯视图中规定画成与水平线成 45°，不和主视图保持投影关系。当槽口的宽度小于 2mm 时，槽口投影可涂黑。

③ 凡不接触表面（如螺钉头与沉孔之间、螺钉大径和通孔之间）都画成两条线。

④ 沉孔的台面和螺钉头部的台面应画成一条线，表示螺钉已拧紧。

2. 紧定螺钉

紧定螺钉也是经常使用的一种螺钉，常用类型有内六角锥端、平端、圆柱端，开槽锥端、圆柱端等。

紧定螺钉主要用于防止两个零件的相对运动。图 7-32 表示用锥端紧定螺钉限制轮和轴的相对位置，使它们不能产生轴向相对运动。图 7-32（c）所示为齿轮油泵中的轴和齿轮的紧固：用一个开槽锥端紧定螺钉旋入轮毂的螺孔中，使螺钉端部的 90°锥顶角与轴上的 90°锥坑顶紧，从而固定了轴和齿轮（图中仅画出轮毂部分）的相对位置。

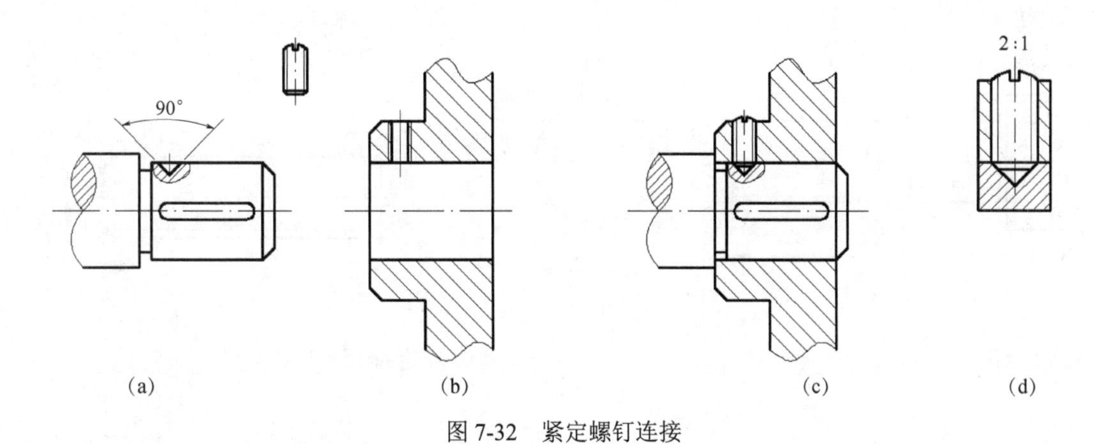

图 7-32　紧定螺钉连接

四、装配图中螺纹紧固件的简化画法

国家标准规定，在装配图中螺纹紧固件可采用简化画法，规定包括：

① 在装配图中，当剖切平面通过螺杆的轴线时，对于螺柱、螺栓、螺钉、螺母及垫圈等，均按未剖绘制。螺纹紧固件的工艺结构，如倒角、退刀槽、凸肩等均省略不画。

② 不穿通的螺纹孔可不画出钻孔深度，仅按有效螺纹深度（不包括螺尾）画出，如图 7-33 所示。

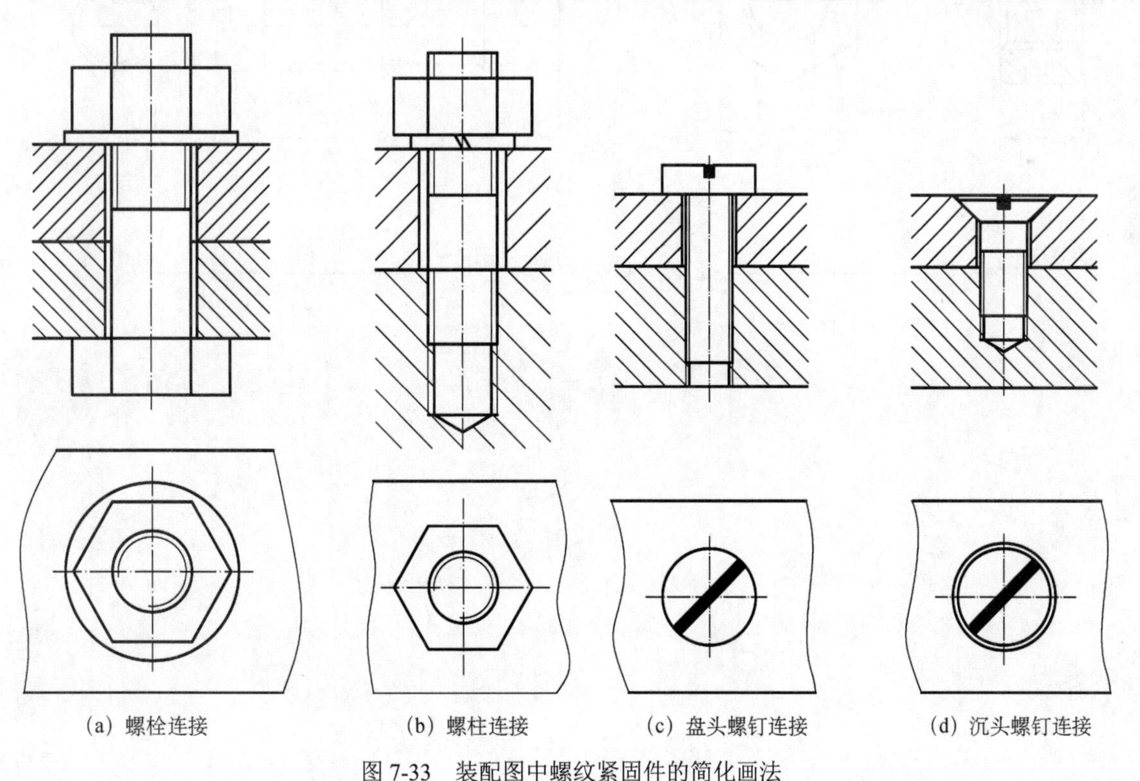

(a) 螺栓连接　(b) 螺柱连接　(c) 盘头螺钉连接　(d) 沉头螺钉连接

图 7-33　装配图中螺纹紧固件的简化画法

【任务练习 7-2】

班级＿＿＿＿＿＿＿＿ 姓名＿＿＿＿＿＿＿＿ 学号＿＿＿＿＿＿＿＿

一、查表确定下列各连接件的尺寸，并填写规定标记。

1. 六角头螺栓。

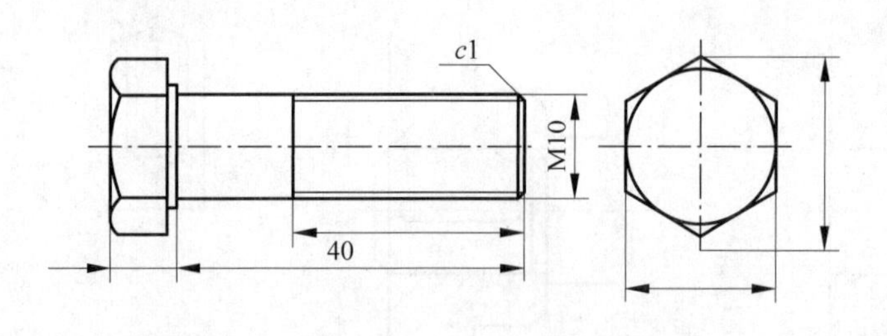

规定标记＿＿＿＿＿＿＿＿

2. 紧定螺钉。

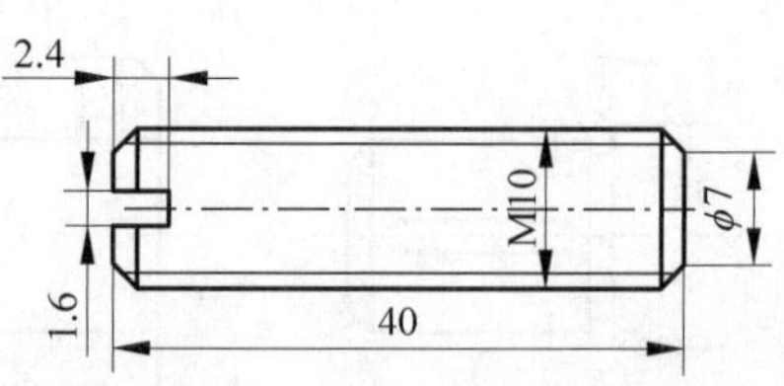

规定标记＿＿＿＿＿＿＿＿

3. I 型六角螺母——A 级。

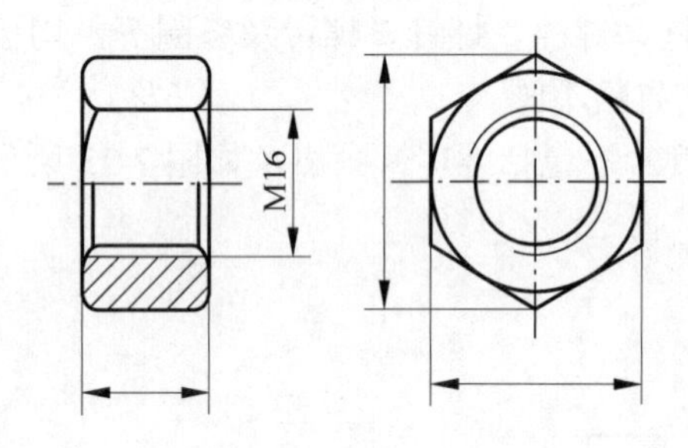

规定标记＿＿＿＿＿＿＿＿

4. 双头螺柱。

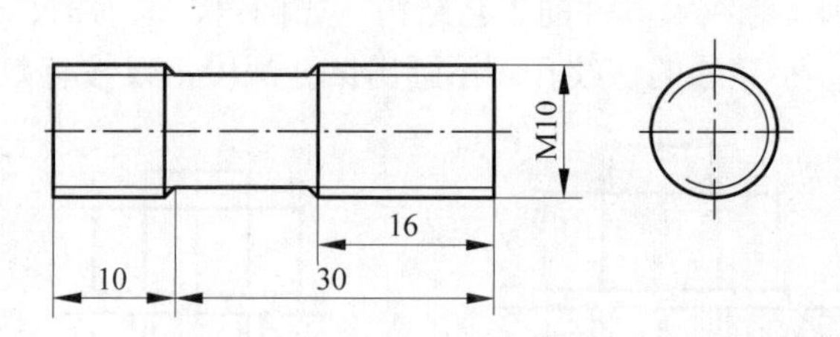

规定标记＿＿＿＿＿＿＿＿

班级＿＿＿＿＿＿＿＿　　姓名＿＿＿＿＿＿＿＿　　学号＿＿＿＿＿＿＿＿

二、绘制螺栓连接图和螺钉连接图。

1. 根据所给条件，画出螺纹连接装配图。螺栓 GB/T5782 M10；螺母 GB/T6170 M10；垫圈 GB/T97.1 10；被连接件厚度分别为 12 和 18，宽 30；螺栓长度计算后选取。

2. 根据所给条件，画出螺纹连接装配图。双头螺柱 GB/T898 M10；螺母 GB/T6170 M10；垫圈 GB/T93 10；被连接件厚度 15，机件厚度 25，宽 30；螺柱长度计算后选取。

学习任务3　齿　　轮

齿轮传动在机械中被广泛应用，常用它来传递动力、改变旋转速度与旋转方向。因其设计参数中，国家标准进行了部分标准化，因此，它属于常用非标准件。

齿轮的种类很多，常见的齿轮传动形式有：

圆柱齿轮——用于平行两轴间的传动，如图7-34（a）、（b）所示。

圆锥齿轮——用于相交两轴间的传动，如图7-34（c）所示。

蜗杆与蜗轮——用于交叉两轴间的传动，如图7-34（d）所示。

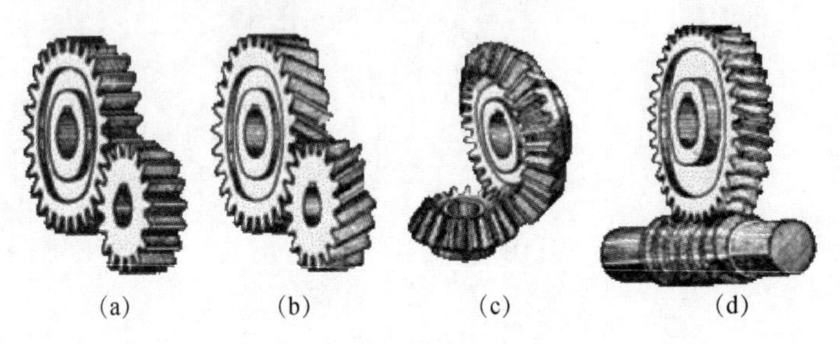

图7-34　常见的齿轮传动形式

齿轮一般由轮体和轮齿两部分组成。

轮体部分根据设计要求有平板式、轮辐式、辐板式等。

轮齿的方向有直齿、斜齿、人字齿等。

轮齿部分的齿廓曲线可以是渐开线、摆线、圆弧，目前最常用的是渐开线齿形。

这里主要介绍齿廓曲线为渐开线的标准齿轮的有关知识和规定画法。

一、直齿圆柱齿轮各部分和名称及尺寸计算

直齿圆柱齿轮的齿向与齿轮轴线平行，在齿轮传动中应用最广泛。

1. 直齿圆柱齿轮各部分的名称和代号

直齿轮各部分的名称和代号如图7-35所示。

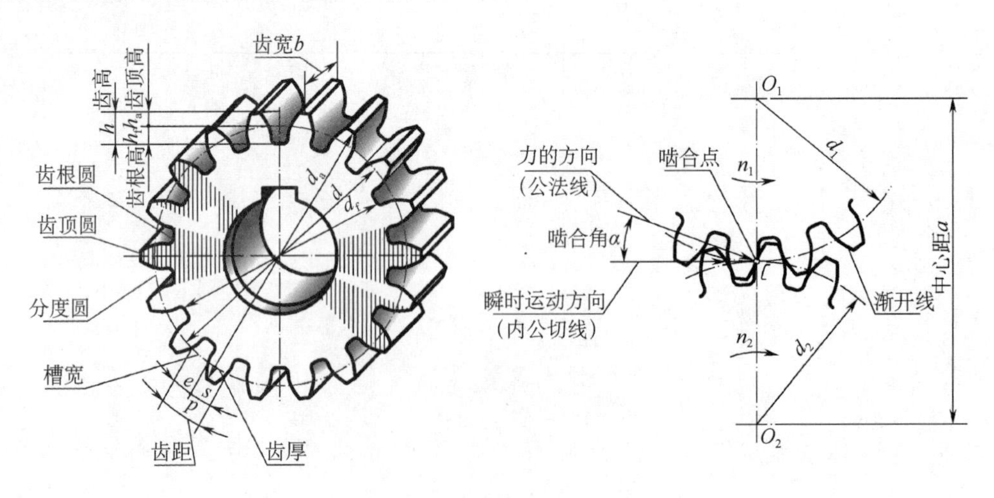

图7-35　直齿轮各部分的名称和代号

（1）齿顶圆 d_a：轮齿顶部的圆。

（2）齿根圆 d_f：齿槽根部的圆。

（3）齿距 p、齿厚 s、齿槽宽 e：在分度圆上，相邻两齿廓对应点之间的弧长为齿距；在标准齿轮中分度圆上 $e=s$，$p=s+e$。

（4）齿高 h、齿顶高 h_a、齿根高 h_f：齿顶圆与齿根圆的径向距离为齿高；齿顶圆与分度圆的径向距离为齿顶高；分度圆与齿根圆的径向距离为齿根高。

（5）分度圆 d：齿轮上一个约定的假想圆，在该圆上，齿槽宽 e 与齿厚 s 相等，即 $e=s$。

（6）中心距 a：齿轮副的两轴线之间的最短距离，称为中心距。

2. 直齿圆柱齿轮的基本参数

（1）齿数 z：轮齿的个数。

（2）模数 m：由于齿轮的分度圆周长$=zp=\pi d$，则 $d=zp/\pi$，为计算方便，将 p/π 称为模数 m，则 $d=mz$。模数是设计、制造齿轮的重要参数。为了简化计算，模数已经标准化，见表 7-4。

表 7-4　直齿圆柱齿轮的标准模数

齿轮类型	模数系列	标 准 模 数
圆柱齿轮	第一系列	1，1.25，1.5，2，2.5，3，4，5，6，8，10，12，16，20，25，32，40
	第二系列	1.75，2.25，2.75，（3.25），3.5，（3.75），4.5，5，（6.5），7，9，（11），14，18，22

注：选用圆柱齿轮模数时，应优先选用第一系列，其次选用第二系列，括号内的模数尽可能不选用。

模数在工程上的实际意义：

① 模数大，齿轮的轮齿就大，轮齿所能承受的载荷也大。

② 不同模数的齿轮轮齿应选用相应模数的刀具进行加工。一对相互啮合的齿轮，其模数应相同。

③ 齿轮各部分尺寸与模数及齿数成一定的关系。

（3）压力角 α：渐开线圆柱齿轮基准齿形角为 20°，它等于两齿轮啮合时齿廓在节点 P 处的公法线（即齿廓的受力方向）与两节圆的内公切线（即节点 P 处的瞬时运动方向）所夹的锐角，又称为啮合角。两标准直齿圆柱齿轮啮合时，压力角必须相等。

3. 几何要素的尺寸计算

前文介绍的齿轮各几何要素均与齿轮的模数和齿数有关，标准直齿圆柱齿轮计算公式见表 7-5。

表 7-5　标准直齿圆柱齿轮计算公式/mm

名 称	代 号	计 算 公 式	名 称	代 号	计算公式
齿顶高	h_a	$h_a=m$	齿顶圆直径	d_a	$d_a=m(z+2)$
齿根高	h_f	$h_f=1.25m$	齿根圆直径	d_f	$d_f=m(z-2.5)$
齿高	h	$h=h_a+h_f$	齿距	P	$p=\pi m$
分度圆直径	d	$d=mz$	中心距	a	$a=\dfrac{d_1+d_2}{2}=\dfrac{m(z_1+z_2)}{2}$

二、直齿圆柱齿轮的规定画法

齿轮的轮齿部分一般不按真实形状画出，而是按国家标准 GB/T 4459.2 的规定画法来绘制。

1. 单个直齿圆柱齿轮的画法

在视图中，齿轮的齿顶圆和齿顶线用粗实线绘制，分度圆和分度线用细点画线绘制，齿根圆和齿根线用细实线绘制（或者省略不画），如图 7-36（a）所示。

在剖视图中，当剖切平面通过齿轮的轴线时，轮齿部分无论是否剖到都按不剖处理，而齿根线用粗实线绘制，如图 7-36（b）所示。

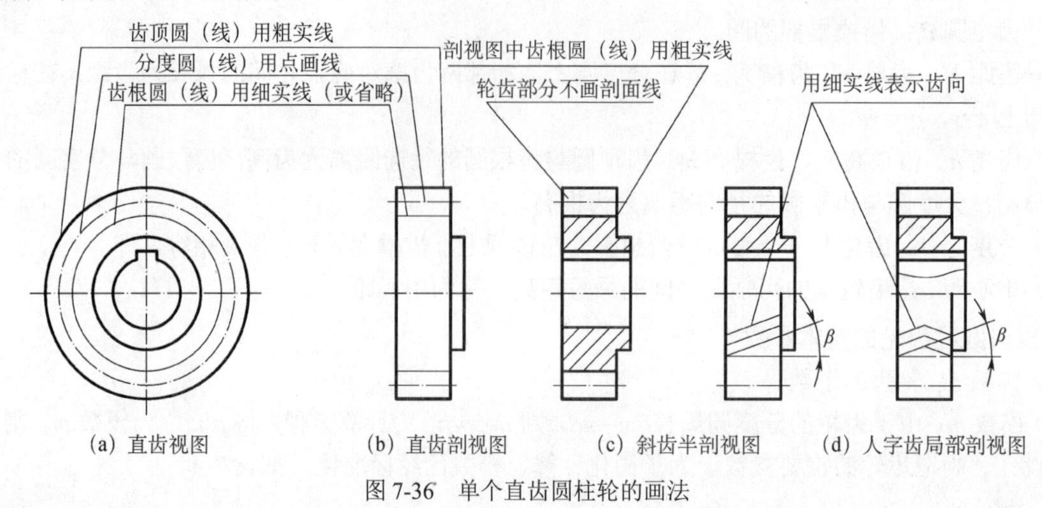

图 7-36 单个直齿圆柱轮的画法

斜齿圆柱齿轮和人字齿轮的绘制方法与直齿圆柱齿轮类似，剖视图需采用半剖或局部剖视图表示，在表示外形的视图中用与齿线方向一致的三条平行细实线表示斜齿的轮齿方向。图 7-36（c）为斜齿圆柱齿轮的画法。人字齿圆柱齿轮的画法与斜齿圆柱齿轮类似，只是表示齿线方向的三条平行细实线为 V 形，如图 7-36（d）所示。

2. 圆柱齿轮副的规定画法

圆柱齿轮副一般用两个视图表达。

在垂直于圆柱齿轮轴线的投影面的视图中，啮合区内齿顶圆都用粗实线绘制，节圆（分度圆）相切，如图 7-37（b）所示。也可省略不画，如图 7-37（c）所示。

在平行于圆柱齿轮轴线的投影面的视图中，啮合区仅将节线用粗实线绘制，而其余线不需画出，如图 7-37（d）、（e）所示。

在剖视图中，当剖切平面通过齿轮副的轴线时，啮合区内将一个齿轮轮齿的齿顶线用粗实线绘制，而另一个齿轮轮齿被遮挡，其齿顶线用细虚线绘制，或者省略不画。节线（分度线）用细点画线绘制，两个齿轮齿根线用粗实线绘制，如图 7-37（a）的主视图和图 7-38 所示。两个齿轮的剖面线方向应相反。和单个齿轮的画法相同，人字齿圆柱齿轮和斜齿圆柱齿轮应表示出轮齿方向，直齿圆柱齿轮则不需表示。

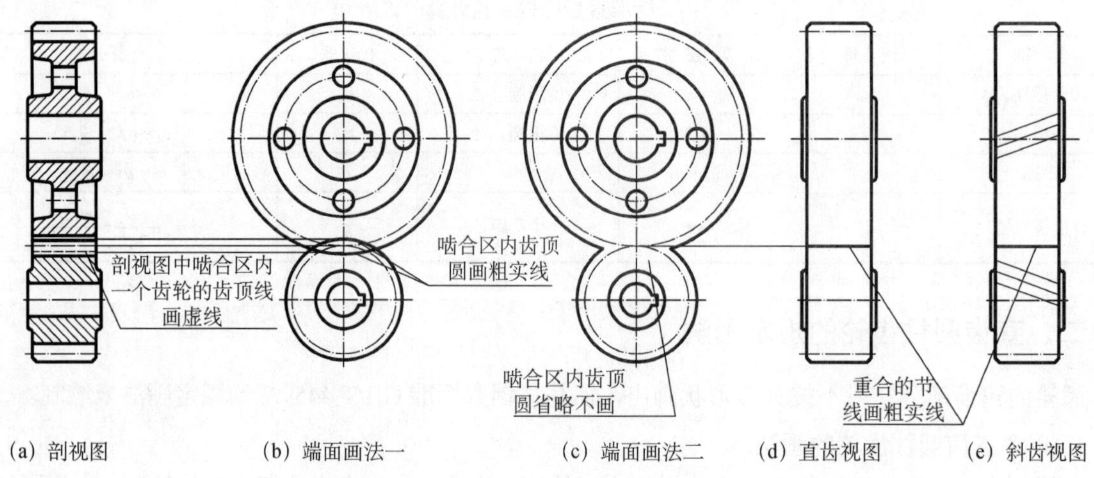

图 7-37 圆柱齿轮副的规定画法（外齿轮副）

注意：由于齿根高与齿顶高相差 0.25m，因此，一个齿轮的齿顶线与另一个齿轮的齿根线之间应有

0.25m 的间隙。

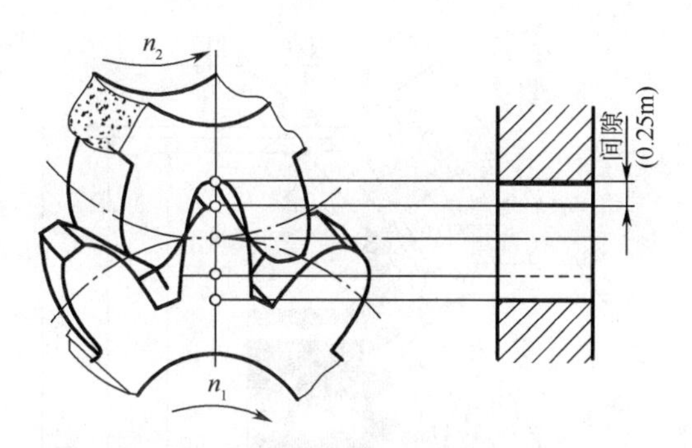

图 7-38　齿轮啮合时的投影对应关系

圆柱齿轮内齿轮副的画法与外齿轮副类似，这里不再重述，详见制图标准 GB/T 4459.2。

3. 直齿圆柱齿轮零件图的画法

在齿轮零件图中，应包括足够的视图及制造时所需的尺寸和技术要求。齿顶圆直径、分度圆直径及有关齿轮的基本尺寸必须直接标注，齿根圆直径规定不标注，并在其图样右上角的参数表中注写模数、齿数、压力角、检验精度等基本参数，如图 7-39 所示。

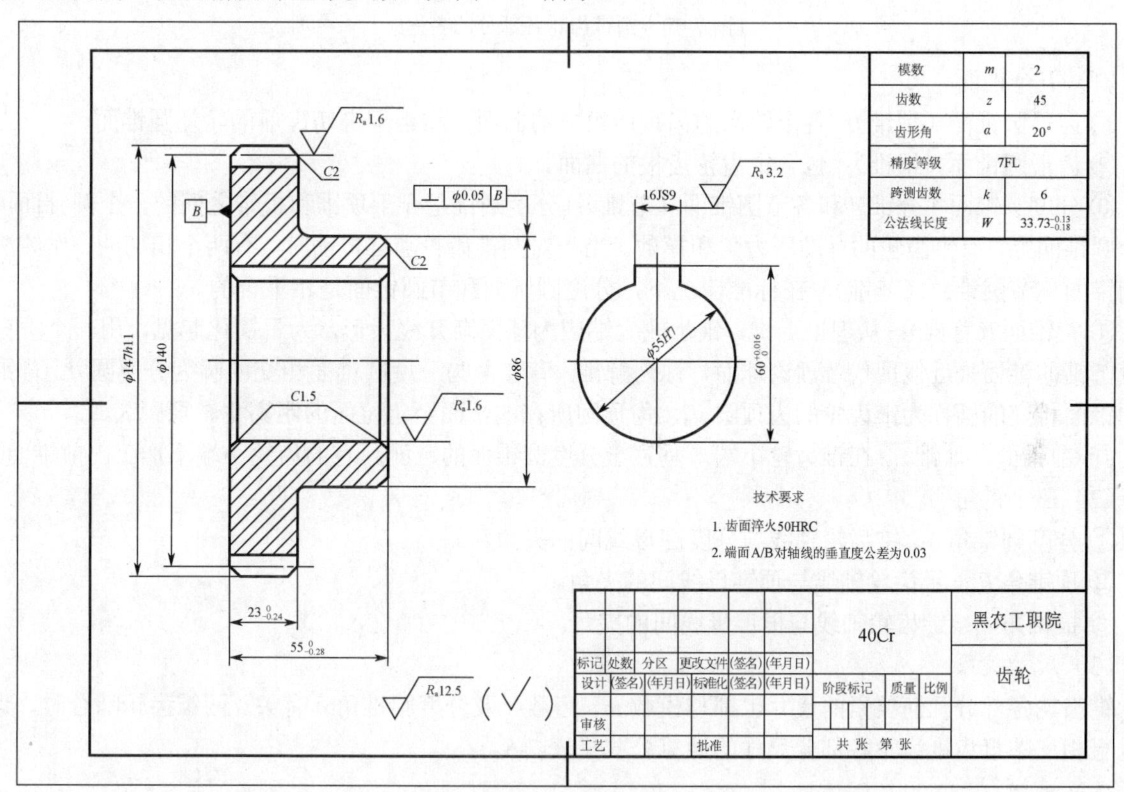

图 7-39　直齿圆柱齿轮零件图

三、圆锥齿轮的规定画法

圆锥齿轮通常用于传递两垂直相交轴的回转运动。由于圆锥齿轮的轮齿分布在圆锥面上，所以轮齿沿圆锥素线方向的大小不同，模数、齿数、齿高、齿厚也随之变化，通常规定以大端参数为准。

1. 直齿圆锥齿轮各部分的名称和尺寸关系

圆锥齿轮各部分的名称基本与圆柱齿轮相同，但圆锥齿轮还有相应的五个锥面和三个锥角，如图

7-40 所示。

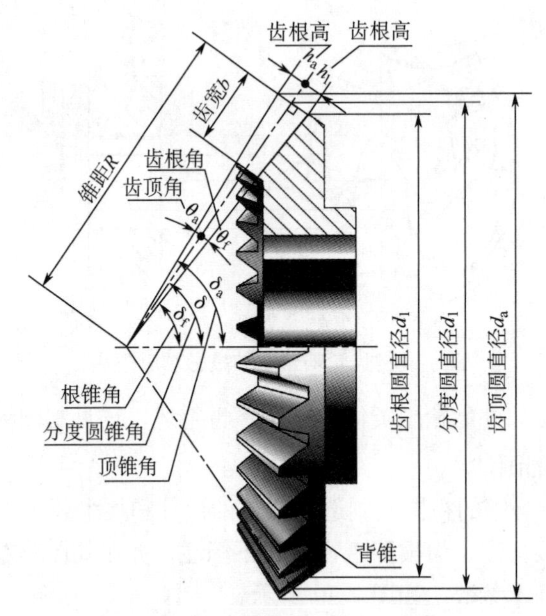

图 7-40　圆锥齿轮各部分的名称

（1）五个锥面

① 齿顶圆锥面（顶锥）：各个轮齿的齿顶所组成的曲面，相当于未切齿前的轮坯圆锥面。

② 齿根圆锥面（根锥）：包含锥齿轮齿根的曲面。

③ 分度圆锥面（分锥）和各节圆锥面（节锥）：分度圆锥是介于顶锥和根锥之间的一个圆锥面，在这个圆锥面上，有锥齿轮的标准压力角和模数。当一对圆锥齿轮啮合传动时，有两个相切的、作纯滚动的圆锥面称节圆锥面（节锥），在标准情况下，分度圆锥面和节圆锥面是相重合的。

④ 背锥面（背锥）：从理论上讲，锥齿轮大端应为球面渐开线齿形，为了简化起见，用一个垂直于分度圆锥的锥面来近似地代替理论球面，称为背锥，背锥面与分度圆锥面相交的圆为分度圆 d。背锥面与顶锥面相交的圆称为锥齿轮的齿顶圆 d_a，齿顶圆所在的平面至定位面的距离称轮冠距 K。

⑤ 前锥面（前锥）：在锥齿轮小端，垂直于分度圆锥面的锥面。有的齿轮小端不加工出前锥面。

（2）三个锥角

① 分度圆锥角 δ：锥齿轮轴线与分度圆母线间的夹角。

② 顶锥角 θ_a：锥齿轮轴线与顶锥母线间的夹角。

③ 根锥角 θ_f：锥齿轮轴线与根锥母线间的夹角。

（3）尺寸关系

锥齿轮各部分几何要素的尺寸也都与模数 m、齿数 z 及分度圆锥角 δ 有关。两锥齿轮啮合时，其轴线垂直相交的直齿锥齿轮各部分尺寸的计算公式见表 7-6。

表 7-6　直齿圆锥齿轮各部分尺寸的计算公式

项　目	代　号	计 算 公 式
分度圆直径	d	$d=mz$
分锥角	δ	$\tan\delta_1 = z_1 / z_2$；$\delta_2 = 90° - \delta_1$
齿顶高	h_a	$h_a=m$
齿根高	h_f	$h_f=1.2m$
齿高	h	$h=h_a+h_f$

续表

项　目	代　号	计 算 公 式
齿顶圆直径	d_a	$d_a=m$（z+2cosδ）
齿根圆直径	d_f	$d_f=m$（z−2.4cosδ）
齿顶角	θ_a	$\tan\theta_a=2\sin\delta/z$
齿根角	θ_f	$\tan\theta_f=2.4\sin\delta/z$
顶锥角	δ_a	$\delta_a=\delta+\delta_a$
根锥角	δ_f	$\delta_f=\delta-\delta_f$
外锥距	R	$R=mz/$（2sinδ）
齿厚	b	$b=$（0.2～0.35）R

2. 单个锥齿轮的画法及其画图步骤

锥齿轮一般用两个视图或用一个视图、一个局部视图表示，轴线为水平状态，主视图可采用剖视，剖切平面通过齿轮轴线时，轮齿按不剖处理。在平行锥齿轮轴线的投影面的视图中，用粗实线画出齿顶线及齿根线，用点画线画出分度线，在垂直于锥齿轮轴线的投影面的视图中，规定用点画线画出大端分度圆，用粗实线画出大端齿顶圆和小端齿顶圆。齿根圆省略不画，如图 7-41 所示。

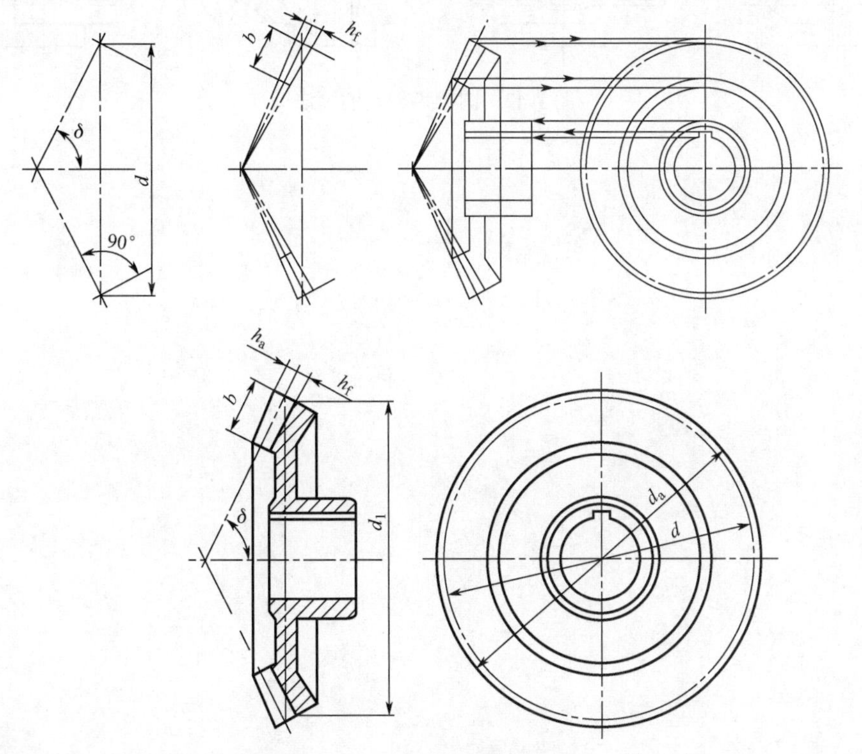

图 7-41　单个锥齿轮的画法

3. 圆锥齿轮副的画法

标准圆锥齿轮副的两个分度锥应相切，啮合部分的画法与圆柱齿轮画法相同；主视图一般采用全剖视图，如图 7-42 所示。

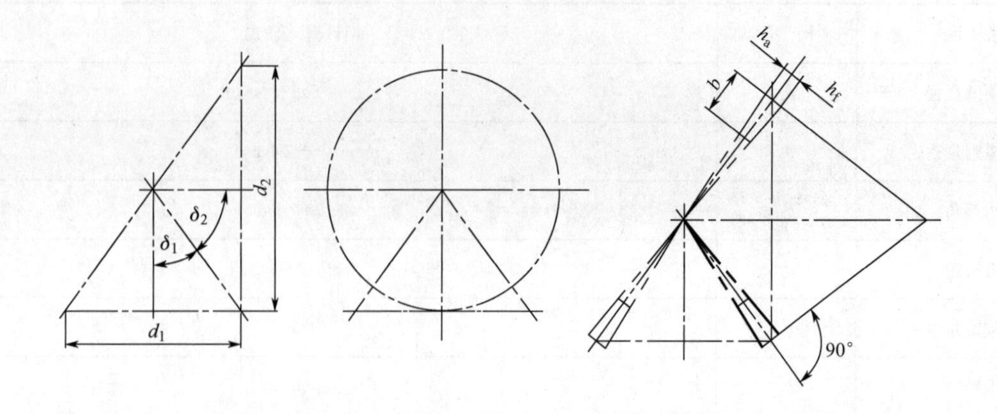

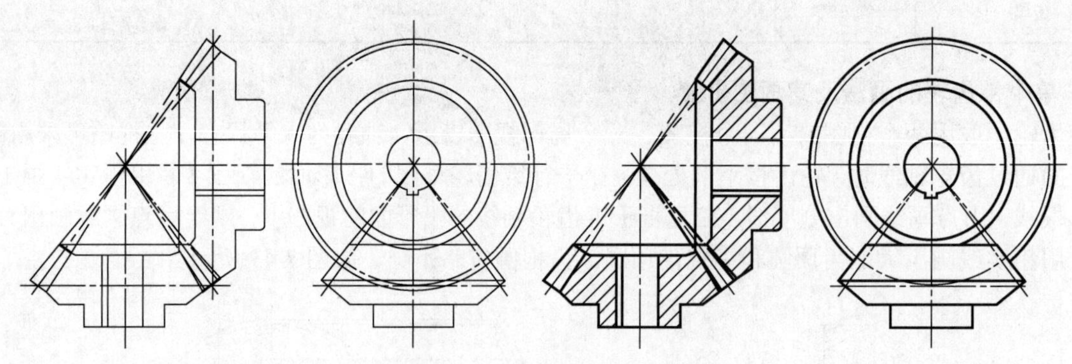

图 7-42　圆锥齿轮副的画法

【任务练习 7-3】

班级__________ 姓名__________ 学号__________

一、按要求绘制齿轮。

已知直齿圆柱齿轮的模数 $m = 4$，齿数 $z = 20$，试计算其分度圆、齿顶圆和齿根圆直径，完成齿轮的两视图。（根据下图自定适当绘图比例）

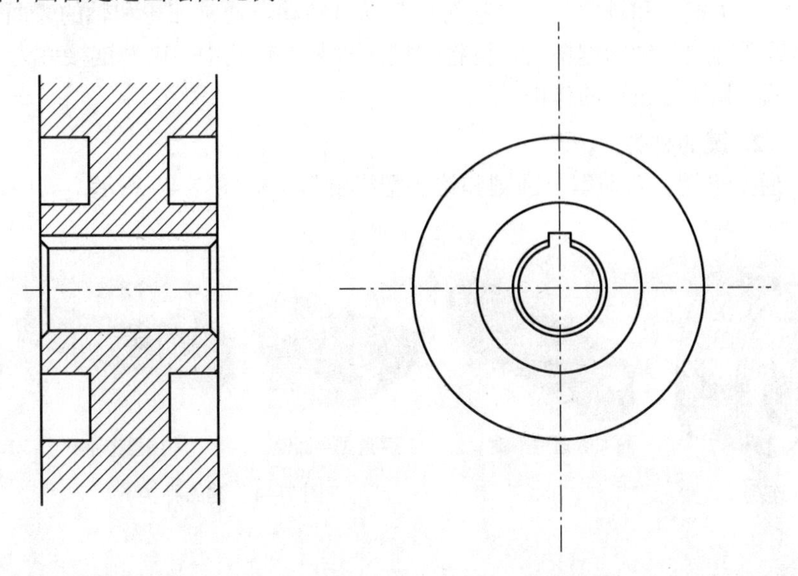

二、按尺寸要求绘制两齿轮啮合图。

已知直齿圆柱齿轮的模数 m=2，齿数 z_1=20，两齿轮中心距 a=60mm，试计算两个齿轮的分度圆、齿顶圆和齿根圆直径，完成齿轮啮合的两视图。

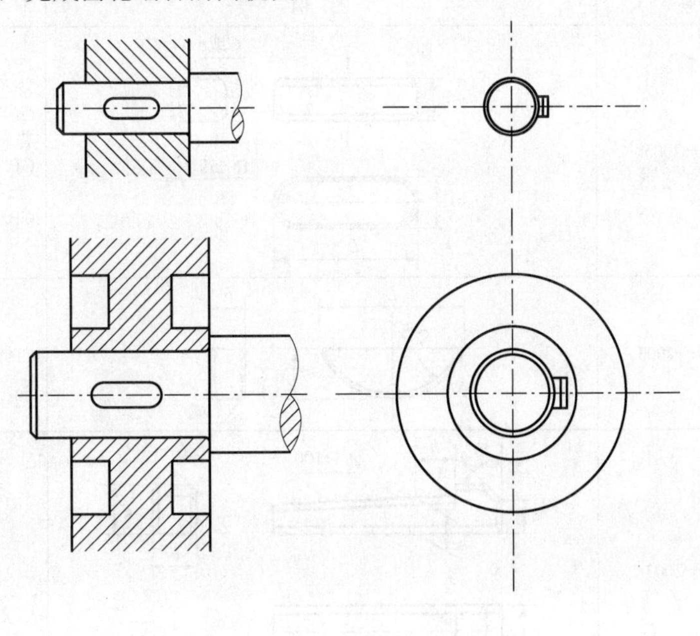

学习任务 4　键连接和销连接

一、键连接

销连接和键连接

1. 键的功用

为了把轮和轴安装在一起而使其同时转动，通常在轮和轴的表面分别加工出键槽，然后把键放入轴的键槽内，再将带键的轴装入轮孔中，这种连接称为键连接，如图 7-43 所示，起传递扭矩的作用。

2. 键的种类

常用的键有普通型平键、普通型半圆键和钩头型楔键等，如图 7-44 所示。其中，普通型平键最常用。

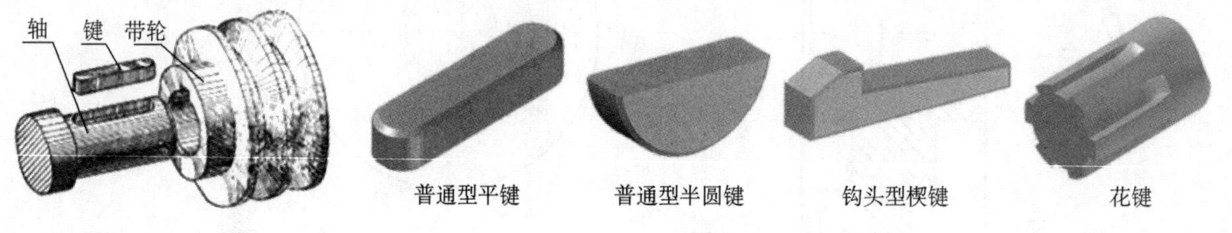

图 7-43　键连接　　图 7-44　键的种类

3. 键的标记

键一般都是标准件，画图时可根据有关标准查得相应的尺寸及结构。

键的形式、标准画法及标注示例见表 7-7。

表 7-7　键的形式、标准画法及标注示例

名　称	标 准 号	图　例	标 注 示 例
普通型平键	GB/T 1096—2003		普通 A 型平键： GB/T 1096 键 $b\times h\times L$ 普通 B 型平键： GB/T 1096 键 B $b\times h\times L$ 普通 C 型平键： GB/T 1096 键 C $b\times h\times L$
普通型半圆键	GB/T 1099.1—2003		GB/T 1099.1 键 $b\times h\times D$
钩头型楔键	GB/T 1565—2003		GB/T 1565 键 $b\times L$

4. 常用键的连接

普通型平键和普通型半圆键的两个侧面是工作面，上下两底面是非工作面。连接时，键的两侧面与轴和轮毂的键槽侧面不能留有空隙，画成一条线；而上底面与轮毂键槽的顶面之间则留有间隙，画成两条线，如图 7-45 所示。

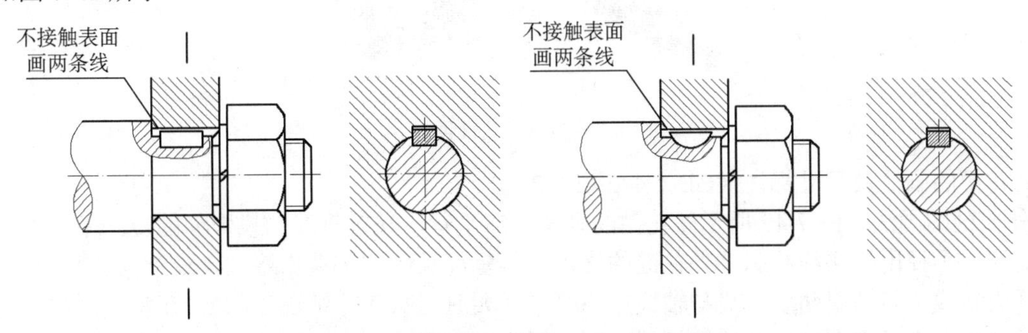

图 7-45　普通型平键和普通型半圆键的连接画法

钩头型楔键的顶面有 1∶100 的斜度，连接时将键打入键槽。因此，键的顶面和底面为工作面，画图时上、下表面与键槽接触，而两个侧面留有间隙，如图 7-46 所示。

图 7-47（a）表示轴和齿轮的键槽及其尺寸标注。轴的键槽用轴的主视图（局部剖视）和在键槽处的移出断面表示。尺寸则要标注键槽长度 L、键槽宽度 b 和键槽深度 $d-t_1$。齿轮的键槽采用全剖视和局部视图表示，尺寸则应标注键槽宽度 b 和齿轮轮毂的键槽深度 $d+t_2$，具体数值详见附录 C 的附表 18。

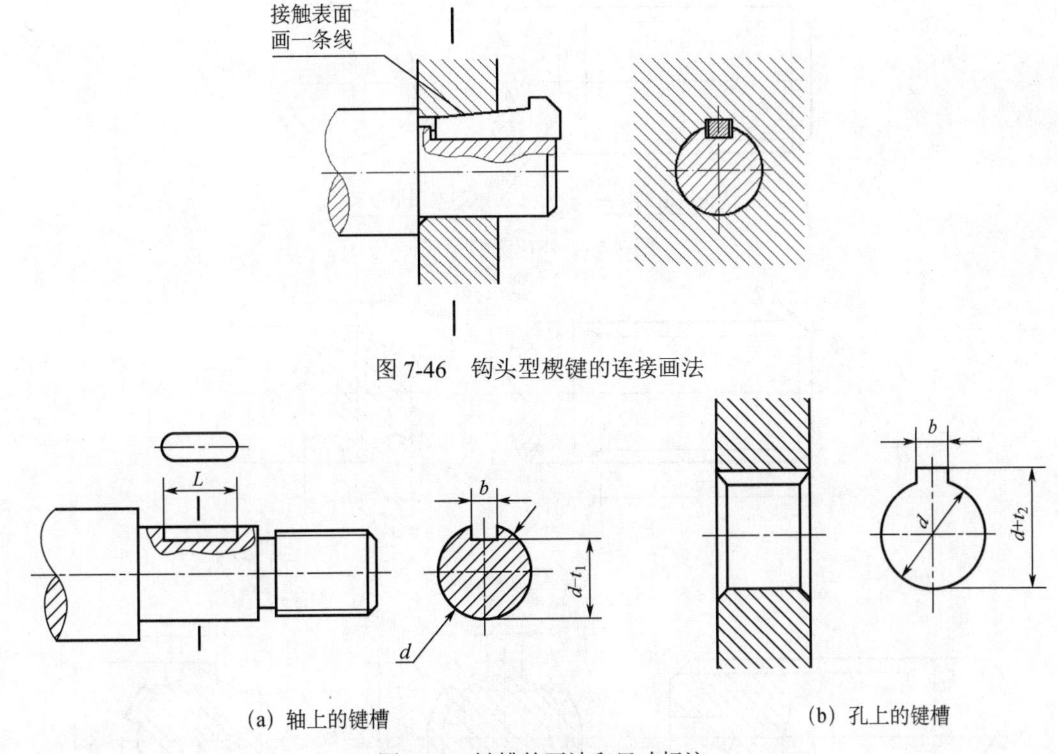

图 7-46　钩头型楔键的连接画法

(a) 轴上的键槽　　(b) 孔上的键槽

图 7-47　键槽的画法和尺寸标注

5. 花键连接

花键在轴或孔的表面上等距分布着相同键齿，一般用于需沿轴线滑动（或固定）的连接，传递转矩或运动。花键的齿形有矩形和渐开线形等，其中矩形花键应用较广。花键的结构形式和尺寸的大小、公差均已标准化。

在外圆柱（或外圆锥）表面上的花键称为外花键，在内圆柱（或内圆锥）表面上的花键称为内花键，如图 7-48 所示。下面介绍矩形花键的规定画法及尺寸标注。

图 7-48　花键件

（1）花键的画法及尺寸标注（GB/T 4459.3—2000）

① 外花键的画法。图 7-49 所示外花键的画法。在平行于花键轴线的投影面的视图中，外花键的大径用粗实线、小径用细实线绘制。外花键的终止端和尾部长度的末端均用细实线绘制，并与轴线垂直，尾部则画成斜线，其倾斜角度一般与轴线成 30º（必要时可按实际情况绘制）；在左视图中，花键大径用粗实线绘制，小径用细实线画完整的圆，倒角圆规定不画。

当外花键在平行于花键轴线的投影面的视图中需用局部剖视图表示时，键齿按不剖绘制，其画法见图 7-50（a）。当外花键需用断面图表示时，应在断面图上画出一部分齿形，并注明齿数或画出全部齿形，见图 7-50（b）。

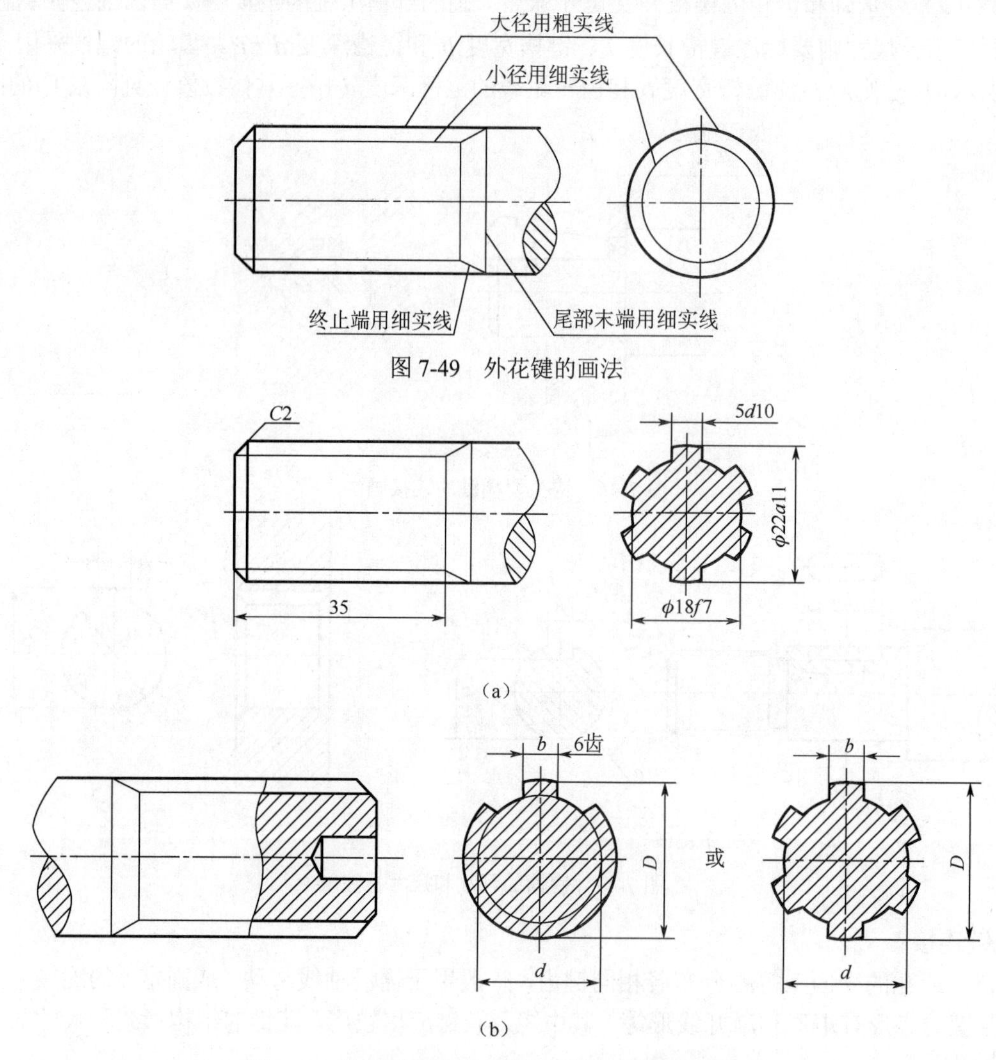

图 7-49　外花键的画法

（a）

（b）

图 7-50　外花键剖视图、断面图的画法及一般注法

② 内花键的画法，图 7-51 所示为内花键的画法。在平行于花键轴线的投影面的剖视图中，大径及小径均用粗实线绘制。在垂直于花键轴线的投影面的视图中，花键在视图中应画出一部分齿形，并注明齿形或画出全部齿形，倒角圆规定不画。

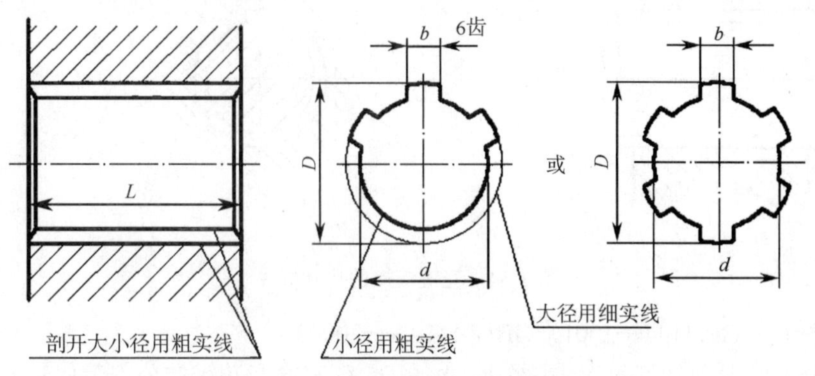

图 7-51　内花键的画法及一般标注

（2）外、内花键的尺寸标注

花键在零件图中的尺寸标注有两种方法，一种是在图中采用一般标注法，注明花键的大径 D、小径 d、键宽 b 和工作长度 L 等各部分的尺寸及齿数 z，如图 7-50 和图 7-51 所示。另一种是在图中标注表明花键类型的图形符号、花键的标记和工作长度 L 等的标记标注方法，如图 7-52 所示。

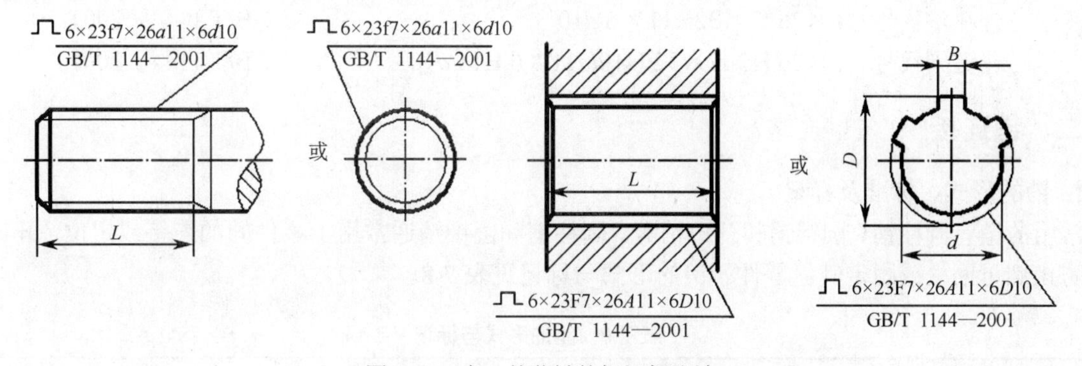

图 7-52　内、外花键的标记标注法

图 7-52 中矩形花键的标记按“图形符号键数 N×小径 d×大径 D×键宽”的格式标注，标注时将它们的基本尺寸和公差带代号、标准编号注写在指引线的基准线上，指引线应从花键的大径引出。

（3）花键连接的画法及尺寸标注

在装配图中，花键连接用剖视图或断面图表示时，其连接部分按外花键绘制，如图 7-53 所示，花键在装配图中连接的尺寸标注见图 7-54。

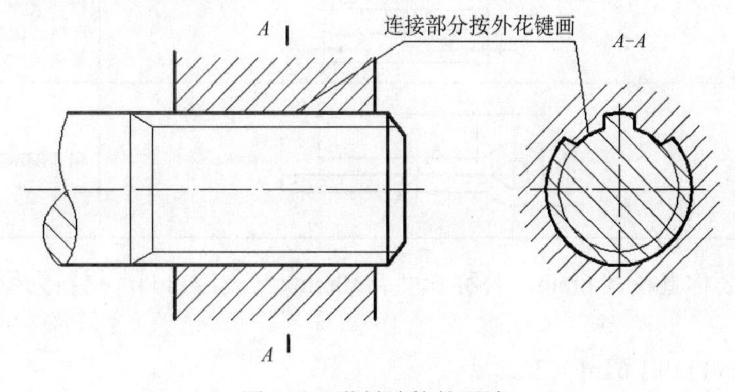

图 7-53　花键连接的画法

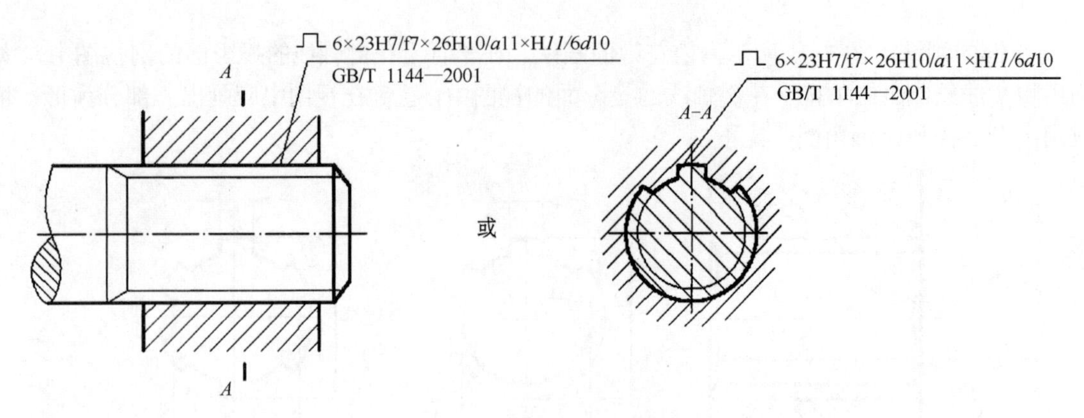

图 7-54　花键连接的尺寸标注

（4）花键的标记（GB/1144—2001，GB/T 4459.3—2000）

矩形花键的标记代号包括键数 N、小径 d、大径 D、键宽 B 和花键的公差带代号（大写表示内花键、小写表示外花键），以及矩形花键的国家标准代号，其标记的格式为：

键数×小径×大径×键宽　　标准编号

【例 7-6】 已知矩形花键副的基本参数和公差带代号：键数 $N = 6$、小径 $d = 26$ H7/f7、大径 $D = 30$ H10/a11、键宽 $B = 6$ H11/d10。试分别写出内、外花键和花键副的代号。

解：　内花键代号　6×26 H7×32 H10×6 H11　　GB/T 1144—2001。

　　　外花键代号　6×26 f7×32 a11×6 d10　　GB/T 1144—2001。

　　　花键副代号　6×26 H7/f7×32 H10/a11×6 H11/d10　　GB/T 1144—2001。

二、销连接

1. 销的形式、标准及标记

常用的销有圆柱销、圆锥销和开口销等。圆柱销和圆锥销通常用于零件间的连接或定位，开口销则用来防止螺母回松或固定其他零件。销的形式与标记见表 7-8。

表 7-8　销的形式与标记

名称及标准	图　例	标　记
圆柱销 GB/T119.1—2000	≈15°　C　l　C　d　①　d　C	销 GB/T119.1　d×l 注：①允许倒角或凹穴
圆锥销 GB/T117—2000	r_1≈d　1:50　r_2　d　a　l　a	销 GB/T117　d×l A 型（磨削）： 锥面 R_a=0.8μm B 型（切削或冷镦）： 锥面 R_a=3.2μm
开口销 GB/T91—2000	b　l　a　C　d	销 GB/T91　d×l

例如，圆柱销的公称直径 d=6mm、公称长度 l=30mm、公差为 m6，材料为钢，不经淬火，不经表面处理。

规定标记：销 GB/T119.1 6 m6×30。

各种销的形式、尺寸和标记，可根据连接零件的大小及受力情况查表（见附录 C）或有关标准确定。

2. 销连接装配图的画法

图 7-55 为上述三种销的连接画法。在剖视图中，当剖切平面通过销的轴线时，销按不剖绘制；若垂直于销的轴线时，被剖切的销应画出剖面线。

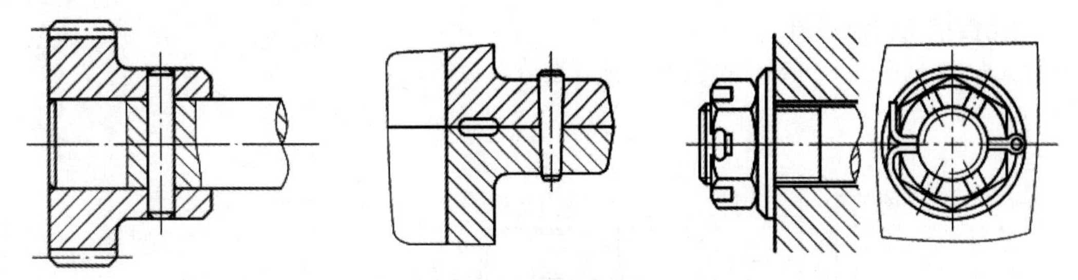

图 7-55 销连接的画法

注意：

① 圆锥销的公称直径为小端直径；开口销的公称直径是指与之相配的销孔直径，大于其实际直径。

② 圆柱销和圆锥销的装配要求较高，用销连接（或定位）的两零件上的孔一般是在装配时一起配钻的。因此，在零件图上标注销孔尺寸时，应注明“配作”字样，如图 7-56 所示。

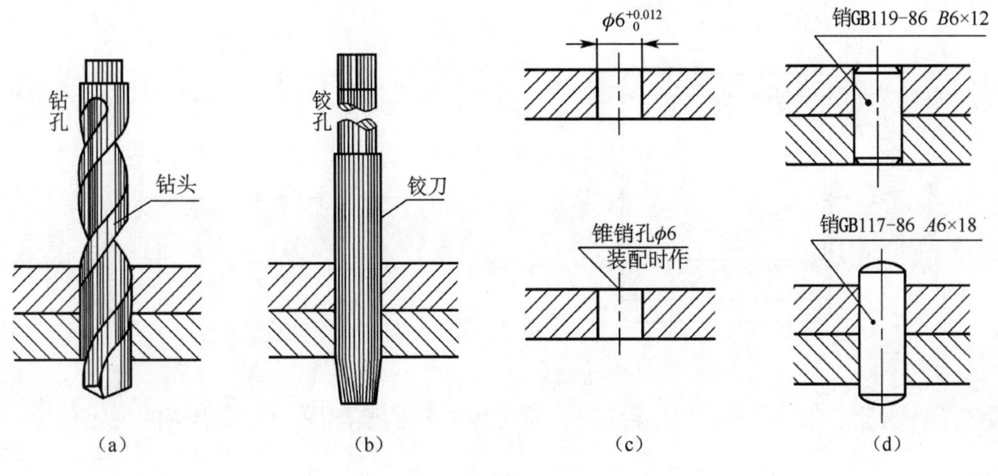

图 7-56 圆锥销孔尺寸的标注

【任务练习 7-4】

班级________________ 姓名________________ 学号________________

一、画出键槽及键连接图。

1. 画出 A—A 剖面图，并标注键槽的尺寸（查表，见附录 C）。

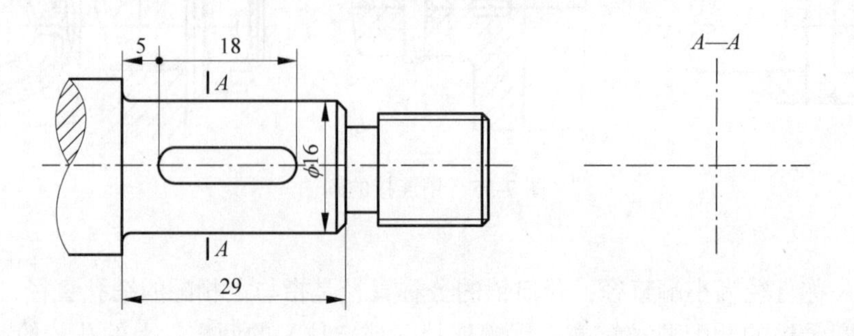

2. 画出齿轮左视图，并标注键槽的尺寸。

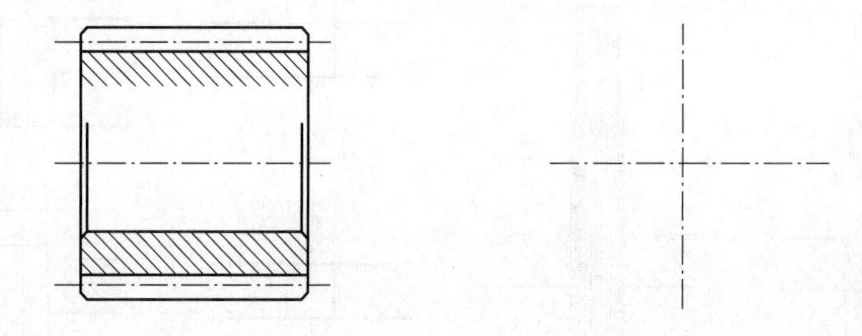

3. 用普通平键将上面两个零件连接起来，画出键连接的装配图，并给出键的规定标记。

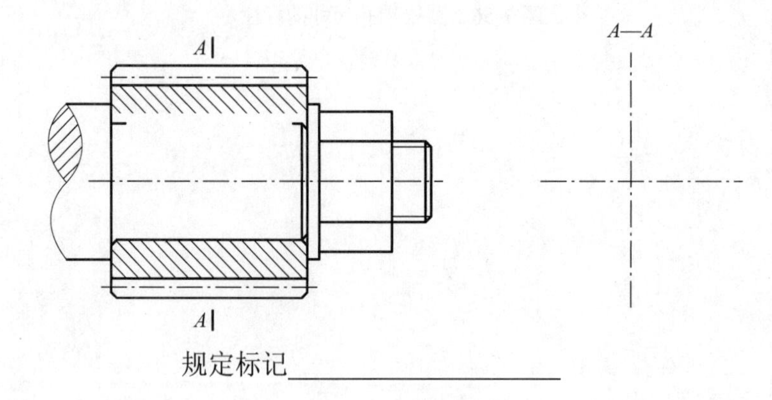

规定标记________________

班级________________　　　　姓名________________　　　　学号________________

二、画出销连接图。

齿轮与轴用直径 $d=8$ 的圆柱销连接，完成销连接的剖视图（1∶1）。

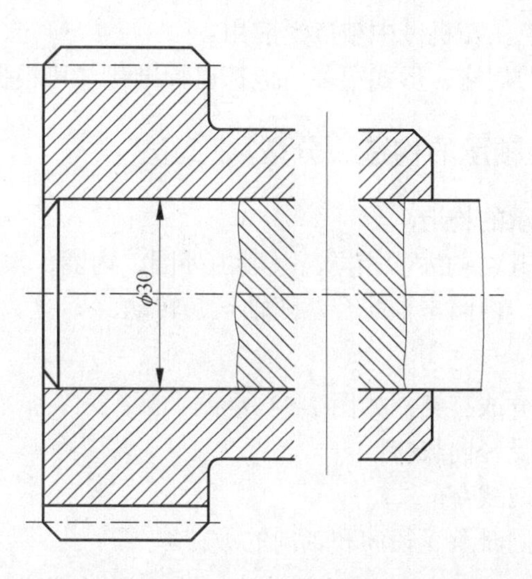

三、指出下图中螺纹连接、键连接、销连接的位置。

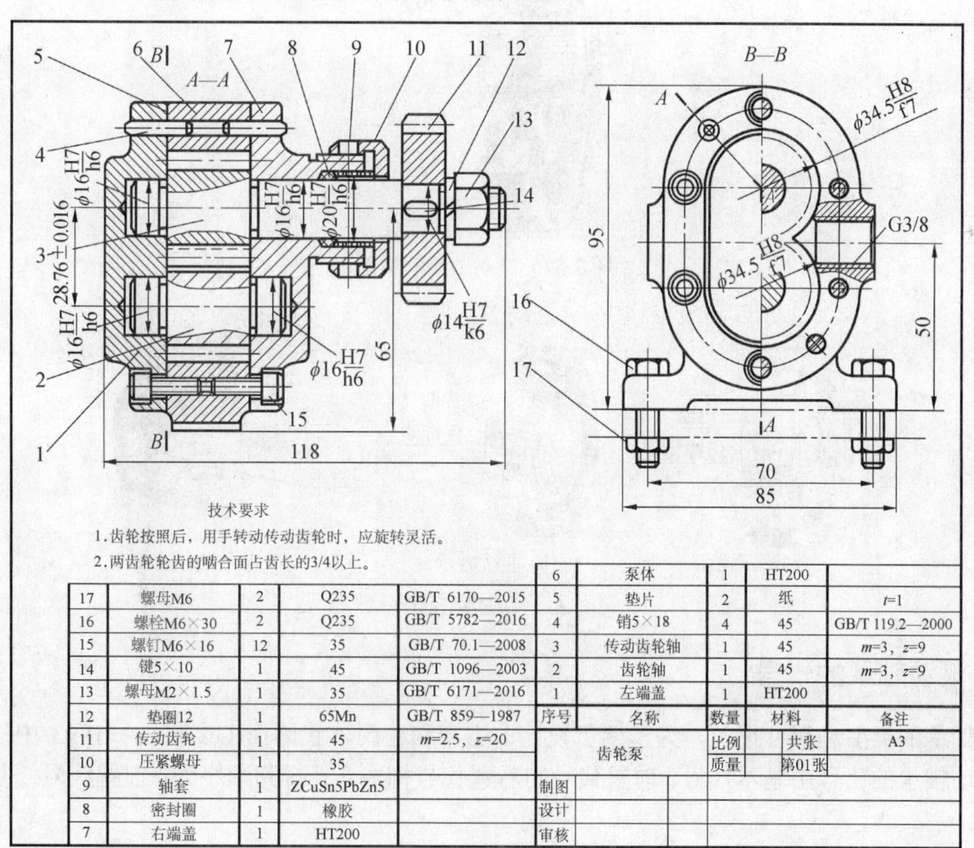

技术要求

1.齿轮按照后，用手转动传动齿轮时，应旋转灵活。

2.两齿轮轮齿的啮合面占齿长的3/4以上。

序号	名称	数量	材料	备注
17	螺母M6	2	Q235	GB/T 6170—2015
16	螺栓M6×30	2	Q235	GB/T 5782—2016
15	螺钉M6×16	12	35	GB/T 70.1—2008
14	键5×10	1	45	GB/T 1096—2003
13	螺母M2×1.5	1	35	GB/T 6171—2016
12	垫圈12	1	65Mn	GB/T 859—1987
11	传动齿轮	1	45	m=2.5，z=20
10	压紧螺母	1	35	
9	轴套	1	ZCuSn5PbZn5	
8	密封圈	1	橡胶	
7	右端盖	1	HT200	
6	泵体	1	HT200	
5	垫片	2	纸	t=1
4	销5×18	4	45	GB/T 119.2—2000
3	传动齿轮轴	1	45	m=3，z=9
2	齿轮轴	1	45	m=3，z=9
1	左端盖	1	HT200	

齿轮泵	比例		共张	A3
	质量		第01张	
制图				
设计				
审核				

学习任务5　滚 动 轴 承

滚动轴承的
绘制和识读

滚动轴承是一种标准部件，其作用是支撑旋转轴及轴上的机件，它具有结构紧凑、摩擦力小等特点，在机械中被广泛应用。

滚动轴承的规格、形式很多，但都已标准化，可根据使用要求查阅有关标准选用。

一、滚动轴承的构造、分型

1. 滚动轴承的构造

滚动轴承的种类很多，但其结构大体相同，一般由外圈、内圈、滚动体和保持架组成，如图 7-57 所示。通常外圈固定在机体上，内圈与轴配合，随轴一起转动。

2. 滚动轴承的分类

滚动轴承按其受力方向可分成三类，如图 7-58 所示。

（1）向心轴承——主要承受径向载荷；

（2）推力轴承——承受轴向载荷；

（3）向心推力轴承——可同时承受径向和轴向的载荷。

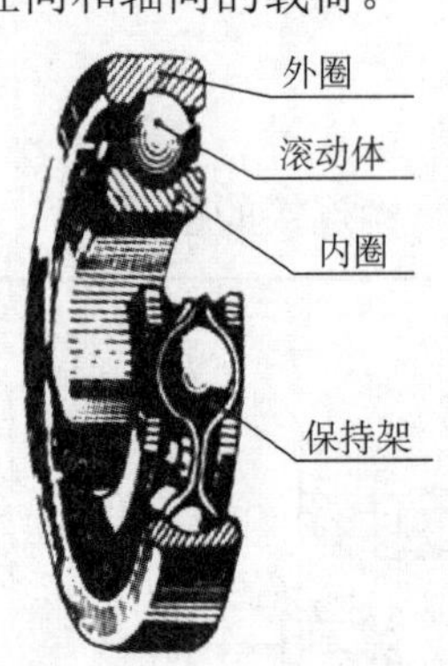

图 7-57　滚动轴承的构造

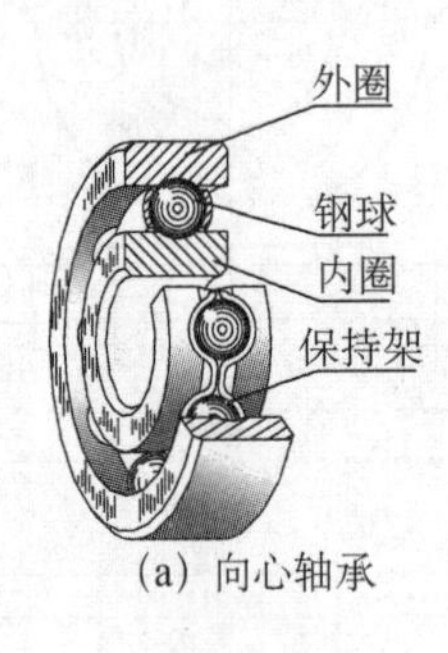

(a) 向心轴承

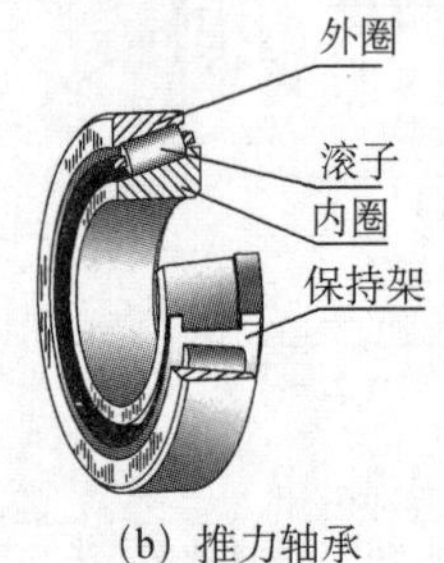

(b) 推力轴承

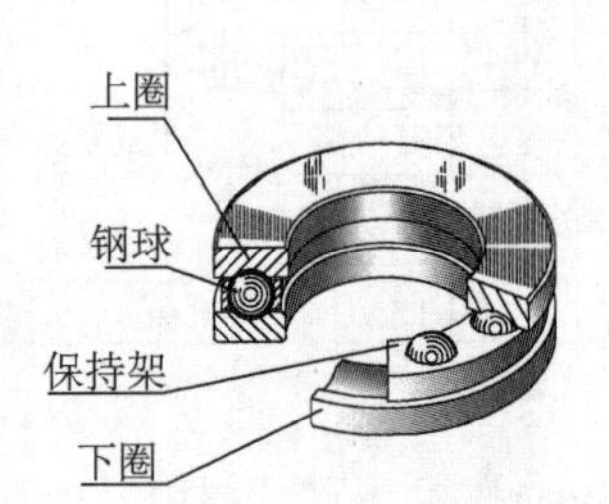

(c) 向心推力轴承

图 7-58　滚动轴承的分类

二、滚动轴承的代号

滚动轴承的类型和尺寸很多，为了便于设计、生产和选用，我国在 GB/T272－1993 中规定，一般用途的滚动轴承的代号由基本代号、前置代号和后置代号构成。其排列顺序为：前置代号—基本代号—后置代号。

1. 基本代号

基本代号表示轴承的基本类型、结构和尺寸，是轴承代号的基础。除滚针轴承外，基本代号由轴承类型代号、尺寸系列代号及内径代号构成。

(1) 类型代号

滚动轴承的类型代号用数字或大写英文字母表示，见表 7-9。

表 7-9　滚动轴承的类型代号

代　号	轴 承 类 型	代　号	轴 承 类 型
0	双列角接触球轴承	6	深沟球轴承
1	调心球轴承	7	角接触球轴承
2	调心球轴承和推力调心球轴承	8	推力圆柱滚子轴承
3	圆锥滚子轴承	N	圆柱滚子轴承
4	双列深沟球轴承	U	外球面球轴承
5	推力球轴承	QJ	四点接触球轴承

(2) 尺寸系列代号

轴承的尺寸系列代号由轴承宽（高）度系列代号和直径系列代号组合而成。组合排列时，宽度系列在前，直径系列在后，见表 7-10。

表 7-10　滚动轴承的尺寸系列代号

直径系列	向心轴承								推力轴承			
	宽度系列代号								高度系列代号			
	8	0	1	2	3	4	5	6	7	9	1	2
	尺寸系列代号											
7			17		37							
8		08	18	28	38	48	58	68				
9		09	19	29	39	49	59	69				
0		00	10	20	30	40	50	60	70	90	10	
1		01	11	21	31	41	51	61	71	91	11	
2	82	02	12	22	32	42	52	62	72	92	12	22
3	83	03	13	23	33				73	93	13	23
4		04		24					74	94	14	24
5										95		

(3) 内径代号

内径代号表示轴承公称内径的大小，见表 7-11。

表 7-11　滚动轴承的内径代号

轴承公称内径/mm		内径代号	示　例
10～17	10	00	深沟球轴承 6200，d=10mm
	12	01	
	15	02	
	17	03	
20～480（22，28，32 除外）		公称内径除以 5，其商数为个位数时，需要在商数左边加"0"，如 08	调心滚子轴承 23208，d=40mm
大于和等于 500 以及 22，28，32		用公称内径毫米数直接表示，但与尺寸系列代号之间用"/"分开	调心滚子轴承 230/500，d=500mm 深沟球轴承 62/22，d=22mm

滚动轴承的基本代号一般由五个数字组成，如图 7-59 所示。

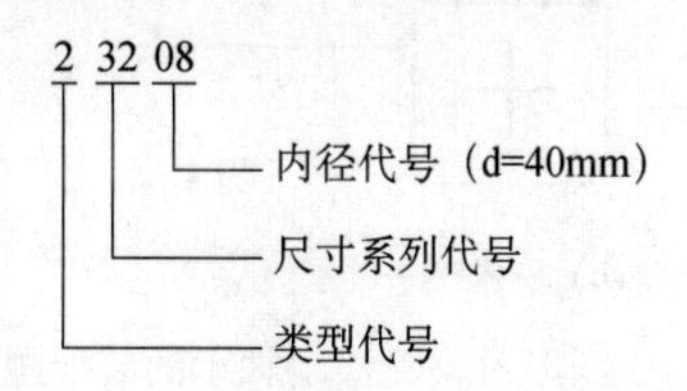

图 7-59　滚动轴承的基本代号举例

2. 前置、后置代号

前置、后置代号是轴承在结构形状、尺寸、公差、技术要求等有改变时，在其基本代号左右添加的补充代号，其排列见表 7-12。

表 7-12　前置、后置代号的排列

轴承代号									
前置代号	基本代号	后置代号							
		1	2	3	4	5	6	7	8
成套轴承分部件		内部结构	密封与防尘套圈变形	保持架及其材料	轴承材料	公差等级	游隙	配置	其他

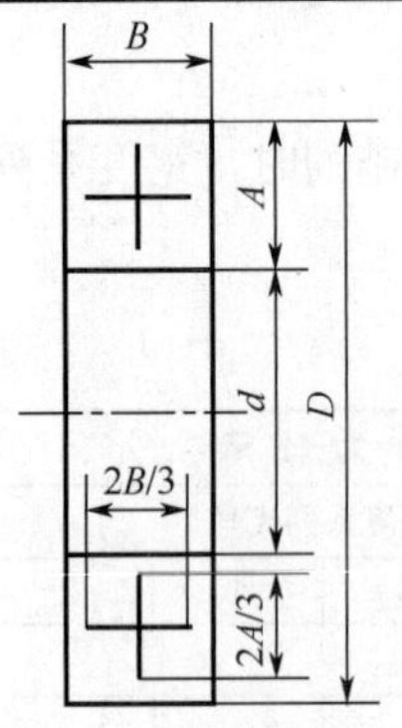

图 7-60　滚动轴承在装配图中的通用画法

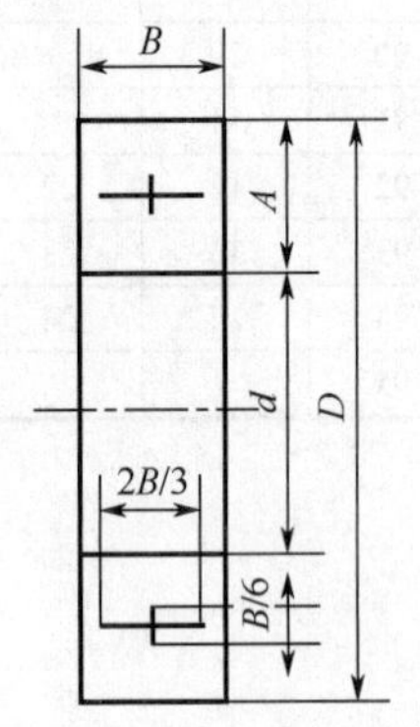

图 7-61　深沟球轴承在装配图中的特征画法

三、滚动轴承的画法

滚动轴承是标准件，不需要画零件图，在装配图中采用规定画法和简化画法绘制。

1. 规定画法

滚动轴承的外轮廓形状及大小应根据标注从国家标准（见附录 C）中查得，作图时尺寸不可改变，以使它能正确反映与其相配合零件的装配关系。滚动轴承的内部结构可以按规定画法（近似于真实投影，但不完全是真实的）绘制。

2. 简化画法

简化画法包括通用画法和特征画法，但在一张图样中一般只采用一种画法。

（1）通用画法　是指在滚动轴承的剖视图中，采用粗实线的矩形线框及位于矩形线框中央正立的十字形（粗实线）符号表示轴承的断面轮廓。十字形符号不许与矩形线框接触，如图 7-60 所示。

（2）特征画法　是指在平行滚动轴承轴线的剖视图中，采用在通用画法的矩形线框内画出表示轴承结构要素符号（粗实线表示）的画法，如图 7-61 所示为深沟球轴承在装配图中的特征画法。

在装配图中若不必确切地表示滚动轴承的外形轮廓、载荷特征和结构特征，可采用通用画法来表达；在装配图的剖视图中，若要较形象地表达滚动轴承的结构特征，可采用特征画法；在装配图中，要较详细地表达滚动轴承的主要结构形状，可采用规定画法。规定画法一般只应用在轴的一侧，而轴的另一侧用通用画法绘制，如图 7-62 所示。

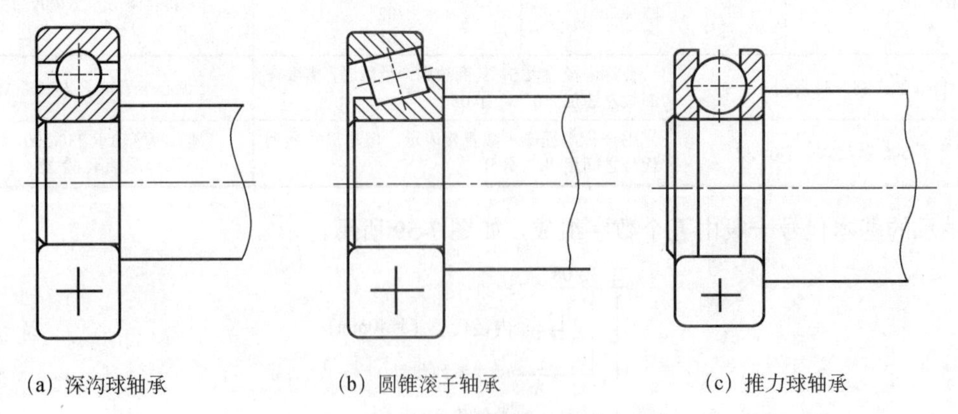

(a) 深沟球轴承　　(b) 圆锥滚子轴承　　(c) 推力球轴承

图 7-62　几种常见滚动轴承的装配画法

画图时，先根据轴承代号从国家标准中查出几个主要数据，然后按要求的画法画出。在绘制的装配图中，滚动轴承的保持架及倒角等均可省略不画。常用滚动轴承的形式与画法见表 7-13。

表 7-13　常用滚动轴承的形式与画法

轴承名称及代号	深沟球轴承 6000 型 （绘图时需查 D，d，B）	圆锥滚子轴承 3000 型 （绘图时需查 D，d，T，C，B）	平底推力球轴承 51000 型 （绘图时需查 D，d，T）
结构形式			
规定画法	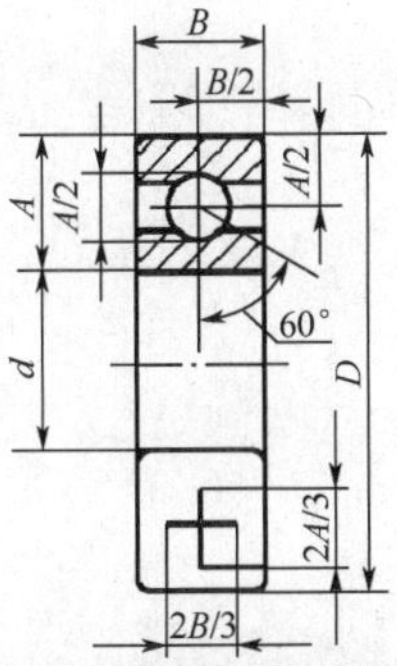	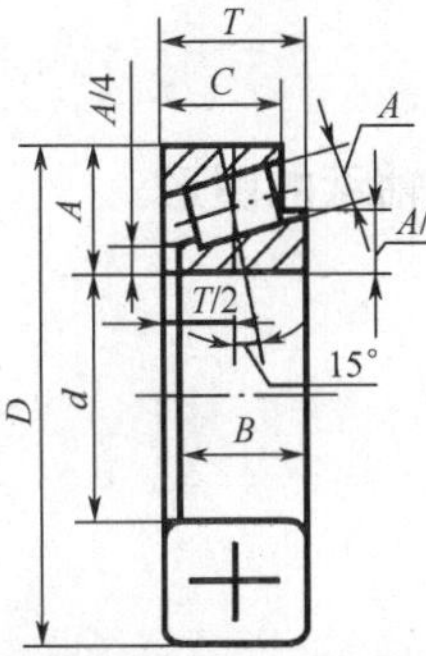	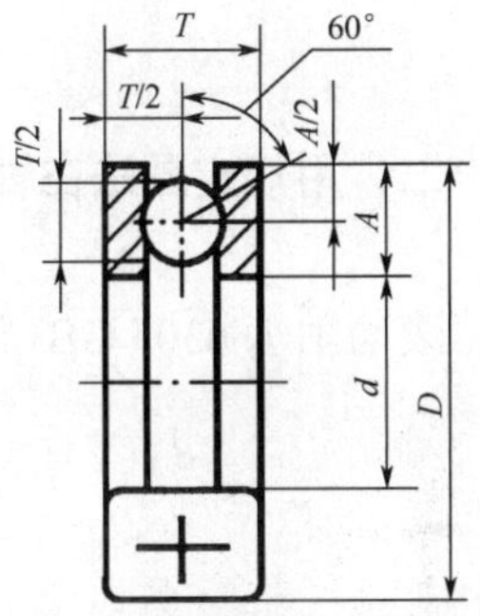
特征画法	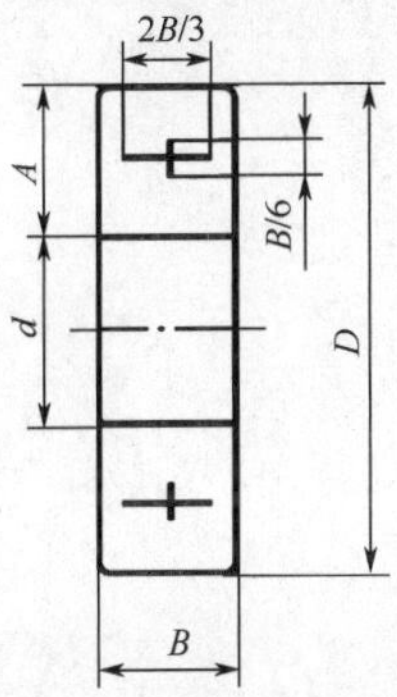	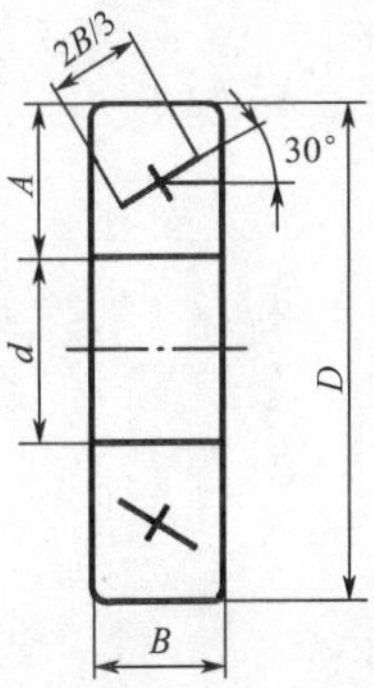	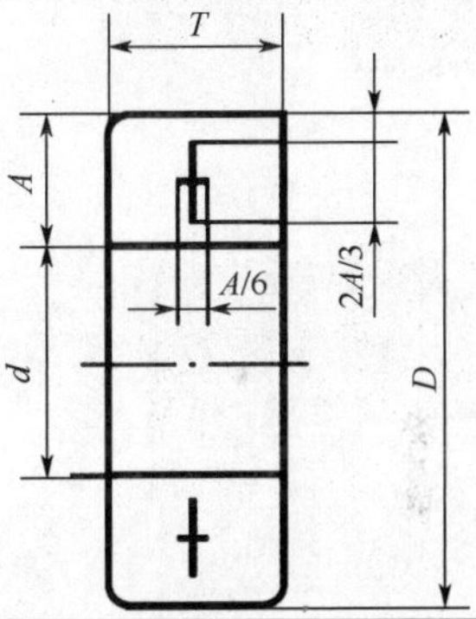
应用	主要承受径向力	可同时承受径向力和轴向力	承受单方向的轴向力

【任务练习 7-5】

班级________________ 姓名________________ 学号________________

一、解释下列滚动轴承代号的含义。

6302 内径__________ 尺寸系列____________ 轴承类型__________

30209 内径__________ 尺寸系列____________ 轴承类型__________

51318 内径__________ 尺寸系列____________ 轴承类型__________

二、用规定画法在轴端画出滚动轴承的图形。

滚动轴承 6305 GB/ T276—2013。

学习任务6　弹　　簧

一、弹簧的作用和种类

1. 弹簧的作用

弹簧的用途很广，它可以用来减震、夹紧、测力、储能等，其特点是外力去除后能立即恢复原状。

2. 弹簧的种类

弹簧的种类很多，有螺旋弹簧、碟形弹簧、涡卷弹簧、板弹簧及片弹簧等。

常见的螺旋弹簧又有压缩弹簧、拉伸弹簧及扭力弹簧等，如图 7-63 所示。

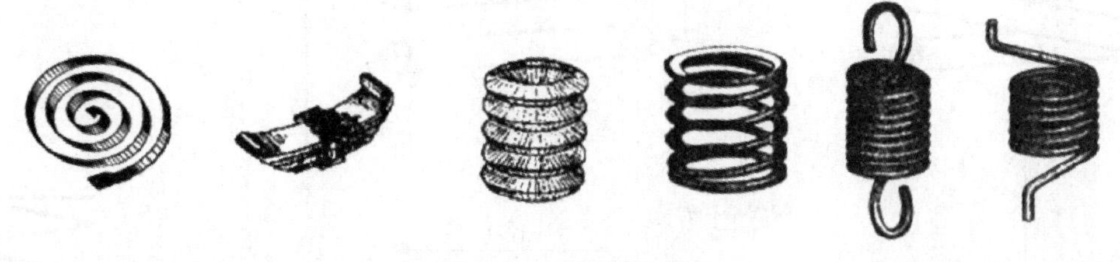

图 7-63　弹簧的种类

本任务主要介绍圆柱螺旋压缩弹簧的尺寸计算和画法，其他弹簧的画法可参阅 GB/T4459.4－2003 的有关规定。

二、圆柱螺旋压缩弹簧的有关术语和尺寸关系

圆柱螺旋压缩弹簧各部分的名称及尺寸如图 7-64 所示。

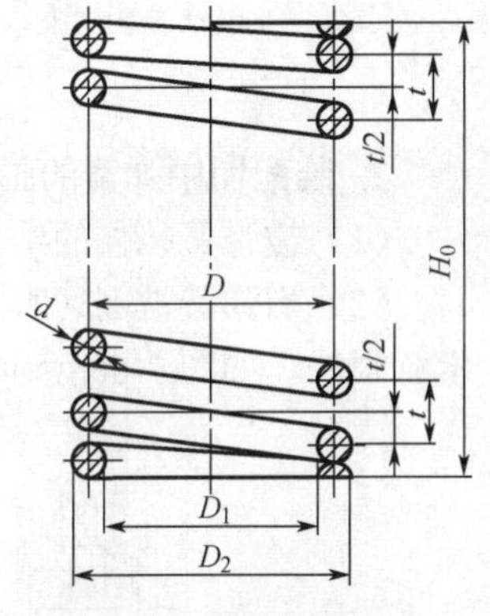

图 7-64　圆柱弹簧各部分的名称及尺寸

1. 弹簧丝直径 d

d 是指制造弹簧的金属材料弹簧丝的直径。

2. 弹簧直径

（1）弹簧外径 D_2　弹簧的最大直径。

（2）弹簧内径 D_1　弹簧的最小直径，$D_1 = D_2 - 2d$ 。

（3）弹簧中径 D　弹簧的平均直径，$D = (D_2 + D_1)/2 = D_1 + d = D_2 - d$ 。

3. 弹簧的圈数

（1）支撑圈数 n_2　为了使圆柱螺旋压缩弹簧工作时受力均匀，增加弹簧的稳定性，弹簧的两端需并紧磨平。并紧磨平的各圈仅起支撑作用，称为支撑圈，通常弹簧的支撑圈数有 1.5 圈、2 圈和 2.5 圈三种。支撑圈 n_2=2.5 用得较多，即两端各并紧 $1\frac{1}{4}$ 圈。

（2）有效圈数 n　除支撑圈数外，保持相等节距的圈数，称为有效圈数。

（3）总圈数 n_1　有效圈数与支撑圈数之和，称为总圈数，即 $n_1 = n + n_2$。

（4）节距 t　除支撑圈外，相邻两圈对应点沿轴向的距离。

（5）自由高度 H_0　弹簧在不受外力作用时的高度（或长度），$H_0 = nt + (n_2 - 0.5)d$ 。

（6）弹簧展开长度 L　弹簧展开后的长度，$L \approx n_1\sqrt{(\pi D)^2 + t^2}$ 。

（7）旋向　圆柱螺旋压缩弹簧分为左旋和右旋两种，判别方法与螺纹相同。

三、圆柱螺旋压缩弹簧的画法

1. 螺旋压缩弹簧的表达方法。

（1）在平行于螺旋弹簧轴线投影面的视图中，其各圈的轮廓应画成直线。

（2）螺旋弹簧均可画成右旋，但左旋螺旋弹簧，不论画成左旋或右旋，一律要注明旋向“左”字。

（3）螺旋压缩弹簧如要求两端并紧磨平时，不论支撑圈的圈数是多少和末端贴紧情况如何，均按图示的形式绘制；必要时也可按支撑圈的实际结构绘制。

（4）有效圈数在 4 圈以上的螺旋弹簧中间部分可以省略，圆柱螺旋弹簧中间部分省略后，允许适当缩短图形长度，如图 7-65 所示。

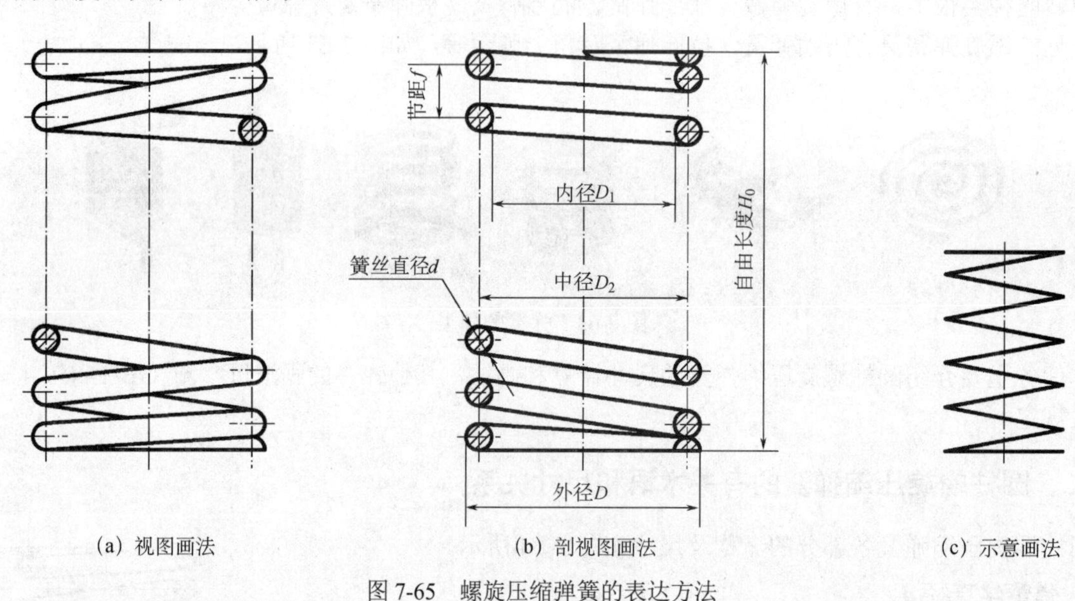

(a) 视图画法　(b) 剖视图画法　(c) 示意画法

图 7-65　螺旋压缩弹簧的表达方法

2. 装配图中弹簧的画法

（1）被弹簧挡住的结构一般不画出，可见部分应从弹簧的外廓线或从弹簧钢丝剖面的中心线画起。

（2）当弹簧被剖切时，剖面直径或厚度在图形上等于或小于 2mm 时，可用涂黑表示，也允许采用示意画法，如图 7-66 所示。

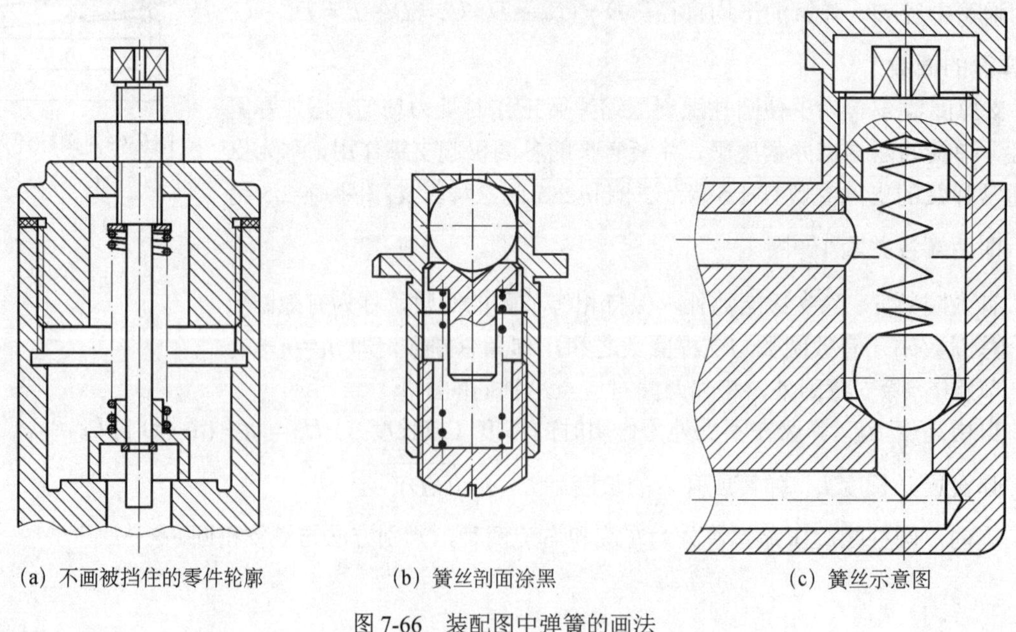

(a) 不画被挡住的零件轮廓　(b) 簧丝剖面涂黑　(c) 簧丝示意图

图 7-66　装配图中弹簧的画法

四、圆柱螺旋压缩弹簧的作图步骤

已知圆柱螺旋压缩弹簧的簧丝直径 d=5mm，弹簧外径 D_2=45mm，节距 t=10mm，有效圈数 n=8，支撑圈数 n_2=2.5，右旋，试画出这个弹簧的视图。

画图之前先进行计算，计算出弹簧平均直径及自由高度，然后再作图。弹簧中径 $D=D_2-d=$ 40mm，自由高度 $H_0=nt+(n_2-0.5)d=8\times10+(2.5-0.5)\times5=90$mm。如图 7-67 所示，作图步骤如下：

① 根据 H_0 及 D_2 画出矩形 $ABCD$。

② 按簧丝直径画出支撑圈的簧丝断面圆和半圆。

③ 根据节距 t 画出有效圈簧丝断面（按图中数字顺序作图）。

④ 按右旋方向作簧丝断面的切线。校核、加深、作剖面线。

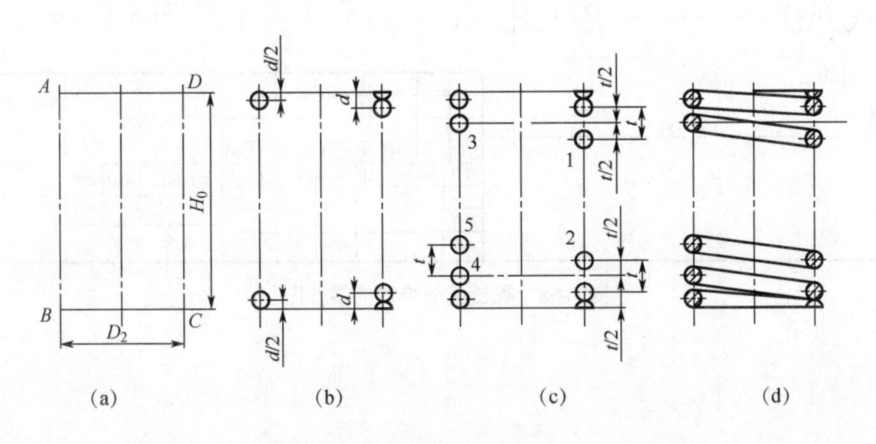

图 7-67　螺旋压缩弹簧的作图步骤

五、圆柱螺旋压缩弹簧的标注

按 GB/T2089—2009 的规定，圆柱螺旋压缩弹簧的标注由类型代号、规格、精度代号、旋向代号及标准号组成，标注格式如下：

Y 端部类型　$d\times D\times H_0$ 精度代号　旋向代号　标准号

① 形式代号　YA 为两端并紧磨平的冷卷压缩弹簧，YB 是两端并紧制扁的热卷压缩弹簧。

② 规格　$d\times D\times H_0$。

③ 精度代号　2 级制造精度不表示，3 级精度注明“3”。

④ 旋向代号　左旋应注明“左”，右旋不标注。

⑤ 标准号　GB/T 2089。

例如，弹簧丝直径为 30mm，弹簧中径为 150mm，自由高度为 320mm，制造精度为 2 级，两端并紧锻平，左旋的圆柱螺旋压缩弹簧，其标注应为 YB 30×150×320 左 GB/T 2089。

六、圆柱螺旋压缩弹簧零件图示例

圆柱螺旋压缩弹簧零件图的内容与普通零件的零件图内容要求基本相同，所不同的是：一般采用图解方式表示弹簧的机械性能要求，即弹簧的机械性能曲线都简化成直线，画在主视图上方。机械性能曲线可以反映弹簧工作负荷与工作高度的相应关系，或者是反映弹簧工作负荷与变形量的相应关系，两种形式应按需要进行选择，如图 7-68 所示。

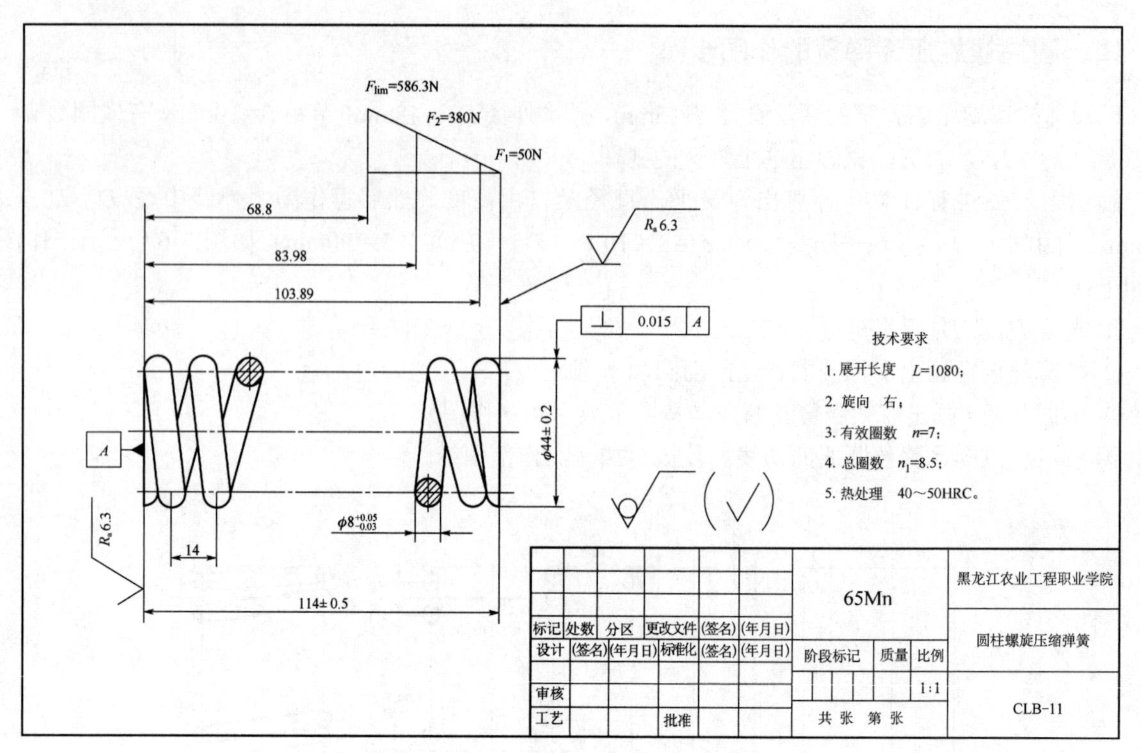

图 7-68　螺旋压缩弹簧的零件图

【任务练习 7-6】

班级__________　　　姓名__________　　　学号__________

已知圆柱螺旋压缩弹簧的簧丝直径 d =5，弹簧中径 D_2=40，节距 t=10，自由高度 H=76，支撑圈数 n_2=2.5，右旋。画出该弹簧的全剖视图，并标注尺寸。

【综合训练 7】

班级__________________ 姓名__________________ 学号__________________

一、螺纹规格为 M24，被连接的两块金属板厚度 $\delta_1 = \delta_2$ =40mm，选用六角头螺栓、平垫圈、六角螺母，均为 C 级，作螺纹连接副视图。

二、已知 m =3，z_1 =z_2 =26，计算两齿轮的画图尺寸，画出两齿轮的啮合图。

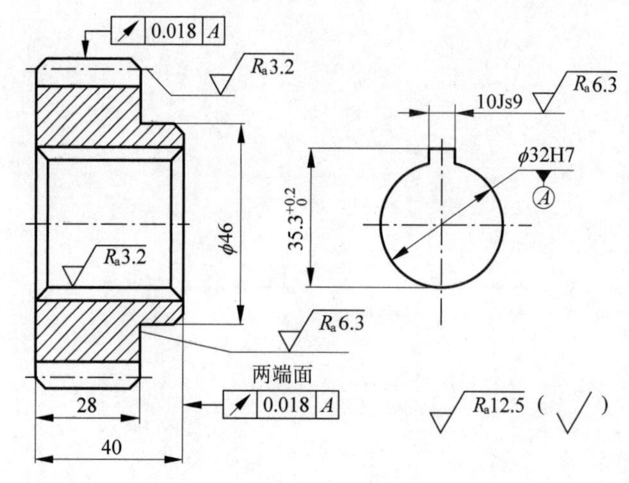

项目八　零件图

【导读】

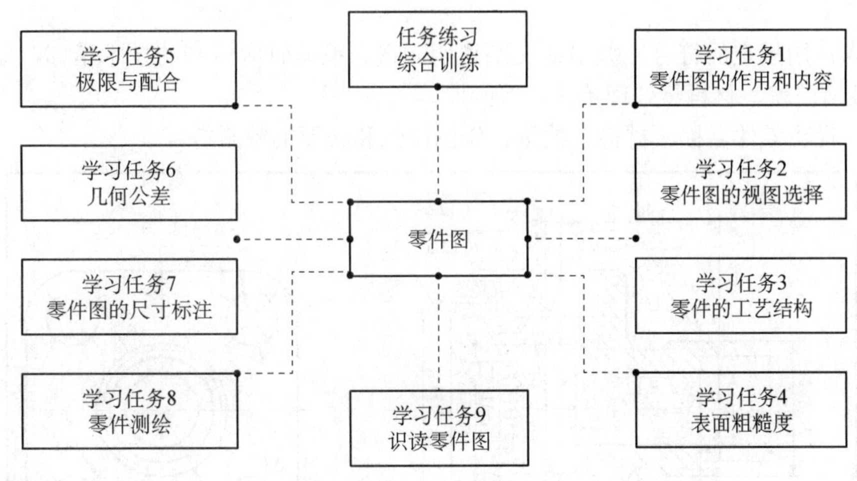

【知识目标】

◆ 掌握零件图的基本知识和常见工艺结构；

◆ 掌握零件图尺寸标注方法；

◆ 掌握零件技术要求的概念及标注；

◆ 掌握典型零件的分析、测绘及识读方法。

【能力目标】

◆ 会识读、分析零件的结构和尺寸；

◆ 会识读、分析零件的技术要求；

◆ 熟悉典型零件的结构分析和测绘方法；

◆ 能绘制、识读中等复杂程度的零件图。

【思政目标】

◆ 增强文化传承和创新设计的使命感；

◆ 培养严谨细致、吃苦耐劳的职业素养；

◆ 弘扬精益求精、追求卓越的工匠精神。

陈行行

【思政故事】

大国工匠——陈行行

陈行行，中国工程物理研究院机械制造工艺研究所，高级技师。他精通多轴联动加工技术、高速高精度加工技术和参数化自动编程技术，尤其擅长薄壁类、弱刚性类零件的加工工艺与技术。

学习任务1　零件图的作用和内容

零件图的作用和内容

一、零件图的作用

任何机器或部件都是由许多零件组成的，根据形状和功用零件可分为轴类（如齿轮轴)、盘类（如齿轮、端盖)、箱体类（如箱体、箱盖)、叉架类等类型。用于表达单个零件的结构形状、大小和技术要求的图样称为零件图，它是生产过程中，加工制造、检验测量和维修零件的基本技术文件。

二、零件图的内容

图 8-1 是阀盖零件图。由图 8-1 可知，零件图应包括以下 4 个方面的内容。

① 一组图形：包括视图、剖视图等，完整、清晰地表达零件的结构形状。

② 必要的零件尺寸：完整、清晰、合理地标注零件的全部尺寸，表明形状、大小及其相互位置关系。

③ 技术要求：用规定的符号、数字或文字说明制造、检验时应达到的技术指标，如尺寸公差、表面结构要求、几何公差、材料热处理等。

④ 标题栏：说明零件名称、材料、数量、作图比例和必要的签署等。

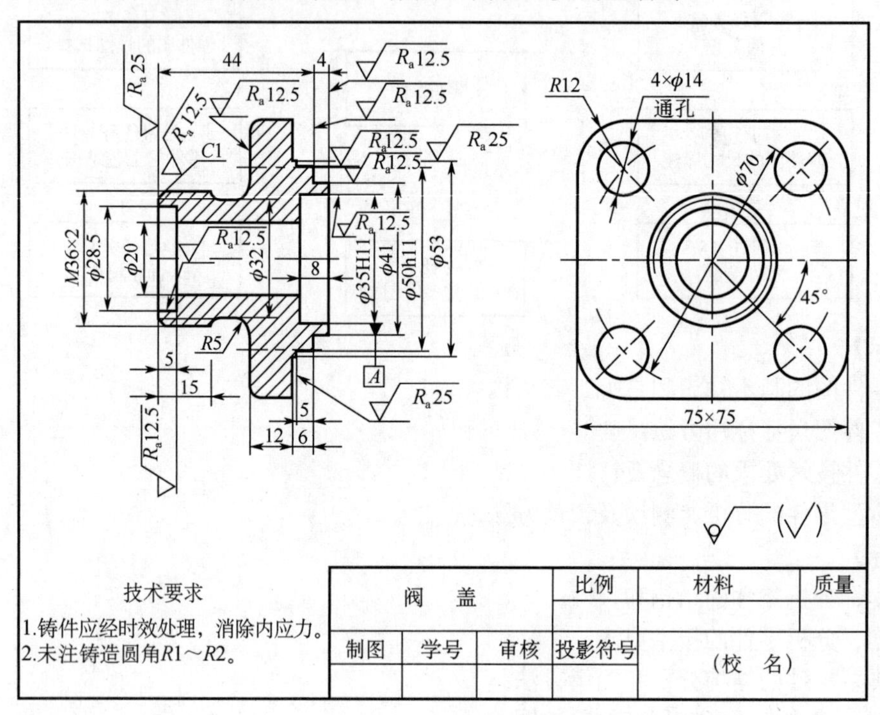

图 8-1 阀盖零件图

【任务练习 8-1】

班级＿＿＿＿＿＿＿＿ 姓名＿＿＿＿＿＿＿＿ 学号＿＿＿＿＿＿＿＿

分析并抄画下列图样。（比例自定）

1.

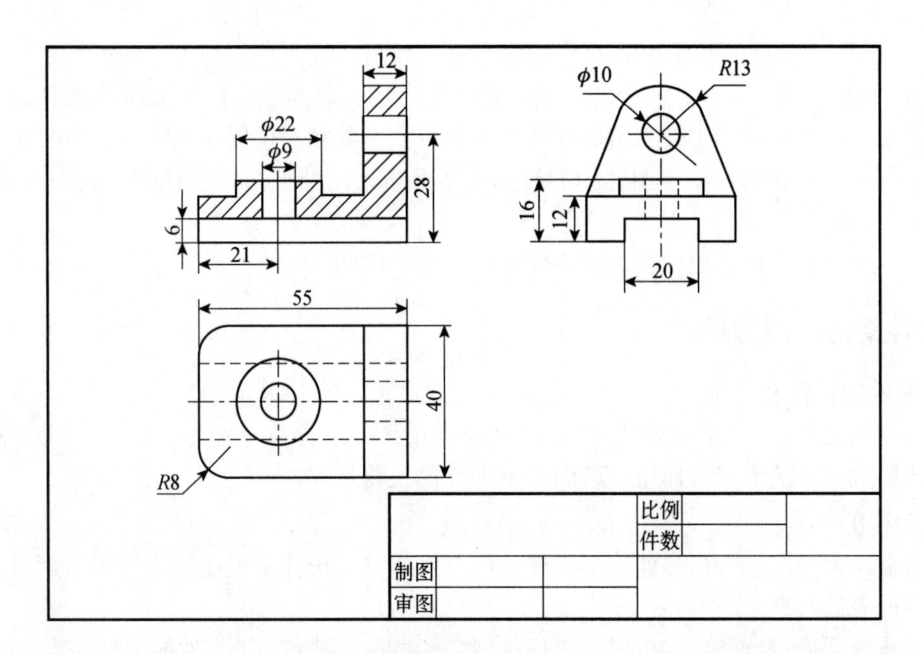

2.

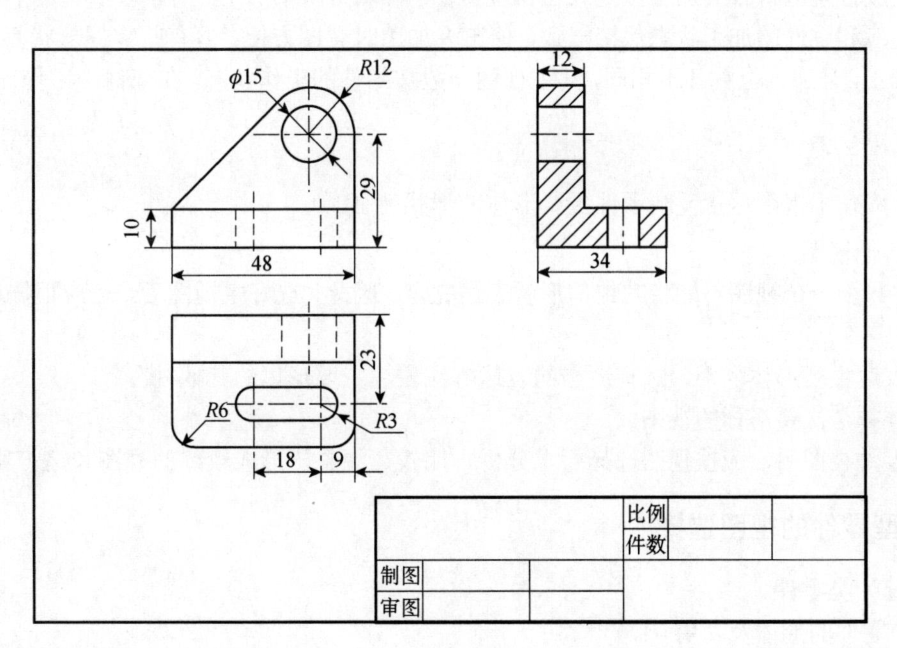

学习任务2　零件图的视图选择

一、视图选择的要求

零件的视图选择

零件图的视图选择就是要选择一组视图（视图、剖视图、断面图等），将零件的结构形状表达完全、正确和清楚，符合生产的实际要求。视图选择的要求如下：

① 完全。零件各组成部分的结构形状及其相对位置，要表达完全且唯一确定。

② 正确。各视图之间的投影关系及所采用的视图、剖视图、断面图等表达方法要正确。

③ 清楚。视图表达应清晰易懂，便于读图。

二、零件图的视图选择

1. 分析零件的形体及功用

选择零件视图之前，首先对零件进行形体分析和功用分析。分析零件的整体功能和在部件中的安放状态、零件各组成部分的形状及作用，进而确定零件的主要形体。

2. 选择主视图

主视图是反映零件信息量最多的一个视图，应首先选择。选择主视图应注意以下两点。

（1）零件的安放状态

零件的安放位置应符合其加工位置或工作位置。零件图是用来加工零件的图样，其主视图所表示的零件安放状态应和零件的加工状态保持一致，使工人加工时看图方便。但有些零件形状复杂，需要在不同的机床上加工，且加工位置各不相同，其主视图一般按零件的工作状态（在部件中工作时所处的状态）绘制。

（2）投射方向

投射方向应使主视图尽量反映零件主要形体的形状特征。

3. 选择其他视图

许多零件只用一个视图不能将其结构形状表达完全。因此，选好主视图后，还应根据以下几点选择其他视图。

① 可从表达主要形体入手，选择适当的表达方法表达主要形体的其他视图。

② 检查并补全次要形体的视图。

③ 选择零件视图后，应按视图选择要求分析、比较、调整，形成较好的视图表达方案。

三、典型零件的视图选择

1. 轴（套）类零件

（1）轴类零件的形体及功用

轴是用来支撑传动零件（齿轮、皮带轮等）传递运动和动力的。由于轴上零件固定定位和装拆工艺的要求，轴类零件往往由若干段直径不等的同心圆柱组成，形成阶梯轴，常有键槽、销孔、凹坑等结构。

（2）选择主视图

轴类零件一般在车床上加工（见图8-2），其主视图按加工位置将轴线水平放置。

（3）选择其他视图

轴上的孔、槽常用断面图表达（见图 8-3）。某些细部结构如退刀槽、砂轮越程槽等，必要时可采用局部放大图，以便确切表达其形状和标注尺寸。

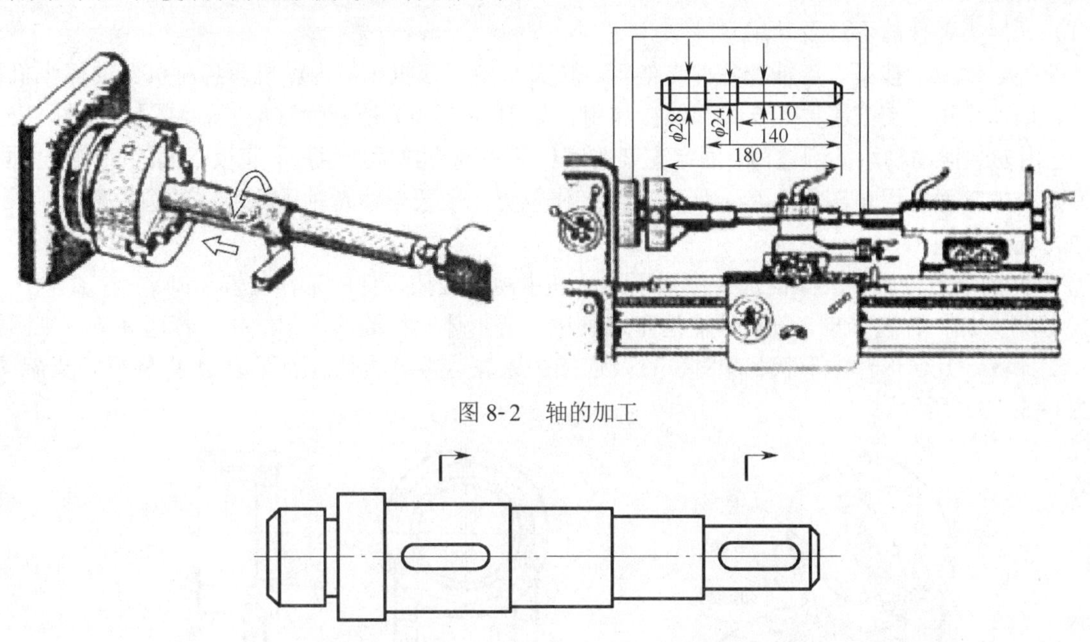

图 8-2　轴的加工

图 8-3　轴上的孔、槽

2. 轮盘类零件

（1）轮盘类零件的形体及功用

轮盘类零件主要包括齿轮、皮带轮、端盖、手轮等。这类零件的主体部分是由直径不等的同心圆柱面组成的，只是厚度相对于直径来说要小得多，零件呈盘状，其上常有肋、轮辐、孔及键槽等。如图 8-4（a）所示为端盖轴测图，端盖安装在箱体轴承孔的外端面，右端凸缘上均布四个安装用的螺钉孔。

（2）选择主视图

端盖主要在车床上加工，其主视图按加工位置将轴线水平放置。以图 8-4（a）中箭头 *A* 的指向作为主视图的投射方向，用全剖主视图表达零件的内形及由不同圆柱面组成的结构特点。

（3）选择其他视图

端盖上的螺钉孔沿圆周方向分布的情况，用左视图表达，如图 8-4（b）所示。

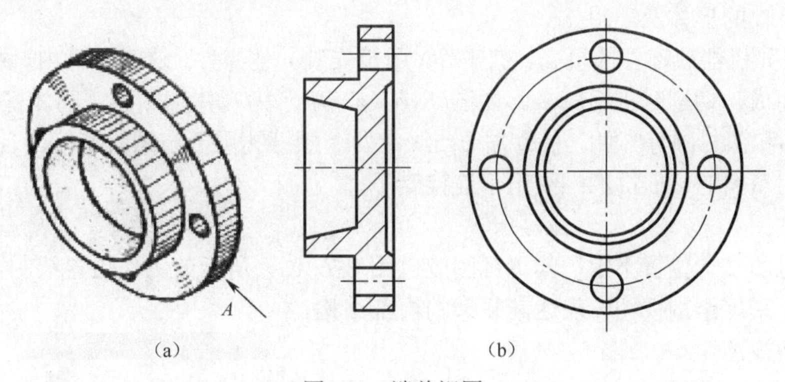

图 8-4　端盖视图

3. 叉架类零件

（1）叉架类零件的形体及功用

叉架类零件包括拨叉、连杆和各种支架等。拨叉主要用在机床、内燃机等各种机器的操纵机构上，起操纵、调速作用。支架主要起支撑和连接作用。如图 8-5（a）所示为支架的轴测图。由图 8-5（a）可知，它由安装滚动轴承的圆柱筒、固定支架的底板和中间支撑板所组成。底板下面的凹槽与上面的凸台是为减少加工面之用。图 8-5（a）所示是其工作位置，主要形体是轴承孔所在的圆柱筒。

（2）选择主视图

① 零件的安放位置。支架的加工位置不定，其主视图应按零件的工作位置绘制。

② 投射方向。若选 *B* 向，剖视后能清楚地表达主要形体圆柱筒的内部结构；若选 *A* 向，则圆柱筒、底板、支撑板等几何形体的形状、相对位置及连接关系表达得更清楚，因而选 *A* 向较好，支架的主视图如图 8-5（b）所示。

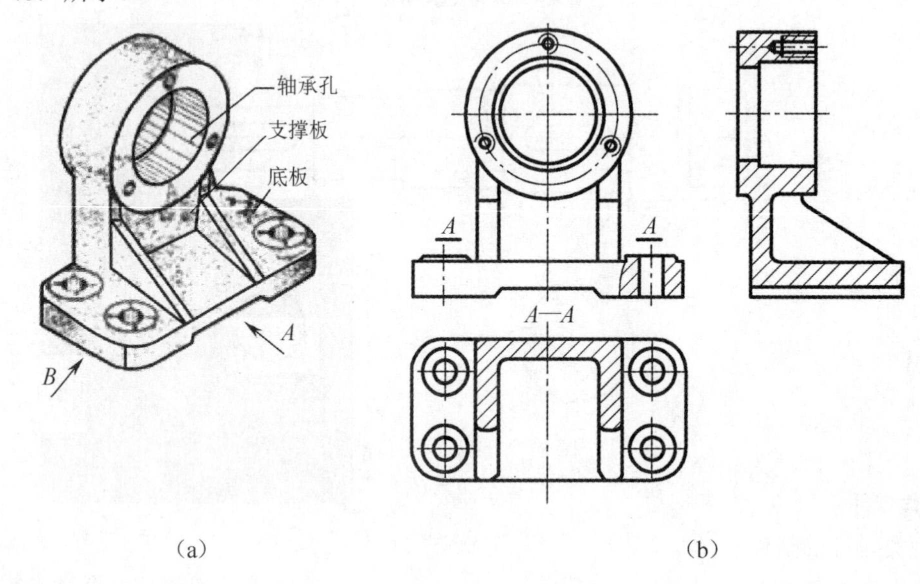

图 8-5　支架主视图

（3）选择其他视图

① 选择表达主要形体的其他视图。主视图上表达了主要形体圆柱筒的圆形特征，其轴向的形状及轴孔的内部结构可用左视图取全剖视图表达。

② 检查、补全次要形体的视图。检查分析零件的几何形体可知，方形底板的形状和两侧支撑板之间的关系不明显，可直接选择 *A*—*A* 剖视图表达。

4. 箱体类零件

（1）箱体类零件的形体及功用

箱体类零件（如机器或部件的机壳、机座等）用于安装其他零件。这类零件内、外形状都比较复杂，其毛坯多经铸造而成，切削时工序较多。如图 8-6（a）所示为阀体轴测图，阀体基本形体是个球形壳体，内腔容纳阀芯和密封圈等零件。左边方形凸缘的四个螺钉孔用于与阀盖连接。上面的圆柱筒内孔用于安装阀杆、密封填料等。右端的螺纹用于连接管子。

（2）选择主视图

阀体在加工时的装卡位置不定，其主视图应以图 8-6（a）所示的工作位置绘制，以箭头 *A* 所指的方向为投射方向，采用全剖视图，表达其复杂的内部结构。

（3）选择其他视图

主体部分的外形特征和左端凸缘的方形结构采用半剖视的左视图表达。经检查发现阀体顶部的扇形凸缘还没表达清楚，同时为使阀体的外形表达得更为清晰，再加选一个俯视图即可，如图 8-6（b）所示。

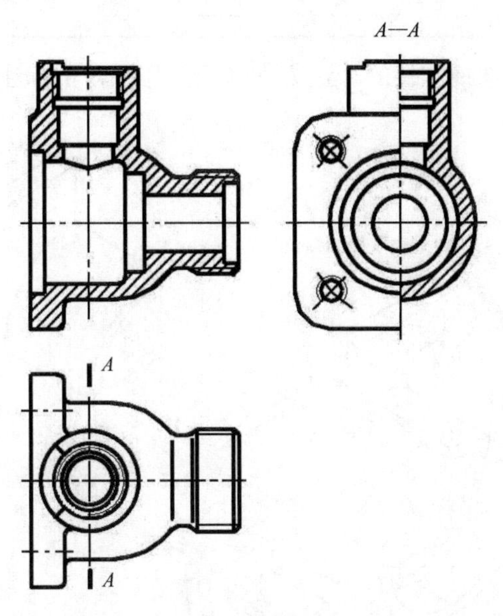

图 8-6　阀体视图

5. 确定零件表达方案时的注意事项

上文大体上说明了各种典型零件的视图表达方案，但实际生产中零件还是很复杂的，因此在确定具体零件的表达方案时，还要注意以下几点：

① 每个视图的选择要有明确的目的性，不要不加分析就选择主视图、左视图、俯视图。

② 在零件结构形状表达清楚的基础上，视图数量应尽量少。

③ 一般内形画剖视图，外形画视图，能兼顾时可选择半剖视或局部剖视。

④ 为提高表达能力，最好选择几个表达方案，比较后择优。

【任务练习 8-2】

班级__________ 姓名__________ 学号__________

根据零件的轴测图，正确选择零件的表达方案（尺规作图，不标注尺寸）。

1.

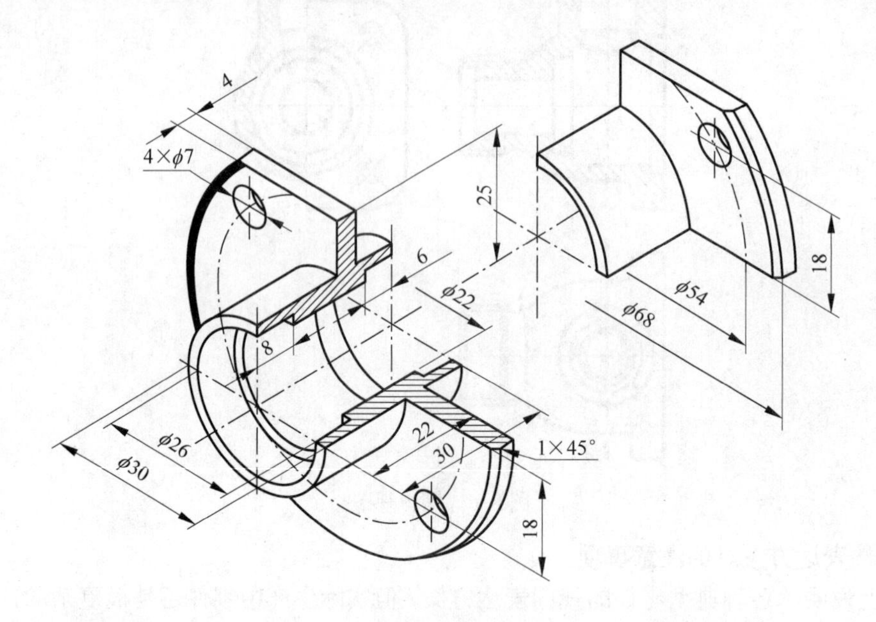

2.

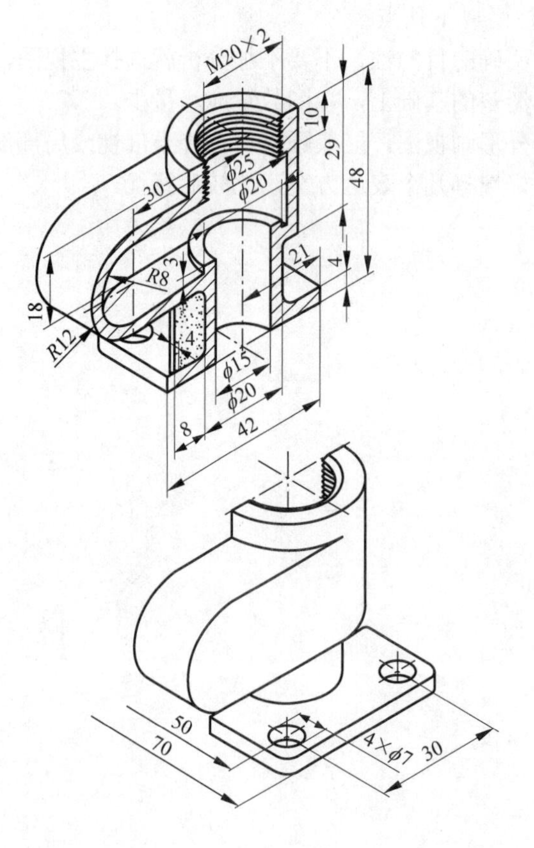

学习任务3　零件的工艺结构

零件的结构形状不仅要满足设计要求，而且要满足加工工艺对零件结构的要求。所谓的零件工艺结构是指所设计零件的结构，在一定条件下，是否适合制造、加工工艺的特点和要求，能否质量好、产量高、成本低地制造出来，以得到较好经济效果。零件常见的工艺结构主要有铸造工艺结构和一般机械加工工艺结构。

零件的工艺结构

一、零件的铸造工艺结构

1. 铸件壁厚

（1）铸件的最小壁厚

铸件的最小壁厚受到金属溶液流动性及浇注温度的限制。为了避免金属溶液在充满砂型之前凝固，在一般铸造条件下，铸件壁厚不应小于表8-1所列数值。

表8-1　铸件最小壁厚　（单位：mm）

铸造方法	铸件尺寸	铸钢	灰铸铁	球墨铸铁
砂型	～200×200 >200×200～500×500 >500×500	8 10～12 15～20	6 6～10 15～20	6 12

（2）铸件壁厚要均匀

为防止浇铸零件时由于冷却速度不同而产生缩孔和裂纹，在设计铸件时，壁厚应尽量均匀或逐步过渡，如图8-7所示。

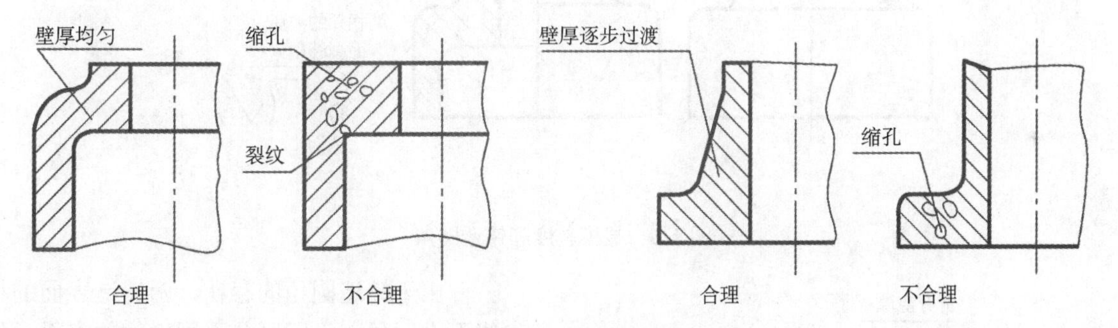

图8-7　铸件壁厚的处理

（3）内外壁与肋的厚度

为了便于铸件均匀冷却，避免铸件因铸造应力而变形、开裂，外壁、内壁与肋的厚度应依次减小，顺次相差20%左右，如图8-8所示。

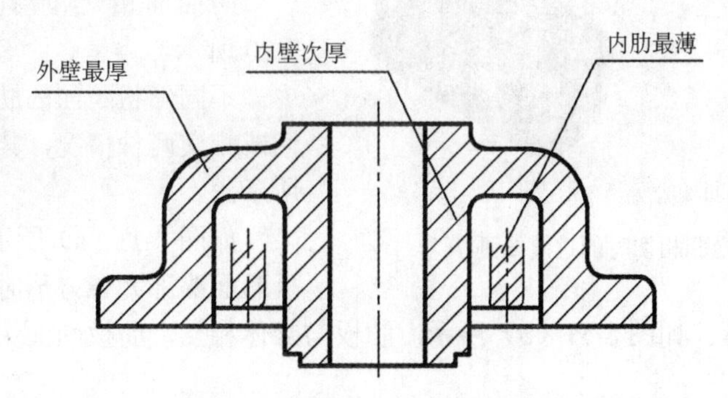

图8-8　内外壁与肋的厚度关系

2. 拔模斜度与铸造圆角

如图 8-9（a）所示，在铸造零件毛坯时，为便于将木模从砂型中取出，零件的内外壁沿起模方向应有一定的斜度，称为拔模斜度，通常为 1∶20。若斜度较小，在图上可不画出。但若斜度较大，则应画出，如图 8-9（b）所示。

为了防止铸件冷却时产生裂纹或缩孔，防止浇注时落砂，在铸件各表面的相交处都有圆角，称为铸造圆角。毛坯经机械加工后，铸造圆角消失，从而产生尖角或加工成倒角或圆角，如图 8-9（b）所示。

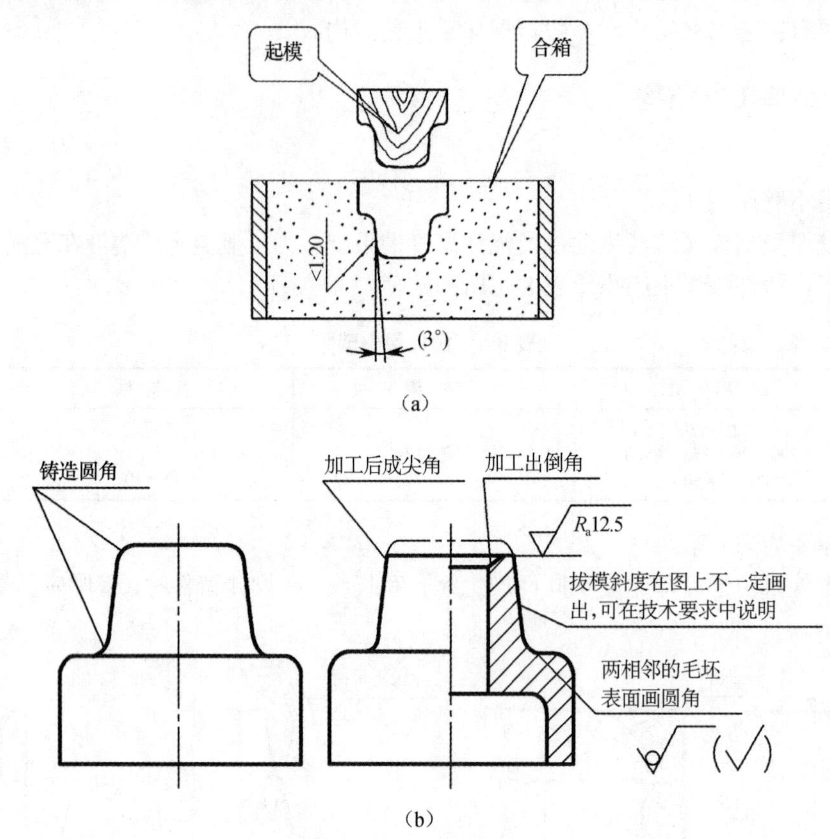

图 8-9　拔模斜度和铸造圆角

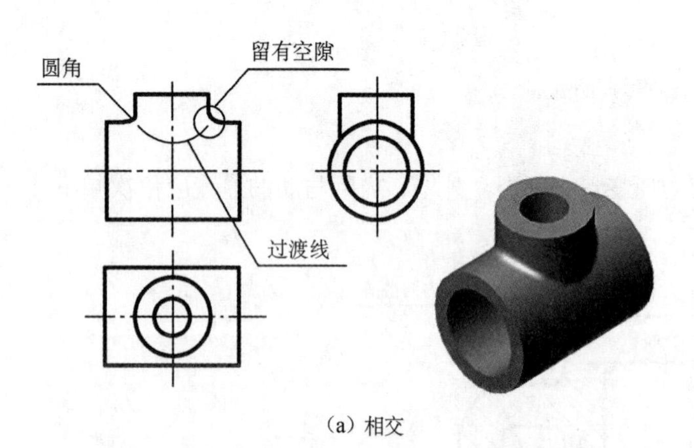

图 8-10　圆柱面相交和相切时的过渡线画法

由于铸造圆角的存在，两铸造表面的相贯线不太明显，为了区分不同形体的表面，仍要画出相贯线，这种相贯线称为过渡线。过渡线的画法和相贯线相同，只是其端点处不与圆角轮廓线接触。过渡线用细实线绘制。

两曲面相交和相切时的过渡线画法如图 8-10 所示。

不同形状断面的肋板与圆柱组合，视其相切或相交两种情况，其过渡线的画法如图 8-11 所示。

如图 8-11（a）所示，肋板与立体相交，肋板断面头部为长方形时，过渡线为直线，且平面轮廓线的端部稍向外弯。如图 8-11（b）所示，肋板与立体相交，肋板断面头部为半圆形时，过渡线为向内弯的曲线。

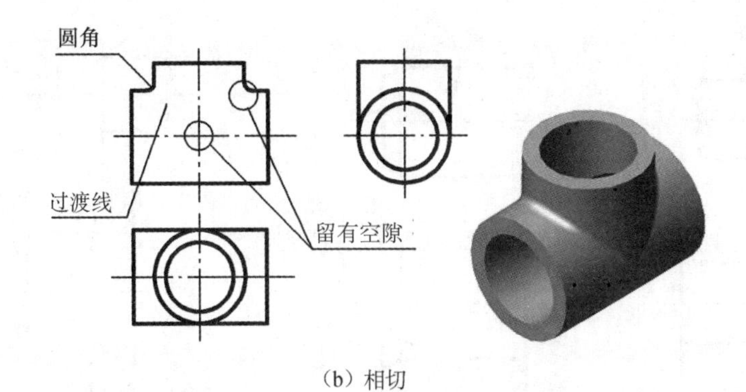

（b）相切

图 8-10　圆柱面相交和相切时的过渡线画法（续）

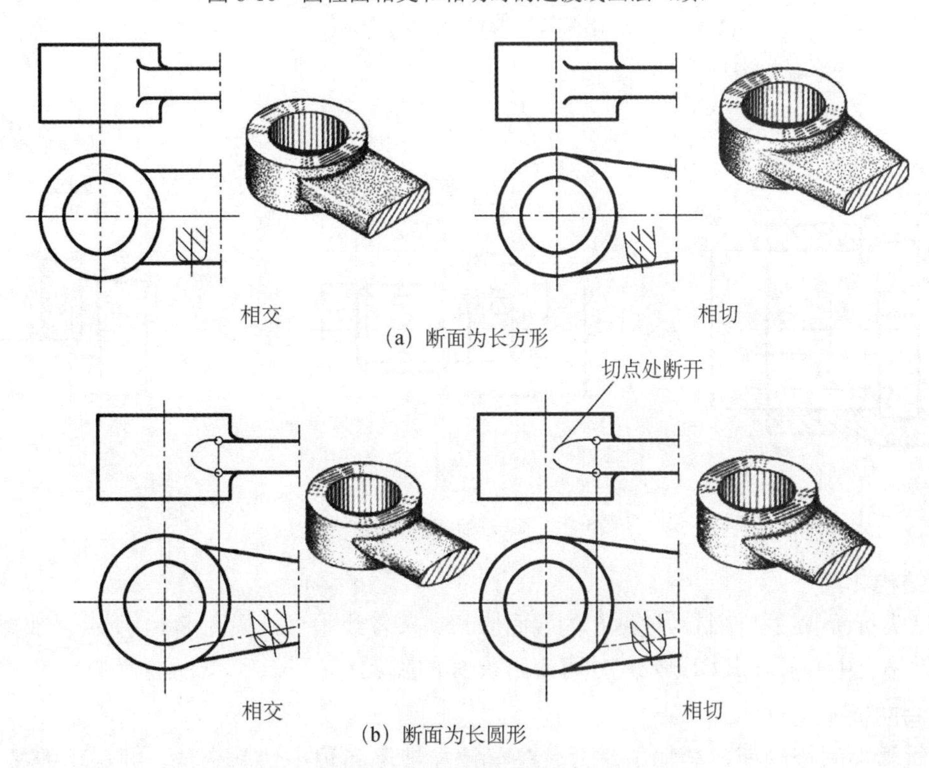

(a) 断面为长方形

(b) 断面为长圆形

图 8-11　肋板与圆柱组合时过渡线的画法

二、零件的机械加工工艺结构

1. 倒角与倒圆

为了便于装配和操作安全，常将轴和孔端部的尖角加工成一个小圆锥面，称为倒角，倒角一般与轴线成 45°角，有时也用 30°或 60°。为避免应力集中产生裂纹，在轴肩处往往加工成圆角过渡，称为倒圆。倒角和倒圆的标注如图 8-12 所示。倒角与倒圆的具体尺寸可查附录 B 的附表 8。

2. 退刀槽和砂轮越程槽

为了在切削加工中便于退刀和装配时零件的可靠定位，通常预先在被加工轴的轴肩或孔底处加工出退刀槽和砂轮越程槽，如图 8-13 所示。退刀槽或砂轮越程槽的尺寸可按照“槽宽×槽深”或“槽宽×直径”的形式标注。

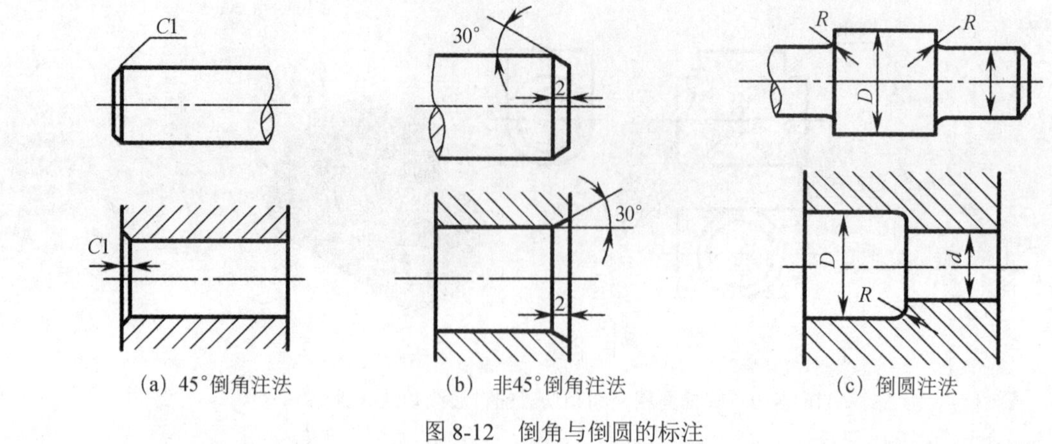

图 8-12 倒角与倒圆的标注

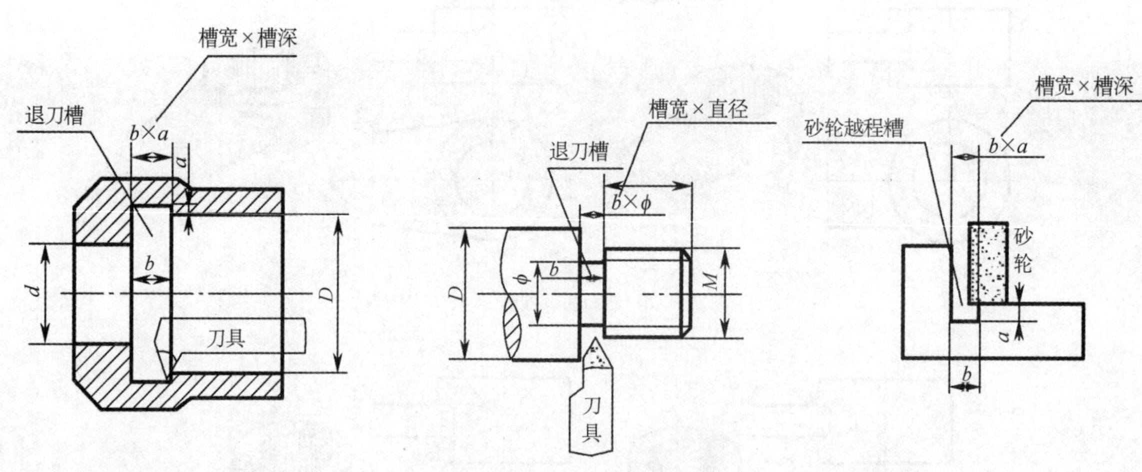

图 8-13 退刀槽和砂轮越程槽

3. 钻孔结构

为防止钻头折断或钻孔倾斜，被钻孔的端面应与钻头轴线垂直，如图 8-14 所示。轴类零件在加工过程中还经常钻有中心孔，其标记及尺寸可查附录 B 的附表 9。

4. 凸台与凹坑

凡零件与零件的接触面都要加工，力求获得较高精度和较小切削余量，并尽可能减少加工面积和加工面数量，使两零件接触平稳，常在两零件的接触面制作出凸台，锪平成凹坑或凹槽等，如图 8-15 所示。

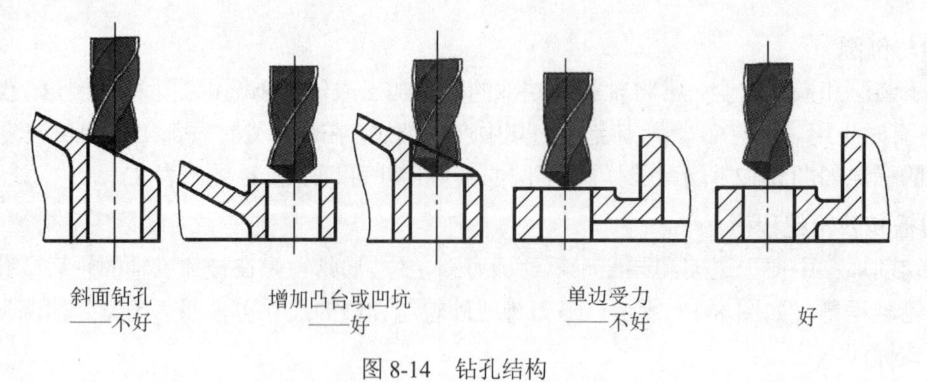

图 8-14 钻孔结构

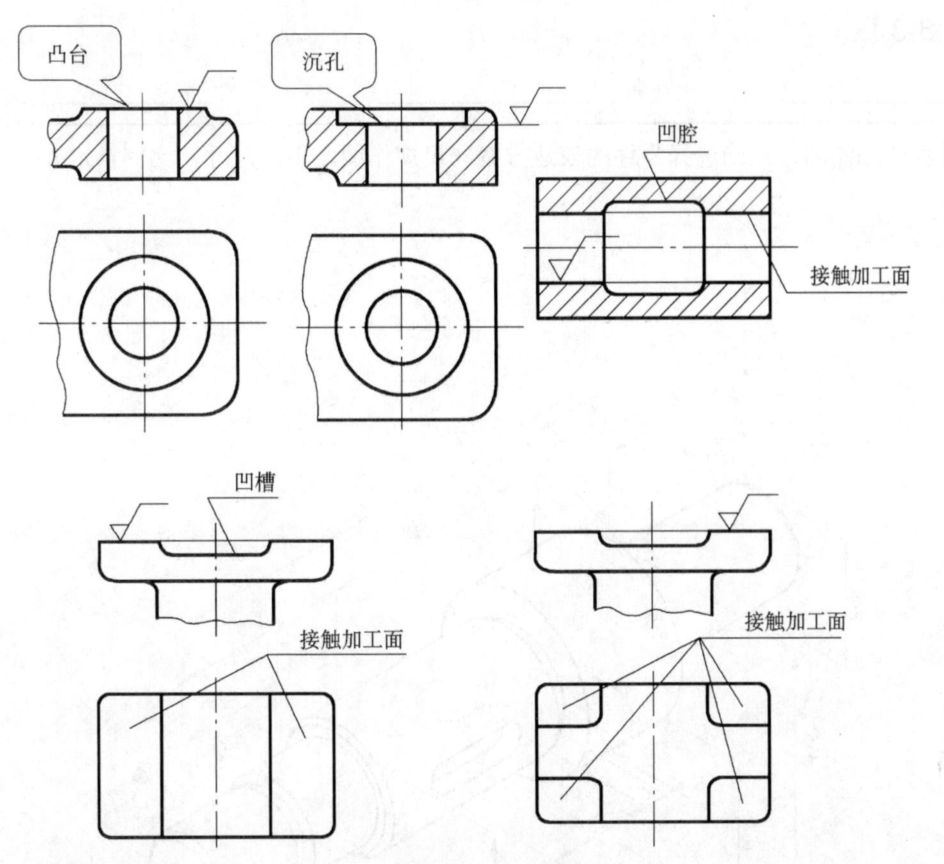

图 8-15　凸台与凹坑

【任务练习 8-3】

班级__________________ 姓名__________________ 学号__________________

根据零件的轴测图，正确选择零件的表达方案（尺规作图，不注尺寸，比例自定）。

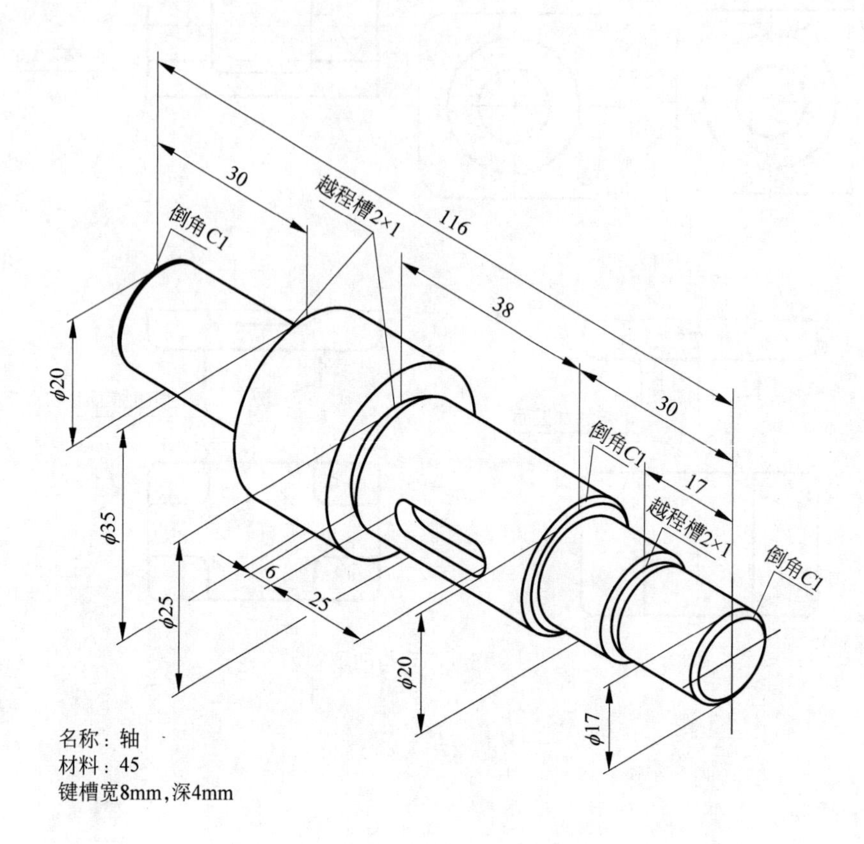

学习任务 4　表面粗糙度

表面粗糙度

在机械图样上，为保证零件装配后的使用要求，要根据功能需要对零件的表面质量——表面结构给出要求。表面结构是表面粗糙度、表面波纹度、表面缺陷、表面纹理和表面几何形状的总称。表面结构在图样上的表示法在 GB/T131—2006 中均有具体规定，本任务主要学习常用的表面粗糙度表示方法。

一、表面粗糙度的概念

零件在机械加工过程中，由于机床、刀具的振动及材料在切削时产生塑性变形、刀痕等原因，即使经过精细加工，用肉眼来看很平滑，但用放大镜或显微镜观察，仍可见其加工表面具有一定的凸峰和凹谷，是高低不平的，如图 8-16 所示。

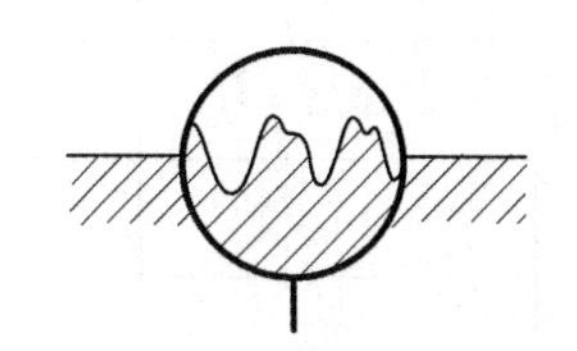

图 8-16　表面粗糙度

这种加工表面上具有的较小间距与峰谷所组成的微观几何形状特性，称为零件的表面粗糙度。表面粗糙度与加工方法、刀刃形状和走刀量等各种因素都有密切关系。

表面粗糙度是评定零件表面质量的一项重要指标。表面粗糙度对零件的耐磨性、抗腐蚀性和抗疲劳性能有一定影响，也影响零件的配合质量，它直接影响机器的使用性能和寿命。表面粗糙度越高（即表面粗糙度数值越小），零件表面质量越好，其加工成本越高。因此，在满足使用条件的前提下，应合理地选用表面粗糙度参数。国家标准规定的表面粗糙度评定参数有轮廓算数平均偏差 R_a、微观不平度十点高度 R_z 和轮廓最大高度 Ry 等。

二、表面粗糙度的应用

R_a 值反映了零件表面的要求，其数值越小，零件表面越光滑，但加工工艺越复杂，加工成本也越高。所以确定表面粗糙度时，应根据零件不同的作用，考虑加工工艺的经济性和可能性，合理地进行选择。表面粗糙度应用举例见表 8-2。

表 8-2　表面粗糙度应用举例

R_a/μm（不大于）	表 面 特 征	加 工 方 法		应 用 举 例
50	明显可见刀痕	粗加工面	粗车 粗刨 粗铣 钻孔等	一般很少使用
25	可见刀痕			钻孔表面、倒角、端面、穿螺栓用的光孔、沉孔、要求较低的非接触面
12.5	微见刀痕			
6.3	可见加工痕迹	半精加工面	精车 精刨 精铣 精镗 铰孔 刮研 粗磨等	要求较低的静止接触面，如轴肩、螺栓头的支撑面、一般盖板的结合面；要求较高的非接触表面，如支架、箱体、离合器、皮带轮、凸轮的非接触面
3.2	微见加工痕迹			要求紧贴的静止结合面及有较低配合要求的内孔表面，如支架、箱体上的结合面等
1.6	看不见加工痕迹			一般转速的轴孔、低速转动的轴颈；一般配合用的内孔，如衬套的压入孔、一般箱体的滚动轴承孔；齿轮的齿廓表面，轴与齿轮、皮带轮的配合表面等

续表

R_a/μm（不大于）	表面特征	加工方法		应用举例
0.8	可见加工痕迹的方向	精加工面	精磨 精铰 抛光 研磨 金刚石车 刀精车 精拉等	一般转速的轴颈，定位销、孔的配合面，要求保证较高定心及配合的表面，一般精度的刻度盘，需镀铬抛光的表面
0.4	微辨加工痕迹的方向			要求保证规定的配合特性的表面，如滑动导轨面、高速工作的滑动轴承；凸轮的工作表面
0.2	不可辨加工痕迹的方向			精密机床的主轴锥孔、活塞销和活塞孔、要求气密的表面和支撑面
0.1	暗光泽面	光加工面	细磨 抛光 研磨	保证精确定位的锥面
0.05	亮光泽面			精密仪器摩擦面、量具工作面、保证高度气密的结合面、量规的测量面、光学仪器的金属镜面
0.025	镜状光泽面			
0.012	雾状镜面			
0.006	镜面			

三、表面粗糙度符号

表面粗糙度代号由表面粗糙度符号、参数值（数字）及其他有关说明组成。表面粗糙度符号的意义和画法见表 8-3。

表面粗糙度图形符号的比例和尺寸按 GB/T131—2006 的相应规定绘制（见图 8-17、表 8-4）。

表 8-3　表面粗糙度符号的意义和画法

符　号	意　义	符号画法
	基本图形符号，表示表面可用任何方法获得。当不加注粗糙度参数值或有关说明时，仅适用于简化代号标注	a——注写表面结构的单一要求 a 和 b——a 注写第一表面结构要求，b 注写第二表面结构要求 c——注写加工方法、表面处理、涂层等工艺要求，如车、磨、镀等 d——加工纹理方向符号 e——加工余量（mm）
	扩展图形符号，在基本图形符号上加一短线，表示表面是用去除材料的方法获得的，如车、铣、磨等机械加工	
	扩展图形符号，在基本图形符号上加一小圆，表示表面是用不去除材料的方法获得的，如铸、锻、冲压变形等，或者是用于保持原供应状况的表面	
	完整图形符号，在上述三个符号的长边上均可加一横线，以便注写对表面结构特征的补充信息	

表 8-4　表面粗糙度图形符号和附加标注的尺寸　　（单位：mm）

数字和字母高 h（见 GB/T14690）	2.5	3.5	5	7	10	14	20
符号线宽 d' 字母线宽	0.25	0.35	0.5	0.7	1	1.4	2
高度 H_1	3.5	5	7	10	14	20	28
高度 H_2	7.5	10.5	15	21	30	42	60

当在图样某个视图上构成封闭轮廓的各表面有相同的表面结构要求时，应在完整图形符号上加一圆圈，标注在图样中工件的封闭轮廓线上，如图 8-18 所示。如果标注会引起歧义，则各表面应分别标注。

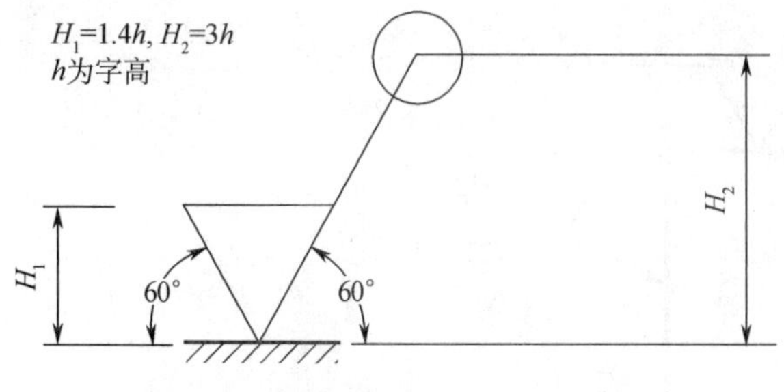

图 8-17　表面粗糙度图形符号的画法

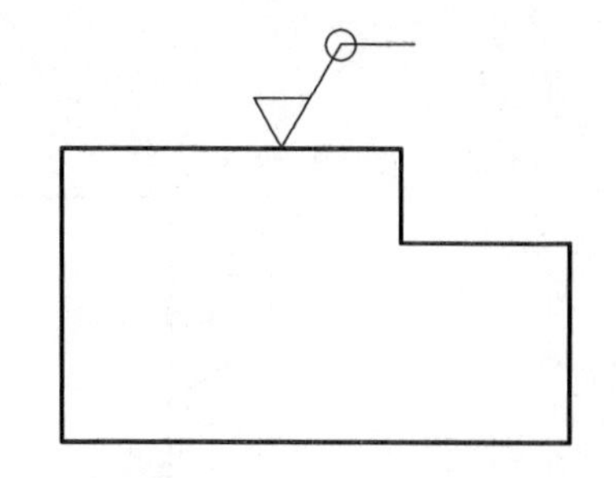

图 8-18　周边各面有相同的表面粗糙度的注法

四、表面粗糙度代号

表面结构代号中注写了具体参数代码及数值等要求后即称为粗糙度代号。表面粗糙度代号的示例及含义，见表 8-5。

表 8-5　表面粗糙度代号的示例及含义

序号	代号示例	含义/解释	补充说明
1	$R_z$max 0.2	表示去除材料，单向上限值，默认传输带，R 轮廓，粗糙度最大高度的最大值为 0.2μm，评定长度为 5 个取样长度（默认），“最大规则”	参数代号与极限值之间应留空格（下同），本例未标注传输带，应理解为默认传输带，此时取样长度可在 GB/T10610 和 GB/T6062 中查取 在文本中表示为：MRR $R_z$max0.2
2	R_a0.8	表示去除材料，单向上限值，默认传输带，R 轮廓，算术平均偏差为 0.8μm，评定长度为 5 个取样长度（默认），“16%规则”（默认）	示例 1～4 均为单向极限要求，且均为单向上限值，则均可不加注“U”；若为单向下限值，则应加注“L” 在文本中表示为：NMR R_a0.8
3	0.008~0.8R_a3.2	表示去除材料，单向上限值，传输带 0.008～0.8mm，R 轮廓，算术平均偏差为 3.2μm，评定长度为 5 个取样长度（默认），“16%规则”（默认）	传输带“0.008～0.8”中的前后数值分别为短波和长波滤波器的截止波长（λ_s～λ_c），以示波长范围。此时取样长度等于 λ_c，即 l_r=0.8mm 在文本中表示为：MRR0.008～0.8/R_a3.2
4	—0.8/R_a3 3.2	表示去除材料，单向上限值，传输带根据 GB/T6062，取样长度为 0.8mm，（λ_s 默认为 0.0025mm），R 轮廓，算术平均偏差为 3.2μm，评定长度包含 3 个取样长度，“16%规则”（默认）	传输带仅注出一个截止波长值（本例 0.8 表示 λ_c 值）时，另一截止波长值 λ_s 应理解为默认值，在 GB/T6062 中查知 λ_s=0.0025mm 在文本中表示为：MRR—0.8/R_a3 3.2
5	UR_a max3.2 LR_a0.8	表示不允许去除材料，双向极限值，两极限值均使用默认传输带，R 轮廓，上限值：算术平均偏差为 3.2μm，评定长度为 5 个取样长度（默认），“最大规则”；下限值：算术平均偏差为 0.8μm，评定长度为 5 个取样长度（默认），“16%规则”（默认）	本例为双向极限要求，用“U”和“L”分别表示上限值和下限值。在不致引起歧义时，可不加注“U”和“L” 在文本中表示为：NMR U $R_a$max3.2；L R_a0.8

五、表面粗糙度在图样中的注法

① 表面结构要求对每一表面一般只标注一次，并尽可能标注在相应的尺寸及其公差的同一视图上。除非另有说明，所标注的表面结构要求是对完工零件表面的要求。

② 表面结构要求的标注和读取方向与尺寸的标注和读取方向一致。表面结构要求可标注在轮廓线上，其符号应从材料外指向并接触表面，如图 8-19 所示。必要时，表面结构也可以用箭头或黑点的指引线引出标注，如图 8-20 所示。

③ 在不致引起误解时，表面粗糙度要求可以标注在给定的尺寸线上，如图 8-21 所示。

④ 表面粗糙度要求可标注在几何公差框格的上方，如图 8-22 所示。

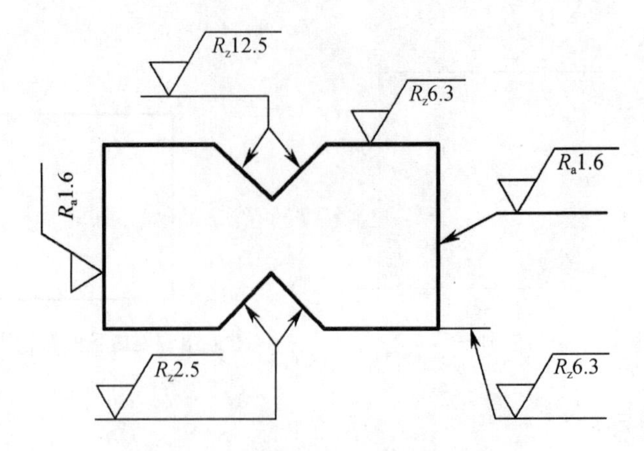

图 8-19　表面粗糙度在轮廓线上的标注

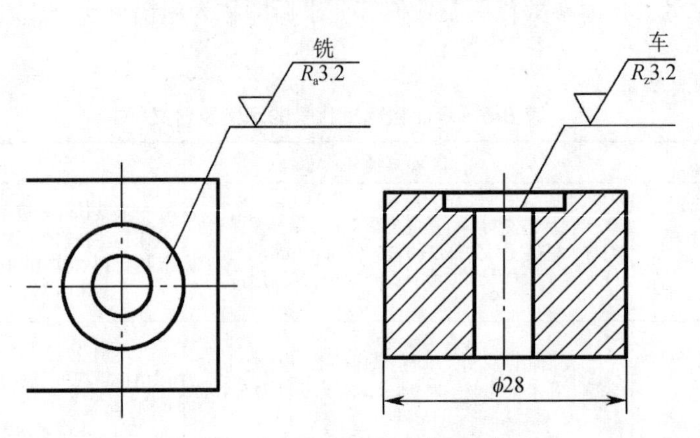

图 8-20　表面粗糙度用引线引出标注

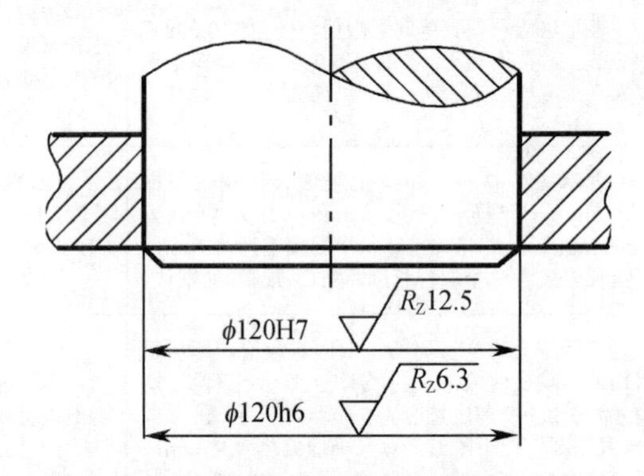

图 8-21　表面粗糙度标注在给定的尺寸线上

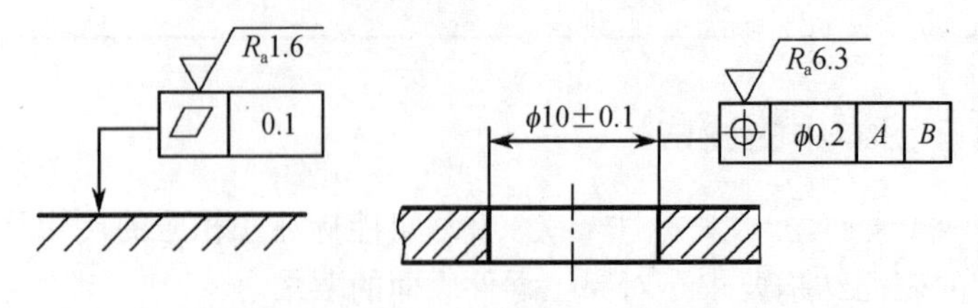

图 8-22　表面粗糙度标注在几何公差框格上方

⑤ 圆柱和棱柱的表面粗糙度要求只标注一次，如图 8-23 所示。如果每个棱柱表面有不同的表面要求，则应分别单独标注，如图 8-24 所示。

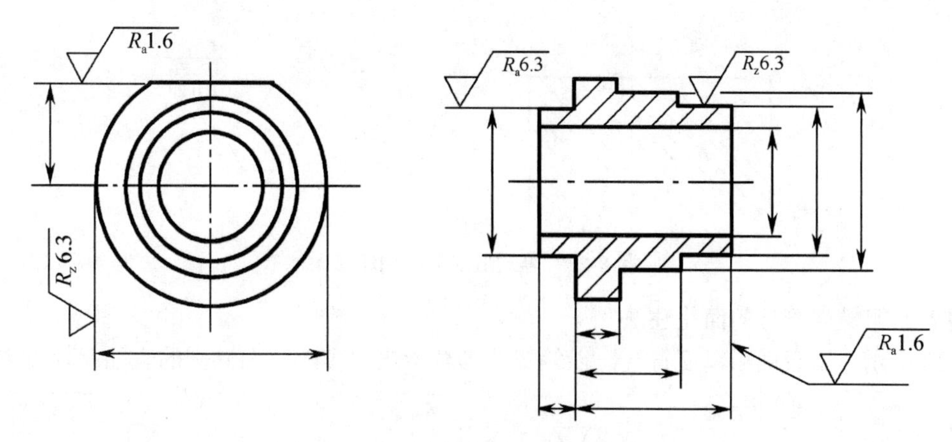

图 8-23　表面粗糙度标注在圆柱延长线上

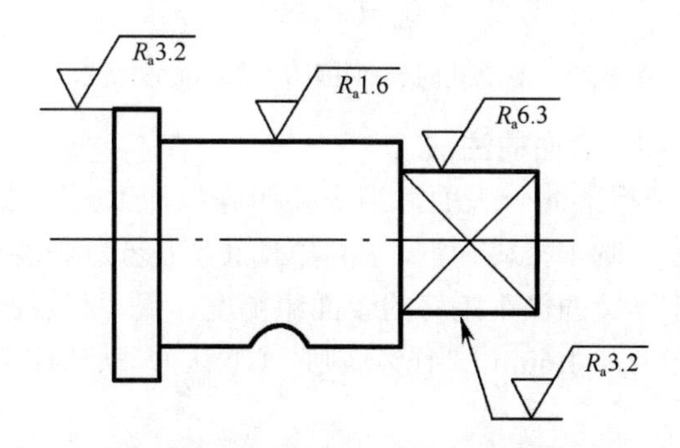

图 8-24　圆柱和棱柱表面粗糙度标注

六、表面粗糙度在图样中的简化注法

1. 有相同表面粗糙度要求的简化注法

如果在工件的多数或全部表面有相同的表面粗糙度要求，则其表面粗糙度要求可统一标注在标题栏附近。此时，表面粗糙度要求的符号后面应有：

① 在圆括号内给出无任何其他标注的基本符号，如图 8-25（a）所示；

② 在圆括号内给出不同的表面粗糙度要求，如图 8-25（b）所示；

③ 不同表面粗糙度要求应直接标注在图形中，如图 8-25 所示。

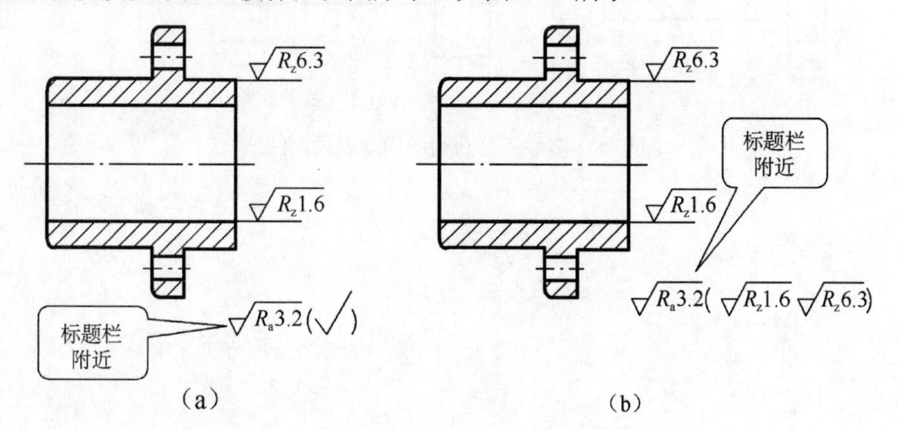

图 8-25　有相同表面粗糙度要求的简化注法

2. 多个表面有共同要求的注法

如图 8-26 所示，以等式的形式，在图形或标题栏附近，对有相同表面粗糙度要求的表面进行简化标注。

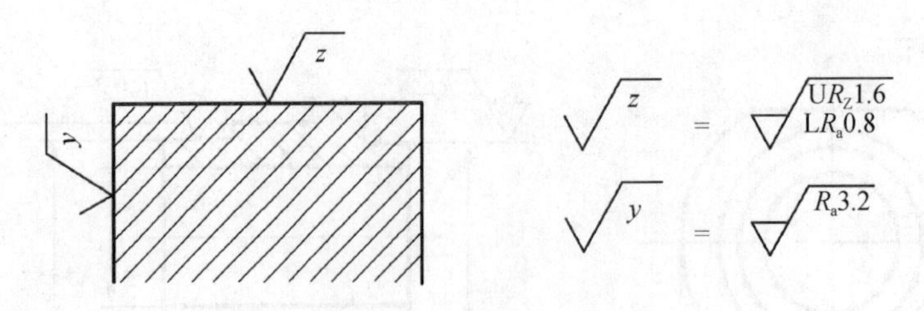

图 8-26　等式形式的简化注法

3. 只用表面粗糙度符号的简化注法

如图 8-27 所示，用表面粗糙度符号，以等式的形式给出对多个表面共同的表面粗糙度要求。

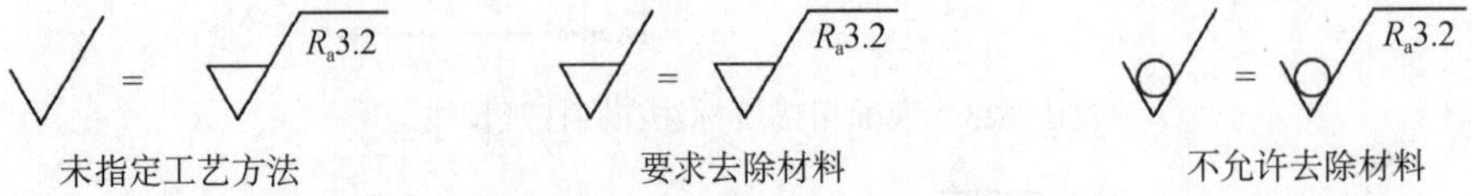

$R_a3.2$　　$R_a3.2$　　$R_a3.2$

未指定工艺方法　　要求去除材料　　不允许去除材料

图 8-27　多个共同表面粗糙度要求的简化注法

4. 两种或多种工艺获得的同一表面的注法

通过几种不同的工艺方法获得的同一表面，当需要明确每种工艺方法的表面结构要求时，可按图 8-28 所示进行标注（图中 Fe 表示基本材料为钢，Ep 表示加工工艺为电镀）。

如图 8-28（b）所示为三个连续的加工工序的表面粗糙度、尺寸和表面处理的标注。

第一道工序：单向上限值，R_z＝1.6μm，“16%规则”（默认），默认评定长度，默认传输带，表面纹理没有要求，去除材料工艺。

第二道工序：镀铬，无其他表面粗糙度要求。

第三道工序：一个单向上限值，仅对长为 50mm 的圆柱表面有效，R_z＝6.3μm，默认评定长度，默认传输带，表面纹理没有要求，磨削加工工艺。

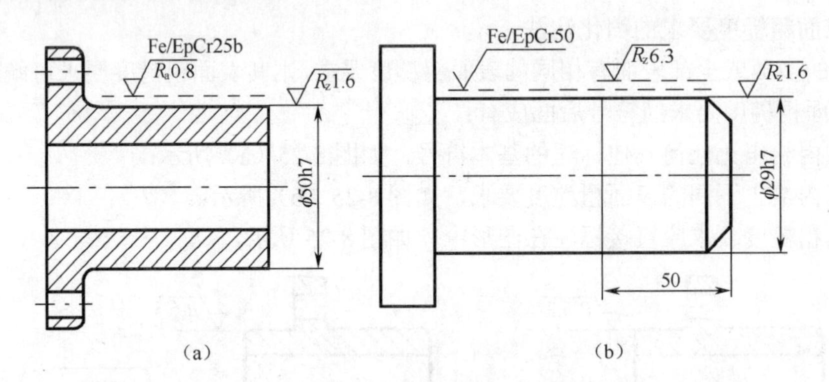

图 8-28　多种工艺获得的同一表面的注法

【任务练习 8-4】

班级__________　　姓名__________　　学号__________

按给出的 R_a 数值，标注在右图中。

1.

（1）ϕ13 轴段圆柱面：R_a 3.2；
（2）ϕ21 轴肩右侧面：R_a 1.6；
（3）左侧倒角锥面：R_a 6.3；
（4）键槽工作面：R_a 1.6；
（5）零件左侧端面：R_a 12.5。

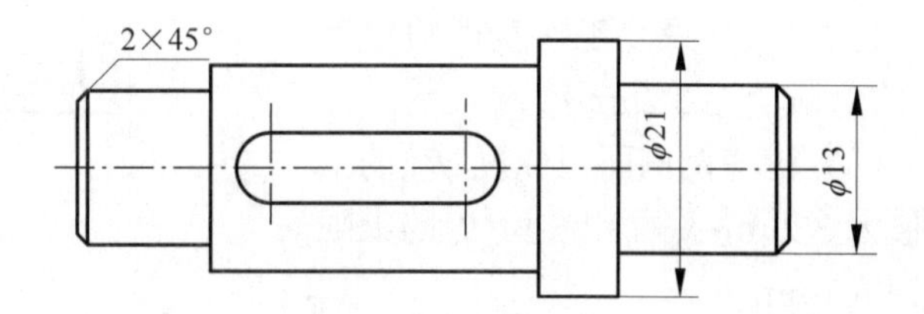

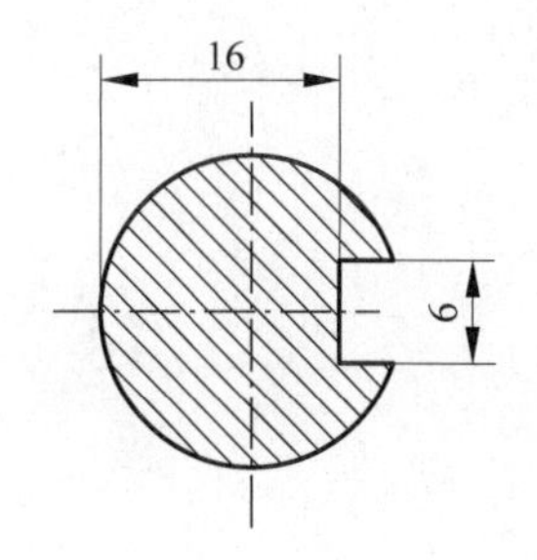

2.

（1）ϕ20 内孔面：R_a 3.2；
（2）零件右端面：R_a 12.5；
（3）左侧倒角锥面：R_a 6.3；
（4）轮齿工作面：R_a 1.6；
（5）其余表面：R_a 12.5。

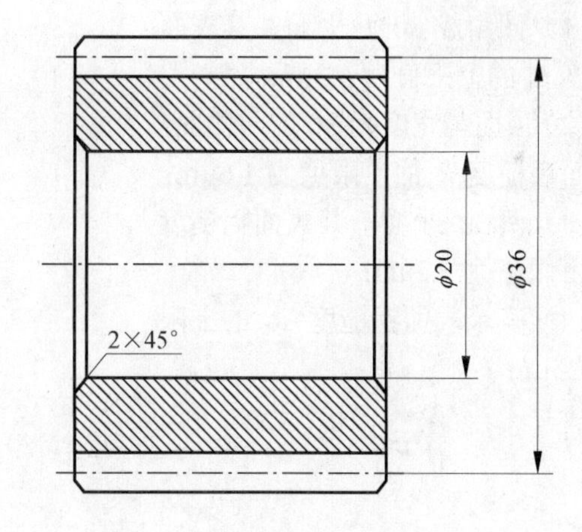

班级________________ 姓名________________ 学号________________

3.

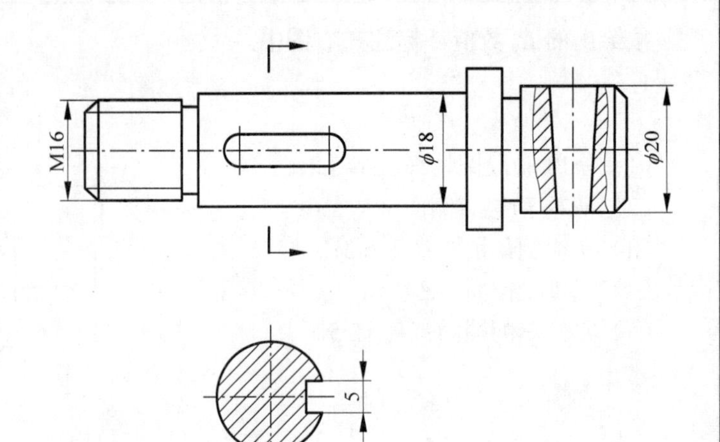

（1）$\phi 20$、$\phi 18$ 圆柱面粗糙度 R_a 的上限值为 1.6μm；

（2）M16 螺纹工作表面粗糙度 R_a 的上限值为 3.2μm；

（3）键槽两侧面粗糙度 R_a 的上限值为 3.2μm；底面粗糙度 R_a 的上限值为 6.3μm；

（4）右侧锥销孔内表面粗糙度 R_a 的上限值为 3.2μm；

（5）其余表面粗糙度 R_a 的上限值为 12.5μm。

4.

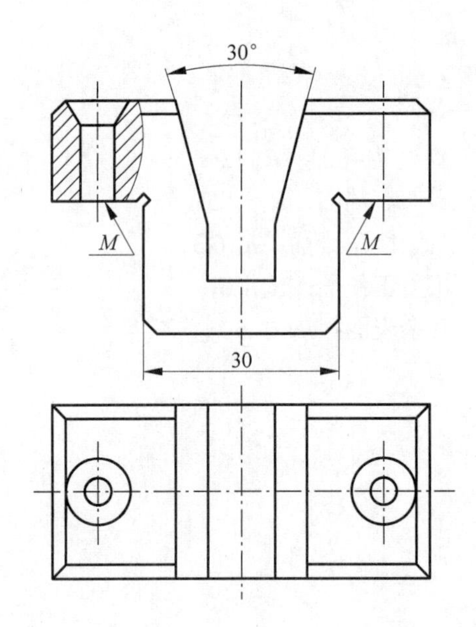

（1）倾角成 30°两平面，其表面粗糙度 R_a 的上限值为 6.3μm；

（2）顶面与宽度为 30 的两侧面，其表面粗糙度 R_a 的上限值为 1.6μm；

（3）两 M 平面，其表面粗糙度 R_a 的上限值为 3.2μm；

（4）其余表面粗糙度 R_a 的上限值为 25μm。

学习任务5　极限与配合

极限与配合

极限与配合的相关标准可参看 GB/T 1800.1—2009《公差、偏差和配合的基础》、GB/T1801—2009《公差带与配合的选择》。

一、互换性

互换性是指在同一规格的一批零件中任取一件，不经修配和调整，安装到机器或部件上就能达到预期的配合性质，满足使用要求。但零件在制造过程中，由于加工和测量等因素引起的误差，使得零件的尺寸不可能绝对准确，为了使零件具有互换性，必须限制零件尺寸的误差范围。同时，使用要求不同，两零件结合的松紧程度也不同。为此，国家制定了极限与配合的标准。下面简单介绍极限和配合的基本概念和在图样上的标注方法。

二、基本术语及定义

在实际生产中，零件的尺寸是不可能做到绝对精确的，为了使零件具有互换性，必须对尺寸限定一个变动范围，这个变动范围的大小称为尺寸公差，简称公差。

1. 基本尺寸、实际尺寸和极限尺寸

（1）基本尺寸

基本尺寸是设计时根据零件的使用要求确定的尺寸。通过基本尺寸及其上、下偏差可计算出极限尺寸。例如，图 8-29 中轴、孔的基本尺寸为ϕ30。

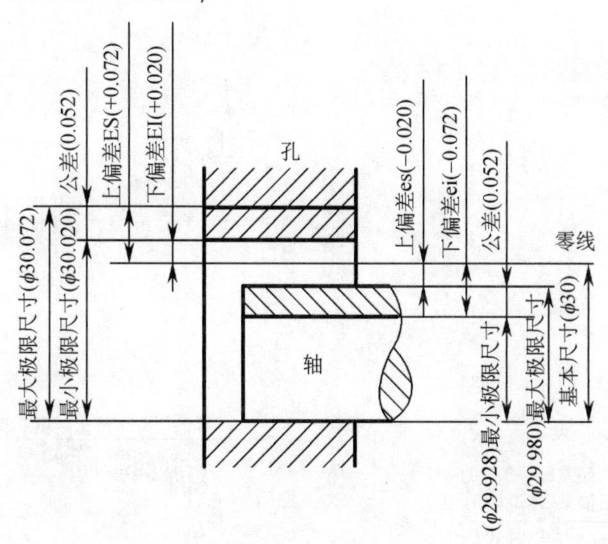

图 8-29　极限与配合示意图

（2）实际尺寸

实际尺寸是通过测量获得的某一孔、轴的尺寸。

（3）极限尺寸

极限尺寸是一个孔或轴允许尺寸的两个极端。实际尺寸位于其中，也可达到极限尺寸。

最大极限尺寸：孔或轴允许的最大尺寸，如图 8-29 中的孔ϕ30.072 和轴ϕ29.980。

最小极限尺寸：孔或轴允许的最小尺寸，如图 8-29 中的孔ϕ30.020 和轴ϕ29.928。

2. 极限偏差与尺寸公差

（1）极限偏差

上、下偏差统称为极限偏差。

上偏差：最大极限尺寸减其基本尺寸所得的代数差。

下偏差：最小极限尺寸减其基本尺寸所得的代数差。

轴的上、下偏差代号用小写字母 es，ei 表示，孔的上、下偏差代号用大写字母 ES、EI 表示。偏差可能为正或负，亦可为零。

（2）尺寸公差（简称公差）

尺寸公差＝最大极限尺寸－最小极限尺寸＝上偏差－下偏差，它是尺寸允许的变动量。因此，公差恒为正值。如图 8-29 所示，

孔的公差　　　30.072－30.020＝0.052（mm）＝52μm

或　　　　　　＋0.072－（＋0.020）＝0.052（mm）＝52μm

轴的公差　　　29.980－29.928＝0.052（mm）＝52μm

或　　　　　　－0.020－（－0.072）＝0.052（mm）＝52μm

由此可知，公差用于限制尺寸误差，它是尺寸的一种度量。公差越小，零件的精度就越高，实际尺寸允许的变动量也就越小；反之，公差越大，尺寸的精度就越低。

3. 公差带

在图 8-29 中，代表上、下偏差或最大极限尺寸和最小极限尺寸的两条直线所限定的一个区域，称为公差带。将上、下偏差和基本尺寸的关系，按同一放大比例画成的简图，称为公差带图，如图 8-30 所示。在公差带图中，表示基本尺寸的一条直线为零线，它是确定正、负偏差的基准线。从公差带图可知，公差带由“公差带大小和公差带相对于零线的位置”确定。公差大小由标准公差确定，而公差带相对于零线的位置则由基本偏差确定。

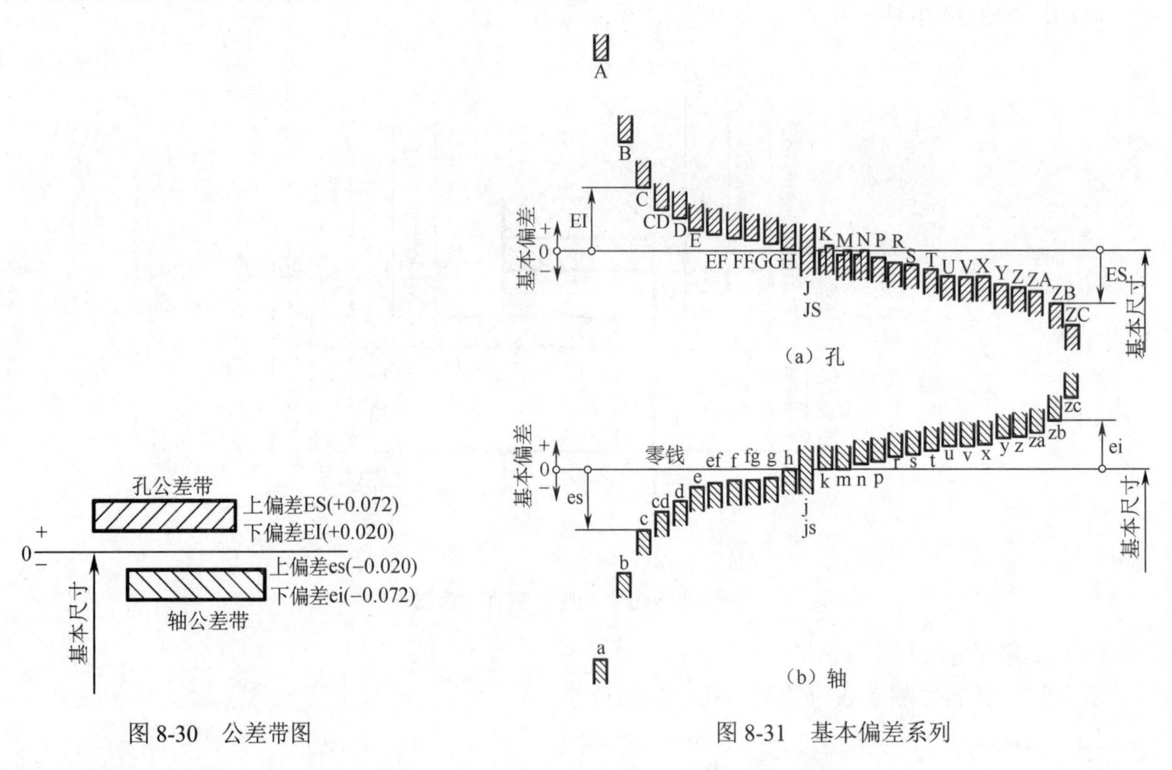

图 8-30　公差带图　　　　图 8-31　基本偏差系列

（1）标准公差

标准公差等级代号用符号“IT”和数字组成，分为 IT01，IT0，IT1，IT2，…，IT18，共 20 个等级。从 IT01 到 IT18 等级依次降低。精度越高，公差值越小。同一公差等级（如 IT7）对所有基本尺寸的一组公差（虽然数值不同）被认为具有同等精确程度。IT01～IT11 用于配合尺寸，IT12～IT18 用于非配合尺寸。附录 D 给出了标准公差数值表，从中可以查出某一尺寸、某一公差等级下的标准公差值。例如，基本尺寸为 30、公差等级为 IT7 的标准公差值为 0.025。

（2）基本偏差

基本偏差为确定公差带相对于零线位置的那个极限偏差。它可以是上偏差或下偏差，一般为靠近零线的那个偏差。公差带在零线上方时，基本偏差为下偏差；公差带在零线下方时，基本偏差为上偏差（图8-31）。

基本偏差代号，对孔用大写字母 A，B，…，ZC 表示，对轴用小写字母 a，b，…，zc 表示，各 28 个，形成基本偏差系列（见图 8-31）。

轴、孔的基本偏差确定后，另一偏差按下式求出：上偏差－下偏差＝公差。

轴与孔的基本偏差数值可在附录 D 的相关表中查取。

（3）公差带代号

公差带代号用基本偏差代号的字母和标准公差等级代号中的数字表示，如孔公差带代号 H7、轴公差带代号 h7 等。

三、配合

1. 配合的概念

基本尺寸相同、相互结合的孔和轴公差带之间的关系，称为配合。

2. 配合的种类

当轴、孔配合时，若孔的尺寸减去相配合的轴的尺寸之差为正，则轴、孔之间存在着间隙；若孔的尺寸减去相配合的轴的尺寸之差为负，则轴、孔之间存在着过盈。根据不同的工作要求，轴、孔之间的配合分为三类。

（1）间隙配合

一批孔和轴任意装配，均具有间隙（包括最小间隙等于零）的配合，为间隙配合。这时，孔的公差带在轴的公差带之上，如图 8-32（a）所示。当相互配合的两零件有相对运动时，采用间隙配合。

（2）过盈配合

一批孔和轴任意装配，均具有过盈（包括最小过盈等于零）的配合，为过盈配合。这时，孔的公差带在轴的公差带之下，如图 8-32（b）所示。当相互配合的两零件需要牢固连接时，采用过盈配合。

（3）过渡配合

一批孔和轴任意装配，可能具有间隙或过盈（一般间隙和过盈量都不大）的配合，称为过渡配合。这时孔的公差带和轴的公差带相互交叠，如图 8-32（c）所示。对于不允许有相对运动、轴与孔的对中性要求比较高且需要拆卸的两零件的配合，采用过渡配合。

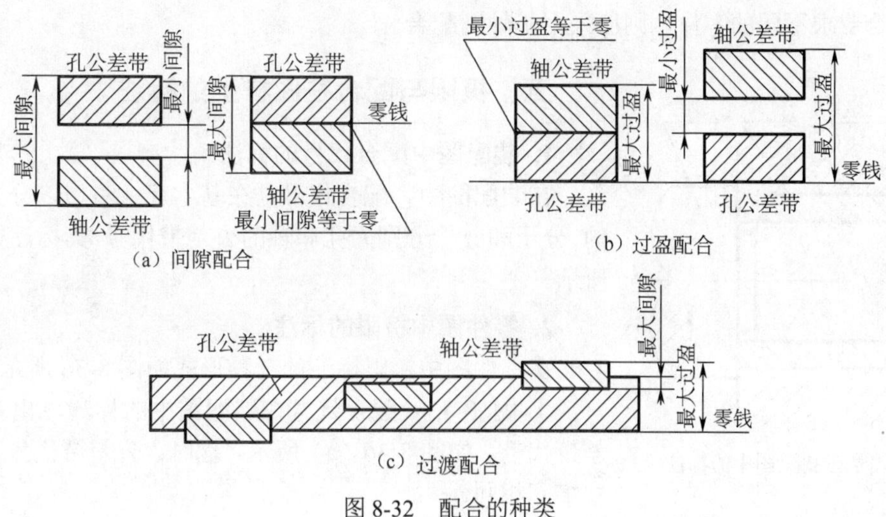

图 8-32　配合的种类

四、基准制

同一极限制的孔和轴组成配合的一种制度，称为基准制。为了使两零件达到不同的配合要求，国家标准规定了两种配合基准制。

1. 基孔制配合

基孔制是基本偏差为一定的孔的公差带，与不同基本偏差的轴的公差带形成各种配合的一种制度，如图 8-33 所示。基孔制中的孔为基准孔，其基本偏差代号为“H”，孔的公差带在零线之上，基准孔的下偏差为零。

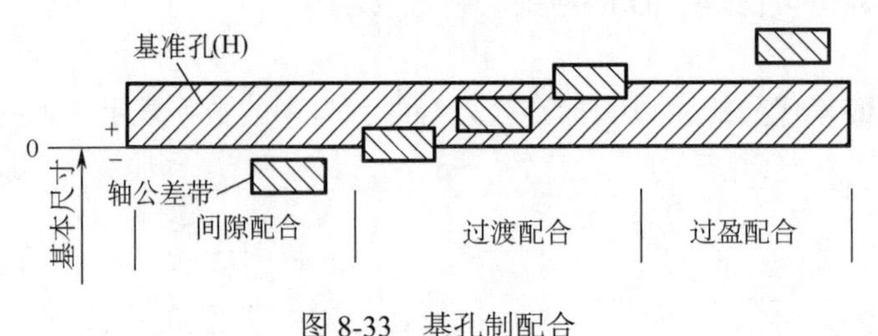

图 8-33 基孔制配合

2. 基轴制配合

基轴制是基本偏差为一定的轴的公差带，与不同基本偏差的孔的公差带形成各种配合的一种制度，如图 8-34 所示。基轴制中的轴为基准轴，其基本偏差代号为“h”，轴的公差带在零线之下，基准轴的上偏差为零。

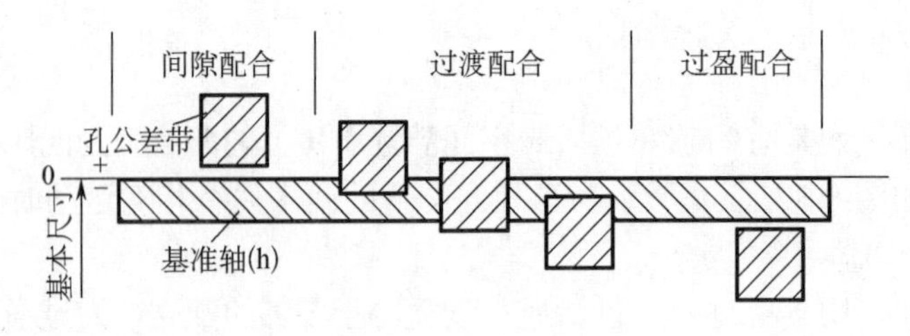

图 8-34 基轴制配合

根据轴（孔）基本偏差代号可确定配合种类。在基孔制（基轴制）配合中，基本偏差 a—h（A—H）用于间隙配合，基本偏差 j—n（J—N）一般用于过渡配合，p—zc（P—ZC）用于过盈配合。

基孔制与基轴制常用、优先配合参见附录 D。

由于孔比轴更难加工一些，在一般情况下优先采用基孔制配合。但若一根等直径的光轴需要在不同部位安装上配合要求不同的零件，则应采用基轴制配合。

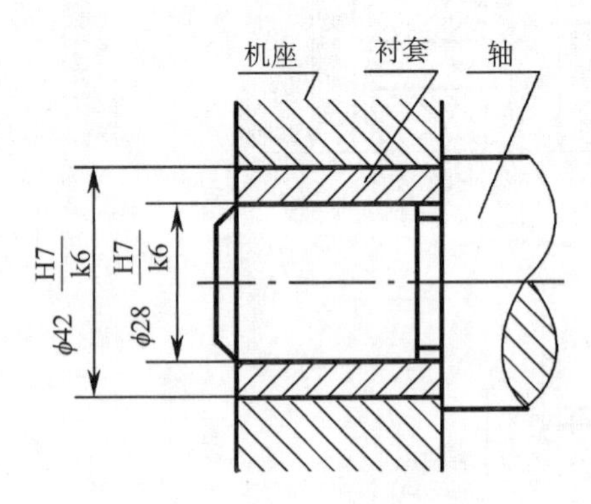

图 8-35 配合代号在装配图中的标注

五、极限与配合在图样上的标注

1. 装配图中配合代号的标注

在装配图中，配合代号是在基本尺寸右边以分式的形式标注的。分子和分母分别为孔和轴的公差带代号，其标注格式如图 8-35 所示。

2. 零件图中极限的标注

在零件图中极限标注的三种形式如图 8-36 所示。

① 图 8-35 配合代号在装配图中的标注注出基本尺寸和公差带代号，如图 8-36（a）所示。这时，公差带代号字高和基本尺寸字高相同。

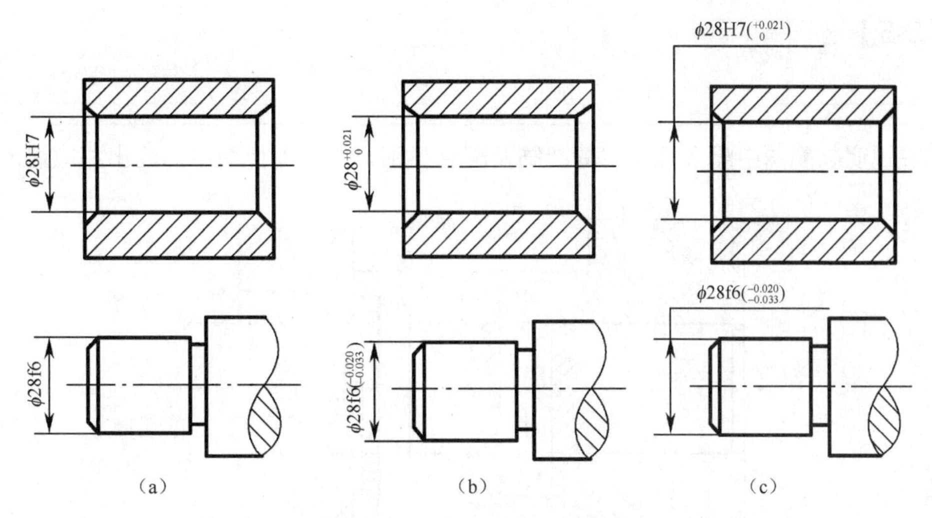

图 8-36　零件图中极限的标注

② 注出基本尺寸和极限偏差数值，如图 8-36（b）所示。这种标注方法的标注规则如下：

◆ 极限偏差数值字高比基本尺寸字高小一号。上、下偏差数值以 mm 为单位分别注写在基本尺寸的右上、右下角，并与基本尺寸数字底线平齐。

◆ 上、下偏差数值中的小数点要对齐，其后面的位数也应相同。

◆ 上、下偏差数值中若有一个为零时，仍应注出，并与另一个偏差小数点左面的个位数对齐（偏差为正时，"＋"也必须写出）。

◆ 上、下偏差数值相等时，可写在一起，且极限偏差数值字高与基本尺寸字高相同，如　20±0.011。

③ 混合标注。如图 8-36（c）所示，在零件图上同时注出公差带代号和上、下偏差数值。偏差数值要写在公差带代号后面的括号内。

尺寸中的上、下偏差数值可根据基本尺寸及其公差带代号，查附录 D 的相关表确定，如轴径ϕ28f6，查表得到上偏差 es＝－0.020，下偏差 ei＝－0.033。

【任务练习 8-5】

班级________________ 姓名________________ 学号________________

一、填空说明装配图中配合尺寸的基准制及配合类别，并在零件图中标注出相应偏差数值。

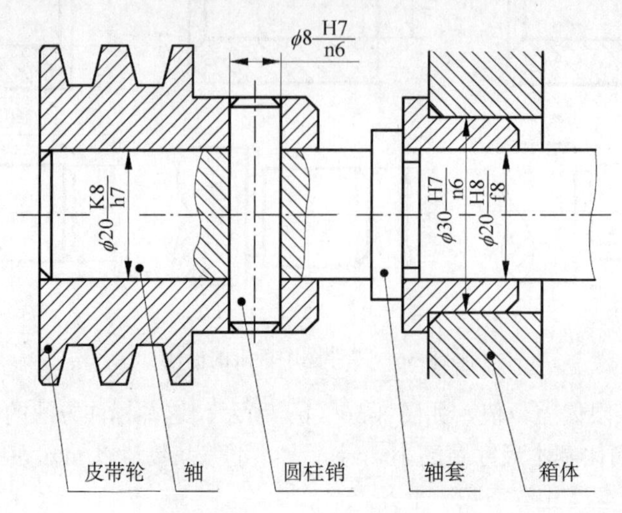

1. $\phi 20\frac{K8}{h7}$ 是基（　　）制，孔与轴理（　　）配合。

2. $\phi 30\frac{H7}{n6}$ 是基（　　）制，孔与轴理（　　）配合。

3. $\phi 20\frac{H8}{f8}$ 是基（　　）制，孔与轴理（　　）配合。

4. $\phi 8\frac{H7}{n6}$ 是基（　　）制，孔与轴理（　　）配合。

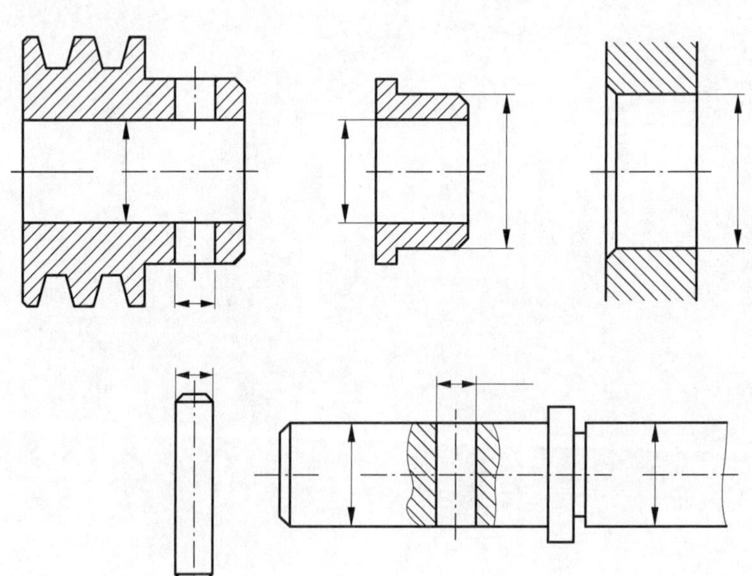

班级__________________ 姓名__________________ 学号__________________

二、查表确定下列各孔、轴的极限偏差，并按标注规定（直接注出偏差值的形式）分别写出，说明属于何类基准制及何种配合。

1.

$\phi 18\dfrac{H7}{f7}$ 孔 $\phi 18$________ 轴 $\phi 18$________ 基________制，________配合。

2.

$\phi 36\dfrac{P7}{h6}$ 孔 $\phi 36$________ 轴 $\phi 36$________ 基________制，________配合。

3.

$\phi 42\dfrac{H8}{h7}$ 孔 $\phi 42$________ 轴 $\phi 42$________ 基________制，________配合。

4.

$\phi 57\dfrac{K7}{h6}$ 孔 $\phi 57$________ 轴 $\phi 57$________ 基________制，________配合。

5.

$\phi 80\dfrac{H7}{u6}$ 孔 $\phi 80$________ 轴 $\phi 80$________ 基________制，________配合。

三、按各孔、轴给出的极限偏差，查表确定其公差带代号，并按标注规定（注公差带代号的形式）分别写出，说明属于何类基准制及何种配合。

1.
孔 $\phi 18^{+0.018}_{0}$ 轴 $\phi 18^{-0.006}_{-0.017}$

孔 $\phi 18$________ 轴 $\phi 18$________ 基________制，________配合。

2.
孔 $\phi 36^{+0.018}_{-0.033}$ 轴 $\phi 36^{0}_{-0.016}$

孔 $\phi 36$________ 轴 $\phi 36$________ 基________制，________配合。

3.
孔 $\phi 42^{+0.025}_{0}$ 轴 $\phi 42^{0}_{-0.016}$

孔 $\phi 42$________ 轴 $\phi 42$________ 基________制，________配合。

4.
孔 $\phi 55^{+0.030}_{0}$ 轴 $\phi 55^{-0.060}_{-0.090}$

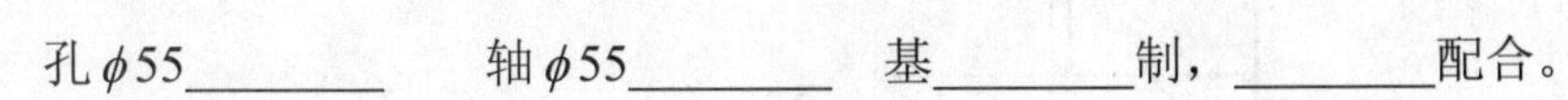

孔 $\phi 55$________ 轴 $\phi 55$________ 基________制，________配合。

5.
孔 $\phi 35^{+0.007}_{-0.018}$ 轴 $\phi 35^{0}_{-0.016}$

孔 $\phi 35$________ 轴 $\phi 35$________ 基________制，________配合。

班级____________ 姓名____________ 学号____________

四、已知孔的基本尺寸为 $\phi 30$，上偏差为+0.021，下偏差为 0；轴的基本尺寸为 $\phi 30$，上偏差为−0.020，下偏差为-0.041，将其正确地标注在图上。

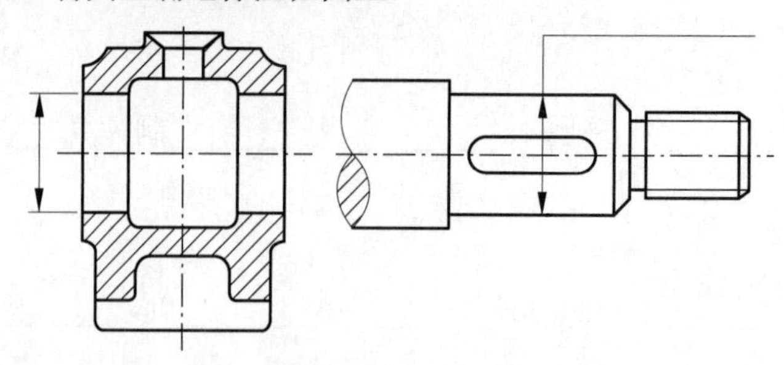

五、根据题四中孔和轴的极限偏差，查出它们的公差带代号，标注在图上，并指明孔与轴配合属于何类基准制及何种配合。

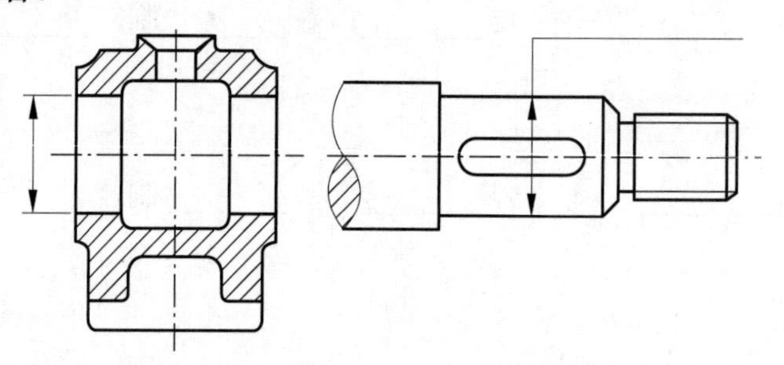

基______制，______配合。

六、根据孔和轴的偏差值，分别注写配合代号。

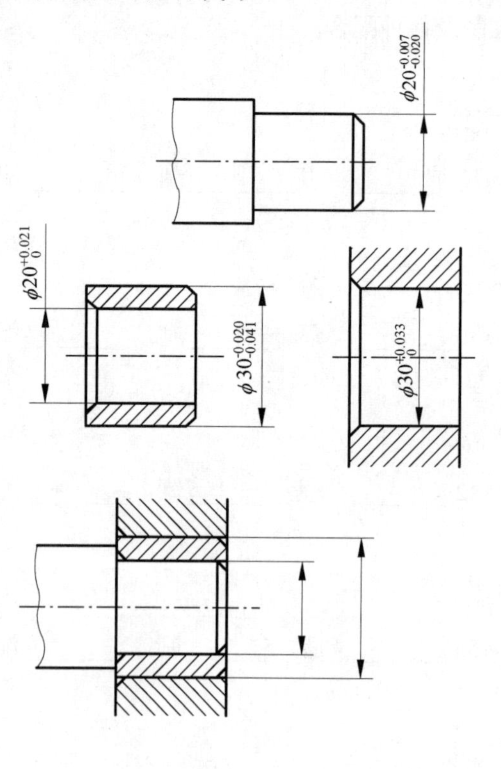

学习任务6　几 何 公 差

几何公差

一、基本概念

零件的几何公差是指形状公差、方向公差、位置公差和跳动公差。例如，加工轴时可能会出现轴线弯曲或一头粗、一头细的现象，这种现象属于零件表面的形状误差。

由于零件的表面形状和相对位置的误差过大会影响机器的性能，因此对精度要求高的零件，除了要保证尺寸精度外，还应控制其表面形状的几何公差。

二、几何公差的代号

国家标准（GB/T1182—2008 和 GB/T1184—1996）对几何公差的特征项目、名词、术语、代号、数值、标注方法都做了规定。几何公差分为四类 19 项，即形状公差 6 项、方向公差 5 项、位置公差 6 项、跳动公差 2 项，见表 8-6。

表 8-6　几何公差的分类、特征项目及符号

公差	特征项目	符　号	有或无基准要求	公差	特征项目	符　号	有或无基准要求
形状公差	直线度	—	无	位置公差	位置度	⌖	有或无
	平面度	⏥	无		同轴度(用于中心点)	◎	有
	圆　度	○	无		同轴度(用于轴线)	◎	有
	圆柱度	⌭	无		对称度	⌯	有
	线轮廓度	⌒	无		线轮廓度	⌒	有
	面轮廓度	⌓	无		面轮廓度	⌓	有
方向公差	平行度	∥	有	跳动公差	圆跳动	↗	有
	垂直度	⊥	有		全跳动	⌰	有
	倾斜度	∠	有	—	—	—	—
	线轮廓度	⌒	有	—	—	—	—
	面轮廓度	⌓	有	—	—	—	—

三、几何公差的标注

几何公差的代号包括几何公差符号、几何公差框格及指引线、几何公差数值和其他有关符号、基准符号等。其基本形式及框格、符号、数字规格等如图 8-37 所示。

图 8-38 是几何公差的标注示例。从图可以看到，当被测要素是表面或素线时，从框格引出的指引线箭头，应指在该要素的轮廓线或其延长线上；当被测要素是轴线时，应将箭头与该要素的尺寸线对齐，如 M8×1—6H 轴线的同轴度标注；当基准要素是轴线时，应将基准符号与该要素的尺寸线对齐，如基准 A。

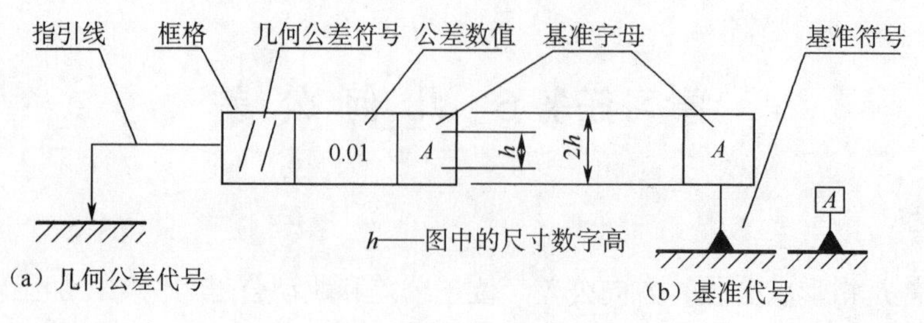

图 8-37　几何公差代号及基准代号

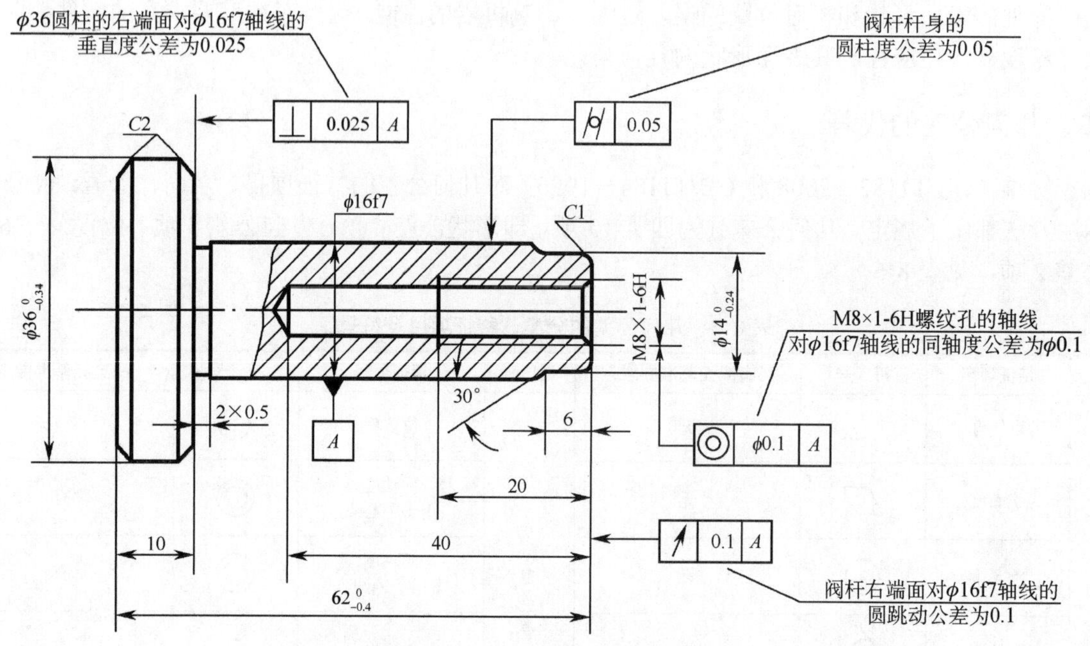

图 8-38　几何公差的标注示例

以油缸为例，其几何公差的标注如图 8-39 所示。

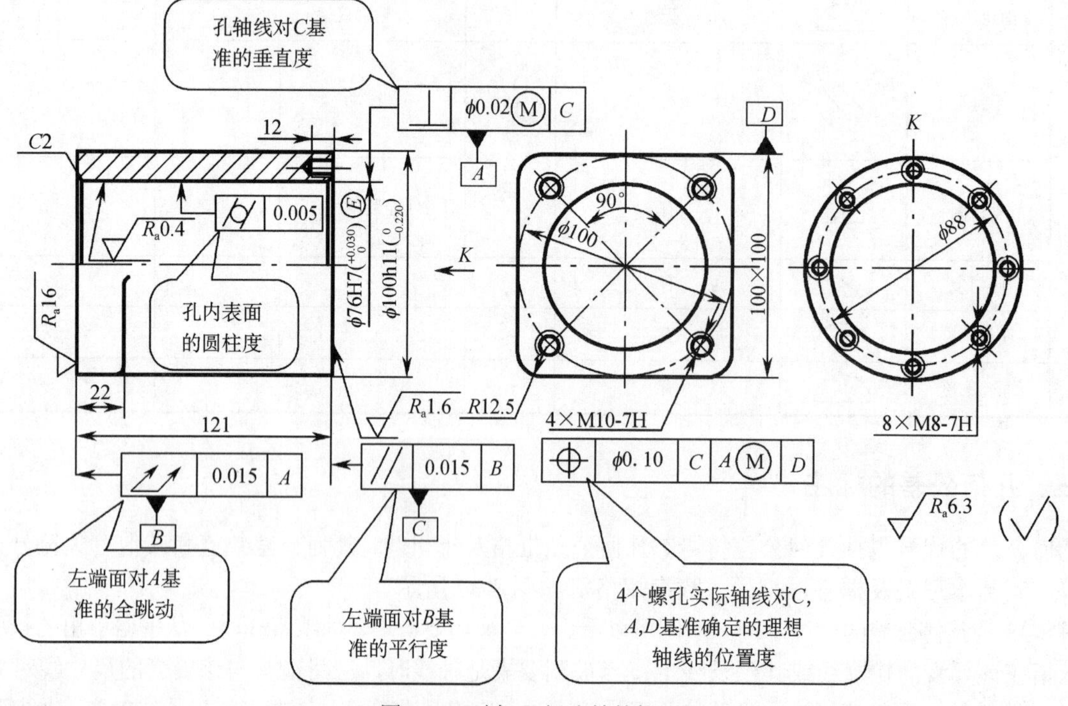

图 8-39　油缸几何公差的标注

【任务练习 8-6】

班级________________ 姓名________________ 学号________________

一、读懂下图的几何公差，用文字表达框格的内容。

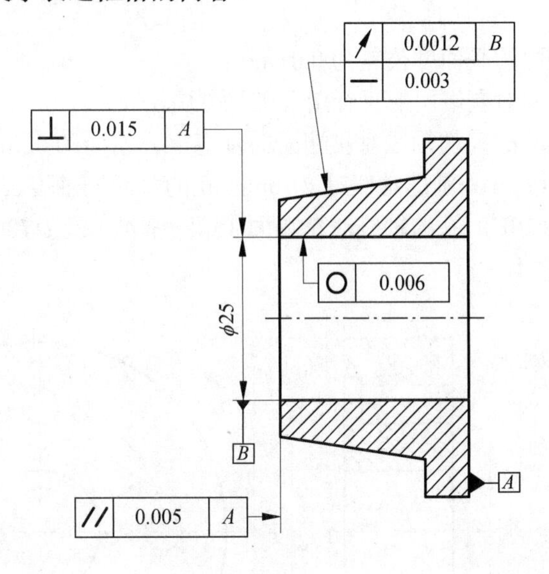

⊥	0.015	A	____________________

//	0.005	A	____________________

↗	0.0012	B	____________________

—	0.003	____________________

○	0.006	______________________

班级＿＿＿＿＿＿＿＿ 姓名＿＿＿＿＿＿＿＿ 学号＿＿＿＿＿＿＿＿

二、按要求在图中标注几何公差代号。

1.

（1）左端面的平面度公差为 0.01mm；

（2）右端面对左端面的平行度公差为 0.01mm；

（3） ϕ70mm 孔的轴线对左端面的垂直度公差为 0.02mm；

（4） ϕ210mm 外圆的轴线对 ϕ70mm 孔的轴线同轴度公差为 0.03mm；

（5）4× ϕ20H8 孔的轴线对左端面（第一基准）及 ϕ70mm 孔的轴线位置度公差为 0.15mm。

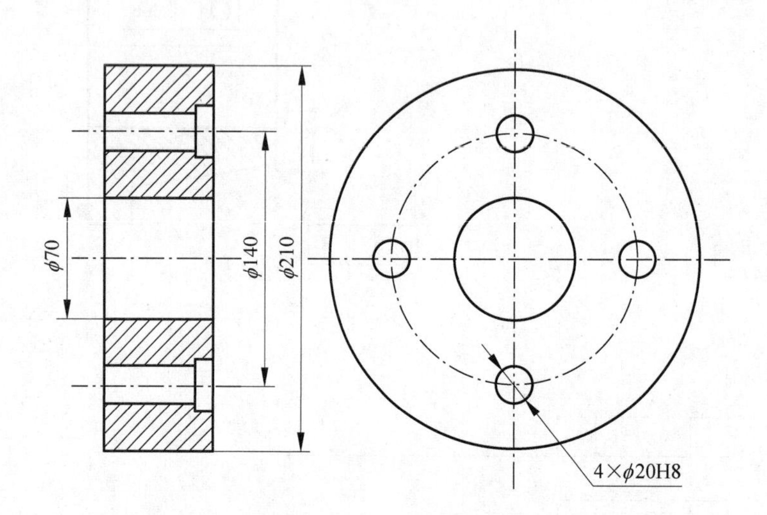

2.

（1） ϕ20d7 圆柱面任意素线的直线度公差为 0.05mm；

（2）被测 ϕ40m7 轴线相对于 ϕ20d7 轴线的同轴度公差为 ϕ0.01mm；

（3）被测 10H6 槽的两平行平面中任一平面对另一平面平行度公差为 0.015mm；

（4）10H6 槽的中心平面对 ϕ40m7 轴线的对称度公差为 0.01mm；

（5） ϕ20d7 圆柱面的轴线对 ϕ40m7 圆柱右肩面的垂直度公差为 ϕ0.02mm。

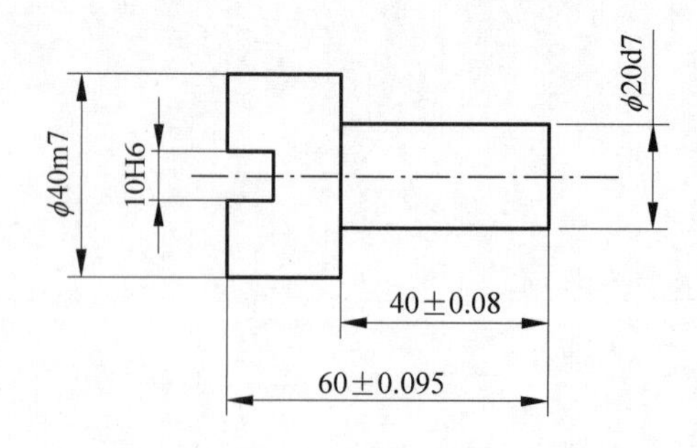

学习任务7　零件图的尺寸标注

零件尺寸的标注除了满足正确、完全、清晰的基本要求外，还应做到合理，即所标注的尺寸能满足零件的设计和加工工艺的要求，保证零件的使用性能，便于零件的制造和检验测量。

零件图的
尺寸标注

一、合理标注尺寸的基本原则

1. 正确选择尺寸基准

尺寸基准，即标注尺寸的起点。根据其作用的不同，可分为设计基准和工艺基准。

（1）设计基准

设计基准是在设计零件时，根据零件的结构特点及功能要求，用于确定零件在部件中工作位置和结构形状大小的基准面或线。例如在图8-40中，标注支架轴孔的中心高40±0.02，应以底面*D*为基准。因为一根轴要用两个支架支撑，为了保证轴线的水平位置，两个轴孔的中心应在同一轴线上。标注底板两螺钉孔的定位尺寸，长度方向以对称面*B*为基准，以保证两螺钉孔与轴孔的对称关系。这里*B*、*D*均为设计基准。

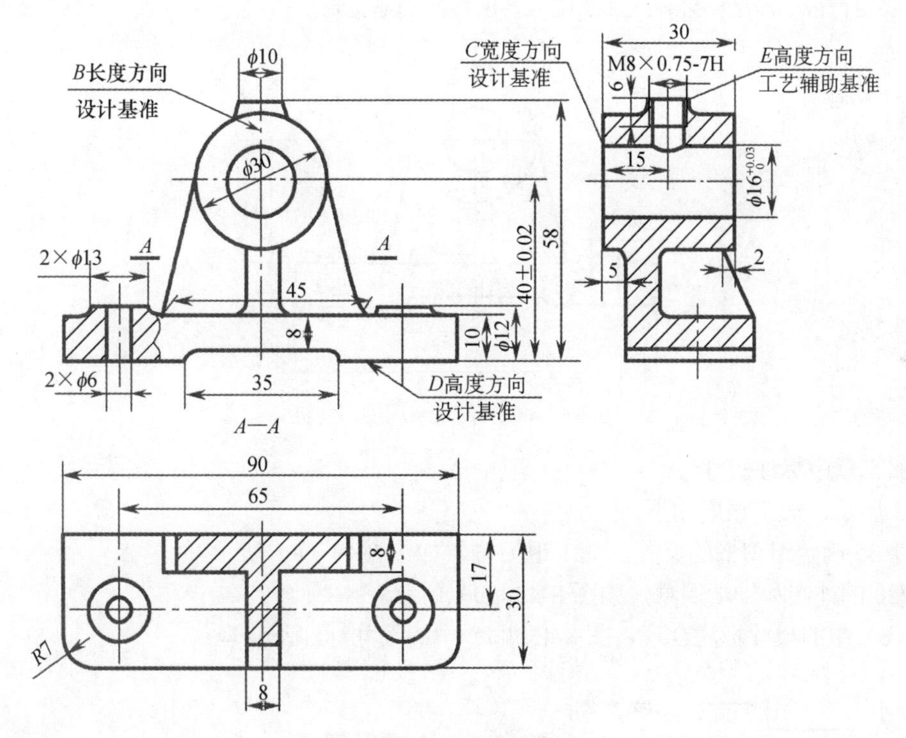

图8-40　尺寸基准

（2）工艺基准

工艺基准是零件在加工、测量时的基准面或线。图8-40中凸台的顶面*E*就是工艺基准，以此为基准测量螺孔的深度比较方便。根据基准的重要性，设计基准和工艺基准又分为主要基准和次要基准，两个基准之间应有尺寸联系，如图8-40中的高度尺寸58。零件在长、宽、高三个方向都应有一个主要基准，如图8-40中的*B*、*C*、*D*。

2. 重要尺寸直接注出

重要尺寸是指与其他零件相配合的尺寸、重要的相对位置尺寸、影响零件使用性能的其他尺寸，这些尺寸都要在零件图上直接注出，如图 8-41 所示。

图 8-41（a）中轴孔的中心高 h_1 是重要尺寸，若按图 8-41（b）标注，则尺寸 h_2 和 h_3 的累积误差会使孔中心高不能满足设计要求。另外，为装配方便，图 8-41（a）中底板上两孔的中心距 l_1 也应直接注出；如按图 8-41（b）标注 l_3，间接确定 l_1，则不能满足装配要求。

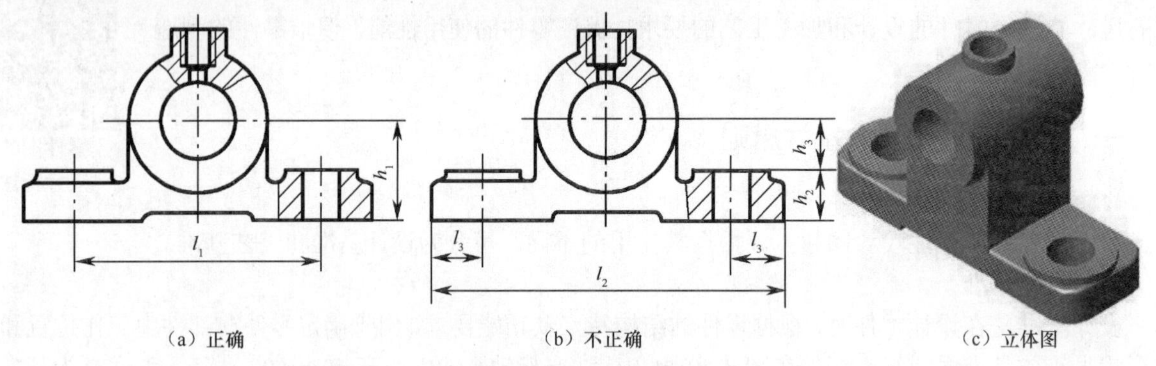

图 8-41　重要尺寸直接注出

3. 避免出现封闭的尺寸链

图 8-42 中的尺寸 a、b、c 构成了一个封闭的尺寸链。由于 $a=b+c$，若尺寸 a 的误差一定，则 b、c 两个尺寸的误差就要定得很小。这样会导致加工困难，所以应当避免封闭的尺寸链，将一个不重要的尺寸 c 去掉。

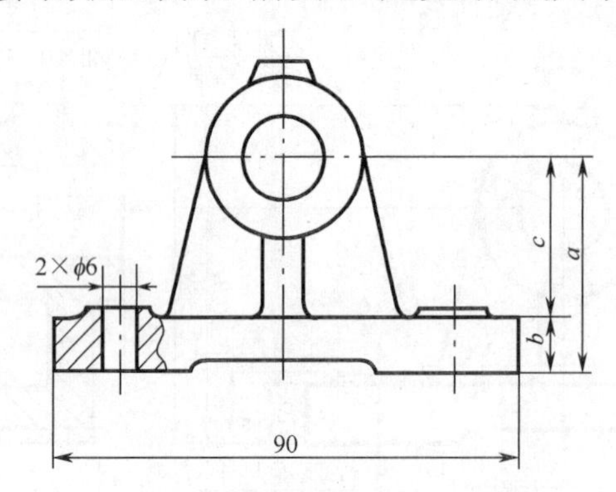

图 8-42　避免出现封闭的尺寸链

4. 按照加工顺序标注尺寸

如图 8-43 所示，加工顺序如下：

① 按尺寸 35 确定退刀槽的位置，加工退刀槽，如图 8-43（a）所示。

② 加工 $\phi 20$ 的外圆和轴端倒角，如图 8-43（b）所示。

图 8-43（c）中的尺寸标注合理，图 8-43（d）中的尺寸标注不合理。

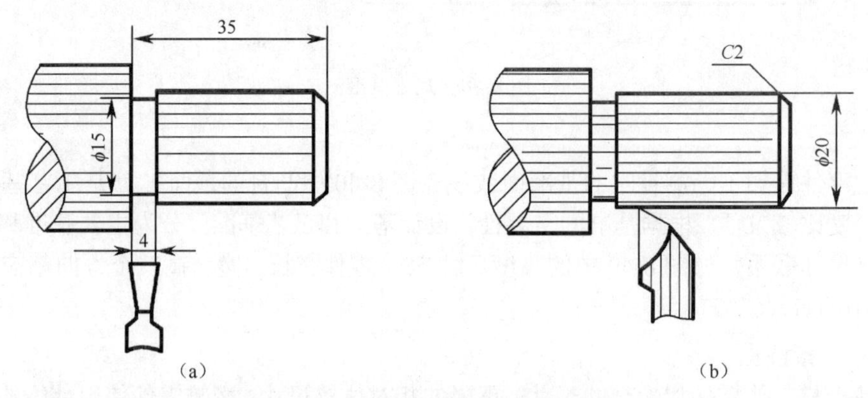

图 8-43　尺寸标注应符合加工工艺要求

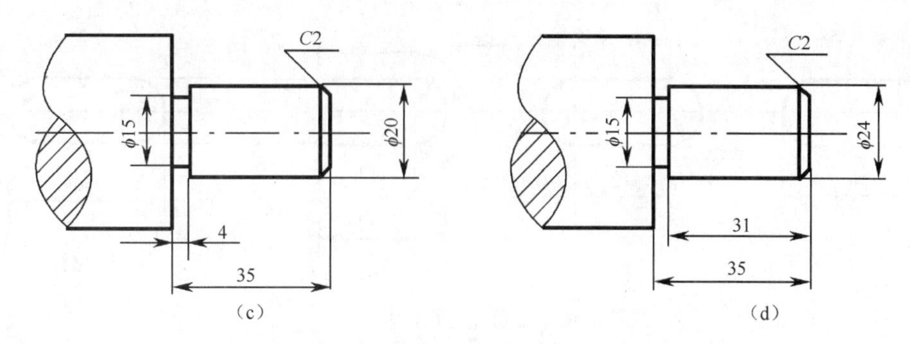

图 8-43　尺寸标注应符合加工工艺要求（续）

5. 考虑测量方便

标注尺寸应便于测量。以图 8-44 所示的圆筒轴向尺寸的标注为例，按图 8-44（a）标注尺寸 *A*、*C*，便于测量；若按图 8-44（b）标注尺寸 *B*，则不便于测量。

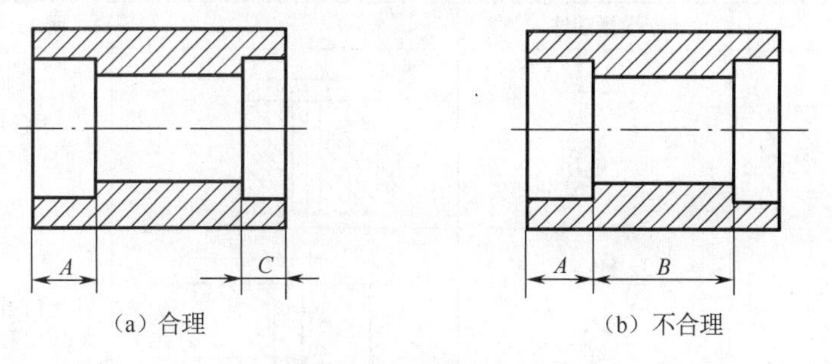

图 8-44　标注尺寸要便于测量

6. 同一个方向只能有一个非加工面与加工面联系

在图 8-45（a）中沿铸件的高度方向有三个非加工面 *B*、*C* 和 *D*，其中只有 *B* 面与加工面 *A* 有尺寸 8 的联系，这是合理的。

如果按图 8-45（b）所示，三个非加工面 *B*、*C* 和 *D* 都与加工面 *A* 有联系，那么，在加工 *A* 面时，就很难同时保证三个联系尺寸 8、34 和 42 的精度。

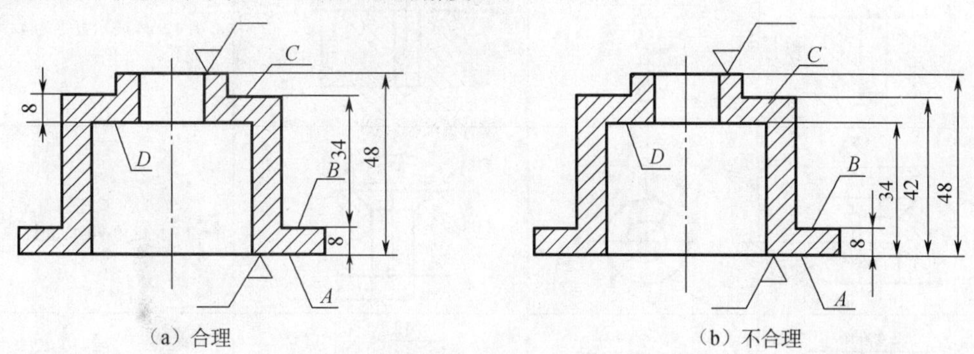

图 8-45　毛坯面的尺寸标注

7. 长圆孔的尺寸标注

机件上长圆形的孔或凸台，由于作用和加工方法的不同，有不同的尺寸标注方法。

一般情况下（如键槽、散热孔以及在薄板零件上冲出的加强肋等），采用图 8-46（a）所示的方法进行标注。当长圆孔装入螺栓时，中心距就是允许螺栓变动的距离，也是钻孔的定位尺寸，因此采用图 8-46（b）所示的方法进行标注。在特殊情况下，可采用特殊注法，如图 8-46（c）和图 8-46（d）所示，此时不认为“8”与半径“*R*4”、“*R*”与“8h6”是重复尺寸标注。

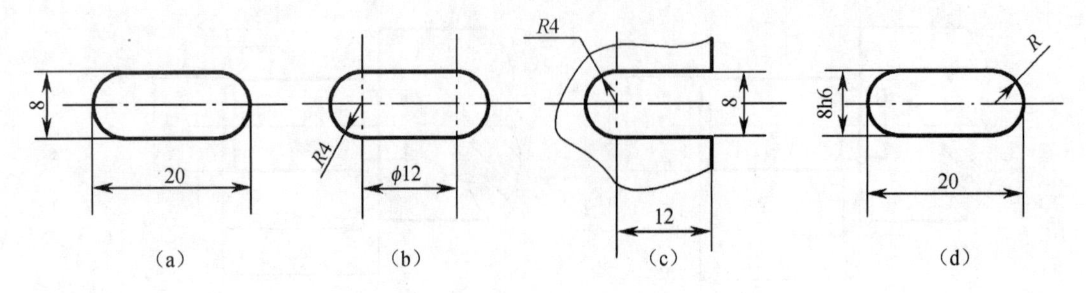

图 8-46　长圆孔的尺寸标注

二、典型工艺结构的尺寸注法

零件上常见工艺结构的尺寸注法已经格式化，常见孔的尺寸注法见表 8-7。

表 8-7　常见孔的尺寸注法

类型	旁注法	普通注法	说　明	
螺孔	3×M6	3×M6	3×M6	3×M6 表示公称直径为 6、均匀分布的 3 个螺孔
	3×M6↧10 ↧12	3×M6↧10 ↧12	3×M6 12 10	↧为深度符号，M6↧10 表示螺孔深 10，↧12 表示钻孔深 12
	3×M6↧10	3×M6↧10	3×M6 10	如对钻孔深度无一定要求，可不必标注，一般加工到比螺孔稍深即可
光孔	4×φ4↧10	4×φ4↧10	4×φ4 10	4×φ4 表示直径为 4、均匀分布的 4 个光孔
沉孔	6×φ7 ⌵φ13×90°	6×φ7 ⌵φ13×90°	90° φ13 6×φ7	“⌵”为埋头孔的符号，锥形孔的直径φ13 及锥角 90°均要标注出
	4×φ6.4 ⌴φ12↧4.5	4×φ6.4 ⌴φ12↧4.5	φ12 4.5 4×φ6.4	⌴为沉孔及锪平孔的符号
沉孔	4×φ9 ⌴φ20	4×φ9 ⌴φ20	φ20 4×φ9	锪平φ20 的深度不需要标注，一般锪平到不出现毛坯面为止

【任务练习 8-7】

班级＿＿＿＿＿＿＿＿　　姓名＿＿＿＿＿＿＿＿　　学号＿＿＿＿＿＿＿＿

一、补全零件图上指定结构的尺寸（尺寸数据按 1 : 1 测量取整数）。

1. 补全图上 *A*、*B*、*C*、*D* 结构的尺寸。

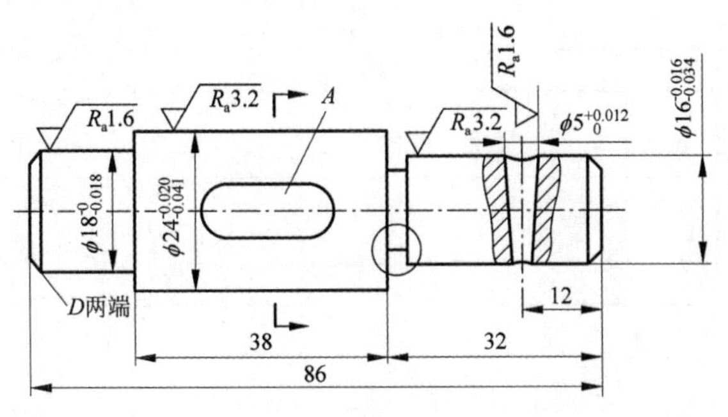

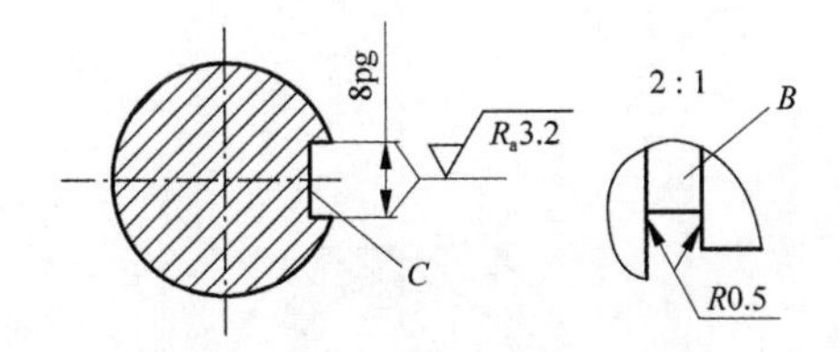

$\sqrt{R_a25}$ ($\sqrt{}$)

名称	轴	材料	45

2. 补全图上 *E*、*F* 结构的尺寸。

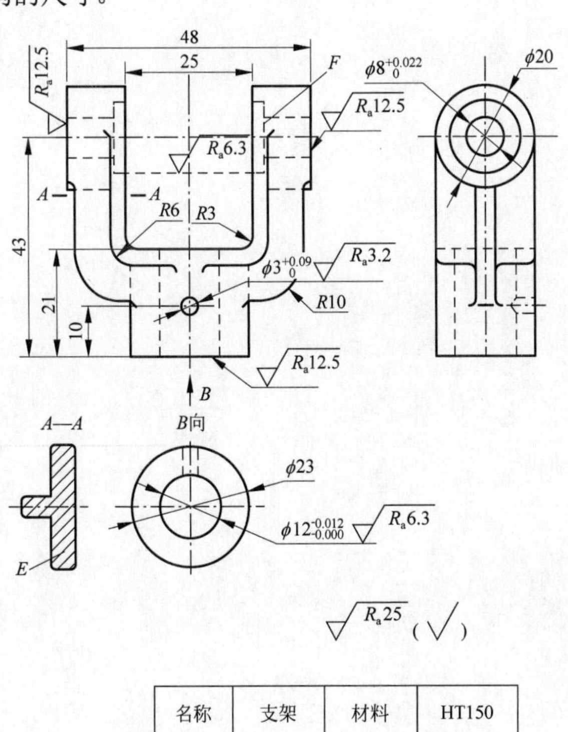

名称	支架	材料	HT150

班级__________ 姓名__________ 学号__________

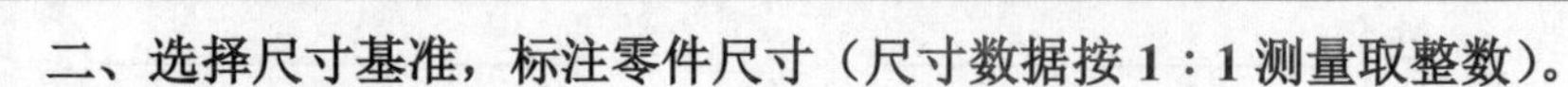
二、选择尺寸基准，标注零件尺寸（尺寸数据按 1 : 1 测量取整数）。

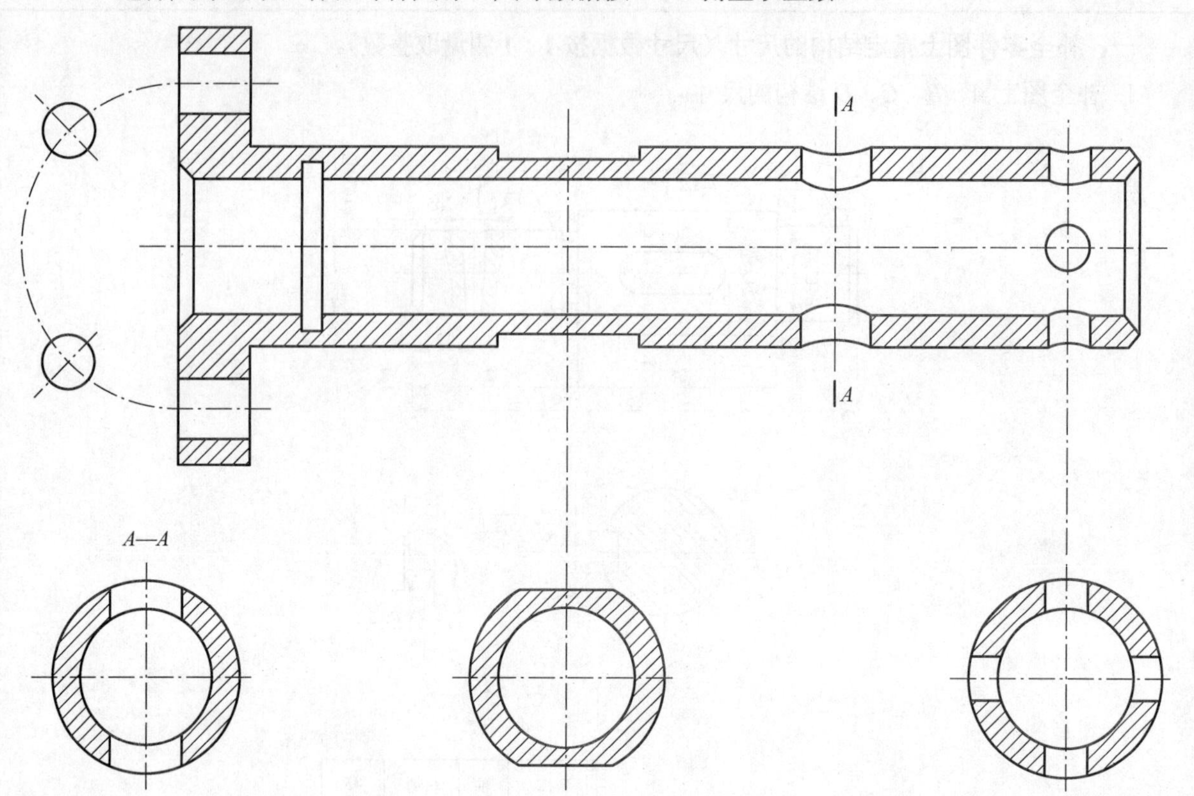

学习任务8　零 件 测 绘

对现有的零件进行测量绘图和确定技术要求的过程称为零件测绘。在仿制机器、维修设备或修配损坏的零件时，要进行零件测绘，即对零件以目测的方法，徒手绘制草图，然后进行测量、记录尺寸、提出技术要求，再根据草图画成零件图。零件草图虽是徒手绘制，但绝不意味着可以草率从事，它应具有与零件图相同的内容。

一、绘图前的准备

① 了解零件的名称和材料、在装配体中的作用、与其他零件的关系、相应加工方法等。

② 对零件的结构，特别是内部结构，进行全面了解、分析，掌握零件的全部情况，以便考虑选择零件表达方案和进行尺寸标注。

③ 对零件的缺陷部分（如在使用中磨损、碰伤等），在测绘时不可当成零件的正常结构画出。

如图 8-47 所示为一定位键零件。它的作用（见图 8-48）是通过圆柱体上两个切口所形成的平行平面与轴套上的键槽形成间隙配合，从而使轴套在箱体孔内只能沿轴向移动，而不致转动。定位键的主要结构是由圆盘和一端削扁的圆柱组成的。圆盘上有三个均布的沉孔和一个螺孔。通过沉孔穿进螺钉，使定位键与箱体连接。螺孔的设置是为了方便拆卸。圆柱部分与箱体下部的孔应为间隙配合，以便实现削扁部分与轴套上键槽的配合。圆柱与圆盘相接处还制有砂轮越程槽。

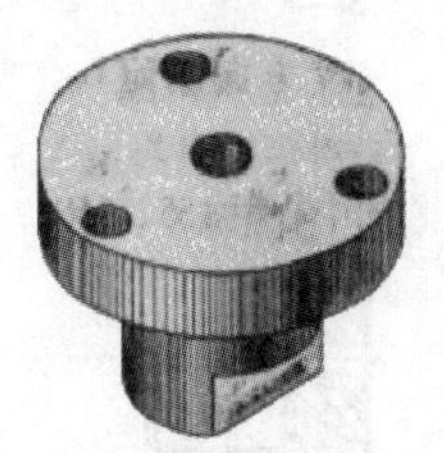
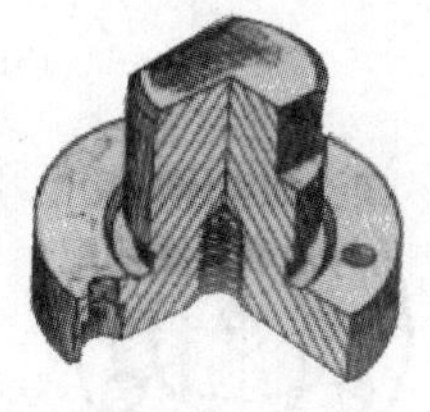
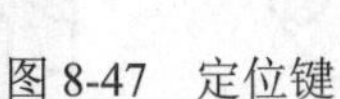
图 8-47　定位键

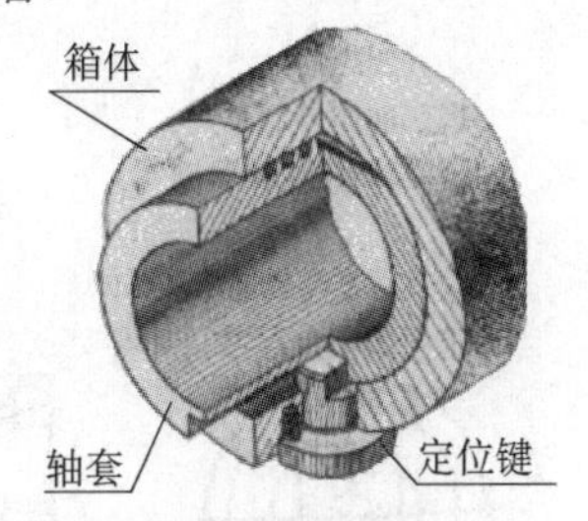

图 8-48　定位键的作用

二、确定表达方案

根据了解和分析，该零件加工的主要工序是车削加工。因此，将轴线水平放置作为主视图的投射方向。但它可有两种方案，如图 8-49 所示。如选图 8-49（a）所示方案，则选用主视图来反映圆盘上沉孔与螺孔的分布情况，但它对圆柱端部的倒角表达得不明确，且不便标注尺寸。如选图 8-49（b）所示方案，则倒角结构明显，削扁部分反映了形状特征，与图 8-49（a）比较，显得更为清晰；但对削扁部分的厚度，不便标注尺寸，这就需要选用右视图。对于沉孔、螺孔的分布情况，两种方案都能清楚表达，但对于沉孔结构还需要在左视图上作局部剖来表达。螺孔和砂轮越程槽也需要用局部剖和局部放大图加以表达。经过分析、对比，选定图 8-49（a）作为定位键的表达方案。

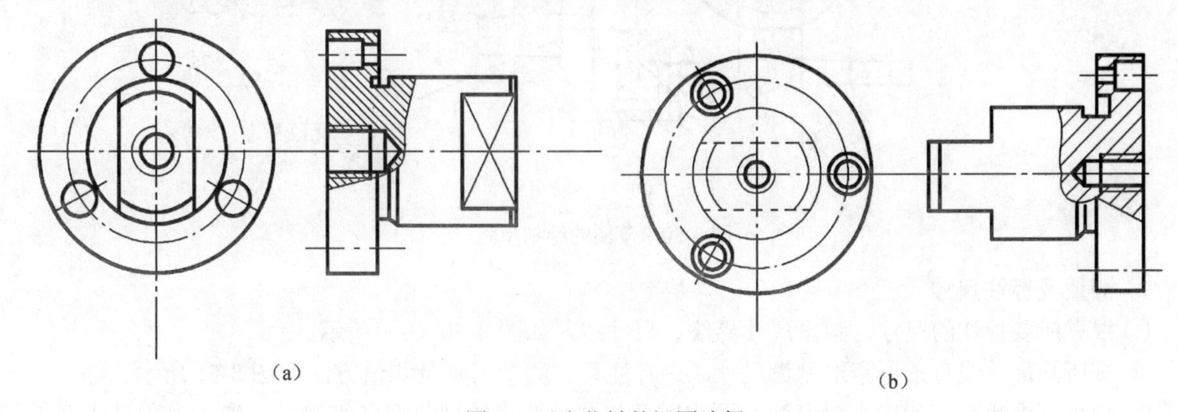

图 8-49　定位键的视图选择

三、绘制零件草图

根据已确定的表达方案，徒手绘制草图。草图是通过目测估计图形与实物的比例，按一定画法徒手（或部分使用绘图仪器）绘制的图形。

1. 草图的绘制步骤

草图的绘制步骤如图 8-50 所示。

① 根据零件尺寸大小选定绘图比例。

② 安排视图位置，注意留出标注尺寸所需的位置，画出各视图的基准线（中心线、轴线或对称线、端面线等），如图 8-50（a）所示。

③ 用细实线画出各视图的主体部分，如图 8-50（b）所示。注意各部分的投影、比例关系。

④ 画出其他结构。对所确定的剖视图（或规定画法）部分，按规定作图，如图 8-50（c）所示。

⑤ 画出各细节部分，完成全图，如图 8-50（d）所示。

⑥ 检查后加深各图线，如图 8-50（e）所示。

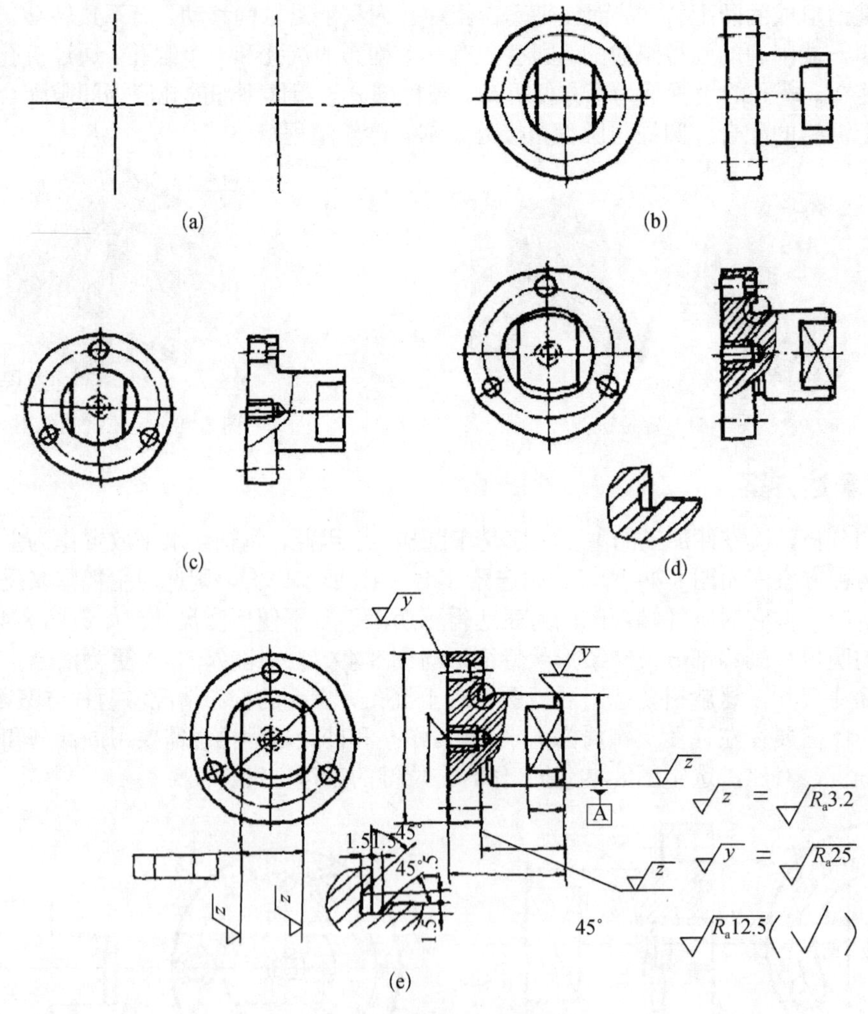

图 8-50　草图的绘制步骤

2. 测量及标注尺寸

① 根据所要标注的尺寸，画出尺寸界线、尺寸线，如图 8-50（e）所示。

② 按所画尺寸线有条不紊地测量尺寸，进行注写。测量工具及测量方法如图 8-51 所示。

③ 画出表面粗糙度代号，对有配合要求或几何公差要求的部位要仔细测量，参考有关技术资料加

以确定，并进行注写。

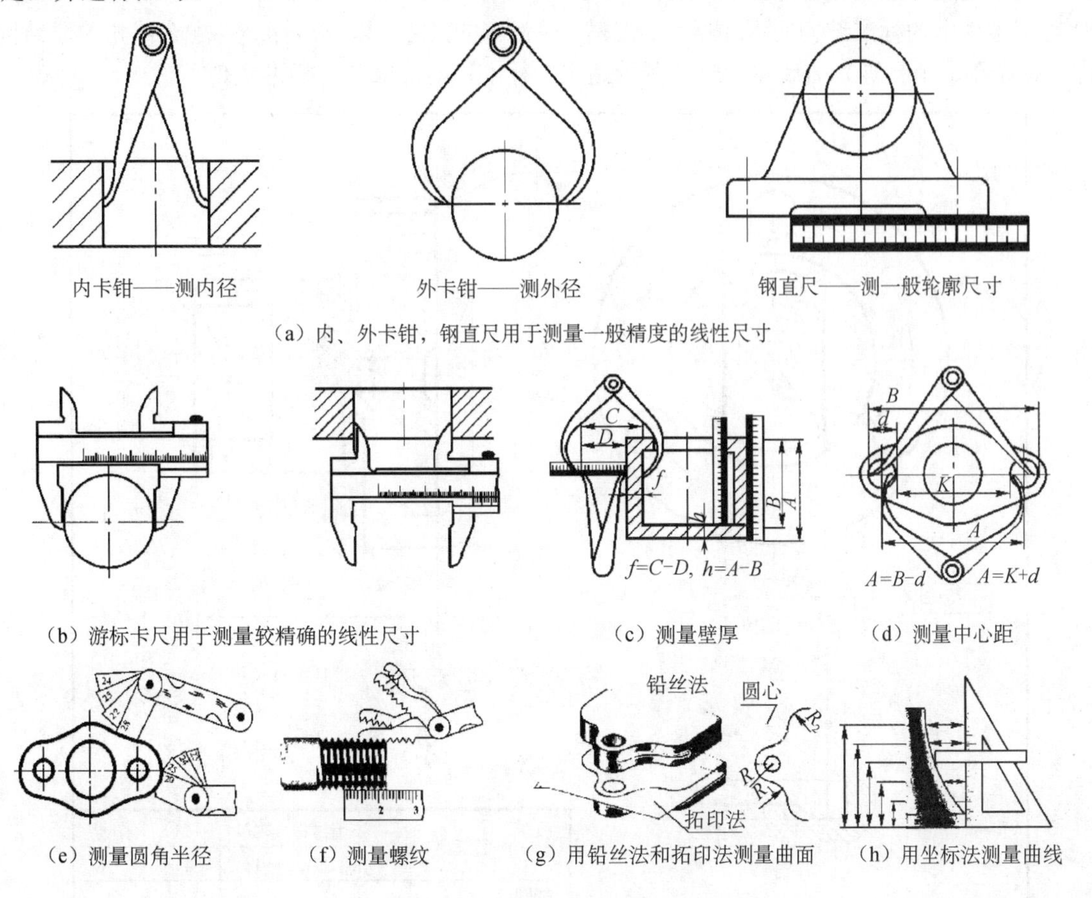

（a）内、外卡钳，钢直尺用于测量一般精度的线性尺寸

（b）游标卡尺用于测量较精确的线性尺寸 （c）测量壁厚 （d）测量中心距

（e）测量圆角半径 （f）测量螺纹 （g）用铅丝法和拓印法测量曲面 （h）用坐标法测量曲线

图 8-51 测量工具及测量方法

3. 对草图进行全面审核

对表达方案、尺寸标注再次进行审视和核对。对各部分尺寸要参照标准直径、标准长度系列加以圆整，对于标准结构要素应查找有关标准核对。

4. 注写技术要求

零件上的表面粗糙度、极限与配合、几何公差等技术要求可采用类比法给出。注写技术要求时须注意以下几点。

① 有相对运动的表面及对形状、位置要求较严格的线、面等要素，要给出既合理又经济的粗糙度或几何公差。

② 考虑是否需要热处理等。

四、绘制零件图

经过复审、补充、修改后，即可根据草图绘制零件图，如图 8-52 所示。

五、零件测绘应注意的几个问题

零件测绘是一项比较复杂的工作，要认真对待每个环节，测绘时应注意以下几点。

① 对于零件在制造过程中产生的缺陷（如制造时产生的缩孔、裂纹，以及该对称的不对称等）和使用过程中造成磨损、变形等情况，画草图时应予以纠正。

② 零件上的工艺结构，如倒角、圆角、退刀槽等，虽小也应完整表达，不可忽略。

③ 严格检查尺寸，如是否遗漏或重复、相关零件尺寸是否协调，以保证零件图、装配图顺利绘制。

④ 对于零件上的标准结构要素如螺纹、键槽、轮齿等的尺寸，以及与标准件配合或相关联结构（如轴承孔、螺栓孔、销孔等）的尺寸，应把测量结果与标准核对，圆整成标准数值。

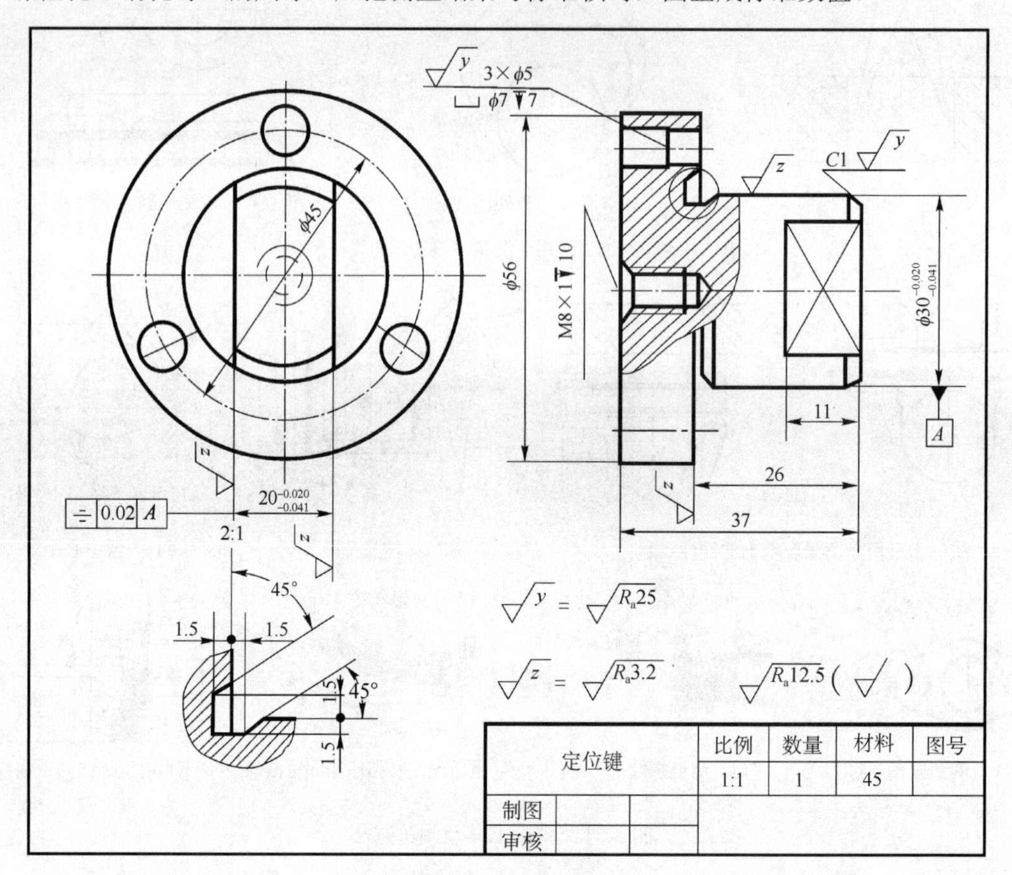

图 8-52　定位键零件图

【任务练习 8-8】

班级＿＿＿＿＿＿＿＿　　姓名＿＿＿＿＿＿＿＿　　学号＿＿＿＿＿＿＿＿

零件测绘。

1. 目的

（1）熟悉和掌握零件的测绘方法和步骤。

（2）练习在零件图上正确标注尺寸、表面粗糙度和其他技术要求。

（3）熟悉和掌握由零件草图画零件工作图的方法和步骤。

2. 内容与要求

（1）用 A3（或 A4）图纸绘制零件图，比例自定。

（2）按零件图作图方法和要求进行画图。

3. 注意事项

（1）选择视图方案时，最好在草稿纸上进行。设想几种视图方案，经对比后选定最佳表达方案。

（2）标注尺寸时，根据零件的用途和结构选择基准，再按尺寸标注要求绘制尺寸界线、尺寸线。

（3）零件上标准结构要素（如螺纹、键槽、销孔等）的尺寸，应查阅有关标准后确定。

（4）草图中的图线，应按标准绘制。字体书写不得潦草。

（5）草图完成后，要进行全面、认真地检查，对错、漏之处及时纠正。

（6）画工作图前，要对零件草图的视图方案、尺寸标注、技术要求等进行全面复查。

4. 图例。如下图所示。

（1）

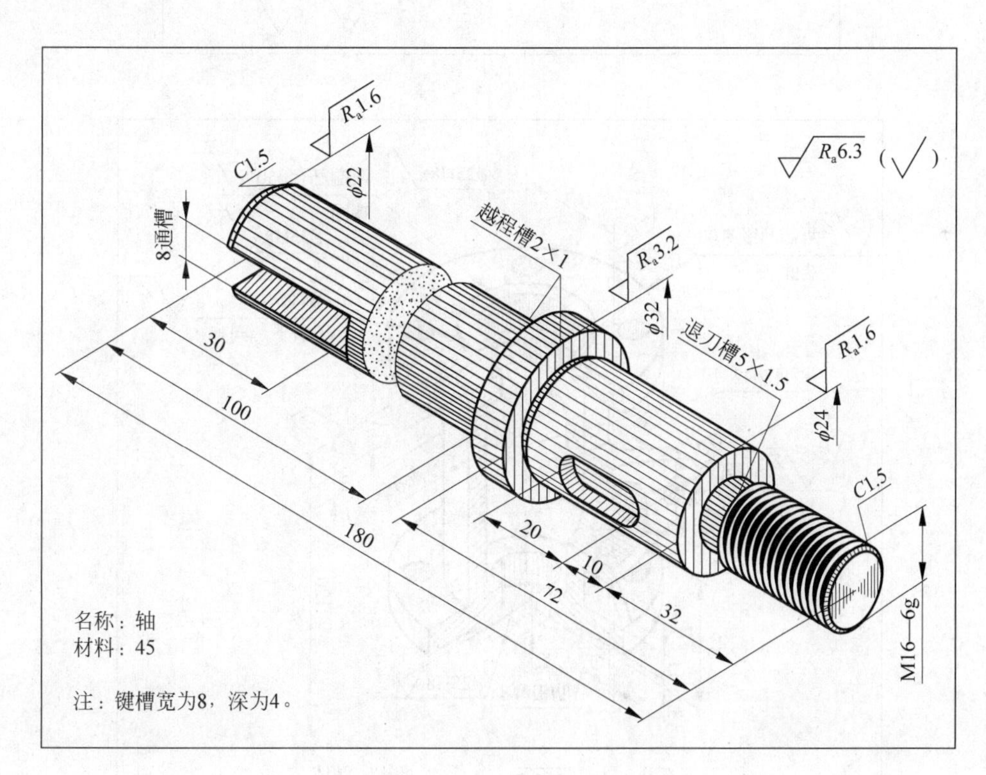

班级________________ 姓名________________ 学号________________

（2）

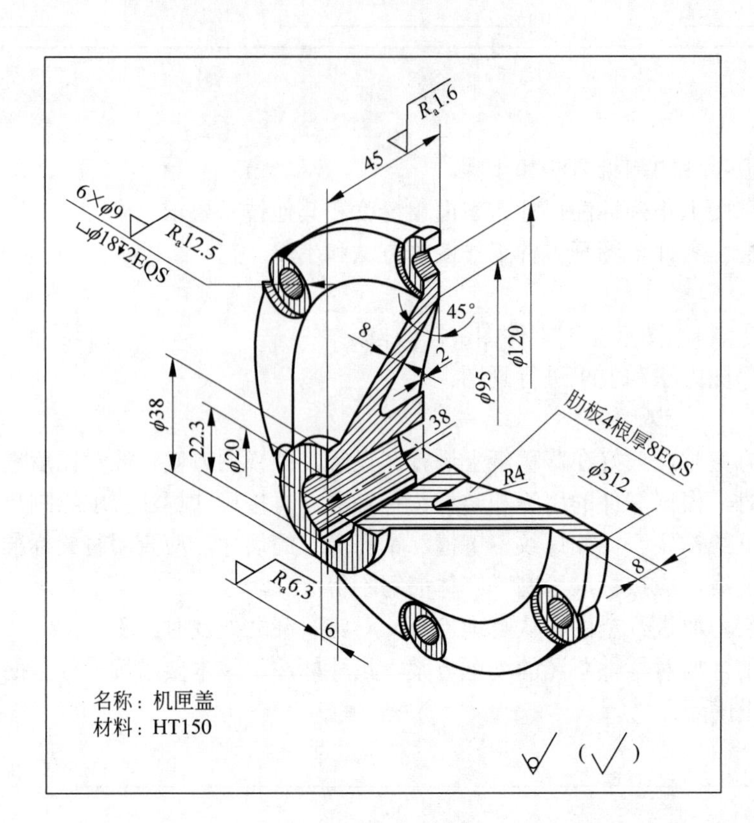

R_a1.6
45
6×ϕ9
⌴ϕ18↧2EQS
R_a12.5
45°
8
2
ϕ120
ϕ95
ϕ38
22.3
ϕ20
38
肋板4根厚8EQS
R4
ϕ312
8
R_a6.3
6
名称：机匣盖
材料：HT150

（3）

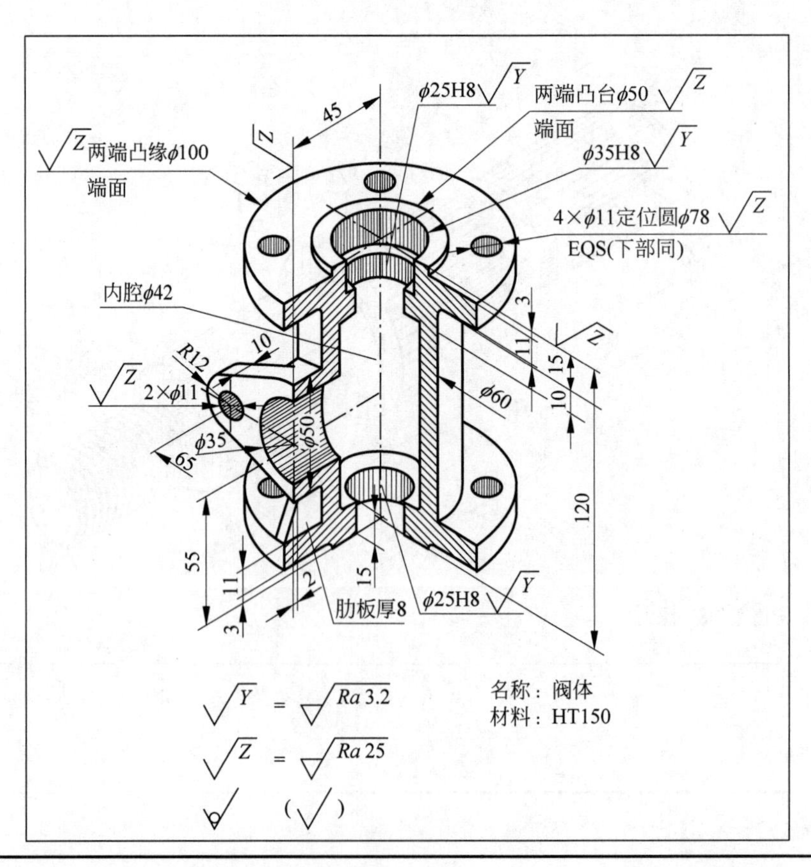

ϕ25H8
两端凸台ϕ50
端面
45
Z
两端凸缘ϕ100
端面
ϕ35H8
4×ϕ11定位圆ϕ78
EQS(下部同)
内腔ϕ42
3
11
15
10
R12
10
2×ϕ11
ϕ60
ϕ50
ϕ35
65
120
55
11
3
2
15
肋板厚8
ϕ25H8
Ra 3.2
Ra 25
名称：阀体
材料：HT150

班级__________ 姓名__________ 学号__________

（4）

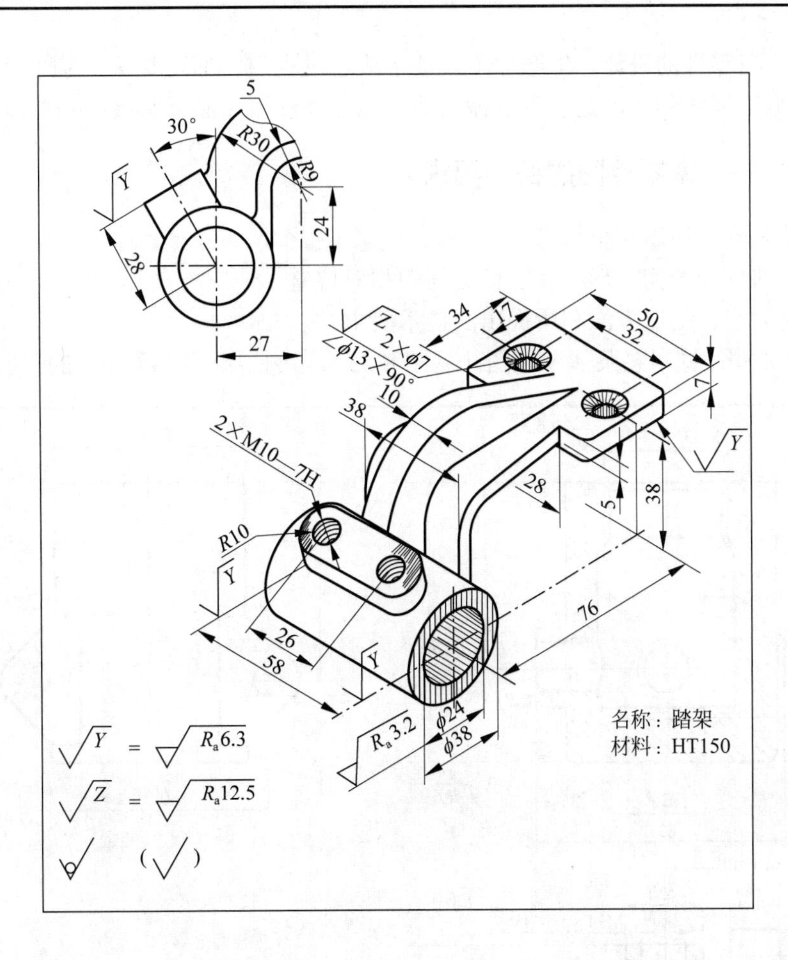

5
30°
R30
R9
Y
24
28
27
34
17
50
32
Z
2×ϕ7
⌴ϕ13×90°
10
7
38
Y
2×M10—7H
28
5
38
R10
Y
76
26
58
Y
Rₐ3.2
ϕ24
ϕ38
名称：踏架
材料：HT150
Y = Rₐ6.3
Z = Rₐ12.5
( )

学习任务9　识读零件图

在零件的设计、生产加工及技术改造过程中，都需要识读零件图。因此，准确、熟练地读懂零件图，是从事机械制造方面工作的人员必须掌握的基本技能之一。

一、读零件图的目的要求

① 了解零件的名称、用途和材料等。

② 了解零件各部分的结构、形状及它们之间的相对位置。

③ 了解零件的大小、制造方法和所提出的技术要求。

本任务以箱体类零件柱塞泵泵体零件图（见图8-53）为例，说明读零件图的一般方法和步骤。

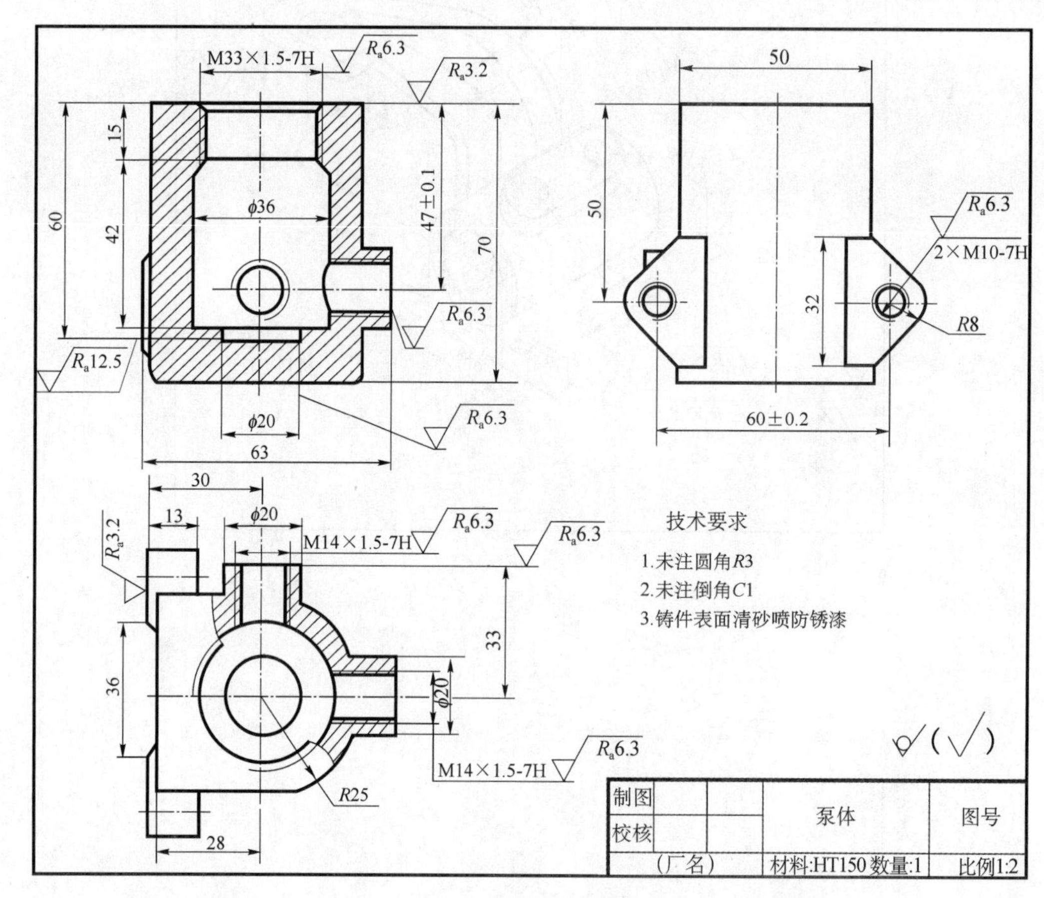

图8-53　泵体零件图

二、读零件图的方法和步骤

1. 概括了解

箱体类零件是机器（或部件）中的主要零件，如各种机床的床头箱的箱体，减速器箱体、箱盖，油泵泵体，车、铣床尾部的尾架体等，种类繁多，结构形式千变万化，在各类零件中是最为复杂的一类。

读零件图首先要看标题栏，了解零件名称、材料、数量和比例等内容。从零件名称可判断该零件属于哪一类零件；从材料看可大致了解其加工方法、材料性能根据比例可估计零件的实际大小。对不熟悉的比较复杂的零件图，可对照装配图了解该零件在机器或部件中与其他零件的装配关系等，从而对零件有初步的了解。

从图 8-53 的标题栏中可以看到该零件的名称为泵体，属于箱体类零件，它必有容纳其他零件的空腔结构。零件的材料是灰铸铁，牌号是 HT150，说明零件毛坯的制造方法为铸造，因此应具备铸造的一些工艺结构，结构较复杂，加工工序较多。零件图的比例为 1∶2，从图形可估计该零件的真实大小。

2. 分析视图

分析视图，首先应找出主视图，再分析零件各视图的配置及视图之间的关系，进而识别出其他视图的名称及投射方向。若采用剖视或断面的表达方法，还要确定剖切位置。要运用形体分析法读懂零件各部分结构，想象出零件的结构形状。

零件的结构形状是读零件图的重点，组合体读图的方法仍适用于读零件图。读零件图的一般顺序是先整体、后局部；先主体结构、后局部结构；先读懂简单部分，再分析复杂部分。还可根据尺寸及功用判断、想象形体。

图 8-53 中有三个基本视图，主视图为全剖视，俯视图为局部剖视，左视图为外形图。

接下来分析投影，想象零件的结构形状。分析图 8-53 中的各投影可知，泵体零件由泵体和两块安装板组成。

① 泵体部分。其外形为柱状，内腔为圆柱形，用来容纳柱塞泵的柱塞等零件。后面和右边各有一个凸起，分别有进、出油孔与泵体内腔相通，从所标注尺寸可知两凸起都是圆柱形。

② 安装板部分。从左视图和俯视图可知，在泵体左边有两块三角形安装板，上面有安装用的螺钉孔。

通过以上分析，可以想象出泵体的整体形状如图 8-54 所示。

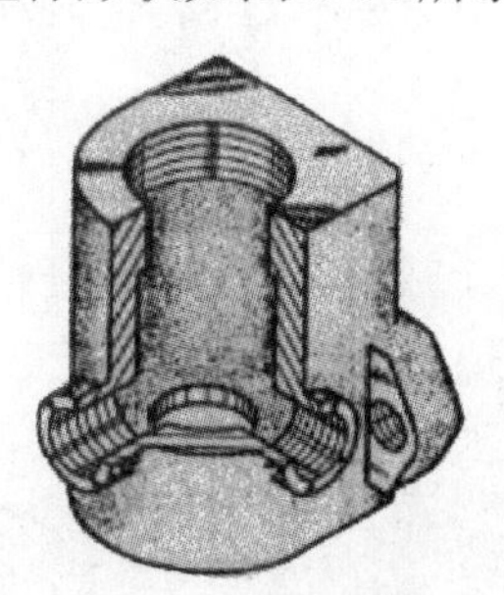

图 8-54　泵体轴测图

3. 尺寸及技术要求分析

零件图上的尺寸是制造、检验零件的重要依据。分析尺寸的目的是：根据零件的结构特点、设计和制造的工艺要求，找出尺寸基准，分清设计基准和工艺基准，明确尺寸种类和标注形式；除了找到长、宽、高三个方向的尺寸基准外，还应按形体分析法，找到定形、定位尺寸，进一步了解零件的形状特征，特别要注意精度高的尺寸，并了解其要求及作用。分析影响性能的主要尺寸、标准结构要素尺寸和其他尺寸，从而得出零件的加工工艺。

在图 8-53 中，从俯视图的尺寸 13、30 可知长度方向的基准是安装板的左端面；从主视图的尺寸 70、47±0.1 可知高度方向的基准是泵体上顶面；从俯视图的尺寸 33 和左视图的尺寸 60±0.2 可知宽度方向的基准是泵体前后对称面。进出油孔的中心高 47±0.1 和安装板两螺孔的中心距 60±0.2 要求比较高，加工时必须保证。

零件图上的技术要求是制造零件的质量指标。读图时应根据零件在机器中的作用，分析配合面或主要加工面的加工精度要求，了解其表面粗糙度、尺寸公差、几何公差及相关代号含义。分析表面粗糙度时，要注意它与尺寸精度的关系，还应了解零件制造、加工时的某些特殊要求。分析其余加工面和非加工面的相应要求时，要了解零件的热处理、表面处理及检验等其他技术要求（可参阅附录 D），以便根据现有加工条件，确定合理的加工工艺，保证实现这些技术要求。

泵体有配合要求的加工面为三个螺纹孔，一个 M30 和两个 M14，均为 H7（基孔制的基准孔），其

表面粗糙度 R_a 的上限值均为 6.3μm。两个 M14 螺纹孔距上表面的中心高 47±0.1 为重要尺寸，上、下偏差均为 0.1μm。安装板上两螺孔的中心距 60±0.2mm 要求也比较高，也属于重要尺寸，需要保证。两螺孔端面及顶面等表面为零件结合面，为防止漏油，表面粗糙度要求较高，R_a 的上限值分别为 6.3μm 和 3.2μm。非加工面为毛坯面，由铸造直接获得。标题栏上方的技术要求，则用文字说明了铸造圆角、倒角和铸造表面处理的要求。

按照上述方法和步骤进行读图，可对零件有全面的了解，但对某些比较复杂的零件，还需要参考有关技术资料和相关的装配图，才能彻底读懂。读图的各个步骤也可视零件的具体情况，灵活运用，交叉进行。

【任务练习 8-9】

班级__________________ 姓名__________________ 学号__________________

一、识读轴的零件图，并回答问题。

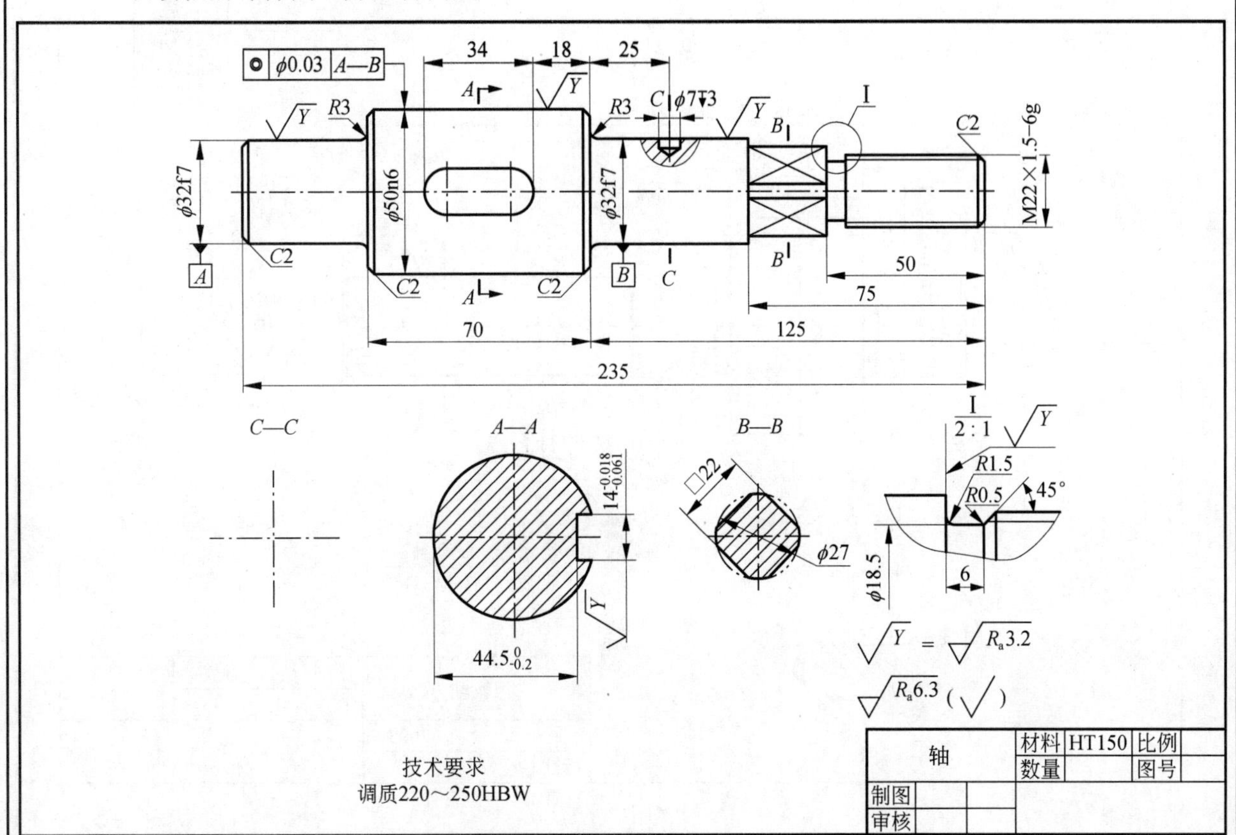

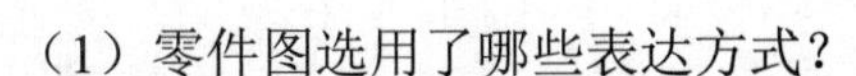

（1）零件图选用了哪些表达方式？

（2）用指引线和文字说明长、宽、高三个方向的主要尺寸基准。

（3）查出 ϕ32f7、ϕ50h6 公差、偏差尺寸。

（4）ϕ32f7 两圆柱面对 ϕ50h6 轴线的圆跳动公差值不大于 0.04，用框格法标注在图上。

班级____________ 姓名____________ 学号____________

二、识读齿轮轴的零件图，并回答问题。

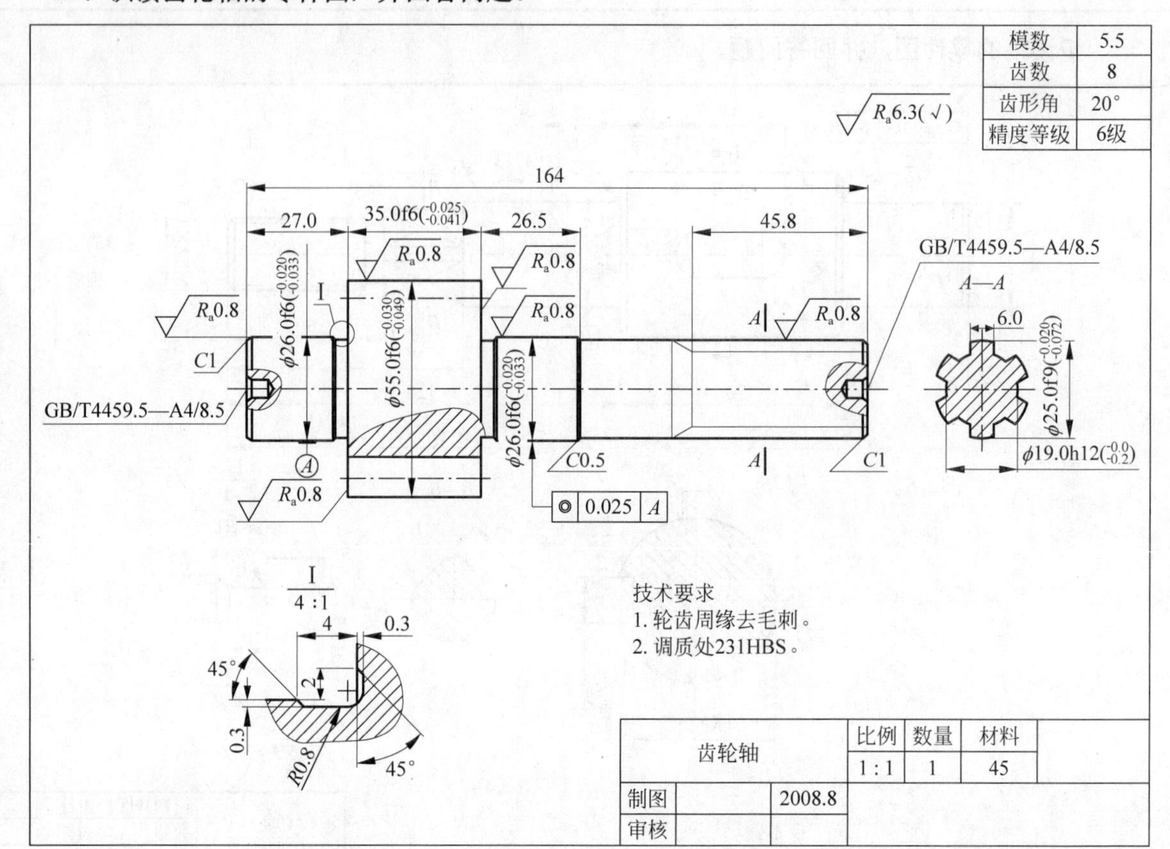

（1）零件图选用了哪些表达方式？

（2）用指引线和文字说明长、宽、高三个方向的主要尺寸基准。

（3）查出中心孔的具体形状尺寸，并绘制出局部视图，标注尺寸。

（4）请计算出齿轮的分度圆、齿根圆尺寸。

（5）请写出齿轮轴零件上各工艺结构的名称。

班级________________ 姓名________________ 学号________________

三、识读油缸端盖零件图，并回答问题。

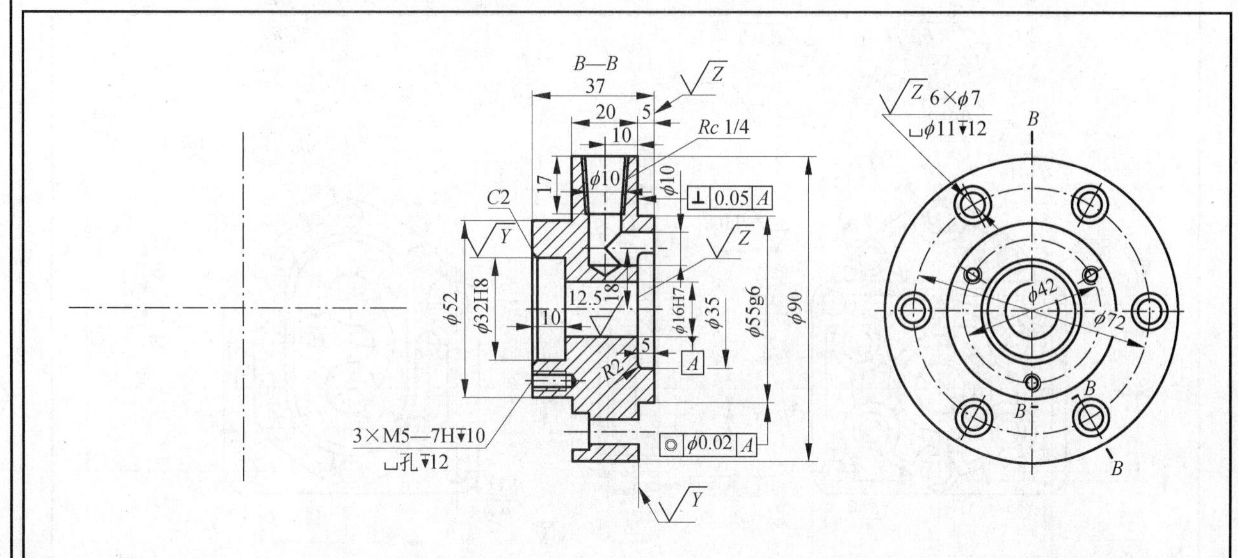

识读油缸端盖的零件图，填空并作图。

（1）______视图采用了 B—B______剖视图。

（2）用指引线和文字在图上注明轴向尺寸的主要基准。

（3）右端面上 φ10 圆柱孔的定位尺寸为______。

（4）3×M5-7H↧10 / ⊔孔↧12 表示______个______孔，大径为______，公差带代号为______，螺孔深为______，钻孔深为______。

（5）6×φ7 / ⊔φ11↧12 表示______个______孔，沉孔直径为______，深为______。

（6）ϕ16H7 是基______制的______孔，公差等级为______。

（7）| ◎ | φ0.02 | A | 的含义：表示被测要素为______的______，基准要素为______的______，几何特征为________，公差值为______。

（8）在图上指定位置处画出右视的外形图（虚线不画）

班级________________ 姓名________________ 学号________________

四、识读泵盖零件图，并回答问题。

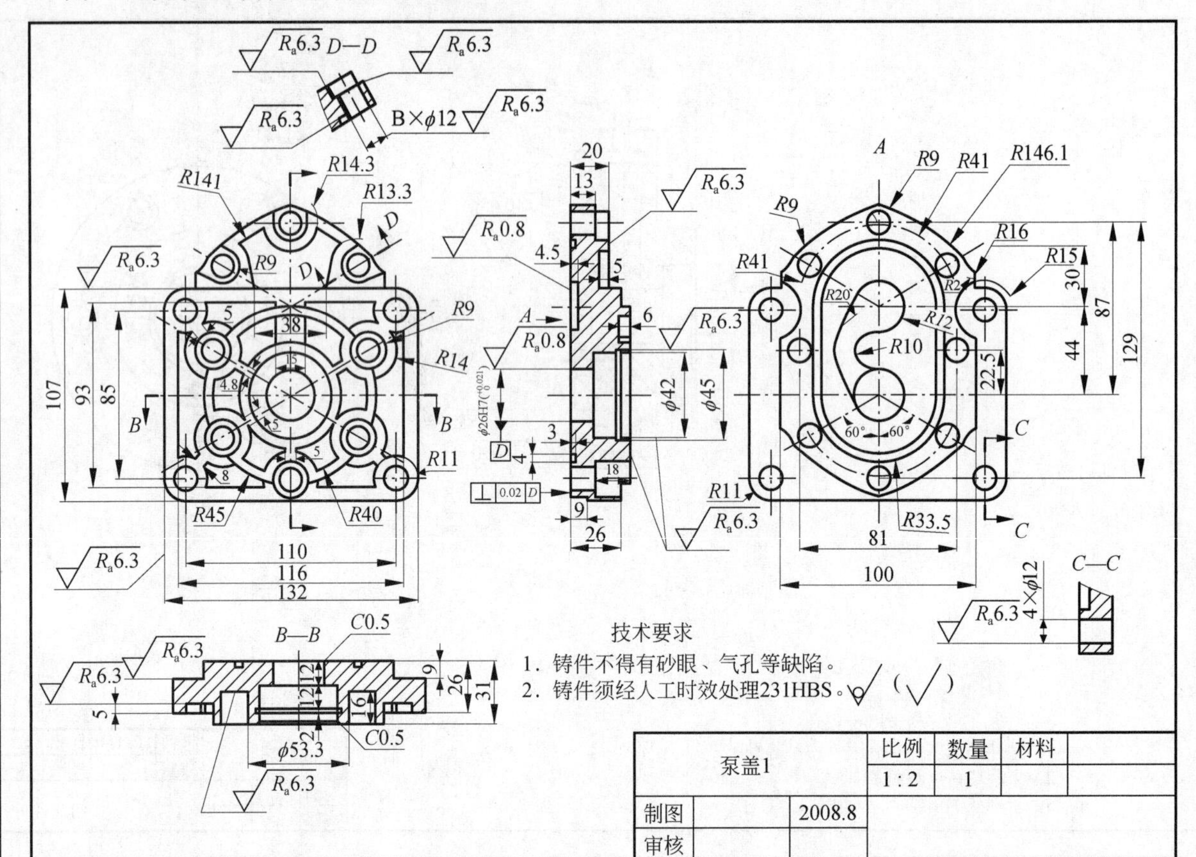

（1）零件图选用了哪些表达方式？

（2）用指引线和文字说明长、宽、高三个方向的主要尺寸基准。

（3）图中孔结构有几处？请读出结构尺寸。

（4）图中槽结构有几处？请读出结构尺寸。

（5）该零件哪个表面的粗糙度精度要求最高？

班级__________________　　姓名__________________　　学号__________________

五、识读托架零件图，回答问题并作图。

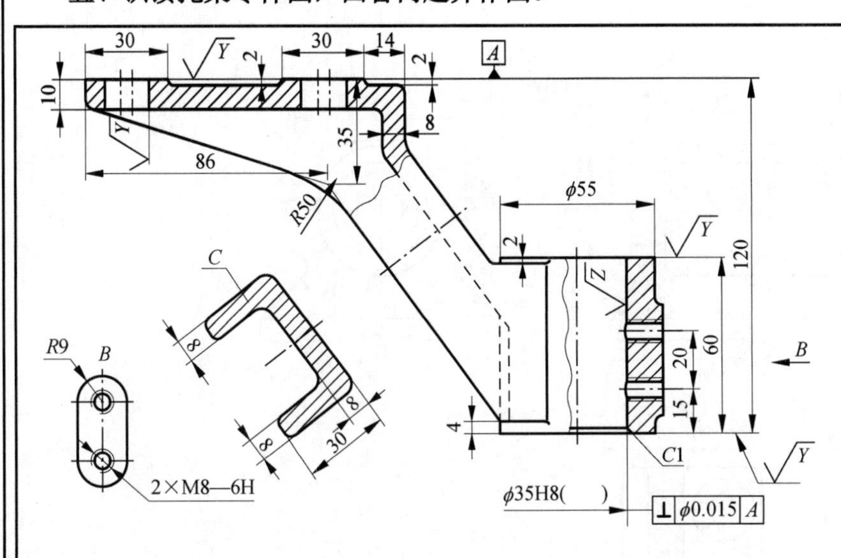

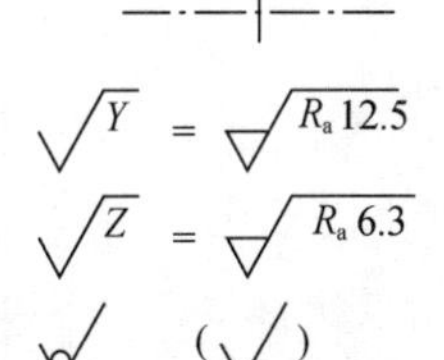

技术要求

1. 铸件要求不许有砂眼、裂纹等缺陷。
2. 未标注铸造圆角*R*3。

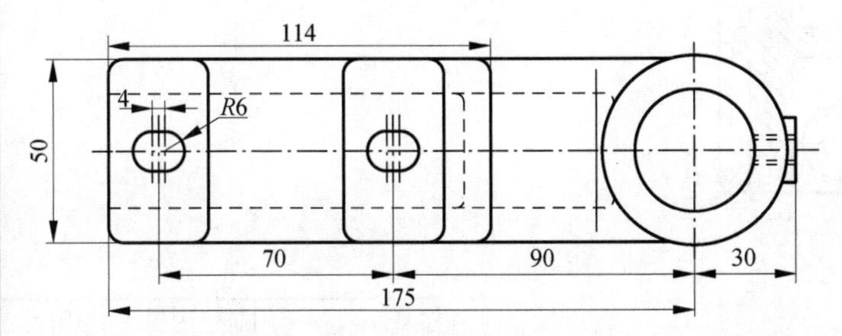

托架		材料	HT150	比例	
		数量		图号	
制图					
审核					

（1）主视图中有两处采用了________剖，*B*图采用的表达方法是________，*C*图采用的表达方法是________。

（2）用指引线和文字说明长、宽、高三个方向的主要尺寸基准。

（3）托架的总长________、总宽________、总高________。

（4）说明下列尺寸的类型（定形、定位）：120是________尺寸，70是________尺寸，φ35是________尺寸，86是________尺寸，*R*50是________尺寸，15是________尺寸。

（5）φ35H8是基________制的________孔，标准公差等级为________级，查表其公差值为________，在图中括号内填写上、下极限偏差值。

（6）托架的加工表面中，要求最光洁的表面是________，其余表示____。

（7）在图指定位置处完成左视图。

班级__________ 姓名__________ 学号__________

六、识读泵体零件图，回答问题并作图。

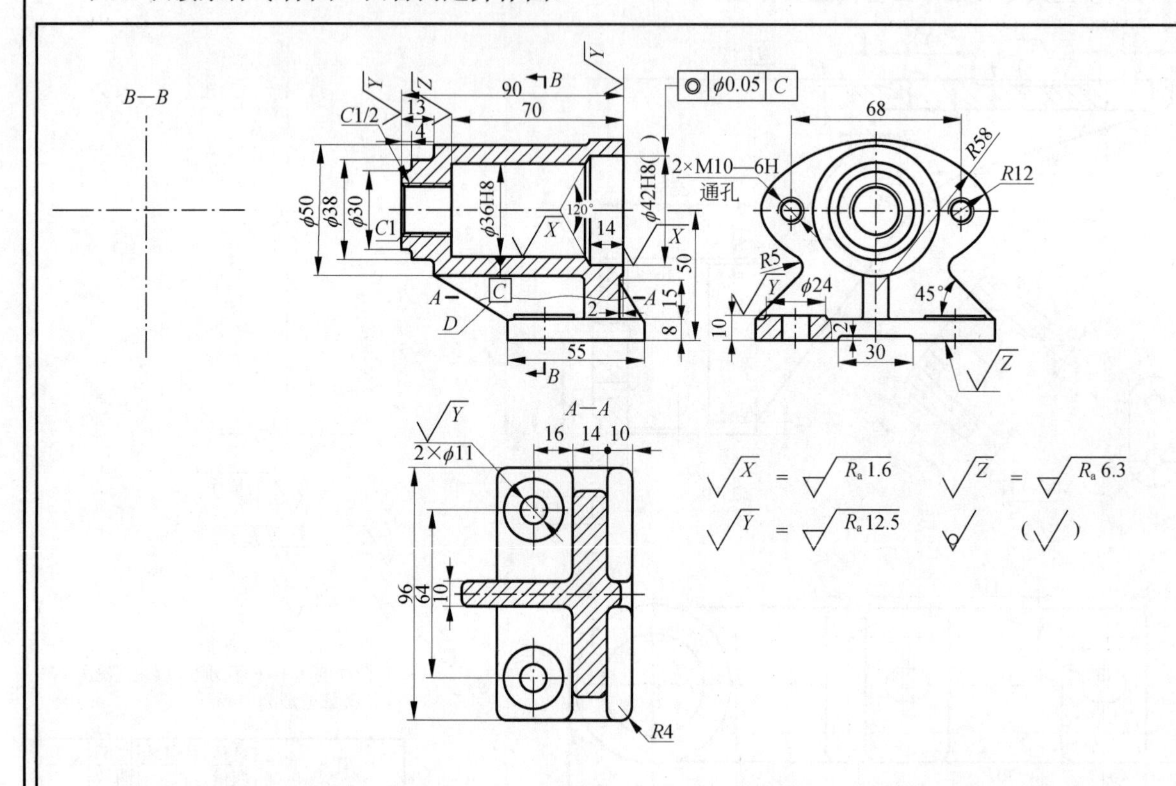

技术要求

1. 铸件要求不允许有砂眼、裂纹等缺陷。
2. 未注铸造圆角R3。
3. 未注倒角C1。

泵体		材料	HT150	比例	
		数量		图号	
制图					
审核					

(1) 主视图中采用了________剖，D 处为________结构；俯视图采用了________剖；左视图中有一________剖。

(2) 用指引线和文字说明长、宽、高三个方向的主要尺寸基准。

(3) 泵体的总长________、总宽________、总高________。

(4)说明下列尺寸的类 型(定形、定位)：90 是________尺寸，50 是________尺寸，φ50 是________尺寸，68 是________尺寸，R58 是________尺寸。

(5) φ48H8 是基________制的________孔，标准公差等级为________级，查表其公差值为________，在图中括号内填写上、下极限偏差值。

(6) ◎ φ0.05 C 的含义：表示被测要素为________，基准要素为________，几何特征为__________，公差值为________。

(7) 在图中指定位置处作 B—B 剖视图。

【综合训练 8】

班级________________　　姓名________________　　学号________________

根据轴测图确定零件表达方案，绘制完整的零件图。

1.

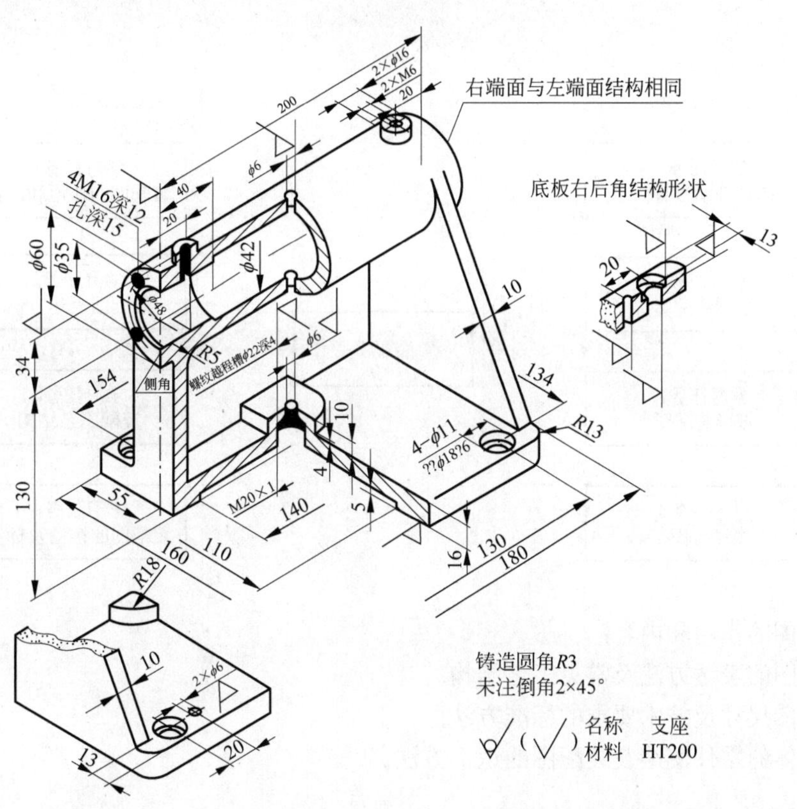

2.

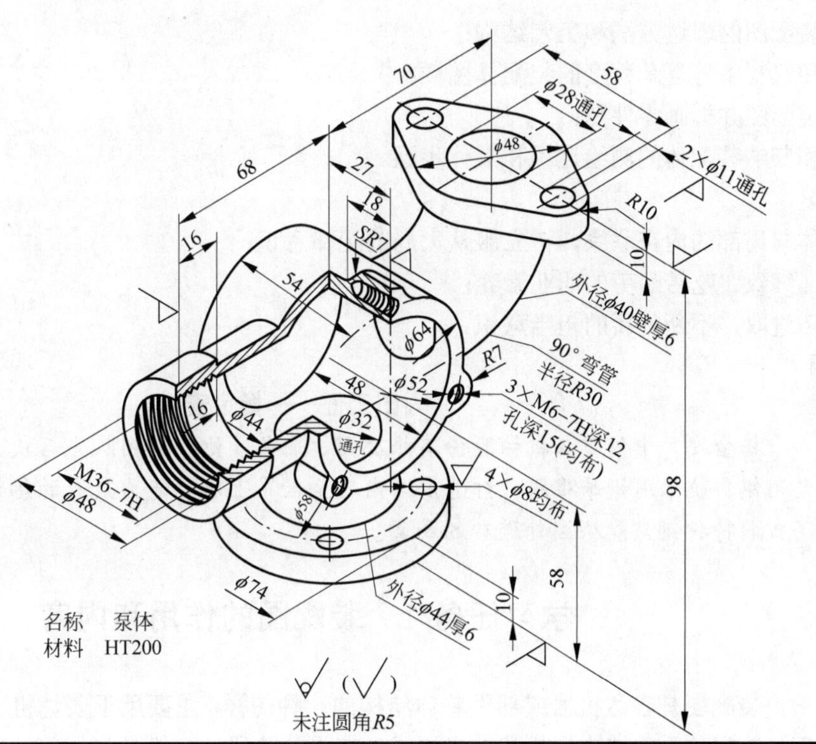

项目九　装配图

【学习导航】

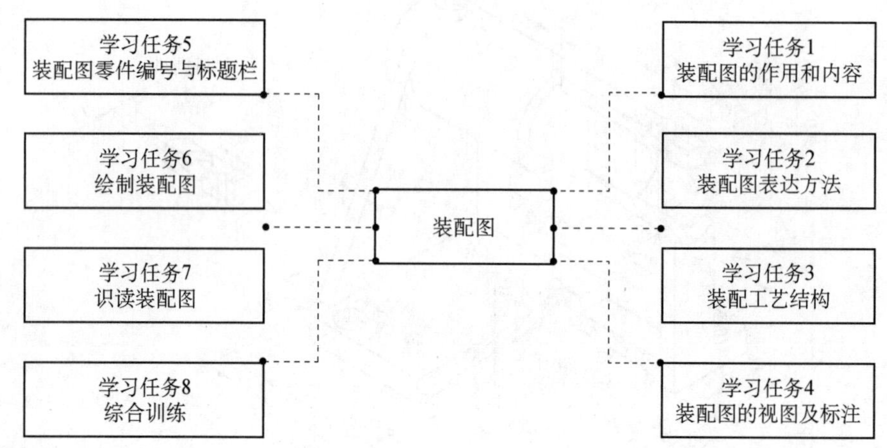

【知识目标】

◆ 掌握装配图的作用和内容；
◆ 掌握装配图的表达方法及常见工艺结构；
◆ 掌握装配图尺寸及技术要求的标准方法；
◆ 掌握装配体的零件测绘及装配图的识读方法。

【能力目标】

◆ 会分析装配图的表达方法和工艺结构；
◆ 会分析和绘制中等复杂程度的装配体图样；
◆ 会识读装配图并拆画零件图；
◆ 会分析和归纳装配体的测绘过程和具体步骤。

【思政目标】

◆ 明确整体与局部的内在联系，树立服从大局的纪律意识；
◆ 培养严谨细致、吃苦耐劳的职业素养；
◆ 激发开拓进取、不断创新的担当意识。

【思政故事】

杨金安

大国工匠——杨金安

杨金安，中信重工机械股份有限公司，班长。他带领团队先后攻克了核电用钢、航天用钢、航母用钢等难题，打造出国内乃至世界上冶炼能力最大的炼钢系统，一举扭转了我国特种钢只能从国外进口的局面。

装配图概述

学习任务 1　装配图的作用和内容

装配图是表达机器或部件整体结构的一种图样，主要用于表达机器或部件的工作原理、装配关系、结构形状和技术要求。在设计阶段，一般是先画出装配图，然后根据它所提供的总体结构和尺寸，设计和绘制零件图；在生产阶段，装配图是编制装配工艺，进行装配、检验、安装、调试及维修等工作的依据。装配图是表达设计者思想、指导零部件装配和进行技术交流的重要图样，其中表达部件的图样称为部件装配图，表达一台完整机器的图样称为总装配图或总图。

一、装配图的作用

装配图主要有以下作用：

① 进行机器或部件设计时，首先要根据设计要求画出装配图，用以表达机器或部件的结构和工作原理；然后根据装配图和有关参考资料，设计零件具体结构，画出各个零件图。

② 在生产过程中，根据装配图组织生产，将零件装配成部件和机器。

③ 根据装配图了解机器的性能、结构、传动路线、工作原理及其安装、调整、维护和使用方法等。

④ 装配图反映设计者的思想，是进行技术交流的重要文件。

二、装配图的内容

如图 9-1 所示的球阀，是一种控制液体流量的开关装置。图 9-1 为打开状态，流体从中间的通孔中进出。转动扳手 13，阀杆 12 通过嵌入阀芯 4 上面凹槽内的扁榫转动阀芯，流体通道截面减小；当扳手转动 90°后，球阀关闭。在阀体与阀芯、阀体与阀杆、阀体与阀榫之间都装有密封件，起密封作用。

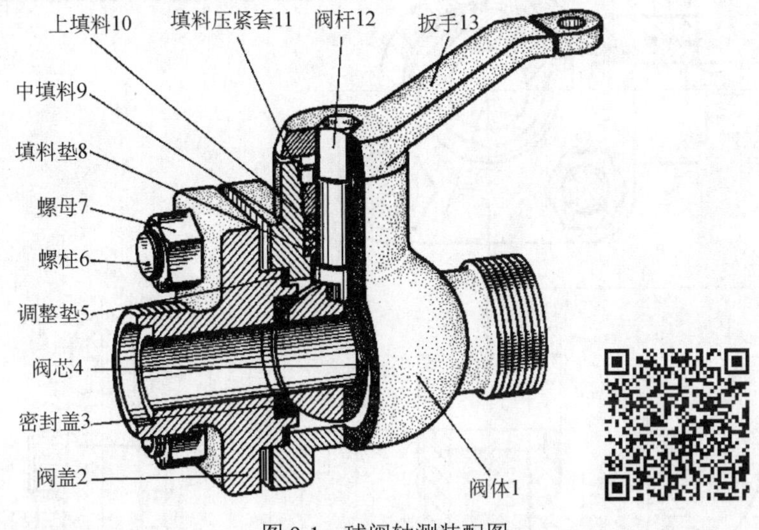

图 9-1　球阀轴测装配图

图 9-2 是球阀的装配图。由图 9-2 可知，一张完整的装配图应包括如下内容：

① 一组视图。用来表达装配体的结构、工作原理，各组成零件间的相互位置、装配关系、连接方式和重要零件的主要结构形状。

② 必要的尺寸。标注与机器或部件的性能、规格、装配和安装有关的尺寸。

③ 技术要求。用文字或符号（一般用文字）说明相关机器或部件在装配、检验、安装和调试等方面的技术指标和要求，如图 9-2 所示。

④ 标题栏、零（部）件的序号及明细表。为了便于读图和装配，在图纸的右下方应以一定的格式画出标题栏和明细表，注明机器或部件的名称及装配图中全部零件的序号、名称、材料、数量、标准和必要的签署等内容。

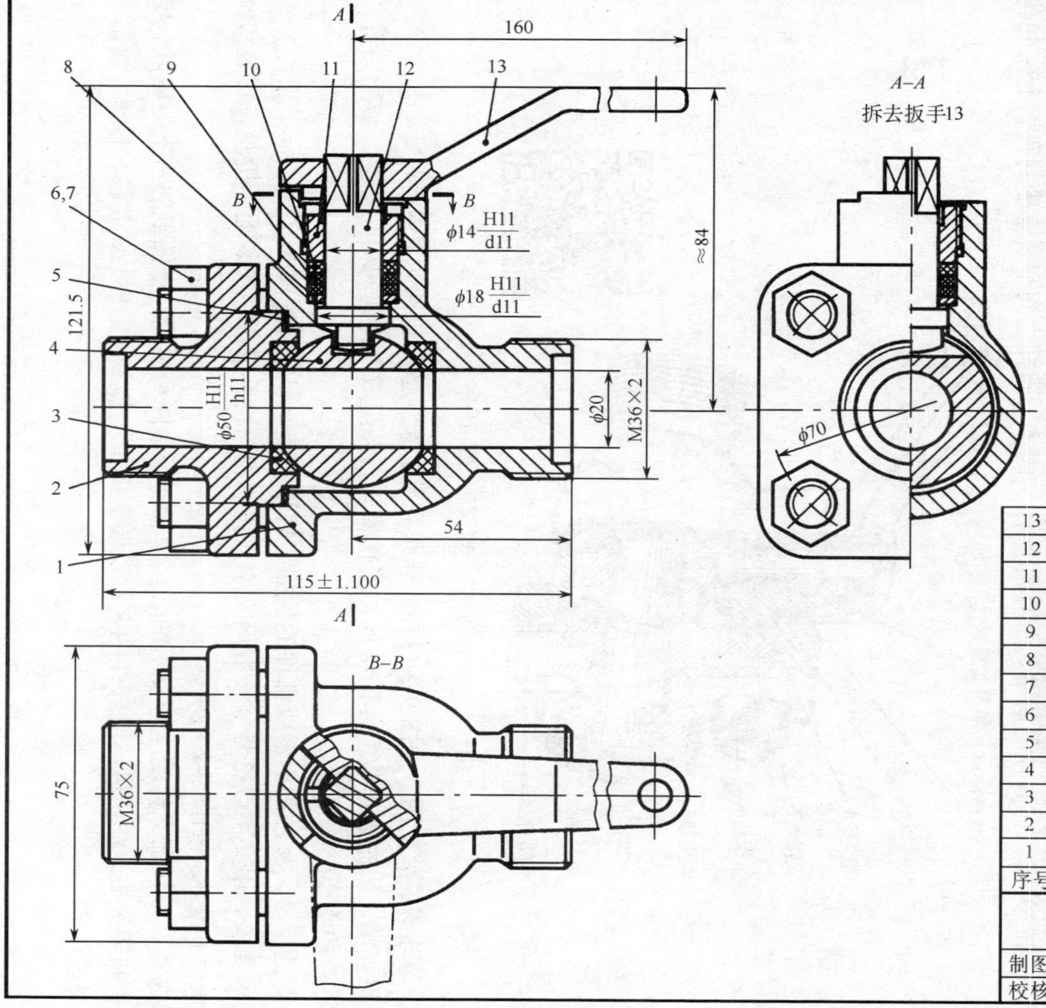

A–A

拆去扳手13

B–B

技术要求

制造与验收条件应

符合国家标准的规定。

序号	零件名称	数量	材料	附注及标准
13	扳手	1	ZG25	
12	阀杆	1	40Cr	
11	填料压紧套	1	35	
10	上填料	1	聚四氯乙烯	
9	中填料	2	聚四氯乙烯	
8	填料垫	1	40Cr	
7	螺母M12	4	Q235	GB/T6170—2000
6	螺柱AM12×30	4	Q235	GB/T897—1988
5	调整垫	1	聚四氯乙烯	
4	阀芯	1	40Cr	
3	密封圈	2	聚四氯乙烯	
2	阀盖	1	ZG25	
1	阀体	1	ZG25	

球 阀		比例	1:2
制图			
校核		（厂名）	图号

图9-2　球阀装配图

【任务练习 9-1】

班级__________________ 姓名__________________ 学号__________________

结合旋阀的装配图，分析和归纳装配图的作用和内容。

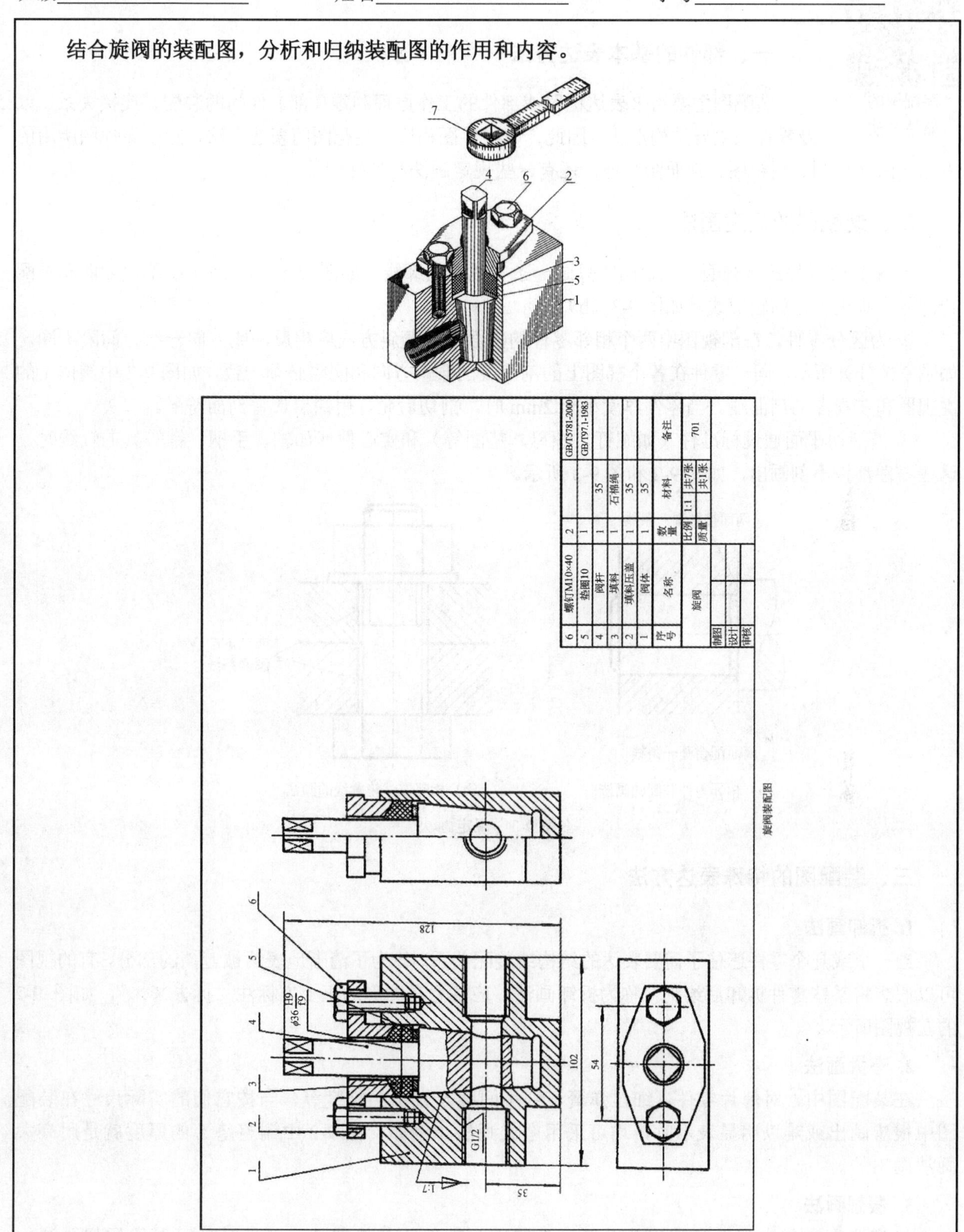

装配图的表达方法

学习任务 2　装配图表达方法

一、部件的基本表达方法

装配图主要用来表达机器或部件的工作原理和零（部）件间的装配、连接关系，以及零件的主要结构形状。因此，与零件图相比，装配图的表达方法，除了零件图所用的表达方法（视图、剖视图、断面图）外，还有一些规定画法和特殊画法。

二、装配图的规定画法

① 相邻两零件的接触面和配合面，只画一条共有的轮廓线，如图 9-3（a）所示；不接触面和不配合面分别画出各自的轮廓线，如图 9-3（b）所示。

② 为区分零件，在剖视图中两个相邻零件的剖面线的倾斜方向应相反，或方向一致、间隔不同，如图 9-3（b）所示。同一零件在各个视图上的剖面线的倾斜方向和间隔必须一致，如图 9-2 中阀体 1 的主视图和左视图的剖面线。当零件厚度小于 2mm 时，剖切后允许用涂黑代替剖面符号。

③ 当剖切平面通过标准件（如螺钉、螺母、垫圈等）和实心件（如轴、手柄、销等）的轴线时，这些零件都按不剖画出，如图 9-2 和图 9-3 所示。

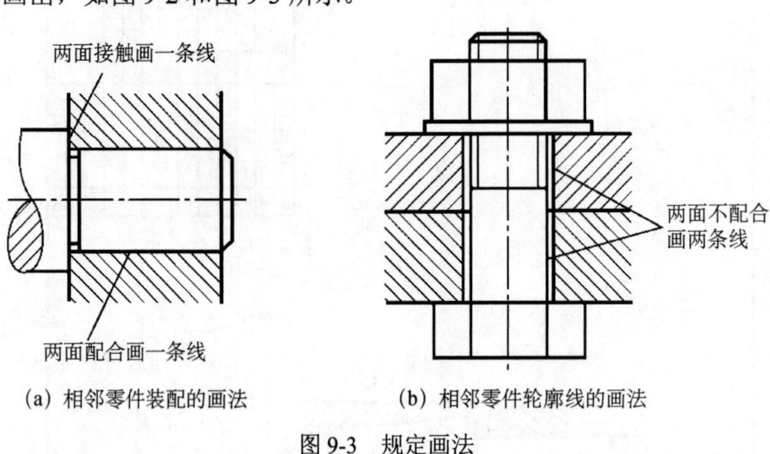

（a）相邻零件装配的画法　　（b）相邻零件轮廓线的画法

图 9-3　规定画法

三、装配图的特殊表达方法

1. 拆卸画法

当一个或几个零件遮住了需要表达的结构或装配关系时，为了清晰地表达被遮挡的部分，有的视图可以假想将某些零件拆卸后绘制，称为拆卸画法。应注意在图形的正上方标注“拆去××”，如图 9-2 的左视图所示。

2. 夸大画法

在装配图中，对薄片零件、细丝弹簧、细小间隙及较小的锥度等，当按它们的实际尺寸在装配图中很难画出或难以明显表示时，均可采用夸大画法。例如，图 9-2 中调整垫 5 的厚度就是用夸大画法画出的。

3. 假想画法

当需要表示与本部件有装配关系但又不属于本部件的其他零件、部件时，可采用假想画法，并将其他相邻零件、部件用双点画线画出，如图 9-4 中用双点画线画出了操作手柄的两个极限工作位置。

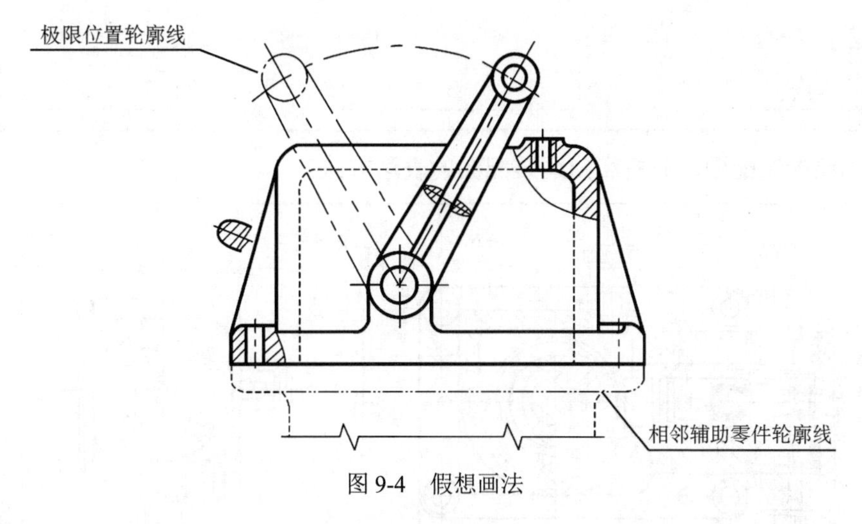

图 9-4　假想画法

4. 简化画法

机件表达方法中介绍的简化画法在装配图中基本适用，如图 9-5 中所示的简化画法。在装配图中规定的简化画法可以使作图简便，同时还可以更清晰地表达装配关系，下面列举部分简化画法。

① 对于分布有规律而又重复出现的螺纹紧固件及其连接等，可以仅画出一处或几处，其余以点画线表示其中心位置即可。

② 在装配图中，零件的工艺结构（如小圆角、倒角及退刀槽）可以不画。

③ 当剖切平面通过的某些部件为标准件或该部件已经由其他图形表达清楚时，可以按不剖处理（只画外形），如图 9-2 中的螺母 7。

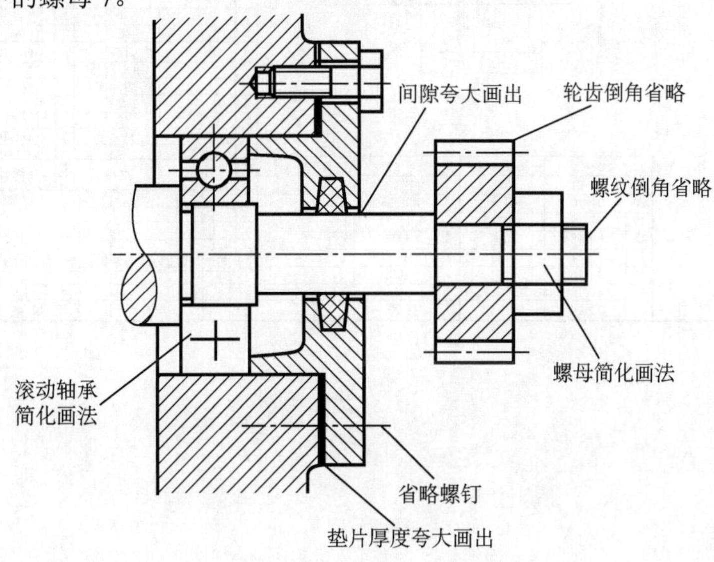

图 9-5　装配图中的规定画法和简化画法

【任务练习 9-2】

班级__________________ 姓名__________________ 学号__________________

结合柱塞油泵的装配图，分析和归纳装配图的表达方法。

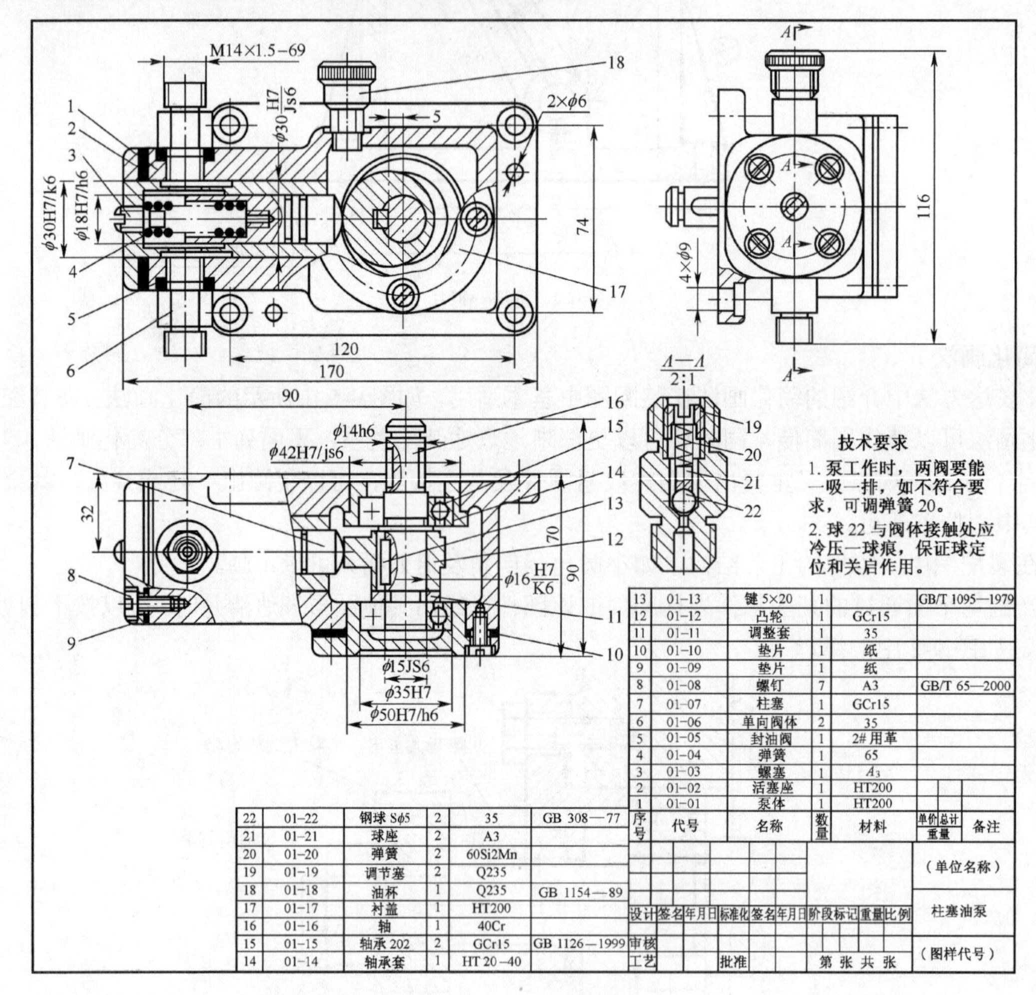

序号	代号	名称	数量	材料	备注
22	01-22	钢球 Sϕ5	2	35	GB 308—77
21	01-21	球座	2	A3	
20	01-20	弹簧	2	60Si2Mn	
19	01-19	调节塞	2	Q235	
18	01-18	油杯	1	Q235	GB 1154—89
17	01-17	衬盖	1	HT200	
16	01-16	轴	1	40Cr	
15	01-15	轴承 202	2	GCr15	GB 1126—1999
14	01-14	轴承套	1	HT 20-40	
13	01-13	键 5×20	1		GB/T 1095—1979
12	01-12	凸轮	1	GCr15	
11	01-11	调整套	1	35	
10	01-10	垫片	1	纸	
9	01-09	垫片	1	纸	
8	01-08	螺钉	7	A3	GB/T 65—2000
7	01-07	柱塞	1	GCr15	
6	01-06	单向阀体	2	35	
5	01-05	封油阀	1	2# 用革	
4	01-04	弹簧	1	65	
3	01-03	螺塞	1	A_3	
2	01-02	活塞座	1	HT200	
1	01-01	泵体	1	HT200	

学习任务3　装配工艺结构

在设计和绘制装配图的过程中，必须考虑到装配结构的合理性，以保证机器或部件的性能，并给零件的装拆和加工带来方便。确定合理的装配结构，必须联系实际分析比较。下面介绍几种常见的装配工艺结构，供画装配图时参考。

一、接触面与配合面的结构

① 相邻两零件，在同一方向上只能有一组面接触，避免两组面同时接触。这样，既可保证两面良好接触，又可降低加工要求，如图9-6（b）、图9-6（d）和图9-6（f）所示。

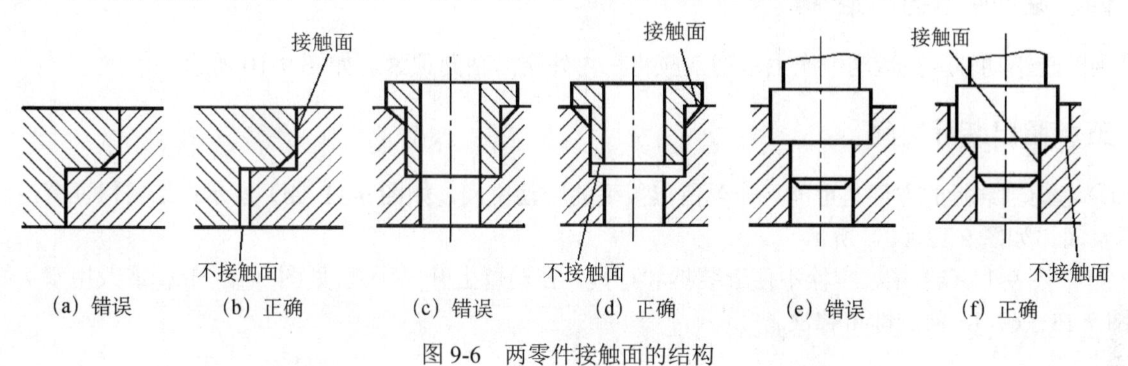

图9-6　两零件接触面的结构

② 相邻两接触零件常有转角结构，如图 9-7 所示。为了防止装配图出现干涉，以保证配合良好，在转角处应加工出倒角、倒圆、凹槽或在轴的根部切槽，以保证良好的接触，如图9-7（b）所示。

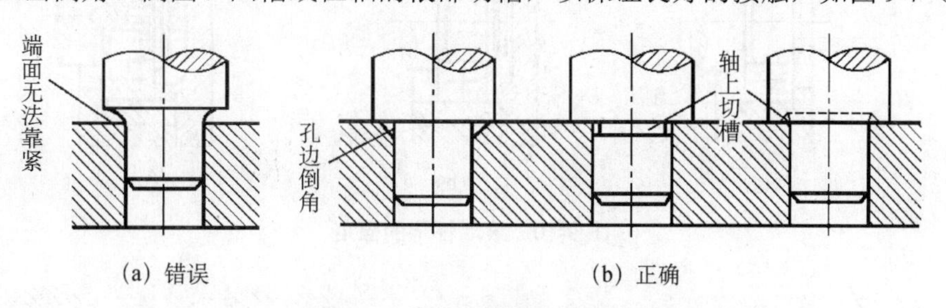

图9-7　接触面转角处的结构

二、螺纹连接件的紧固与定位

为了保证螺纹紧固件与被连接工件表面接触良好，常在被加工工件上做出沉孔和凸台，且要经机械加工，以保证良好接触，如图9-8（a）、图9-8（b）、图9-8（c）和图9-8（d）所示。

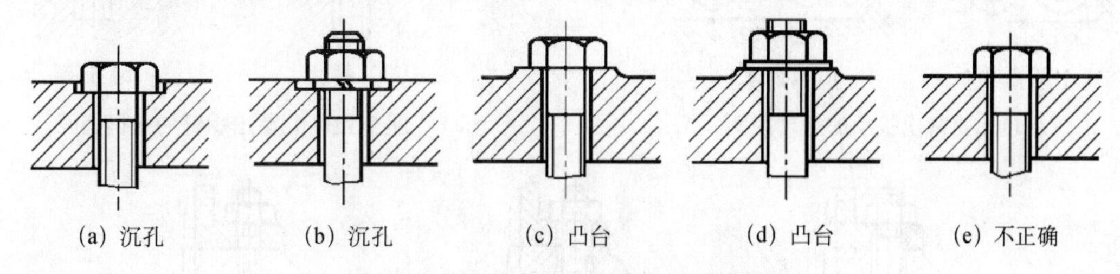

图9-8　紧固件与被连接件接触面的结构

三、零件的紧固与定位

为了紧固零件，要适当加长螺纹尾部，在螺杆上加工出退刀槽，在螺孔上制作出凹坑或倒角，如图

9-9 所示。

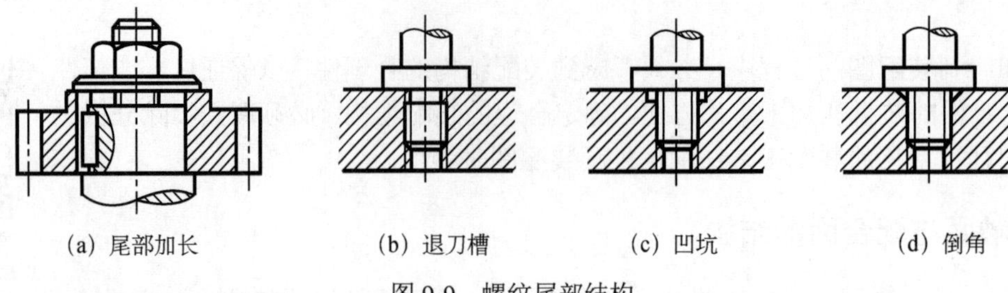

(a) 尾部加长　(b) 退刀槽　(c) 凹坑　(d) 倒角

图 9-9　螺纹尾部结构

四、滚动轴承的固定

为防止滚动轴承在运动中产生窜动，应将其内外圈沿轴向顶紧，如图 9-10 所示。

五、留出装拆空间

① 考虑到装拆的方便与可能，一要留出扳手的转动空间，如图 9-11（b）所示；二要保证有足够的装拆空间，如图 9-12（b）所示。

② 在图 9-13（a）中，螺栓不便于装拆和拧紧。在箱壁上开一手孔[见图 9-13（b）]或改用双头螺柱[见图 9-13（c）]，问题即可解决。

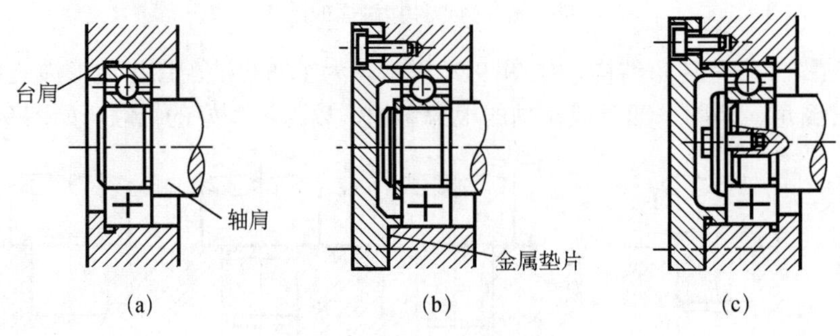

(a)　(b)　(c)

图 9-10　滚动轴承的固定

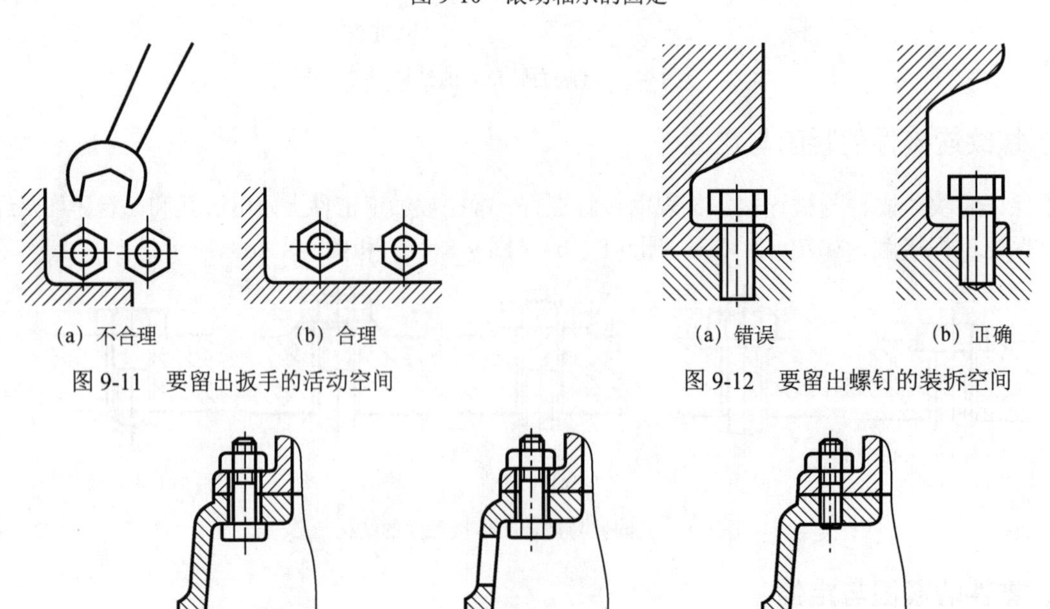

(a) 不合理　(b) 合理

图 9-11　要留出扳手的活动空间

(a) 错误　(b) 正确

图 9-12　要留出螺钉的装拆空间

(a) 不合理　(b) 合理　(c) 合理

图 9-13　螺栓应便于装拆和拧紧

③ 在图 9-14 中，滚动轴承装在箱体轴承孔中及轴上，图 9-14（a）和图 9-14（c）所示的结构无法拆卸。而图 9-14（b）和图 9-14（d）所示的结构容易将轴承顶出，是合理的。

④ 在图 9-15（a）中套筒很难拆卸。若如图 9-15（b）所示在箱体上钻几个螺钉孔，就可用螺钉将套筒顶出。

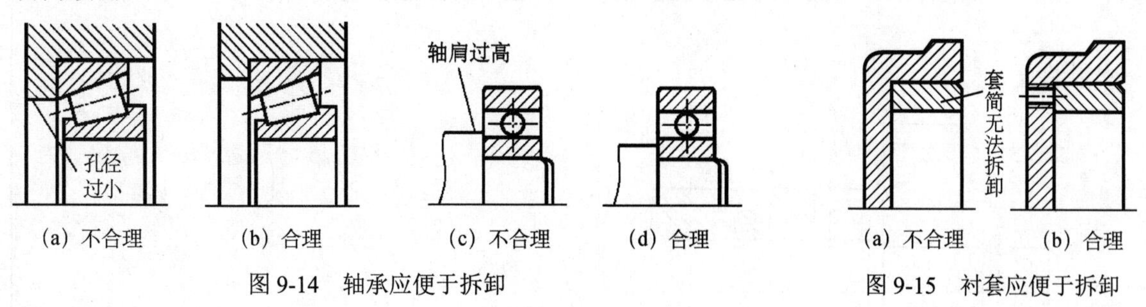

（a）不合理　（b）合理　（c）不合理　（d）合理

图 9-14　轴承应便于拆卸

（a）不合理　（b）合理

图 9-15　衬套应便于拆卸

【任务练习 9-3】

班级__________ 姓名__________ 学号__________

分析下图所示装配体的工艺结构与画法上的错误，并在右侧画出正确的图形。

1. 密封装置。

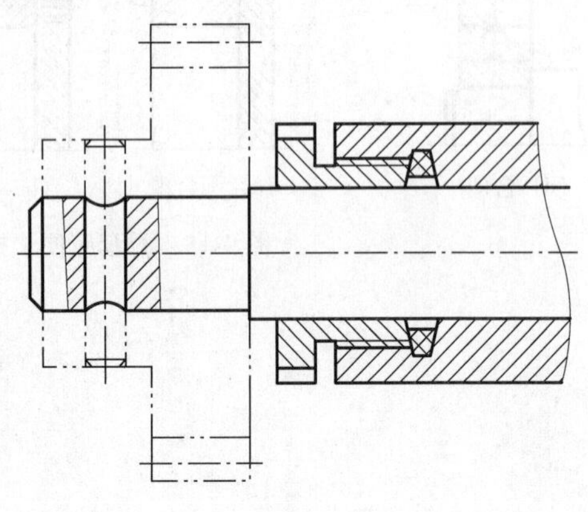

2. 锥孔、轴装配结构。

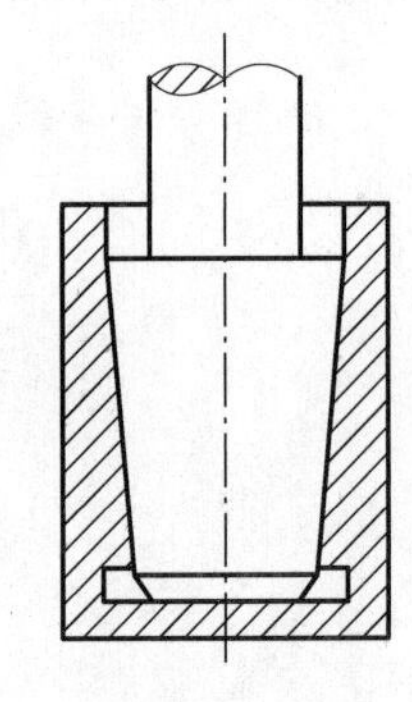

3. 滚动轴承装配结构。

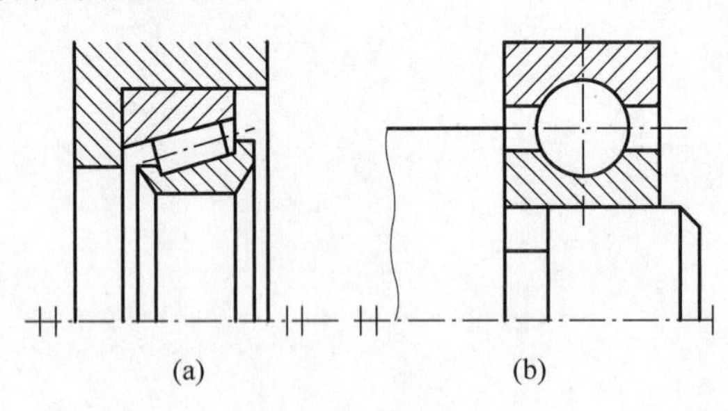

(a) (b)

学习任务4　装配图的视图及标注

一、视图选择的要求

① 完整。部件或机器的工作原理、结构、装配关系（包括零件的配合、连接固定关系及零件的相对位置等），以及对外部的安装关系要表达完全。

② 正确。在装配图中采用的表达方法，如视图、剖视、断面、规定方法和特殊方法要正确。

③ 清楚。视图的表达应清楚易懂，便于读图。

二、尺寸标注

由于装配图和零件图在生产中所起的作用不同，因此对尺寸标注的要求也不同。零件图是加工制造零件的依据，因此要求零件图上的尺寸必须完整。而装配图则主要是装配和使用机器或部件时使用的，因此不必标注出零件全部尺寸，而只需要标注出机器或部件的性能规格及装配、安装等有关尺寸。

1. 性能尺寸（规格尺寸）

性能尺寸是表示机器或部件的性能、规格和特性的尺寸。它是设计和使用机器或部件的依据。例如图9-2中，球阀的通孔直径ϕ20mm是规格尺寸。

2. 装配尺寸

装配尺寸是表示零件之间装配关系的尺寸，如配合尺寸和重要的相对位置尺寸。

① 配合尺寸：表示两个零件间配合关系和配合性质的尺寸，如图9-2中的ϕ50H11/h11、M36×2等。

② 相对位置尺寸：表示装配机器和拆画零件图时，需要保证的零件相对位置的尺寸，如图9-2左视图中的ϕ70mm。

3. 外形尺寸

外形尺寸是表示机器或部件外形轮廓的总长、总宽、总高的尺寸，以便于机器或部件的包装、运输、安置及厂房设计，如图9-2中的总宽75mm。

4. 安装尺寸

安装尺寸是机器或部件安装在基础上或与其他机器或部件相连时所需要的尺寸，如图9-2中阀体两端法兰盘的有关尺寸。

除上述尺寸外，有时还要标注出其他重要尺寸，如运动零件的极限位置尺寸、主要零件的重要结构尺寸等。

三、装配图的技术要求

由于不同装配体的性能、要求各不相同，因此其技术要求也不相同。拟定技术要求时，一般可以从以下几个方面来考虑。

① 装配要求。装配体在装配过程中需要注意的事项及装配后装配体应达到的要求，如准确度、装配间隙、润滑要求等，如图9-2中的配合公差ϕ18H11/d11等。

② 检验要求。装配体基本性能的检验、实验的方法和条件及应达到的指标。

③ 使用要求。对装配体的规格、参数的要求及维护、保养、使用时的注意事项，如限速、限温、绝缘等要求。

装配图上的技术要求应根据装配体的具体情况而定，用文字注写在明细栏的上方或图样右下方的空白处。内容太多时可以另外编写技术文件。

【任务练习 9-4】

班级__________________ 姓名__________________ 学号__________________

分析旋塞的装配图，归纳装配图的视图选择、尺寸标注、技术要求等知识点的应用。

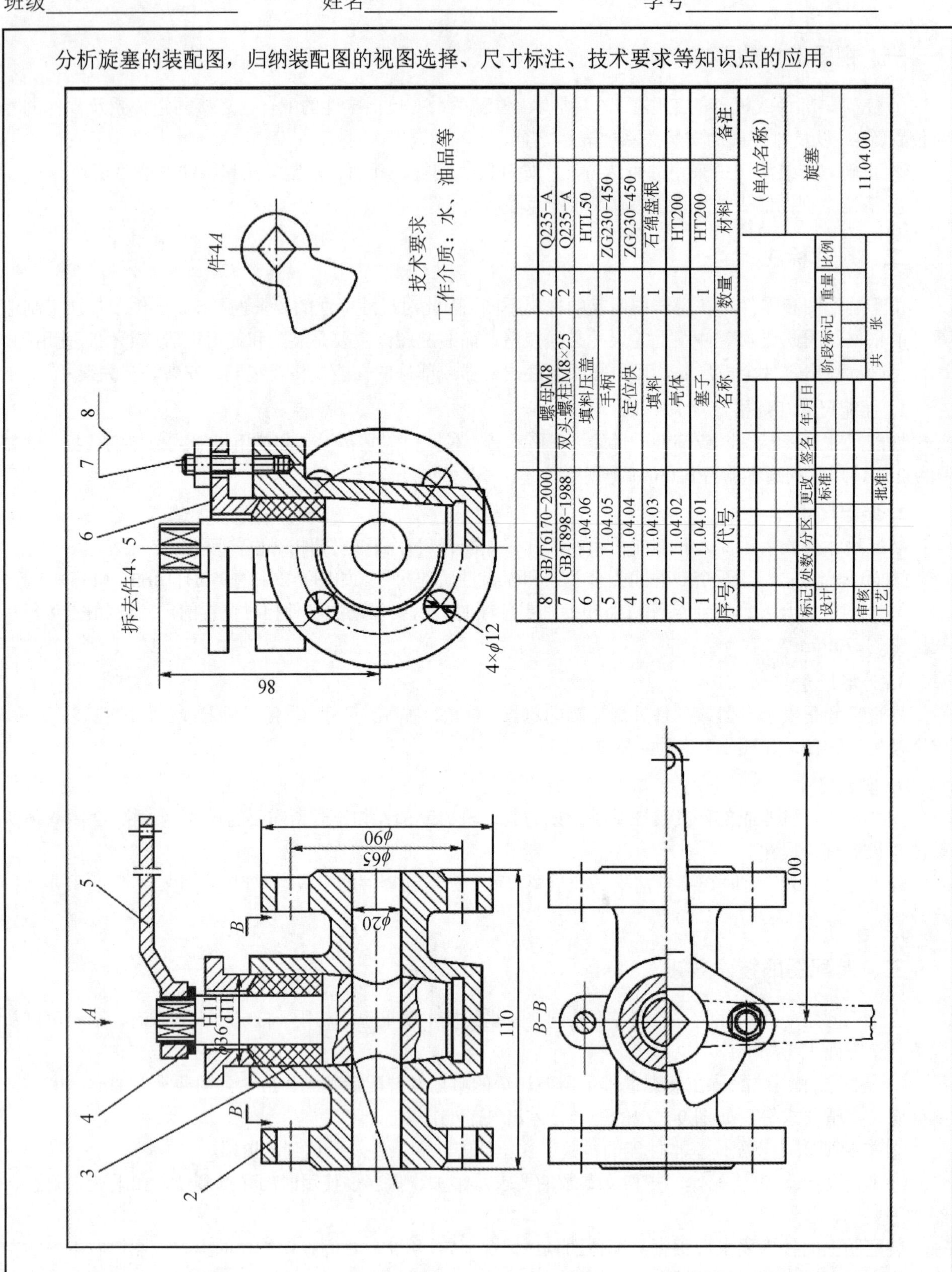

学习任务5　装配图的零件编号与标题栏

为了便于生产和管理，在装配图中对每种零件（含尺寸不同的同种零件）都必须编号，并填写明细栏，以便统计零件数量，进行生产的准备工作。图中零部件的序号应与明细栏中的序号一致。明细栏可以直接画在装配图标题栏上方，也可另列零部件明细栏，内容应包含零件的名称、材料及数量。

一、零件序号

国家标准规定，装配图中零件的序号应按下列规定编写。

① 编号方法。如图 9-16（a）和图 9-16（b）所示，在需要编号的零件的投影内画一个黑点，然后用细实线引出指引线，并在其末端的横线（细实线）或小圆圈（细实线）内注写零件序号。序号数字比图中的尺寸数字大 1 号。若所指的零件很薄或为涂黑者，则用箭头代替小黑点，如图 9-16（c）所示。

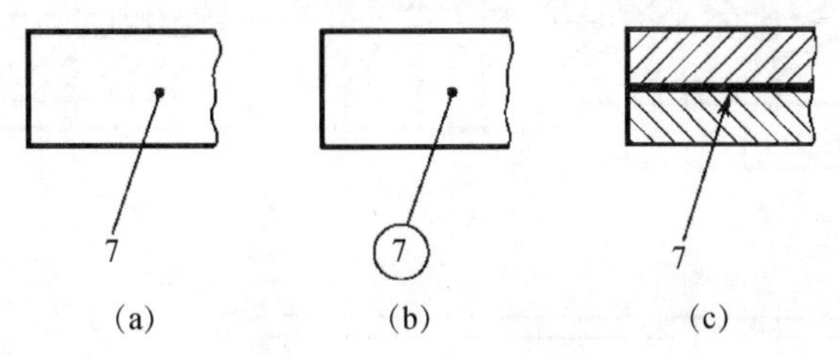

图 9-16　零件的编号形式

② 一组紧固件或装配关系清楚的零件组，可采用公共的指引线进行编号，如图 9-17 所示。

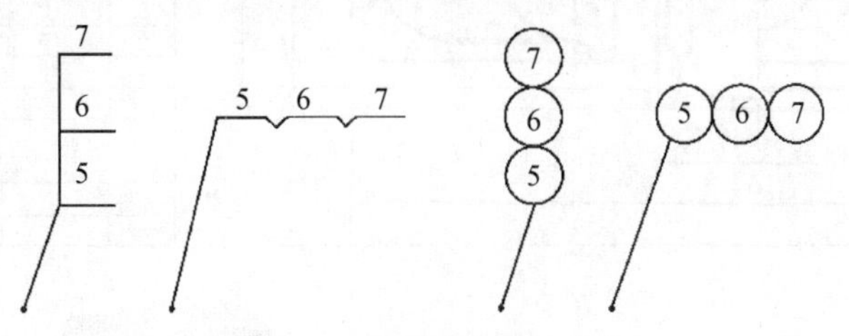

图 9-17　紧固件的编号形式

③ 相同的零件只对其中一个编号，其数量填在明细栏内。

④ 指引线不能相交。当通过有剖面线的区域时，指引线不能与剖面线平行。

⑤ 零件序号应按顺时针或逆时针方向顺序编号，按水平或垂直方向整齐排列在一条线上。为确保零件顺序排列，应先检查和确认指引线无遗漏、无重复，再编写零件序号。

二、明细栏与标题栏

明细栏是装配图中所有零（部）件的一览表，画在标题栏的上方，外轮廓为粗实线，内格及最上一条线为细实线，如图 9-2 所示。当地方不够时，也可将明细栏的一部分移到标题栏的左方。在明细栏中，零（部）件序号应自下而上顺序填写，以便添加漏编零（部）件或新增零（部）件。填写标准件时，应在“名称”栏内写出标准件的规定代号，如图 9-2 中的双头螺柱 AM12×30、螺母 M12 等，并在“备注”栏内填写相应的标准号。常用件的重要参数也应填入“备注”栏内，如齿轮的模数、齿数，弹簧的内外直径、簧丝直径、节距、有效圈数等。

在实际生产中，如图中所剩面积较小或零件太多，明细栏可以不画在装配图内，而作为装配图的续页，按 A4 幅面单独绘制在另一张纸上，同时在明细栏下面应绘制与装配图中格式、内容完全一致的标题栏。

【任务练习 9-5】

班级________________ 姓名________________ 学号________________

分析滑动轴承的装配图，归纳装配图零件编号、明细栏与标题栏等知识点的应用。

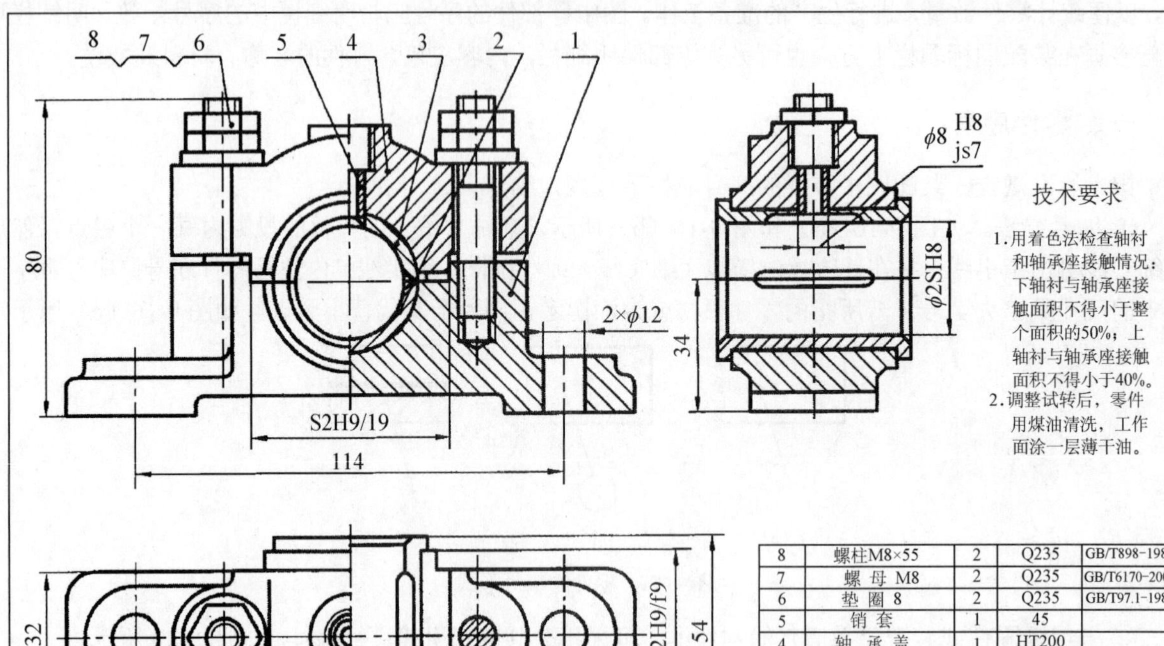

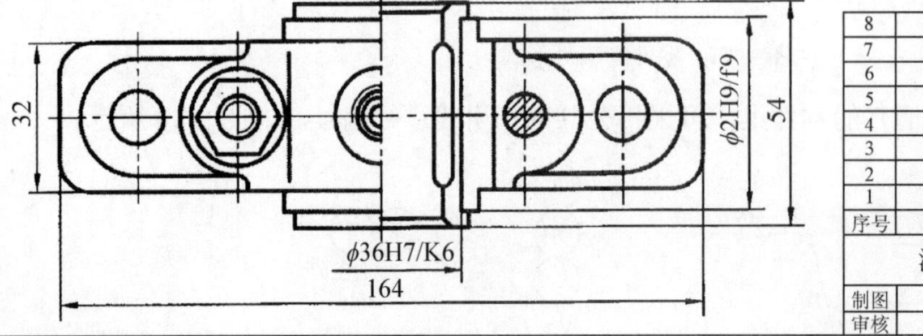

序号	零件名称	数量	材料	附注及标准
8	螺柱M8×55	2	Q235	GB/T898-1988
7	螺 母 M8	2	Q235	GB/T6170-2000
6	垫 圈 8	2	Q235	GB/T97.1-1985
5	销 套	1	45	
4	轴 承 盖	1	HT200	
3	上 轴 衬	1	ZQA19-4	
2	下 轴 衬	1	ZQA19-4	
1	轴 承 座	1	HT200	

滑 动 轴 承			比例	
			共 张	第 张
制图		厂 名	图号	
审核				

学习任务6　绘制装配图

绘制装配图

一、了解、分析和拆卸部件

1. 了解和分析部件

在测绘前，首先要对被测绘的部件进行仔细地观察和分析，明确测绘的目的和要求。例如，若条件允许可先阅读有关资料、说明书或参考同类产品的图样，请教有关人员等；再分析部件的用途、结构特点、工作原理、技术性能、制造和使用情况、零件间的装配关系及拆装方法等；最后确定测绘的有关问题，如精度、效率和安全等。编制分解拆卸计划，即拆卸顺序、拆卸方法和注意事项等，同时注意记录拆卸前和拆卸过程中的一些注意事项及关键数据。

例如，要测绘图9-18所示的齿轮液压泵。通过了解和分析得知，它是柴油机润滑系统中的一个部件，主要用途为将柴油机油池中的低压润滑油变为高压润滑油，然后输送到各润滑部位。观察其外形，有两个出入口，一根主动轴伸出一端，并用键和外部相连；用手转动齿轮，可以听到齿轮啮合传动的轻微声音。

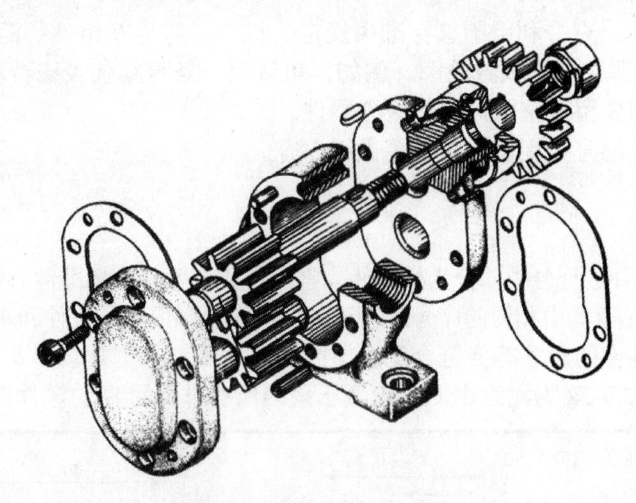

图9-18　齿轮液压泵轴测图

2. 拆卸部件

拆卸部件有两个目的：一是进一步了解部件的内部结构及工作原理，二是为测绘做准备。为了便于测绘和保证重装精度，拆卸时应注意以下几点。

① 拆卸前，做好准备工作，如准备拆卸工具、场所，研究拆卸的顺序和方法，用文字或图形记录一些拆卸前的资料。

② 拆卸时，要认真细致。要按照预定的顺序和方法进行拆卸，切忌乱敲乱打。要记录拆卸顺序及零件之间的装配关系和相对位置关系，必要时要对零件进行标记。对拆卸下来的零部件，按顺序或分类、分区等方式妥善保管，防止丢失、损坏、生锈等事故，为重装做准备。对不可拆或不必拆的组件、精密配合件及过盈配合件等，尽量不拆。

③ 拆卸的过程中，要认真分析、研究装配体的结构和工作原理。如图9-18所示的齿轮液压泵，由泵体和泵盖通过螺纹件连接成一个密封的空腔，空腔内安装了一对啮合的齿轮，上方的齿轮是主动齿轮，下方的齿轮是从动齿轮。泵盖内设置了溢流安全装置，另外还有一些用于防漏密封、防磨损等的结构。

二、画装配示意图

装配示意图是用简单的线条和符号表示部件各零件相对位置和装配关系的图样，是拆卸后重装部件和画装配图的依据（简单的部件也可以不画）。图9-19是齿轮液压泵装配示意图。其画法有以下特点：

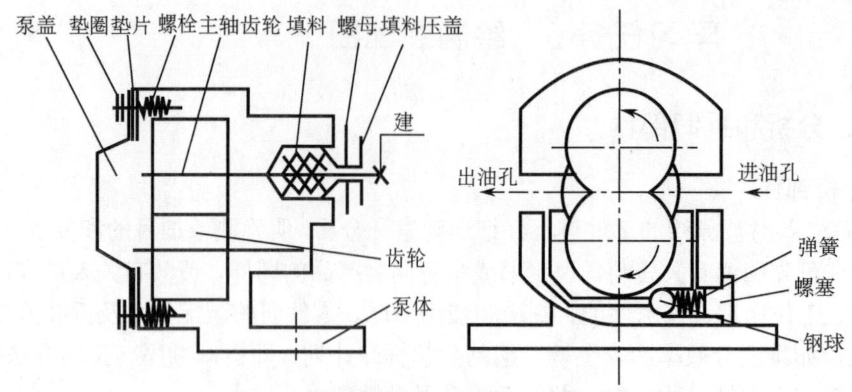

图 9-19　齿轮液压泵装配示意图

① 假想将部件看成透明的，以便表达部件内外零部件轮廓和装配关系。

② 一般只画一个图形，而且是最能表达零件间装配关系的视图。如果表达不全，也可以增加图形，如图 9-19 共画了两个图形。

③ 表达零部件要简单。充分利用国家标准中规定的机构、零件及组件的简图符号，采用简化画法和习惯画法，只需要画出零部件的大致轮廓。例如，可以用一条直线代表一个轴类零件。

④ 相邻零件的接触面要留有空隙，以便区分零件。

⑤ 要对全部零件进行编号并列表注明有关详细内容。

三、测绘零件草图

① 对部件中的所有零件进行分类，分为标准件、常用件和一般件。标准件只需要测量，确定其名称、规格、标准号，并以装配示意图中相同的序号进行记录，不需要画图。一般件和常用件要测量并绘图。

② 注意相互配合的零件的尺寸等要符合配合原则。

图 9-20、图 9-21 和图 9-22 为测绘出的齿轮液压泵的所有非标准件的零件图。

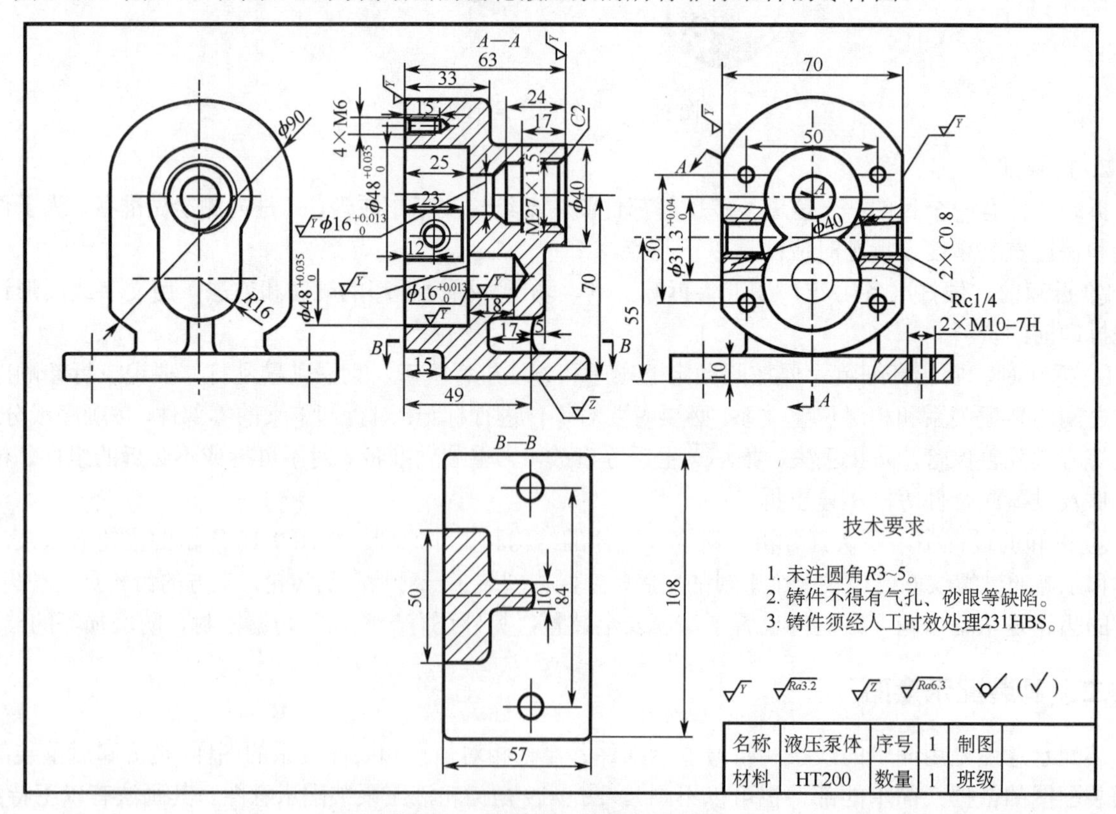

图 9-20　齿轮液压泵泵体零件图

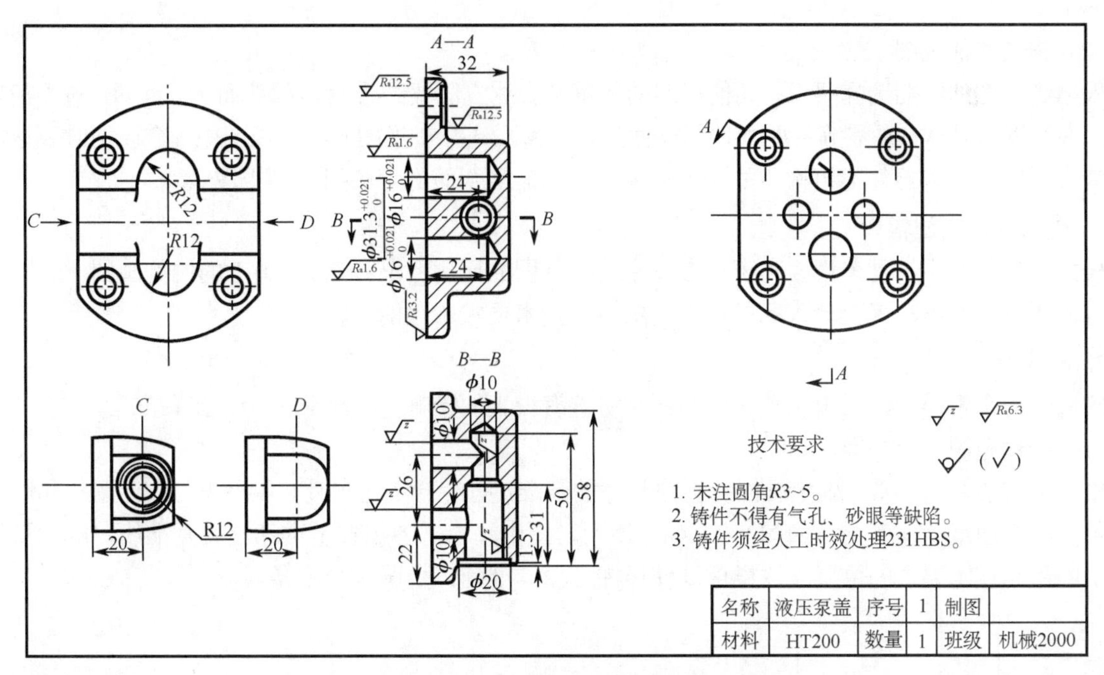

图 9-21　齿轮液压泵泵盖零件图

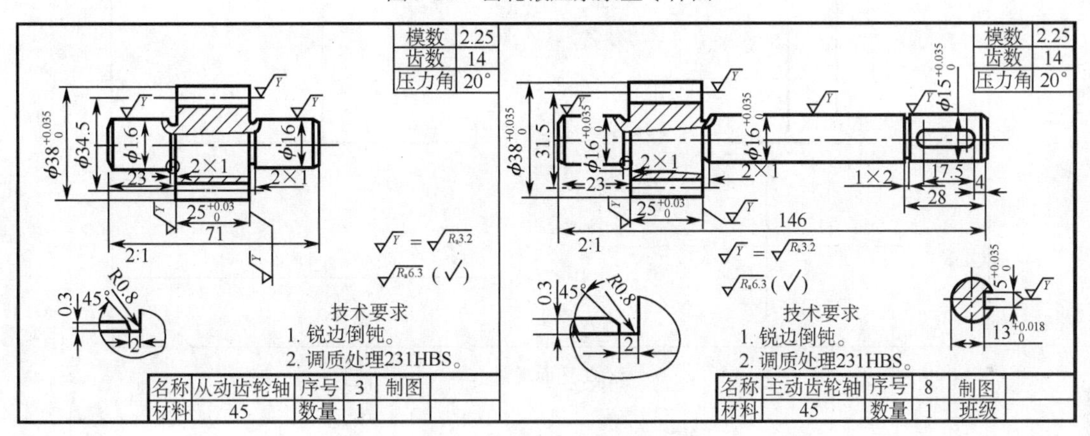

图 9-22　齿轮液压泵轴的零件图

四、画装配图

根据测绘出的装配示意图和零件草图，清晰地画出装配图，以表达部件并作为以后使用的技术资料，下面介绍画图的方法和步骤。

1. 确定表达方案

根据装配图的作用，详细分析具体部件的结构及工作原理，从而确定其表达方案。其原则是：在能够清楚表达部件结构及工作原理的前提下，视图的数量越少越好，画图越简单越好。

（1）选择主视图

主视图一般按部件的工作位置放置，并使主视图能够较多地表达出机器（零部件）的工作原理、零件间主要的装配关系及主要零件结构形状。如图 9-19 所示，齿轮液压泵中的主、从动齿轮轴为主要装配干线，各螺纹连接部分就是次要装配干线。为了清楚地表达这些装配关系，常通过装配干线的轴线将部件剖开，画出剖视图作为装配图的主视图，并采用两个相交的剖切平面进行剖切，这样既表达了齿轮的啮合情况，又表达了大部分零件的装配关系。

（2）确定其他视图

根据零件图的视图选择要求，其他视图的数量及表达方法要结合具体部件而定。例如，对于齿轮液压泵，为了表达泵体、泵盖等主要零件的端面形状，需要选择左视图。在左视图中，需要同时表达内部齿轮啮合情况和泵盖的外部结构，故采用沿泵体和泵盖结合面剖切的局部剖视图。

2. 选比例、定图幅

根据部件的大小、复杂程度和表达方案来选取画图的比例，最好选择 1∶1 的比例画图。选择图幅时除视图所占幅面外，还要计入标题栏、明细表、技术要求所占的图幅。

3. 画底稿

底稿画得是否得法，对于画图速度和图画质量有很大的影响，要做到“轻、淡、准”。

（1）合理布图，定基准

根据拟定的表达方案，确定画图及标注尺寸的基准，再综合考虑尺寸、零件编号、标题栏和明细栏的位置，进行图纸整体布局。如图 9-23（a）所示，图中画出了各主要基准和辅助基准线，规划了标题栏、明细栏和技术要求的位置。这样可以使作图方便、准确，少画多余线条。

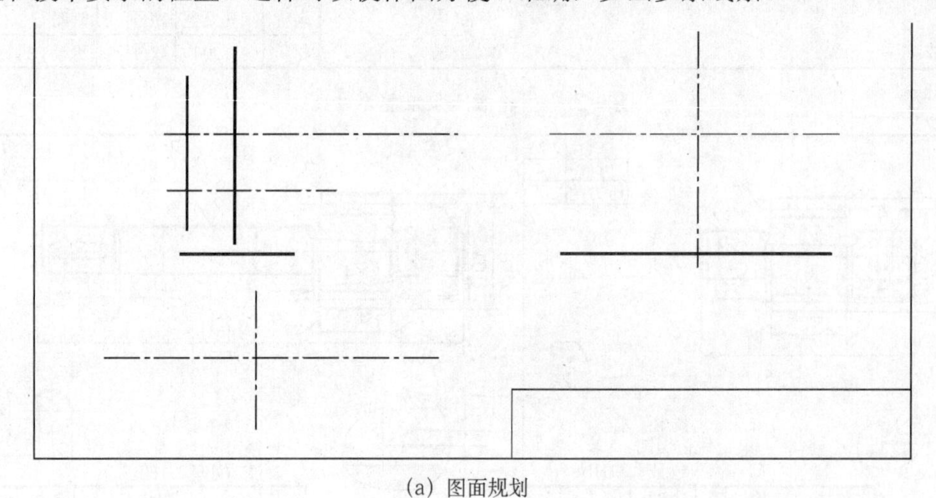

（a）图面规划

（b）画主要结构

图 9-23　齿轮液压泵装配图

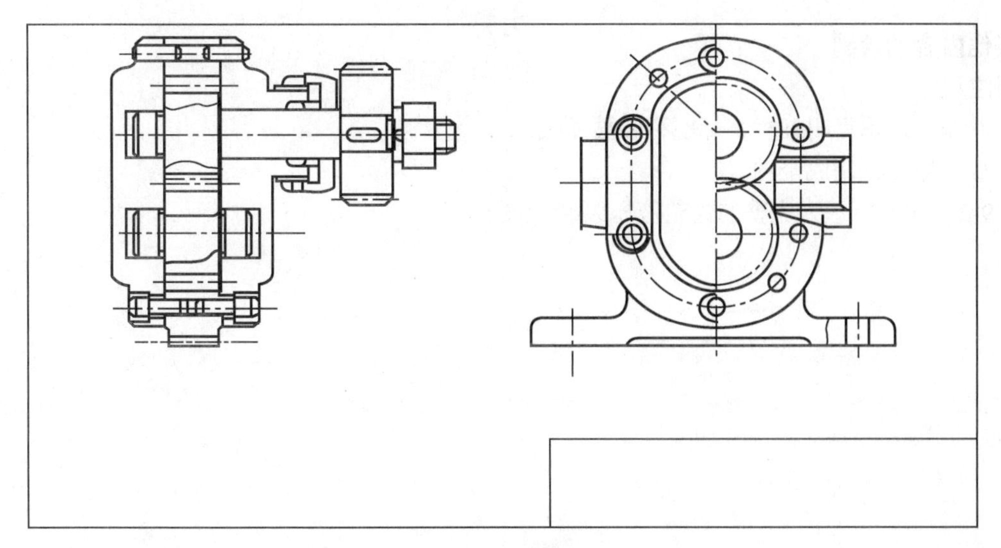

（c）画其他机构

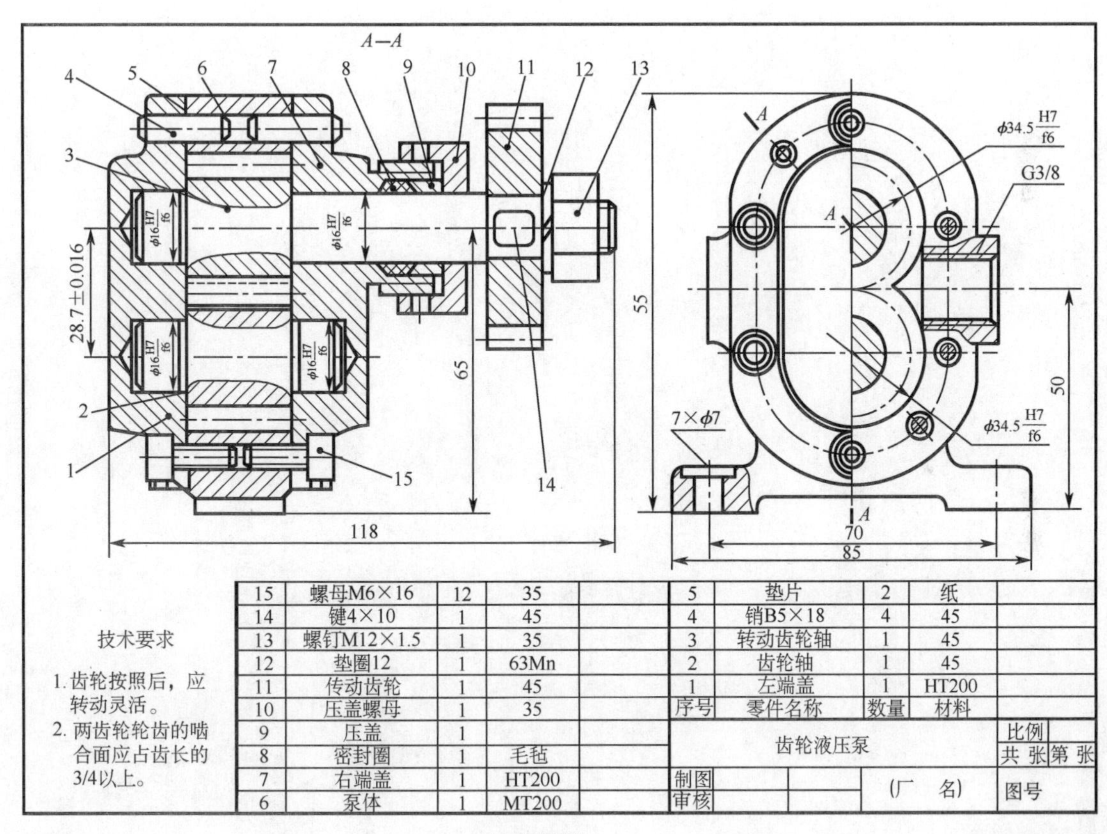

15	螺母M6×16	12	35		5	垫片	2	纸	
14	键4×10	1	45		4	销B5×18	4	45	
13	螺钉M12×1.5	1	35		3	转动齿轮轴	1	45	
12	垫圈12	1	63Mn		2	齿轮轴	1	45	
11	传动齿轮	1	45		1	左端盖	1	HT200	
10	压盖螺母	1	35		序号	零件名称	数量	材料	
9	压盖	1			齿轮液压泵				比例
8	密封圈	1	毛毡						共 张 第 张
7	右端盖	1	HT200		制图		（厂 名）		图号
6	泵体	1	MT200		审核				

（d）整体结构

图 9-23　齿轮液压泵装配图（续）

（2）画底稿

在画图顺序上，一般先从主要装配干线画起，按照投影关系同时画出其他视图对应部分，这样便于发现问题，及时修改。例如，对于齿轮液压泵，先画出图 9-23（b）所示的主装配干线上的啮合齿轮结构，再画出图 9-23（c）所示的其他结构，最后画出图 9-23（d）所示的整体结构。

4. 其他内容的绘制

① 标注尺寸。

② 零件编号，填写明细栏、标题栏和技术要求。

③ 检查、加深，完成全图。

如图 9-23（d）所示为完整的齿轮液压泵装配图。

【任务练习 9-6】

班级______________ 姓名______________ 学号______________

一、按左上角装配示意图，将右边 6 个零件分别装入旋塞座中（图形按 1：1 绘制）。

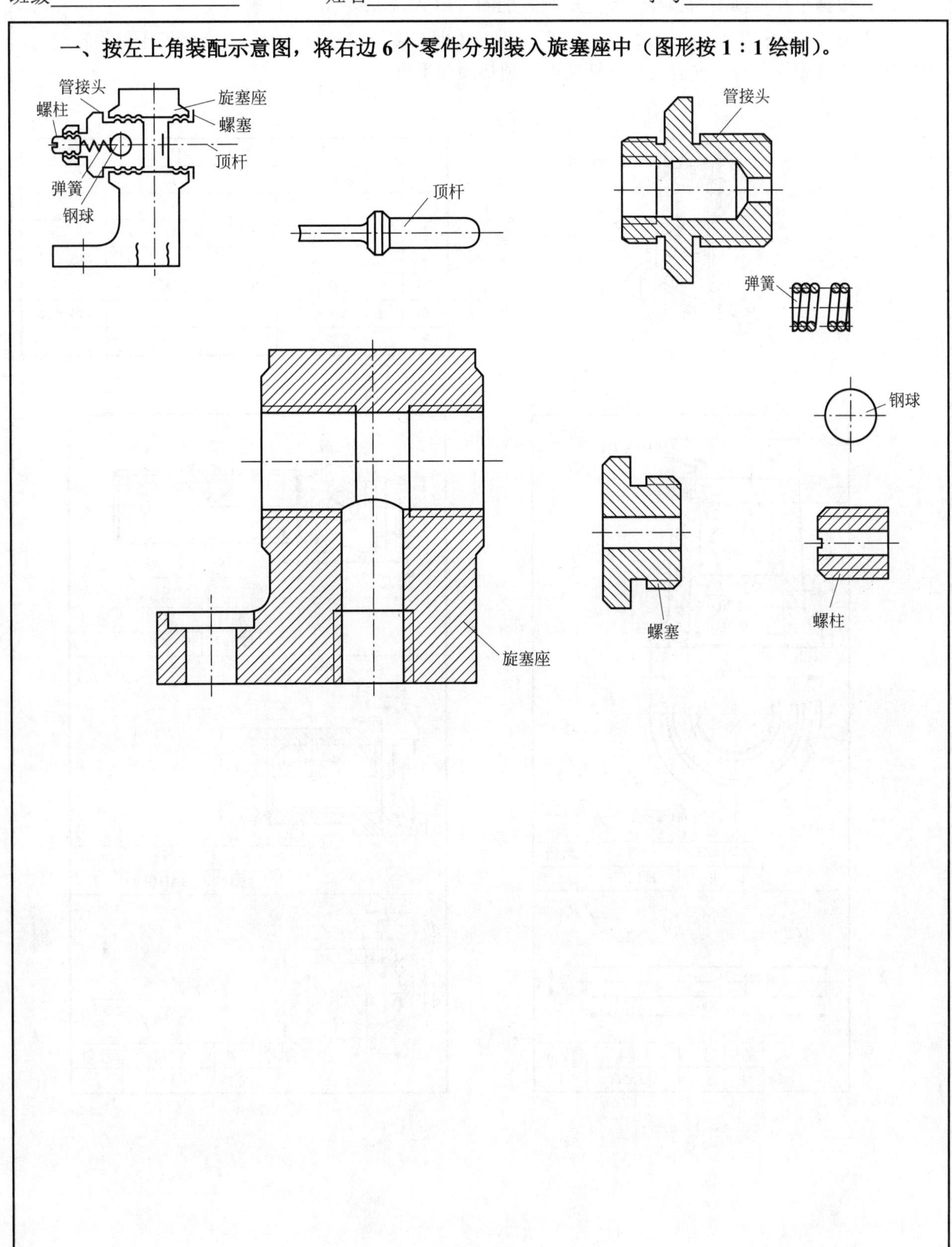

班级________________ 姓名________________ 学号________________

二、根据千斤顶轴测图和零件图，拼画装配图（用 A2 图纸，1∶1 绘制）。

工作原理：千斤顶是简单的起重工具，用可调节力臂长度的铰杠带动螺旋杆在螺套中做旋转运动，螺旋作用使螺旋杆上升，安装在螺旋杆顶部的顶垫顶起重物。

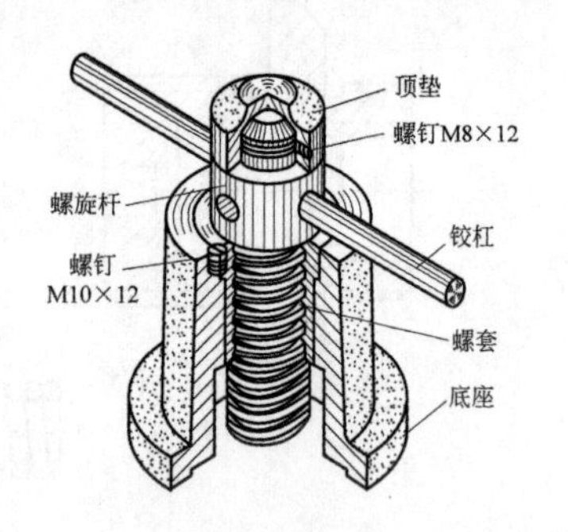

序号	名 称	件数	材 料	备注
1	底座	1	HT200	
2	螺旋杆	1	45	
3	螺套	1	ZCuAl10Fe3	
4	螺钉 M12×12	1		GB/T 73
5	铰杠	1	Q235A	
6	螺钉 M8×12	1		GB/T 75
7	顶垫	1	35	

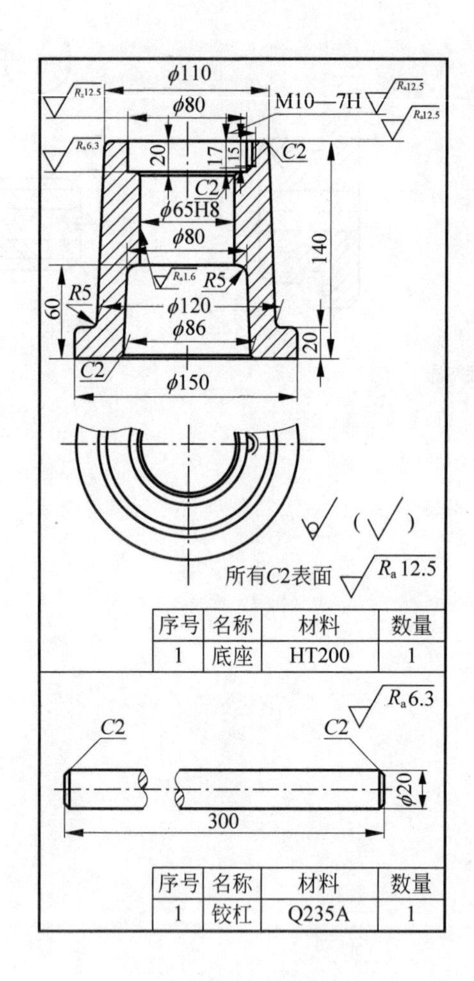

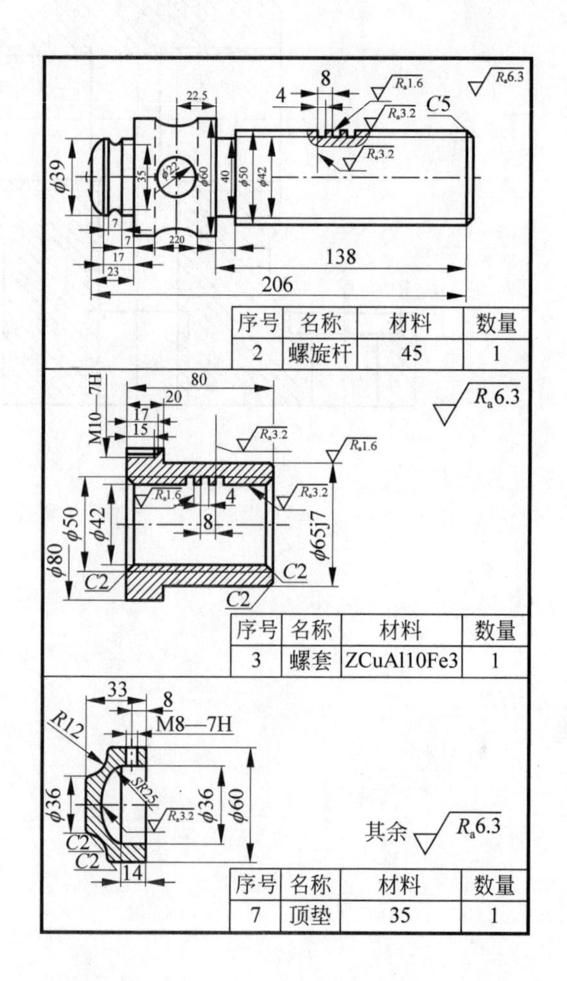

班级________________ 姓名________________ 学号________________

三、根据铣刀头装配示意图及零件图，绘制装配图。

工作原理：千斤顶是简单的起重工具，用可调节力臂长度的铰杠带动螺旋杆在螺套中做旋转运动，螺旋作用使螺旋杆上升，安装在螺旋杆顶部的顶垫顶起重物。

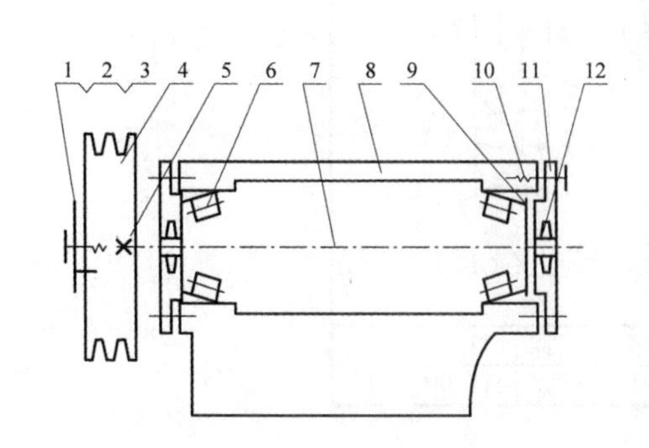

12	毡圈	2	羊毛毡	
11	端盖	2	HT200	
10	螺钉	12	35	GB/T 70
9	调整环	1	35	
8	座体	1	HT200	
7	轴	1	45	
6	轴承	2	GCr15	30307GB/T 297—2015
5	键	1	45	GB/T 1096—2003
4	带轮 A 型	1	HT150	
3	销 3m6×10	1	35	GB/T 119
2	螺钉	1	35	GB/T 68
1	挡圈	1	35	GB/T 891—1986—35
序号	名称	件数	材料	备注

铣刀头		比例		（图样代号）
		件数		
制图	（签名）	（年 月 日）	重量	共 张 第 张
描图				（学校名称）
审核				

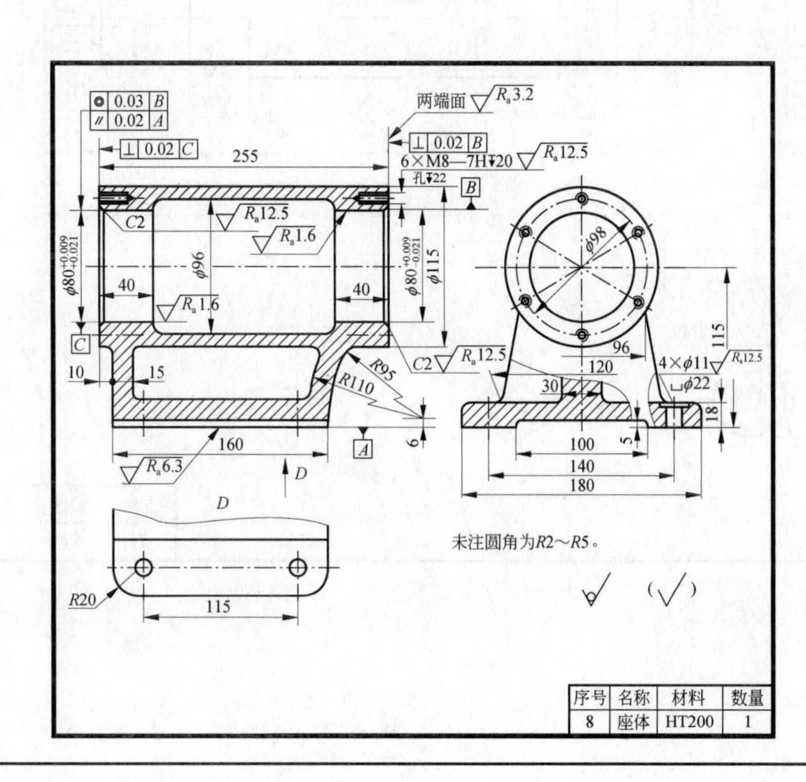

班级________ 姓名________ 学号________

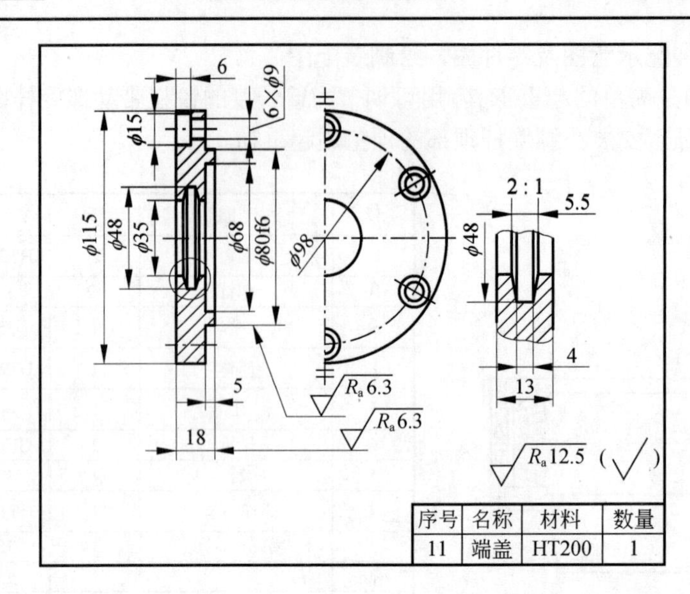

序号	名称	材料	数量
11	端盖	HT200	1

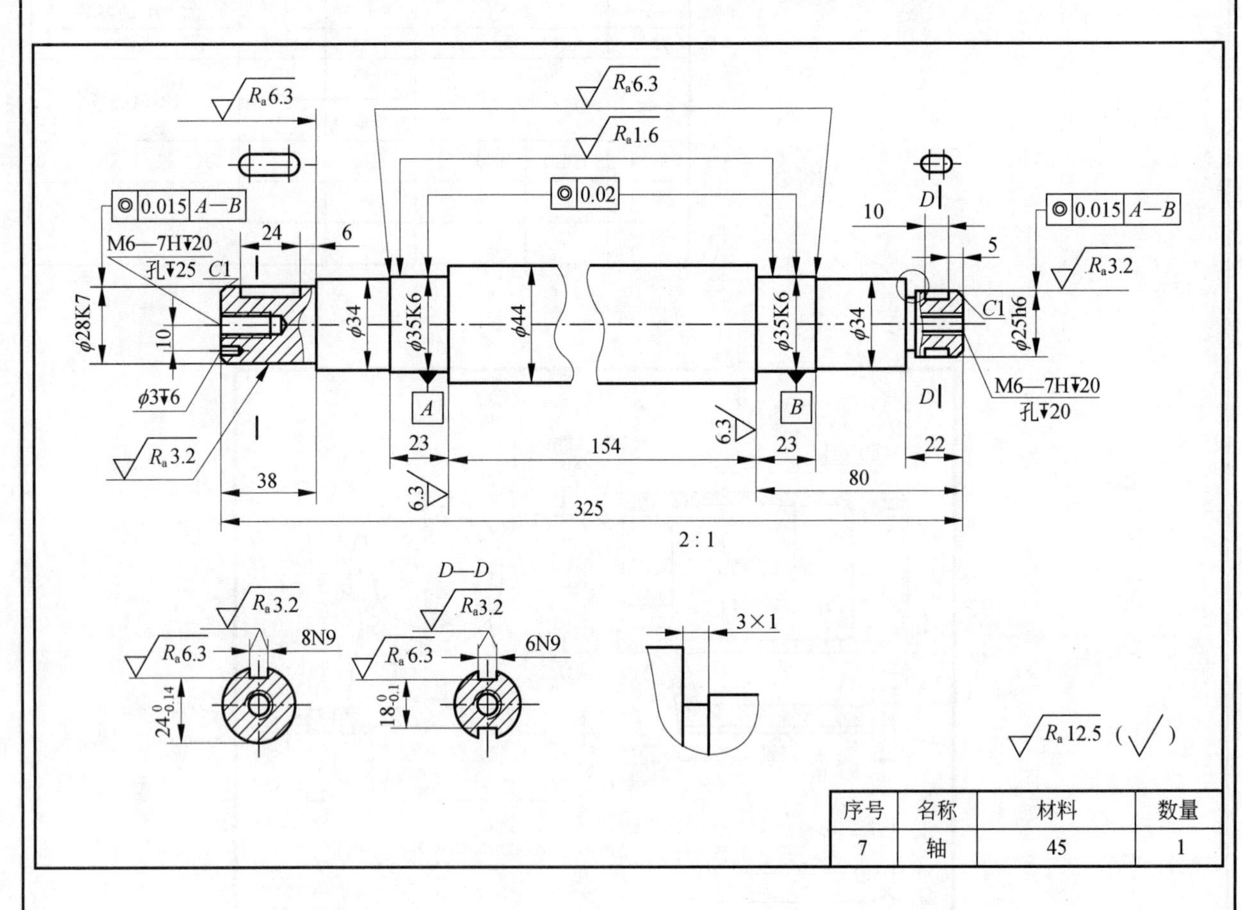

序号	名称	材料	数量
7	轴	45	1

班级________　　　姓名________　　　学号________

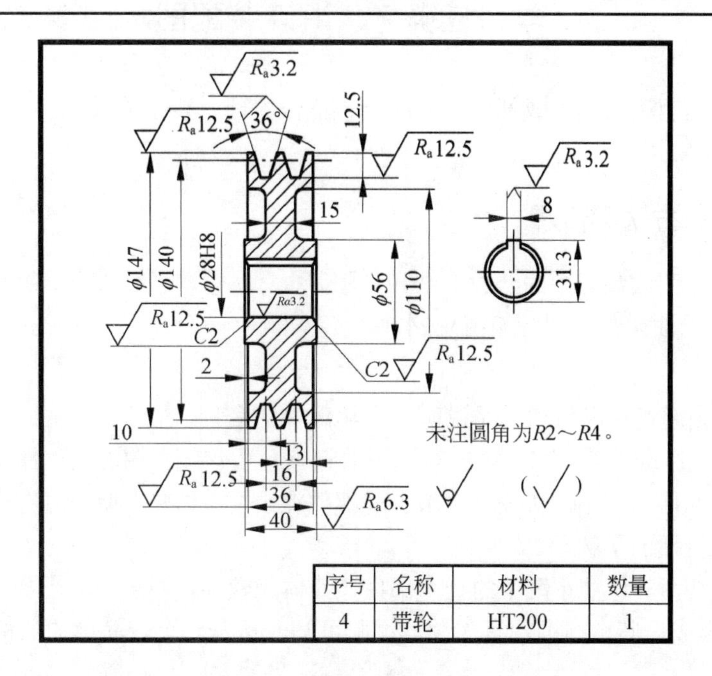

$R_a3.2$
$R_a12.5$
36°
12.5
$R_a12.5$
$R_a3.2$
15
8
φ147
φ140
φ28H8
φ56
φ110
31.3
$Ra3.2$
$R_a12.5$
C2
$R_a12.5$
2
C2
10
13
16
36
40
$R_a12.5$
$R_a6.3$
未注圆角为R2～R4。
序号
名称
材料
数量
4
带轮
HT200
1

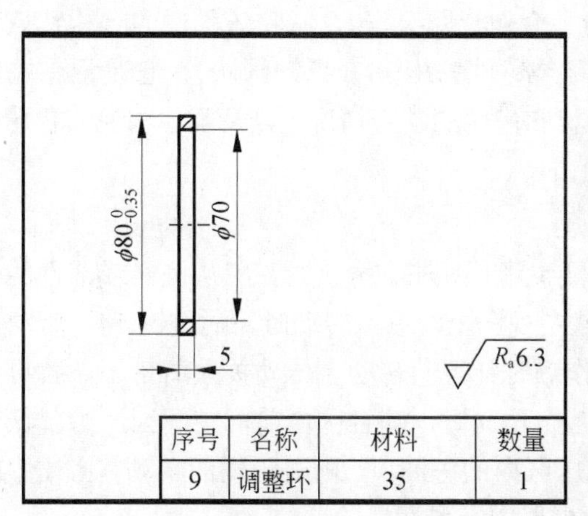

$φ80^{\ 0}_{-0.35}$
φ70
5
$R_a6.3$
序号
名称
材料
数量
9
调整环
35
1

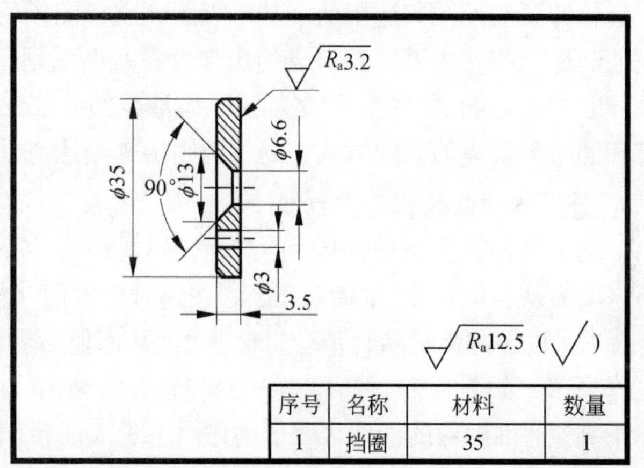

$R_a3.2$
φ35
90°
φ13
φ6.6
φ3
3.5
$R_a12.5$
序号
名称
材料
数量
1
挡圈
35
1

学习任务 7　识读装配图

识读装配图

读装配图的目的是明确机器（或部件）的性能、工作原理、装配关系、各零件的主要结构及装拆顺序。

一、读装配图的方法和步骤

下面结合实例来介绍读装配图的一般方法和步骤。

【例 9-1】识读齿轮油泵装配图，如图 9-24 所示。

1. 概括了解

读装配图时，首先通过标题栏和产品说明书了解部件的名称、用途。从明细栏了解组成该部件的零件名称、数量、材料及标准件的规格。通过对视图的识读，了解装配图的表达情况和复杂程度。从绘图比例和外形尺寸了解部件的大小。从技术要求了解部件在装配、试验、使用时有哪些具体要求，从而对装配图的大体情况有概括的了解。

齿轮油泵是机器润滑、供油系统中的一个部件，其体积较小，要求传动平稳，保证供油，不能有渗漏。它由 17 种零件组成，其中标准件有 7 种。由此可知，这是一个较简单的部件。

2. 分析视图

了解各视图、剖视图、断面图的数量，各自的表达意图和相互之间的关系，明确视图名称、剖切位置、投射方向，为下一步深入读图做准备。

齿轮油泵装配图共选用两个基本视图。主视图采用了全剖视图 *A—A*，它将该部件的结构特点和零件间的装配、连接关系大部分表达出来。左视图采用了半剖视图 *B—B*（拆卸画法），它是沿左端盖 1 和泵体 6 的结合面剖切的，清楚地反映出油泵的外部形状和齿轮的啮合情况，以及泵体与左、右端盖的连接和油泵与机体的装配方式。局部剖则用来表达进油口。

3. 分析传动路线和工作原理

一般可从图样上直接分析，当部件比较复杂时，需要参考说明书。分析时，应从机器或部件的传动入手：动力从传动齿轮 11 输入，当它按逆时针方向（从左视图上观察）转动时，通过键 14，带动传动齿轮轴 3，再经过齿轮啮合带动齿轮轴 2，从而使后者作顺时针方向转动。传动关系清楚了，就可分析出工作原理。如图 9-25 所示，当一对齿轮在泵体内作啮合传动时，啮合区内前部空间因压力降低而产生局部真空，油池内的油在大气压的作用下进入油泵低压区内的进油口。随着齿轮的转动，齿槽中的油不断沿箭头方向被带至后部的出油口，把油压出，送至机器中需要润滑的部位。

4. 分析装配关系

分析清楚零件之间的配合关系、连接方式和接触情况，能够进一步了解为保证和实现部件的功能所采取的相应措施，以便更加深入地了解部件的装配关系。

① 连接方式。从图 9-24 中可以看出，该油泵采用 4 个圆柱销定位、12 个螺钉紧固的方法将两个端盖与泵体牢靠地连接在一起。

② 配合关系。传动齿轮 11 和齿轮轴 3 的配合为ϕ14H7/k6，属基孔制过渡配合。这种轴、孔两零件间较紧密的配合方式，有利于和键一起将两零件连成一体传递动力。

ϕ16H7/h6 为间隙配合，它采用了间隙配合中间隙最小的方法，以保证轴在孔中既能转动，又可减小或避免轴的径向跳动。

尺寸 28.76±0.016，则反映出对齿轮啮合中心距的要求。可以想象，这个尺寸准确与否将会直接影响齿轮的传动情况。另外一些配合代号请读者自行分析。

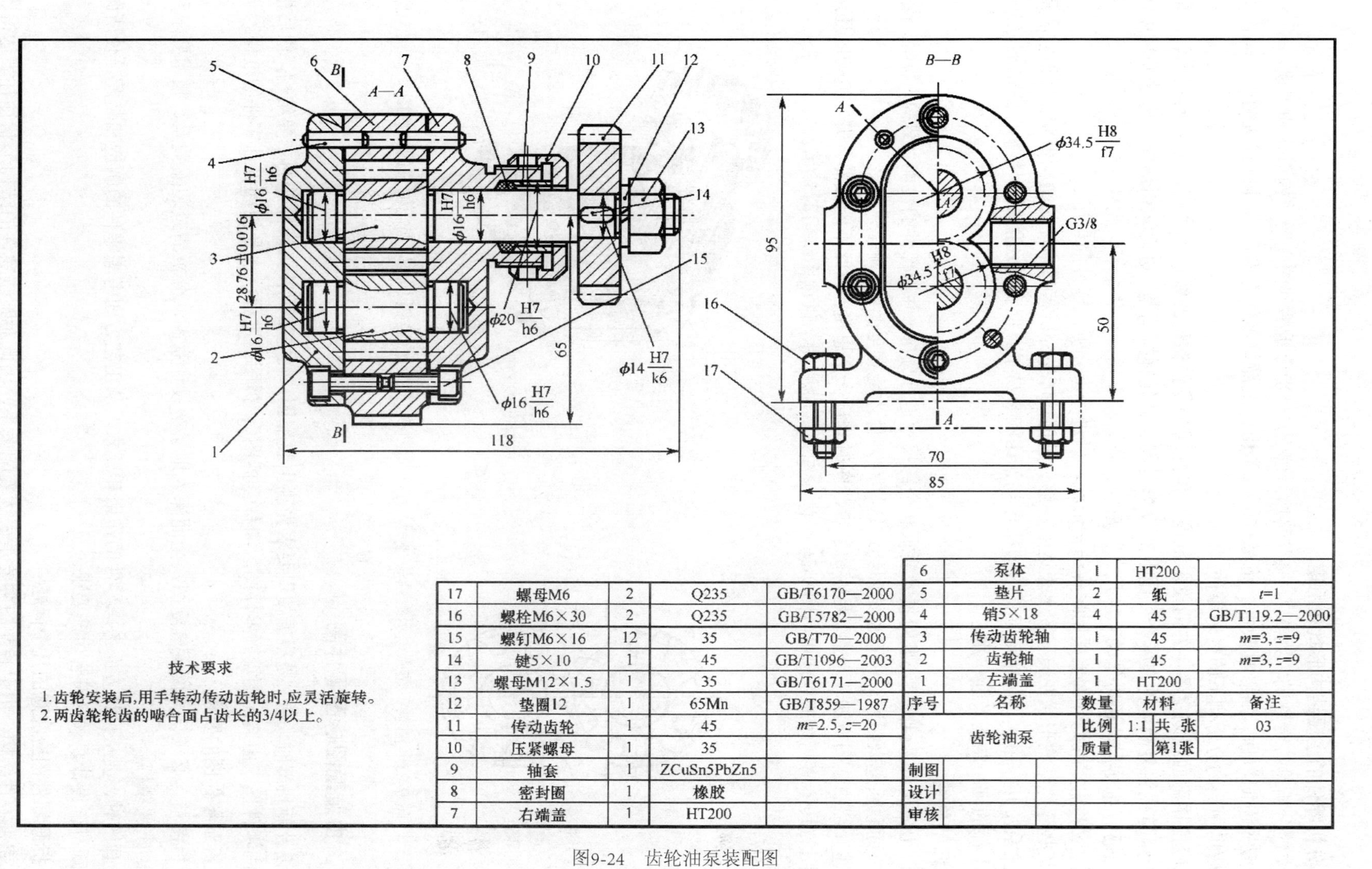

技术要求

1.齿轮安装后,用手转动传动齿轮时,应灵活旋转。
2.两齿轮轮齿的啮合面占齿长的3/4以上。

序号	名称	数量	材料	备注
17	螺母M6	2	Q235	GB/T6170—2000
16	螺栓M6×30	2	Q235	GB/T5782—2000
15	螺钉M6×16	12	35	GB/T70—2000
14	键5×10	1	45	GB/T1096—2003
13	螺母M12×1.5	1	35	GB/T6171—2000
12	垫圈12	1	65Mn	GB/T859—1987
11	传动齿轮	1	45	m=2.5, z=20
10	压紧螺母	1	35	
9	轴套	1	ZCuSn5PbZn5	
8	密封圈	1	橡胶	
7	右端盖	1	HT200	
6	泵体	1	HT200	
5	垫片	2	纸	t=1
4	销5×18	4	45	GB/T119.2—2000
3	传动齿轮轴	1	45	m=3, z=9
2	齿轮轴	1	45	m=3, z=9
1	左端盖	1	HT200	

齿轮油泵	比例	1:1	共 张	03
	质量		第1张	
制图				
设计				
审核				

图9-24 齿轮油泵装配图

5. 分析零件的主要结构形状和用途

前文的分析是综合性的，为深入了解部件，还应进一步分析零件的主要结构形状和用途。

① 应先看简单件，后看复杂件。将标准件、常用件及简单零件看懂后，再将其从图中“剥离”出去，然后集中精力分析剩下的复杂零件。

② 应依据剖面线划定各零件的投影范围。根据同一零件的剖面线在各个视图上方向相同、间隔相等的规定，首先将复杂零件在各个视图上的投影范围及其轮廓搞清楚，进而运用形体分析法并辅以线面分析法进行仔细推敲，还可借助丁字尺、三角板、分规等寻找投影关系等。此外，分析零件主要结构形状时，还应考虑零件为什么要采用这种结构形状，以进一步分析该零件的作用。

当某些零件结构形状在装配图上表达的不够完整时，可先分析相邻零件的结构形状，根据它和周围零件的关系及其作用，再确定该零件的结构形状就比较容易了。但有时还需要参考零件图来加以分析，以弄清零件的细小结构及其作用。

6. 归纳总结

在以上分析的基础上，还要对技术要求和全部尺寸进行分析，并把部件的性能、结构、装配、操作、维修等方面联系起来研究，进行总结归纳，这样对部件才能有全面的了解。

上述介绍的读图方法和步骤，是为初学者读图时理出一个思路，彼此不能截然分开。读图时还应根据装配图的具体情况而加以选用。图 9-26 是齿轮油泵的轴测图，供读图练习时参考。

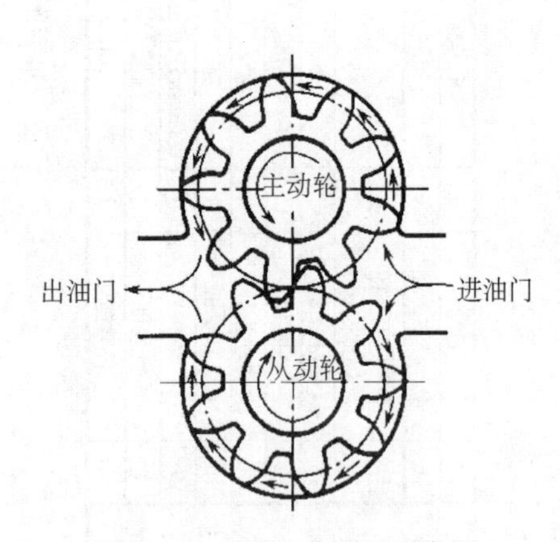

图 9-25　油泵工作原理示意图

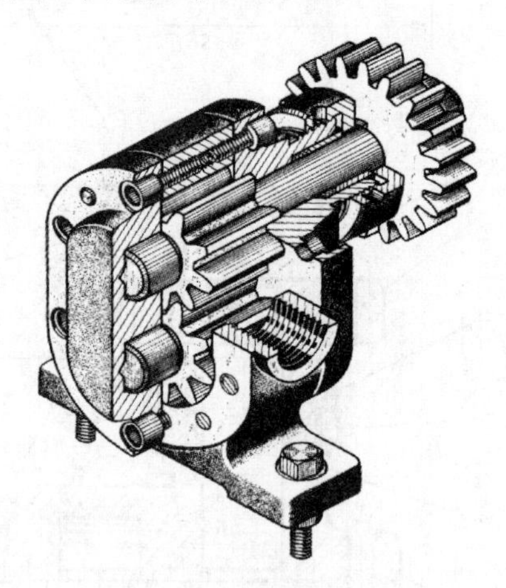
图 9-26　齿轮油泵的轴测图

二、由装配图拆画零件图

在设计新机器时，通常是根据使用要求先画出装配图，确定实现其工作性能的主要结构，然后根据装配图画零件图。由装配图拆画零件图，简称“拆图”。拆图的过程，也是继续设计零件的过程。

1. 拆画零件图的要求

① 拆图前，必须认真阅读装配图，全面深入地了解设计意图，分析清楚装配关系、技术要求和各个零件的主要结构。

② 画图时，要从设计方面考虑零件的作用和要求，从工艺方面考虑零件的制造和装配，使所画的零件图既符合设计要求又符合生产要求。

2. 拆画零件图应注意的几个问题

① 完善零件结构。由于装配图主要是表达装配关系，因此对某些零件的结构形状往往表达得不够完整，在拆图时应根据零件的功用加以补充、完善。

② 重新选择表达方案。装配图的视图选择是从表达装配关系和整个部件情况考虑的，因此在选择

零件的表达方案时不能简单照搬，应根据零件的结构形状，按照零件图的视图选择原则重新考虑。当然，许多零件，尤其是箱体类零件的主视图方位与装配图还是一致的。对于轴套类零件，一般仍按加工位置（轴线水平放置）选取主视图。

③ 补全工艺结构。在装配图上，零件的细小工艺结构，如倒角、倒圆、退刀槽等往往被省略。拆图时，这些结构必须补全，并加以标准化。

④ 补齐所缺尺寸，协调相关尺寸。由于装配图上的尺寸很少，所以拆图时必须补全。装配图上已标注的尺寸，应在相关零件图上直接标注。未标注的尺寸，则由装配图上按所用比例量取，数值可作适当圆整。装配图上尚未体现的尺寸，则要自行确定。

相邻零件接触面的有关尺寸和连接件的有关定位尺寸必须一致，拆图时应一并将它们标注在相关零件图上。对于配合尺寸和重要的相对位置尺寸，应注写偏差数值。

⑤ 确定表面粗糙度。表面粗糙度应根据零件表面的作用和要求确定。接触面与配合面的表面粗糙度数值要小些，自由表面的表面粗糙度数值要大些，但有密封、耐腐蚀、美观等要求的表面粗糙度数值则要小些。

⑥ 注写技术要求。技术要求将直接影响零件的加工质量，但正确制定技术要求，涉及许多专业知识，初学者可参照同类产品的相应零件图用类比法确定。

3. 拆画零件图举例

【例 9-2】下面以拆画齿轮油泵装配图中的右端盖（见图 9-27）为例，介绍拆图的方法和步骤。

（1）确定零件的结构形状

如图 9-24 所示，根据零件序号 7 和剖面符号可以看出，右端盖的投影轮廓分明，左连接板、中支承板、右空心凸缘的结构也比较清楚，但连接板、支承板的端面形状不明确，而左视图上又没有直接表达，需要仔细分析确定。

从主视图上看，左、右端盖的销孔、螺孔均与泵体贯通；从左视图上看，销孔、螺孔的分布情况很清楚；而两个端盖上的连接板、支承板的内部结构和它们所起的作用又完全相同，据此，可确定右端盖的端面形状与左端盖的端面形状完全相同。

（2）选择表达方案

经过分析、比较确定，主视图的投射方向应与装配图一致。它既符合该零件的安装位置、工作位置和加工位置，又突出了零件的结构形状特征。主视图也采用剖视，既可将三个组成部分的外部结构及其相对位置反映出来，也可将其内部结构，如阶梯孔、销孔、螺孔等表达得很清楚。那么，该部件的端面形状怎样表达呢？总得来看，选左视图或右视图均可。如选右视图，其优点是避免了细虚线，但视图位置发生了变化，不便于和装配图对照；若选左视图，长圆形支承板的投影轮廓则为细虚线，但可省略几个没必要画出的圆，使图形更显清晰，制图更为简便，同时也便于和装配图对照，故左视图也应与装配图一致。

（3）尺寸标注

除了标注装配图上已给出的尺寸和可直接从装配图上量取的一般尺寸外，又确定了几个特殊尺寸。

① 根据 M6 查表确定了内六角圆柱头螺钉用的沉孔尺寸，即 6×ϕ6.6 和沉孔ϕ11 深 6.8；又确定了细牙普通螺纹 M27×1.5 的尺寸。

② 查表确定了退刀槽的尺寸ϕ24.7。

③ 为了保证圆柱销定位的准确性，确定销孔应与泵体一同钻铰。

④ 确定了沉孔、销孔的定位尺寸 R22 和 45°，该尺寸必须与左端盖和泵体上的相关尺寸协调一致。

（4）确定表面粗糙度

钻铰的孔和有相对运动的孔的表面粗糙度要求都较低，故给出的 R_a 值分别为 0.8 和 1.6，其他表面的表面粗糙度值则是按常规给出的。

（5）技术要求

参考有关同类产品的资料，注写技术要求，并根据装配图上给出的公差带代号查出相应的公差值。

如图 9-27 所示为右端盖的零件图。

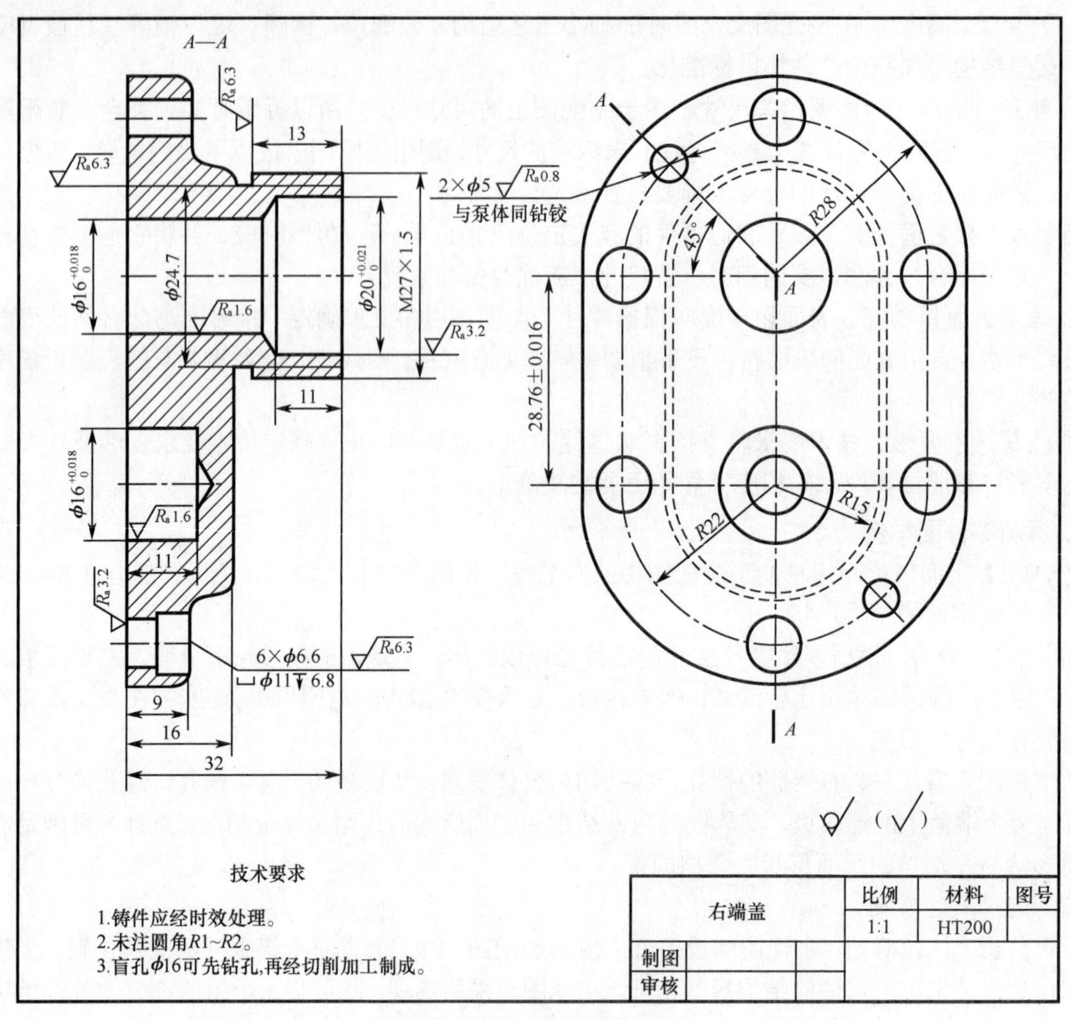

图 9-27　右端盖的零件图

【例 9-3】读懂机用台虎钳装配图（图 9-28），并回答问题。

读图要求：先读懂装配图，回答问题，然后再与“问题解答”相对照。

问题：

① 该装配体共由____种零件组成。

② 该装配图共有________个图形。它们分别是________、________、________、________、________、________。

③ 断面图 *C*—*C* 的表达意图是什么？

④ 局部放大图的表达意图是什么？

⑤ 件 6 与件 9 是由________________连接的。

⑥ 件 9 螺杆与件 1 固定钳身左右两端的配合代号是什么？它们表示________制，________配合。在零件图上标注右端的配合要求时，孔的标注方法是________，轴的标注方法是________。

⑦ 件 4 活动钳身是靠件________带动它运动的，件 4 和件 8 是通过件________来固定的。

⑧ 件 3 上的两个小孔有什么用途？

⑨ 简述该装配图的装、拆顺序。

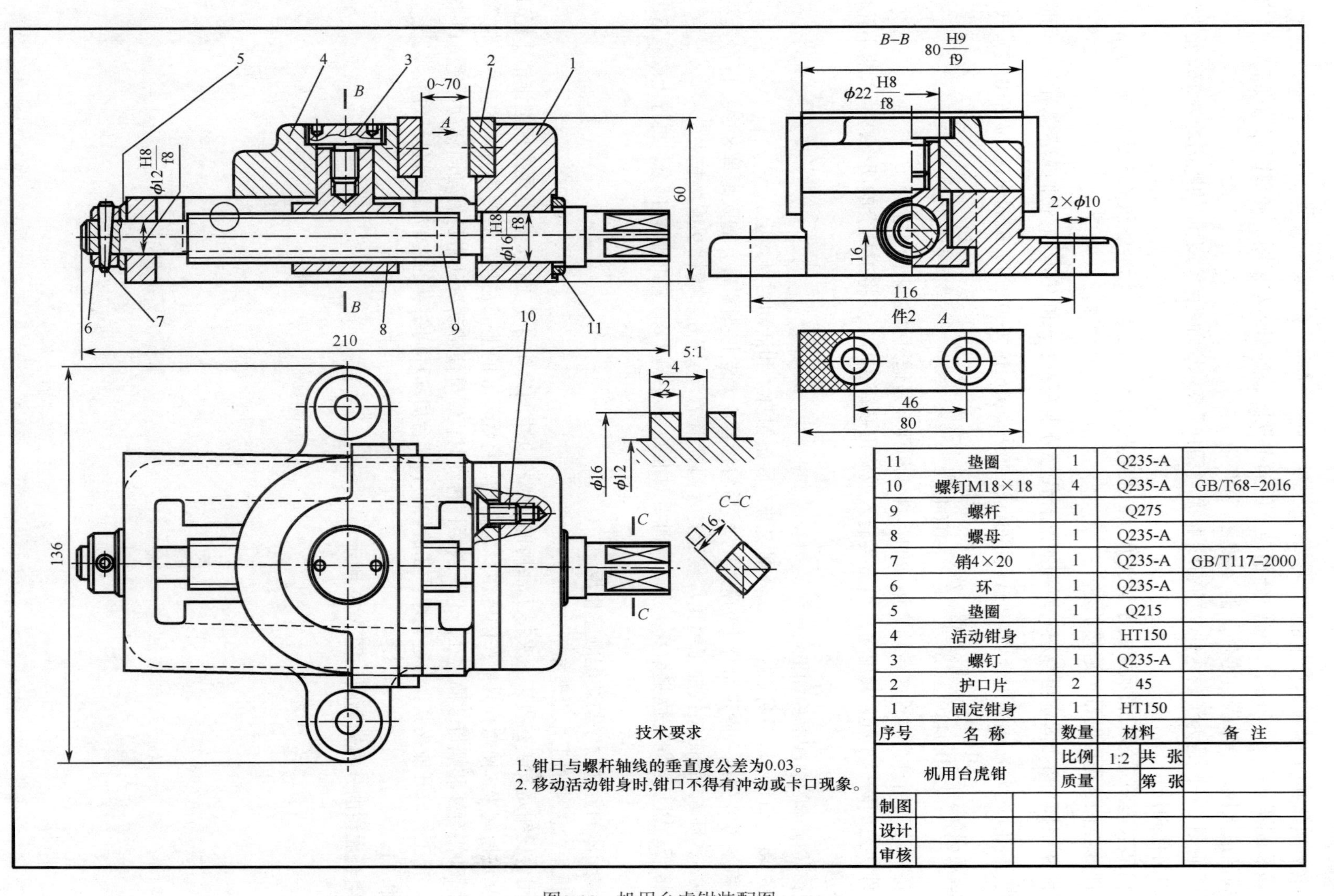

序号	名称	数量	材料	备注
11	垫圈	1	Q235-A	
10	螺钉M18×18	4	Q235-A	GB/T68–2016
9	螺杆	1	Q275	
8	螺母	1	Q235-A	
7	销4×20	1	Q235-A	GB/T117–2000
6	环	1	Q235-A	
5	垫圈	1	Q215	
4	活动钳身	1	HT150	
3	螺钉	1	Q235-A	
2	护口片	2	45	
1	固定钳身	1	HT150	

机用台虎钳	比例	1:2	共 张	
	质量		第 张	
制图				
设计				
审核				

图9-28 机用台虎钳装配图

⑩ 总结机用台虎钳的工作原理。

问题解答：

① 该装配体共由 11 种零件组成。

② 该装配图共有 6 个图形。它们分别是全剖的主视图、半剖的左视图、局部剖的俯视图、移出断面图、局部放大图、单独表达零件 2 的 *A* 视图。

③ 断面图 *C*—*C* 是为了表达件 9 的右端形状，“□16”表示断面各对边之间的距离均为 16，此为“16×16”的简化画法。

④ 局部放大图是为了表示螺纹牙型（方牙）及其尺寸等，这是非标准螺纹的表达方法。

⑤ 件 6 与件 9 是由圆锥销连接的。

⑥ 件 9 螺杆与件 1 固定钳身左右两端的配合代号分别是$\phi 12\frac{H8}{f8}$和$\phi 16\frac{H8}{f8}$，它们表示基孔制，间隙配合。在零件图上标注右端的配合要求时，孔的标注方法是ϕ16H8（+0.027）或ϕ16H8、ϕ16+0.027，轴的标注方法是ϕ16f8（$\begin{matrix}-0.016\\-0.043\end{matrix}$）或$\phi$16f8、$\phi 16\begin{matrix}-0.016\\-0.043\end{matrix}$。

⑦ 件 4 活动钳身是靠件 8 带动它运动的，件 4 和件 8 是通过件 3 来固定的。

⑧ 件 3 上的两个小孔，其用途是当需要旋入或旋出螺钉 3 时，要将工具上的两个销插入两小孔内，才能转动螺钉 3。

⑨ 该装配体的装配顺序如下：

◆ 先将护口片 2，用两个螺钉 10 分别安装在固定钳身 1 和活动钳身 4 上。

◆ 将螺母 8 先放入固定钳身 1 的槽中，然后将螺杆 9（装上垫圈 11）旋入螺母 8 中；再将其左端装上垫圈 5、环 6，同时钻铰加工销孔，然后打入圆锥销 7，将环 6 和螺杆 9 连接起来。

◆ 将活动钳身 4 跨在固定钳身 1 上，同时要对准并装入螺母 8 上端的圆柱部分，再拧上螺钉 3，即装配完毕。

该装配体的拆卸顺序与装配顺序相反。

⑩ 机用台虎钳的工作原理如下：

机用台虎钳是安装在机床上夹持工件用的。螺杆 9 由固定钳身 1 支撑，在其尾部用圆锥销 7 把环 6 和螺杆 9 连接起来，使螺杆只能在固定钳身上转动。将螺母 8 的上部安装在活动钳身 4 的孔中，依靠螺钉 3 把活动钳身 4 和螺母 8 固定在一起。当螺杆转动时，螺母便带动活动钳身做轴向移动，使钳口张开或闭合，把工件放开或夹紧。为避免螺杆在旋转时，其台肩和环同钳身的左右端面直接摩擦，又设置了垫圈 5 和 11。

机用台虎钳的分解轴测图如图 9-29 所示。

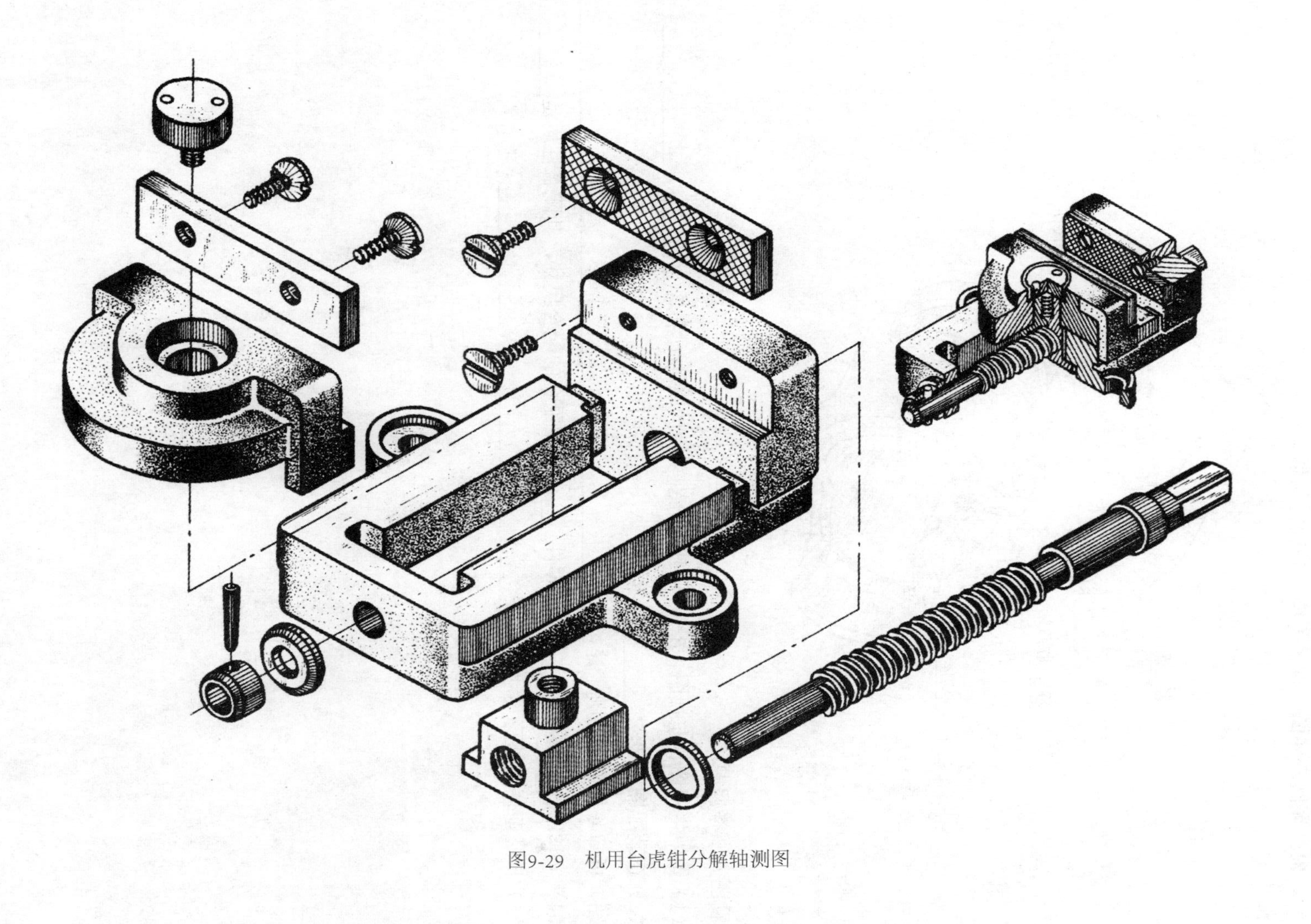

图9-29　机用台虎钳分解轴测图

【任务练习 9-7】

班级________________ 姓名________________ 学号________________

一、根据球阀立体图，读装配图，并回答问题。

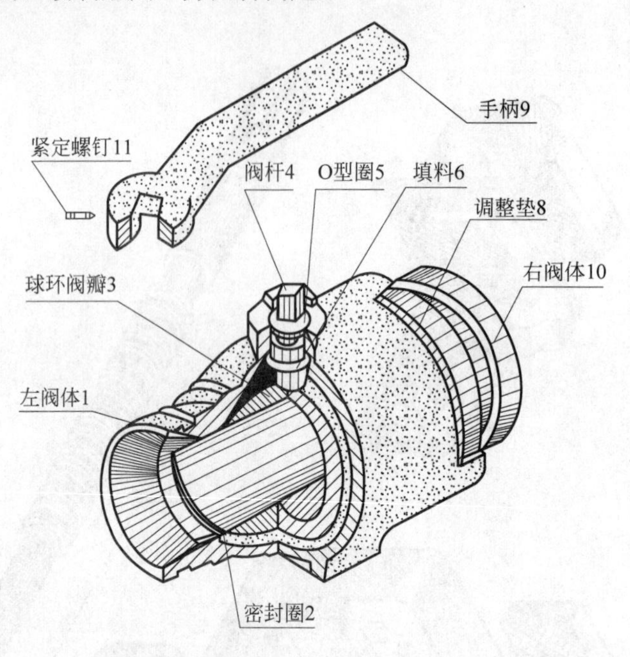

看图并回答问题：

（1）图中主视图、左视图、*B*—*B* 剖视图分别采用的表达方法是________、________、________。

（2）在装配图中转动________号零件使球阀全部关闭。

（3）拆卸 4 号零件的顺序是____。

（4）ϕ18H8/f8 是零件________与零件________相配合的配合尺寸，其配合性质是________。

（5）该装配体的外形尺寸是____________、____________、____________。

班级＿＿＿＿＿＿＿＿　　姓名＿＿＿＿＿＿＿＿　　学号＿＿＿＿＿＿＿＿

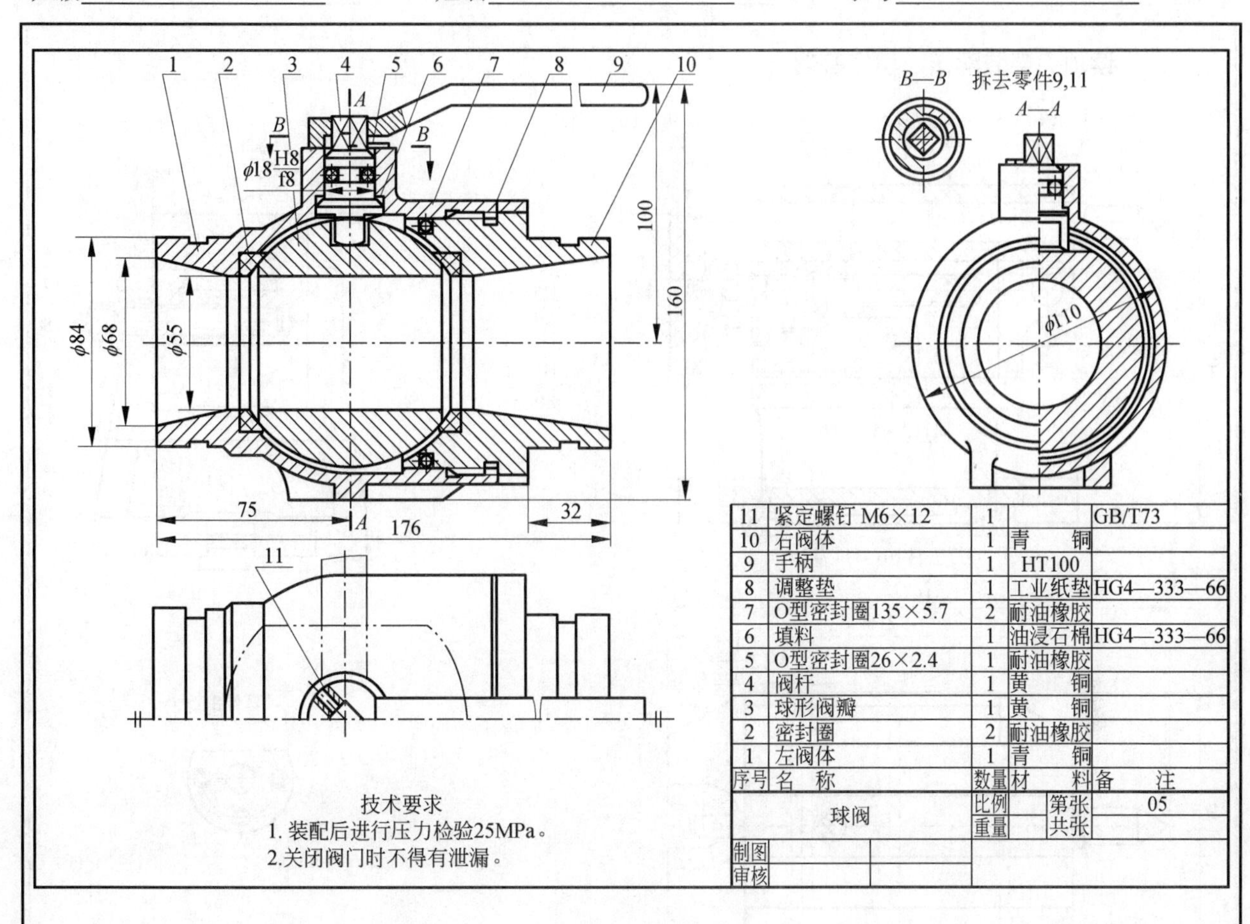

11	紧定螺钉 M6×12	1		GB/T73
10	右阀体	1	青　铜	
9	手柄	1	HT100	
8	调整垫	1	工业纸垫	HG4—333—66
7	O型密封圈135×5.7	2	耐油橡胶	
6	填料	1	油浸石棉	HG4—333—66
5	O型密封圈26×2.4	1	耐油橡胶	
4	阀杆	1	黄　铜	
3	球形阀瓣	1	黄　铜	
2	密封圈	2	耐油橡胶	
1	左阀体	1	青　铜	
序号	名　称	数量	材　料	备　注

球阀	比例		第张	05
	重量		共张	
制图				
审核				

技术要求

1. 装配后进行压力检验25MPa。
2.关闭阀门时不得有泄漏。

班级＿＿＿＿＿＿＿＿＿＿　　姓名＿＿＿＿＿＿＿＿＿＿　　学号＿＿＿＿＿＿＿＿＿＿

二、读顶尖架装配图，填空答题。

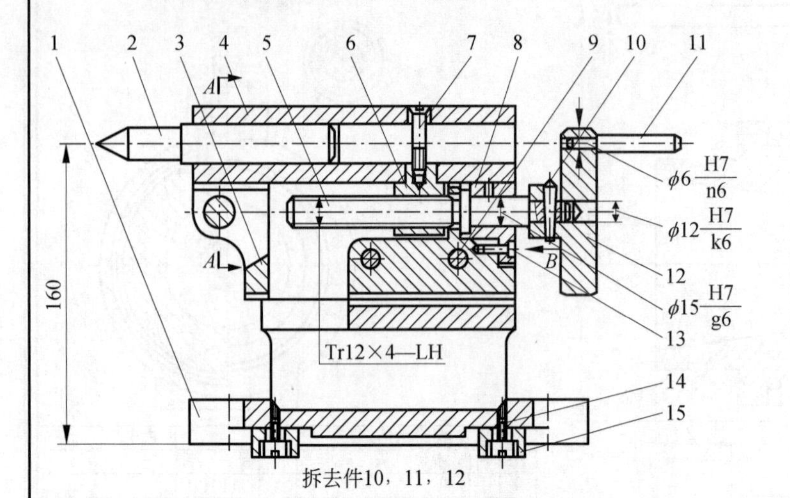

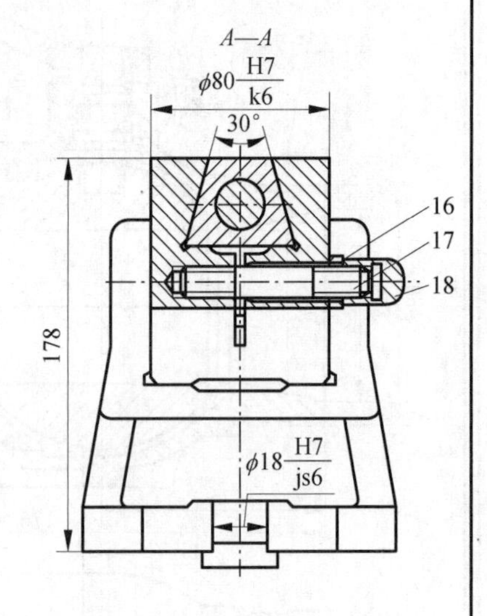

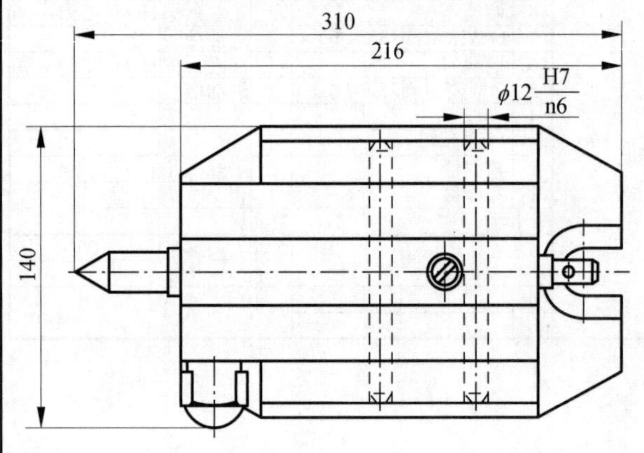

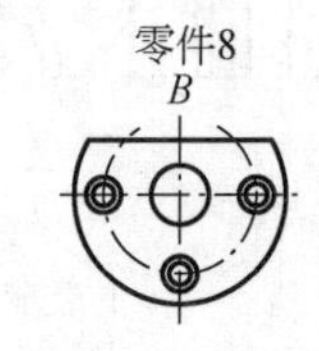

班级__________ 姓名__________ 学号__________

18	GB923—2009	螺母 M6	1	Q235A	
17	GB898—1988	双头螺柱 M16×70	1	Q235A	
16		垫圈	1	Q235	
15		定位键	2	45	
14	GB65—2000	螺钉 M6×16	2	Q235A	
13	GB65—2000	螺钉 M4×10	3	Q235A	
12		手轮	1	Q235A	
11		手把	1	Q235A	
10	GB117—2000	锥销 4×25	1	Q235A	
9		销轴	2	20	
8		轴承压盖	1	45	
7	GB68—2000	螺钉 M6×40	1	Q235A	
6		螺母	1	Q275	
5		丝杠	1	45	
4		滑块	1	HT200	
3		滑座	1	HT200	
2		顶尖	1	T8	
1		底座	1	HT200	
序号	代号	名称	数量	材料	备注

标记	处数	分区	更改文件号	签名	年、月、日				（单位名称）
设计			标准化			阶段标记	质量	比例	顶尖架
审核									
工艺			批准			共 张 第 张			

1. 工作原理

顶尖架用于顶紧工件，属丝杆滑块机构。当转动手轮 12 时，通过丝杆 5、螺母 6 带动滑块 4 在滑座 3 内左右移动。滑块 4 带有 3 号莫氏锥孔并配 3 号顶尖，滑块锁紧靠球形螺母 18，通过双头螺柱 17 实现。

该部件由定位键 15 定位，固定在工作台上，并由 T 型槽螺钉（图上未表达）固定。

2. 读图填空答题

（1）当手轮逆时针旋转时，顶尖 2 是缩进还是前移？__________

（2）滑块的截面形状是______，它的内孔与顶尖是______配合。

（3）球形螺母 18 松开时滑块被锁紧还是被松开？__________

（4）手轮与丝杆之间是________配合。

（5）件 7 的作用是____________。

3. 由装配图拆画底座零件图

选用 A3 图纸。

【综合训练 9】

班级__________ 姓名__________ 学号__________

一、读齿轮油泵装配图，并回答问题。

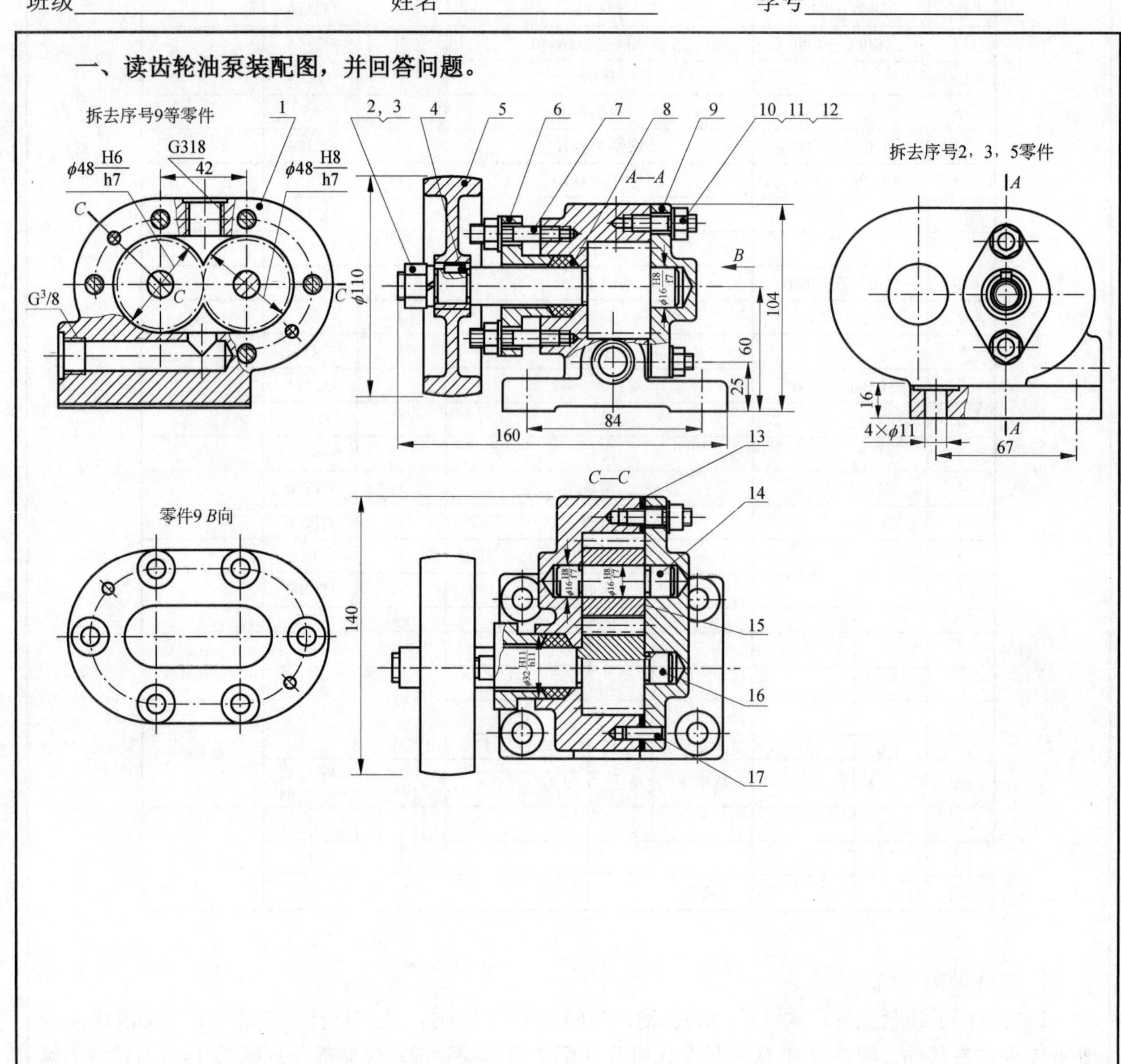

班级________________　　姓名________________　　学号________________

17	GB/T 117—2000	销 A6×20	2		
16	116009	齿轮轴	1	45	m=3，z=14
15	116008	齿轮	1	45	m=3，z=14
14	116007	轴	1	45	
13	116006	垫片	1	纸	
12	GB/T 898—1988	螺柱 M8×32	6		
11	GB/T 97.1—2002	垫圈 8-140HV	8		
10	GB/T 41—2000	螺母 M8	8		
9	116005	泵盖	1	HT150	
8	116004	填料		麻	
7	GB/T 898—1988	螺柱 M8×40	2		
6	116005	压盖	1	HT150	
5	116004	带轮	1	HT150	
4	GB/T 1096—2003	键 5×5×10	1		
3	GB/T 93—1987	垫圈 12	1	65Mn	
2	GB/T 41—2000	螺母 M12	1		
1	116001	泵体	1	HT150	
序号	代号	名称	数量	材料	备注

齿轮泵			比例	数量	材料	116000
			1:2.5			
制图			（厂名）			
审核						

1. 工作原理

齿轮泵是用来输送润滑油或压力油的一种装置。当带轮 5 通过键 4 带动齿轮轴 16 做逆时针方向旋转时，齿轮 15 作顺时针方向转动，使泵体上方进油处空气稀薄，压力降低，油被吸入并随齿轮的齿隙带到下方出油处。当齿轮连续转动时，就产生齿轮泵的加压作用。

2. 读图回答问题

（1）该装配图的表示方法有哪些？主、右视图的表示重点是什么？

（2）指出该装配图上的规格（性能）尺寸。

（3）说明 ϕ16H8/f7 的含义。

（4）该装配体的拆卸顺序如何？

（5）拆画件 1 泵体、件 9 泵盖的零件草图。

班级____________ 姓名____________ 学号____________

二、读安全阀装配图，并回答问题。

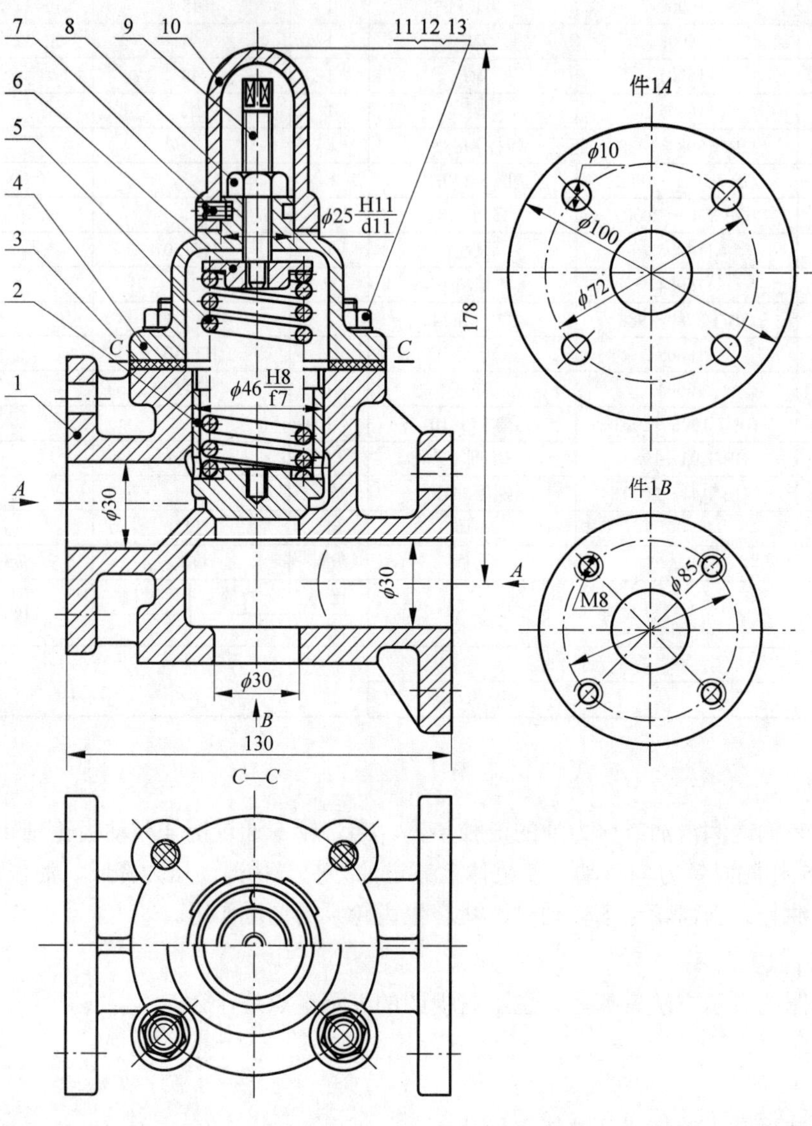

班级__________________ 姓名__________________ 学号__________________

序号	代号	名称	数量	材料	备注
13	GB/T 97.2—2002	垫圈 8	4	Q235A	
12	GB/T 6170—2000	螺母 M8	4	Q235A	
11	GB/T898—1988	螺柱 M8×35	4	Q235A	
10	114008	罩子	1	Q235A	
9	114007	螺杆 M10	1	Q235A	
8	GB/T 6170—2000	螺母 M10	1	Q235A	
7	GB/T 75—1985	螺钉 M5×10	1	Q235A	
6	114006	压板	1	HT150	
5	114005	弹簧	1	65Mn	
4	114004	阀盖	1	HT150	
3	114003	垫片	1	纸板	
2	114002	阀门	1	HT150	
1	114001	阀体	1	HT150	

安全阀	比例	数量	材料	114000
	1:2			
制图			（厂名）	
审核				

1. 工作原理

安全阀是安装在供油管路上的装置，在正常工作时，阀门靠弹簧的压力处于关闭位置，此时油从阀体右孔流入，经阀体下部的孔进入导管；当导管中油压由于某种原因增高而超过弹簧压力时，油就顶开阀门，顺阀体左端孔径另一导管流回油箱，这样就能保证管路的安全。

2. 读图回答问题

（1）分析装配体视图的剖切方法及其他表达方法。

（2）分析阀体的内腔结构。

（3）调节安全阀的控制压力应靠哪些零件？螺母 8 的作用是什么？

（4）分析件 2 阀门的结构，阐述其中两个小孔及螺孔的作用。

（5）指出装配图中的规格尺寸、配合尺寸、安装尺寸和总体尺寸。

（6）拆画件 1 阀体、件 2 阀门、件 4 阀盖的零件草图。

班级________________ 姓名________________ 学号________________

三、读膨胀阀装配图，并回答问题。

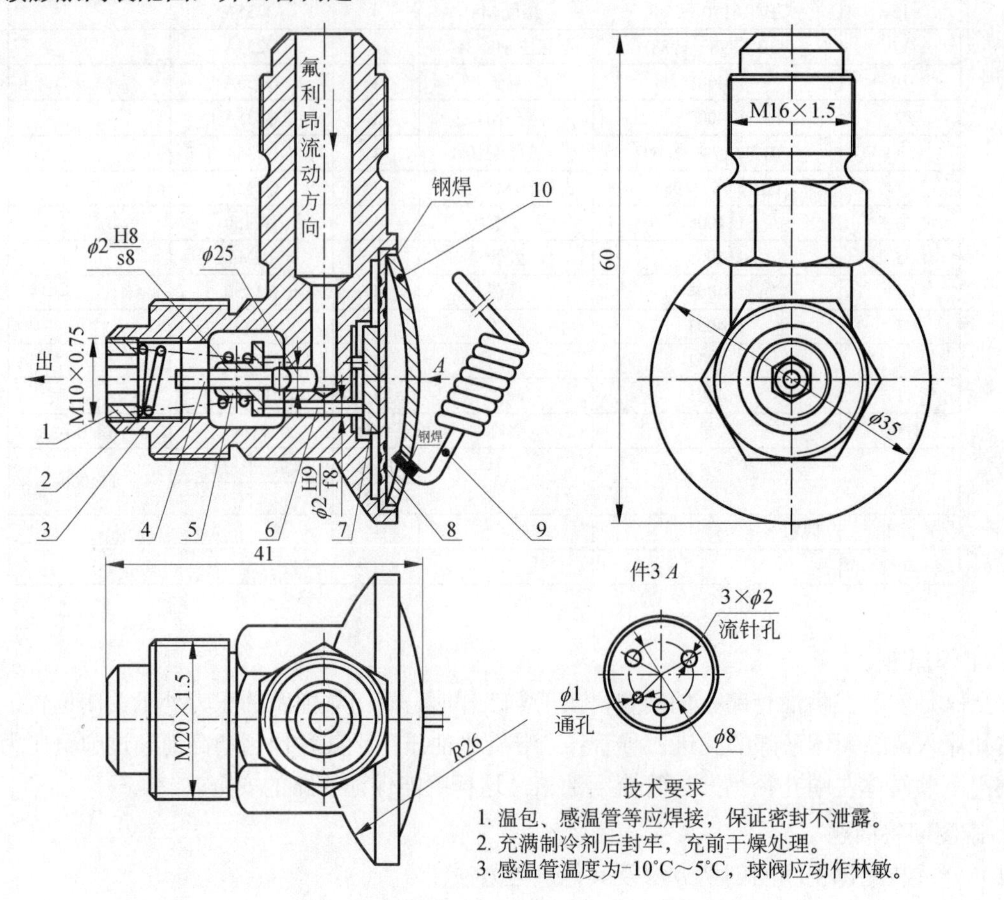

技术要求

1. 温包、感温管等应焊接，保证密封不泄露。
2. 充满制冷剂后封牢，充前干燥处理。
3. 感温管温度为-10°C～5°C，球阀应动作林敏。

班级________________　　姓名________________　　学号________________

序号	名称	件数	材料	附注
10	温包盖	1	H62	
9	感温管	1	紫铜 $\phi 3\times 1$	
8	膜片	1	紫铜厚 0.2	
7	垫块	1	H62	
6	推杆	1		$\phi 2\times 12$ 滚针
5	弹簧座	1	Q235	
4	芯杆	1	Q235	
3	阀体	1	ZH62	
2	锥形弹簧	1	65Mn	
1	螺母	1	H62	

QKT- 膨胀阀		比例	2:1	
		重量		
制图				
审核				

1. 工作原理

制冷机是利用系统中的氟利昂经过空压机在高压下通过膨胀阀呈气态大量吸热而制冷。QKT-膨胀阀是制冷系统广泛采用的一种自动控制冷库温度的装置。阀体上安装有感温管与温包，感温管中充满了对温度变化非常敏感的四氯化碳气体。当冷库的温度变化时，放在冷库中的感温管内的四氯化碳气体体积发生变化，使膜片 8 膨胀，推动垫块 7、推杆 6，使弹簧座 5 压缩弹簧 2 向左移动，从而带动芯杆调整其与阀体的间隙，使通过阀体的氟利昂流量增大或减少，以调整冷库中的温度达到规定要求。

2. 读图回答问题

（1）氟利昂是如何在阀体内流动的？其流量大小靠什么来控制？

（2）阀体中的芯杆，是如何移动而调整通道口间隙的？

（3）拆画阀体零件图。

项目十　表面展开图

【学习导航】

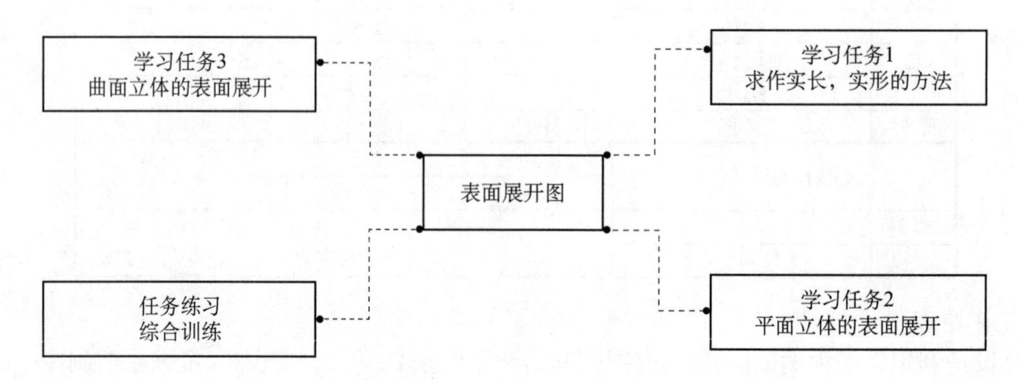

【知识目标】

◆ 掌握求作线段实长和平面实形的方法；

◆ 掌握平面立体的表面展开方法；

◆ 掌握曲面立体的表面展开方法。

【能力目标】

◆ 会分析和归纳线段实长和平面实形的作图方法；

◆ 会绘制平面立体的表面展开图；

◆ 会绘制曲面立体的表面展开图。

【思政目标】

◆ 强化成本控制、保障质量的责任意识；

◆ 培养求真务实、敬业专注的职业品质；

◆ 践行求实创新、精益求精的工匠精神。

【思政故事】

高凤林

大国工匠——高凤林

高凤林，中国航天科技集团有限公司第一研究院，首席技能专家。他攻克了长征五号的技术难题，为北斗导航、嫦娥探月、载人航天等国家重点工程的顺利实施及长征五号新一代运载火箭研制做出了突出贡献。

学习任务 1　求作实长、实形的方法

工业生产中，经常需要用金属板料制作零部件，如锅炉、罐、管道、防护罩及各种管接头等。这类制件在制造过程中必须先在金属板料上放样画出展开图，然后下料、加工成形，最后焊接或铆接而成。

将制件的各表面按其实际形状和大小，依次摊平在一个表面上，称为制件的表面展开。表达这种展开的平面图形，称为表面展开图，简称展开图。

如图 10-1（a）所示是集粉筒轴测图。集粉筒是除尘设备的一个主要部件。制造时，需要根据零件图上的尺寸在钢板或铁皮上按 1∶1 的比例画出所需部分的实样图，图 10-1（b）是喇叭管的实样图，图 10-1（c）为喇叭管的展开图。

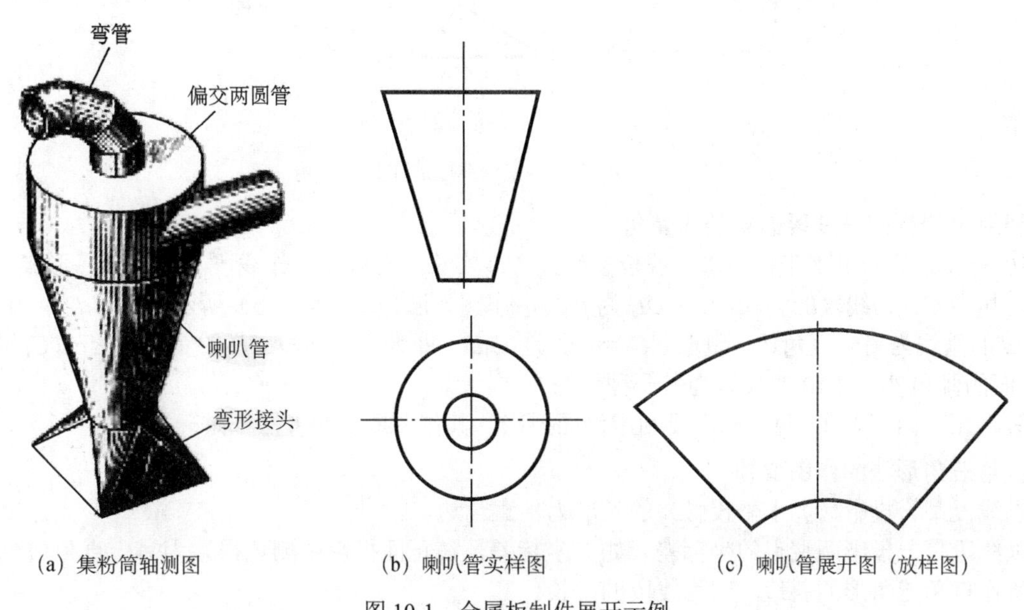

（a）集粉筒轴测图　（b）喇叭管实样图　（c）喇叭管展开图（放样图）

图 10-1　金属板制件展开示例

制件的表面分为可展表面和不可展表面。平面立体及母线为直线且相邻两素线平行或相交的曲面立体为可展立体，如棱柱、棱锥、圆柱、圆锥。而相邻两素线交叉或母线为曲线的立体是不可展立体，如球体、环面及螺旋面等。对于不可展立体，常用近似方法画出其表面展开图。由于可展立体的展开应用较广，因此本任务主要介绍可展立体的表面展开方法。

绘制展开图经常会遇到求作线段实长和平面实形的问题。求作线段实长和平面实形的方法很多，除换面法外，常用的还有直角三角形法和旋转法。本任务主要介绍直角三角形法。

一、分析空间线段和它的投影之间的关系

图 10-2（a）为一般位置线段投影的直观图。现分析空间线段和它的投影之间的关系，以寻找求线段实长的图解方法。

过点 A 作 $AC /\!/ ab$，则在空间构成一直角三角形 ABC，其斜边 AB 是线段的实长，两直角边的长度可在投影图上量得：一直角边 AC 的长度等于水平投影 ab，另一直角边 BC 的长度是线段两端点 A 和 B 与水平投影面的距离之差，即 A、B 两点的 Z 坐标差，其长度等于正面投影 $b'c'$。知道了直角三角形两直角边的长度，便可作出此三角形。

二、作图方法

1. 利用 Z 坐标差求线段的实长和 α 角

以水平投影 ab 为一直角边，过 b 作 ab 的垂线为另一直角边，量取 $bB_1=b'c'$，连 aB_1 即为空间线段 AB 的实长，$\angle baB_1$ 即为线段 AB 对 H 面的倾角 α，如图 10-2（b）所示。

图 10-2（c）是求线段 AB 实长的另一种作图方法。自 a' 作 X 轴的平行线 $a'A_1$，取 $c'A_1=ab$，连 $b'A_1$，即为所求线段 AB 的实长。

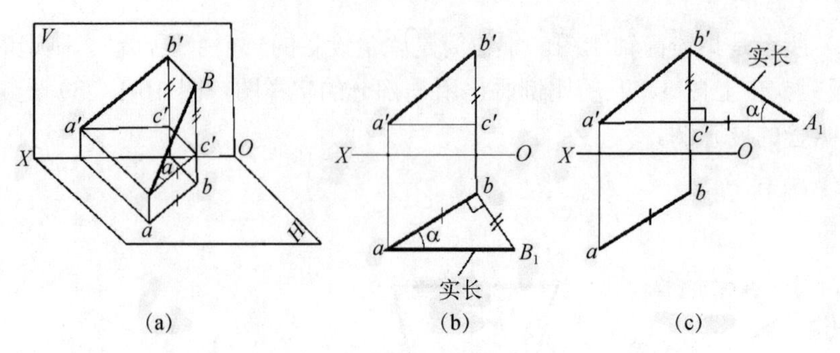

图 10-2　利用 Z 坐标差求线段的实长和 α 角

2. 利用 Y 坐标差求线段的实长和 β 角

图 10-3（a）是利用 Y 坐标差求一般位置线段 CD 实长的直观图。作线段 $ED // c'd'$，形成直角三角形 CED，其中 CD 为线段的实长，$\angle CDE$ 为 β 角，作图方法如图 10-3（b）所示。以 $c'd'$ 为一直角边，过 c' 作 $c'd'$ 的垂线为另一直角边，量取 $c'C_1=ce$，连 C_1d'，即为空间线段 CD 的实长，$\angle c'd'C_1$ 即为线段 CD 对 V 面的倾角 β。图 10-3（c）为另一种作图方法。

同理，如欲求线段的 γ 角，则需要利用侧面投影，其作图原理和方法都是一样的。

3. 直角三角形法的作图要领

① 以线段某一投影（如水平投影）的长度为一直角边。

② 以线段另一投影两端点的坐标差（如 Z 坐标差，在正面投影中测量得）为另一直角边。

③ 所作直角三角形的斜边，即为线段的实长。

④ 斜边与该投影（如水平投影）的夹角，即为线段与该投影面的倾角（如 α 角）。

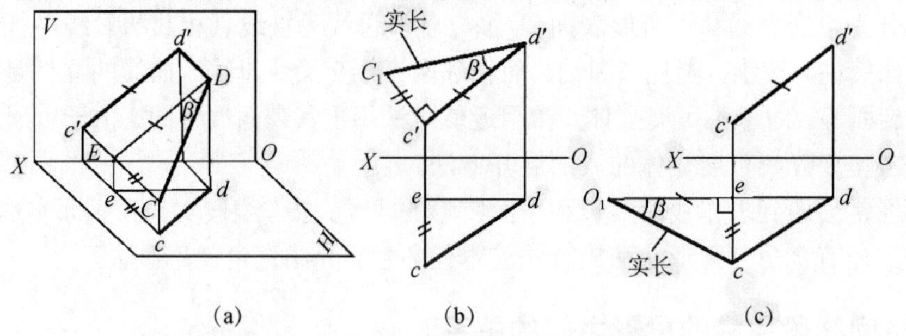

图 10-3　利用 Y 坐标差求线段的实长和 β 角

如图 10-4 所示，已知△ABC 的两面投影，试求△ABC 的实形。

作图分析如下：先求出三角形各边实长，便可求出三角形的实形。从投影图上可知，BC 边平行于正面，$b'c'$ 等于实长，不必另求；只要用直角三角形法分别求出 AB 边的实长 bA 和 AC 边的实长 cA，再用其三段实长线作出三角形 ABC 即为所求，如图 10-4（a）和图 10-4（b）所示。

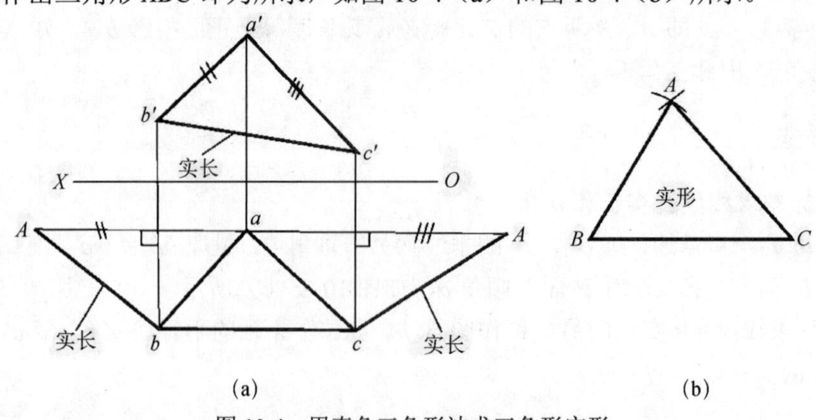

图 10-4　用直角三角形法求三角形实形

【任务练习 10-1】

班级________________ 姓名________________ 学号________________

求直线实长和三角形的实形。

1. 求直线 *AB* 的实长。

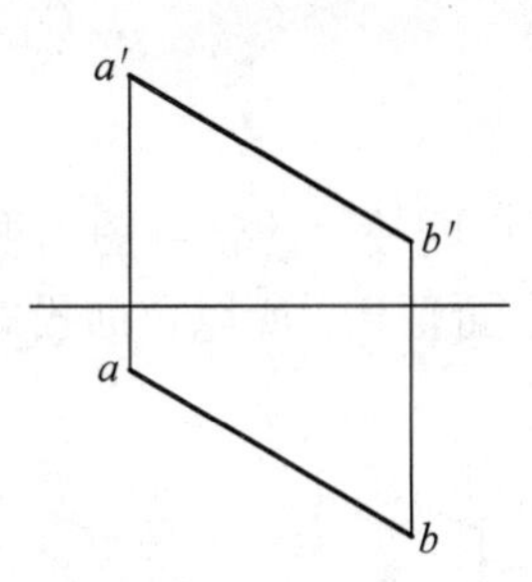

2. 已知 *CD*=40mm，求作 c' d' 。

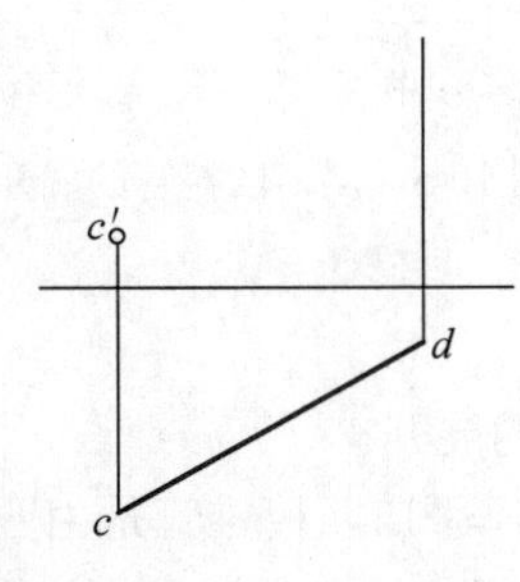

3.求△*ABC* 的实形。

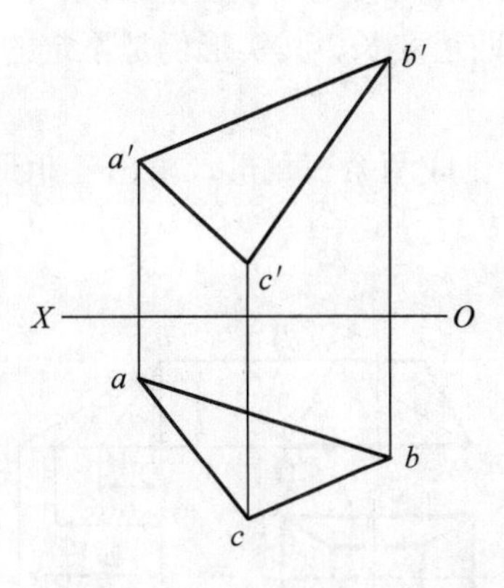

学习任务2　平面立体的表面展开

由于平面立体的表面展开后都是平面，因此将平面立体各表面的实形求出后，依次排列在一个平面上，即可得到平面立体的表面展开图。

一、棱柱表面的展开

图 10-5（a）和图 10-5（b）为一斜口四棱管的轴测图和视图。由于底边与水平面平行，因此水平投影反映各底边实长；由于各棱线均与底面垂直，所以正面投影反映各棱线的实长。因此可直接画出展开图，如图 10-5（c）所示。

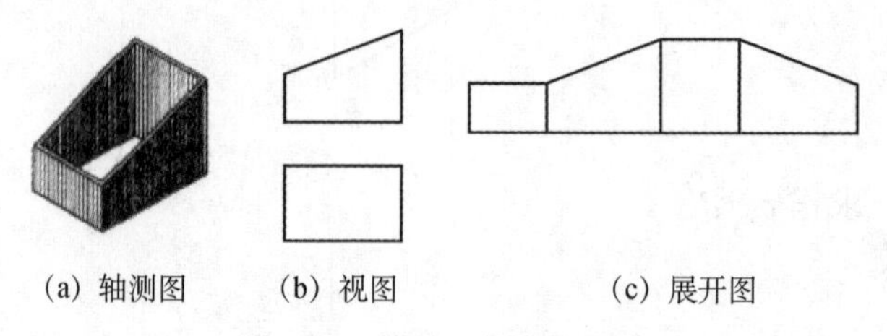

(a) 轴测图　(b) 视图　(c) 展开图

图 10-5　斜口四棱管的展开

二、棱台表面的展开

图 10-6 为四棱台（平口四棱锥管）的展开。

由图 10-6（a）和图 10-6（b）可见，平口四棱锥管是由四个等腰梯形围成的，而四个等腰梯形在投影图中均不反映实形。为了作出它的展开图，必须先求出这四个梯形的实形。在梯形的四边中，其上底、下底的水平投影反映其实长，梯形的两腰是一般位置直线。因此欲求梯形的实形，必须先求出梯形两腰的实长。应注意，仅知道梯形的四边实长，其实形仍是不定的。因此还需要把梯形的对角线长度求出来（即转化成两个三角形来处理）。

将平口四棱锥管的各棱面分别转化成两个三角形，求出三角形各边的实长后，即可画出其展开图，如图 10-6（c）和图 10-6（d）所示。

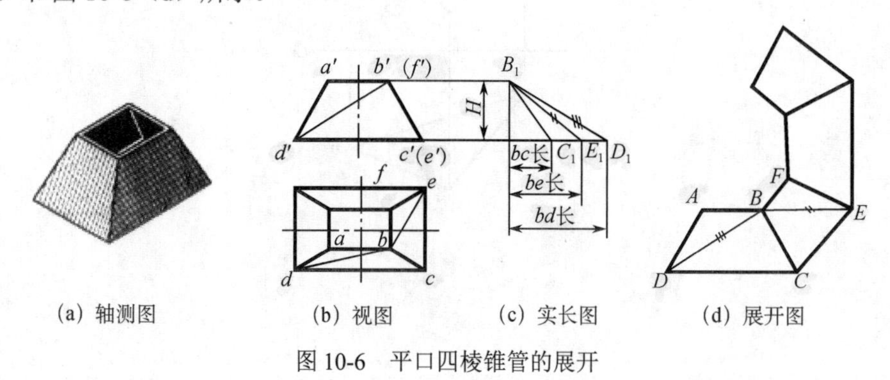

(a) 轴测图　(b) 视图　(c) 实长图　(d) 展开图

图 10-6　平口四棱锥管的展开

【任务练习 10-2】

班级__________________ 姓名__________________ 学号__________________

画斜截棱柱管的表面展开图，并归纳平面立体的表面展开方法。

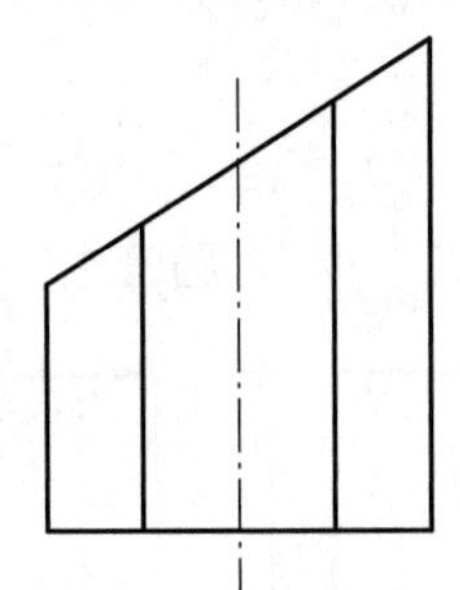

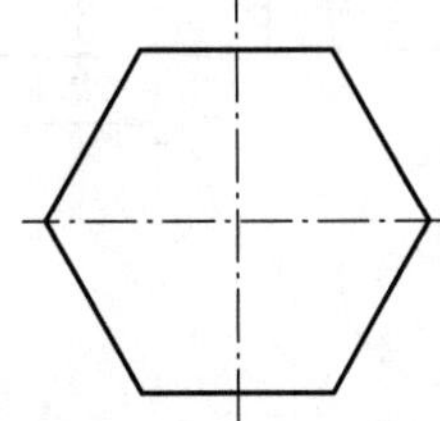

学习任务3　曲面立体的表面展开

一、圆柱表面的展开

1. 圆管的展开

如图10-7所示为圆管的展开图，其图形为一矩形，展开图的长度等于圆管的周长πD（D为圆管直径），展开图的高度等于管高H，通过计算，即可对圆管进行展开。

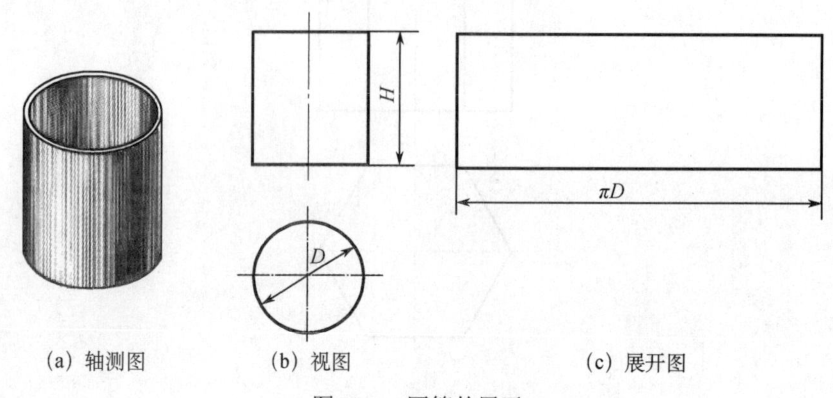

（a）轴测图　（b）视图　（c）展开图

图10-7　圆管的展开

2. 斜圆管的展开

斜圆管和圆管的区别是斜圆管表面上的素线长短不等。为了画出斜圆管的展开图，要在斜圆管表面上取若干素线，并求出它们的实长。在图10-8所示的情况下，斜圆管的素线是铅垂线，它们的正面投影反映实长。

画展开图时，将底圆展成直线，并找出直线上若干个等分点Ⅰ、Ⅱ、Ⅲ等所在的位置；然后过这些点作垂线，在这些垂线上截取在投影图中与之对应的素线的实长；最后，将各素线的端点连成圆滑的曲线即得，如图10-8所示。

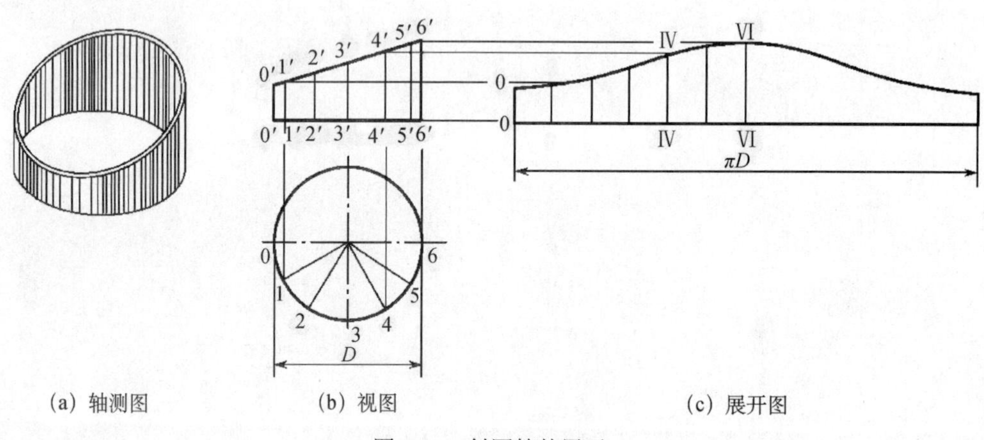

（a）轴测图　（b）视图　（c）展开图

图10-8　斜圆管的展开

3. 等径三通管的展开

画等径三通管的展开图时，应以相贯线为界，分别画出两圆管的展开图。

由于两圆管轴线都平行于正面，其表面上素线的正面投影均反映实长，故可按图10-8所示的展开方法画出它们的展开图（如A部展开图）。画横管B的展开图时，首先将其展开成一个矩形，然后从对称线开始，分别向两侧量取$\mathrm{I}_0\mathrm{II}_0=1''2''$、$\mathrm{II}_0\mathrm{III}_0=2''3''$、$\mathrm{III}_0\mathrm{IV}_0=3''4''$（以其弦长代替弧长）得等分点

I_o、II_o、III_o、IV_o；再过各等分点作水平线，与过 1′、2′、3′、4′各点向下所引的 *OX* 轴的垂线相交，将各交点圆滑地连接起来，即得横管的展开图，如图 10-9 所示。

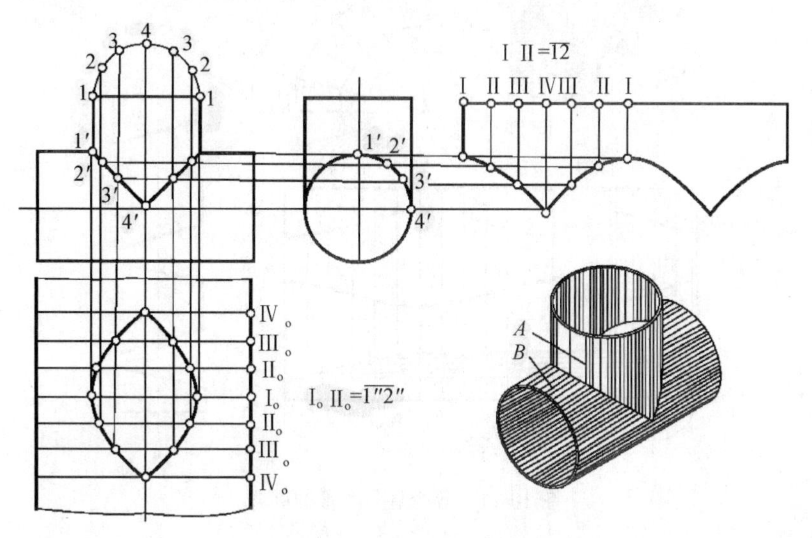

图 10-9　等径三通管的展开

4. 异径偏交管的展开

异径偏交管是由两个不同直径的圆管垂直偏交所构成的。根据它的视图作展开图时，必须先在视图上准确地求出相贯线的投影，然后按与图 10-9 相类似的展开画法分别画出横管、立管的展开图，如图 10-10 所示。

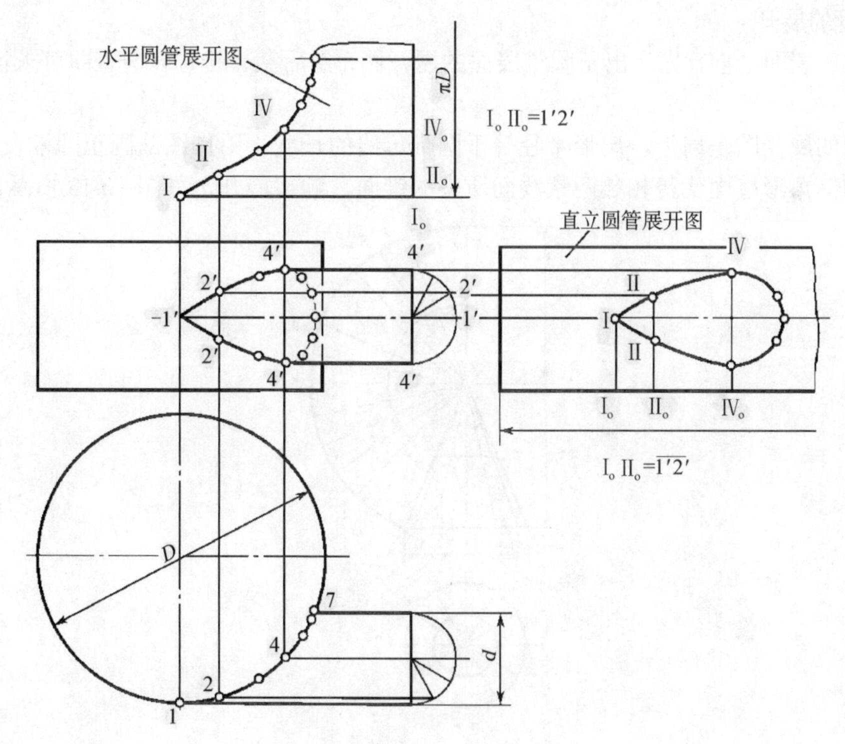

图 10-10　异径偏交管的展开

5. 等径直角圆管的展开

如图 10-11（a）和图 10-11（b）所示为等径直角圆管，它的进出口是直径相等的圆孔，方向互相垂直，并各为半节，中间是两个全节，实际上它由三个全节组成，四节都是斜圆管。

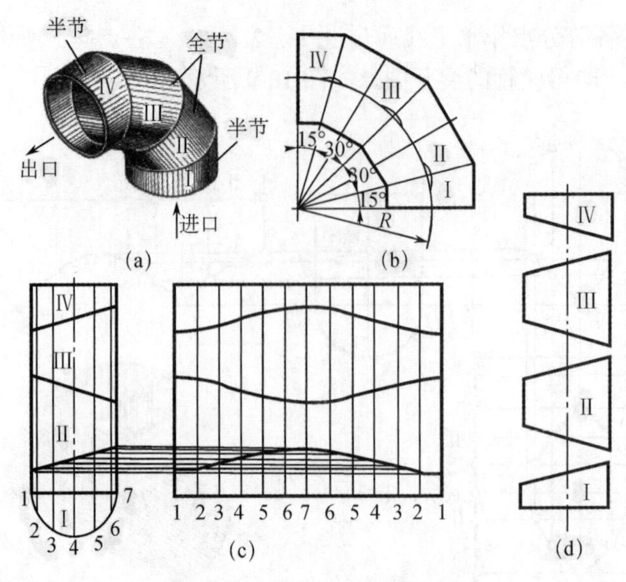

图 10-11　等径直角圆管的展开

为了简化作图，可把四节斜圆管拼成一个直圆管来展开，如图 10-11（c）所示，其作图方法与斜圆管的展开（图 10-8）方法相同。按展开曲线将各节切割分开后，卷制成斜圆管，并将Ⅱ、Ⅳ两节绕轴线旋转 180°，如图 10-11（d）所示，按顺序将各节连接即可。

二、圆锥表面的展开

1. 平口锥管的展开

在作平口锥管表面之前，先作出正圆锥表面的展开图，然后截去锥顶部分，即可求得平口锥管表面的展开图。

正圆锥表面的展开图是扇形，扇形半径等于圆锥母线的长度。用作图法画正圆锥表面的展开图时，以内接正棱锥的三角形棱面代替相邻两素线间所夹的锥面，顺次展开，如图 10-12 所示。

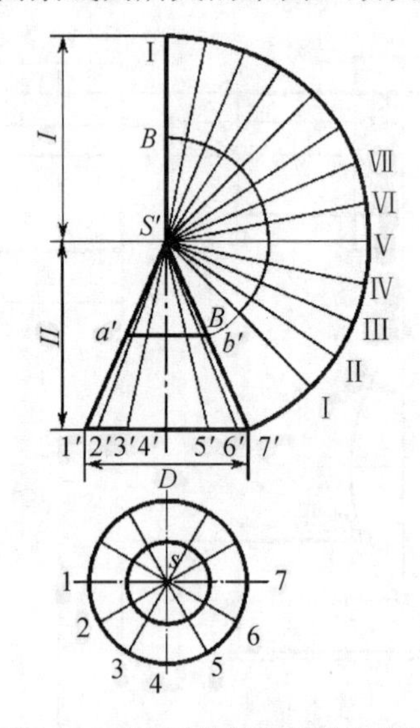

图 10-12　平口锥管表面的展开图

2. 斜口锥管的展开

由斜口锥管的视图可以看出，锥管轴线是垂直于水平面的。因此，锥管的正面投影的轮廓线反映了锥管最左、最右素线的实长。其他位置素线的实长，从视图上不能直接得到，可用 b'、c'等各点向 $s'1'$

投射，得到各个相交点，然后以 s'为圆心，s'到各点距离为半径求出。画展开图时，可先画出完整锥管的扇形，然后画出锥管切顶后各素线余下部分的实长，如Ⅱ*B*、Ⅲ*C* 等，最后将 *A*、*B*、*C*、*D* 等诸点连接成圆滑曲线，如图 10-13 所示。

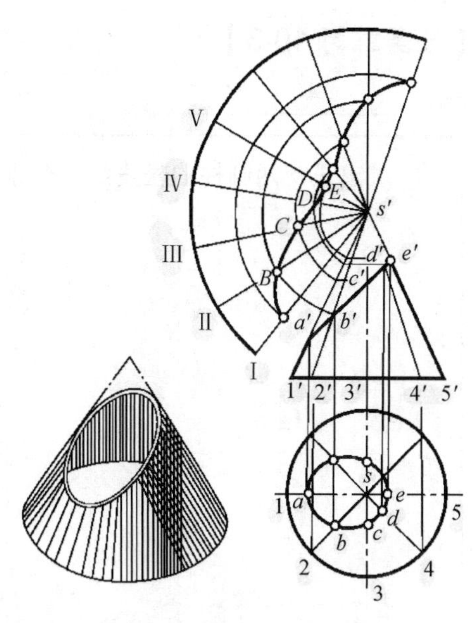

图 10-13　斜口锥管的展开

3. 方圆过渡接头的展开

方圆过渡接头是圆管过渡到方管的一个中间接头制件，由图 10-14（a）可以看出，它由四个全等的等腰三角形和四个相同的局部锥面所组成。将这些组成部分的实形顺次画在同一平面上，即得方圆过渡接头的展开图。

作图步骤如下：

① 将圆口 1/4 圆弧的俯视图$\overset{\frown}{14}$分成三等份，得点 2、3，图 10-14 中 a1、a2、a3、a4 即为斜锥面上素线 *A*Ⅰ、*A*Ⅱ、*A*Ⅲ、*A*Ⅳ的水平投影。斜锥面素线的长度 *A*Ⅰ＝*A*Ⅳ、*A*Ⅱ＝*A*Ⅲ，用直角三角形法求出 *A*Ⅰ（AⅣ）和 *A*Ⅱ（*A*Ⅲ）的实长，分别为 *L* 和 *M*，如图 10-14（b）所示。

② 在展开图上取 *AB*＝*ab*，分别以 *A* 和 *B* 为圆心，*L* 为半径画弧，交于Ⅳ点，得三角形 *AB*Ⅳ；再以Ⅳ和 *A* 为圆心，分别以$\overset{\frown}{34}$和 *M* 为半径画弧，交于Ⅲ点，得三角形 *A* Ⅲ Ⅳ。用同样的方法可依次作出三角形 *A*ⅡⅢ和 *A*ⅠⅡ。

③ 圆滑地连接Ⅰ、Ⅱ、Ⅲ、Ⅳ各点，即得一个等腰三角形和一个局部斜锥的展开图。

④ 用同样的方法依次作出其他各组成部分的展开图，即可完成整个方圆过渡接头的展开，如图 10-14（c）所示。

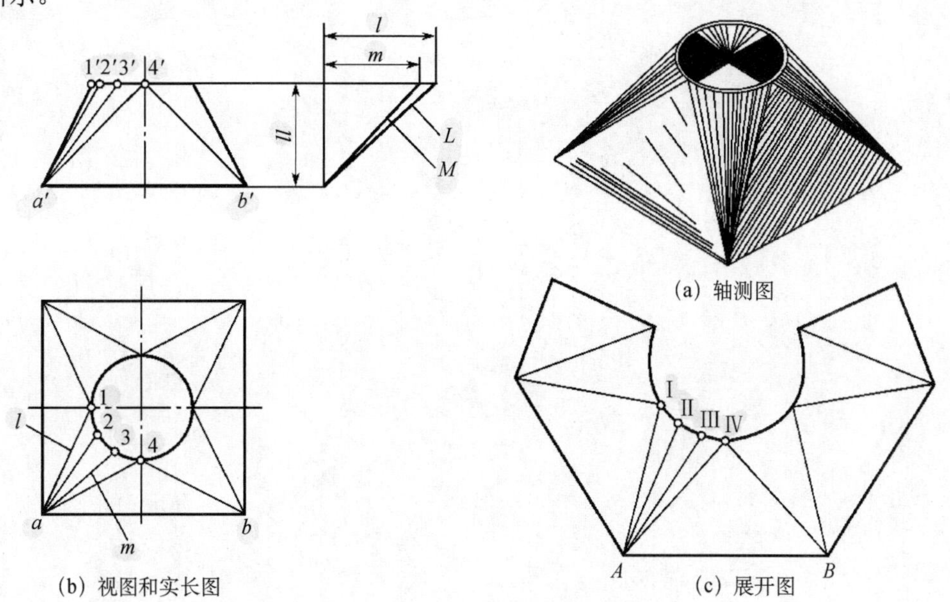

（a）轴测图

（b）视图和实长图

（c）展开图

图 10-14　方圆过渡接头的展开

【任务练习 10-3】

班级________________　　　姓名________________　　　学号________________

求出正交两圆柱的相贯线，分别画出两圆柱侧表面的展开图，并归纳曲面立体的表面展开方法。

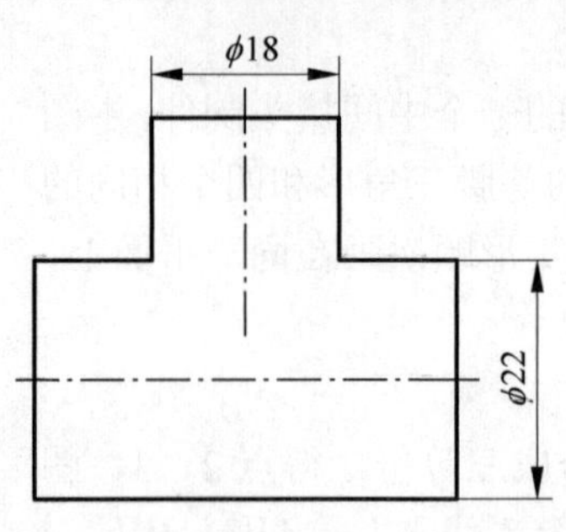

【综合训练 10】

班级＿＿＿＿＿＿＿＿　　　姓名＿＿＿＿＿＿＿＿　　　学号＿＿＿＿＿＿＿＿

制作纸型。

1. 目的、内容和要求

（1）目的：通过制作纸模型，掌握展开图的画法。

（2）内容：

① 画组合制件的表面展开图。

② 制作“薄板制件”的纸模型。

③ 用绘图纸画展开图，比例为 1∶1。

④ 将展开图剪下，粘贴成纸型。

（3）要求：图形正确，布置适当，线型合格，符合国标，加深均匀，图面整洁。

2. 注意事项

（1）将制件按组合特点分解成若干部分。

（2）相交的两体，应先在投影图上求出相贯线的投影，然后分别将两体的表面展开，并在展开图上定出相贯线上各点的位置，再依次连接。

（3）画展开图时要合理利用图纸，避免超出图纸或图形重叠。

（4）作图力求准确，可全部用细实线绘制。

（5）粘贴组合时，应注意各部分接口的方位，制成的纸型必须与图示位置一致。

3. 图样

（1）

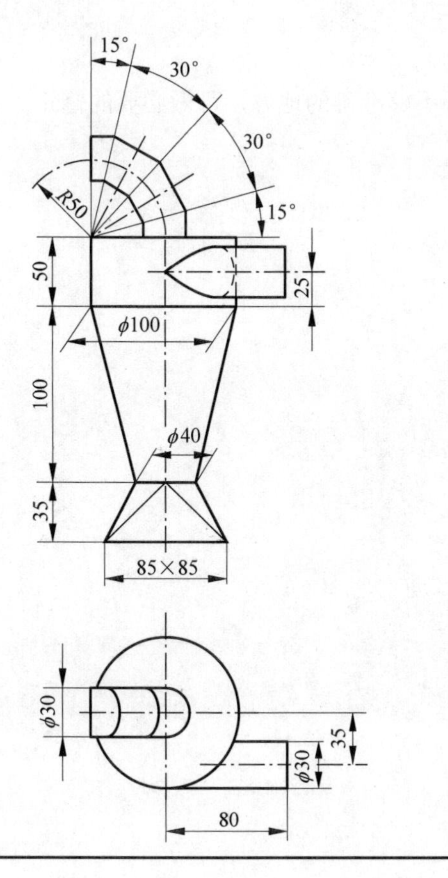

（2）

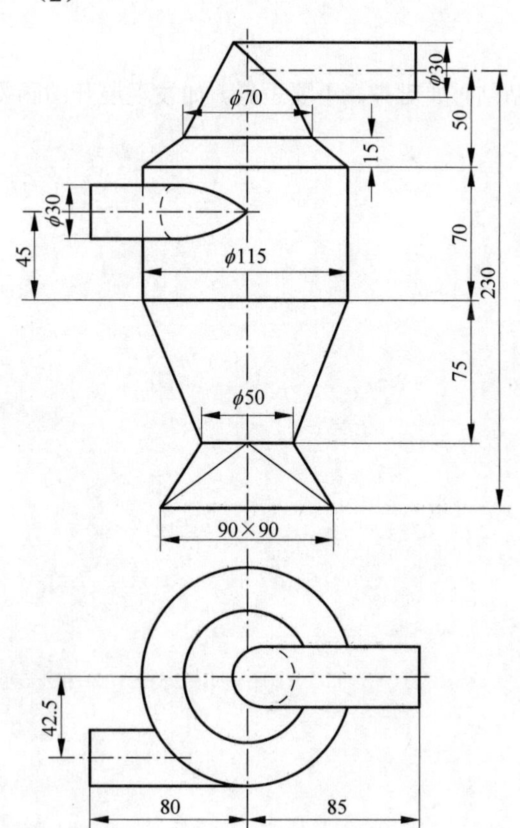

班级________________ 姓名________________ 学号________________

可将制件的各部分展开图用剪刀剪下来，用胶带纸进行粘贴组合，制作成图示制件的纸型。

注意事项：

（1）每一组成部分接缝处都要留出一定的余量（如下图虚线的部分），以便于黏合。

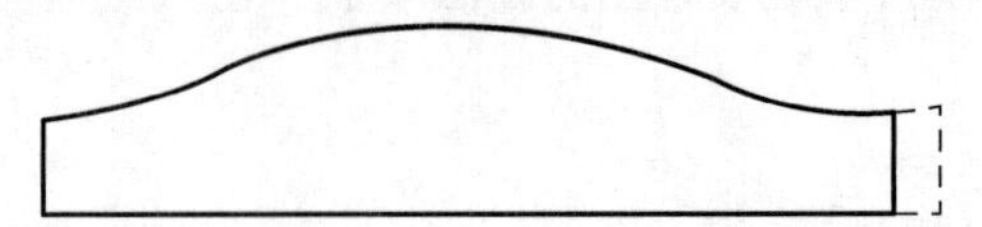

（2）各组成部分之间的接缝处，也要留有一定的余量，以便于相互黏合，如下图（虚线为剪口线）。

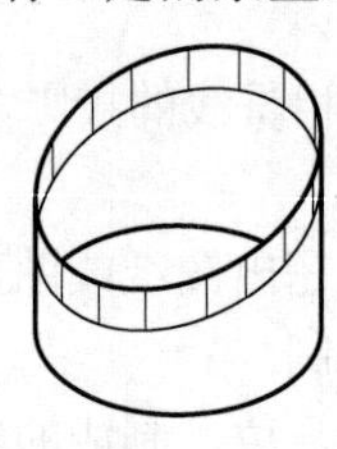

（3）粘贴时要对齐，不要歪斜。如发现展开图画得不够准确的地方，可做必要的修正。

项目十一　金属焊接图

【学习导航】

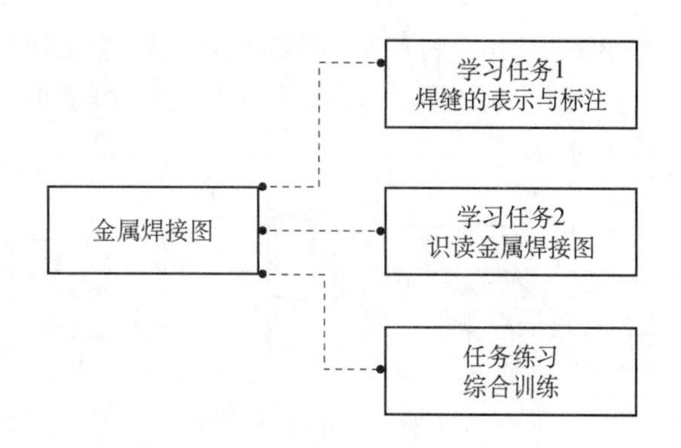

【知识目标】

◆ 掌握焊缝的表示方法；
◆ 掌握焊缝的符号及标注；
◆ 掌握识读金属焊接图的方法。

【能力目标】

◆ 会分析和识读焊缝的表示方法；
◆ 会分析和识读焊缝的符号及标注；
◆ 会识读中等复杂程度的金属焊接图。

【思政目标】

◆ 锤炼吃苦耐劳、勇于拼搏的精神品格；
◆ 弘扬劳动光荣、技能宝贵、创造伟大的时代风尚；
◆ 践行严谨细致、精益求精的工匠精神。

【思政故事】

大国工匠——李万君

李万君，中车长春轨道客车股份有限公司，首席焊工。他先后参与了我国几十种城铁车、动车组转向架的首件试制焊接工作，总结并制定了 30 多种转向架焊接规范及操作方法，技术攻关 150 多项，其中 27 项获得国家专利。

李万君

学习任务 1　焊缝的表示与标注

将两个被连接的金属件，用电弧或火焰在连接处进行局部加热，并采用填充熔化金属或加压等方法使其熔合在一起的过程称为焊接。焊接图是表述焊接加工要求及施焊注意事项的一种图样，它一方面表达结构尺寸，另一面注明详细的焊接尺寸及技术要求。

一、焊缝的表示方法

常见的焊接接头包括对接、T 形、角接、搭接及端接五种，如图 11-1 所示。

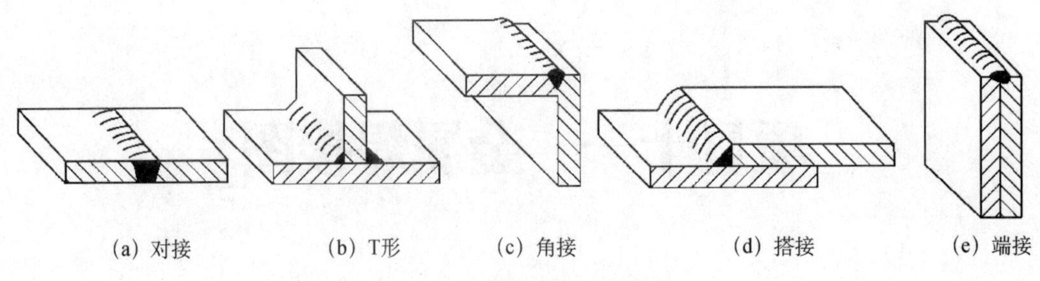

图 11-1　焊接接头的基本类型

依据最新颁布标准 TSG Z6002—2010《特种设备焊接操作人员考核细则》，按工件形式及焊接位置可将接头形式分为板状对接试件的平、立、横、仰，管状试件的水平转动、垂直固定、水平固定及 45° 试件。试件的基本形式如图 11-2 所示。

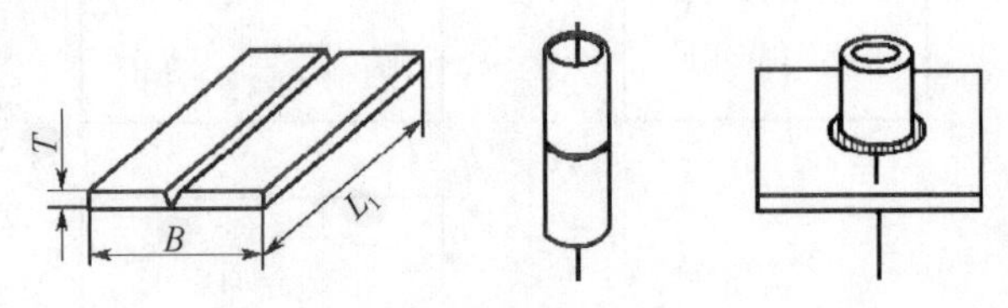

图 11-2　试件的基本形式

工件焊接后形成的结合部位称为焊缝。在技术图纸和有关技术文件中，需要在图样中简易绘制焊缝时，可用视图、剖视图或断面图表示，也可用轴测图示意表示，如图 11-1 所示。焊缝视图的画法如图 11-3（a）和图 11-3（b）所示，图中表示焊缝的一系列细实线段允许徒手绘制；也允许采用粗线表示焊缝，如图 11-3（c）所示。但在同一图样中，只允许采用一种画法。

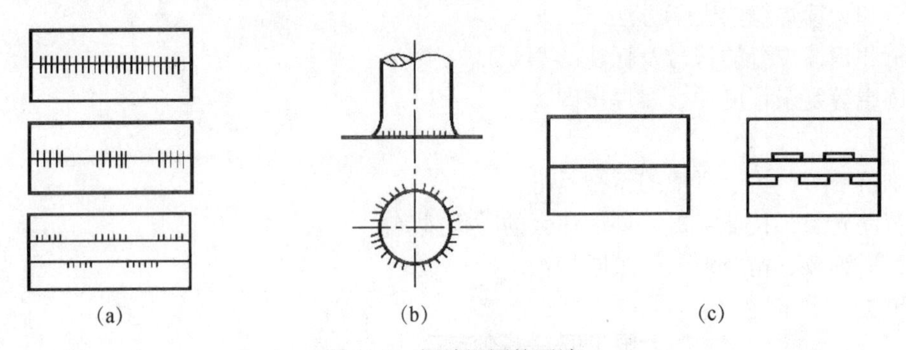

图 11-3　焊缝视图的画法

在表示焊缝端面的视图中，通常用粗实线绘出焊缝的轮廓，必要时可用细实线同时画出坡口形状等，如图 11-4（a）所示。在剖视图或断面图上，通常将焊缝区涂黑，如图 11-4（b）所示。若同时需要表示坡口等形状，可按图 11-4（c）所示绘制。

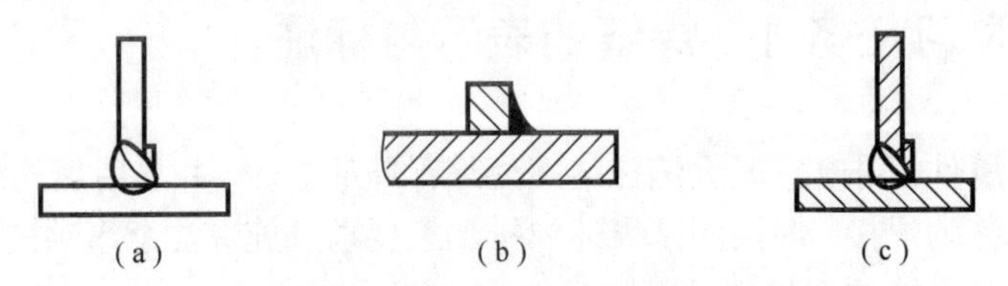

图 11-4　焊缝端面视图、剖视图及断面图的画法

用轴测图示意地表示焊缝的画法，如图 11-5 所示。必要时可将焊缝部位放大，并标注焊缝尺寸符号或数字，如图 11-6 所示。

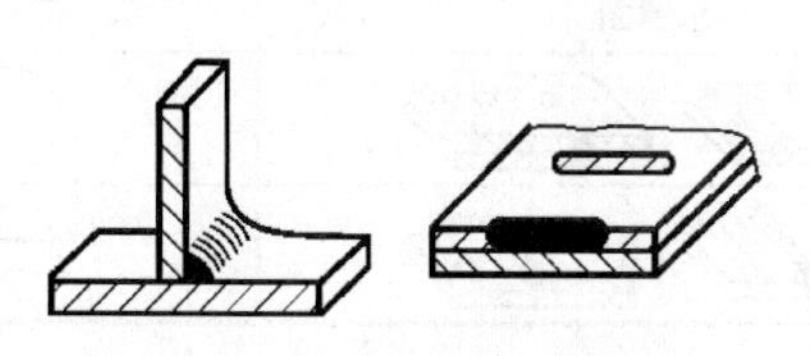

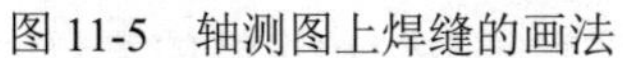

图 11-5　轴测图上焊缝的画法

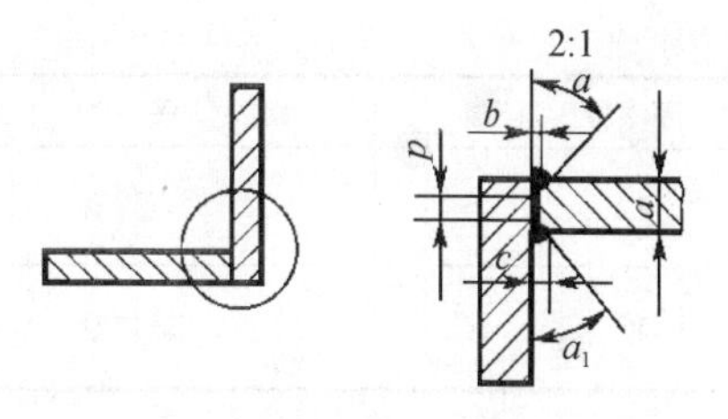

图 11-6　焊缝的局部放大图

二、焊缝符号及标注

焊缝符号及焊接方法代号是焊接结构图纸上使用的统一符号或代号，同时是一种工程语言。在我国，焊缝符号及焊接方法代号不完全相同，应符合 GB324—2008《焊缝符号表示法》和 GB5185—2005《焊接及相关工艺方法代号》的规定。

1. 焊缝符号

标准规定，焊缝符号包括基本符号、辅助符号、补充符号和焊缝尺寸符号。焊缝符号一般由基本符号和指引线组成，必要时可加上辅助符号、补充符号和焊缝尺寸符号。

（1）基本符号

基本符号是表示焊缝横截面形状的符号。标准中规定了 13 种基本符号，见表 11-1。

表 11-1　焊缝基本符号（摘自 GB324—2008）

序　号	名　称	示意图	符　号
1	卷边焊缝 （卷边完全熔化）		
2	I 形焊缝		
3	V 形焊缝		
4	单边 V 形焊缝		
5	带钝边 V 形焊缝		
6	带钝边单边 V 形焊缝		
7	带钝边 U 形焊缝		
8	带钝边 J 形焊缝		
9	封边焊缝		
10	角焊缝		
11	塞焊缝或槽焊缝		

续表

序 号	名 称	示意图	符 号
12	点焊缝	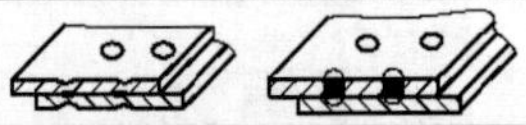	 ○
13	缝焊缝		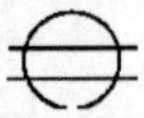

除此之外，相应标准中还对喇叭形焊缝、单边喇叭形焊缝、堆焊缝及锁边焊缝的表示方法进行了补充说明。

（2）辅助符号

辅助符号是表示焊缝形状特征的符号。相应标准中规定了 3 种辅助符号，见表 11-2。辅助符号一般与基本符号配合使用，只在对焊缝表面形状有明确要求时采用。

表 11-2　焊缝辅助符号（摘自 GB324—2008）

序号	名 称	示 意 图	符 号	说 明
1	平面符号	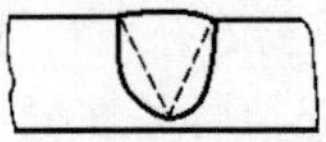	 —	焊缝表面齐平（一般通过加工）
2	凹面符号	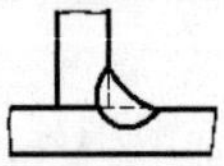		焊缝表面凹陷
3	凸面符号	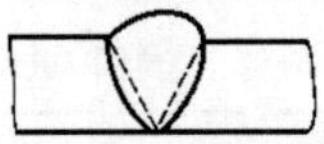		焊缝表面凸起

（3）补充符号

补充符号是为了补充说明焊缝的某些特征而采用的符号，见表 11-3。

表 11-3　焊缝补充符号

序 号	名 称	示 意 图	符 号	说 明
1	带垫板符号			表示焊缝底部有垫板
2	三面焊缝符号	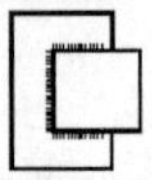		表示三面带有焊缝
3	周围焊缝符号		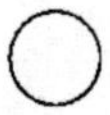 ○	表示环绕工件有焊缝
4	现场符号			表示在现场或工地进行焊接
5	尾部符号		 <	参照相应标准

（4）焊缝尺寸符号

焊缝尺寸一般不标注，如设计或生产需要注明焊缝尺寸，则用焊缝尺寸符号（字母）表示对焊缝尺寸的要求。常见焊缝尺寸符号见表 11-4。

表 11-4　常见焊缝尺寸符号

符 号	名 称	示意图	符 号	名 称	示意图
δ	工件厚度	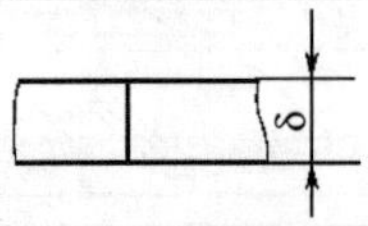	e	焊缝间距	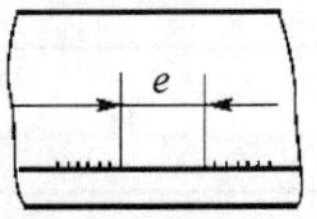

续表

符号	名称	示意图	符号	名称	示意图
c	焊缝宽度		k	焊脚尺寸	
h	余高		d	熔核直径	
l	焊缝长度		s	焊缝有效厚度	
n	焊缝段数	n=2	N	相同焊缝数量	N=3

2. 焊缝的标注方法

焊缝符号和焊接方法代号必须通过指引线及按照有关规定才能准确无误地表示清楚。

（1）指引线

指引线一般由带有箭头的箭头线和两条基准线（一条为实线，另一条为虚线）组成，如图 11-7 所示。标准中规定，箭头线相对焊缝的位置一般没有特殊要求，但是在标注 V 形、单边 V 形、J 形等焊缝时，箭头指向带有坡口一侧的工件，必要时允许箭头线弯折一次。

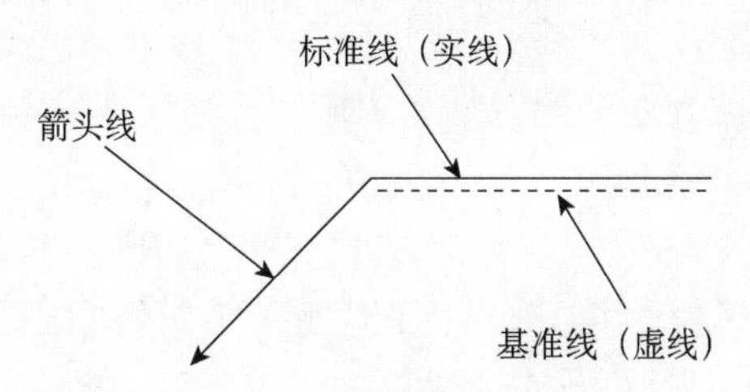

图 11-7　标注焊缝的指引线

基准线的虚线可以画在基准线的实线上方或下方，基准线一般与图样的底边相平行，但在特殊情况下也可与底边相垂直。如果焊缝和箭头在接头的同一侧，则将焊缝基本符号标注在基准线的实线侧；相反，如果焊缝和箭头线不在接头的同一侧，则将焊缝的基本符号标注在基准线的虚线侧。

（2）尺寸及数据

标准中规定，必要时基本符号可附带尺寸及数据，其标注原则如图 11-8 所示。

① 焊缝横截面上的尺寸数据标注在基本符号的左侧。

② 焊缝长度方向的尺寸数据标注在基本符号的右侧。

③ 坡口角度、坡口面角度、根部间隙等尺寸数据标注在基本符号的上方或下方。

④ 相同焊缝数量符号标注在尾部。

⑤ 当需要标注的尺寸数据较多又不易分辨时，可在数据前面增加相应的尺寸符号。

（3）标注示例

焊缝符号和焊接方法代号的标注示例如图 11-9 所示。图 11-9（a）表示 T 形接头交错断续角焊缝，焊角尺寸为 5mm，相邻焊缝的间距为 30mm，焊缝段数为 35，每段焊缝长度为 50mm。图 11-9（b）表示对接接头周围焊缝，用埋弧焊焊成 V 形焊缝在箭头一侧，要求焊缝表面平齐。

此外，标准中还规定了某些情况下焊缝符号的简化标注方法。

GB/T12212—90 规定在图样中焊缝符号的字体和图线应符合 GB/T4457.3《机械制图　字体》和

GB47.4《机械制图图样画法　图线》的规定。在任一图样中，焊缝图形符号的线宽、焊缝符号中字体的字形、字高和字体笔画宽度应与图样中其他符号的线宽、字形、字高和笔画宽度相同。

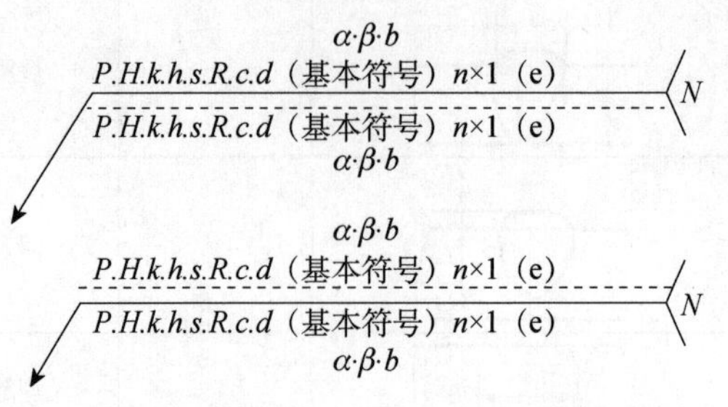

图 11-8　焊缝尺寸符号及标注原则

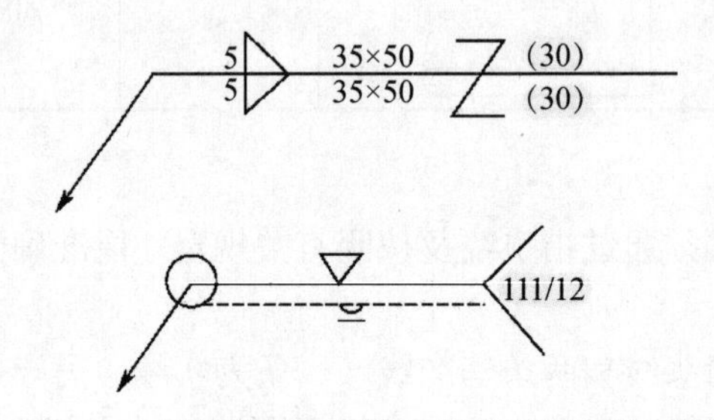

图 11-9　焊缝符号和焊接方法代号的标注示例

【任务练习 11-1】

班级＿＿＿＿＿＿＿＿　　姓名＿＿＿＿＿＿＿＿　　学号＿＿＿＿＿＿＿＿

根据焊缝图，标注焊接符号。

1.

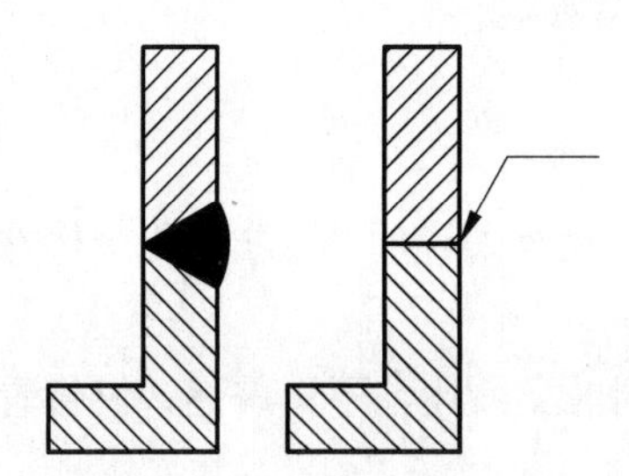

2.

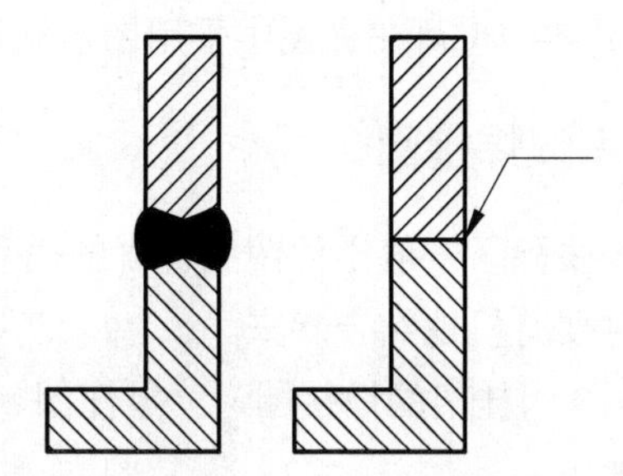

3.

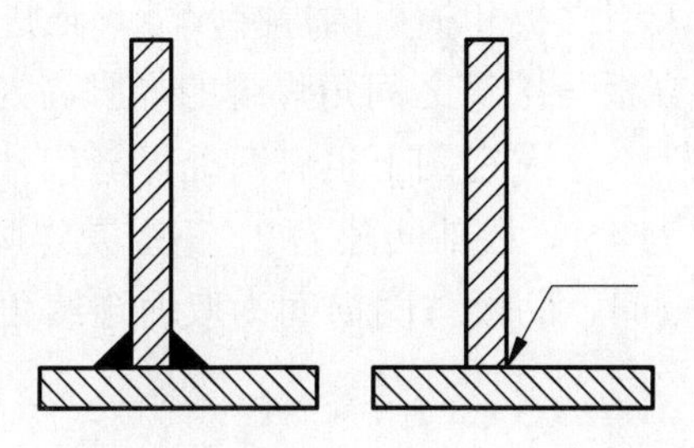

4.

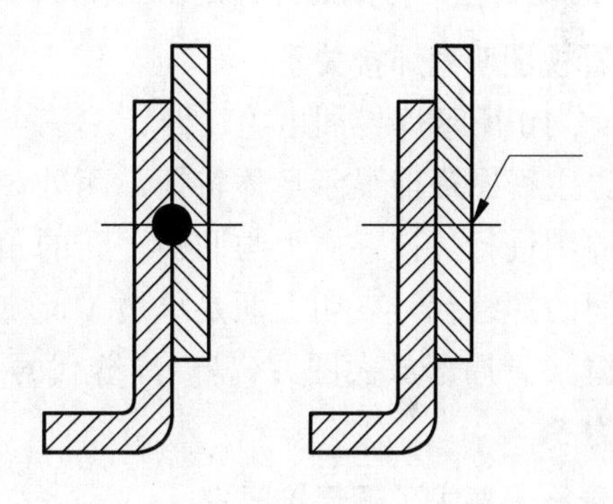

学习任务2　识读金属焊接图

一、明确焊缝在图样中表达的基本方法

① 在能清楚地表达焊接技术要求的前提下，一般在图样中只用焊缝符号直接标注于视图的轮廓线上。

② 如需要，也可在样图中采用图示法画出焊缝，并标注出焊接符号。

二、识读焊接图

焊接图中除了一般零件图应包含的内容外，还有焊接的内容及有关说明、标注和每个构件的明细栏等，识图时要有机地结合起来。

图 11-10 为挂架的焊接图，读零件图、装配图的有关规则同前文所述，不再赘述，仅将看有关焊接部分叙述如下。

1. 看明细栏了解焊件的构成

构件明细栏格式与装配图的零件明细栏基本相同，但在名称栏内应注明构件的规格大小。通过读图 11-10 中的明细栏，可知此焊件是由立板 1、横板 2、肋板 3 和圆筒 4 焊接而成的。

2. 看视图明确焊接关系

图 11-10 所示焊接图由主、俯、左三个视图组成，为表明立板和横板的焊接尺寸，还进行了局部放大。主视图最能显示形体特征，两处焊缝代号表示：立板与圆筒之间角焊缝的焊脚高为 4，环绕圆筒周围进行焊接；立板与肋板之间的角焊缝的焊脚高为 4。左视图上也有两处焊缝代号，立板与横板间的焊缝代号表明上面是单边 V 形带根焊缝，坡口为 45°，根部间隙为 2，下面是焊脚高为 4 的角焊缝（见局部放大图）；另一焊缝代号表明横板与肋板间、肋板与圆筒间为双面连续角焊缝，焊脚高为 5。

3. 看技术要求了解焊接要求

在技术要求中提出了有关焊接的要求，其中第一项也可用焊缝代号注明。

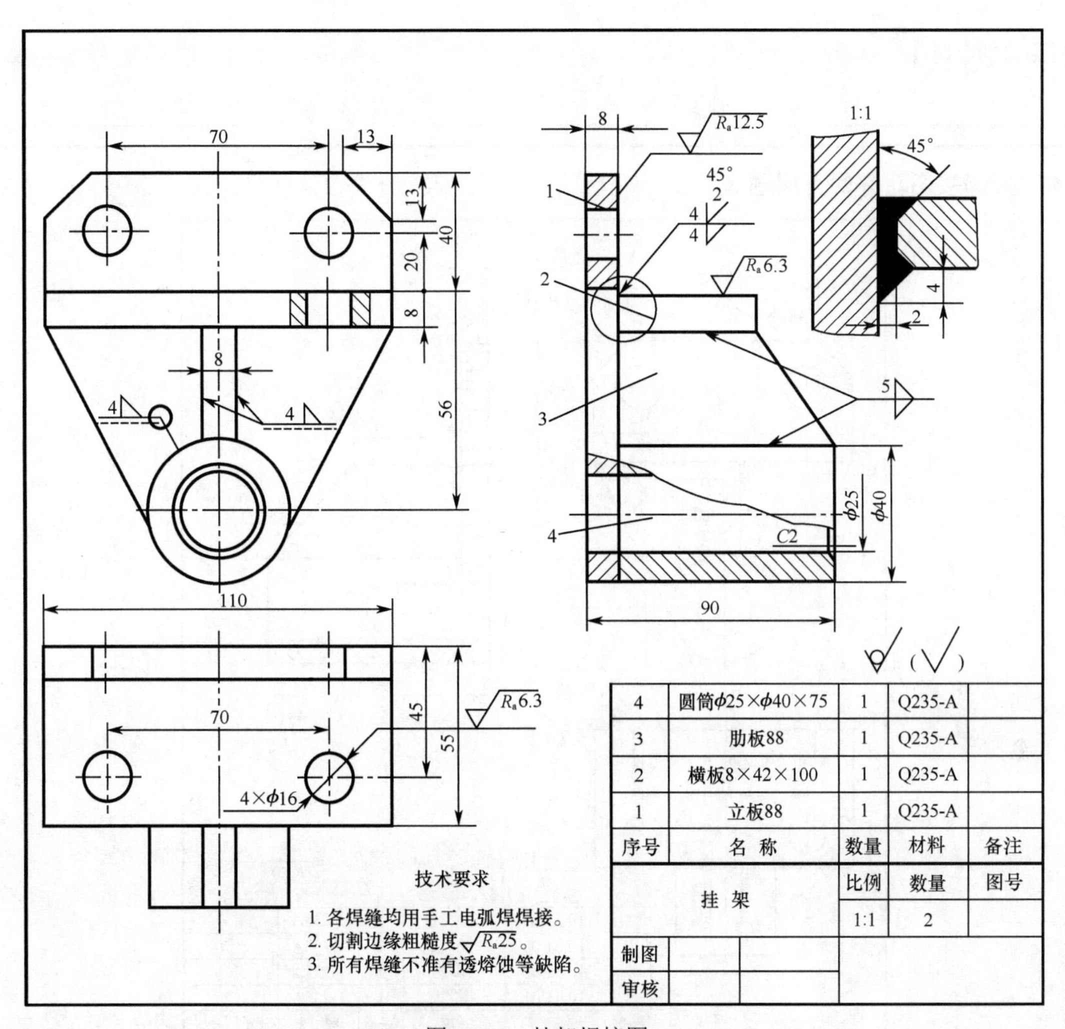

4	圆筒φ25×φ40×75	1	Q235-A	
3	肋板88	1	Q235-A	
2	横板8×42×100	1	Q235-A	
1	立板88	1	Q235-A	
序号	名 称	数量	材料	备注
挂 架		比例	数量	图号
		1:1	2	
制图				
审核				

图 11-10　挂架焊接图

【任务练习 11-2】

班级________________ 姓名________________ 学号________________

读挂架焊接图，并回答问题。

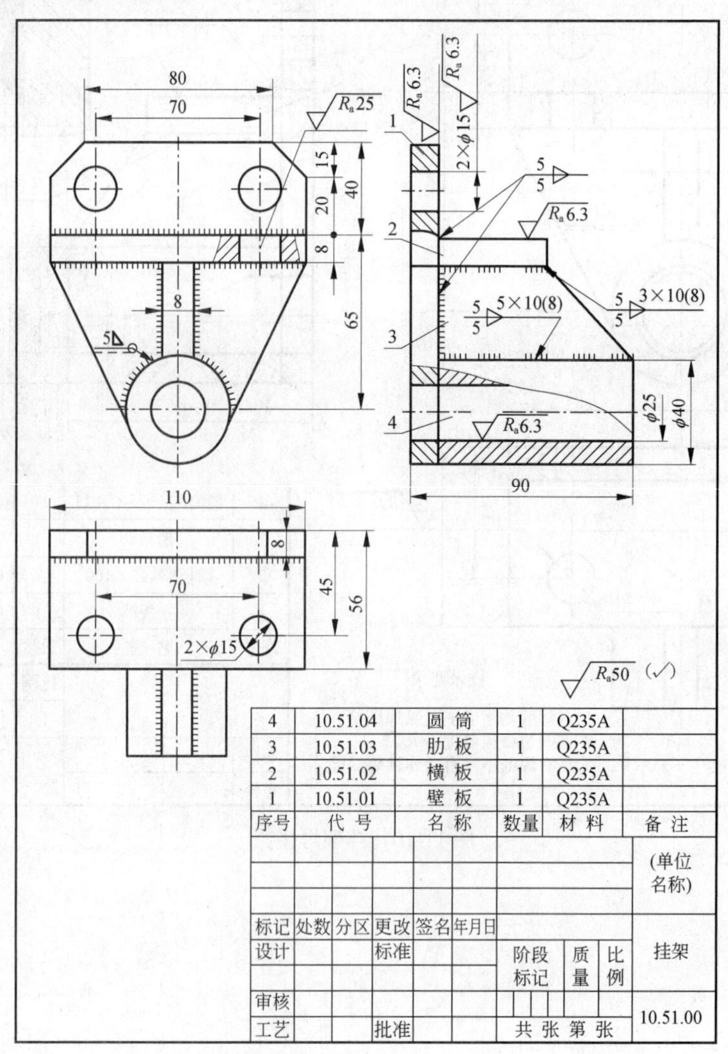

焊缝符号：5▷○ 表示：

$\frac{5}{5}$▷ 表示：

$\frac{5}{5}$▷3×10(8) 表示：

$\frac{5}{5}$▷5×10(8) 表示：

【综合训练 11】

班级________________ 姓名________________ 学号________________

读弯头焊接图，并回答问题。

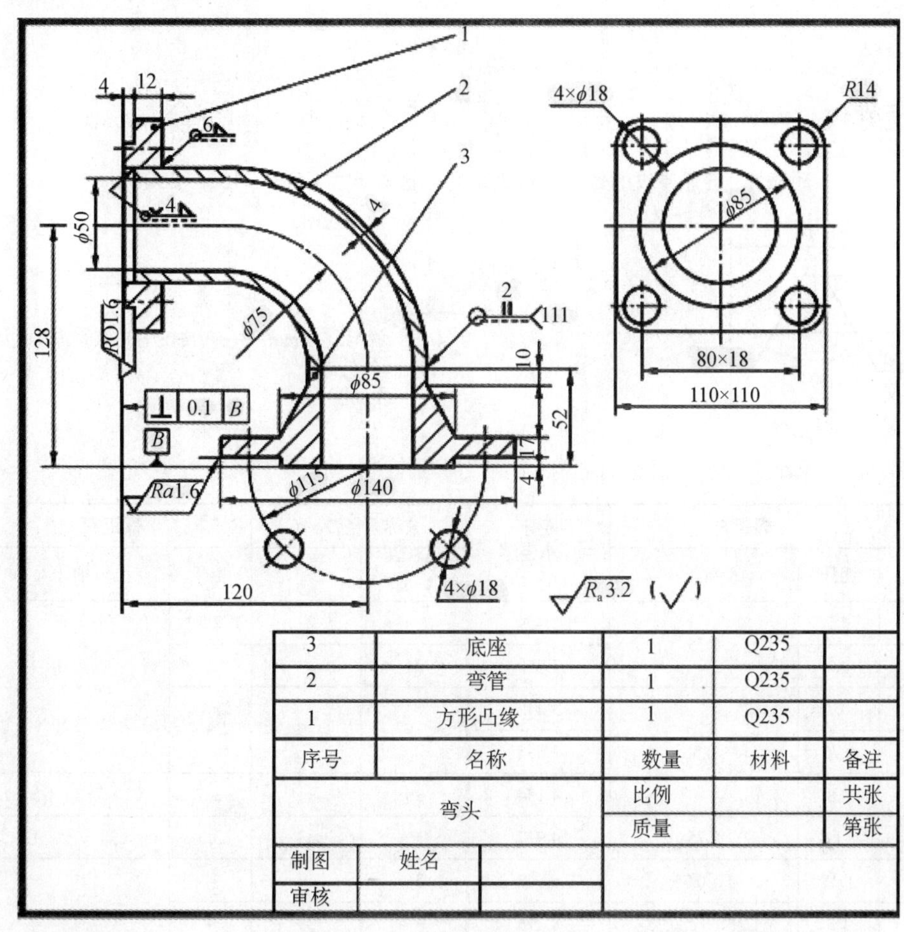

（1）弯头焊接图用________个视图表达该焊件的焊接位置、焊接方法及形状结构。

（2）弯头焊接图由________个零件焊接而成。

（3）序号 2 零件的名称是__________。

（4）序号 2 零件的材料为__________。

（5）方形凸缘 1 和弯管 2 外壁之间焊缝代号中“○”表示________________________。

（6）2 111 表示：____。

（7）6 表示：____。

附录A　螺　　纹

一、普通螺纹

附表 1　普通螺纹的直径与螺距系列、基本尺寸（GB/T 193—2003）

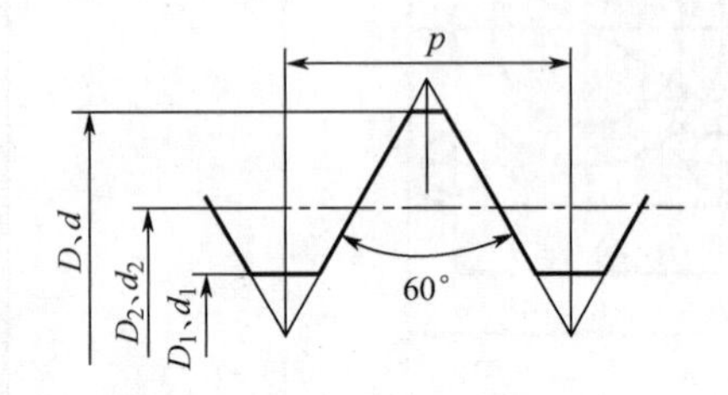

标记示例

公称直径为 24mm，螺距为 1.5mm，右旋的细牙普通螺纹其标记为 M24×1.5

单位：mm

公称直径 D、d		螺距 P		粗牙小径 D_1、d_1	公称直径 D、d		螺距 P		粗牙小径 D_1、d_1
第一系列	第二系列	粗牙	细牙		第一系列	第二系列	粗牙	细牙	
3	—	0.5	0.35	2.459	—	22	2.5	2，1.5，1	19.294
—	3.5	0.6		2.850	24	—	3		20.752
4	—	0.7	0.5	3.242	—	27	3		23.752
—	4.5	0.75		3.688					
5	—	0.8		4.134	30	—	3.5	（3），2，1.5，1	26.211
6	—	1	0.75	4.917	—	33	3.5	（3），2，1.5	29.211
8	—	1.25	1，0.75	6.647	36	—	4	3,2,1.5	31.670
10	—	1.5	1.25，1，0.75	8.376	—	39	4		34.670
12	—	1.75	1.5，1.25，1	10.106	42	—	4.5	4,3,2,1.5	37.129
—	14	2	1.5，1.25"，1	11.835	—	45	4.5		40.129
16	—	2	1.5，1	13.835	48	—	5		42.587
—	18	2.5	2，1.5，1	15.294	—	52	5		46.587
20	—	2.5		17.294	56	—	5.5		50.046

注：1. 优先选用第一系列，括号内尺寸尽可能不用。

2. 公称直径 D、d 第三系列未列入。

3. *M14×1.25 仅用于发动机的火花塞。

4. 中径 D_2、d_2 未列入。

附表 2　细牙普通螺纹螺距与小径的关系　　单位：mm

螺距 P	小径 D_1，d_1	螺距 P	小径 D_1，d_1	螺距 P	小径 D_1，d_1
0.35	d-1+0.621	1	d-2+0.917	2	d-3+0.835
0.5	d-1+0.459	1.25	d-2+0.647	3	d-4+0.752
0.75	d-1+0.188	1.5	d-2+0.376	4	d-5+0.670

注：表中的小径按 $D_1=d_1=d-2\times 5/8H$，$H=\sqrt{3}/2P=0.866\,025\,404P$ 计算得出。

二、管螺纹

附表 3　55°非密封管螺纹（GB/T 7307—2001）

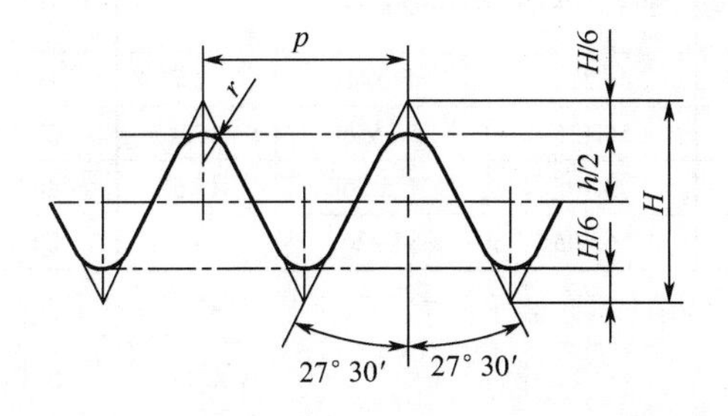

标记示例

尺寸代号为 1/2 的 A 级右旋外螺纹的标记为 G1/2A

尺寸代号为 1/2 的右旋内螺纹的标记为 G1/2

上述右旋内外螺纹所组成的螺纹副标记为 G1/2A

当螺纹为左旋时标记为 G1/2A-LH

单位：mm

尺寸代号	每 25.4mm 轴向长度内的牙数 n	螺距 P	牙局 h	圆弧半径 r	基本直径		
					大径 d=D	中径 $d_2=D_2$	小径 $d_1=D_1$
1/4	19	1.337	0.856	0.184	13.157	12.301	11.445
3/8	19	1.337	0.856	0.184	16.662	15.806	14.950
1/2	14	1.814	1.162	0.249	20.955	19.793	18.631
5/8	14	1.814	1.162	0.249	22.911	21.749	20.587
3/4	14	1.814	1.162	0.249	26.441	25.279	24.117
7/8	14	1.814	1.162	0.249	30.201	29.039	27.877
1	11	2.309	1.479	0.317	33.249	31.770	30.291
$1^1/_8$	11	2.309	1.479	0.317	37.897	36.418	34.939
$1^1/_4$	11	2.309	1.479	0.317	41.910	40.431	38.952
$1^1/_2$	11	2.309	1.476	0.317	47.803	46.324	44.845
$1^3/_4$	11	2.309	1.479	0.317	53.746	52.267	50.788
2	11	2.309	1.479	0.317	59.614	58.135	56.656

附表 4　55°密封管螺纹（GB/T 7306.2—2000）

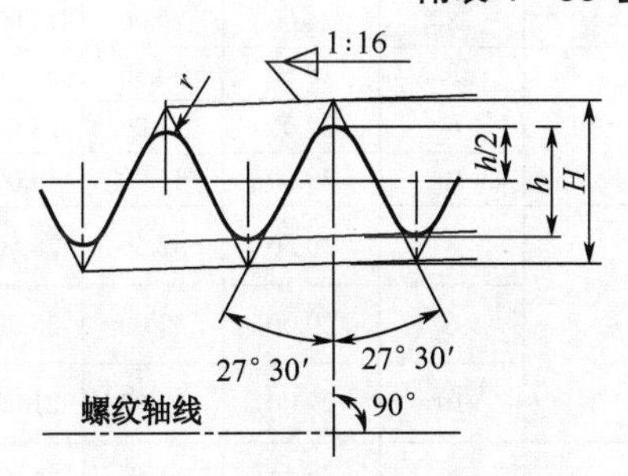

标记示例

尺寸代号为 1/2 的右旋圆锥外螺纹的标记为 R1/2

尺寸代号为 1/2 的右旋圆锥内螺纹的标记为 Rcl/2

上述右旋内外螺纹所组成的螺纹副标记为 Rc/Rl/2

当螺纹为左旋时标记为 Rc/Rl/2-LH

单位：mm

尺寸代号	每 25.4mm 轴向长度内的牙数 n	螺距 P	牙高 h	圆弧半径 r	基面上的基本直径			基准距离	有效螺纹长度
					大径 $d=D$（基准直径）	中径 $d_2=D_2$	小径 $d_1=D_1$		
1/8	28	0.907	0.581	0.125	9.728	9.147	8.566	4.0	6.5
1/4	19	1.337	0.856	0.184	13.157	12.301	11.445	6.0	9.7
3/8	19	1.337	0.856	0.184	16.662	15.806	14.950	6.4	10.1
1/2	14	1.814	1.162	0.249	20.955	19.793	18.631	8.2	13.2
3/4	14	1.814	1.162	0.249	26.441	25.279	24.117	9.5	14.5
1	11	2.309	1.479	0.317	33.249	31.770	30.291	10.4	16.8
$1^1/_4$	11	2.309	1.479	0.317	41.910	40.431	38.952	12.7	19.1

续表

尺寸代号	每25.4mm轴向长度内的牙数 n	螺距 P	牙高 h	圆弧半径 r	基面上的基本直径			基准距离	有效螺纹长度
					大径 $d=D$（基准直径）	中径 $d_2=D_2$	小径 $d_1=D_1$		
$1^1/_2$	11	2.309	1.479	0.317	47.803	46.324	44.845	12.7	19.1
2	11	2.309	1.479	0.317	59.614	58.135	56.656	15.9	23.4
$2^1/_2$	11	2.309	1.479	0.317	75.184	73.705	72.226	17.5	26.7
3	11	2.309	1.479	0.317	87.884	86.405	84.926	20.6	29.8

三、梯形螺纹

附表 5　梯形螺纹的直径与螺距系列、基本尺寸（GB/T 5796.2—2005 和 GB/T 5796.3—2005）

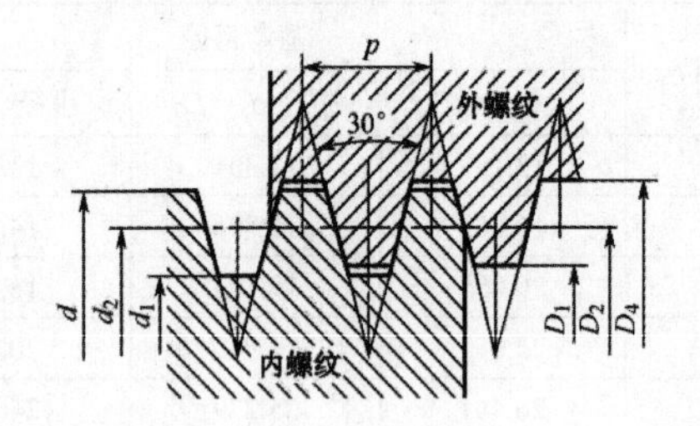

标记示例

公称直径为 40mm、导程为 14mm、螺距为 7mm 的双线左旋梯形螺纹的标记为 Tr40×14（P7）LH

单位：mm

公称直径 d 第一系列	公称直径 d 第二系列	螺距 p	中径 $d_2=D_2$	大径 D_4	小径 D_3	小径 D_1
8	—	1.5	7.25	8.30	6.20	6.50
—	9	1.5	8.25	9.30	7.20	7.50
		2	8.00	9.50	6.50	7.00
10	—	1.5	9.25	10.30	8.20	8.50
		2	9.00	10.50	7.50	8.00
—	11	2	10.00	11.50	8.50	9.00
		3	9.50	11.50	7.50	8.00
12	—	2	11.00	12.50	9.50	10.00
		3	10.50	12.50	8.50	9.00
—	14	2	13.00	14.50	11.50	12.00
		3	12.50	14.50	10.50	11.00
16	—	2	15.00	16.50	13.50	14.00
		4	14.00	16.50	11.50	12.00
—	18	2	17.00	18.50	15.50	16.00
		4	16.00	18.50	13.50	14.00
20	—	2	19.00	20.50	17.50	18.00
		4	18.00	20.50	15.50	16.00
—	22	3	20.50	22.50	18.50	19.00
		5	19.50	22.50	16.50	17.00
		8	18.00	23.00	13.00	14.00
24	—	3	22.50	24.50	20.50	21.00
		5	21.50	24.50	18.50	19.00
		8	20.00	25.00	15.00	16.00

公称直径 d 第一系列	公称直径 d 第二系列	螺距 P	中径 $d_2=D_2$	大径 D_4	小径 D_3	小径 D_1
—	26	3	24.50	26.50	22.50	23.00
		5	23.50	26.50	20.50	21.00
		8	22.00	27.00	17.00	18.00
28	—	3	26.50	28.50	24.50	25.00
		5	25.50	28.50	22.50	23.00
		8	24.00	29.00	19.00	20.00
—	30	3	28.50	30.50	26.50	27.00
		6	27.00	31.00	23.00	24.00
		10	25.00	31.00	19.00	20.00
32	—	3	30.50	32.50	28.50	29.00
		6	29.00	33.00	25.00	26.00
		10	27.00	33.00	21.00	22.00
—	34	3	32.50	34.50	30.50	31.00
		6	31.00	35.00	27.00	28.00
		10	29.00	35.00	23.00	24.00
36	—	3	34.50	36.50	32.50	33.00
		6	33.00	37.00	29.00	30.00
		10	31.00	37.00	25.00	26.00
—	38	3	36.50	38.50	34.50	35.00
		7	34.50	39.00	30.00	31.00
		10	33.00	39.00	27.00	28.00
40	—	3	38.50	40.50	36.50	37.00
		7	36.50	41.00	32.00	33.00
		10	35.00	41.00	29.00	30.00

附录B　常用结构

一、普通螺纹收尾、肩距、退刀槽、倒角

附表 6　普通螺纹收尾、肩距、退刀槽、倒角

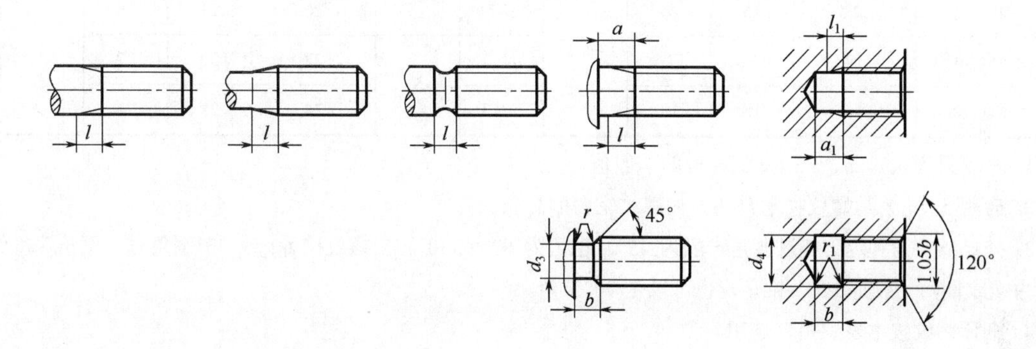

单位：mm

螺距 P	粗牙螺纹大径 d	外螺纹						内螺纹				
		螺纹收尾 $l\leqslant$	肩距 $a\leqslant$	退刀槽			倒角 C	螺纹收尾 $l\leqslant$	肩距 $a_1\leqslant$	退刀槽		
				b	r	d_3				b_1	r_1	d_4
0.2	—	0.5	0.6	—	0.5P	—	0.2	0.8	1.2	—	0.5P	—
0.25	1,1.2	0.6	0.75	0.75		d-0.4		1.0	1.5			
0.3	1.4	0.75	0.9	0.9		d-0.5	0.3	1.2	1.8			
0.35	1.6、1.8	0.9	1.05	1.05		d-0.6		1.4	2.2			
0.4	2	1	1.2	1.2		d-0.7	0.4	1.6	2.5			
0.45	2.2、2.5	1.1	1.35	1.35		d-0.7		1.8	2.8			
0.5	3	1.25	1.5	1.5		d-0,8	0.5	2	3	2		d+0.3
0.6	3.5	1.5	1.8	1.8		d-1		2.4	3.2	2.4		
0.7	4	1.75	2.1	2.1	0.5P	d-1.1	0.6	2.8	3.5	2.8	0.5P	
0.75	4.5	1.9	2.25	2.25		d-1.2		3	3.8	3		
0.8	5	2	2.4	2.4		d-1.3	0.8	3.2	4	3.2		
1	6.7	2.5	3	3		d-1.6	1	4	5	4		d+0.5
1.25	8	3.2	4	3.75		d-2	1.2	5	6	5		
1.5	10	3.8	4.5	4.5		d-2.3	1.5	6	7	6		
1.75	12	4.3	5.3	5.25		d-2.6	2	7	9	7		
2	14、16	5	6	6		d-3		8	10	8		
2.5	18、20、22	6.3	7.5	7.5		d-3.6	2.5	10	12	10		

续表

螺距 P	粗牙螺纹大径 d	外螺纹						内螺纹				
		螺纹收尾 $l\leqslant$	肩距 $a\leqslant$	退刀槽			倒角 C	螺纹收尾 $l\leqslant$	肩距 $a_1\leqslant$	退刀槽		
				b	r	d_3				b_1	r_1	d_4
3	24、27	7.5	9	9		d-4.4		12	14	12		
3.5	30、33	9	10.5	10.5		d-5	3	14	16	14		
4	36、39	10	12	12		d-5.7		16	18	16		
4.5	42、45	11	13.5	13.5		d-6.4	4	18	21	18		
5	48、53	12.5	15	15		d-7		20	23	20		
5.5	56、60	14	16.5	17.5		d-7.7	5	22	25	22		
6	64、66	15	18	18		d-8.3		24	28	24		

注：1. 本表只列入 l、a、b、l_1、a_1、b_1 的一般值。

2. 肩距 a（a_1）是螺纹收尾 l（l_1）加螺纹空白的总长。

3. 外螺纹倒角和退刀槽过渡角一般为 45°，也可为 60°或 30°。当螺纹按 60°或 30°倒角时，倒角深度约等于螺纹深度。内螺纹倒角一般是 120° 锥角，也可以是 90°锥角。

4. 细牙螺纹按本表螺距 P 选用。

二、砂轮越程槽

附表 7　回转面及端面砂轮越程槽的形成及尺寸（GB/T 6403.5—2008）

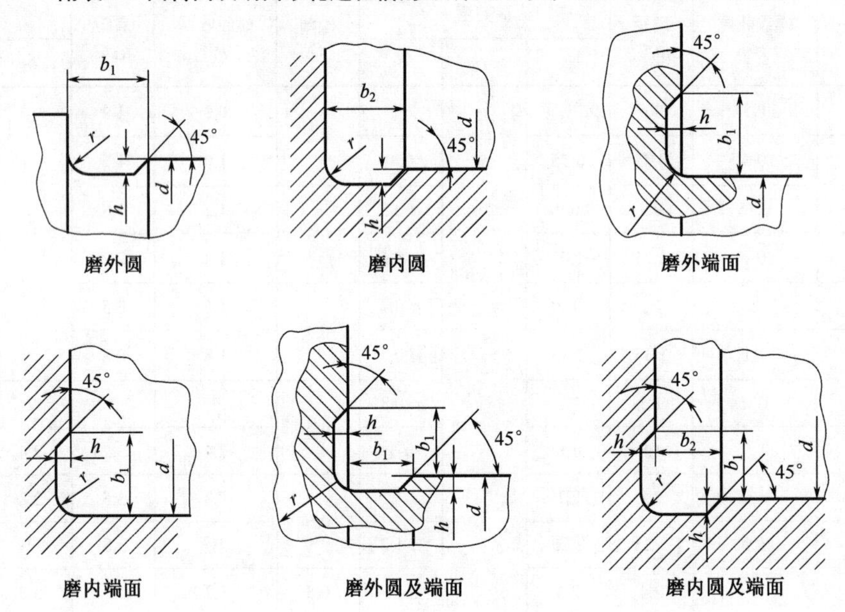

单位：mm

b_1	0.6	1.0	1.6	2.0	3.0	4.0	5.0	8.0	10
b_2	2.0	3.0		4.0		5.0		8.0	10
h	0.1	0.2		0.3	0.4		0.6	0.8	1.2
r	0.2	0.5		0.8	1.0		1.6	2.0	3.0
d	<10			10～50		50～100		>100	

三、倒角、倒圆

附表 8　与直径 d 或 D 相应的倒角 C、倒圆 R 的推荐值（GB/T 6403.4—2008）

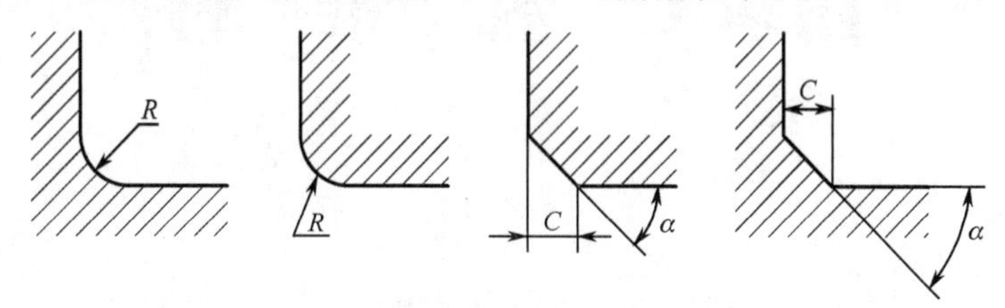

单位：mm

d 或 D	<3	3～6	6～10	10～18	18～30	30～50	50～80	80～120	120～180
C 或	0.2	0.4	0.6	0.8	1.0	1.6	2.0	2.5	3.0
d 或 D	180～250	250～320	320～400	400～500	500～630	630～800	800～1 000	1 000～1 250	1 250～1 600
C 或 R	4.0	5.0	6.0	8.0	10	12	16	20	25

四、螺纹紧固件的通孔和沉孔

附表 9　螺纹紧固件的通孔和沉孔

单位：mm

螺栓或螺钉直径 d		3	3.5	4	5	6	8	10	12	14	16	20	24	30	36
通孔直径 d_h（GB/T5277—1985）	精装配	3.2	3.7	4.3	5.3	6.4	8.4	10.5	13	15	17	21	25	31	37
	中等装配	3.4	3.9	4.5	5.5	6.6	9	11	13.5	15.5	17.5	22	26	33	39
	粗装配	3.6	4.2	4.8	5.8	7	10	12	14.5	16.5	18.5	24	28	35	42
六角头螺栓和六角螺母用沉孔（GB/T 152.4—1988）	d_2	9	—	10	11	13	18	22	26	30	33	40	48	61	71
	t	只要能制出与通孔轴线垂直的圆平面即可													
沉头用沉孔（GB/T 152.2—1988）	d_2	6.4	8.4	9.6	10.6	12.8	17.6	20.3	24.4	28.4	32.4	40.4	—	—	—
开槽圆柱头用的圆柱头沉孔（GB/T 152.3—1988）	d_2	—	—	8	10	11	15	18	20	24	26	33	—	—	—
	t	—	—	3.2	4	4.7	6	7	8	9	10.5	12.5	—	—	—
内六角圆柱头用的圆柱头沉孔（GB/T 152.3—1988）	d2	6	—	8	10	11	15	18	20	24	26	33	40	48	57
	t	3.4	—	4.6	5.7	6.8	9	11	13	15	17.5	21.5	25.5	32	38

附录C 标 准 件

一、六角头螺栓

附表 10 六角头螺栓

六角头螺栓 GB/T 5782—2000、GB/T 5785—2000

六角头螺栓全螺纹 GB/T 5783—2000、GB/T 5786—2000

标记示例

螺纹规格 d=M10，l=60mm，性能等级为 8.8 级，表面氧化处理，A 级的六角头螺栓，标记为螺栓 GB/T 5783 M10×60；若为全螺纹，标记为螺栓 GB/T 5783M 10×60

单位：mm

螺纹规格	d		M3	M4	M5	M6	M8	M10	M12	Ml6	M20	M24	M30	M36
	P		0.5	0.7	0.8	1	1.25	1.5	1.75	2	2.5	3	3.5	4
b	l≤125		12	14	16	18	22	26	30	38	46	54	66	—
	125≤l≤200		18	20	22	24	28	32	36	44	52	60	72	84
	l>200		31	33	35	37	41	45	49	57	65	73	85	97
d_{wmin}		A 级	4.57	5.88	6.88	8.88	11.63	14.63	16.63	22.49	28.19	33.61	—	—
		B 级	4.45	5.74	6.74	8.74	11.47	14.47	16.47	22	27.7	33.25	42.75	51.11
d_{smax}			3.00	4.00	5.00	6.00	8.00	10.00	12.00	16.00	20.00	24.00	30.00	36.00
a		max	1.5	2.1	2.4	3	4	4.5	5.3	6	7.5	9	10.5	12
		min	0.5	0.7	0.8	1	1.25	1.5	1.75	2	2.5	3	3.5	4
c		max	0.4	0.4	0.5	0.5	0.6	0.6	0.6	0.8	0.8	0.8	0.8	0.8
		min	0.15	0.15	0.15	0.15	0.15	0.15	0.15	0.2	0.2	0.2	0.2	0.2
e_{min}		A 级	6.01	7.66	8.79	11.05	14.38	17.77	20.03	26.75	33.53	39.98	—	—
		B 级	5.88	7.50	8.63	10.89	14.20	17.59	19.85	26.17	32.95	39.55	50.85	60.79
s	max		5.50	7.00	8.00	10.00	13.00	16.00	18.00	24.00	30.00	36.00	46.00	55.00
	min	A 级	5.32	6.78	7.78	9.78	12.73	15.73	17.73	23.67	29.67	35.38	—	—
		A 级	5.20	6.64	7.64	9.64	12.57	15.57	17.57	23.16	29.16	35.00	45	53.8
k			2	2.8	3.5	4	5.3	6.4	7.5	10	12.5	15	18.7	22.5
l（商品长度规格范围）		A 级	20～30	25～40	25～50	30～60	40～80	45～100	50～120	65～150	80～150	90～150	—	—
		B 级	—	—	—	—	—	—	—	160	160～200	160～240	110～300	140～360

注：1. 长度系列为 20～70（5 进位），80～160（10 进位），180～400（20 进位）。

2. GB/T 5785 规定 l 为 160～300。

二、双头螺柱

附表 11　双头螺柱

GB/T 897—1988($bm=1d$)　GB/T 898—1988($bm=1.25d$)　GB/T 899—1988($bm=1.5d$)GB/T 900—1988($bm=2d$)

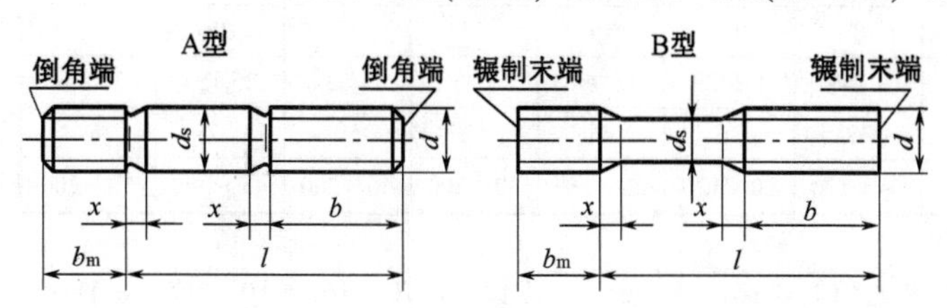

标记示例

两端均为粗牙普通螺纹，d=M10，l=60mm，性能等级为 4.8 级，不经表面处理，B 型，$bm=1d$ 的双头螺柱，标记为螺柱 GB/T 897　M10×60

单位：mm

螺纹规格 d		M3	M4	M5	M6	M8
b_m	GB/T 897—1988	—	—	5	6	8
	GB/T 898—1988	—	—	6	8	10
	GB/T 899—1988	4.5	6	8	10	12
	GB/T 900—1988	6	8	10	12	16
l/b		(16～20)/6 ((22)～40)/12	(16～（22))/8 (25～40)/14	(16～（22))/10 (25～50)/16	(20～（22))/10 (25～30)/14 ((32)～（75))/18	(20～（22))/12 (25～30)/16 ((32)～90)/22
螺纹规格 d		M10	M12	M16	M20	M24
b_m	GB/T 897—1988	10	12	16	20	24
	GB/T 898—1988	12	15	20	25	30
	GB/T 899—1988	15	18	24	30	36
	GB/T 900—1988	20	24	32	40	48
l/b		(25～（28))/14 (30～（38))/16 (40～120)/26 130/32	(25～30)/16 ((32)～40)/20 (45～120)/30 (130～180)/36	(30～（38))/20 (40～（55))/30 (60～120)/38 (130～200)/44	(35～40)/25 (45～（65))/35 (70～120)/46 (130～200)/52	(45～50)/30 ((55)～（75))/45 (80～120)/54 (130～200)/60

注：1. GB/T 897—1988 和 GB/T 898—1988 规定螺柱的螺纹规格 d=M5～M48，公称长度 l=16～300mm；GB/T 899—1988 和 GB/T 900—1988 规定螺柱的螺纹规格 d=M2～M48，公称长度 l=12～300mm。

2. 螺柱公称长度 l（系列）：12，16，20，25，30，35，40，45，50～260（10 进位），280，300。

3. 材料为钢的螺柱性能等级有 4.8、5.8、6.8、8.8、10.9、12.9 级，4.8 级为常用。

三、螺钉

附表 12　内六角圆柱头螺钉（GB/T 70.1—2008）

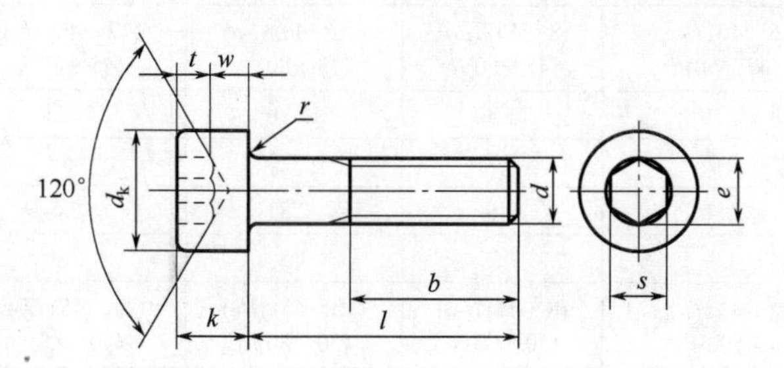

标记示例

螺纹规格 d=M5、l=20mm、性能等级为 8.8 级、表面氧化的 A 型内六角圆柱头螺钉，标记为螺钉 GB/T 70.1　M5×20

单位：mm

螺纹规格 d	M3	M4	M5	M6	M8	M10	M12	MI6	M20	M24	M30	M36
d_{kmax}	5.5	7	8.5	10	13	16	18	24	30	36	45	54

续表

螺纹规格 d	M3	M4	M5	M6	M8	M10	M12	Ml6	M20	M24	M30	M36
k_{max}	3	4	5	6	8	10	12	16	20	24	30	36
t_{min}	1.3	2	2.5	3	4	5	6	8	10	12	15.5	19
s	2.5	3	4	5	6	8	10	14	17	19	22	27
e	2.873	3.443	4.583	5.723	6.683	9.149	11.429	15.996	19.437	21.734	25.154	30.854
b	18	20	22	24	28	32	36	44	52	60	72	84
l	5～30	6～40	8～50	10～60	12～80	16～100	20～120	25～160	30～200	40～200	45～200	55～200

注：1. 标准规定螺钉规格 d＝M1.6～M64。

2. 公称长度K系列）：2.5，3，4，5，6～12（2进位），16，20～65（5进位），70～160（10进位），180～300（20进位）mm。

3. 材料为钢的螺钉性能等级有8.8、10.9、12.9级，8.8级为常用。

附表13　开槽螺钉

开槽圆柱头螺钉 GB/T 65—2016　　开槽盘头螺钉 GB/T 67—2016　　开槽沉头螺钉 GB/T 68—2016

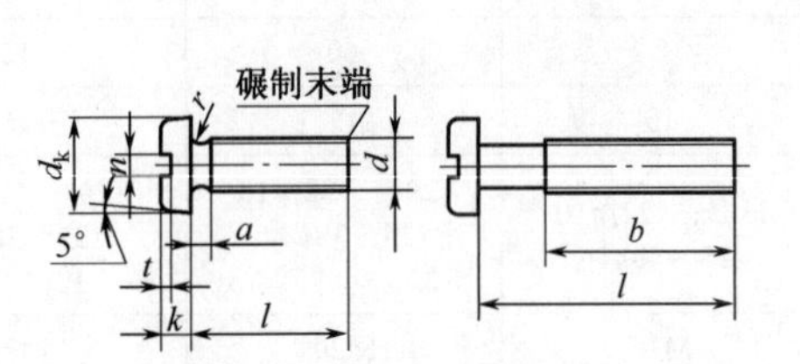

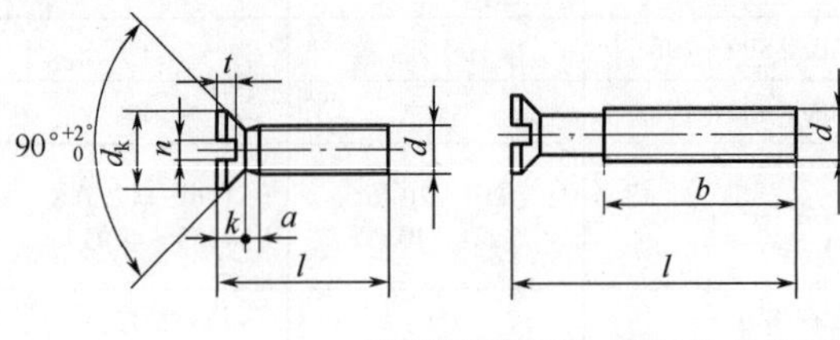

无螺纹部分杆径≈中径或=螺纹大径　　无螺纹部分杆径≈中径或=螺纹大径

标记示例

螺纹规格 d＝M5、l＝20mm，性能等级为4.8级、不经表面处理的A级开槽圆柱头螺钉，标记为螺钉 GB/T65　M5×20

单位：mm

螺纹规格 d			M3	M4	M5	M6	M8	M10
a_{max}			1	1.4	1.6	2	2.5	3
b_{min}			25	38	38	38	38	38
n			0.8	1.2	1.2	1.6	2	2.5
GB/T 65—2016	d_{kmax}		5.50	7.00	8.50	10.00	13.00	16.00
	k_{max}		2.00	2.60	3.30	3.9	5.0	6.0
	t_{min}		0.85	1.1	1.3	1.6	2	2.4
	l/b		(4～30)/(l-a)	(5～40)/(l-a)	(6～40)/(l-a) (45～50)/b	(8～40)/(l-a) (45～60)/b	(10～40)/(l-a) (45～80)/b	(12～40)/(l-a) (45～80)/b
GB/T 67—2016	d_{kmax}		5.6	8.00	9.50	12.00	16.00	20.00
	k_{max}		1.80	2.40	3.00	3.6	4.8	6.0
	t_{min}		0.7	1	1.2	1.4	1.9	2.4
	l/b		(4～30)/(l-a)	(5～40)/(l-a)	(6～40)/(l-a) (45～50)/b	(8～40)/(l-a) (45～60)/b	(10～40)/(l-a) (45～80)/b	(12～40)/(l-a) (45～80)/b
GB/T 68—2016	d_{kmax}		5.5	8.40	9.30	11.30	15.80	18.30
	k_{max}		1.65	2.7	2.7	3.3	4.65	5
	t	max	0.85	1.3	1.4	1.6	2.3	2.6
		min	0.60	1.0	1.1	1.2	1.8	2.0
	l/b		(5～30)/(l-a)	(6～40)/(l-a)	(8～45)/(l-a) 50/6	(8～45)/(l-a) (50～60)/6	(10～45)/(l-a) (50～80)/6	(12～45)/(Z-a) (50～80)/6

注：1. 标准规定螺钉规格 d＝Ml.6～M10。

2. 公称长度 l（系列）：2，2.5，3，4，5，6，8，10，12，16，20，25，30，40，45，50，60，70，80mm。

3. 当表中的 b 项为 l-a 时表示全螺纹。

4. 材料为钢的螺钉性能等级有4.8、5.8级，4.8级为常用。

四、紧定螺钉

附表 14　紧定螺钉

开槽锥端紧定螺钉 GB/T 71—1985　　开槽平端紧定螺钉 GB/T 73—1985　　开槽长圆柱端紧定螺钉 GB/T 75—1985

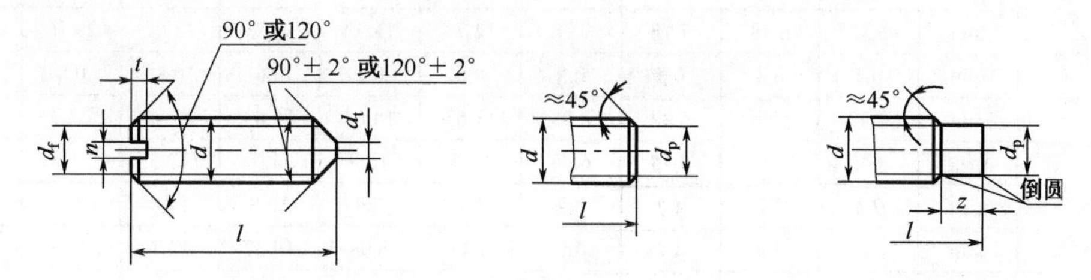

标记示例

螺纹规格 d=M5、l=12 mm，性能等级为 14H 级、表面氧化处理的开槽锥端紧定螺钉，其标记为螺钉 GB/T71M5×12

单位：mm

螺纹规格 d			M3	M4	M5	M6	M8	M10	M12
GB/T 71—1985	d_f≈		螺纹小径						
	n		0.4	0.6	0.8	1	1.2	1.6	2
	t	max	1.05	1.42	1.63	2	2.5	3	3.6
		min	0.8	1.12	1.28	1.6	2	2.4	2.8
	d_t	max	0.3	0.4	0.5	1.5	2	2.5	3
	l	120°	—	—	—	—	—	—	—
		90。	4～16	6～20	8～25	8～30	10～40	12～50	14～60
GB/T 73—1985 GB/T 75—1985	dp	max	2	2.5	3.5	4	5.5	7	8.5
		min	1.75	2.25	3.2	3.7	5.2	6.64	8.14
GB/T 73—1985	l	120°	3	4	5	6	—	—	—
		90。	4～16	5～20	6～25	8～30	8～40	10～50	12～60
GB/T 75—1985	z	max	1.75	2.25	2.75	3.25	4.3	5.3	6.3
		min	1.5	2	2.5	3	4	5	6
	l	120°	5	6	8	8～10	10～（14）	12～16	(14)～20
		90。	6～16	8～20	10～25	12～30	16～40	20～50	25～60

注：1. GB/T 71—1985 和 GB/T 73—1985 规定螺钉的螺纹规格 d=Ml.2～M12，公称长度 l=2.5～60mm；GB/T 75—1985 规定螺钉的螺纹规格 d=Ml.6～M12，公称长度 l=2.5～60mm。

2. 螺钉公称长度 l（系列）：2，2.5，3，4，5，6，8，10，12，16，20，25，30，40，45，50，60mm。

3. 材料为钢的螺钉性能等级有 14H、22H 级，14H 级为常用。数字表示最低维氏硬度的 1/10，H 表示硬度。

五、螺母

附表 15　六角螺母

1 型六角螺母 GB/T 6170—2000　　2 型六角螺母 GB/T 6175—2000　　六角薄螺母 GB/T 6172.1—2000

标记示例

螺纹规格 D=M10、性能等级为 8 级、不经表面处理、产品等级为 A 级的 1 型六角螺母，标记为螺母 GB/T 6170　M10

单位：mm

螺纹规格 D		M3	M4	M5	M6	M8	M10	Ml2	M16	M20	M24	M30
e	min	6.01	7.66	8.79	11.05	14.38	17.77	20.03	26.75	32.95	39.55	50.85
s	max	5.5	7	8	10	13	16	18	24	30	36	46
	min	5.32	6.78	7.78	9.78	12.73	15.73	17.73	23.67	29.16	35	45
c	min	0.4	0.4	0.5	0.5	0.6	0.6	0.6	0.8	0.8	0.8	0.8
d_w	min	4.57	5.88	6.88	8.88	11.63	14.63	16.63	22.49	27.7	33.25	42.75
d_a	max	3.45	4.6	5.75	6.75	8.75	10.8	13	17.3	21.6	25.9	32.4
m GB/T 6170—2000	max	2.4	3.2	4.7	5.2	6.8	8.4	10.8	14.8	18	21.5	25.6
	min	2.15	2.9	4.4	4.9	6.44	8.04	10.37	14.1	16.9	20.2	24.3
m GB/T 6172.1—2000	max	1.8	2.2	2.7	3.2	4	5	6	8	10	12	15
	min	1.55	1.95	2.45	2.9	3.7	4.7	5.7	7.42	9.1	10.9	13.9
m GB/T 6175—2000	max	—	—	5.1	5.7	7.5	9.3	12	16.4	20.3	23.9	28.6
	min	—	—	4.8	5.4	7.14	8.94	11.57	15.7	19	22.6	27.3

注：1. GB/T 6170—2000 和 GB/T 6172.1—2000 的螺纹规格为 M1.6～M64；GB/T 6175—2000 的螺纹规格为 M5～M36。

2. 产品等级为 A、B 是由公差取值大小决定的，A 级公差数值小。A 级用于 D≤16mm 的螺母，B 级用于 D>16mm 的螺母。

3. 钢制 1 型和 2 型螺母用与之相配的螺栓性能等级最高的第一部分数值标记，1 型螺母的性能等级有 6、8、10 级，8 级为常用。2 型螺母的性能等级有 9、12 级，9 级为常用。薄螺母的性能等级有 04、05 级，04 级为常用。

六、垫圈

附表 16　垫圈

小垫圈-A 级 GB/T 848—2002　　平垫圈-A 级 GB/T 97.1—2002　　平垫圈倒角型-A 级 GB/T 97.2—2002

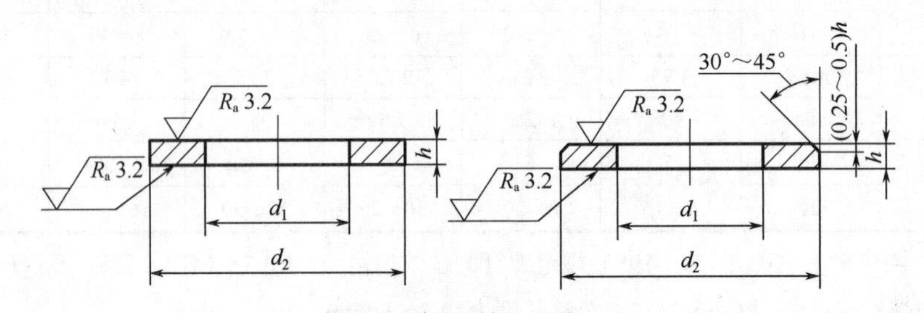

标记示例

公称尺寸 d=l0mm、性能等级为 140 HV 级、不经表面处理的平垫圈，标记为 GB/T 97.1　10

单位：mm

公称尺寸（螺纹规格 d）		3	4	5	6	8	10	12	16	20	24	30	36
d_1		3.2	4.3	5.3	6.4	8.4	10.5	13	17	21	25	31	37
GB/T 848—2002	d_2	6	8	9	11	15	18	20	28	34	39	50	60
	h	0.5	0.5	1	1.6	1.6	1.6	2	2.5	3	4	4	5
GB/T97.1—2002 GB/T97.2—2002*	$d2$	7	9	10	12	16	20	24	30	37	44	56	66
	h	0.5	0.8	1	1.6	1.6	2	2.5	3	3	4	4	5

注：1. *适用于规格为 M5～M36 的标准六角螺栓、螺钉、螺母。

2. 性能等级有 140HV、200HV、300HV 级。140HV 级表示材料钢的维氏硬度。

3. 产品等级是由产品质量和公差取值大小决定的，A 级公差数值小。

附表 17 弹簧垫圈（GB/T 93—1987）

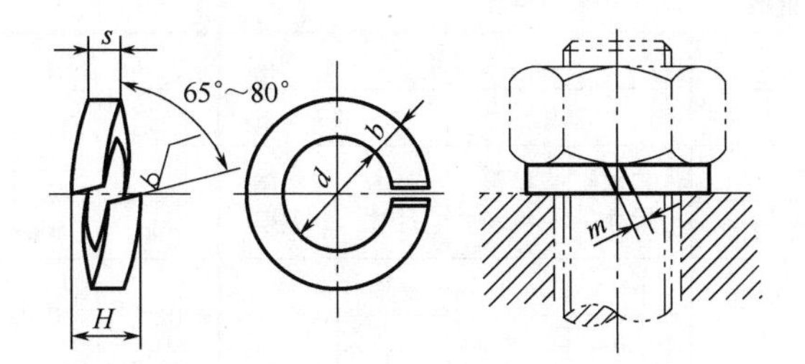

标记示例

规格 16mm、材料为 65Mn、表面氧化处理标准型弹簧垫圈，标记为

垫圈 GB/T 93 16

单位：mm

规格（螺纹大径）		4	5	6	8	10	12	16	20	24	30
d	max	4.4	5.4	6.68	8.68	10.9	12.9	16.9	21.04	25.5	31.5
	min	4.1	5.1	6.1	8.1	10.2	12.2	16.2	20.2	24.5	20.5
s（*b*）		1.1	1.3	1.6	2.1	2.6	3.1	4.1	5	6	7.5
H	max	2.75	3.25	4	5.25	6.5	7.75	10.25	12.5	15	18.75
	min	2.2	2.6	3.2	4.2	5.2	6.2	8.2	10	12	15
m＜		0.55	0.65	0.8	1.05	1.3	1.55	2.05	2.5	3	3.75

七、键

附表 18 键及键槽

普通平键型式尺寸 GB/T 1096—2003 平键键槽的断面尺寸 GB/T 1095—2003

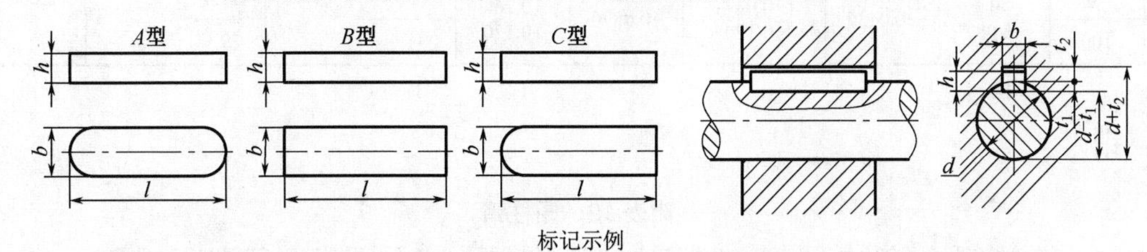

标记示例

圆头普通平键（A 型）、*b*=18mm、*h*=11mm、*l*=100mm，其标记为 GB/T 1096 键 18×11×100

方头普通平键（B 型）、*b*=18mm、*h*=11mm、*l*=100mm，其标记为 GB/T 1096 键 B18×11×100

单圆头普通平键（C 型）、*b*=18mm、*h*=11mm、*l*=100mm，其标记为 GB/T 1096 键 C18×11×100

单位：mm

键尺寸 *b*×*h*	键槽											
	宽度 *b*						深度				半径 *r*	
	基本尺寸	极限偏差					轴 t_1		毂 t_2			
		正常联结		紧密联结	松联结		基本尺寸	极限偏差	基本尺寸	极限偏差		
		轴 N9	毂 JS9	轴和毂 P9	轴 H9	毂 D10					min	max
2×2	2	−0.004 −0.029	±0.0125	−0.006 −0.031	+0.0250	+0.060 +0.020	1.2	+0.1 0	1.0	+0.1 0	0.08	0.16
3×3	3						1.8		1.4			
4×4	4	0 −0.030	±0.015	−0.012 −0.042	+0.0300	+0.078 +0.030	2.5		1.8			
5×5	5						3,0		2.3		0.16	0.25
6×6	6						3.5		2.8			
8×7	8	0 −0.036	±0.018	−0.015 −0.051	+0.0360	+0.098 +0.040	4.0	+0.2 0	3.3	+0.2 0		
10×8	10						5.0		3.3		0.25	0.40
12×8	12	0 −0.043	±0.0215	−0.018 −0.061	+0.0430	+0.120 +0.050	5.0		3.3			
14×9	14						5.5		3.8			

续表

键尺寸 $b\times h$	键槽											
	宽度 b						深度				半径 r	
	基本尺寸	极限偏差					轴 t_1		毂 t_2			
		正常联结		紧密联结	松联结		基本尺寸	极限偏差	基本尺寸	极限偏差		
		轴 N9	毂 JS9	轴和毂 P9	轴 H9	毂 D10					min	max
16×10	16	0 −0.043	±0.0215	−0.018 −0.061	+0.0430	+0.120 +0.050	6.0	+0.2 0	4.3	+0.2 0	0.25	0.40
18×11	18						7.0		4.4			
20×12	20	0 −0.052	±0.026	−0.022−0.074	+0.0520	+0.149 +0.065	7.5		4.9		0.40	0.60
22×14	22						9.0		5.4			
25×14	25						9.0		5.4			
28×16	28						10.0		6.4			
32×18	32	0 −0.062	±0.031	−0.026 −0.088	+0.0620	+0.180 +0.080	11.0		7.4			
36×20	36						12.0	+0.3 0	8.4	+0.3 0	0.70	1.00
40×22	40						13.0		9.4			
45×25	45						15.0		10.4			
50×28	50						17.0		11.4			
56×32	56	0 −0.074	±0.037	−0.032 −0.106	+0.0740	+0.220 +0.100	20.0		12.4		1.20	1.60
63×32	63						20.0		12.4			
70×36	70						22.0		14.4			
80×40	80						25.0		15.4		2.00	2.50
90×45	90	0 −0.087	±0.0435	−0.037 −0.124	+0.0870	+0.260 +0.120	28.0		17.4			
100×50	100						31.0		19.5			

八、销

附表 19　圆柱销

不淬硬钢和奥氏体不锈钢圆柱销 GB/T 119.1—2000 淬硬钢和马氏体不锈钢圆柱销 GB/T 119.2—2000

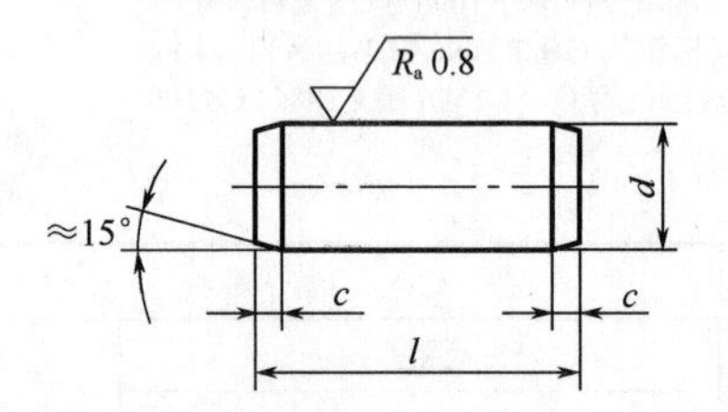

标记示例

公称直径 d=6mm、公差 m6、公称长度 l=30mm、材料为钢、不经淬火、不经表面处理的圆柱销，其标记为销 GB/T 119.1　6m6×30

单位：mm

d		3	4	5	6	8	10	12	16	20	25	30	40	50
c≈		0.5	0.63	0.8	1.2	1.6	2	2.5	3	3.5	4	5	6.3	8
l 范围	GB/T119.1	8～30	8～40	10～50	12～60	14～80	18～95	22～140	26～180	35～200	50～200	60～200	80～200	95～200
	GB/T119.2	8～30	10～40	12～50	14～60	18～80	22～100	26～100	40～100	50～100	—	—	—	—
公称长度 l 系列)		2,3,4,5,6～32(2 进位)，35～100(5 进位)，120～200(20 进位)												

注：1. GB/T 119.1—2000 规定圆柱销的公称直径 d=0.6～50mm，l=2～200mm，公差有 m6 和 h8。GB/T 119.2—2000 规定圆柱销的公称直径 d=1～20mm，公称长度 l=3～100mm，公差仅有 m6。

2. 当圆柱销公差为 h8 时，其表面粗糙度 R_a≤1.6μm。

3. 圆柱销的材料常用 35 钢。

附表 20　圆锥销

圆锥销 GB/T 117—2000

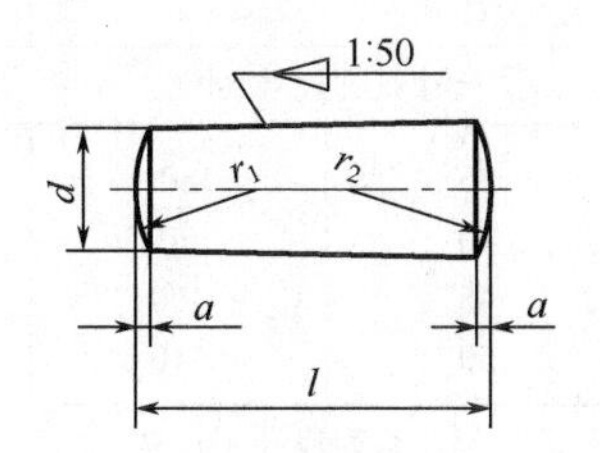

标记示例

公称直径 d=10mm、长度 l=60mm、材料为 35 钢、热处理硬度 28～38HRC、表面氧化处理的 A 型圆锥销，其标记为肖 GB/T117　10×60

单位：mm

d	4	5	6	8	10	12	16	20	25	30	40	50
a	0.5	0.63	0.8	1	1.2	1.6	2	2.5	3	4	5	6.3
l 范围	14～55	18～60	22～90	22～120	26～160	32～180	40～200	45～200	50～200	55～200	60～200	65～200
公称长度 l（系列）	2,3,4,5,6～32（2 进位），35～100（5 进位），120～200（20 进位）											

注：标准规定圆锥销的公称直径 d=0.6～50mm。

附表 21　开口销（GB/T 91—2000）

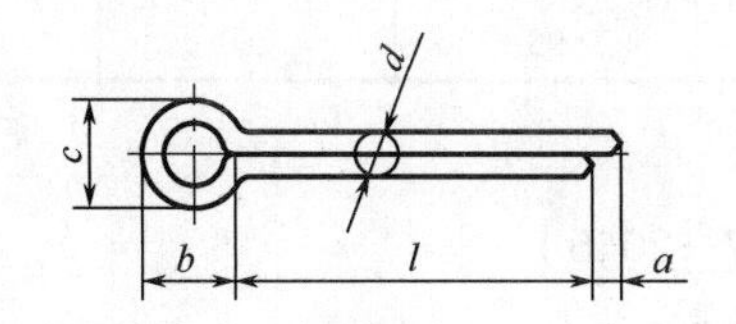

标记示例

公称规格为 5mm、长度为 l=50mm、材料为 Q215 或 Q235、不经表面处理的开口销，其标记为销 GB/T 91　5×50

单位：mm

公称规格		1	1.2	1.6	2	2.5	3.2	4	5	6.3	8	10	13
d	max	0.9	1.0	1.4	1.8	2.3	2.9	3.7	4.6	5.9	7.5	9.5	12.4
C	max	1.8	2.0	2.8	3.6	4.6	5.8	7.4	9.2	11.8	15.0	19.0	24.8
	min	1.6	1.7	2.4	3.2	4.0	5.1	6.5	8.0	10.3	13.1	16.6	21.7
b≈		3.0	3.0	3.2	4.0	5.0	6.4	8.0	10.0	12.6	16.0	20.0	26.0
a	max	1.6	2.5				3.2	4				6.3	
l 商品长度规格范围）		6～20	8～25	8～32	10～40	12～50	14～63	18～80	22～100	32～125	40～160	45～200	71～250
l 公称长度（系列）		4，5，6，8，10，12，14，16，18，20，22，25，28，32，36，40，45，50，56，63，71，80，90，100，112，125，140，160，180，200，224，250，280											

注：公称规格为销孔的公称直径，标准规定公称规格为 0.6～20mm。根据供需双方协议，可采用公称规格为 3mm、6mm、12mm 的开口销。

九、滚动轴承

附表 22　深沟球轴承（GB/T 276—2013）

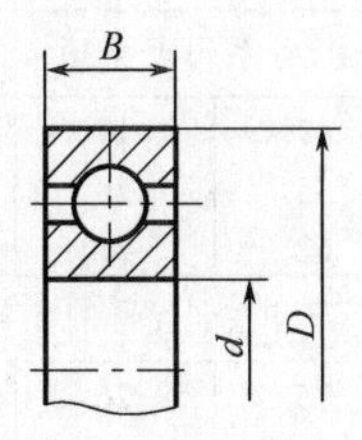

标记示例

类型代号 6、内径 d=60mm、尺寸系列代号为（0）2 的深沟球轴承，其标记为滚动轴承 6212GB/T276

轴承代号	尺寸/mm			轴承代号	尺寸/mm		
	d	D	B		d	D	B
尺寸系列代号 10				尺寸系列代号（0）3			
6000	10	26	8	6307	35	80	21
6001	12	28	8	6308	40	90	23
6002	15	32	9	6309	45	100	25
6003	17	35	10	6310	50	110	27
尺寸系列代号（0）2				尺寸系列代号（0）4			
6202	15	35	11	6408	40	110	27
6203	17	40	12	6409	45	120	29
6204	20	47	14	6410	50	130	31
6205	25	52	15	6411	55	140	33
6206	30	62	16	6412	60	150	35
6207	35	72	17	6413	65	160	37
6208	40	80	18	6414	70	180	42
6209	45	85	19	6415	75	190	45
6210	50	90	20	6416	80	200	48
6211	55	100	21	6417	85	210	52
6212	60	110	22	6418	90	225	54
6213	65	120	23	6419	95	240	55

注：表中括号“（）”，表示该数字在轴承代号中省略。

附表 23　圆锥滚子轴承（GB/T 297—2015）

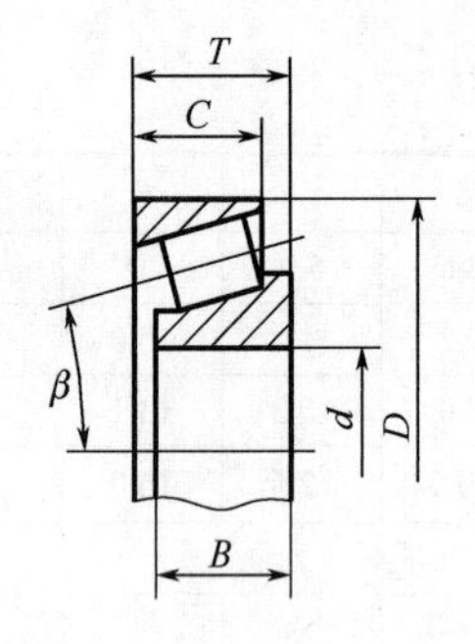

标记示例

类型代号 3、内径 d=35mm、尺寸系列代号为 03 的圆锥滚子轴承，其标记为滚动轴承 30307GB/T297

轴承代号	尺寸/mm					轴承代号	尺寸/mm				
	d	D	T	B	C		d	D	T	B	C
尺寸系列代号 02						尺寸系列代号 23					
30207	35	72	18.25	17	15	32309	45	100	38.25	36	30
30208	40	80	19.75	18	16	32310	50	110	42.25	40	33
30209	45	85	20.75	19	16	32311	55	120	45.5	43	35
30210	50	90	21.75	20	17	32312	60	130	48.5	46	37
30211	55	100	22.75	21	18	32313	65	140	51	48	39
30212	60	110	23.75	22	19	32314	70	150	54	51	42
尺寸系列代号 03						尺寸系列代号 30					
30307	35	80	22.75	21	18	33005	25	47	17	17	14
30308	40	90	25.25	23	20	33006	30	55	20	20	16
30309	45	100	27.25	25	22	33007	35	62	21	21	17
						尺寸系列代号 31					
30310	50	110	29.25	27	23						
30311	55	120	31.5	29	25	33108	40	75	26	26	20.5
30312	60	130	33.5	31	26	33109	45	80	26	26	20.5
30313	65	140	36	33	28	33110	50	85	26	26	20
30314	70	150	38	35	30	33111	55	95	30	30	23

附录D 技术要求

一、表面粗糙度

附表 25 测量非周期性轮廓（如磨削轮廓）的 R_a、Rq、Rsk、Rku、$R\Delta q$ 值及曲线和相关参数的粗糙度取样长度（GB/T 10610—2009）

R_a/μm	粗糙度取样长度 l_r/mm	粗糙度评定长度 l_n/mm
≥0.006～0.02	0.08	0.4
＞0.02～0.1	0.25	1.25
＞0.1～2	0.8	4
＞2～10	2.5	12.5
＞10～80	8	40

附表 26 测量非周期性轮廓（如磨削轮廓）的 R_z、Ru、Rp、RC、Rt 值的粗糙度取样长度（GB/T 10610—2009）

R_z/μm	粗糙度取样长度 l_r/mm	粗糙度评定长度 l_n/mm
≥0.025～0.1	0.08	0.4
＞0.1～0.5	0.25	1.25
＞0.5～10	0.8	4
＞10～50	2.5	12.5
＞50～200	8	40

二、极限与配合

附表 27 轴的极限偏差数值

公称尺寸/mm		极限偏差/μm												
		a	*b*		*c*			*d*				*e*		
大于	至	11	11	12	9	10	11	8	9	10	11	7	8	9
—	3	−270 −330	−140 −200	−140 −240	−60 −85	−60 −100	−60 −120	−20 −34	−20 −45	−20 −60	−20 −80	−14 −24	−14 −28	−14 −39
3	6	−270 −345	−140 −215	−140 −260	−70 −100	−70 −118	−70 −145	−30 −48	−30 −60	−30 −78	−30 −105	−20 −32	−20 −38	−20 −50
6	10	−280 −370	−150 −240	−150 −300	−80 −116	−80 −138	−80 −170	−40 −62	−40 −76	−40 −98	−40 −130	−25 −40	−25 −47	−25 −61
10	18	−290 −400	−150 −260	−150 −330	−95 138	−95 −165	−95 −205	−50 −77	−50 −93	−50 −120	−50 −160	−32 −50	−32 −59	−32 −75
18	30	−300 −430	−160 −290	−160 −370	−110 −162	−110 −194	−110 −240	−65 −9B	−65 −117	−65 −149	−65 −195	−40 −61	−40 −73	−40 −92

续表

公称尺寸/mm		极限偏差/μm												
		a	*b*		*c*			*d*				*e*		
大于	至	11	11	12	9	10	11	8	9	10	11	7	8	9
30	40	-310 -470	-170 -330	-170 -420	-120 -182	-120 -220	-120 -280	-80 -119	-80 -142	-80 -180	-80 -240	-50 -75	-50 -89	-50 -112
40	50	-320 -480	-180 -340	-180 -430	-130 -192	-130 -230	-130 -290							
50	65	-340 -530	-190 -380	-190 -490	-140 -214	-140 -260	-140 -330	-100 -146	-100 -174	-100 -220	-100 -290	-60 -90	-60 -106	-60 -134
65	80	-360 -550	-200 -390	-200 -500	-150 -224	-150 -270	-150 -340							
80	100	-380 -600	-220 -440	-220 -570	-170 -257	-170 -310	-170 -390	-120 -174	-120 -207	-120 -260	-120 -340	-72 -107	-72 -126	-72 -212
100	120	-410 -630	-240 -460	-240 -590	-180 -267	-180 -320	-180 -400							
120	140	-460 -710	-260 -510	-260 -660	-200 -300	-200 -360	-200 -450	-145 -208	-145 -245	-145 -305	-145 -395	-85 -125	-85 -148	-85 -185
140	160	-520 -770	-280 -530	-280 -680	-210 -310	-210 -370	-210 -460							
160	180	-580 -830	-310 -560	-310 -710	-230 -330	-230 -390	-230 -480							
180	200	-660 -950	-340 -630	-340 -800	-240 -355	-240 -425	-240 -530	-170 -242	-170 -285	-170 -355	-170 -460	-100 -146	-100 -172	-100 -215
200	225	-740 -1 030	-380 -670	-380 -840	-260 -375	-260 -445	-260 -550							
225	250	-820 -1 110	-420 -710	-420 -880	-280 -395	-280 -465	-280 -570							
250	280	-920 -1 240	-480 -800	-480 -1000	-300 -430	-300 -510	-300 -620	-190 -271	-190 -320	-190 -400	-190 -510	-110 -162	-110 -191	-110 -240
280	315	-1 050 -1 370	-540 -860	-540 -1 060	-330 -460	-330 -540	-330 -650							
315	355	-1 200 -1 560	-600 -960	-600 -1 170	-360 -500	-360 -590	-360 -720	-210 -299	-210 -350	-210 -440	-210 -570	-125 -182	-125 -214	-125 -265
355	400	-1 350 -1 710	-680 -1 040	-680 -1 250	-400 -540	-400 -630	-400 -760							

公称尺寸/mm		极限偏差/μm															
		f					*g*				*h*						
大于	至	5	6	7	8	9	5	6	7	8	5	6	7	8	9	10	11
—	3	-6 -10	-6 -12	-6 -16	-6 -20	-6 -31	-2 -6	-2 -8	-2 -12	-2 -16	0 -4	0 -6	0 -10	0 -14	0 -25	0 -40	0 -60
3	6	-10 -15	-10 -18	-10 -22	-10 -28	-10 -40	-4 -9	-4 -12	-4 -16	-4 -22	0 -5	0 -8	0 -12	0 -18	0 -30	0 -48	0 -75
6	10	-13 -19	-13 -22	-13 -28	-13 -35	-13 -49	-5 -11	-5 -14	-5 -20	-5 -27	0 -6	0 -9	0 -15	0 -22	0 -36	0 -58	0 -90

续表

公称尺寸/mm		极限偏差/μm															
		f					*g*				*h*						
大于	至	5	6	7	8	9	5	6	7	8	5	6	7	8	9	10	11
10	18	−16 −24	−16 −27	−16 −34	−16 −43	−16 −59	−6 −14	−6 −17	−6 −24	−6 −33	0 −8	0 −11	0 −18	0 −27	0 −43	0 −70	0 −110
18	30	−20 −29	−20 −33	−20 −41	−20 −53	−20 −72	−7 −16	−7 −20	−7 −28	−7 −40	0 −9	0 −13	0 −21	0 −33	0 −52	0 −84	0 −130
30	50	−25 −36	−25 −41	−25 −50	−25 −64	−25 −87	−9 −20	−9 −25	−9 −34	−9 −48	0 −11	0 −16	0 −25	0 −39	0 −62	0 −100	0 −160
50	80	−30 −43	−30 −49	−30 −60	−30 −76	−30 −104	−10 −23	−10 −29	−10 −40	−10 −56	0 −13	0 −19	0 −30	0 −46	0 −74	0 −120	0 −190
80	120	−36 −51	−36 −58	−36 −71	−36 −90	−36 −123	−12 −27	−12 −34	−12 −47	−12 −66	0 −15	0 −22	0 −35	0 −54	0 −87	0 −140	0 −220
120	180	−43 −61	−43 −68	−43 −83	−43 −106	−43 −143	−14 −32	−14 −39	−14 −54	−14 −77	0 −18	0 −25	0 −40	0 −63	0 −100	0 −160	0 −250
180	250	−50 −70	−50 −79	−50 −96	−50 −122	−50 −165	−15 −35	−15 −44	−15 −61	−15 −87	0 −20	0 −29	0 −46	0 −72	0 −115	0 −185	0 −290
250	315	−56 −79	−56 −88	−56 −108	−56 −137	−56 −186	−17 −40	−17 −49	−17 −69	−17 −98	0 −23	0 −32	0 −52	0 −81	0 −130	0 −210	0 −320
315	400	−62 −87	−62 −98	−62 −119	−62 −151	−62 −202	−18 −43	−18 −54	−18 −75	−18 −107	0 −25	0 −36	0 −57	0 −89	0 −140	0 −230	0 −360

公称尺寸/mm		极限偏差\μm														
		js			*k*			*m*			*n*			*P*		
大于	至	5	6	7	5	6	7	5	6	7	5	6	7	5	6	7
—	3	±2	±3	±5	+4 0	+6 0	+10 0	+6 +2	+8 +2	+12 +2	+8 +4	+10 +4	+14 +4	+10 +6	+12 +6	+16 +6
3	6	±2.5	±4	±6	+6 +1	+9 +1	+13 +1	+9 +4	+12 +4	+16 +4	+13 +8	+16 +8	+20 +8	+17 +12	+20 +12	+24 +12
6	10	±3	±4.5	±7	+7 +1	+10 +1	+16 +1	+12 +6	+15 +6	+21 +6	+16 +10	+19 +10	+25 +10	+21 +15	+24 +15	+30 +15
10	18	±4	±5.5	±9	+9 +1	+12 +1	+19 +1	+15 +7	+18 +7	+25 +7	+20 +12	+23 +12	+30 +12	+26 +18	+29 +18	+36 +18
18	30	±4.5	±6,5	±10	+11 +2	+15 +2	+23 +2	+17 +8	+21 +8	+29 +8	+24 +15	+28 +15	+36 +15	+31 +22	+35 +22	+43 +22
30	50	±5.5	±8	±12	+13 +2	+18 +2	+27 +2	+20 +9	+25 +9	+34 +9	+28 +17	+33 +17	+42 +17	+37 +26	+42 +26	+51 +26
50	80	±6.5	±9.5	±15	+15 +2	+21 +2	+32 +2	+24 +11	+30 +11	+41 +11	+33 +20	+39 +20	+50 +20	+45 +32	+51 +32	+62 +32
80	120	±7.5	±11	±17	+18 +3	+25 +3	+38 +3	+28 +13	+35 +13	+48 +13	+38 +23	+45 +23	+58 +23	+52 +37	+59 +37	+72 +37
120	180	±9	±12.5	±20	+21 +3	+28 +3	+43 +3	+33 +15	+40 +15	+55 +15	+45 +27	+52 +27	+67 +27	+61 +43	+68 +43	+83 +43
180	250	±10	±14.5	±23	+24 +4	+33 +4	+50 +4	+37 +17	+46 +17	+63 +17	+51 +31	+60 +31	+77 +31	+70 +50	+79 +50	+96 +50
250	315	±11.5	±16	±26	+27 +4	+36 +4	+56 +4	+43 +20	+52 +20	+72 +20	+57 +34	+66 +34	+86 +34	+79 +56	+88 +56	+108 +56
315	400	±12.5	±18	±28	+29 +4	+40 +4	+61 +4	+46 +21	+57 +21	+78 +21	+62 +37	+73 +37	+94 +37	+87 +62	+98 +62	+119 +62

续表

公称尺寸/mm		极限偏差/μm														
		r			*s*			*t*			*u*		*v*	*x*	*y*	*z*
大于	至	5	6	7	5	6	7	5	6	7	6	7	6	6	6	6
—	3	+14 +10	+16 +10	+20 +10	+18 +14	+20 +14	+24 +14				+24 +18	+28 +18		+26 +20		+32 +26
3	6	+20 +15	+23 +15	+27 +15	+24 +19	+27 +19	+31 +19				+31 +23	+35 +23		+36 +28		+43 +35
6	10	+25 +19	+28 +19	+34 +19	+29 +23	+32 +23	+38 +23				+37 +28	+43 +28		+43 +34		+51 +42
10	14	+31 +23	+34 +23	+41 +23	+36 +28	+39 +28	+46 +28				+44 +33	+51 +33		+51 +40		+61 +50
14	18												+50 +39	+56 +45		+71 +60
18	24	+37 +28	+41 +28	+49 +28	+44 +35	+48 +35	+56 +35				+54 +41	+62 +41	+60 +47	+67 +54	+76 +63	+86 +73
24	30							+50 +41	+54 +41	+62 +41	+61 +48	+69 +48	+68 +55	+77 +64	+88 +75	+101 +88
30	40	+45 +34	+50 +34	+59 +34	+54 +43	+59 +43	+68 +43	+59 +48	+64 +48	+73 +48	+76 +60	+85 +60	+84 +68	+96 +80	+110 +94	+128 +112
40	50							+65 +54	+70 +54	+79 +54	+86 +70	+95 +70	+97 +81	+113 +97	+130 +114	+152 +136
50	65	+54 +41	+60 +41	+71 +41	+66 +53	+72 +53	+83 +53	+79 +66	+85 +66	+96 +66	+106 +87	+117 +87	+121 +102	+141 +122	+163 +144	+191 +172
65	80	+56 +43	+62 +43	+72 +43	+72 +59	+78 +59	+89 +59	+88 +75	+94 +75	+105 +75	+121 +102	+132 +102	+139 +120	+165 +146	+193 +174	+229 +210
80	100	+66 +51	+73 +51	+86 +51	+86 +71	+93 +71	+106 +71	+106 +91	+113 +91	+126 +91	+146 +124	+159 +124	+168 +146	+200 +178	+236 +214	+280 +258
100	120	+69 +54	+76 +54	+89 +54	+94 +79	+101 +79	+114 +79	+119 +104	+126 +104	+139 +104	+166 +144	+179 +144	+194 +172	+232 +210	+276 +254	+332 +310
120	140	+81 +63	+88 +63	+103+63	+110 +92	+117 +92	+132 +92	+140 +122	+147 +122	+162 +122	+195 +170	+210 +170	+227 +202	+273 +248	+325 +300	+390 +365
140	160	+83 +65	+90 +65	+105+65	+118+100	+125 +100	+140 +100	+152 +134	+159 +134	+174 +134	+215 +190	+230 +190	+253 +228	+305 +280	+365 +340	+440 +415
160	180	+86 +68	+93 +68	+108 +68	+126 +108	+133 +108	+148 +108	+164 +146	+171 +146	+186 +146	+235 +210	+250 +210	+277 +252	+335 +310	+405 +380	+490 +465
180	200	+97 +77	+106 +77	+123 +77	+142 +122	+151 +122	+168 +122	+186 +166	+195 +166	+212 +166	+265 +236	+282 +236	+313 +284	+379 +350	+454 +425	+549 +520
200	225	+100 +80	+109 +80	+126 +80	+150 +130	+159 +130	+176 +130	+200 +180	+209 +180	+226 +180	+287 +258	+304 +258	+339 +310	+414 +385	+499 +470	+604 +575
225	250	+104 +84	+113 +84	+130 +84	+160 +140	+169 +140	+186 +140	+216 +196	+225 +196	+242 +196	+313 +284	+330 +284	+369 +340	+454 +425	+549 +520	+669 +640
250	280	+117 +94	+126 +94	+146 +94	+181 +158	+190 +158	+210 +158	+241 +218	+250 +218	+270 +218	+347 +315	+367 +315	+417 +385	+507 +475	+612 +580	+742 +710
280	315	+121 +98	+130 +98	+150 +98	+193 +170	+202 +170	+222 +170	+263 +240	+272 +240	+292 +240	+382 +350	+402 +350	+457 +425	+557 +525	+682 +650	+822 +790
315	355	+133 +108	+144 +108	+165 +108	+215 +190	+226 +190	+247 +190	+293 +268	+304 +268	+325 +268	+426 +390	+447 +390	+511 +475	+626 +590	+766 +730	+936 +900
355	400	+139 +114	+150 +114	+171 +114	+233 +208	+244 +208	+265 +208	+319 +294	+330 +294	+351 +294	+471 +435	+492 +435	+566 +530	+696 +660	+856 +820	+1 036 +1 000

附表 28　孔的极限偏差数值

公称尺寸/mm		极限偏差/μm													
		A	B		C	D				E		F			
大于	至	11	11	12	11	8	9	10	11	8	9	6	7	8	9
—	3	+330 +270	+200 +140	+240 +140	+120 +60	+34 +20	+45 +20	+60 +20	+80 +20	+28 +14	+39 +14	+12 +6	+16 +6	+20 +6	+31 +6
3	6	+345 +270	+215 +140	+260 +140	+145 +70	+48 +30	+60 +30	+78 +30	+105 +30	+38 +20	+50 +20	+18 +10	+22 +10	+28 +10	+40 +10
6	10	+370 +280	+240 +150	+300 +150	+170 +80	+62 +40	+76 +40	+98 +40	+130 +40	+47 +25	+61 +25	+22 +13	+28 +13	+35 +13	+49 +13
10	18	+400 +290	+260 +150	+330 +150	+205 +95	+77 +50	+93 +50	+120 +50	+160 +50	+59 +32	+75 +32	+27 +16	+34 +16	+43 +16	+59 +16
18	30	+430 +300	+290 +160	+370 +160	+240 +110	+98 +65	+117 +65	+149 +65	+195 +65	+73 +40	+92 +40	+33 +20	+41 +20	+53 +20	+72 +20
30	40	+470 +310	+330 +170	+420 +170	+280 +120	+119 +80	+142 +80	+180 +80	+240 +80	+89 +50	+112 +50	+41 +25	+50 +25	+64 +25	+87 +25
40	50	+480 +320	+340 +180	+430 +180	+290 +130										
50	65	+530 +340	+380 +190	+490 +190	+330 +140	+146 +100	+174 +100	+220 +100	+290 +100	+106 +60	+134 +60	+49 +30	+60 +30	+76 +30	+104 +30
65	80	+550 +360	+390 +200	+500 +200	+340 +150										
80	100	+600 +380	+440 +220	+570 +220	+390 +170	+174 +120	+207 +120	+260 +120	+340 +120	+125 +72	+159 +72	+58 +36	+71 +36	+90 +36	+123 +36
100	120	+630 +410	+460 +240	+590 +240	+400 +180										
120	140	+710 +460	+510 +260	+660 +260	+450 +200	+208 +145	+245 +145	+305 +145	+395 +145	+148 +85	+185 +85	+68 +43	+83 +43	+106 +43	+143 +43
140	160	+770 +520	+530 +280	+680 +280	+460 +210										
160	180	+830 +580	+560 +310	+710 +310	+480 +230										
180	200	+950 +660	+630 +340	+800 +340	+530 +240	+242 +170	+285 +170	+355 +170	+460 +170	+172 +100	+215 +100	+79 +50	+96 +50	+122 +50	+165 +50
200	225	+103 +740	+670 +380	+840 +380	+550 +260										
225	250	+111 +820	+710 +420	+880 +420	+570 +280										
250	290	+1 240 +920	+800 +480	+1 000 +480	+620 +300	+271 +190	+320 +190	+400 +190	+510 +190	+191 +110	+240 +110	+88 +56	+108 +56	+137 +56	+186 +56
280	315	+1 370 +1 050	+860 +540	+106 +540	+650 +330										
315	355	+1 560 +1 200	+960 +600	+1 170 +600	+720 +360	+299 +210	+350 +210	+440 +210	+570 +210	+214 +125	+265 +125	+98 +62	+119 +62	+151 +62	+202 +62
355	400	+1 710 +1 350	+1 040 +680	+1 250 +680	+760 +400										

续表

公称尺寸/mm		极限偏差/μm																
		G			H						Js			K			M		
大于	至	6	7	8	6	7	8	9	10	11	6	7	8	6	7	8	6	7	8
—	3	+8 +2	+12 +2	+16 +2	+6 0	+10 0	+14 0	+25 0	+40 0	+60 0	±3	±5	±7	0 –	0 −10	0 −14	−2 −8	−2 −12	−2 −16
3	6	+12 +4	+16 +4	+22 +4	+8 0	+12 0	18 0	+30 0	+48 0	+75 0	±4	±6	±9	+2 −6	+3 −9	+5 −13	−1 −9	0 −12	+2 −16
6	10	+14 +5	+20 +5	+27 +5	+9 0	+15 0	+22 0	+36 0	+58 0	+90 0	±4.5	±7	±11	+2 −7	+5 −10	+6 −16	−3 −12	0 −15	+1 −21
10	18	+17 +6	+24 +6	+33 +6	+11 0	+18 0	+27 0	+43 0	+70 0	+110 0	±5.5	±9	±13	+2 −9	+6 −12	+8 −19	−4 −15	0 −18	+2 −25
18	30	+20 +7	+28 +7	+40 +7	+13 0	+21 0	+33 0	+52 0	+84 0	+130 0	±6.5	±10	±16	+2 −11	+6 −15	+10 −23	−4 −17	0 −21	+4 −29
30	50	+25 +9	+34 +9	+48 +9	+16 0	+25 0	+39 0	+62 0	+100 0	+160 0	±8	±12	±19	+3 −13	+7 −18	+12 −27	−4 −20	0 −25	+5 −34
50	80	+29 +10	+40 +10	+56 +10	+19 0	+30 0	+46 0	+74 0	+120 0	+190 0	±9.5	±15	±23	+4 −15	+9 −21	+14 −32	−5 −24	0 −30	+5 −41
80	120	+34 +12	+47 +12	+66 +12	+22 0	+35 0	+54 0	+87 0	+140 0	+220 0	±11	±17	±27	+4 −18	+10 −25	+16 −38	−6 −28	0 −35	+6 −48
120	180	+39 +14	+54 +14	+77 +14	+25 0	+40 0	+63 0	+100 0	+160 0	+250 0	±12.5	±20	±31	+4 −21	+12 −28	+20 −43	−8 −33	0 −40	+8 −55
180	250	+44 +15	+61 +15	+87 +15	+29 0	+46 0	+72 0	+115 0	+185 0	+290 0	±14.5	±23	±36	+5 −24	+13 −33	+22 −50	−8 −37	0 −46	+9 −63
250	315	+49 +17	+69 +17	+98 +17	+32 0	+52 0	+81 0	+130 0	+210 0	+320 0	±16	±26	±40	+5 −27	+16 −36	+25 −56	−9 −41	0 −52	+9 −72
315	400	+54 +18	+75 +18	+107 +18	+36 0	+57 0	+89 0	+140 0	+230 0	+360 0	±18	±28	±44	+7 −29	+17 −40	+28 −61	−10 −46	0 −57	+11 −78

公称尺寸/mm		极限偏差/μm																
		N			P			R			S			T			U	
大于	至	6	7	8	6	7	8	6	7	8	6	7	8	6	7	8	7	8
–	3	−4 −10	−4 −14	−4 −18	−6 −12	−6 −16	−6 −20	−10 −16	−10 −20	−10 −24	−14 −20	−14 −24	−14 −28				−18 −28	−18 −32
3	6	−5 −13	−4 −16	−2 −20	−9 −17	−8 −20	−12 −30	−12 −20	−11 −23	−15 −33	−16 −24	−15 −27	−19 −37				−19 −31	−23 −41
6	10	−7 −16	−4 −19	−3 −25	−12 −21	−9 −24	−15 −37	−16 −25	−13 −28	−19 −41	−20 −29	−17 −32	−23 −45				−22 −37	−28 −50
10	18	−9 −20	−5 −23	−3 −30	−15 −26	−11 −29	−18 −45	−20 −31	−16 −34	−23 −50	−25 −36	−21 −39	−28 −55				−26 −44	−33 −60
18	24	−11 −24	−7 −28	−3 −36	−18 −31	−14 −35	−22 −55	−24 −37	−20 −41	−28 −61	−31 −44	−27 −48	−35 −68				−33 −54	−41 −74
24	30													−37 −50	−33 −54	−41 −74	−40 −61	−48 −81

续表

公称尺寸/mm		极限偏差/μm																
		N			P			R			S			T			U	
大于	至	6	7	8	6	7	8	6	7	8	6	7	8	6	7	8	7	8
30	40	−12 −28	−8 −33	−3 −42	−21 −37	−17 −42	−26 −65	−29 −45	−25 −50	−34 −73	−38 −54	−34 −59	−43 −82	−43 −59	−39 −64	−48 −87	−51 −76	−60 −99
40	50													−49 −65	−45 −70	−54 −93	−61 −86	−70 −109
50	65	−14 −33	−9 −39	−4 −50	−26 −45	−21 −51	−32 −78	−35 −54	−30 −60	−41 −87	−47 −66	−42 −72	−53 −99	−60 −79	−55 −85	−66 −112	−76 −106	−87 −133
65	80							−37 −56	−32 −62	−43 −89	−53 −72	−48 −78	−59 −105	−69 −88	−64 −94	−75 −121	−91 −121	−102 −148
80	100	−16 −38	−10 −45	−4 −58	−30 −52	−24 −59	−37 −91	−44 −66	−38 −73	−51 −105	−64 −86	−58 −93	−71 −125	−84 −106	−78 −113	−91 −145	−111 −146	−124 −178
100	120							−47 −69	−41 −76	−54 −108	−72 −94	−66 −101	−79 −133	−97 −119	−91 −126	−104 −158	−131 −166	−144 −198
120	140							−56 −81	−48 −88	−63 −126	−85 −110	−77 −117	−92 −155	−115 −140	−107 −147	−122 −185	−155 −195	−170 −233
140	160	−20 −45	−12 −52	−4 −67	−36 −61	−28 −68	−43 −106	−58 −83	−50 −90	−65 −128	−93 −118	−85 −125	−100 −163	−127 −152	−119 −159	−134 −197	−175 −215	−190 −253
160	180							−61 −86	−53 −93	−68 −131	−101 −126	−93 −133	−108 −171	−139 −164	−131 −171	−146 −209	−195 −235	−210 −273
180	200							−68 −97	−60 −106	−77 −149	−113 −142	−105 −151	−122 −194	−157 −186	−149 −195	−166 −238	−219 −265	−236 −308
200	225	−22 −51	−14 −60	−5 −77	−41 −70	−33 −79	−50 −122	−71 −100	−63 −109	−80 −152	−121 −150	−113 −159	−130 −202	−171 −200	−163 −209	−180 −252	−241 −287	−258 −330
225	250							−75 −104	−67 −113	−84 −156	−131 −160	−123 −169	−140 −212	−187 −216	−179 −225	−196 −268	−267 −313	−284 −356
250	280	−25 −57	−14 −66	−5 −86	−47 −79	−36 −88	−56 −137	−85 −117	−74 −126	−94 −175	−149 −181	−138 −190	−158 −239	−209 −241	−198 −250	−218 −299	−295 −347	−315 −396
280	315							−89 −121	−78 −130	−98 −179	−161 −193	−150 −202	−170 −251	−231 −263	−220 −272	−240 −321	−330 −382	−350 −431
315	355	−26 −62	−16 −73	−5 −94	−51 −87	−41 −98	−62 −151	−97 −133	−87 −144	−108 −197	−179 −215	−169 −226	−190 −279	−257 −293	−247 −304	−268 −357	−369 −426	−390 −479
355	400							−103 −139	−93 −150	−114 −203	−197 −233	−187 −244	−208 −297	−283 −319	−273 −330	−294 −383	−414 −471	−435 −524

附表 29　基孔制优先、常用配合（GB/T 1801—2009）

基准孔	轴																				
	a	b	c	d	e	f	g	h	js	k	m	n	p	r	s	t	u	v	x	y	z
	间隙配合								过渡配合			过盈配合									
H6						H6/f5	H6/g5	H6/h5	H6/js5	H6/k5	H6/m5	H6/n5	H6/p5	H6/r5	H6/s5	H6/t5					
H7						H7/f6	◤H7/g6	◤H7/h6	H7/js6	◤H7/k6	H7/m6	◤H7/n6	◤H7/p6	H7/r6	◤H7/s6	H7/t6	◤H7/u6	H7/v6	H7/x6	H7/y6	H7/z6
H8					H8/e7	◤H8/f7	H8/g7	◤H8/h7	H8/js7	H8/k7	H8/m7	H8/n7	H8/p7	H8/r7	H8/s7	H8/t7	H8/u7				
				H9/d8	H9/e8	H9/f8		H9/h8													
H9			H9/c9	◤H9/d9	H9/e9	H9/f9		◤H9/h9													
H10			H10/c10	H10/d10				H10/h10													
H11	H11/a11	H11/b11	◤H11/c11	H11/d11				◤H11/h11													
H12		H12/b12						H12/h12													

注：1. H6/n5、H7/p6 在基本尺寸小于等于 3mm 和 H8/r7 在小于等于 100mm 时，为过渡配合。

2. 标注◤的配合为优先配合。

附表 30　基轴制优先、常用配合（GB/T 1801—2009）

基准孔	孔																
	A	B	C	D	E	F	G	H	JS	K	M	N	P	R	S	T	U
	间隙配合								过渡配合				过盈配合				
H5						F6/h5	G6/h5	H6/h5	Jx6/h5	K6/h5	M6/h5	N6/h5	P6/h5	R6/h5	S6/h5	T6/h5	
H6						F7/h6	◤G7/h6	◤H7/h6	Js7/h6	◤K7/h6	M7/h6	◤N7/b6	◤P7/h6	R7/h6	◤S7/h6	T7/h6	◤U7/h6
H7					E8/h7	◤F8/h7		◤H8/h7	Js8/h7	K8/h7	M8/h7	N8/h7					
H8				D8/h8	E8/h8	F8/h8		H8/h8									
H9				◤D9/h9	E9/h9	F9/h9		◤H9/h9									
H10				D10/h10				H10/h10									
H11	A11/h11	B11/h11	◤C11/h11	D11/h11				◤H11/h11									
H12		B12/b12						H12/h12									

注：标注 r 的配合为优先配合。

附表 31　优先配合选用说明

优先配合		说明
基孔制	基轴制	
H11/c11	C11/h11	间隙非常大，用于很松的、转动很慢的动配合，要求大公差与大间隙的外露组件，要求装配方便的、很松的配合，相当于旧国标 D6/dd6
H9/d9	D9/h9	间隙很大的自由转动配合，用于精度要求不高或温度变动很大、转速高或轴颈压力大的配合部位，相当于旧国标 D4/de4
H8/f7	F8/h7	间隙不大的转动配合，用于中等转速与中等轴颈压力的精确转动，也用于装配比较容易的中等定位配合,相当于旧国标 D/dc
H7/g6	G7/h6	间隙很小的滑动配合，用于不希望自由转动，但可以自由移动和滑动并精密定位的配合，也可以用于要求明确的定位配合，相当于旧国标 D/db
H7/h6、 H8/h7、 H9/h9、 H11/h11	H7/h6、 H8/h7、 H9/h9、 H11/h11	均为间隙定位配合，零件可自由装拆，而工作时-般相对静止不动。在最大实体条件下的间隙为零，在最小实体条件下的间隙由公差等级决定，H7/h6 相当于旧国标 D/d，H8/h7 相当于旧国标 D3/d3，H9/h9 相当于旧国标 D4/d4，Hll/hll 相当于旧国标 D6/d6
H7/k6	K7/h6	过渡配合，用于精密定位，相当于旧国标 D/gc
H7/n6	N7/h6	过渡配合，允许有较大过盈的精密定位，相当于旧国标 D/ga
H7/p6	P7/h6	过盈定位配合，即小过盈配合，用于定位精度特别重要，而对内孔承受压力无特殊要求，不依靠配合的紧固性传递摩擦负载，能以最好的定位精度达到部件的刚性要求和对中性要求，H7/P6 相当于旧国标 D/ga～D/jf
H7/s6	S7/h6	中等压力压人配合，适用于-般钢件，或用于薄壁件的冷缩配合，用于铸铁件可得到最紧的配合，相当于旧国标 D/je
H7/u6	U7/h6	压入配合，适用于可以承受较大压力的零件或不宜承受大压入力的冷缩配合

附表 32　线性尺寸的极限偏差数值（GB/T1804-2000）

单位：mm

公差等级	公称尺寸分段							
	0.5～3	＞3～6	＞6～30	＞30～120	＞120～400	＞400～1000	＞1000～2000	＞2000～4000
精密 f	±0.05	±0.05	±0.1	±0.15	±0.2	±0.3	±0.5	—
中等 m	±0.1	±0.1	±0.2	±0.3	±0.5	±0.8	±1.2	±2
粗糙 c	±0.2	±0.3	±0.5	±0.8	±1.2	±2	±3	±4
最粗 V	—	±0.5	±1	±1.5	±2.5	±4	±6	±8

附表 33　标准公差数值（摘自 GB/T 1800.1—2009）

标准公差等级		基本尺寸/mm																	
		IT1	IT2	IT3	IT4	IT5	IT6	IT7	IT8	IT9	IT10	IT111	IT12	IT13	IT14	IT15	IT16	IT17	IT18
大于	至	μm											mm						
—	3	0.8	1.2	2	3	4	6	10	14	25	40	60	0.1	0.14	0.25	0.4	0.6	1	1.4
3	6	1	1.5	2.5	4	5	8	12	18	30	48	75	0.12	0.18	0.3	0.48	0.75	1.2	1.8
6	10	1	1.5	2.5	4	6	9	15	22	36	58	90	0.15	0.22	0.36	0.58	0.9	1.5	2.2
10	18	1.2	2	3	5	8	11	18	27	43	70	110	0.18	0.27	0.43	0.7	1.1	1.8	2.7
18	30	1.5	2.5	4	6	9	13	21	33	52	84	130	0.21	0.33	0.52	0.84	1.3	2.1	3.3
30	50	1.5	2.5	4	7	11	16	25	39	62	100	160	0.25	0.39	0.62	1	1.6	2.5	3.9
50	80	2	3	5	8	13	19	30	46	74	120	190	0.3	0.46	0.74	1.2	1.9	3	4.6
80	120	2.5	4	6	10	15	22	35	54	87	140	220	0.35	0.54	0.87	1.4	2.2	3.5	5.4
120	180	3.5	5	8	12	18	25	40	63	100	160	250	0.4	0.63	1	1.6	2.5	4	6.3
180	250	4.5	7	10	14	20	29	46	72	115	185	290	0.46	0.72	1.15	1.85	2.9	4.6	7.2
250	315	6	8	12	16	23	32	52	81	130	210	320	0.52	0.81	1.3	2.1	3.2	5.2	8.1
315	400	7	9	13	18	25	36	57	89	140	230	360	0.57	0.89	1.4	2.3	3.6	5.7	8.9
400	500	8	10	15	20	27	40	63	97	155	250	400	0.63	0.97	1.55	2.5	4	6.3	9.7
500	630	9	11	16	22	32	44	70	110	175	280	440	0.7	1.1	1.75	2.8	4.4	7	11
630	800	10	13	18	25	36	50	80	125	200	320	500	0.8	1.25	2	3.2	5	8	12.5

续表

标准公差等级		IT1	IT2	IT3	IT4	IT5	IT6	IT7	IT8	IT9	IT10	IT111	IT12	IT13	IT14	IT15	IT16	IT17	IT18
基本尺寸/mm																			
800	1 000	11	15	21	28	40	56	90	140	230	360	560	0.9	1.4	2.3	3.6	5.6	9	14
1 000	1 250	13	18	24	33	47	66	105	165	260	420	660	1.05	1.65	2.6	4.2	6.6	10.5	16.5
1 250	1 600	15	21	29	39	55	78	125	195	310	500	780	1.25	1.95	3.1	5	7.8	12.5	19.5
1 600	2 000	18	25	35	46	65	92	150	230	370	600	920	1.5	2.3	5.7	6	9.2	15	23
2 000	2 500	22	30	41	55	78	110	175	280	400	700	1 100	1.75	2.8	4.4	7	11	17.5	28
2 500	3 150	26	36	50	68	93	135	210	330	540	860	1 350	2.1	3.3	5.4	8.6	13.5	21	33

注：① 基本尺寸大于 500mm 的 IT1～IT5 的标准公差数值为试行的。

② 基本尺寸小于或等于 1mm 时，无 IT14～IT18。

三、几何公差

附表 34　几何公差的定义（摘自 GB/T 1182—2008）

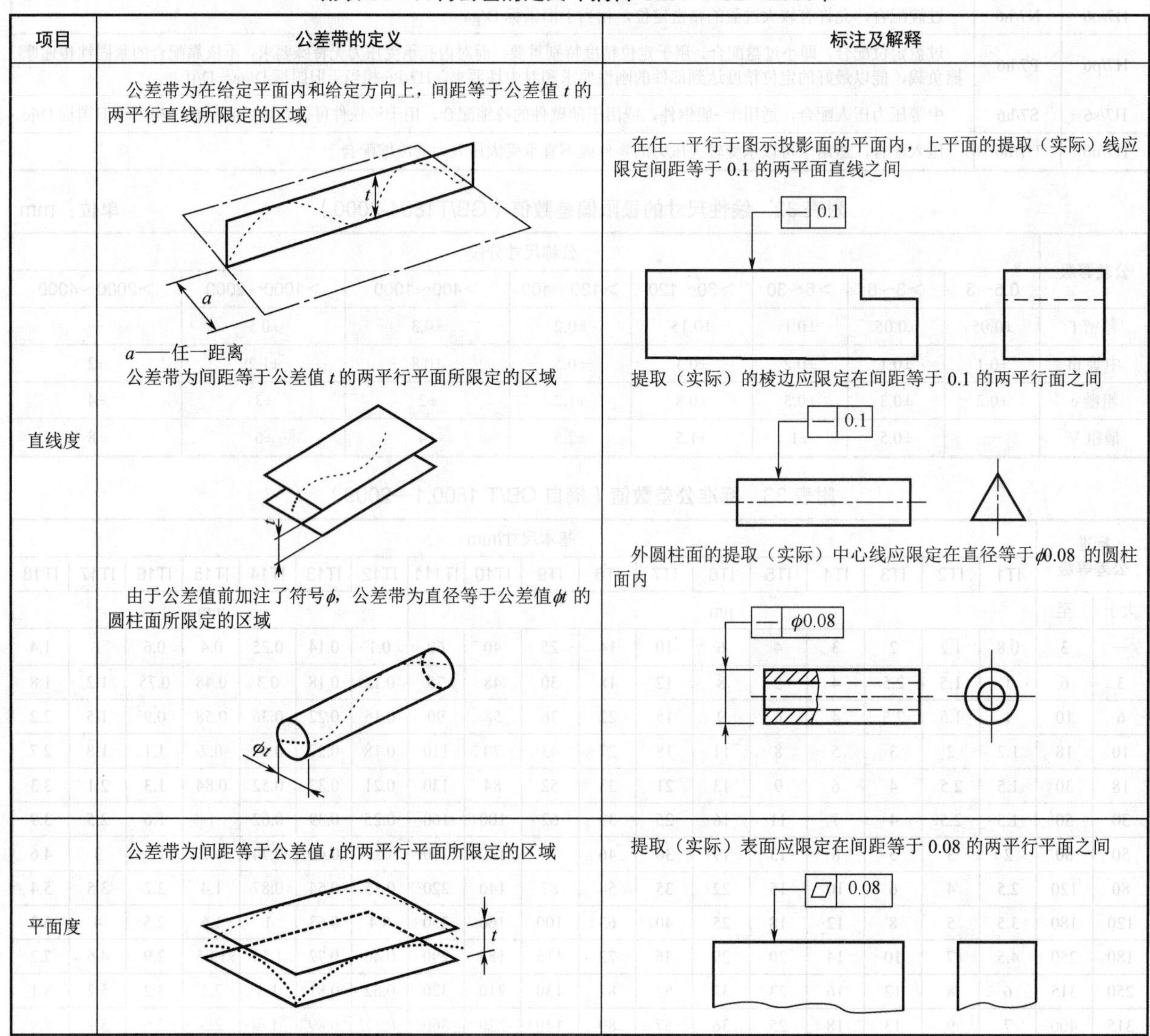

续表

项目	公差带的定义	标注及解释
圆度	公差带为在给定横截面内、半径差等于公差值 t 的两同心圆所限定的区域 a——任一横截面	在圆柱面和圆锥面的任意横截面内，提取（实际）圆周应限定在半径差等于 0.03 的两共面同心圆之间 ○ 0.03 在圆锥面的任意横截面内，提取（实际）圆周应限定在半径差等于 0.1 的两同心圆之间 ○ 0.1 注：提取圆周的定义尚未标准化
圆柱度	公差带为半径差等于公差值 t 的两同轴圆柱面所限定的区域	提取（实际）圆柱面应限定在半径差等于 0.1 的两同轴圆柱面之间 ⌭ 0.1
线轮廓度	公差带为直径等于公差值 t、圆心位于具有理论正确几何形状上的一系列圆的两包络线所限定的区域 a——任一距离 b——垂直于视图所在平面。	在任一平行于图示投影面的截面内，提取（实际）轮廓线应限定在直径等用于 0.04、圆心位于被测要素理论正确几何形状上的一系列圆的两包络线之间 ⌒ 0.04　2× R10　R25　22±0.1　22　60
面轮廓度	公差带为直径等于公差值 t、球心位于被测要素理论正确形状上的一系列圆球的两包络面所限定的区域 $S\phi t$	提取（实际）轮廓面应限定在直径等于 0.02、球心位于被测要素理论正确几个形状上的一系列圆球的两等距包络之间 ⌓ 0.02　40±0.2　SR80

续表

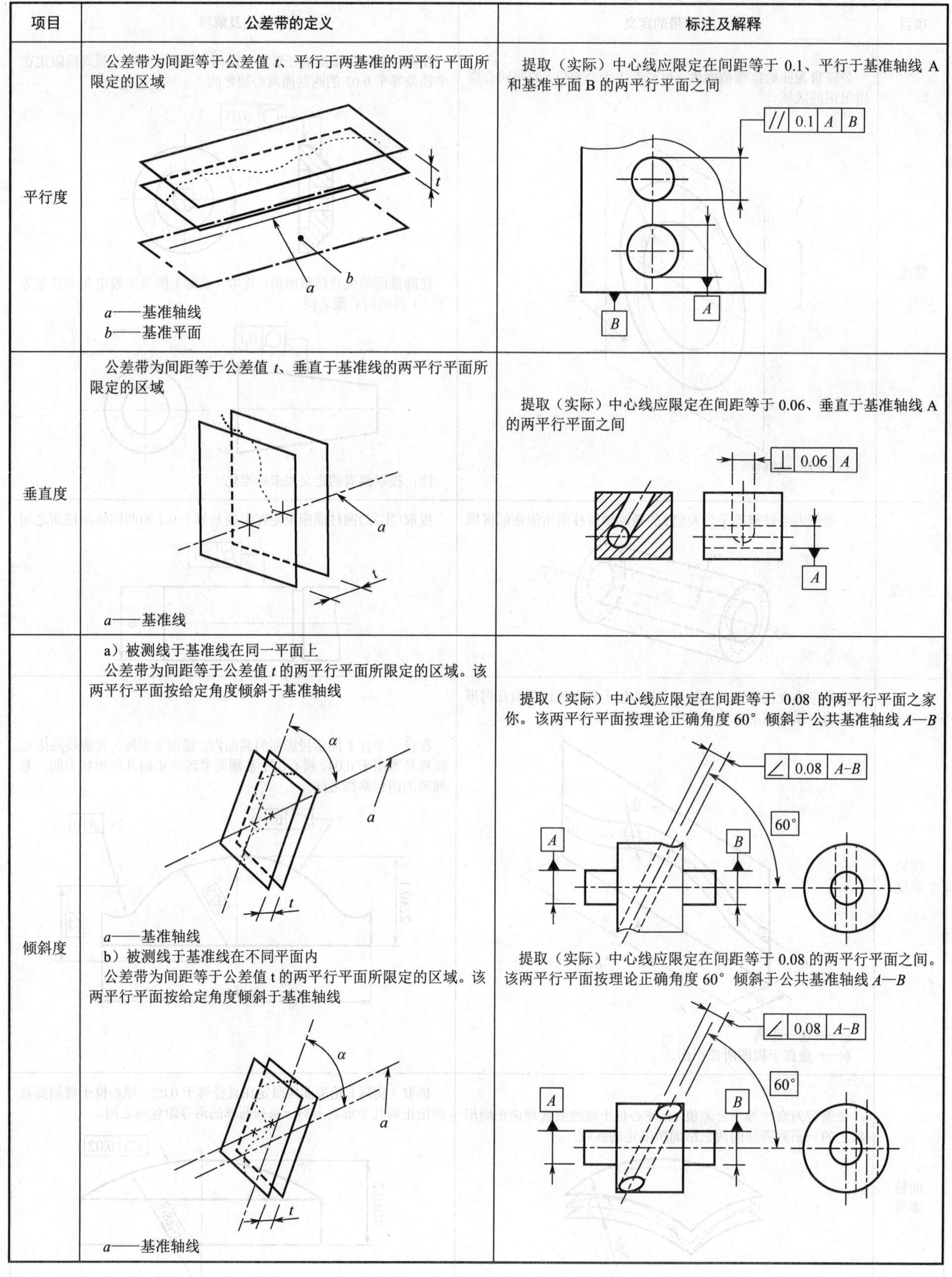

项目	公差带的定义	标注及解释
平行度	公差带为间距等于公差值 *t*、平行于两基准的两平行平面所限定的区域 *a*——基准轴线 *b*——基准平面	提取（实际）中心线应限定在间距等于 0.1、平行于基准轴线 A 和基准平面 B 的两平行平面之间
垂直度	公差带为间距等于公差值 *t*、垂直于基准线的两平行平面所限定的区域 *a*——基准线	提取（实际）中心线应限定在间距等于 0.06、垂直于基准轴线 A 的两平行平面之间
倾斜度	a）被测线于基准线在同一平面上 公差带为间距等于公差值 *t* 的两平行平面所限定的区域。该两平行平面按给定角度倾斜于基准轴线 *a*——基准轴线 b）被测线于基准线在不同平面内 公差带为间距等于公差值 t 的两平行平面所限定的区域。该两平行平面按给定角度倾斜于基准轴线 *a*——基准轴线	提取（实际）中心线应限定在间距等于 0.08 的两平行平面之家你。该两平行平面按理论正确角度 60° 倾斜于公共基准轴线 *A—B* 提取（实际）中心线应限定在间距等于 0.08 的两平行平面之间。该两平行平面按理论正确角度 60° 倾斜于公共基准轴线 *A—B*

续表

项目	公差带的定义	标注及解释
位置度	公差值前加注 $S\phi$，公差带为直径等于公差值 $S\phi t$ 的圆球面所限定的区域。该圆球面中心的理论正确位置有基准 *A*、*B*、*C* 和理论正确尺寸确定 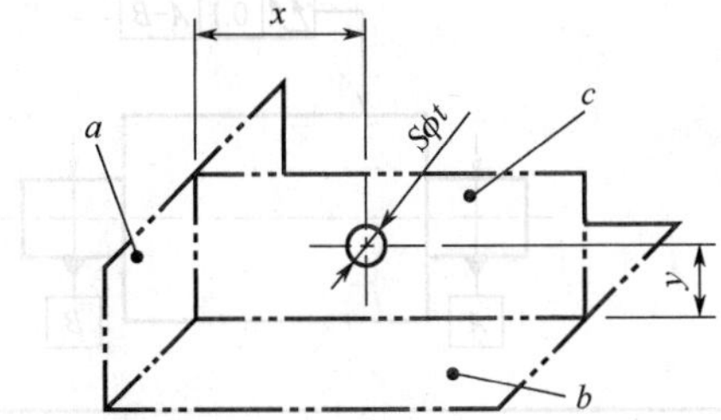 *a*——基准平面 *A* *b*——基准平面 *B* *c*——基准平面 *C*	提取（实际）球心应限定在直径等于 $S\phi0.03$ 的圆球面内，该圆球的中心由基准平面 *A*、基准平面 *B*、基准平面 *C* 和理论正确尺寸 30、25 确定 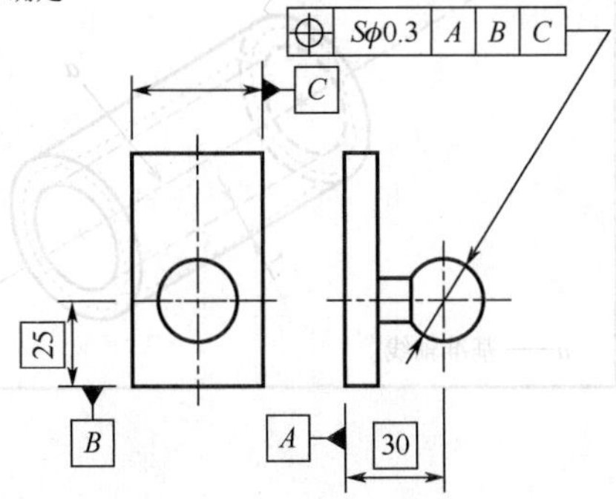
同轴度	公差值前标注符号 ϕ，公差带为直径等于公差值 ϕt 的圆柱面所限定的区域。该圆柱面的轴线与基准轴线重合 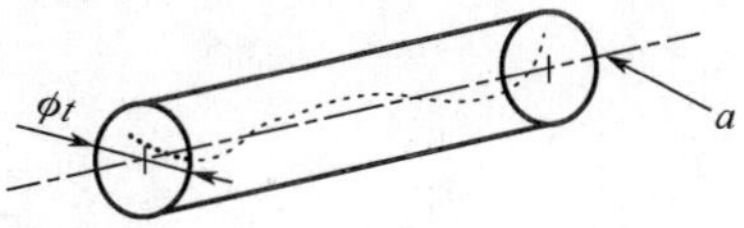 *a*——基准轴线	大圆柱面的提取（实际）中心线应限定在直径等于 $\phi0.08$、以公共基准轴线 *A*—*B* 为轴线的圆柱面内 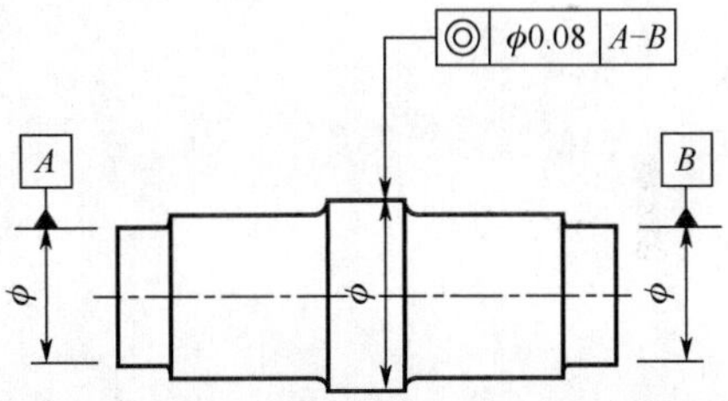
对称度	公差带为间距等于公差值 *t*，对称与基准中心平面的两平行平面所限定的区域 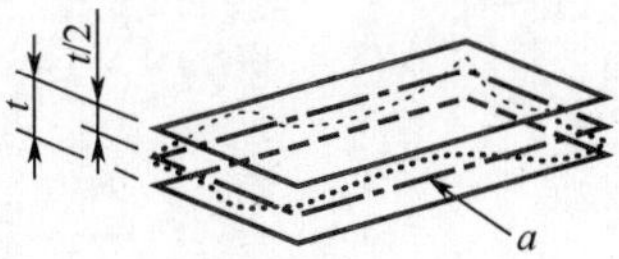 *a*——基准中心平面	提取（实际）中心面应限定在间距等于 0.08、对称于基准中心平面 *A* 的两平行平面之间 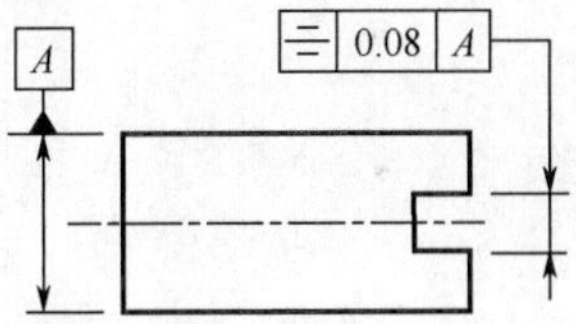
圆跳动	公差带为在任一垂直于基准轴线的横截面内、半径差等于公差值 *t*、圆心在基准轴线上的两同心圆所限定的区域 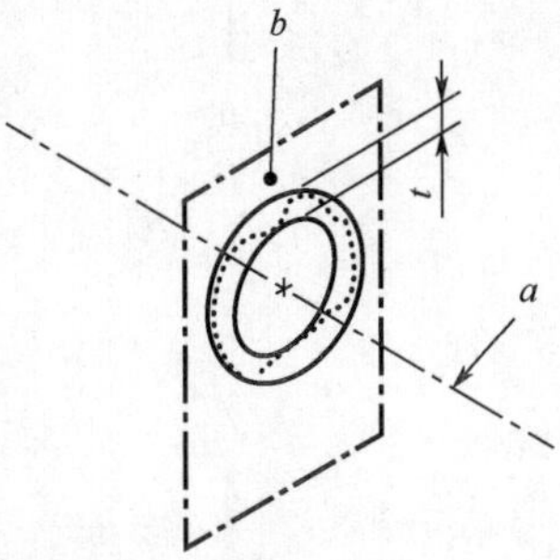 *a*——基准轴线 *b*——横截面	在任一垂直于基准 *A* 的横截面内。提取（实际）圆应限定在半径差等于 0.1，圆心在基准轴线 *A* 上的两同心圆之间 在任一平行于基准平面 *B*。垂直于基准轴线 *A* 的截面上，提取（实际）圆应限定在半径差等于 0.1，圆心在基准轴线 *A* 上的两同心圆之间 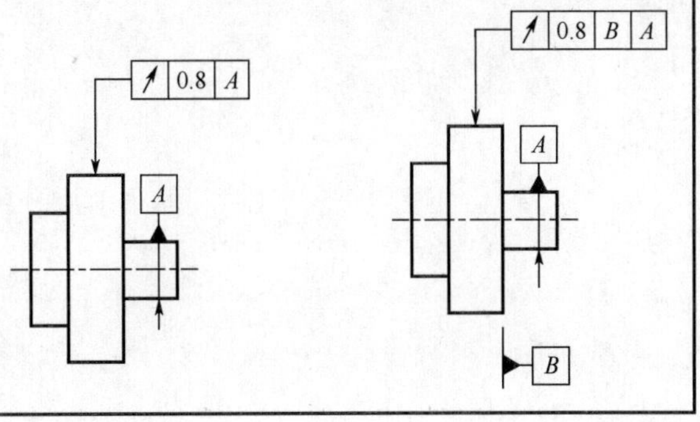

续表

项目	公差带的定义	标注及解释
全跳动	公差带为半径差等于公差值 t，与基准轴线同轴的两圆柱面所限定的区域 a——基准轴线	提取（实际）表面应限定在半径等于 0.1，与公共基准轴线 $A—B$ 同轴的两圆柱面之间

参 考 文 献

[1] 胡建生．机械制图（多学时）（第 4 版）[M]. 北京：机械工业出版社，2020.
[2] 刘力，王冰. 机械制图（第 5 版）[M]. 北京：高等教育出版社，2020.
[3] 周鹏翔，何文平. 工程制图（第 5 版）[M]. 北京：高等教育出版社，2020.
[4] 韩变枝，成图雅. 机械制图与识图 第 2 版[M]. 北京：机械工业出版社，2020.
[5] 樊启永，廖小吉. 工程制图及 CAD 绘图[M]. 北京：机械工业出版社，2020.
[6] 鲁宇明，刘毅. 工程制图教程[M]. 北京：机械工业出版社，2020.
[7] 杨老记，马英. 机械制图（第 3 版）[M]. 北京：机械工业出版社，2020.
[8] 山颖，闫玉蕾. 工程制图与 CAD[M]. 北京：机械工业出版社，2019.
[9] 钱可强. 机械制图（第五版）[M]. 北京：高等教育出版社，2018.
[10] 李小琴. 工程制图与 CAD[M]. 北京：机械工业出版社，2017.
[11] 吕思科，周宪珠. 机械制图[M]. 北京：北京理工大学出版社，2015.
[12] 卜林森，贾皓丽. 工程识图教程[M]. 北京：科学出版社，2015.
[13] 王其昌. 机械制图[M]. 北京：机械工业出版社，2015.
[14] 柳海强. 简明机械制图手册[M]. 北京：机械工业出版社，2013.
[15] 杨振宽. 技术制图与机械制图标准应用手册[M]. 北京：中国标准出版社，2013.